Fraktale

Michael F. Barnsley

Fraktale

Theorie und Praxis der deterministischen Geometrie

Aus dem Amerikanischen
von Jens Meyer

Mit 275 Abbildungen

Spektrum Akademischer Verlag Heidelberg · Berlin · Oxford

Originaltitel: Fractals Everywhere

Aus dem Amerikanischen von Jens Meyer

© 1993, 1988 by Academic Press, Inc.

Titelbild: © THE IMAGE BANK / Larry Keenan

Die Deutsche Bibliothek – CIP-Einheitsaufnahme

Barnsley, Michael F.:
Fraktale : Theorie und Praxis der deterministischen
Geometrie / Michael F. Barnsley. Aus dem Amerikan. von Jens
Meyer. - Heidelberg ; Berlin ; Oxford : Spektrum, Akad. Verl.,
1995
 Einheitssacht.: Fractals everywhere <dt.>
 ISBN 3-86025-010-8

Lektorat: Sonja Schmöcker, Berlin
Produktion: PRODUserv, Berlin
Einbandgestaltung: Kurt Bitsch, Birkenau
Satzherstellung mit LaTeX: Lewis & Leins GmbH Buchproduktion, Berlin
Druck und Verarbeitung: Franz Spiegel Buch GmbH, Ulm

Spektrum Akademischer Verlag Heidelberg · Berlin · Oxford

EIN VERLAG DER SPEKTRUM FACHVERLAGE GMBH

Aus dem Vorwort zur zweiten Auflage

Seit die erste Auflage von *Fractals Everywhere* erschienen ist, hat sich in der Welt der Fraktale, Computergraphik und modernen Mathematik vieles verändert. Inzwischen sieht es so aus, daß die deterministische fraktale Geometrie in ihre ernsthafte ingenieurwissenschaftliche Phase eintritt. Kommerzielle Anwendungen sind in den Gebieten der Bildkompression, Videokompression, Computergraphik und Ausbildung entstanden. Das ist erfreulich, denn dadurch wird wieder einmal die Wichtigkeit der Arbeit von Mathematikern bestätigt. Manchmal jedoch verlieren die Mathematiker ihr Interesse für wundervolle Gebiete, wenn erst einmal Ingenieure und Wissenschaftler das Thema unter Kontrolle zu haben scheinen. Aber es ist noch so viel mathematische Arbeit zu erledigen. Welche Metrik ist geeignet, wenn man die Kontraktionseigenschaft der vektorrekurrenten IFS affiner Abbildungen in $\mathbf{R}^2$ untersuchen will? Wie hoch ist der Informationsinhalt eines Bildes? Maße, Bilder, Träume, Chaos, Blumen und Informationstheorie – die Stunden und die Tage werden weiter vorübergehen: Lassen wir die Schönheit aller dieser Dinge nicht auch an uns vorbeiziehen.

Michael F. Barnsley

Widmung

Ich widme dieses Buch allen, die zu seinem Entstehen beitrugen, und bedanke mich für ihre Hilfe. Insbesondere danke ich Alan Sloan, der mich unaufhörlich ermutigte, der die erste *Collage*-Software schrieb und sich die Anwendung von Iterierten Funktionensystemen im Blick auf Bildkompression und -übermittlung so klar vorstellen kann, daß er eine Gesellschaft mit dem Namen *Iterated Systems Incorporated* gegründet hat. Edward Vrscay, der den ersten Kurs in deterministischer fraktaler Geometrie am Georgia Tech unterrichtete, schlug einige Themen zur Aufnahme in dieses Buch vor. Steven Demko, der bei der Entdeckung der Iterierten Funktionensysteme mitgearbeitet hat, machte frühzeitig detaillierte Vorschläge zu der Art und Weise, wie das Thema Studenten und Wissenschaftlern dargeboten werden könnte, und lieferte zu mehreren Kapiteln Anmerkungen. Meine länger als fünf Jahre währende Zusammenarbeit mit Andrew Harrington und Jeffrey Geronimo und unsere gemeinsame Entdeckung der orthogonalen Polynome auf Julia-Mengen war für mich die Grundlage für die Entwicklung der Iterierten Funktionensyteme. Achten Sie auf weitere Arbeiten von uns!

Les Karlovitz räumte mir Zeit ein, dieses Buch zu schreiben. Ihm und auch Gunter Meyer danke ich für die Förderung und Unterstützung meiner Forschungen in den vergangenen neun Jahren. Robert Kasriel, welcher mir zwei Jahre Unterricht in Topologie erteilte, korrigierte und überarbeitete meinen Beweis von Satz 2.3. Die treffenden konstruktiven Anmerkungen von Nathaniel Chafee, der das zweite Kapitel sowie Entwürfe von Kapitel 3 und 4 gelesen und korrigiert hat, haben wesentlich zur Genauigkeit des Geschriebenen beigetragen. John Elton, der mich einiges über Ergodentheorie lehrte, setzte seine Zusammenarbeit in der spannenden Forschung über Iterierte Funktionensysteme mit mir fort und half mir bei vielen Teilen des Buches. Daniel Bessis und Pierre Moussa brachten mir bei, auf mathematische Begebenheiten zu achten, die so erstaunlich sind, daß man sie Wunder nennen könnte. Die Forschungsarbeit mit Bessis und Moussa in Saclay im Jahr 1978 über das Diophantische Momentenproblem und die Ising-Modelle war Ausgangspunkt für dieses Buch. Ebenso gilt mein Dank Warren Strahle, der einige seiner experimentellen Forschungsergebnisse beisteuerte, welche in Kapitel 6 eingeflossen sind.

Die Doktoranden John Herndon, Doug Hardin, Peter Massopust, Laurie Reuter, Arnaud Jaquin und François Malassenet halfen mir, Ideen zu finden und weiterzuentwickeln. Auch einige gute Ideen von Els Withers und Paul Blanchard, die das Schreiben dieses Buches von Beginn an unterstützten, sind hier eingeflossen. Ich danke Edwina Barnsley, meiner Mutter, deren Haus immer voller Blumen war. Ihre Ermutigung und Zuneigung halfen mir, dieses Buch zu schreiben. Thomas Stelson, Helena Wisniewski, Craig Fields und James Yorke unterstützten schon frühzeitig die Entwicklung der Anwendungen von Iterierten Funktionensystemen. Viele Bilder aus diesem Buch wurden teilweise mit Hilfe der Software und Hardware des in der DARPA/GTRC angelegten Computergraphical Mathematics Laboratory innerhalb der School of Mathematics am Georgia Institute of Technology hergestellt.

Mein Dank gilt gleichermaßen George Cain, James Herod, Wiliam Green, Vince Ervin, Jamie Goode, Jim Osborne, Roger Johnson, Li Shi Luo, Evans Harrell, Ron Shonkwiler und James Walker, die Textteile lasen und korrigierten und durch Diskussionen über die Forschungsergebnisse zu diesem Buch beitrugen; Thomas Morley, der viele Stunden für Erörterungen über die Forschung opferte; William Ames, der mich ermutigte, dieses Buch zu schreiben und mich mit Academic Press bekannt machte; Annette Rohrs, William Kammerer sowie Alice Peters und ihrem Produktionsteam, mit deren Hilfe aus meinem Manuskript ein wundervolles Buch wurde.

Mit diesem Buch danke ich auch zutiefst meinem Vater Alan Barnsley, der unter dem Pseudonym Gabriel Fielding Novellen und Gedichte schrieb. Von ihm lernte ich Sorgfalt und Genauigkeit, Liebe zum Detail, Begeisterung für das Leben und eine endlose Verwunderung über alles, das Gott geschaffen hat.

Michael F. Barnsley

Inhalt

1 Einleitung

Die fraktale Geometrie wird Sie die ganze Welt mit anderen Augen sehen lassen. Es ist gefährlich weiterzulesen. Sie riskieren es, Ihre Kindheitsvorstellung von Wolken, Wäldern, Galaxien, Blättern, Federn, Blumen, Felsen, Gebirgen, Wasserwirbeln, Teppichen, Ziegelsteinen und vielen anderen Dingen zu verlieren. Niemals werden Sie zu den Ihnen vertrauten Interpretationen dieser Dinge zurück können.

Benoit Mandelbrots Entdeckung der Existenz einer „Geometrie der Natur" [Mandelbrot 1982] hat uns dazu gebracht, über vieles auf eine neue wissenschaftliche Weise nachzudenken, beispielsweise über die Ränder von Wolken, die Konturen von Wäldern am Horizont oder die komplizierten Anordnungen und Bewegungen der Flügelfedern eines fliegenden Vogels. Geometrie beschäftigt sich damit, unsere räumliche Vorstellung zu objektivieren. Die klassische Geometrie liefert uns eine erste Annäherung der Struktur physikalischer Objekte. Sie ist die Sprache, die wir benutzen, um technische Produkte und ebenso in der Natur auftretende Formen ungefähr zu beschreiben. Die fraktale Geometrie ist eine Erweiterung der klassischen Geometrie. Physikalische Strukturen von Farnen bis zu Galaxien können mit ihrer Hilfe exakt modelliert werden. Die fraktale Geometrie ist eine neue Sprache, mit der wir, sobald wir sie beherrschen, den Umriß einer Wolke so genau beschreiben können, wie ein Architekt ein Haus.

Dieses Buch ist aus der Vorlesung „Fraktale Geometrie" entstanden, die zwei Jahre lang an der School of Mathematics am Georgia Institute of Technology gehalten wurde. Diese Vorlesung richtete sich an alle Studentinnen und Studenten, die zwei Jahre Analysis gehört hatten. Sie zog Studierende aller Semester und aus den verschiedensten Fachbereichen an, wie Mathematik, Biologie, Chemie, Physik, Psychologie, Ingenieurwissenschaften, Elektrotechnik, Raumfahrttechnik, Informatik und Geophysik. Daß die Vorlesung den Hörern gut gefallen hat, spiegelt sich in der Tatsache wieder, daß es nun eine zweite Vorlesung mit dem Titel „Fraktale Maßtheorie" gibt. Die Vorlesung bietet die verlockende Möglichkeit, einem breiten Studentenpublikum eine wunderschöne Mathematik zu vermitteln.

Eine Vorlesung in fraktaler Geometrie besteht im Kern aus den Kapiteln 2 und 3, den Abschnitten 1 bis 5 aus Kapitel 4 und den Abschitten 1 bis 3 aus Kapitel 5. Im Anschluß daran sollte eine gezielte Auswahl ganz besonders interessanter und schöner Themen aus den Kapiteln 6, 7 und 8 getroffen werden. Die Vorlesung besteht aus insgesamt dreißig einstündigen Vorträgen.

Im zweiten Kapitel werden die grundlegenden topologischen Ideen eingeführt, die man benötigt, um Teilmengen von Räumen wie dem $\mathbf{R}^2$ zu definieren. Den Rahmen bilden die metrischen Räume, weil metrische Räume sowohl im strengen als auch im intuitiven Sinn begreifbar, aber dennoch voller Überraschungen sind. Sie liefern den passenden Hintergrund für die fraktale Geometrie. Es werden die Begriffe Offenheit, Abgeschlossenheit, Kompaktheit, Konvergenz, Vollständigkeit, Zusammenhang und Äquivalenz metrischer Räume eingeführt. Sehr wichtig sind auch die Eigenschaften, welche unter äquivalenten Metriken erhalten bleiben. Kapitel 2 schließt mit der Darstellung der interessantesten Idee: einem metrischen Raum, der mit $\mathcal{H}$ bezeichnet wird und dessen Elemente die nichtleeren kompakten Teilmengen eines metrischen Raumes sind. Unter den richtigen Voraussetzungen ist dieser Raum vollständig, Cauchy-Folgen konvergieren, und man kann darin Fraktale finden!

In Kapitel 3 werden Transformationen metrischer Räume betrachtet. Zuerst soll es das Ziel sein, Intuition und praktische Erfahrung damit zu entwickeln, wie einfache Transformationen auf Teilmengen von Räumen wirken. Besondere Aufmerksamkeit gilt dabei den affinen Transformationen und den Möbius-Transformationen im $\mathbf{R}^2$. Dann wird das Prinzip der kontrahierenden Abbildungen erläutert, um anschließend Kontraktionen in $\mathcal{H}$ zu konstruieren. Fraktale tauchen als Fixpunkte gewisser mengenwertiger Abbildungen auf. Wir werden sehen, wie Fraktale bei der Anwendung „einfacher" Transformationen auf „einfache" Räume entstehen, und wie geometrisch kompliziert sie trotzdem sind. Es wird erklärt, was ein Iteriertes Funktionensystem (IFS) ist und wie man mit seiner Hilfe ein Fraktal definieren kann. Iterierte Funktionensysteme sind ein passendes Werkzeug zur Beschreibung und Klassifizierung von Fraktalen. Zwei Algorithmen, das „Chaos-Spiel" und der deterministische Algorithmus zur Berechnung der Bilder von Fraktalen, werden vorgestellt. Danach schenken wir dem umgekehrten Problem unsere Aufmerksamkeit: Gegeben ist eine kompakte Teilmenge des $\mathbf{R}^2$, ein Fraktal. Was kann man tun, um eine fraktale Approximation dieser Menge zu finden? Eine Teilantwort wird durch den Collage-Satz gegeben. Zum Schluß sind es die Gedanken des durch einen fraktalen Baum wehenden Windes, welche zur Entdeckung von Bedingungen führen, unter denen Fraktale stetig von ihren definierenden Parametern abhängen.

Kapitel 4 widmet sich der Dynamik auf Fraktalen. Hier wird die Idee entwickelt, daß Punkte in gewissen Fraktalen Adressen haben. Genauer gesagt, lernt der Leser den metrischen Raum der Adressen kennen. Adressen, die sich auf eine bestimmte Weise nur wenig voneinander unterscheiden, gehören zu dicht beieinander liegenden Punkten. Durch die Konstruktion einer stetigen Transformation vom Adressenraum in das Fraktal wird diese Beobachtung präzisiert. Anschließend werden dynamische Systeme auf metrischen Räumen eingeführt. Die

Begriffe Orbit, repulsiver Zyklus und äquivalentes dynamisches System werden erläutert. Die zu einem IFS gehörende Shift-Abbildung wird erklärt und untersucht. Wie bereits der Autor wird sicher auch der Leser über die Kompliziertheit und Schönheit der darin vorhandenen Orbits staunen. Die Äquivalenz dieses dynamischen Systems und des zugehörigen Systems auf dem Adressenraum wird nachgewiesen. Diese Äquivalenz zieht nicht die geometrische Komplexität des Tanzes eines Orbits auf einem Fraktal in Betracht. Das Kapitel endet schließlich mit der Definition eines chaotischen dynamischen Systems und der Feststellung, daß die „meisten" Orbits einer Shift-Abbildung auf einem Fraktal chaotisch sind. Zum Schluß werden dem Leser zwei einfache und reizende Ideen vorgestellt. Der Schatten-Satz illustriert, daß offensichtlich zufällige Orbits eigentlich die „Schatten" deterministischer Bewegungen in höherdimensionalen Räumen sind. Der Beschattungssatz demonstriert, wie ein unsauberer Orbit von einem präzisen Orbit, der sich wie ein Geheimagent an ihn klammert, verfolgt werden kann. Diese Ideen werden benutzt, um zu erklären, weshalb das „Chaos-Spiel" Fraktale berechnet.

Kapitel 5 führt den Begriff der fraktalen Dimension ein. Die fraktale Dimension ist eine Zahl, welche ausdrückt, wie dicht eine Menge den metrischen Raum ausfüllt, in dem sie liegt. Sie ist invariant bezüglich verschiedener Dehnungen und Stauchungen des zugrundeliegenden Raumes. Dadurch wird die fraktale Dimension als experimentelle Beobachtung bedeutsam. Sie besitzt eine gewisse Robustheit und ist von Maßeinheiten unabhängig. Es werden diverse theoretische Eigenschaften der fraktalen Dimension einschließlich einiger expliziter Formeln hergeleitet. Dann wird dem Leser gezeigt, wie man die fraktale Dimension von Daten aus der realen Welt berechnet. Es wird eine Anwendung auf das ausströmende Gas einer Düse vorgestellt. Zuletzt wird die Hausdorff-Besicovitch-Dimension eingeführt. Dies ist eine andere Zahl, die man einer Menge zuweisen kann. Sie ist zwar robuster, aber weniger gut handhabbar als die fraktale Dimension. Einige Mathematiker lieben sie, die meisten Experimentatoren hassen sie, und wir sind an ihr interessiert.

Kapitel 6 ist der fraktalen Interpolation gewidmet. Mit Hilfe dieses Kapitels soll dem Leser Geschicklichkeit im praktischen Umgang mit einer neuen Technologie vermittelt werden. Es geht darum, komplexe Kurven herzustellen und experimentelle Daten anzupassen. Dabei wird gezeigt, wie man geometrisch komplizierte Graphen stetiger Funktionen so konstruiert, daß sie durch einzeln angegebene Datenpunkte verlaufen. Die Funktionen werden durch kurze Formeln dargestellt. Die wichtigsten Existenzsätze und Algorithmen zur Berechnung werden behandelt. Die Funktionen sind als fraktale Interpolationsfunktionen bekannt. Es wird erklärt, wie sie schnell berechnet, gespeichert, gehandhabt und vermittelt werden können. Fraktale Interpolationsfunktionen mit „versteckten Variablen" werden eingeführt und veranschaulicht. Sie können als Schatten von Graphen dreidimensionaler fraktaler Pfade aufgefaßt werden. Diese geometrischen Vorstellungen werden erweitert, um raumfüllende Kurven vorzustellen.

Kapitel 7 bietet eine Einführung in Julia-Mengen. Julia-Mengen sind deterministische Fraktale, die durch die Iteration analytischer Funktionen hervorgerufen
werden. Es ist das Ziel, dem Leser diese Fraktale mit Hilfe der Ideen aus Kapitel 3 und 4 verständlich zu machen. Dabei haben wir das Vergnügen, den
Fluchtzeit-Algorithmus zu erklären und zu illustrieren. Dieser Algorithmus ist
ein Mittel, um computergraphische Experimente mit dynamischen Systemen zu
machen, die auf zweidimensionalen Räumen wirken. Er liefert Helligkeit und
Farbgebung, ein Scheinwerfer, um dynamische Systeme nach fraktalen Strukturen und Regionen des Chaos zu durchsuchen. Der Algorithmus beruht auf der
Existenz „abstoßender Mengen" von stetigen Transformationen, die offene Mengen auf offene Mengen abbilden. Es werden Anwendungen von Julia-Mengen
auf biologische Modellierungen und auf das Newton-Verfahren betrachtet.

In Kapitel 8 wird gezeigt, wie man Abbildungen auf bestimmten Räumen
herstellt. Diese Räume sind als Parameterräume bekannt, wo jeder Punkt einem
Fraktal entspricht. Die Fraktale hängen „glatt" vom Ort im Parameterraum ab.
Wie kann man ein Bild herstellen, das eine nützliche Information darüber enthält,
welche Art von Fraktalen sich wo befindet? Wenn sowohl der Raum, in dem
die Fraktale liegen, als auch der Parameterraum zweidimensional sind, kann der
Parameterraum manchmal „gemalt" werden, um eine zugehörige Mandelbrot-
Menge zu enthüllen; Mandelbrot-Mengen werden definiert und drei verschiedene Beispiele untersucht, einschließlich dem von Mandelbrot entdeckten. Wie
man Bilder dieser Mengen erzeugt, erfährt der Leser durch Beschreibung einer comptergraphischen Methode. Darüber hinaus werden einige grundlegende
Sätze bewiesen.

Kapitel 9 ist eine Einführung in Maße auf Fraktalen und in Maße allgemein.
Das Kapitel liefert einen Überblick, der Lehrern als Grundlage für einen Kurs in
fraktaler Maßtheorie dienen kann. Die Anwendungen und Beispiele können jedoch auch eine Vorlesung über normale Maßtheorie bereichern. Ein Ziel besteht
darin, zu demonstrieren, daß Maßtheorie ein tagtägliches Werkzeug in Natur-
und Ingenieurwissenschaften bildet. Man kann Maße benutzen, um Bilder der
realen Welt herzustellen. Die Abwechslung in Farbe und Helligkeit und die
komplizierte Stuktur in einem Farbbild können mit Hilfe von Maßen sinnvoll
modelliert werden. Die Maße können dabei explizit in Form kurzer „Formeln"
dargestellt werden. Diese Maße sind gut für Anwendungen in der Bildverar-
beitung geeignet und haben viele Vorteile gegenüber nichtnegativen „Dichte"-
Funktionen. Abschnitt 9.1 liefert eine intuitive Beschreibung dessen, was Maße
sind. Der Rest des Kapitels dient dann der Motivation im Zusammenhang mit
Borel-Maßen auf kompakten metrischen Räumen. Es werden Algebren, Sigma-
Algebren und Maße definiert. Carathèodorys Erweiterungssatz wird vorgestellt
und dazu benutzt, zu erklären, was ein Borel-Maß ist. Dann wird das Integral
einer stetigen, reellwertigen Funktion im Blick auf ein Maß definiert. Der Leser
lernt, einige Integrale auszurechnen. Als nächstes wird der Raum $\mathcal{P}$ der nor-
malisierten Borel-Maße auf einem kompakten metrischen Raum definiert. Mit

einer geeigneten Metrik wird $\mathscr{P}$ zu einem kompakten metrischen Raum. Kontraktionen auf diesem Raum (sie werden nur kurz erläutert) führen zu Maßen, die auf Fraktalen leben. Unter Zuhilfenahme von Eltons Ergodensatz können Integrale unter Berücksichtigung dieser Maße berechnet werden. Das Buch endet mit einer Beschreibung der Anwendung dieser Maße auf Computergraphik.

Dieses Buch befähigt den Leser, sich Werkzeuge, Methoden und Theorie der deterministischen Geometrie anzueignen. Es ist nützlich, um *spezifische* Objekte und Stukturen zu beschreiben. Modelle werden durch kurze „Formeln" repräsentiert. Wenn die Formel erst einmal bekannt ist, kann das Modell reproduziert werden. Wir berücksichtigen keine statistische Geometrie. Diese zielt auf die Entdeckung allgemeiner statistischer Gesetze ab, die über Familien von ähnlich aussehenden Strukturen herrschen, wie über *alle* Haufenwolken, über *alle* Ahornblätter oder über *alle* Berge.

In deterministischer Geometrie werden Strukturen mit Hilfe elementarer Transformationen, wie affinen Transformationen, Skalierungen, Rotationen und Kongruenzabbildungen, festgelegt, übertragen und analysiert. Eine fraktale Menge enthält im allgemeinen unendlich viele Punkte, deren Anordnung so kompliziert ist, daß es nicht möglich ist, die Menge dadurch zu beschreiben, daß man die Lage jedes Punktes in der Menge angibt. Statt dessen kann die Menge durch „das Verhältnis zwischen ihren Bestandteilen" erklärt werden. Es verhält sich so ähnlich wie mit der Tatsache, daß man das Sonnensystem dadurch beschreibt, daß man das Gravitationsgesetz und die Anfangsbedingungen angibt. Daraus folgt dann alles weitere. Es ist immer besser, einen Umstand durch die ihm innewohnenden Beziehungen zu beschreiben.

2 Metrische Räume, äquivalente Räume, Klassifikation von Teilmengen und der Raum der Fraktale

2.1 Räume

In der fraktalen Geometrie beschäftigen wir uns mit der Struktur von Teilmengen verschiedener, recht einfacher „geometrischer" Räume, die wir mit **X** bezeichnen wollen. In einem solchen Raum **X** wollen wir unsere Fraktale zeichnen, es ist der Raum in dem die Fraktale „leben". Was ist überhaupt ein Fraktal? Für uns ist es zunächst nichts anderes als eine Teilmenge eines Raumes. Auch wenn der Raum einfach ist, kann die fraktale Teilmenge geometrisch kompliziert sein.

Definition 2.1. Unter einem *Raum* verstehen wir eine Menge, wobei die *Punkte* des Raumes die Elemente der Menge sind.

Obwohl es in der Definition nicht gesagt wird, impliziert der Begriff Raum, daß es auf dieser Menge eine Struktur gibt, die festlegt, wie die Punkte zueinander in Beziehung stehen, z. B. welche Punkte nah und welche entfernt sind. Bevor wir aber formale Definitionen von speziellen Räumen angeben, zeigen wir an einigen Beispielen, was damit gemeint ist. Von nun an bezeichnet das Zeichen **R** stets die reellen Zahlen und $\in$ bedeutet „ist Element von".

Beispiele

2.1.1 Es sei $\mathbf{X} = \mathbf{R}$. Jeder „Punkt" $x \in \mathbf{R}$ ist eine reelle Zahl. Genausogut kann man ihn als Punkt auf einer Linie auffassen (vgl. Abb. 2.1).

2.1.2 Es sei $\mathbf{X} = C[0, 1]$ die Menge der stetigen Funktionen, die das reelle, abgeschlossene Einheitsintervall $[0, 1] = \{x \in \mathbf{R} : 0 \leq x \leq 1\}$ auf die reelle Achse **R** abbilden. Ein „Punkt" $f \in \mathbf{X}$ ist eine Funktion $f : [0, 1] \xrightarrow{stetig} \mathbf{R}$, wobei die Funktion f durch ihren Graphen repräsentiert werden kann.
Beachten Sie, daß $f \in \mathbf{X}$ hier kein Punkt auf der x-Achse ist, sondern eine ganze Funktion. Anschaulich kann man sich eine stetige Funktion so vorstellen, daß sie einen nicht unterbrochenen Graphen besitzt. Ihr Graph enthält keine Sprünge oder Löcher und kann mit einem Stift ohne abzusetzen gezeichnet werden. Dies ist zur Beschreibung der Stetigkeit allerdings nicht ausreichend; eine exakte Definition wird später in diesem Kapitel angegeben.

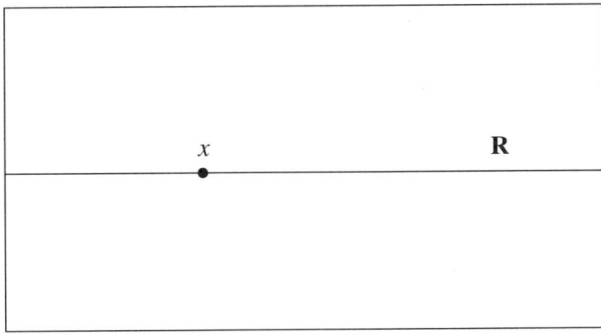

Abb. 2.1 Ein Punkt x im Raum **R**.

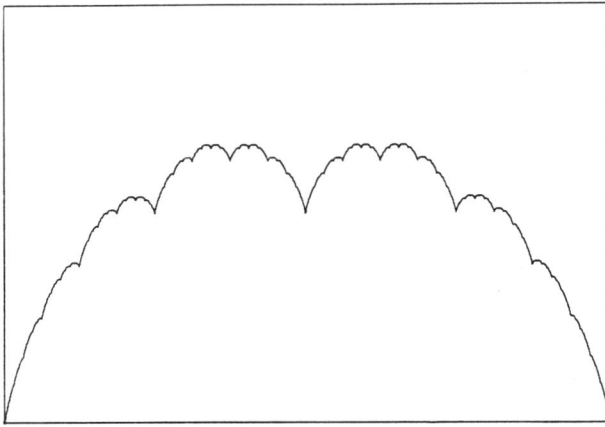

Abb. 2.2 Ein Punkt f im Raum der stetigen Funktionen auf $[0, 1]$.

2.1.3 Es sei $\mathbf{X} = \mathbf{R}^2$ die euklidische Ebene, die Koordinatenebene der Arithmetik. Jedes reelle Zahlenpaar $x_1, x_2 \in \mathbf{R}$ bestimmt einen einzelnen Punkt in $\mathbf{R}^2$. Ein Punkt $x \in \mathbf{X}$ wird auf verschiedene äquivalente Weisen dargestellt: $x = (x_1, x_2) = \binom{x_1}{x_2} =$ ein Punkt in einem Bild wie etwa Abbildung 2.3. Die Räume in den Beispielen 2.1.1, 2.1.2 und 2.1.3 sind jeweils *lineare Räume*: Die Addition zweier Punkte in dem Raum ergibt immer auf offensichtliche Weise einen neuen Punkt in dem Raum. Für 2.1.1 gilt: Sind x und $y \in \mathbf{R}$, so liegt $x+y$ ebenfalls in **R**. In 2.1.2 definieren wir: $(f + g)(x) = f(x) + g(x)$ und in 2.1.3 gilt

$$x + y = \begin{pmatrix} x_1 \\ x_2 \end{pmatrix} + \begin{pmatrix} y_1 \\ y_2 \end{pmatrix} = \begin{pmatrix} x_1 + y_1 \\ x_2 + y_2 \end{pmatrix}.$$

Genauso können wir in jedem Beispiel die Elemente von **X** mit einem Skalar multiplizieren, d. h. mit einer reellen Zahl $\alpha \in \mathbf{R}$. Z. B. gilt in 2.1.2: $(\alpha f) = \alpha f(x)$ für jedes $\alpha \in \mathbf{R}$ und $\alpha f \in C[0, 1]$, wenn $f \in C[0, 1]$ ist. Beispiel 2.1.1 ist ein eindimensionaler linearer Raum, in 2.1.2 haben wir einen ∞-dimensionalen Raum (Können Sie sich vorstellen, weshalb die Dimension unendlich ist?) und 2.1.3 ist ein Beispiel für einen zweidimensionalen linearen Raum. Ein linearer Raum wird auch als *Vektorraum* bezeichnet. Die Skalare können relle oder auch komplexe Zahlen sein.

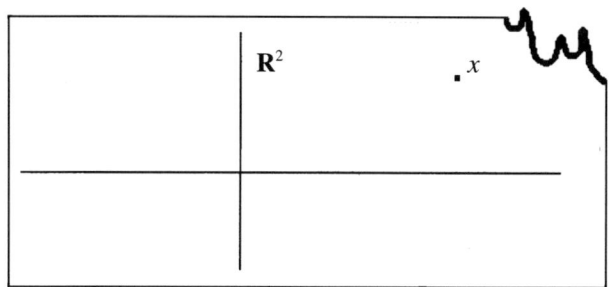

Abb. 2.3 Ein Punkt x im Raum $\mathbf{R}^2$.

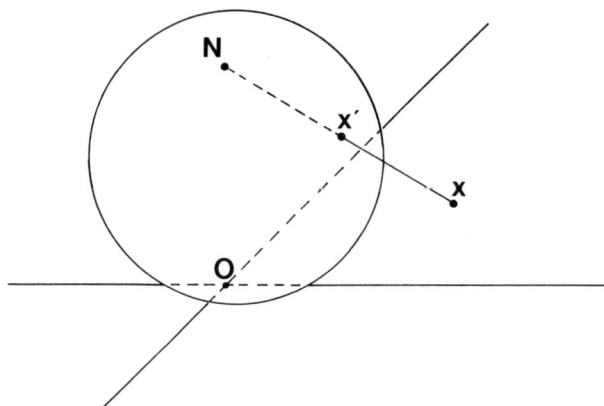

Abb. 2.4 Konstruktion einer geometrischen Darstellung der Riemannschen Sphäre. N ist der Nordpol und entspricht dem „unendlich fernen Punkt".

2.1.4 In der komplexen Ebene $\mathbf{X} = \mathbf{C}$ wird jeder Punkt $x \in \mathbf{X}$ dargestellt durch

$$x = x_1 + ix_2 \quad \text{mit } i = \sqrt{-1} \text{ und } x_1, x_2 \in \mathbf{R}.$$

Jedes reelle Zahlenpaar $x_1, x_2 \in \mathbf{R}$ bestimmt einen Punkt in $\mathbf{C}$. Damit sind $\mathbf{C}$ und $\mathbf{R}^2$ im wesentlichen gleich, aber es gibt einen bedeutenden Unterschied: Zwei Punkte aus $\mathbf{C}$ können miteinander multipliziert werden, und man erhält einen neuen Punkt in $\mathbf{C}$. Man definiert

$$x \cdot y = (x_1 + ix_2)(y_1 + iy_2) = (x_1 y_1 - x_2 y_2) + i(x_2 y_1 + x_1 y_2).$$

2.1.5 Es sei $\mathbf{X} = \widehat{\mathbf{C}}$ die Riemannsche Zahlensphäre, definiert durch $\widehat{\mathbf{C}} = \mathbf{C} \cup \{\infty\}$. Dies bedeutet, daß $\widehat{\mathbf{C}}$ zusätzlich zu allen Punkten aus $\mathbf{C}$ den „unendlich fernen Punkt" enthält. $\widehat{\mathbf{C}}$ kann man sich folgendermaßen vorstellen und konstruieren: Man legt eine Kugel so auf die Ebene $\mathbf{C}$, daß ihr Südpol auf dem Nullpunkt der Ebene liegt und ihr Nordpol N sich senkrecht darüber befindet. Um zu einem gegebenen Punkt $x \in \mathbf{C}$ einen Punkt x' auf der Kugel zu erhalten, ziehen wir eine gerade Linie von x zum Nordpol N und markieren den Punkt, in dem die Linie den Kugelrand schneidet. So erhalten wir einen eindeutigen Punkt $x' = h(x)$ für jeden Punkt $x \in \mathbf{C}$. Die Transformation $h : \mathbf{C} \longrightarrow Sphäre$ ist offensichtlich stetig in dem Sinne, daß sie nahe beieinander liegende Punkte wieder auf nahe beieinander liegende Punkte abbildet. Je weiter ein Punkt vom Nullpunkt der Ebene $\mathbf{C}$ entfernt ist, desto näher liegt sein Bild an N. $\widehat{\mathbf{C}}$ entsteht, indem man die Reichweite von h

vervollständigt und N zur Sphäre hinzunimmt: Den „unendlich fernen Punkt (∞)" kann man sich als riesigen Kreis vorstellen, der unendlich weit entfernt um $\mathbf{C}$ liegt, und dessen Bild unter h der Punkt N ist. Es ist einfacher, sich $\widehat{\mathbf{C}}$ als ganze Sphäre vorzustellen, statt als Ebene zusammen mit ∞. Wichtig ist, daß $h : \mathbf{C} \longrightarrow$ *Sphäre* **winkeltreu** ist. Das Bild eines Dreiecks der Ebene unter h ist ein gekrümmtes Dreieck auf der Sphäre. Obwohl die Seiten des Dreiecks auf der Sphäre gekrümmt sind, schneiden sie sich in wohldefinierten Winkeln, was man sich verdeutlichen kann, indem man sich die Kugel gewaltig vergrößert vorstellt. Das gekrümmte Dreieck und das zugehörige ebene Dreieck enthalten genau die gleichen Winkel.

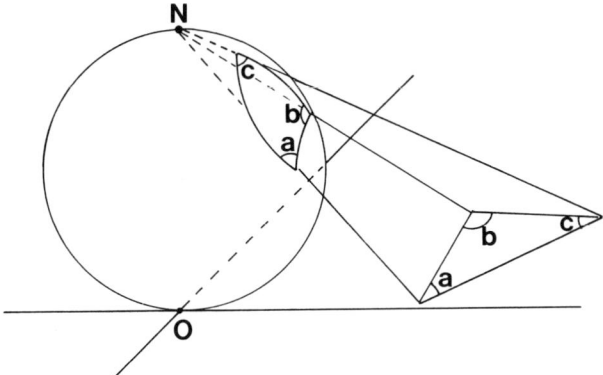

Abb. 2.5 Einem Dreieck in der Ebene entspricht ein gekrümmtes Dreieck auf der Sphäre.

2.1.6 Es sei $\mathbf{X} = \Sigma$ der *Adressenraum* mit N Symbolen. N ist eine positive ganze Zahl, und die Symbole sind die ganzen Zahlen $\{0, 1, 2, ..., N - 1\}$. Alle Folgen, die man aus den N Symbolen bilden kann, wie zum Beispiel

$$x = 2\ 17\ 0\ 0\ 1\ 21\ 15\ (N - 1)\ 3\ 0\ ...,$$

sind Punkte in $\mathbf{X}$. Allgemein können wir für ein Element $x \in \mathbf{X}$ schreiben:

$$x = x_1 x_2 x_3 x_4 x_5 x_6 x_7 x_8 ... \qquad \text{mit} \quad x_i \in \{0, 1, 2, ..., (N - 1)\}.$$

Wegen seiner Bedeutung in vielen Zweigen der Mathematik und Physik wurden diesem Raum viele Namen gegeben. Wenn man jedes Symbol als eine zufällige Auswahl aus N Möglichkeiten interpretiert, so stellt jeder Punkt in diesem Raum eine spezielle Ereignisfolge dar, wobei jedes Ereignis aus N möglichen ausgewählt wurde. In diesem Fall wird der Raum manchmal als *Raum der Bernoulli-Versuche* bezeichnet. Falls man mit mehreren Adressenräumen arbeitet und es nicht klar ist, auf welchen man sich gerade bezieht, so ist es üblich, den Adressenraum mit N Symbolen mit Σ_N zu bezeichnen.

2.1.7 Einige andere beliebte Räume sind folgendermaßen definiert:

a) Eine Kreisscheibe in der Ebene mit Mittelpunkt im Ursprung und endlichem Radius $R > 0$:

$$\bullet = \{x \in \mathbf{R}^2 : x_1^2 + x_2^2 \leq R^2\}.$$

b) Ein „ausgefülltes" Quadrat:

$$\blacksquare = \{x \in \mathbf{R}^2 : 0 \leq x_1 \leq 1, 0 \leq x_2 \leq 1\}.$$

c) Ein Intervall $[a, b] = \{x \in \mathbf{R} : a \leq x \leq b\}$, wobei a und b reelle Zahlen sind, für die $a < b$ gilt.

d) Der Mumien-Raum:

$$\text{🧟} = \{x \in \mathbf{R}^3 : \text{Koordinaten-Punkte, die durch ein}$$
$$\text{sich nicht bewegendes Männchen}$$
$$\text{im } \mathbf{R}^3 \text{ gegeben sind}\}.$$

e) Der Sierpinski-Raum:

$$\triangle = \{x \in \mathbf{R}^2 : x \text{ ist ein Punkt des Sierpinski-Dreiecks}\}.$$

Sierpinski-Dreicke werden erst später definiert, und im Text tauchen sie häufig unter dem hier benutzten Symbol auf. Sie finden Sierpinski-Dreiecke in den Abbildungen 3.37, 3.38 und 4.2.

Aufgaben/Beispiele

2.1.8   Zeigen Sie, daß die Beispiele in 2.1.5 und 2.1.7 keine Vektorräume sind. Benutzen Sie dazu die übliche Addition und Multiplikation mit reellen Zahlen!

2.1.9   Die Bezeichnung $A \subset \mathbf{X}$ bedeutet: A ist eine *Teilmenge* von $\mathbf{X}$, d. h., daß aus $x \in A$ auch stets $x \in \mathbf{X}$ folgt. In Zeichen: $x \in A \Rightarrow x \in \mathbf{X}$. Der Pfeil $\Rightarrow$ steht hier für „daraus folgt". Das Zeichen $\emptyset$ bezeichnet die leere Menge, die dadurch definiert ist, daß für sie die Behauptung „$x \in \emptyset$" immer falsch ist. Mit $\{x\}$ bezeichnen wir die Menge, die nur einen einzigen Punkt $x \in \mathbf{X}$ enthält. Zeigen Sie, daß aus $x \in \mathbf{X}$ stets $\{x\} \subset \mathbf{X}$ folgt!

2.1.10   Jede Punktmenge bildet einen Raum, wenn wir sie als solchen definieren wollen. Die Punkte haben die Eigenschaften, die wir für sie auswählen. Begründen Sie, warum die oben ausgewählten Räume wichtig sind und beschreiben Sie andere, gleichermaßen wichtige Räume!

2.1.11   Es seien $\mathbf{X}_1$ und $\mathbf{X}_2$ Räume. Aus diesen beiden kann man einen neuen Raum $\mathbf{X}_1 \times \mathbf{X}_2$, das *kartesische Produkt* von $\mathbf{X}_1$ und $\mathbf{X}_2$, bilden. Ein Punkt in $\mathbf{X}_1 \times \mathbf{X}_2$ wird durch das geordnete Zahlenpaar (x_1, x_2) gegeben, wobei $x_1 \in \mathbf{X}_1$ und $x_2 \in \mathbf{X}_2$. Beispielsweise ist $\mathbf{R}^2$ das kartesische Produkt von $\mathbf{R}$ und $\mathbf{R}$.

2.1.12   Ein anderes Beispiel für ein kartesisches Produkt ist

$$\mathbf{X} = \{(x, y) : x, y \in \Sigma\} = \Sigma \times \Sigma,$$

wobei Σ der Adressenraum mit N Symbolen ist. Dazu gibt es eine Interpretation in Zusammenhang mit den in Aufgabe 2.1.6 erwähnten Zufallsexperimenten. Wir nennen y die Vergangenheit und x die Zukunft. Dann repräsentiert jedes Element des Raumes eine Folge von „Münzwürfen" (die Münzen sind eigentlich Würfel mit N Seiten). y stellt die Würfe dar, die schon gemacht wurden, wobei mit dem letzten begonnen wird. x repräsentiert die zukünftigen Würfe, wobei man mit dem nächsten anfängt. Wir schreiben den Punkt (x, y) als

$$\ldots y_3 y_2 y_1 \, . \, x_1 x_2 x_3 \ldots \qquad .$$

Dabei markiert der Punkt die Gegenwart. Wenn wir den Punkt nach rechts schieben, so wird ein zukünftiger Wurf zu einem Wurf aus der Vergangenheit, d. h., hierdurch wird offensichtlich ein Münzwurf dargestellt. Die Verschiebung des Punktes wird als *Shift* bezeichnet, und der Raum heißt *Shiftraum mit N Symbolen*. Er wird ebenfalls mit Σ gekennzeichnet. Ob man sich auf diesen Raum oder auf den Adessenraum bezieht, ergibt sich normalerweise aus dem Kontext. In diesem Buch ist Σ immer der Adressenraum, solange nichts anderes erwähnt ist.

2.2   Metrische Räume

Das Symbol $\forall$ bedeutet im folgenden „für alle". Außerdem führen wir die Bezeichnung $A \setminus B$ als Abkürzung für „die Menge A ohne die Menge B" ein. Genauer: $A \setminus B = \{x \in A : \ x \notin B\}$.

Definition 2.2. Ein *metrischer Raum* $(\mathbf{X}, d)$ ist eine Menge $\mathbf{X}$ zusammen mit einer reell-wertigen Funktion $d : \mathbf{X} \times \mathbf{X} \to \mathbf{R}$, die den Abstand zwischen Punktpaaren $x, y \in \mathbf{R}$ mißt. Wir verlangen, daß d die folgenden Eigenschaften besitzt:

1. $d(x, y) = d(y, x) \quad \forall x, y \in \mathbf{X}$,

2. $0 < d(x, y) < \infty \quad \forall x, y \in \mathbf{X}, \ x \neq y$,

3. $d(x, x) = 0 \quad \forall x \in \mathbf{X}$,

4. $d(x, y) \leq d(x, z) + d(z, y) \quad \forall x, y, z \in \mathbf{X}$.

Eine solche Funktion d heißt *Metrik* auf $\mathbf{X}$.

Der Begriff der kürzesten Wege zwischen zwei Punkten eines Raumes, den *Geodäten*, hängt von der Metrik des Raumes ab. Die Metrik kann eine *geodätische Struktur* auf dem Raum festlegen. Auf der Sphäre sind die Geodäten die Großkreise, in der mit der cuklidischen Metrik versehenen Ebene sind sie die Geraden.

Aufgaben/Beispiele

2.2.1 Zeigen Sie, daß die folgenden Funktionen $d : \mathbf{R}^2 \to \mathbf{R}$ Metriken auf dem Raum $\mathbf{X} = \mathbf{R}$ sind:

    a) $d(x, y) = |x - y|$ (euklidische Metrik)

    b) $d(x, y) = 2 \cdot |x - y|$

    c) $d(x, y) = |x^3 - y^3|$.

2.2.2 Zeigen Sie, daß die folgenden Funktionen $d : \mathbf{R}^2 \to \mathbf{R}$ Metriken auf dem Raum $\mathbf{X} = \mathbf{R}^2$ sind:

    a) $d(x, y) = \sqrt{(x_1 - y_1)^2 + (x_2 - y_2)^2}$ (euklidische Metrik)

    b) $d(x, y) = |x_1 - y_1| + |x_2 - y_2|$ (Manhattan Metrik).

Warum heißt b) wohl die „Manhattan Metrik"?

2.2.3 Zeigen Sie, daß $d(x, y) = |xy|$ keine Metrik auf $\mathbf{R}$ definiert!

2.2.4 Es sei $\mathbf{R}^2 \setminus \{0\}$ die gelochte Ebene und $d(x, y)$ folgendermaßen definiert:

$$d(x, y) = |r_1 - r_2| + |\theta|,$$

wobei r_1 den euklidischen Abstand von x zu 0 und r_2 den euklidischen Abstand von y zu 0 bezeichnet. 0 ist der Ursprung, und θ ist der kleinste Winkel, der von den beiden Linien, die x bzw. y mit dem Ursprung verbinden, eingeschlossen wird. Zeigen Sie, daß d eine Metrik ist!

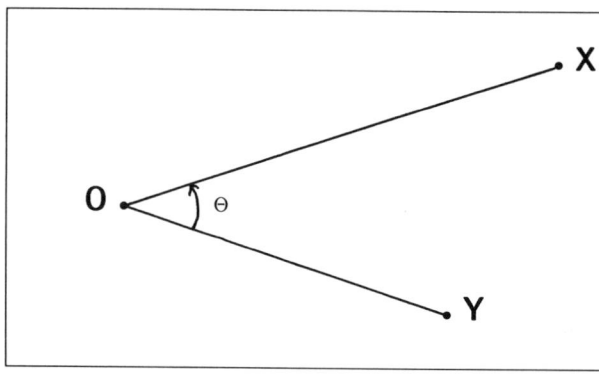

Abb. 2.6 (Der Winkel θ und die Abstände r_1, r_2 werden benutzt, um eine Metrik auf der gelochten Ebene zu definieren.) Spitzer Winkel, eingeschlossen von zwei geraden Linien.

2.2.5 Auf dem Adressenraum Σ sei die folgende Funktion $d : \Sigma^2 \to \mathbf{R}$ definiert:

$$d(x, y) = d(x_1 x_2 x_3 \ldots, \ y_1 y_2 y_3 \ldots) = \sum_{i=1}^{\infty} \frac{|x_i - y_i|}{(N + 1)^i}.$$

Zeigen Sie, daß jedes Punktepaar aus Σ einen *endlichen* Abstand hat! Das heißt, d ist tatsächlich eine Funktion, die $\Sigma \times \Sigma$ auf $\mathbf{R}$ abbildet. Weisen Sie nach, daß (Σ, d) ein metrischer Raum ist und versuchen Sie, sich eine mögliche Geometrie auf Σ vorzustellen! (Vorsicht, verwechseln Sie das Symbol Σ für den Raum nicht mit dem Summationszeichen $\sum\limits_{i=1}^{\infty}$.)

2.2.6 Wir definieren den Shiftraum mit N Symbolen $\mathbf{X} = \{(x, y) : x, y \in \Sigma\}$ wie in Aufgabe 2.1.12. Wir können einen *euklidischen* Abstand festlegen, indem wir jede Koordinate als eine Zahl zur Basis $N + 1$ ansehen, die zwischen 0 und 1 liegt. Das bedeutet, der Abstand zwischen (x, y) und (u, v) wird durch

$$\sqrt{\left(\sum_{i=1}^{\infty} \frac{x_i - u_i}{(N+1)^i} \right)^2 + \left(\sum_{i=1}^{\infty} \frac{y_i - v_i}{(N+1)^i} \right)^2}$$

bestimmt. Zeigen Sie, daß dieses tatsächlich ein metrischer Raum ist!

2.2.7 Im Raum $\mathbf{X} =$ sei $d(x, y)$ die euklidische Länge des kürzesten Pfades, der x und y miteinander verbindet und vollständig in $\mathbf{X}$ liegt. Zeigen Sie, daß damit eine Metrik gegeben ist, und überlegen Sie, ob diese Metrik in der Anatomie brauchbar sein kann! Die Entfernung zwischen einem Fußnagel und einer Fingerspitze hängt hier nicht besonders von der Körperhaltung ab, was aber für den üblichen räumlichen Abstand der Fall ist.

2.2.8 Überlegen Sie sich eine Funktion $d : \blacksquare \times \blacksquare \to \mathbf{R}$, die keine Metrik ist! Definieren Sie auf dem Raum eine Metrik, die ihn als gekrümmte Wand eines Zylinders erscheinen läßt: .

2.2.9 Zeigen Sie, daß auf $\mathbf{X} = \widehat{\mathbf{C}}$ durch den kleinsten Abstand auf den Großkreisen der Sphäre eine Metrik definiert ist! Vergleichen Sie die Abstände von 0 und von $1 + i$ zu ∞.

Definition 2.3. Zwei Metriken d_1 und d_2 eines Raumes $\mathbf{X}$ sind äquivalent, wenn es Konstanten $0 < c_1 < c_2 < \infty$ gibt, so daß

$$c_1 d_1(x, y) \leq d_2(x, y) \leq c_2 d_1(x, y) \quad \forall (x, y) \in \mathbf{X} \times \mathbf{X}.$$

Aufgaben

2.2.10 Definition 2.3 wirkt unsymmetrisch und scheint an d_1 und d_2 nicht die gleichen Bedingungen zu stellen. Zeigen Sie, daß das eine Täuschung ist, indem Sie die folgende Aussage beweisen: Es seien d_1 und d_2 Metriken wie in Definition 2.3, dann gibt es Konstanten $0 < e_1 < e_2 < \infty$, so daß gilt:

$$e_1 d_2(x, y) < d_1(x, y) < e_2 d_2(x, y) \quad \forall (x, y) \in \mathbf{X} \times \mathbf{X}.$$

2.2.11 Sind die Manhattan Metrik und die euklidische Metrik äquivalent auf $\blacksquare \subset \mathbf{R}^2$? Sind sie auf $\mathbf{R}^2$ äquivalent?

2.2.12 Zeigen Sie, daß die Metrik aus Beispiel 2.2.4 *nicht* äquivalent zur euklidischen Metrik auf $\bullet \setminus \{0\}$ ist!

Eine dem Begriff der äquivalenten Räume zugrundeliegende Vorstellung ist, daß jedes Paar äquivalenter Metriken die gleiche Vorstellung davon vermittelt, welche Punkte dicht beieinander liegen und welche weit voneinander entfernt sind. Es ist, als gäbe es eine Standard-Weise, den Raum begrenzt zu deformieren, wobei Abstände vor und nach der Deformation gemessen werden.

Betrachten Sie zum Beispiel ein Punktepaar x und y in $\blacksquare \subset \mathbf{R}^2$. Der euklidische Abstand zwischen diesen Punkten sei $d_1(x, y)$. Stellen Sie sich ein dünnes Stück Gummi vor, welches auf $\blacksquare$ liegt. Dieses Gummi wird auf eine wiederholbare Art und Weise verzerrt, wodurch Kopien der Punkte x und y an einen neuen Platz (Abbildung 2.7) bewegt werden. Der euklidische Abstand zwischen den bewegten Punkten sei $d_2(x, y)$. Die Äquivalenzbedingung besteht aus der Forderung, daß es keine extremen (unendlichen) Ausdehnungen oder Zusammenstauchungen des Raumes gibt.

Dies vermittelt uns die Vorstellung von äquivalenten metrischen Räumen.

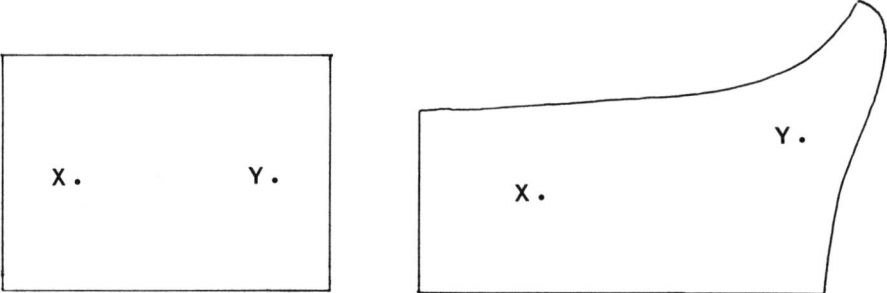

Abb. 2.7   Ein dünnes Gummiplättchen liegt auf dem $\blacksquare$ in der Ebene und wird ausgedehnt. Die euklidischen Abstände zwischen Punkten werden vor und nach der Verzerrung gemessen, wodurch sich zwei Metriken ergeben. Diese Metriken können äquivalent sein, falls die Deformation weder zu Rissen oder Löchern, noch zu unendlicher Ausdehnung führt.

Definition 2.4. Zwei metrische Räume $(\mathbf{X}_1, d_1)$ und $(\mathbf{X}_2, d_2)$ sind *äquivalent*, falls es eine injektive und surjektive (und damit invertierbare)[1] Funktion $h :$ $\mathbf{X}_1 \to \mathbf{X}_2$ gibt, so daß die Metrik $\widetilde{d_1}$ auf $\mathbf{X}_1$ mit

$$\widetilde{d_1}(x, y) = d_2(h(x), h(y)) \qquad \forall x, y \in \mathbf{X}_1,$$

äquivalent zu d_1 ist.

Man kann sich Definition 2.4 so vorstellen, daß man verlangt, daß $\mathbf{X}_1$ und $\mathbf{X}_2$ durch eine begrenzte Verzerrung ineinander überführbar sind. Nirgends gibt

---
[1]Diese Begriffe werden in Definition 3.1 erklärt. (Anm. d. Übers.)

es beliebig große Stauchungen oder Ausdehnungen, außerdem keine Überlappungen, Faltungen oder Risse.

Definition 2.5. Eine Funktion $f : \mathbf{X}_1 \to \mathbf{X}_2$ zwischen metrischen Räumen $(\mathbf{X}_1, d_1)$ und $(\mathbf{X}_2, d_2)$ heißt *stetig*, falls es zu jedem $\epsilon > 0$ und $x \in \mathbf{X}_1$ ein $\delta > 0$ gibt, so daß

$$d_1(x, y) < \delta \Rightarrow d_2(f(x), f(y)) < \epsilon.$$

Falls f außerdem *surjektiv* und *injektiv*, damit also *invertierbar* ist, und darüberhinaus die Inverse f^{-1} von f stetig ist, dann bezeichnen wir f als *Homöomorphismus* zwischen $\mathbf{X}_1$ und $\mathbf{X}_2$. In diesem Fall heißen $\mathbf{X}_1$ und $\mathbf{X}_2$ *homöomorph* zueinander.

Die Aussage, daß zwei Räume äquivalent sind, ist viel stärker als die Feststellung, daß sie homöomorph sind: um äquivalent zu sein muß eine begrenzte Beziehung zwischen ϵ und δ bestehen, die unabhängig von x ist. Homöomorphie ist die Äquivalenzbeziehung für topologische Eigenschaften: Zwei Räume, die homöomorph sind, sind identische *topologische* Räume. Zwei Metriken d_1 und d_2 auf einem gegebenem Raum $\mathbf{X}$ sind topologisch identisch (d. h., sie definieren denselben topologischen Raum), wenn die *Identitätsabbildung* $\iota : (\mathbf{X}, d_1) \to (\mathbf{X}, d_2)$, welche durch $\iota(x) = x$ gegeben ist, ein Homöomorphismus ist.

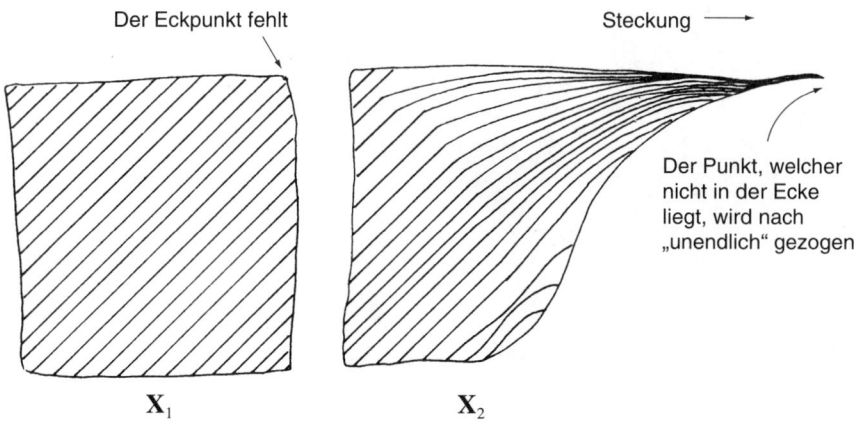

Der Eckpunkt fehlt

Steckung →

Der Punkt, welcher nicht in der Ecke liegt, wird nach „unendlich" gezogen

$\mathbf{X}_1$ $\mathbf{X}_2$

$\mathbf{X}_1$ und $\mathbf{X}_2$ sind homöomorph: Sie besitzen die gleiche Topologie.
Sie sind jedoch nicht äquivalent: Ihre Geometrien sind grundlegend verschieden.

Abb. 2.8 Dieses Bild zeigt ein Beispiel für zwei metrische Räume $\mathbf{X}_1$ und $\mathbf{X}_2$, die zwar die gleiche Topologie haben, aber nicht metrisch äquivalent sind.

Aufgaben/Beispiele

2.2.13 Es seien $\mathbf{X}_1 = [1, 2]$ und $\mathbf{X}_2 = [0, 1]$. d_1 bezeichne die euklidische Metrik, und $d_2(x, y) = 2 \cdot |x - y|$ sei die Metrik in $\mathbf{X}_2$. Zeigen Sie, daß $(\mathbf{X}_1, d_1)$ und $(\mathbf{X}_2, d_2)$ äquivalente metrische Räume sind!

2.2.14 Zeigen Sie, daß (■, euklidisch) und (■, Manhattan) äquivalente metrische Räume sind!

2.2.15 Zeigen Sie, daß (**C**, euklidisch) und ($\mathbf{R}^2$, Manhattan) äquivalente metrische Räume sind!

2.2.16 Auf dem Raum $\mathbf{X} = (0, 1] = \{x \in \mathbf{R} : \ 0 < x \le 1\}$ seien zwei Metriken gegeben durch

$$d_1(x, y) = |x - y| \quad \text{und} \quad d_2(x, y) = \left| \frac{1}{x} - \frac{1}{y} \right|.$$

Zeigen Sie, daß $(\mathbf{X}, d_1)$ und $(\mathbf{X}, d_1)$ äquivalente metrische Räume sind!

2.2.17 Abbildung 2.9 zeigt eine Teilmenge (schwarz) des Raumes (■, euklidisch) und außerdem metrisch äquivalente Deformationen dieses Raumes und seiner Teil-

Abb. 2.9 a)   Welche Eigenschaften der (schwarzen) Menge sind invariant unter metrischen Äquivalenzabbildungen? Zwei zu a) metrisch äquivalente Mengen werden in b) und c) gezeigt.

menge. Überlegen Sie sich, welche Eigenschaften des Raumes a) unter beliebigen metrische Äquivalenzen und b) unter beliebigen Homöomorphismen invariant bleiben! Bis zu welchem Grad kann man diese Invarianzen vielleicht „sehen"? Wie stark kann ein Bild verformt werden, so daß man es trotzdem noch wiedererkennen kann? Betrachten Sie beispielsweise die Spiegelungen von Mengen oder Bildern auf der Rückseite eines glänzenden Löffels!

2.2.18 Zeigen Sie: Sind zwei Räume metrisch äquivalent, dann gibt es zwischen ihnen einen Homöomorphismus.

2.2.19 Wir können durch

$$d_k(x, y) = \sum_{i=1}^{\infty} \frac{|x_i - y_i|}{k^i}$$

auf unserem Adressenraum Σ Metriken definieren, wobei $k > 1$ ist. Die wichtigsten Fälle für k sind $N + 1$ und N, aber andere Werte (meistens reelle Zahlen zwischen diesen beiden) sind nützlich. Zeigen Sie, daß die Funktionen $d_k : \Sigma \times \Sigma \to \mathbf{R}$ Metriken und daß diese Metriken topologisch identisch sind!

Abb. 2.9 b)

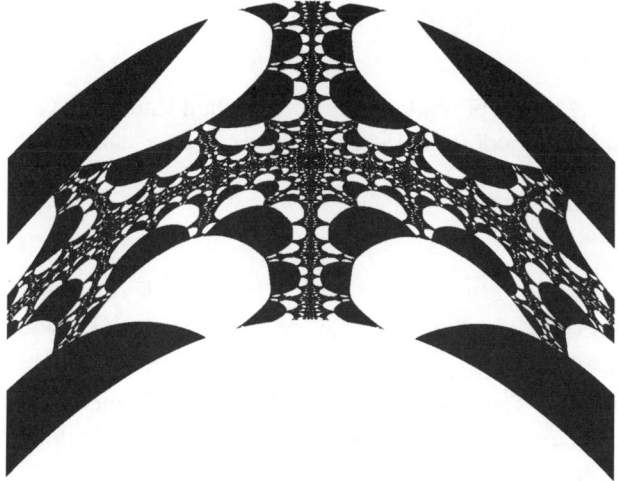

Abb. 2.9 c)

2.3   Cauchy-Folgen, Grenzwerte, abgeschlossene Mengen, perfekte Mengen und vollständige metrische Räume

Die fraktale Geometrie beschäftigt sich mit der Beschreibung, Klassifizierung, Untersuchung und Beobachtung von Teilmengen metrischer Räume $(\mathbf{X}, d)$. Metrische Räume haben meistens, allerdings nicht immer, einen „einfachen" geometrischen Charakter, während die Teilmengen üblicherweise geometrisch „kompliziert" sind. Es gibt eine ganze Reihe allgemeiner Eigenschaften von Teilmengen metrischer Räume, die immer wieder vorkommen, die sehr grundlegend sind und die einen Teil eines Vokabulars bilden, mit dem wir fraktale Mengen und andere Teilmengen metrischer Räume beschreiben können. Einige dieser Eigenschaften, wie Offenheit und Abgeschlossenheit, die wir gleich vorstellen werden, sind „topologische" Eigenschaften, womit wir meinen, daß sie invariant bezüglich Homöomorphismen sind.

Für uns ist jedoch eine weitere Klasse von Eigenschaften besonders wichtig, nämlich die all jener, die invariant bezüglich der Äquivalenz metrischer Räume sind. Darunter fallen Offenheit, Abgeschlossenheit, Beschränktheit, Vollständigkeit, Kompaktheit und die Eigenschaft, perfekt zu sein. Diese Begriffe werden in diesem und im nächsten Abschnitt eingeführt. Später werden wir noch eine weitere Eigenschaft entdecken: die fraktale Dimension einer Menge. Besitzt eine Teilmenge eines metrischen Raumes eine dieser Eigenschaften und wird der Raum in begrenztem Maße verformt, so hat die entsprechende Teilmenge im verzerrten Raum immer noch die gleiche Eigenschaft.

Aber es geht in diesem Abschnitt auch noch um etwas anderes. Auf unserer Suche nach Fraktalen werden wir uns immer in einem bestimmten Typ von metrischen Räumen umsehen, den sogenannten „vollständigen" metrischen Räumen. Deshalb müssen wir diesen Begriff verstehen.

Definition 2.6. Eine Folge $\{x_n\}_{n=1}^{\infty}$ von Punkten eines metrischen Raumes $(\mathbf{X}, d)$ heißt eine *Cauchy-Folge*, falls für jede beliebige Zahl $\epsilon > 0$ eine ganze Zahl $N > 0$ existiert, so daß

$$d(x_n, x_m) < \epsilon \quad \text{für alle } n, m > N.$$

Mit anderen Worten heißt das, daß die Punkte der Folge immer dichter zusammenrücken, je länger die Folge wird (Abbildung 2.10).

Trotzdem können wir aus der Tatsache, daß die Folgenwerte immer näher beieinander liegen, nicht schließen, daß sie sich einem Punkt annähern. Vielleicht streben sie auf einen Punkt zu, der gar nicht da ist?

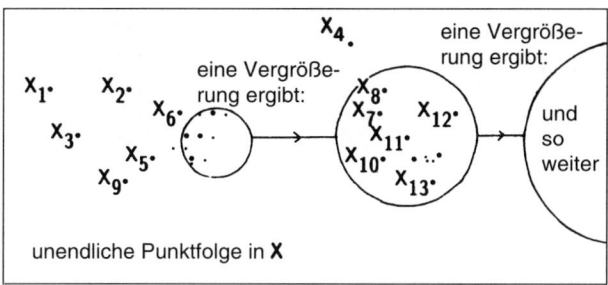

Abb. 2.10 Wiederholte Vergrößerung einer Cauchy-Folge, einer Folge unendlich vieler Punkte in **X**. Obwohl die Punkte immer näher und näher zusammenrücken, wenn man sie sich unter ständiger Vergrösserung ansieht, bedeutet dies nicht, daß es einen Punkt x gibt, gegen den die Folge konvergiert!

Definition 2.7. Eine Folge $\{x_n\}_{n=1}^{\infty}$ von Punkten eines metrischen Raumes $(\mathbf{X}, d)$ *konvergiert* gegen einen Punkt $x \in \mathbf{X}$, falls für jede beliebige Zahl $\epsilon > 0$ eine ganze Zahl $N > 0$ existiert, so daß

$$d(x_n, x) < \epsilon \quad \text{für alle} \quad n > N.$$

In diesem Fall heißt der Punkt $x \in \mathbf{X}$, gegen den die Folge konvergiert, *Grenzwert* der Folge, und wir bezeichnen ihn mit

$$x = \lim_{n \to \infty} x_n.$$

Der Grenzwert x einer konvergenten Folge $\{x_n\}_{n=1}^{\infty}$ hat die folgende Eigenschaft: Es sei

$$B(x, \epsilon) = \{y \in \mathbf{X} : \ d(x, y) \leq \epsilon\}$$

eine abgeschlossene Kugel mit dem Radius $\epsilon > 0$ und dem Mittelpunkt x (Abbildung 2.11).

Jede solche Kugel um x enthält von einem bestimmten Index N an alle Punkte x_n, wobei N üblicherweise immer größer und größer wird, falls ϵ immer kleiner wird, (Abbbildung 2.12.)

Satz 2.1. *Konvergiert eine Folge von Punkten $\{x_n\}_{n=1}^{\infty}$ eines metrischen Raumes $(\mathbf{X}, d)$ gegen einen Punkt $x \in \mathbf{X}$, dann ist $\{x_n\}_{n=1}^{\infty}$ eine Cauchy-Folge.*

Definition 2.8. Ein metrischer Raum $(\mathbf{X}, d)$ ist *vollständig*, falls jede Cauchy-Folge $\{x_n\}_{n=1}^{\infty}$ in $\mathbf{X}$ einen Grenzwert $x \in \mathbf{X}$ besitzt.

Mit anderen Worten, im Raum $\mathbf{X}$ existiert tatsächlich ein Punkt x, gegen den die Folge konvergiert. Dieser Punkt x ist natürlich der Grenzwert der Folge. Ist

a)   b)   c)   d)

Abb. 2.11 Unscheinbare kleine Kugel $B(x, \epsilon)$ mit Mittelpunkt x und Radius ϵ. Von wegen! Kugeln sehen üblicherweise nicht wie Kugeln aus, denn das hängt von der Metrik und vom Raum ab. Die Kugeln a)–c) stellen Kugeln (schwarz gezeichnet) in verschiedenen Räumen $\mathbf{X}$ dar, wobei $\mathbf{X}$ jeweils eine, mit der euklidischen Metrik versehene, Teilmenge des $\mathbf{R}^2$ ist. In a) hat $\mathbf{X}$ als Teilmenge des $\mathbf{R}^2$ einen ausgefransten Rand, also gibt es auch Kugeln mit Fransen. Die Kugel in b) besteht aus nur einem isolierten Punkt $x \in \mathbf{X}$, und in c) ist $\mathbf{X}$ ein gekrümmtes Sierpinski-Dreieck. Die in d) dargestellte Kugel liegt im $\mathbf{R}^2$, aber diesmal ist die Metrik $d(x, y) = \max\{|x_1 - y_1|, |x_2 - y_2|\}$.

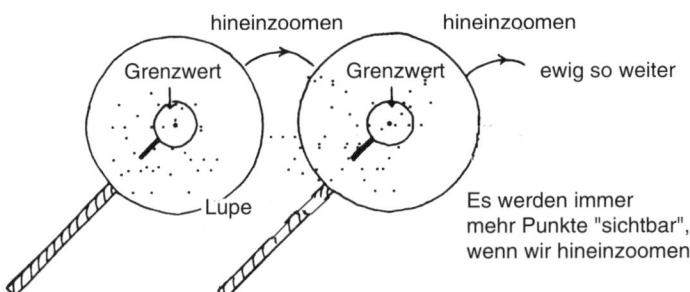

Abb. 2.12 So sieht es in der Nähe eines Grenzwertes aus, wenn man mit einer Lupe durch eine Lupe guckt.

$\{x_n\}_{n=1}^{\infty}$ eine Cauchy-Folge von Punkten aus $\mathbf{X}$ und ist $\mathbf{X}$ vollständig, dann gibt es einen Punkt $x \in \mathbf{X}$, so daß für jedes $\epsilon > 0$ unendlich viele Punkte der Folge x_n in der Kugel $B(x, \epsilon)$ liegen.

Wir werden gelegentlich die Schreibweise $\{x_n\}$ statt $\{x_n\}_{n=1}^{\infty}$ verwenden, und ebenso lim anstelle von $\lim\limits_{n \to \infty}$, falls der Definitionsbereich aus dem Kontext klar ist.

Aufgaben

2.3.1   Beweisen Sie: Ist $\{x_n\}_{n=1}^{\infty}$ eine Cauchy-Folge in $\mathbf{X}$ und ist $\mathbf{X}$ vollständig, dann gibt es einen Punkt $x \in \mathbf{X}$, so daß für jedes $\epsilon > 0$ unendlich viele Punkte der Folge x_n in der Kugel $B(x, \epsilon)$ liegen!

2.3.2   Zeigen Sie, daß ($\mathbf{R}$, euklidisch) ein vollständiger metrischer Raum ist!

2.3.3   Zeigen Sie, daß ($\mathbf{R}^2$, euklidisch) ein vollständiger metrischer Raum ist!

2.3.4   Zeigen Sie, daß ($\blacksquare$, euklidisch) ein vollständiger metrischer Raum ist!

2.3.5   Zeigen Sie, daß (**C**, Metrik auf der Sphäre) ein vollständiger metrischer Raum ist!

2.3.6   Zeigen Sie, daß (Σ, Metrik des Adressenraumes) ein vollständiger metrischer Raum ist!

2.3.7   Zeigen Sie, daß ($C[0, 1], D$) ein vollständiger metrischer Raum ist, wobei die Metrik D wie folgt definiert ist:

$$D(f, g) = \max\{|f(s) - g(s)| : s \in [0, 1]\}.$$

2.3.8   Seien ($\mathbf{X}_1, d_1$) und ($\mathbf{X}_2, d_2$) äquivalente metrische Räume. Unter der Annahme, ($\mathbf{X}_1, d_1$) sei vollständig, zeigen Sie daß ($\mathbf{X}_2, d_2$) vollständig ist!

2.3.9   Zeigen Sie, daß es zwischen den meisten Punktepaaren im metrischen Raum (■, Manhattan) viele verschiedene „kürzeste" Wege gibt!

2.3.10   Beweisen Sie Satz 2.1!

2.3.11   Beweisen Sie, daß jede Folge von Punkten eines metrischen Raumes höchstens einen Grenzwert haben kann!

Definition 2.9. $S \subset \mathbf{X}$ sei eine Teilmenge des metrischen Raumes ($\mathbf{X}, d$). Ein Punkt $x \in \mathbf{X}$ heißt *Häufungspunkt* von S, falls es eine Folge $\{x_n\}_{n=1}^{\infty}$ von Punkten $x_n \in S \setminus \{x\}$ gibt, so daß $\lim_{n \to \infty} x_n = x$ gilt.

Definition 2.10. $S \subset \mathbf{X}$ sei eine Teilmenge des metrischen Raumes ($\mathbf{X}, d$). Der *Abschluß* von S wird mit $\overline{S}$ bezeichnet. Er ist gegeben durch $\overline{S} = S \cup \{$Häufungspunkte von $S\}$. S heißt *abgeschlossen*, falls S alle seine Häufungspunkte enthält, d. h. $S = \overline{S}$. Die Menge S heißt *perfekt*, falls S gleich der Menge aller ihrer Häufungspunkte ist.

2.3.12   Weisen Sie nach, daß die Folge $\{x_n\}_{n=1}^{\infty}$ im metrischen Raum ($[0, 1]$, euklidisch) den Grenzwert 0 besitzt, daß dies aber nicht im metrischen Raum ($[0, 1]$, euklidisch) gilt!

2.3.13   Der metrische Raum ($\mathbf{X}, d$) bestehe aus einem einzigen Punkt $\mathbf{X} = \{a\}$ und sei mit der durch $d(a, a) = 0$ definierten Metrik versehen. Zeigen Sie, daß $\mathbf{X}$ eine Cauchy-Folge und den Grenzwert einer Cauchy-Folge enthält, aber keinen Häufungspunkt besitzt. Zeigen Sie also, daß $\mathbf{X}$ abgeschlossen und vollständig, aber nicht perfekt ist!

2.3.14   Zeigen Sie, daß die Folge $\{x_n = n\}_{n=1}^{\infty}$ in ($\mathbf{R}$, euklidisch) keinen Grenzwert besitzt, daß es aber einen Grenzwert gibt, wenn man die Folgenwerte als Punkte in ($\mathbf{C}$, Metrik auf der Sphäre) auffaßt!

2.3.15   Es seien ($\mathbf{X}_1, d_1$) und ($\mathbf{X}_2, d_2$) äquivalente metrische Räume und $h : \mathbf{X}_1 \to \mathbf{X}_2$ der zugehörige Homöomorphismus. Zeigen Sie, daß die beiden Aussagen „$x \in \mathbf{X}_1$ ist ein Häufungspunkt von $S \subset \mathbf{X}_1$" und „$h(x) \in \mathbf{X}_2$ ist ein Häufungspunkt von $h(S) \subset \mathbf{X}_2$" äquivalent sind! Wir benutzen hierbei die Schreibweise

$$h(S) = \{h(s) : s \in S\}.$$

2.3.16 Finden Sie alle Häufungspunkte der Menge

$$\left\{ x_n = \left(\frac{1}{n} + (-1)^n, \ \frac{1}{n} + (-1)^{2n} \right) : \ n = 1, 2, 3, \dots \right\},$$

die als Teilmenge des metrischen Raumes $([-2, 2] \times [-2, 2]$, euklidisch) aufgefaßt wird!

2.3.17 Zeigen Sie, daß die Teilmenge $\{x_n = \frac{1}{n} : \ n = 1, 2, 3, \dots\}$ in $((0, 1]$, euklidisch) abgeschlossen ist!

2.3.18 Zeigen Sie, daß $S = [0, 1]$ eine perfekte Teilmenge von $(\mathbf{R}$, euklidisch) ist!

2.3.19 Zeigen Sie, daß $S = \{\frac{1}{n} : \ n = 1, 2, 3, \dots\} \cup \{0\}$ keine perfekte Teilmenge von $(\mathbf{R}$, euklidisch) ist, daß aber $S = \overline{S}$ gilt!

2.3.20 Zeigen Sie, daß $S = \Sigma$ eine perfekte Teilmenge von $(\Sigma$, Metrik des Adressenraumes) ist!

2.3.21 Es sei S eine Teilmenge eines vollständigen metrischen Raumes $(\mathbf{X}, d)$. Dann ist (S, d) ein metrischer Raum. Zeigen Sie, daß (S, d) genau dann vollständig ist, wenn S in $\mathbf{X}$ abgeschlossen ist!

2.4 Kompakte Mengen, beschränkte Mengen, offene Mengen, Inneres und Ränder

Wir fahren damit fort, die grundlegenden Eigenschaften zu untersuchen, die wir brauchen, um Mengen und Teilmengen von metrischen Räumen zu beschreiben. Wo sind die Fraktale? Was sind sie? Sie sind überall, und bald werden Sie sie sehen können: nicht nur die Bilder, die eher Schatten sind, sondern mit Ihrem geistigen Auge werden Sie erkennen, daß es sie wirklich *gibt*.

Definition 2.11. Es sei $S \subset \mathbf{X}$ Teilmenge eines metrischen Raumes $(\mathbf{X}, d)$. S heißt *kompakt*, falls jede unendliche Folge $\{x_n\}_{n=1}^{\infty}$ in S eine Teilfolge enthält, die einen Grenzwert in S besitzt[2].

Definition 2.12. Es sei $S \subset \mathbf{X}$ eine Teilmenge eines metrischen Raumes $(\mathbf{X}, d)$. S heißt *beschränkt*, falls es einen Punkt $a \in \mathbf{X}$ und eine Zahl $R > 0$ gibt, so daß gilt:

$$d(a, x) < R \quad \forall x \in S.$$

---

[2]In der Literatur wird diese Eigenschaft oft mit *folgenkompakt* bezeichnet, während *kompakt* allgemeiner gefaßt wird. Wir werden uns aber auf die hier gegebene Definition beschränken. (Anm. d. Übers.)

Definition 2.13. Es sei $S \subset \mathbf{X}$ eine Teilmenge eines metrischen Raumes $(\mathbf{X}, d)$. S heißt *total beschränkt*, falls es für jedes $\epsilon > 0$ eine endliche Menge von Punkten $\{y_1, y_2, ..., y_n\} \subset S$ gibt, so daß folgendes gilt: Für jedes $x \in S$ gibt es ein $y_i \in \{y_1, y_2, ..., y_n\}$ mit $d(x, y_i) < \epsilon$. Eine solche Menge von Punkten $\{y_1, y_2, ..., y_n\}$ heißt ein *ϵ-Netz*.

Satz 2.2. *Es sei $(\mathbf{X}, d)$ ein vollständiger metrischer Raum und $S \subset \mathbf{X}$. S ist genau dann kompakt, wenn S abgeschlossen und total beschränkt ist.*

Beweis. Angenommen, S wäre abgeschlossen und total beschränkt. Es sei $\{x_i \in S\}$ eine unendliche Punktfolge in S. Da S total beschränkt ist, können wir endlich viele Kugeln vom Radius 1 finden, die S überdecken, d. h., S ist in der Vereinigung dieser Kugeln enthalten. Nach dem Taubenschlag-Prinzip (eine große Anzahl Tauben legt in zwei Briefkästen Eier $\Rightarrow$ in mindestestens einem Briefkasten sitzt eine große Anzahl wütender Tauben) enthält mindestens eine der Kugeln, sagen wir B_1, unendlich viele der Punkte x_n. Man wähle N_1 so, daß $x_{N_1} \in B_1$. Wie man leicht sieht, ist $B_1 \cap S$ total beschränkt, und wir können deshalb $B_1 \cap S$ durch endlich viele Kugeln mit dem Radius $\frac{1}{2}$ überdecken. Nach dem Taubenschlag-Prinzip enthält eine der Kugeln, sagen wir B_2, unendlich viele der Punkte x_n. Man wählt N_2 so, daß $x_{N_2} \in B_2$ und $N_2 > N_1$. Auf diese Weise fahren wir fort und konstruieren somit eine ineinandergeschachtelte Folge von Kugeln

$$B_1 \supset B_2 \supset B_3 \supset B_3 \supset B_4 \supset B_5 \supset B_6 \supset B_7 \supset \cdots \supset B_n \supset \cdots,$$

wobei B_n den Radius $\frac{1}{2^{n-1}}$ hat. Außerdem entsteht eine Folge von ganzen Zahlen $\{N_n\}_{n=1}^{\infty}$ mit $x_{N_n} \in B_n$. Man sieht leicht, daß $\{N_n\}_{n=1}^{\infty}$, eine Teilfolge der ursprünglichen Folge $\{x_n\}$, eine Cauchy-Folge in S ist. Da S abgeschlossen ist, konvergiert $\{N_n\}$ gegen einen Punkt x in S. (Beachten Sie, daß $\{x\}$ genau $\bigcap_{n=1}^{\infty} B_n$ ist.) Also ist S kompakt.

Andererseits nehmen wir an, S wäre kompakt, $\epsilon > 0$. Angenommen, es gäbe kein ϵ-Netz für S. Dann existiert eine unendliche Punktfolge $\{x_n \in S\}$ mit $d(x_i, x_j) \geq \epsilon$ für alle $i \neq j$. Aber diese Folge muß eine konvergente Teilfolge $\{x_{N_i}\}$ besitzen. Nach Satz 2.1 ist diese Teilfolge eine Cauchy-Folge, und wir können ein Zahlenpaar N_i, N_j mit $N_i \neq N_j$ finden, so daß $d(x_{N_i}, x_{N_j}) < \epsilon$. Aber es gilt $d(x_{N_i}, x_{N_j}) \geq \epsilon$, und wir haben einen Widerspruch. Also *existiert* ein ϵ-Netz, und daraus folgt die Behauptung. $\square$

Definition 2.14. $S \subset \mathbf{X}$ sei eine Teilmenge eines metrischen Raumes $(\mathbf{X}, d)$. S heißt *offen*, falls es zu jedem $x \in S$ ein $\epsilon > 0$ gibt, so daß gilt: $B(x, \epsilon) = \{y \in \mathbf{X} : d(x, y) \leq \epsilon\} \subset S$.

Aufgaben/Beispiele

2.4.1 Beweisen Sie: Wenn $(\mathbf{X}, d)$ ein metrischer Raum ist, dann ist $\mathbf{X}$ abgeschlossen.

2.4.2 Es sei S eine abgeschlossene Teilmenge eines metrischen Raumes $(\mathbf{X}, d)$. Zeigen Sie, daß (S, d) ein vollständiger metrischer Raum ist!

2.4.3 Es seien $(\mathbf{X}_1, d_1)$ und $(\mathbf{X}_2, d_2)$ äquivalente metrische Räume und $\theta : \mathbf{X}_1 \to \mathbf{X}_2$ die Transformation, die die Äquivalenz herstellt, außerdem sei $S \subset \mathbf{X}_1$ abgeschlossen. Zeigen Sie, daß $\theta(S) = \{\theta(s) : s \in S\}$ abgeschlossen ist! Diese Idee wird in Abbildung 2.13 verdeutlicht.

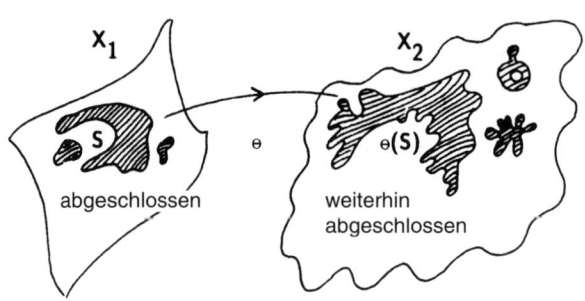

Abb. 2.13 Eine Äquivalenzabbildung θ zwischen zwei metrischen Räumen bildet die abgeschlossene Menge S auf die abgeschlossene Menge $\theta(S)$ ab.

2.4.4 Ist $(\mathbf{X}, d)$ ein metrischer Raum, dann ist $\mathbf{X}$ offen.

Beweis. Es sei $x \in \mathbf{X}$. Dann ist natürlich $B(x, 1) \subset \mathbf{X}$. $\qquad\square$

2.4.5 Ist $(\mathbf{X}, d)$ ein metrischer Raum, dann ist „$S \subset \mathbf{X}$ ist offen" gleichbedeutend mit „$\mathbf{X} \setminus S$ ist abgeschlossen".

Beweis. Wir nehmen an, die Aussage „$S \subset \mathbf{X}$ ist offen" sei richtig und es sei $\{x_n\}$ eine Folge mit Grenzwert $x \in \mathbf{X}$. Es ist zu zeigen, daß $x \in \mathbf{X} \setminus S$ gilt. Angenommen, es gelte nun $x \in S$, dann enthält jede Kugel $B(x, \epsilon)$ mit $\epsilon > 0$ einen Punkt $x_n \in \mathbf{X} \setminus S$, was bedeutet, daß S nicht offen ist. Dies ist ein Widerspruch. Die Behauptung ist also falsch, und es gilt $x \in \mathbf{X} \setminus S$. Also gilt „$\mathbf{X} \setminus S$ ist abgeschlossen".
Wir nehmen nun an, es gelte „$\mathbf{X} \setminus S$ ist abgeschlossen". Es sei $x \in S$. Wir wollen zeigen, daß es eine Kugel $B(x, \epsilon) \subset S$ gibt. Angenommen, es gäbe keine Kugel $B(x, \epsilon) \subset S$, dann können wir zu jeder ganzen Zahl $n = 1, 2, 3, \dots$ einen Punkt $x_n \in B(x, \frac{1}{n}) \cap (\mathbf{X} \setminus S)$ finden. Offensichtlich ist $\{x_n\}$ eine Folge in $\mathbf{X} \setminus S$, und die Annahme, daß es keine Kugel $B(x, \epsilon) \subset S$ gibt, ist falsch. Also gibt es eine Kugel $B(x, \epsilon) \subset S$, und es folgt „S ist offen". $\qquad\square$

2.4.6 Jede beschränkte Teilmenge S von $(\mathbf{R}^2$, euklidisch$)$ hat die Bolzano-Weierstrass-Eigenschaft: „Jede unendliche Folge $\{x_n\}_{n=1}^{\infty}$ von Punkten aus S enthält eine Cauchy-Folge als Teilfolge". Der Beweis wird durch Abbildung 2.14 angedeutet.
Wir folgern, daß jede abgeschlossene und beschränkte Teilmenge von $(\mathbf{R}^2$, euklidisch$)$ kompakt ist. Insbesondere ist jeder metrische Raum der Form (abgeschlossene beschränkte Teilmenge von $\mathbf{R}^2$, euklidisch) ein vollständiger metrischer

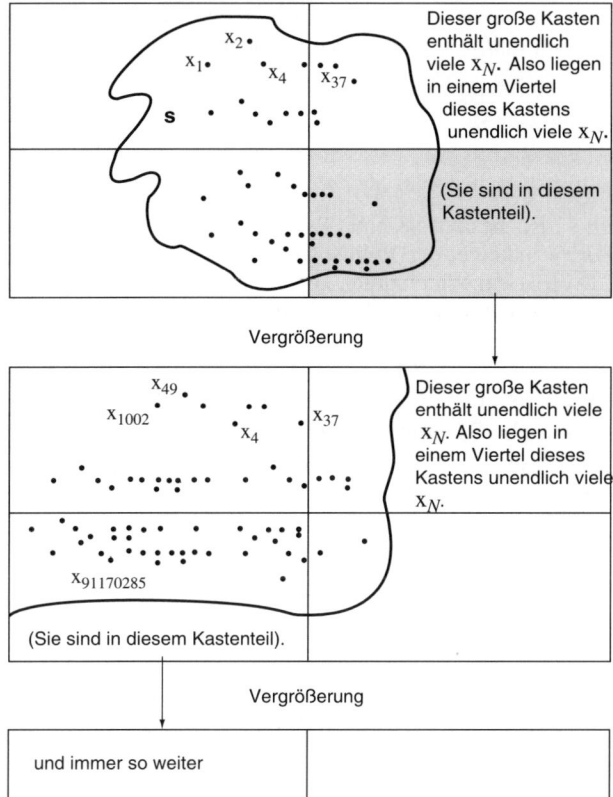

Abb. 2.14 Darstellung des Satzes von Bolzano-Weierstrass. (Warnung: Dies ist kein Beweis.)

Raum. Zeigen Sie, daß wir mit Hilfe von Satz 2.2 einen exakten Beweis führen können! Beginnen Sie mit dem Beweis, daß jede beschränkte Teilmenge von $\mathbf{R}^n$ total beschränkt ist!

2.4.7 Es seien $(\mathbf{X}, d)$ ein metrischer Raum und $f : \mathbf{X} \rightarrow \mathbf{X}$ stetig, A eine kompakte und nichtleere Teilmenge von $\mathbf{X}$. Zeigen Sie, daß $f(A)$ eine kompakte, nichtleere Teilmenge von $\mathbf{X}$ ist! (Dieses Ergebnis wird später in Hilfssatz 3.2 bewiesen.)

2.4.8 Es seien $S \subset (\mathbf{X}_1, d_1)$ offen und $(\mathbf{X}_2, d_2)$ ein zu $(\mathbf{X}_1, d_1)$ äquivalenter metrischer Raum. Die Äquivalenz sei durch die Funktion $h : \mathbf{X}_1 \rightarrow \mathbf{X}_2$ gegeben. Zeigen Sie, daß $h(S)$ eine offene Teilmenge von $\mathbf{X}_2$ ist!

2.4.9 Es seien $(\mathbf{X}, d)$ ein metrischer Raum, $C \subset \mathbf{X}$ eine kompakte Teilmenge von $\mathbf{X}$ und $\{C_n : n = 1, , 2, 3, \ldots\}$ eine offene Teilmenge von $\mathbf{X}$ mit der Eigenschaft, daß aus „$x \in C$" stets „$x \in C_n$ für ein n" folgt. $\{C_n\}$ heißt *abzählbare, offene Überdeckung* von C. Zeigen Sie, daß es eine endliche ganze Zahl N gibt, so daß gilt: Aus „$x \in C$" folgt die Aussage „es gibt ein $n < N$ mit $x \in C_n$".

Beweis. Angenommen, es gäbe keine ganze Zahl N mit der Eigenschaft: Aus „$x \in C$" folgt, „es gibt ein $n < N$ mit $x \in C_n$". Dann können wir für jedes N ein x_N finden mit

$$x_N \in C \setminus \bigcup_{n=1}^{N} C_n.$$

Da $\{x_N\}_{N=1}^{\infty}$ eine Folge in C ist, besitzt sie eine Teilfolge mit einem Grenzwert $y \in C$. Offensichtlich gehört y zu keiner der Teilmengen C_n, also folgt aus „$y \in C$" nicht „$y \in C_n$ für ein n". Dies ist ein Widerspruch zur Voraussetzung, daß C_n eine abzählbare, offene Überdeckung von C ist, und die Behauptung ist bewiesen. □

Es gilt sogar die folgende, etwas stärkere Aussage: Es seien $(\mathbf{X}, d)$ ein metrischer Raum und $C \subset \mathbf{X}$ kompakt. Bezeichnet $\{C_i : i \in I\}$ eine beliebige Überdeckung von C, d. h., zu jedem $x \in C$ existiert ein Index $i \in I$ mit $x \in C_i$, dann gibt es eine *endliche* Teilüberdeckung, sagen wir $\{C_1, C_2, ..., C_N\}$, mit $C \subset \bigcup_{i=1}^{\infty} C_i$. Das Interessante ist, daß die ursprüngliche Überdeckung mit offenen Mengen nicht einmal abzählbar unendlich sein muß. Eine gute Darstellung der Kompaktheit in metrischen Räumen kann man bei [Mendelson 1963, Kapitel V] finden.

Definition 2.15. Es sei $S \subset \mathbf{X}$ Teilmenge eines metrischen Raumes $(\mathbf{X}, d)$. Ein Punkt $x \in \mathbf{X}$ heißt *Randpunkt* von S, falls $B(x, \epsilon)$ für jedes $\epsilon > 0$ sowohl einen Punkt in $\mathbf{X} \setminus S$ als auch einen Punkt in S enthält. Die Menge aller Randpunkte von S heißt *Rand* von S und wird mit ∂S bezeichnet.

Definition 2.16. Es sei $S \subset \mathbf{X}$ Teilmenge eines metrischen Raumes $(\mathbf{X}, d)$. Ein Punkt $x \in \mathbf{X}$ heißt *innerer Punkt* von S, wenn es eine Zahl $\epsilon > 0$ mit $B(x, \epsilon) \subset S$ gibt. Die Menge aller inneren Punkte von S heißt *Inneres* von S und wird mit $\overset{\circ}{S}$ bezeichnet.

Aufgaben/Beispiele

2.4.10 Es sei $\mathbf{X} = (0, 1) \cup \{2\}$. Das bedeutet, $\mathbf{X}$ besteht aus einem offenen Intervall aus $\mathbf{R}^2$ und einem isolierten Punkt. Zeigen Sie, daß

    a) die Teilmengen $(0, 1)$ und $\{2\}$ des Raumes $((\mathbf{X}, \text{euklidisch})$ offen sind,

    b) $\{2\}$ in $\mathbf{X}$ abgeschlossen ist,

    c) $\{2\}$ in $\mathbf{X}$ kompakt, aber $(0, 1)$ nicht in $\mathbf{X}$ kompakt ist.

2.4.11 Es sei S Teilmenge eines metrischen Raumes $(\mathbf{X}, d)$. Zeigen Sie, daß $\partial S = \partial (\mathbf{X} \setminus S)$ und folglich auch $\partial \mathbf{X} = \emptyset$ gilt!

2.4.12 Zeigen Sie, daß der Rand einer Menge invariant unter metrischen Äquivalenzabbildungen ist!

2.4.13 Es seien $(\mathbf{X}, d)$ die reelle Gerade, versehen mit der euklidischen Metrik, und S die Menge aller rationalen Punkte in $\mathbf{X}$ (d. h., S enthält alle reellen Zahlen, die man in der Form $\frac{p}{q}$ schreiben kann, wobei p und q ganze Zahlen mit $q \neq 0$ sind.) Zeigen Sie: $\partial S = \mathbf{X}$.

2.4.14 Bestimmen Sie den Rand von $\mathbf{C}$, aufgefaßt als Teilmenge von $(\widehat{\mathbf{C}}$, Metrik auf der Sphäre)!

2.4.15 Es sei S eine abgeschlossene Teilmenge eines metrischen Raumes. Zeigen Sie, daß $\partial S \subset S$ gilt!

2.4.16 Es sei S eine offene Teilmenge eines metrischen Raumes. Zeigen Sie, daß $\partial S \cap S \neq \emptyset$ gilt!

2.4.17 Es sei S eine offene Teilmenge eines metrischen Raumes. Zeigen Sie, daß $\overset{\circ}{S} = S$ ist, und beweisen Sie umgekehrt, daß aus $\overset{\circ}{S} = S$ die Offenheit von S folgt!

2.4.18 Es sei S eine abgeschlossene Teilmenge eines metrischen Raumes. Zeigen Sie, daß $S = \overset{\circ}{S} \cup \partial S$ ist!

2.4.19 Zeigen Sie, daß das Innere einer Menge invariant bezüglich metrischer Äquivalenzabbildungen ist!

2.4.20 Finden Sie für die folgenden Teilmengen des metrischen Raumes $(\mathbf{R}^2$, euklidisch):

a) $S = \{(x, y) \in \mathbf{R}^2 : x^2 + y^2 < 1\}$,

b) $S = \mathbf{R}^2$

Gegenbeispiele zur Aussage: Der Rand einer Menge S eines metrischen Raumes zerteilt den Raum stets in zwei disjunkte offene Mengen, wobei die Vereinigung der beiden Mengen und des Randes wieder den gesamten Raum ergibt.

2.4.21 Zeigen Sie, daß der Rand einer Menge abgeschlossen ist!

2.4.22 Es sei S Teilmenge eines kompakten metrischen Raumes. Zeigen Sie, daß ∂S kompakt ist!

2.4.23 In Abbildung 2.15 ist dargestellt, wie wir uns Ränder und Inneres üblicherweise vorstellen. Welche Eigenschaften des Bildes sind irreführend?

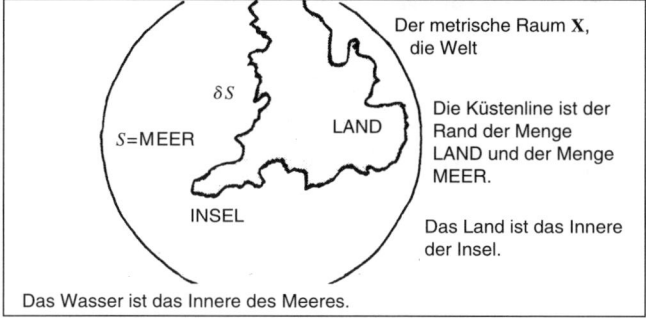

Abb. 2.15 Wie gut können topologische Begriffe wie Offenheit, Abgeschlossenheit usw. benutzt werden, um damit Länder, Meere und Küstenlinien zu beschreiben?

2.4.24 In welchem Maße liefert uns die Mercator-Projektion ein metrisch äquivalentes Abbild der Welt auf eine kartesische Landkarte?

2.4.25 Bestimmen Sie den Rand der in Abbildung 2.16 schwarz gezeichneten Punktmenge!

2.4.26 Beweisen Sie die in der Bildunterschrift von Abbildung 2.17 aufgestellte Behauptung!

Abb. 2.16 Sollte man den schwarzen Teil als offen bezeichnen und den weißen als abgeschlossen? Bestimmen Sie den Rand der schwarz gezeichneten Menge.

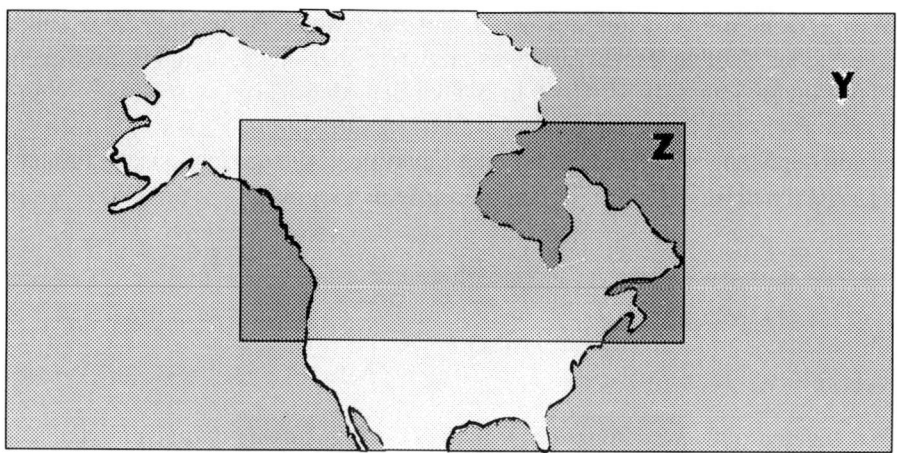

Abb. 2.17 Das Innere der „Land"-Menge ist eine offene Menge im metrischen Raum (**Y** = ▭, euklidisch). Das kleiner ausgefüllte Rechteck beschreibt eine Teilmenge **Z** = ■ von **Y**. Der Durchschnitt des Inneren des Landes mit **Z** ist eine offene Menge im metrischen Raum (**Z**, euklidisch), obwohl er einige Punkte des Randes von ■ enthält.

2.5 Zusammenhängende, unzusammenhängende und wegzusammenhängende Mengen

Definition 2.17. Ein metrischer Raum heißt *zusammenhängend*, wenn **X** und Ø die einzigen Teilmengen von **X** sind, die sowohl offen als auch abgeschlossen sind. Eine Teilmenge $S \subset \mathbf{X}$ ist zusammenhängend, wenn der metrische Raum (S, d) zusammenhängend ist. Ansonsten ist S *unzusammenhängend*. S heißt *total unzusammenhängend*, wenn die einzigen nichtleeren, zusammenhängenden Teilmengen von S aus einzelnen Punkten bestehen.

Definition 2.18. Es sei $S \subset \mathbf{X}$ Teilmenge eines metrischen Raumes $(\mathbf{X}, d)$. Dann heißt S *wegzusammenhängend*, falls es zu jedem Punktepaar x, y aus S eine stetige Funktion $f : [0, 1] \to S$ vom metrischen Raum ($[0, 1]$, euklidisch) in den metrischen Raum (S, d) gibt, so daß $f(0) = x$ und $f(1) = y$ gilt. Eine solche Funktion nennen wir einen *Weg* von x nach y in S.

Weiterhin kann man einen *einfachen* und einen *mehrfachen Zusammenhang* definieren. Dazu sei S wegzusammenhängend. Ein Punktepaar $x, y \in S$ heißt *einfach zusammenhängend* in S, wenn wir je zwei Wege f_0 und f_1, die x und y in S miteinander verbinden, stetig ineinander überführen können, ohne die Teilmenge S zu verlassen. Was bedeutet das?

Wir betrachten zwei Punkte $x, y \in S$ und zwei Wege f_0 und f_1, die x und y in S verbinden. Mit anderen Worten, es sind f_0 und f_1 zwei stetige Funktionen, die das Einheitsintervall $[0, 1]$ so in S abbilden, daß $f_0(0) = f_1(0) = x$ und $f_0(1) = f_1(1) = y$ gilt. Unter einer *stetigen Deformation*[3] von f_0 nach f_1 innerhalb der Menge S verstehen wir eine Funktion g, die das kartesische Produkt $[0, 1] \times [0, 1]$ stetig in S abbildet, so daß folgendes gilt:

a) $g(s, 0) = f_0(s)$ $(0 \le s \le 1)$,

b) $g(s, 1) = f_1(s)$ $(0 \le s \le 1)$,

c) $g(0, t) = x$ $(0 \le t \le 1)$,

d) $g(1, t) = y$ $(0 \le t \le 1)$.

Wir nennen nun zwei Punkte x, y in S *einfach zusammenhängend*, wenn für je zwei Wege f_0 und f_1 von x nach y in S eine solche Funktion g existiert, wie wir sie eben beschrieben haben. Diese Idee wird in Abbildung 2.18 verdeutlicht.

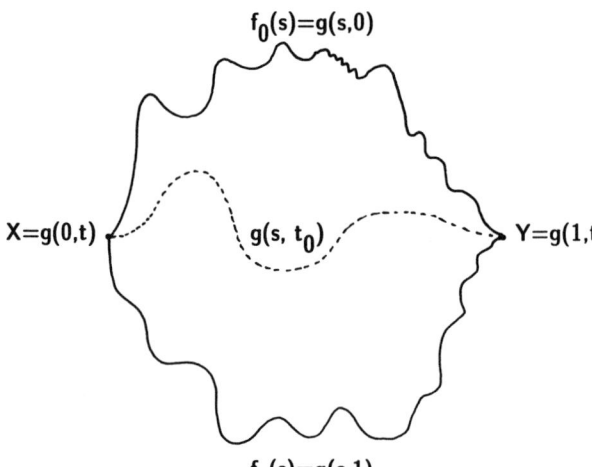

Abb. 2.18 Ein Weg f_0, der die Punkte x und y verbindet, wird stetig deformiert. Dabei bleibt er an x und y „kleben" und wird allmählich zu einem zweiten Weg f_1.

Wenn solch eine Funktion g mit diesen Eigenschaften nicht existiert, dann sagen wir, daß x und y in S *mehrfach zusammenhängend* sind.

S selbst heißt *einfach zusammenhängend*, wenn jedes Punktepaar $x, y \in S$ einfach zusammenhängend in S ist. Andernfalls heißt S *mehrfach zusammenhängend*[4]. Im letzteren Fall können wir uns vorstellen, S hätte ein „Loch", wie in Abbildung 2.19 angedeutet.

---

[3]Man sagt in diesem Fall auch, daß f_0 und f_1 *homotop* sind. (Anm. d. Übers.)
[4]Eine Teilmenge A eines metrischen Raumes $\mathbf{X}$ ist n-fach zusammenhängend, wenn die Menge $\mathbf{X} \setminus A$ aus n disjunkten, einfach zusammenhängenden Teilen besteht. (Anm. d. Übers.)

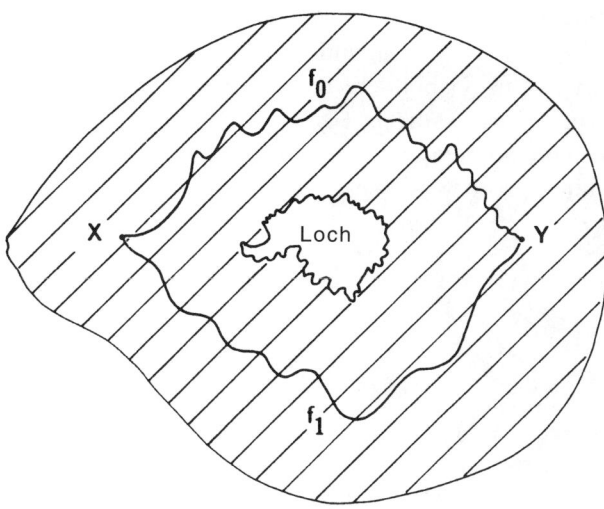

Abb. 2.19 In einem mehrfach zusammenhängenden Raum gibt es Wege, die nicht durch stetige Deformation ineinander überführt werden können. Es existiert eine Art „Loch" im Raum.

Aufgaben/Beispiele

2.5.1   Zeigen Sie, daß die Eigenschaften (weg)zusammenhängend, unzusammenhängend, einfach zusammenhängend und mehrfach zusammenhängend invariant bezüglich metrischer Äquivalenz sind!

2.5.2   Zeigen Sie, daß der metrische Raum (■, euklidisch) einfach zusammenhängend ist!

2.5.3   Zeigen Sie, daß der metrische Raum (($X = (0, 1) \cup \{2\}$, euklidisch) unzusammenhängend ist!

2.5.4   Zeigen Sie, daß der metrische Raum (Σ, Metrik des Adressenraumes) total unzusammenhängend ist!

2.5.5   Zeigen Sie, daß der metrische Raum (⬤, Manhattan) mehrfach zusammenhängend ist!

2.5.6   Es sei $S_1 \supset S_2 \supset \cdots \supset S_n \supset \cdots$ eine ineinandergeschachtelte Folge nichtleerer, zusammenhängender Mengen. Ist $\bigcap\limits_{n=1}^{\infty} S_n$ notwendigerweise zusammenhängend?

2.5.7   Bestimmen Sie wegzusammenhängende Teilmengen des in Abbildung 2.20 beschriebenen metrischen Raumes!

2.5.8   Ist (👤, euklidisch) einfach oder mehrfach zusammenhängend?

2.5.9   Überlegen Sie, welche mengentheoretischen Eigenschaften (Offenheit, Abgeschlossenheit, Zusammenhang, Kompaktheit, Beschränktheit, ...) ein Wolkenmodell möglichst haben sollte, wenn man die Wolken als Teilmengen des $\mathbf{R}^3$ auffaßt.

2.5.10   Die Eigenschaft einer Folge $\{x_n\}_{n=1}^{\infty}$, Cauchy-Folge eines metrischen Raumes $(\mathbf{X}, d)$ zu sein, ist nicht invariant bezüglich beliebiger Homöomorphismen, aber bezüglich metrischer Äquivalenzen, wie in Abbildung 2.21 verdeutlicht wird.

Abb. 2.20 Bestimmen Sie die größten zusammenhängenden Teilmengen dieser Teilmenge des $\mathbf{R}^2$.

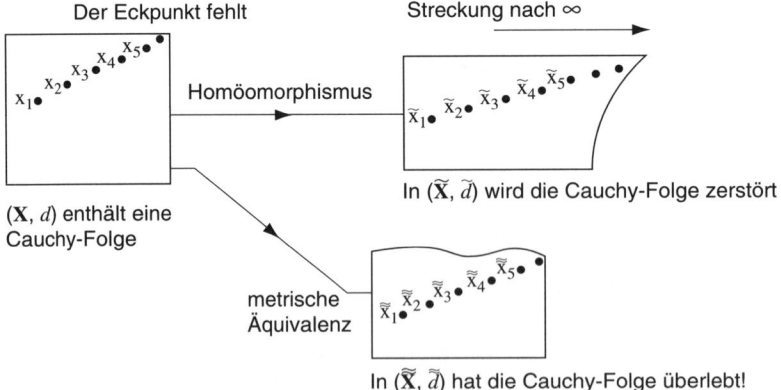

Abb. 2.21 Eine Cauchy-Folge bleibt bezüglich metrischer Äquivalenz erhalten. Sie kann aber unter bestimmten Homöomorphismen zerstört werden.

2.6 Der metrische Raum ($\mathcal{H}(\mathbf{X})$, h): Der Raum, in dem die Fraktale leben

Jetzt kommen wir zu dem Raum, der sich hervorragend zum Studium der fraktalen Geometrie eignet. Für den Anfang, und sozusagen auf unterster Ebene, arbeiten wir immer in einem vollständigen metrischen Raum wie ($\mathbf{R}^2$, euklidisch) oder ($\widehat{\mathbf{C}}$, Metrik der Sphäre).

Wenn wir dann jedoch über Bilder, Zeichnungen und „schwarz-weiße" Teilmengen eines Raumes reden wollen, ist es naheliegend, den Raum $\mathcal{H}$ einzuführen.

Definition 2.19. Es sei $(\mathbf{X}, d)$ ein vollständiger metrischer Raum. Dann bezeichnet $\mathcal{H}(\mathbf{X})$ den Raum der kompakten Teilmengen von $\mathbf{X}$, die nicht gleich der leeren Menge sind.

Aufgaben

2.6.1 Zeigen Sie, daß für x und $y \in \mathcal{H}(\mathbf{X})$ auch $x \cup y$ in $\mathcal{H}(\mathbf{X})$ liegt! Zeigen Sie, daß $x \cap y$ nicht in $\mathcal{H}(\mathbf{X})$ liegen muß! Ein Bild dieser Situation wird in Abbildung 2.22 gegeben.

2.6.2 Worin besteht der Unterschied zwischen einer Teilmenge von C und einer kompakten, nichtleeren Teilmenge von $\mathbf{X}$?

Definition 2.20. Es sei $(\mathbf{X}, d)$ ein vollständiger metrischer Raum, $x \in \mathbf{X}$ und $B \in \mathcal{H}(\mathbf{X})$. Wir definieren

$$d(x, B) = \min\{d(x, y) : y \in B\}.$$

Dann ist $d(x, B)$ der *Abstand des Punktes x zur Menge B*.

Woher wissen wir, daß die Menge der reellen Zahlen $\{d(x, y) : y \in B\}$ ein Minimum hat, wie es in der Definition gefordert wird? Das folgt daraus, daß die Menge $B \in \mathcal{H}(\mathbf{X})$ kompakt und nichtleer ist. Wir betrachten die Funktion $f : B \to \mathbf{R}$ mit

$$f(y) = d(x, y) \quad \text{für alle } y \in B.$$

Aus der Definition der Metrik folgt, daß f, aufgefaßt als Abbildung des metrischen Raumes (B, d) in den metrischen Raum ($\mathbf{R}$, euklidisch), stetig ist. Es sei $P = \inf\{f(y) : y \in B\}$, wobei „inf" das später in Beispiel 2.6.19 und Definition 3.13 definierte *Infimum* einer Menge ist. Da $f(y) \geq 0$ für alle $y \in B$ ist, folgt, daß P endlich ist. Wir behaupten, daß es einen Punkt $\widehat{y} \in B$ gibt, so daß $d(x, \widehat{y}) = P$ gilt. Wir können eine endliche Punktfolge $\{x_n : n = 1, 2, 3, \ldots\} \subset B$ mit

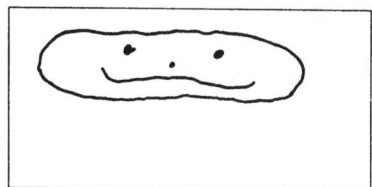

Das ganze lächelnde
Gesicht ist ein Punkt
in $\mathcal{H}(\mathbf{X})$.
Wir bezeichnen es
mit $x \in \mathcal{H}(\mathbf{X})$.

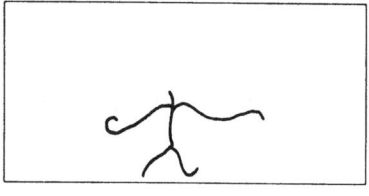

Dieser dünne Körper
ist ein Punkt in $\mathcal{H}(\mathbf{X})$.
Wir bezeichnen ihn
mit $y \in \mathcal{H}(\mathbf{X})$.

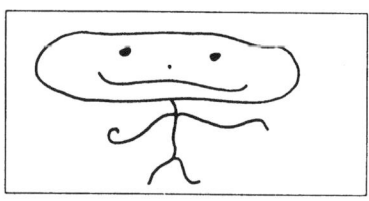

Dieser Kerl
ist $x \cup y$.
Er ist ein einzelner
Punkt in $\mathcal{H}(\mathbf{X})$.

Abb. 2.22 Punkte im Raum $\mathcal{H}(\mathbf{R}^2)$ können als Schwarz-Weiß-Bilder interpretiert werden. Die Vereinigung von Punkten ergibt neue Punkte. Jedoch ist bei Durchschnitten Vorsicht geboten.

$|f(y_n) - P| < \frac{1}{n}$ konstruieren. Unter Ausnutzung der Kompaktheit von B erhalten wir, daß $\{x_n : n = 1, 2, 3, \dots\}$ eine Teilfolge mit dem Grenzwert $\hat{y} \in B$ besitzt. Wegen der Stetigkeit von f folgt $f(\hat{y}) = P$, was wir zeigen mußten.

Definition 2.21. Es seien $(\mathbf{X}, d)$ ein vollständiger metrischer Raum und $A, B \in \mathcal{H}(\mathbf{X})$. Wir definieren

$$d(A, B) = \max\{d(x, B) : x \in A\}.$$

Dann ist $d(A, B)$ der *Abstand der Menge A zur Menge B*.

Ebenso wie oben können wir unter Ausnutzung der Kompaktheit von A und B beweisen, daß diese Definition sinnvoll ist. Insbesondere gibt es also Punkte $\hat{x} \in A$ und $\hat{y} \in B$, so daß $d(A, B) = d(\hat{x}, \hat{y})$ gilt.

Aufgaben/Beispiele

2.6.3 Zeigen Sie, daß aus $B, C \subset \mathcal{H}(\mathbf{X})$ mit $B \subset C$ für alle $x \in \mathbf{R}^2$ stets $d(x, C) \leq d(x, B)$ folgt!

2.6.4 Es seien $x \in \mathbf{R}^2$ der Punkt $(1, 1)$ und B die abgeschlossene Kreisscheibe mit Radius $\frac{1}{2}$ um den Punkt $(\frac{1}{2}, 0)$. Berechnen Sie $d(x, B)$ im Raum $(\mathbf{R}^2$, euklidisch)!

2.6.5 Wie Aufgabe 2.6.4, aber benutzen Sie die Manhattan-Metrik!

2.6.6 Berechnen Sie $d(x, B)$ im Raum $(\mathbf{R}^2$, euklidisch) mit $x = \frac{1}{2}$ und

$$B = \left\{ x_n = 3 + (-1)^n \cdot \frac{n}{n^2 + 1} : \ n = 1, 2, 3, \ldots \right\} \cup \{3\}.$$

2.6.7 Es seien $(\mathbf{X}, d)$ ein metrischer Raum und $A, B \in \mathcal{H}(\mathbf{X})$. Zeigen Sie, daß im allgemeinen gilt: $d(A, B) \neq d(B, A)$. Schließen Sie daraus, daß d keine Metrik auf $\mathcal{H}(\mathbf{X})$ liefert. d ist nicht symmetrisch, d. h., der Abstand von A nach B braucht nicht gleich dem Abstand von B nach A zu sein.

2.6.8 Abbildung 2.23 zeigt zwei Teilmengen A und B von ($\blacksquare \subset \mathbf{R}^2$, euklidisch). A ist der weiße Teil und B der schwarze Teil des Bildes.

a) Bestimmen Sie ein Punktepaar $x \in A$ und $y \in B$, für das $d(x, y) = d(A, B)$ gilt.

b) Bestimmen Sie ein Punktepaar $\widetilde{x} \in A$ und $\widetilde{y} \in B$, für das $d(\widetilde{x}, \widetilde{y}) = d(B, A)$ gilt.

2.6.9 Abbildung 2.24 zeigt zwei farnähnliche Teilmengen A und B des metrischen Raumes $(\mathbf{R}^2$, Manhattan). Bestimmen Sie Punkte $x \in A$ und $y \in B$, so daß a) $d(x, y) = d(A, B)$ und b) $d(x, y) = d(B, A)$ gilt!

2.6.10 Bestimmen Sie d(Frankreich, USA) und d(USA, Frankreich) im metrischen Raum $(\widehat{\mathbf{C}}$, Metrik der Sphäre). Welcher Abstand ist größer? Vergleichen Sie ebenso die Abstände d(Saarland, Deutschland) und d(Deutschland, Saarland)!

2.6.11 Es seien $(\mathbf{X}, d)$ ein vollständiger metrischer Raum und A und B Punkte in $\mathcal{H}(\mathbf{X})$ mit $A \neq B$. Zeigen Sie, daß entweder $d(A, B) \neq 0$ oder $d(B, A) \neq 0$ gilt. Zeigen Sie außerdem, daß aus $A \subset B$ stets $d(A, B) = 0$ folgt!

2.6.12 Es sei $(\mathbf{X}, d)$ ein vollständiger metrischer Raum. Zeigen Sie, daß für A, B und $C \in \mathcal{H}(\mathbf{X})$ die folgende Aussage gilt: $B \subset C \Rightarrow d(A, C) \leq d(A, B)$. (Hinweis: Benutzen Sie Aufgabe 2.6.3.)

2.6.13 Es sei $(\mathbf{X}, d)$ ein vollständiger metrischer Raum. Dann gilt für A, B und $C \in \mathcal{H}(\mathbf{X})$

$$d(A \cup B, C) = d(A, C) \vee d(B, C).$$

Wir benutzen die Bezeichnung $x \vee y$ für das Maximum zweier reeller Zahlen x und y.

Beweis. $d(A \cup B, C) = \max\{d(x, C) : \ x \in A \cup B\} = \max\{d(x, C) : \ x \in A\} \vee \max\{d(x, C) : x \in B\}$. $\square$

2.6.14 Es seien A, B und $C \in \mathcal{H}(\mathbf{X})$ und $(\mathbf{X}, d)$ ein metrischer Raum. Zeigen Sie

$$d(A, B) \leq d(A, C) + d(C, B).$$

Finden Sie weiterhin heraus, ob die Ungleichung

$$d(A, B) \leq d(C, A) + d(C, B)$$

im allgemeinen richtig ist oder nicht!

Abb. 2.23   Dieses fraktale Bild enthält zwei disjunkte Teilmengen von $\blacksquare \subset \mathbf{R}^2$ „schwarz" und „weiß". Es sei A der Abschluß der schwarzen Menge und B sein Komplement. Finden Sie ein Punktepaar $x \in A$ und $y \in B$, für das $d(x, y) = d(A, B)$ gilt. Und finden Sie ein Punktepaar $\widetilde{x} \in A$ und $\widetilde{y} \in B$, für das $d(\widetilde{x}, \widetilde{y}) = d(B, A)$ gilt. Warum bilden wir den Abschluß der Mengen, bevor wir anfangen?

Definition 2.22. Es sei $(\mathbf{X}, d)$ ein vollständiger metrischer Raum. Dann ist der *Hausdorff-Abstand* zwischen Punkten A und B aus $\mathcal{H}(\mathbf{X})$ definiert durch

$$h(A, B) = d(A, B) \vee d(B, A).$$

Abb. 2.24 Finden Sie ein Punktepaar $\hat{x}$ und $\hat{y}$, ein Punkt liege im dunklen Farn und ein Punkt im hellen Farn, so daß der Hausdorff-Abstand zwischen den zwei Farnbildern genauso groß ist wie der Abstand zwischen den beiden Punkten.

Aufgaben/Beispiele

2.6.15 Der Hausdorff-Abstand h definiert eine Metrik auf dem Raum $\mathcal{H}(\mathbf{X})$.

> **Beweis.** Es seien $A, B, C \in \mathcal{H}(\mathbf{X})$. Offensichtlich gilt $h(A, A) = d(A, A) \vee d(A, A) = d(A, A) = \max\{d(x, A) : x \in A\} = 0$. Aus der Kompaktheit von A und B folgt, daß es ein $a \in A$ und ein $b \in B$ gibt, so daß $h(A, B) = d(a, b)$. Deshalb gilt $0 \leq h(A, B) < \infty$. Falls $A \neq B$ ist, können wir annehmen, daß es ein $a \in A$ mit $a \notin B$ gibt. Dann ist $h(A, B) \geq d(a, B) > 0$. Um $h(A, B) \leq$

$h(A, C) + h(C, B)$ zu zeigen, beweisen wir zunächst $d(A, B) \le d(A, C) + d(C, B)$. Für ein beliebiges $a \in A$ erhalten wir:

$$\begin{aligned}
d(a, B) &= \min\{d(a, b) : b \in B\} \\
&\le \min\{d(a, c) + d(c, b) : b \in B\} \quad \forall c \in C \\
&= d(a, c) + \min\{d(c, b) : b \in B\} \quad \forall c \in C,
\end{aligned}$$

also

$$\begin{aligned}
d(a, B) &\le \min\{d(a, c) : c \in C\} \\
&\quad + \max\{\min\{d(c, b) : b \in B\} : c \in C\} \\
&= d(a, C) + d(C, B),
\end{aligned}$$

also

$$d(A, B) \le d(A, C) + d(C, B).$$

Auf ähnliche Weise erhält man

$$d(B, A) \le d(B, C) + d(C, A),$$

womit

$$\begin{aligned}
h(A, B) &= d(A, B) \vee d(B, A) \\
&\le d(B, C) \vee d(C, B) + d(A, C) \vee d(C, A) \\
&= h(B, C) + h(A, C)
\end{aligned}$$

wie erwünscht folgt. $\square$

2.6.16 Zeigen Sie, daß für alle A, B, C und $D \in \mathcal{H}(\mathbf{X})$ die Aussage $h(A \cup B, C \cup D) \le h(A, C) \vee h(B, D)$ gilt!

2.6.17 Zeigen Sie, daß es ein $a \in A$ und ein $b \in B$ gibt, so daß $h(A, B) = d(a, b)$ gilt!

2.6.18 Finden Sie in der in Aufgabe 2.6.9 geschilderten Situation diesmal ein Punktepaar $\hat{x} \in A$ und $\hat{y} \in B$, für das $d(\hat{y}, \hat{y}) = h(A, B)$ gilt! Dabei ist $h(A, B)$ der Hausdorff-Abstand der Mengen A und B.

2.6.19 Es sei $S \subset \mathbf{R}$ mit $S \ne \emptyset$. Das *Supremum* von S wird mit $\sup S$ bezeichnet, das *Infimum* von S mit $\inf S$. Falls es keine reelle Zahl gibt, die größer als alle Zahlen in S ist, dann gilt $\sup S = +\infty$. Andernfalls ist

$$\sup S = \min\{x \in \mathbf{R} : x \ge s \ \forall s \in S\}.$$

Falls es keine reelle Zahl gibt, die kleiner als alle Zahlen in S ist, dann gilt $\inf S = -\infty$. Andernfalls ist

$$\inf S = \max\{x \in \mathbf{R} : x \le s \ \forall s \in S\}.$$

Zeigen Sie, daß $\sup S$ und $\inf S$ wohldefiniert sind! Zeigen Sie, daß für eine kompakte Menge S sowohl $\sup S = \max S$ als auch $\inf S = \min S$ gilt. Weitere Aufgaben zu sup und inf werden im Anschluß an Definition 3.13 gestellt.

Ersetzt man in der Definition des Hausdorff-Abstandes jeweils max durch sup und min durch inf, so erhält man einen „Abstand" zwischen beliebigen Paaren von Teilmengen metrischer Räume. Geben Sie mehrere Gründe an, weshalb dieser „Abstand" normalerweise keine Metrik ist!

2.7 Die Vollständigkeit des Raumes der Fraktale

Wir sprechen von $(\mathcal{H}(\mathbf{X}), h)$ als dem „Raum der Fraktale". Es ist zu früh, die exakte Bedeutung eines „Fraktals" formal zu beschreiben. Auf der gegenwärtigen Stufe der Entwicklung von Naturwissenschaften und Mathematik ist die Vorstellung von Fraktalen als breites Konzept am brauchbarsten. Fraktale sind nicht durch eine knappe, gesetzmäßige Aussage definiert, sondern durch viele Bilder und Zusammenhänge, welche auf sie verweisen. Für uns ist in den ersten acht Kapiteln dieses Buches jede Teilmenge von $(\mathcal{H}(\mathbf{X}), h)$ ein Fraktal. Gleichwohl ist es wie mit dem Begriff des „Raumes", die Vorstellungen werden mehr angedeutet als formalisiert.

Unser hauptsächliches Ziel in diesem Abschnitt ist es, den Raum der Fraktale $(\mathcal{H}(\mathbf{X}), h)$ als vollständigen metrischen Raum zu errichten. Außerdem wollen wir konvergente Folgen in $(\mathcal{H}(\mathbf{X}), h)$ charakterisieren. Wenn wir, um diese Ziele zu erreichen, nur auf die bisherigen Werkzeuge zurückgreifen, wird es ganz schwierig. Also werden wir zu diesem Zeitpunkt einen weiteren Begriff einführen. Es ist die Idee, bestimmte Cauchy-Folgen zu „erweitern".

Definition 2.23. Es gelte $S \subset \mathbf{X}$ und $\Gamma > 0$. Dann sei $S + \Gamma = \{y \in \mathbf{X} : d(x, y) \leq \Gamma, \text{ für ein } x \in S\}$. $S + \Gamma$ wird manchmal, zum Beispiel in der Theorie der Mengenmorphologie, als die *Erweiterung von S durch eine Kugel mit dem Radius Γ* bezeichnet[5].

Hilfssatz 2.1. *Es seien A und B Punkte in $(\mathcal{H}(\mathbf{X}), h)$, wobei $(\mathbf{X}, d)$ ein metrischer Raum ist und $\epsilon > 0$. Dann gilt*

$$h(A, B) \leq \epsilon \iff A \subset B + \epsilon \quad \text{und} \quad B \subset A + \epsilon.$$

Beweis. Zu Beginn wollen wir zeigen, daß $d(A, B) \leq \epsilon \iff A \subset B + \epsilon$ gilt. Wir nehmen „$d(A, B) \leq \epsilon$" an. Dann folgt aus $\max\{d(a, B) : a \in A\}$, daß $d(a, B) \leq \epsilon$ für alle $a \in A$. Für jedes $a \in A$ haben wir somit $a \in B + \epsilon$. Also ist „$A \subset B + \epsilon$". Nehmen wir nun „$A \subset B + \epsilon$" an. Man betrachte $d(A, B) = \max\{d(a, B) : a \in A\}$. Es sei $a \in A$. Da $A \subset B + \epsilon$, gibt es ein $b \in B$, so daß $d(a, b) \leq \epsilon$. Damit ist $d(a, B) \leq \epsilon$. Dies gilt für alle $a \in A$. Daher gilt „$d(A, B) \leq \epsilon$". Damit ist der Beweis vollständig. □

---

[5]Mit $S + \Gamma$ ist die *Minkowski-Summe* der Mengen gemeint, für die auch $S \oplus B_\Gamma(0)$ geschrieben wird. Dabei ist $B_\Gamma(0)$ die Kugel um 0 mit dem Radius Γ. (Anm. d. Übers.)

Es sei $\{A_n : n = 1, 2, \ldots, \infty\}$ eine Cauchy-Folge von Mengen im metrischen Raum $(\mathcal{H}(\mathbf{X}), h)$. Das bedeutet, mit $\epsilon > 0$, es existiert ein N, so daß aus $n, m \geq N$ folgt

$$A_n + \epsilon \supset A_m \quad \text{und} \quad A_m + \epsilon \supset A_n,$$

d. h. $d(A_n, A_m) \leq \epsilon$. Wir beschäftigen uns mit Cauchy-Folgen $\{x_n\}_{n=1}^\infty$ in $\mathbf{X}$ mit der Eigenschaft, daß $x_n \in A_n$ für jedes n gilt. Insbesondere benötigen wir die folgende Eigenschaft, welche die *Erweiterung* einer Cauchy-*Teilfolge* $\{x_{n_j} \in A_{n_j}\}_{j=1}^\infty$ mit $x_{n_j} \in A_{n_j}$ für jedes j zu einer Cauchy-Folge $\{x_n \in A_n\}_{j=1}^\infty$ erlaubt.

Hilfssatz 2.2 (Erweiterungslemma). *Es sei $(\mathbf{X}, d)$ ein metrischer Raum. $\{A_n : n = 1, 2, \ldots, \infty\}$ sei eine Cauchy-Folge von Punkten in $(\mathcal{H}(\mathbf{X}), h)$ und $\{n_j\}_{j=1}^\infty$ eine unendliche Folge natürlicher Zahlen*

$$0 < n_1 < n_2 < n_3 < \cdots.$$

Wir nehmen an, wir haben eine Cauchy-Folge $\{x_{n_j} \in A_{n_j} : j = 1, 2, 3, \ldots\}$ in $(\mathbf{X}, d)$. Dann gibt es eine Cauchy-Folge $\{\widetilde{x}_n \in A_n : n = 1, 2, \ldots\}$, so daß $\widetilde{x}_{n_j} = x_{n_j}$ für alle $j = 1, 2, 3, \ldots$.

Beweis. Wir beschreiben die Konstruktion der Folge $\{\widetilde{x}_n \in A_n : n = 1, 2, \ldots\}$. Für jedes $n \in \{1, 2, \ldots, n_1\}$ suche man $\widetilde{x}_n \in \{x \in A_n : d(x, x_{n_1}) = d(x_{n_1}, A_n)\}$. Das bedeutet, $\widetilde{x}_n$ ist der nächste Punkt (oder einer der am nächsten liegenden Punkte) in A_n zu x_{n_1}. Die Existenz eines solchen Punktes ist durch die Kompaktheit von A_n gesichert. Genauso suche man $\widetilde{x}_n \in \{x \in A_n : d(x, x_{n_j}) = d(x_{n_j}, A_n)\}$ für jedes $j \in \{2, 3, \ldots\}$ und jedes $n \in \{n_j + 1, \ldots, n_{j+1}\}$.

Nun zeigen wir, daß $\{\widetilde{x}_n\}$ die gewünschten Eigenschaften hat, daß sie in der Tat die Erweiterung von $\{x_{n_j}\}$ zu $\{A_n\}$ ist. Klar ist $\widetilde{x}_{n_j} = x_{n_j}$ und $x_n \in A_n$, durch Konstruktion. Um zu zeigen, daß dies eine Cauchy-Folge ist, sei $\epsilon > 0$ gegeben. Es gibt ein N_1, so daß $n_k, n_j \geq N_1$ gilt. Dies impliziert $d(x_{n_k}, x_{n_j}) \leq \frac{\epsilon}{3}$. Dann gibt es ein N_2, so daß aus $m, n \geq N_2$

$$d(A_m, A_n) \leq \frac{\epsilon}{3}$$

folgt. Nun sei $N = \max\{N_1, N_2\}$, und man beachte, daß für $m, n \geq N$

$$d(\widetilde{x}_m, \widetilde{x}_n) \leq d(\widetilde{x}_m, x_{n_j}) + d(x_{n_j}, x_{n_k}) + d(x_{n_k}, \widetilde{x}_n)$$

gilt. Dabei ist $m \in \{n_{j-1} + 1, n_{j-1} + 2, \ldots, n_j\}$ und $n \in \{n_{k-1} + 1, n_{k-1} + 2, \ldots, n_k\}$. Da $h(A_m, A_{n_j}) < \frac{\epsilon}{3}$, gibt es ein $y \in A_m \cap (\{x_{n_j}\} + \frac{\epsilon}{3})$, so daß $d(\widetilde{x}_m, x_{n_j}) \leq \frac{\epsilon}{3}$ ist. Dasselbe gilt für $d(x_{n_k}, \widetilde{x}_n) \geq \frac{\epsilon}{3}$. Somit ist $d(\widetilde{x}_m, \widetilde{x}_n) \leq \epsilon$ für alle $m, n > N$, was zu beweisen war. $\square$

Aufgaben/Beispiele

2.7.1 Eine Cauchy-Folge $\{A_n\}$ von Mengen aus $(\mathcal{H}(\mathbf{R}^2), h)$ ist in Abbildung 2.25 skizziert. Der zugrundeliegende metrische Raum ist $(\mathbf{R}^2,$ euklidisch). Ebenso wird eine Cauchy-Teilfolge $\{x_{n_j} \in A_{n_j}\}$ gezeigt. Skizzieren Sie in demselben Bild eine Erweiterung $\{\widetilde{x}_n\}$ dieser Teilfolge zu $\{A_n\}$!

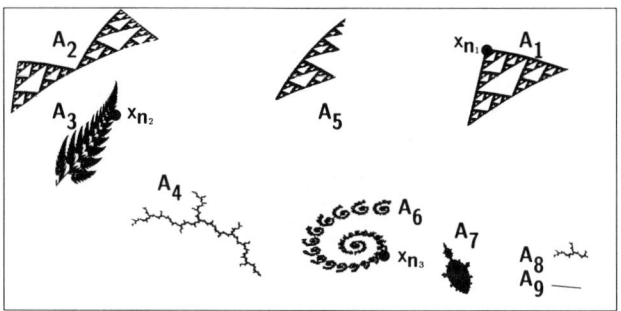

Abb. 2.25 Es wird der Anfang einer Cauchy-Folge $\{A_n\}$ von Mengen aus $\mathcal{H}(\mathbf{R}^2)$ gezeigt. Eine Cauchy-Teilfolge von Punkten $\{x_{n_j}\}$, die zu der Teilfolge von Mengen gehört, ist ebenfalls angedeutet. Machen Sie eine Fotokopie von dieser Abbildung und zeichnen Sie darauf die Erweiterung der Teilfolge von Punkten zu den sichtbaren Mengen aus $\{A_n\}$.

2.7.2 Wiederholen Sie 2.7.1, aber diesmal mit Abbildung 2.26!

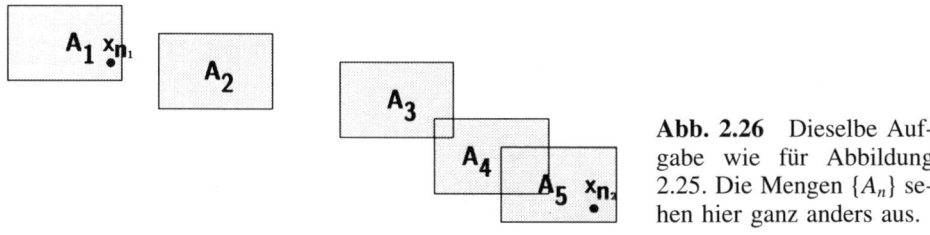

Abb. 2.26 Dieselbe Aufgabe wie für Abbildung 2.25. Die Mengen $\{A_n\}$ sehen hier ganz anders aus.

Das zentrale Resultat, auf das wir zusteuerten, ist folgendes:

Satz 2.3 (Vollständigkeit des Raumes der Fraktale). *Es sei $(\mathbf{X}, d)$ ein vollständiger metrischer Raum. Dann ist $(\mathcal{H}(\mathbf{X}), h)$ ein vollständiger metrischer Raum. Ferner, falls $\{A_n \in \mathcal{H}(\mathbf{X})\}_{n=1}^{\infty}$ eine Cauchy-Folge ist, kann*

$$A = \lim_{n \to \infty} A_n \in \mathcal{H}(\mathbf{X})$$

wie folgt charakterisiert werden:

$$A = \{x \in \mathbf{X} : \text{Es gibt eine Cauchy-Folge } \{x_n \in A_n\},$$
$$\text{die gegen } x \text{ konvergiert}\}.$$

Beweis. Es sei $\{A_n\}$ eine Cauchy-Folge in $\mathcal{H}(\mathbf{X})$, und A sei so definiert wie in der Behauptung des Satzes. Wir teilen den Beweis wie folgt auf:

a) $A \neq \emptyset$;

b) A ist abgeschlossen und deshalb vollständig, falls $\mathbf{X}$ vollständig ist;

c) für $\epsilon > 0$ existiert ein N, so daß für $n \geq N$ gilt: $A \subset A_n + \epsilon$;

d) A ist total beschränkt und somit wegen b) kompakt;

e) $\lim A_n = A$.

Beweis von a). Wir werden diesen Teil beweisen, indem wir die Existenz einer Cauchy-Folge $\{a_i \in A_i\}$ in $\mathbf{X}$ zeigen. Zu diesem Zweck finde man eine Folge natürlicher Zahlen $N_1 < N_2 < N_3 < \cdots < N_n < \cdots$, so daß gilt:

$$h(A_m, A_n) < \frac{1}{2^i} \quad \text{für } m, n > N_i.$$

Wir wählen $x_{N_1} \in A_{N_1}$. Nun, da $h(A_{N_1}, A_{N_2}) \leq \frac{1}{2}$, können wir ein $x_{N_2} \in A_{N_2}$ finden, so daß $d(x_{N_1}, x_{N_2}) \leq \frac{1}{2}$. Nehmen wir an, wir hätten eine endliche Folge $x_{N_i} \in A_{N_i}$, $i = 1, 2, \ldots, k$, für welche $d(x_{N_{i-1}}, x_{N_i}) \leq \frac{1}{2^{i-1}}$ gilt, ausgewählt. Da jetzt $h(A_{N_k}, A_{N_{k+1}}) \leq \frac{1}{2^k}$ und $x_{N_k} \in A_{N_k}$, können wir $x_{N_{k+1}} \in A_{N_{k+1}}$ mit $d(x_{N_k}, x_{N_{k+1}}) \leq \frac{1}{2^k}$ finden. Es sei zum Beispiel $x_{N_{k+1}}$ ein Punkt in $A_{N_{k+1}}$, der x_{N_k} am nächsten liegt. Durch Induktion finden wir eine unendliche Folge $\{x_{N_i} \in A_{N_i}\}$, so daß $d(x_{N_i}, x_{N_{i+1}}) \leq \frac{1}{2^i}$ ist. Um zu sehen, daß $\{x_{N_i}\}$ eine Cauchy-Folge in $\mathbf{X}$ ist, sei $\epsilon > 0$, und wir wählen N_ϵ mit $\sum_{i=N_\epsilon}^{\infty} \frac{1}{2^i} < \epsilon$. Dann erhalten wir für $m > n \leq N_\epsilon$

$$d(x_{N_m}, x_{N_n}) \leq d(x_{N_m}, x_{N_{m+1}}) + d(x_{N_{m+1}}, x_{N_{m+2}}) + \cdots$$
$$+ d(x_{N_{n-1}}, x_{N_n}) < \sum_{i=N_\epsilon}^{\infty} \frac{1}{2^i} < \epsilon.$$

Wegen des Erweiterungslemmas gibt es dann eine konvergente Teilfolge $\{a_i \in A_i\}$ mit $a_{N_i} = x_{N_i}$. Dann existiert $\lim a_i$ und liegt nach Definition in A. Also gilt $A \neq \emptyset$.

Beweis von b). Um zu zeigen, daß A abgeschlossen ist, nehmen wir an, daß $\{a_i \in A\}$ eine Folge ist, die gegen einen Punkt a konvergiert. Wir werden zeigen, daß $a \in A$ und A deswegen abgeschlossen ist. Für jede natürliche Zahl i gibt es eine Folge $x_{i,n} \in A_n$ mit $\lim_{n \to \infty} x_{i,n} = a_i$. Es gibt eine *wachsende* Folge natürlicher Zahlen $\{N_i\}_{i=1}^{\infty}$ mit $d(a_{N_i}, a) < \frac{1}{i}$. Weiterhin existiert eine Teilfolge natürlicher Zahlen $\{m_i\}$, so daß $d(x_{N_i, m_i}, a_{N_i}) \leq \frac{1}{i}$. Somit ist $d(x_{N_i, m_i}, a) \leq \frac{2}{i}$. Wenn wir $y_{m_i} = x_{N_i, m_i}$ setzen, sehen wir, daß $y_{m_i} \in A_{m_i}$ und $\lim_{i \to \infty} y_{m_i} = a$ gilt. Mit dem

Erweiterungslemma kann $\{y_{m_i}\}$ zu einer konvergenten Folge $\{z_i \in A_i\}$ erweitert werden. Somit ist $a \in A$, und wir haben bewiesen, daß A abgeschlossen ist.

Beweis von c). Es sei $\epsilon > 0$. Dann gibt es ein N, so daß für $m, n \geq N$ gilt: $h(A_m, A_n) \leq \epsilon$. Nun sei $n \geq N$. Dann ist $A_m \subset A_n + \epsilon$ für $m \geq n$. Wir müssen zeigen, daß $A \subset A_n + \epsilon$. Deshalb sei $a \in A$. Es gibt eine Folge $\{a_i \in A_i\}$, die gegen a konvergiert. Wir dürfen annehmen, daß N groß genug ist, um für $m \geq N$ die Bedingung $d(a_m, a) < \epsilon$ zu erfüllen. Dann ist $a_m \in A_n + \epsilon$, da $A_m \subset A_n + \epsilon$ gilt. Weil A_n kompakt ist, kann man zeigen, daß $A_n + \epsilon$ abgeschlossen ist. Da ja $a_m \in A_n + \epsilon$ für alle $m \geq N$ gilt, muß a demnach in $A_n + \epsilon$ liegen. Das vervollständigt den Beweis, daß $A \subset A_n + \epsilon$ für genügend großes n gilt.

Beweis von d). Wir nehmen an, A wäre nicht total beschränkt. Dann würde für ein $\epsilon > 0$ kein endliches ϵ-Netz existieren. Wir könnten dann eine Folge $\{x_i\}_{i=1}^{\infty}$ in A finden, so daß $d(x_i, x_j) \geq \epsilon$ für $i \neq j$. Wir werden nun zeigen, daß dies zu einem Widerspruch führt. Wegen c) gibt es ein genügend großes n, so daß $A \subset A_n + \frac{\epsilon}{3}$. Zu jedem x_i existiert ein korrespondierendes $y_i \in A_n$, für welches $d(x_i, y_i) \leq \frac{\epsilon}{3}$ gilt. Da A_n kompakt ist, konvergiert eine beliebige Teilfolge $\{y_{n_i}\}$ von $\{y_i\}$. Dann können wir in der Folge $\{y_{n_i}\}$ Punkte finden, die so dicht beieinander liegen wie wir nur wollen. Insbesondere können wir zwei Punkte y_{n_i} und y_{n_j} finden, so daß $d(y_{n_i}, y_{n_j}) < \frac{\epsilon}{3}$. Aber dann ist

$$d(x_{n_i}, x_{n_j}) \leq d(x_{n_i}, y_{n_i}) + d(y_{n_i}, y_{n_j}) + d(y_{n_j}, x_{n_j}) < \frac{\epsilon}{3} + \frac{\epsilon}{3} + \frac{\epsilon}{3},$$

und wir erhalten einen Widerspruch zu der Weise, wie $\{x_{n_i}\}$ gewählt war. Somit ist A total beschränkt und mit Teil b) kompakt.

Beweis von e). Aus Teil d) wissen wir, daß $A \in \mathcal{H}(\mathbf{X})$. Deswegen ist mit Teil c) und Hilfssatz 2.1 der Beweis, daß $\lim A_i = A$, vollständig, wenn wir für $\epsilon > 0$ folgendes zeigen: Es existiert ein N derart, daß für $n \geq N$ gilt: $A_n \subset A + \epsilon$. Zunächst wählen wir ein N so, daß für $m, n \geq N$ der Abstand $h(A_m, A_n) \leq \frac{\epsilon}{2}$ ist. Dann gilt für $m, n \geq N$ die Beziehung $A_m \subset A_n + \frac{\epsilon}{2}$. Es sei $n \geq N$. Wir werden zeigen, daß $A_n \subset A + \epsilon$. Es sei $y \in A_n$. Es gibt nun eine wachsende Folge $\{N_i\}$ natürlicher Zahlen, so daß $n < N_1 < N_2 < N_3 < \cdots < N_k < \cdots$ und für $m, n \geq N_j$ gilt: $A_m \subset A_n + \frac{\epsilon}{2^{j+1}}$. Beachten Sie $A_n \subset A_{N_1} + \frac{\epsilon}{2}$. Da $y \in A_n$, gibt es ein $x_{N_1} \in A_{N_1}$, so daß $d(y, x_{N_1}) \leq \frac{\epsilon}{2}$. Da $x_{N_1} \in A_{N_1}$, existiert ein Punkt $x_{N_2} \in A_{N_2}$, so daß $d(x_{N_1}, x_{N_2}) \leq \frac{\epsilon}{2^2}$ beträgt. In ähnlicher Weise können wir die Induktion anwenden, um eine Folge $x_{N_1}, x_{N_2}, x_{N_3}, \ldots$ zu finden, so daß $x_{N_j} \in A_{N_j}$ und $d(x_{N_j}, x_{N_{j+1}}) < \frac{\epsilon}{2^{j+1}}$. Unter mehrfacher Benutzung der Dreiecksungleichung, können wir zeigen, daß

$$d(y, x_{N_j}) \leq \frac{\epsilon}{2} \quad \text{für alle } j$$

und außerdem, daß $\{x_{N_j}\}$ eine Cauchy-Folge ist. Aus der Art wie n gewählt wurde folgt, daß immer $A_{N_j} \subset A_n + \frac{\epsilon}{2}$ ist. $\{x_{N_j}\}$ konvergiert gegen einen Punkt x, und da $A_n + \frac{\epsilon}{2}$ abgeschlossen ist, gilt auch $x \in A_n + \frac{\epsilon}{2}$. Darüber hinaus impliziert $d(y, x_{N_j}) \le \epsilon$, daß $d(y, x) \le \epsilon$. Somit haben wir gezeigt, daß $A_n \subset A + \epsilon$ für $n \ge N$. Dies beweist, daß $\lim A_n = A$ und daraus folgend, daß $(\mathcal{H}(\mathbf{X}), h)$ ein vollständiger metrischer Raum ist. $\qquad\square$

Aufgaben/Beispiele

2.7.3 Ein Baum schwankt im Wind. Eine Spezialkamera photographiert den Baum zu Zeitpunkten $t_n = \left(1 - \frac{1}{n}\right)$ s, $n = 1, 2, 3, \dots$. Zeigen Sie, daß es begründet ist, anzunehmen, daß die so erhaltene Folge von Bildern eine Cauchy-Folge $\{A_n\}_{n=1}^{\infty}$ in $\mathcal{H}(\mathbf{R}^2)$ bildet. Wie sieht $A = \lim\limits_{n \to \infty} A_n$ aus?

2.7.4 Das Sierpinski-Dreieck $\triangle$ ist eine kompakte Teilmenge des metrischen Raumes $(\mathbf{R}^2,$ euklidisch$)$. Somit ist $(\triangle,$ euklidisch$)$ ein kompakter metrischer Raum. Geben Sie ein Beispiel einer unendlichen Menge in $(\mathcal{H}(\triangle), h)$ an!
Stellen Sie eine Cauchy-Folge $\{A_n \in \mathcal{H}(\triangle)\}$, die in Ihrer Menge enthalten ist, anschaulich dar. Beschreiben Sie ihren Grenzwert!

2.7.5 Abbildung 2.27 zeigt eine Folge von Mengen in $\mathcal{H}(\blacksquare)$, die gegen einen Farn konvergiert. Nehmen Sie einen Punkt in A. Suchen Sie eine Cauchy-Folge $\{x_n \in A_n\}$, die gegen ihn konvergiert!

2.7.6 Es sei $(\mathbf{X}, d)$ ein kompakter metrischer Raum. Zeigen Sie, daß $(\mathcal{H}(\mathbf{X}), h)$ ebenfalls ein kompakter metrischer Raum ist! Hierbei ist h die Hausdorff-Metrik auf dem Raum $\mathcal{H}(\mathbf{X})$.

Um mit $\mathcal{H}(\mathbf{X})$ vertraut zu werden, denken wir einmal darüber nach, welche Eigenschaften des Raumes $\mathbf{X}$ auch für $\mathcal{H}(\mathbf{X})$ gelten. Wir haben gesehen, daß Vollständigkeit eine dieser Eigenschaften ist, und Aufgabe 2.7.6 zeigt, daß die Kompaktheit ebenfalls dazu gehört. Weiterhin ist dies für einige Formen des Zusammenhangs zutreffend, was wir am Beispiel des Wegzusammenhangs von $\mathcal{H}(\mathbf{R})$ beweisen wollen.

Satz 2.4. *Die Funktion $f : \mathbf{R} \to \mathcal{H}$, die durch $f(x) = \{x\}$ gegeben ist, ist stetig.*

Beweis. Es sei $\{x_n\}$ eine Folge in $\mathbf{R}$, die gegen einen Punkt x konvergiert. Dann existiert für $\epsilon > 0$ ein N, so daß $d(x_n, x) < \epsilon$ für $n > N$ gilt. Nach Definition ist $h(\{x_n\}, \{x\}) = d(x_n, x)$, da es in jeder Menge nur ein Element gibt. Also konvergiert $\{\{x_n\}\}$ in $\mathcal{H}(\mathbf{R})$ gegen $\{x\}$, und die Funktion $f(x)$ ist stetig. Damit ist das Bild von $\mathbf{R}$ in $\mathcal{H}(\mathbf{R})$ wegzusammenhängend. Beachten Sie, daß eine solche Funktion garantiert, daß es von irgendeinem Raum eine Kopie in den dazugehörigen Raum der nichtleeren kompakten Mengen gibt. $\qquad\square$

Satz 2.5. *Die Funktionen $f_x : [0, 1] \to \mathcal{H}$, welche durch $f_x(a) = [x, x + a]$ mit $0 \le a \le 1$ gegeben sind, sind stetig. Dabei zeigt sich, daß es in $\mathcal{H}$ einen Weg von einem Intervall zu einem seiner Endpunkte gibt.*

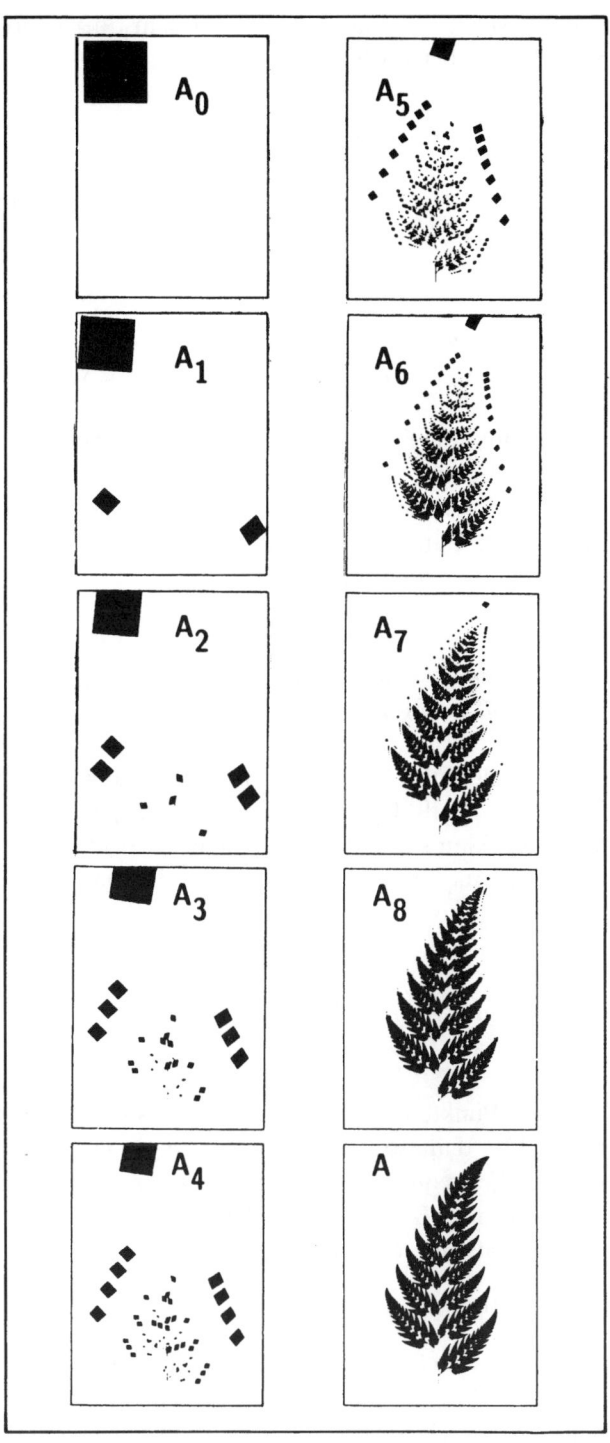

Abb. 2.27 Eine Cauchy-Folge von Mengen $\{A_n\}$ im Raum $\mathcal{H}(\mathbf{R}^2)$, die gegen eine farnähnliche Menge konvergiert.

Beweis. Wie zuvor sei $\{a_n\}$ eine konvergente Folge in $[0, 1]$ mit dem Grenzwert a. Es sei $d(a_n, a) < \epsilon$. Dann wird der Abstand $h([x, x + a_n], [x, x + a])$ durch

$$
\begin{aligned}
h([x, x + a_n], [x, x + a]) &= d([x, x + a_n], [x, x + a]) \\
&\qquad \vee d([x, x + a], [x, x + a_n]) \\
&= d(a, a_n) < \epsilon
\end{aligned}
$$

gegeben. Also ist jede der Funktionen f_x stetig. $\qquad\square$

Satz 2.6. *A sei eine kompakte Teilmenge von* **R**. *Dann ist die Funktion* $f_A :$ $[0, b] \to \mathcal{H}$, *welche durch* $f_A(a) = \bigcup [x, x + a]$ *mit* $x \in A$ *gegeben ist, stetig.*

Beweis. Wenn $b = 1$ ist, so ist die Funktion f_A nach dem vorangegangenen Satz in jedem Punkt von A stetig. Die Behauptung gilt also für $b = 1$. Um die gesamte Behauptung zu zeigen, beachten wir folgendes: Wenn $g : [0, b] \to [0, 1]$ durch $g(x) = \frac{1}{b}x$ gegeben ist, so ist g stetig. Damit kann f_A durch die Komposition zweier stetiger Funktionen beschrieben werden und ist selber stetig. $\qquad\square$

Satz 2.7. *Es sei A eine kompakte Teilmenge von* **R**. *Dann ist die Menge* $\bigcup [x, x + b]$ *mit* $x \in A$ *ein Intervall, falls b groß genug ist.*

Beweis. A ist kompakt und damit beschränkt. Wir wählen b als die Länge eines jeden Intervalls $[c, d]$, so daß $A \subset [c, d]$ gilt. Dann überlappt die Menge $[x, x + b]$ die Menge $[y, y + b]$, wenn x das kleinste und y das größte Element von A ist. Also überlappen sich alle Mengen dieser Form, und ihre Vereinigung bildet ein Intervall, das wegzusammenhängend ist. $\qquad\square$

Satz 2.8. *Falls A und B kompakte Teilmengen in* **R** *sind, so gibt es in* $\mathcal{H}$ *einen Weg, der sie verbindet.*

Beweis. Für jeden Raum **X** und drei Punkte $a, b, c \in$ **X** gilt: Gibt es einen Weg von a nach b und einen von b nach c, dann existiert auch ein Weg von a nach c. Wir konstruieren in $\mathcal{H}(\mathbf{R})$ einen Weg von A nach B, indem wir zuerst einen Weg von A zu dem im vorangegangenem Beweis gebildeten Intervall nehmen, d. h.: Wir wählen b wie zuvor und konstruieren den Weg

$$
f : [0, 1] \to [0, b] \to \{f_A(x) : 0 \le x \le b\},
$$

der nach Satz 2.6 stetig ist. Also gibt es zwischen jedem Punkt in $\mathcal{H}(\mathbf{R})$ und einem Punkt, der ein Intervall ist, einen Weg. Genauso gibt es von einem Intervall zu jedem Punkt in $\mathcal{H}(\mathbf{R})$ einen Weg. Nach Satz 2.5 existiert von jedem Intervall zu einem seiner Endpunkte ein Weg. Mit Satz 2.4 gibt es zwischen diesen beiden Endpunkten einen Weg (das Bild von **R**). Zusammenfassend wird ein Weg von A nach B also auf folgende Weise gebildet: A wird mit einem Intervall verbunden, das Intervall mit einem Endpunkt, man bewegt sich zu dem neuen Punkt in **R**, nimmt einen Weg zu einem Intervall und schließlich einen Weg von dem Intervall zu B. Demnach ist $\mathcal{H}(\mathbf{R})$ wegzusammenhängend. Obwohl es etwas komplizierter ist, so trifft es zu, daß, falls **X** zusammenhängend ist, dies auch für $\mathcal{H}(\mathbf{X})$ gilt.

2.8   Weitere Sätze über metrische Räume

Wir geben hier einige Sätze an, die wir später benutzen werden. Vollständige Beweise werden nicht geliefert, da diese in den meisten einführenden Büchern über Topologie enthalten sind. Wir empfehlen besonders [Kasriel 1971] und [Mendelson 1963]. Diese Sätze sollten als Übungsaufgaben in der Theorie metrischer Räume angesehen werden.

Satz 2.9. *Es sei* $(\mathbf{X}, d)$ *ein metrischer Raum, und* $\{x_n\}$ *sei eine Cauchy-Folge, die gegen* $x \in \mathbf{X}$ *konvergiert (bzw. äquivalent ausgedrückt, es sei* $\{x_n\}$ *eine Folge und* x *ein Punkt, so daß* $\lim_{n\to\infty} d(x, x_n) = 0$ *gilt). Außerdem sei* $f : \mathbf{X} \to \mathbf{X}$ *stetig. Dann gilt*

$$\lim_{n\to\infty} f(x_n) = f(x).$$

Beweis. Sehen Sie in Ihrem ersten Buch über Analysis nach. $\qquad\square$

Satz 2.10. *Es seien* $(\mathbf{X}_1, d_1)$ *und* $(\mathbf{X}_2, d_2)$ *zwei metrische Räume,* $f : \mathbf{X}_1 \to \mathbf{X}_2$ *sei eine stetige Abbildung,* $E \subset \mathbf{X}_1$ *kompakt. Dann ist* $f : E \to \mathbf{X}_2$ *gleichmäßig stetig. Das bedeutet, zu einem gegebenen* $\epsilon > 0$ *existiert eine Zahl* $\delta > 0$, *so daß*

$$d_2(f(x), f(y)) < \epsilon \quad \text{immer dann, wenn } d_1(x, y) < \delta \text{ für alle } x, y \in E.$$

Beweis. Nutzen Sie den Umstand, daß jede abzählbare offene Überdeckung von E eine endliche Teilüberdeckung enthält. $\qquad\square$

Satz 2.11. *Es seien* $(\mathbf{X}_i, d_i)$ *metrische Räume für* $i = 1, 2, 3$, *und* $f : \mathbf{X}_1 \times \mathbf{X}_2 \to$ $\mathbf{X}_3$ *sei eine Abbildung mit der folgenden Eigenschaft: Zu jedem* $\epsilon > 0$ *existiert ein* $\delta > 0$, *so daß*

a) $d_1(x_1, y_1) < \delta \Rightarrow d_3(f(x_1, x_2), f(y_1, x_2)) < \epsilon$, $\forall x_1, y_1 \in \mathbf{X}_1$, $\forall x_2 \in \mathbf{X}_2$,

b) $d_2(x_2, y_2) < \delta \Rightarrow d_3(f(y_1, x_2), f(y_1, y_2)) < \epsilon$, $\forall y_1 \in \mathbf{X}_1$, $\forall x_2, y_2 \in \mathbf{X}_2$.

Dann ist f *stetig auf dem metrischen Raum* $(\mathbf{X} = \mathbf{X}_1 \times \mathbf{X}_2, d)$, *wobei* $d((x_1, x_2), (y_1, y_2)) = \max\{d_1(x_1, y_1), d_2(x_2, y_2)\}$ *gilt.*

Beweis. Benutzen Sie
$$d(f(x_1, x_2), f(y_1, y_2)) \le d(f(x_1, x_2), f(y_1, x_2)) + d(f(y_1, x_2), f(y_1, y_2)),$$
aber weisen Sie zuerst nach, daß d eine Metrik ist. $\qquad\square$

Satz 2.12. *Es seien* $(\mathbf{X}_i, d_i)$ *metrische Räume für* $i = 1, 2$, *und es sei der metrische Raum* $(\mathbf{X}, d)$ *genauso definiert wie in Satz 2.11. Falls* $K_1 \subset \mathbf{X}_1$ *und* $K_2 \subset \mathbf{X}_2$ *sind, dann ist auch* $K_1 \times K_2 \subset \mathbf{X}$ *kompakt.*

Beweis. Befassen Sie sich zuerst mit der Komponente in K_1. $\qquad\square$

Satz 2.13. *Es seien* $(\mathbf{X}_i, d_i)$ *metrische Räume für* $i = 1, 2$. *Die Abbildung* $f : \mathbf{X}_1 \to \mathbf{X}_2$ *sei stetig, bijektiv und injektiv. Dann ist* f *ein Homöomorphismus.*

3 Transformationen metrischer Räume, Kontraktionen und Konstruktion von Fraktalen

3.1 Transformationen auf der reellen Geraden

Auf dem Gebiet der fraktalen Geometrie untersucht man „komplizierte" Teilmengen von geometrisch „einfachen" Räumen wie $\mathbf{R}^2$, $\mathbf{C}$, $\mathbf{R}$, $\widehat{\mathbf{C}}$. In deterministischer fraktaler Geometrie konzentriert man sich auf solche Teilmengen des Raumes, die durch einfache geometrische Transformationen des Raumes in sich selbst erzeugt werden, bzw. Invarianzeigenschaften unter solchen Transformationen besitzen. Eine einfache geometrische Transformation ist etwas, das jemand anderem leicht übermittelt oder erklärt werden kann. Gewöhnlich können Transformationen durch eine kleine Anzahl von Parametern komplett beschrieben werden. Beispiele dafür sind affine Transformationen im $\mathbf{R}^2$, die durch 2×2-Matrizen und zweidimensionale Vektoren gekennzeichnet sind, sowie rationale Transformationen auf der Riemannschen Sphäre, zu deren Beschreibung man die Koeffizienten eines Polynom-Paares benötigt.

Definition 3.1. Es sei $(\mathbf{X}, d)$ ein metrischer Raum. Eine *Transformation* auf dem Raum $\mathbf{X}$ ist eine Funktion $f : \mathbf{X} \to \mathbf{X}$, welche jedem Punkt $x \in \mathbf{X}$ genau einen Punkt $f(x) \in \mathbf{X}$ zuordnet. Falls $S \subset \mathbf{X}$, so ist $f(S) = \{f(x) : x \in S\}$. f heißt *injektiv*, wenn für $x, y \in \mathbf{X}$ mit $f(x) = f(y)$ folgt, daß $x = y$ gilt. Die Funktion f heißt *surjektiv*, falls $f(\mathbf{X}) = \mathbf{X}$ ist. f wird *invertierbar* genannt, wenn sie injektiv und surjektiv ist. In diesem Fall ist es möglich eine Transformation $f^{-1} : \mathbf{X} \to \mathbf{X}$, die *Inverse* von f, durch $f^{-1}(y) = x$ zu definieren, wobei $x \in \mathbf{X}$ der einzige Punkt mit $y = f(x)$ ist.

Definition 3.2. Es sei $f : \mathbf{X} \to \mathbf{X}$ eine Transformation auf einem metrischen Raum. Die *Vorwärts-Iterierten* von f sind Transformationen $f^{\circ n} : \mathbf{X} \to \mathbf{X}$, die durch $f^{\circ 0}(x) = x$, $f^{\circ 1}(x) = f(x)$, $f^{\circ(n+1)}(x) = f \circ f^{\circ n}(x) = f(f^{\circ n}(x))$ für $n = 0, 1, 2, \ldots$ definiert werden. Wenn f invertierbar ist, sind die Transformationen $f^{\circ(-m)}(x) : \mathbf{X} \to \mathbf{X}$ die *Rückwärts-Iterierten* von f, die durch $f^{\circ(-1)}(x) = f^{-1}(x)$, $f^{\circ(-m)}(x) = (f^{\circ m})^{-1}(x)$ für $m = 1, 2, 3, \ldots$ definiert werden.

Um auf dem Gebiet der fraktalen Geometrie arbeiten zu können, muß man mit den grundlegenden Arten von Transformationen in $\mathbf{R}$, $\mathbf{R}^2$, $\mathbf{C}$ und $\widehat{\mathbf{C}}$ vertraut sein. Es ist notwendig, die Beziehungen zwischen den „Formeln" für Transformationen und den geometrischen Veränderungen (z. B. Dehnungen, Drehungen, Verzerrungen, Faltungen), die sie auf der zugrundeliegenden Struktur (d. h. auf dem metrischen Raum, auf dem sie operieren) hervorrufen, gut zu kennen. Dabei ist es wichtiger zu verstehen, wie Transformationen auf Mengen wirken, als auf einzelne Punkte. So ist es zum Beispiel nützlicher zu wissen, wie eine affine Transformation im $\mathbf{R}^2$ eine Gerade, einen Kreis oder ein Dreieck verändert, als zu wissen, wohin sie den Ursprung abbildet.

Aufgaben/Beispiele

3.1.1 Es sei $f : \mathbf{X} \to \mathbf{X}$ eine invertierbare Transformation. Zeigen Sie, daß gilt:

$$f^{\circ m} \circ f^{\circ n} = f^{\circ(m+n)} \qquad \text{für alle ganzen Zahlen } m \text{ und } n.$$

3.1.2 Eine Transformation $f : \mathbf{R} \to \mathbf{R}$ ist gegeben durch $f(x) = 2x$, für alle $x \in \mathbf{R}$. Ist f invertierbar? Finden Sie eine Formel für $f^{\circ n}(x)$, die für jede ganze Zahl n gilt!

3.1.3 Eine Transformation $f : [0, 1] \to [0, 1]$ ist definiert durch $f(x) = \frac{1}{2}x$. Ist diese Transformation injektiv, surjektiv, invertierbar?

3.1.4 Gegeben ist eine Abbildung $f : [0, 1] \to [0, 1]$ durch $f(x) = 4x \cdot (1 - x)$. Ist diese Transformation injektiv, surjektiv, invertierbar?

3.1.5 Es sei $\mathscr{C}$ die *klassische Cantor-Menge*. Diese Teilmenge des metrischen Raumes $[0, 1]$ erhält man durch fortwährendes Entfernen des mittleren offenen Drittels eines Intervalls, wie folgt. Wir konstruieren eine ineinandergeschachtelte Folge geschlossener Mengen

$$I_0 \supset I_1 \supset I_2 \supset I_3 \supset I_4 \supset I_5 \supset \cdots \supset I_N \supset \cdots ,$$

wobei

$$I_0 = [0, 1],$$

$$I_1 = [0, \tfrac{1}{3}] \cup [\tfrac{2}{3}, 1],$$

$$I_2 = [0, \tfrac{1}{9}] \cup [\tfrac{2}{9}, \tfrac{3}{9}] \cup [\tfrac{6}{9}, \tfrac{7}{9}] \cup [\tfrac{8}{9}, 1],$$

$$I_3 = [0, \tfrac{1}{27}] \cup [\tfrac{2}{27}, \tfrac{3}{27}] \cup [\tfrac{6}{27}, \tfrac{7}{27}] \cup [\tfrac{8}{27}, \tfrac{9}{27}] \cup [\tfrac{18}{27}, \tfrac{19}{27}]$$

$$\cup [\tfrac{20}{27}, \tfrac{21}{27}] \cup [\tfrac{24}{27}, \tfrac{25}{27}] \cup [\tfrac{26}{27}, 1],$$

$I_4 = I_3$, und entfernen Sie das mittlere offene Drittel aus jedem Intervall von I_3,

$$\vdots$$

$I_N = I_{N-1}$, und entfernen Sie das mittlere offene Drittel aus jedem Intervall von I_{N-1},

$$\vdots$$

Diese Konstruktion wird in Abbildung 3.1 dargestellt. Wir definieren

$$\mathscr{C} = \bigcap_{n=0}^{\infty} I_n.$$

$\mathscr{C}$ enthält den Punkt $x = 0$, ist also nicht leer. Insbesondere ist $\mathscr{C}$ eine perfekte Menge, die überabzählbar viele Punkte enthält (siehe Kapitel vier). $\mathscr{C}$ ist ein Fraktal, auf welches wir uns häufig beziehen werden.

Nun können wir im metrischen Raum ($\mathscr{C}$, euklidisch) arbeiten. Eine Transformation $f : \mathscr{C} \to \mathscr{C}$ wird durch $f(x) = \frac{1}{3}x$ definiert. Zeigen Sie, daß diese Transformation injektiv, aber nicht surjektiv ist. Finden Sie außerdem eine andere affine Transformation (vgl. dazu Beispiel 3.1.7), welche $\mathscr{C}$ injektiv in $\mathscr{C}$ abbildet!

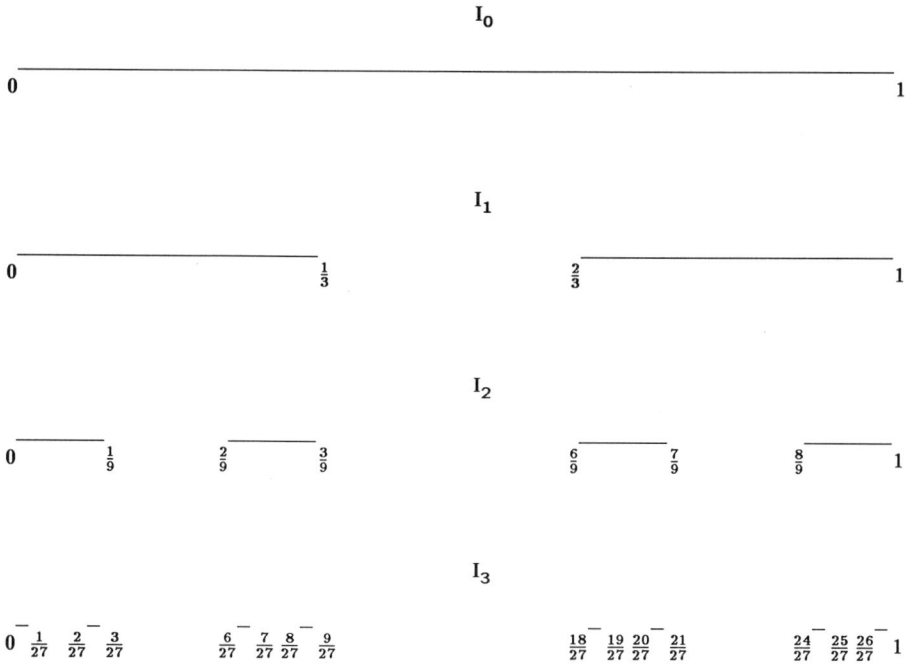

Abb. 3.1 Konstruktion der klassischen Cantor-Menge $\mathscr{C}$.

3.1.6 $f : \mathbf{R}^2 \to \mathbf{R}^2$ ist durch $f(x_1, x_2) = (2x_1, x_2^2 + x_1)$ gegeben, für alle $(x_1, x_2) \in \mathbf{R}^2$. Zeigen Sie, daß f nicht invertierbar ist. Geben Sie eine Formel für $f^{\circ 2}(x)$ an.

3.1.7 Bei *affinen Transformationen* in $\mathbf{R}^1$ handelt es sich um Transformationen der Form $f(x) = a \cdot x + b$, wobei a und b reelle Konstanten sind. Ein gegebenes Intervall $I = [0, 1]$ wird durch f so skaliert, daß $f(I)$ ein neues Intervall der Länge $|a|$ wird. Die linke Intervallgrenze wird nach b verschoben, und $f(I)$ liegt auf der linken oder rechten Seite von b, je nachdem, ob a negativ oder positiv ist (Abbildung 3.2). Wir stellen uns die Wirkung einer affinen Transformation auf ganz $\mathbf{R}$ wie folgt vor. Die gesamte Zahlengerade wird vom Ursprung aus gestreckt, falls $|a| > 1$ ist.

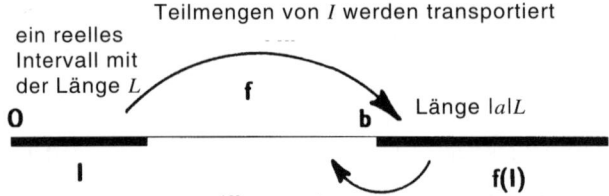

Abb. 3.2 Die Wirkung einer affinen Transformation $f : \mathbf{R} \to \mathbf{R}$, definiert durch $f(x) = ax + b$.

Sie wird zum Ursprung hin gestaucht, wenn $|a| < 1$ ist. Wenn $a < 0$ ist, wird sie um den Nullpunkt um $180°$ gedreht und anschließend als Ganzes um den Betrag von b verschoben (nach links, wenn $b < 0$, und nach rechts, wenn $b > 0$ ist).

3.1.8 Beschreiben Sie die Menge affiner Transformationen, welche das reelle Intervall $\mathbf{X} = [1, 2]$ in sich selbst abbildet. Zeigen Sie, daß wenn f und g zwei solche Transformationen sind, $f \circ g$ und $g \circ f$ ebenfalls affine Transformationen auf $[1, 2]$ sind. Unter welchen Bedingungen gilt $f \circ g(\mathbf{X}) \cup g \circ f(\mathbf{X}) = \mathbf{X}$?

3.1.9 In Abbildung 3.3 wird eine Folge von Intervallen $\{I_n\}_{n=0}^{\infty}$ dargestellt. Finden Sie eine affine Transformation $f : \mathbf{R} \to \mathbf{R}$, so daß $f^{\circ n}(I_0) = I_n$ für $n = 0, 1, 2, 3, \ldots$ gilt. Benutzen Sie als Hilfe Zirkel und Lineal. Zeigen Sie außerdem, daß $\{I_n\}_{n=1}^{\infty}$ eine Cauchy-Folge in $(\mathcal{H}(\mathbf{R}), h)$ ist, wobei h der Hausdorff-Abstand in $\mathcal{H}(\mathbf{R})$ ist, welcher durch die euklidische Metrik auf $\mathbf{R}$ induziert wird. Berechnen Sie $I = \lim_{n \to \infty} I_n$.

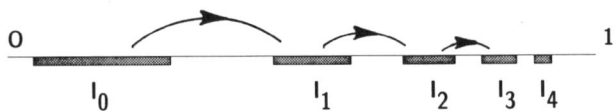

Abb. 3.3 Diese Abbildung zeigt eine Folge von Intervallen $\{I_n\}_{n=0}^{\infty}$. Finden Sie eine affine Transformation $f : \mathbf{R} \to \mathbf{R}$, so daß $f^{\circ n}(I_0) = I_n$ ist, für $n = 0, 1, 2, 3, \ldots$. Benutzen Sie als Hilfe Lineal und Zirkel.

3.1.10 Betrachten Sie die geometrische Reihe

$$\sum_{n=0}^{\infty} b \cdot a^n = b + ab + a^2 b + a^3 b + a^4 b + \cdots > 0, \; 0 < a < 1.$$

Diese ist mit einer Folge von Intervallen $I_0 = [0, b]$, $I_n = f^{\circ n}(I_0)$ verknüpft, wobei $f(x) = ax + b$ und $n = 1, 2, 3, \ldots$, wie in Abbildung 3.4 gezeigt wird.

Es sei $I = \bigcup_{n=0}^{\infty} I_n$, und l bezeichne die gesamte Länge von I. Zeigen Sie, daß $f(I) = I \setminus I_0$, und folgern Sie hieraus, daß $al = l - b$ ist und damit $l = \frac{b}{1-a}$. Schließen Sie zuerst, daß gilt:

$$\sum_{n=0}^{\infty} b \cdot a^n = \frac{b}{1-a}.$$

Somit sehen wir vom geometrischen Standpunkt aus ein wohlbekanntes Resultat über *geometrische Reihen*. Führen Sie eine ähnliche geometrische Überlegung durch, um den Fall $-1 < a < 0$ abzudecken!

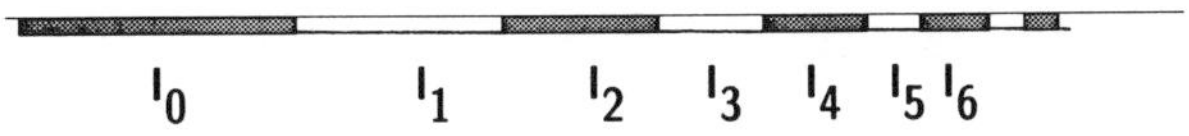

$I_0 \qquad I_1 \qquad I_2 \quad I_3 \quad I_4 \; I_5 \, I_6$

Abb. 3.4 Bild einer konvergenten geometrischen Reihe in $\mathbf{R}^1$, (siehe Beispiel 3.1.10).

Definition 3.3. Eine Transformation $f : \mathbf{R} \to \mathbf{R}$ von der Form

$$f(x) = a_0 + a_1 x + a_2 x^2 + a_3 x^3 + \cdots a_N x^N,$$

bei der die Koeffizienten a_i $(i = 0, 1, 2, \ldots, N)$ reelle Zahlen mit $a_N \neq 0$ sind und N eine nichtnegative ganze Zahl ist, wird als *polynomiale Transformation* bezeichnet. N heißt der *Grad* der Transformation.

Aufgaben/Beispiele

3.1.11 Zeigen Sie für den Fall, daß $f : \mathbf{R} \to \mathbf{R}$ und $g : \mathbf{R} \to \mathbf{R}$ polynomiale Transformationen sind, daß dies dann auch für $f \circ g$ zutrifft! Es sei f vom Grad N, berechnen Sie den Grad von $f^{\circ m}(x)$ für $m = 1, 2, 3, \ldots$.

3.1.12 Zeigen Sie, daß eine polynomiale Transformation $f : \mathbf{R} \to \mathbf{R}$ vom Grad n, $n > 1$, im allgemeinen nicht invertierbar ist.

3.1.13 Zeigen Sie, daß, wenn man weit genug vom Ursprung entfernt ist (d. h., $|x|$ ist groß genug), eine polynomiale Transformation $f : \mathbf{R} \to \mathbf{R}$ Intervalle immer streckt. Sehen Sie f als eine Transformation von $(\mathbf{R}, \text{euklidisch})$ in sich selbst an. Zeigen Sie für den Fall, daß I ein Intervall der Form $I = \{x : |x - a| \leq b\}$ ist, $a, b \in \mathbf{R}$ fest gewählt, es für jede Zahl $M > 0$ eine Zahl $\beta > 0$ gibt, so daß mit $b > \beta$ der Quotient (Länge von $f(I)$)/(Länge von I) größer als M ist. Dieser Sachverhalt wird in Abbildung 3.5 dargestellt.

3.1.14 Eine polynomiale Transformation $f : \mathbf{R} \to \mathbf{R}$ vom Grad n kann höchstens $(n-1)$ *Falten* erzeugen. Zum Beispiel verhält sich $f(x) = x^3 - 3x + 1$ so, wie es in Abbildung 3.6 gezeigt wird.

3.1.15 Finden Sie eine Familie polynomialer Transformationen vom Grad 2, welche das Intervall $[0, 2]$ in sich selbst abbilden, so daß mit einer Ausnahme folgendes gilt: Es sei $y \in f([0, 2])$, dann gibt es zwei verschiedene Punkte x_1 und x_2 in $[0, 2]$ mit $f(x_1) = f(x_2) = y$.

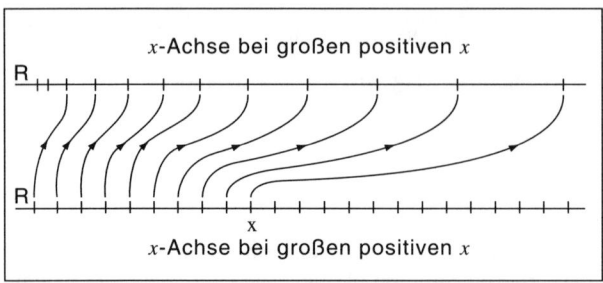

Abb. 3.5 Eine polynomiale Transformation f : $\mathbf{R} \to \mathbf{R}$ vom Grad > 1 streckt $\mathbf{R}$ immer mehr, je größer man x werden läßt.

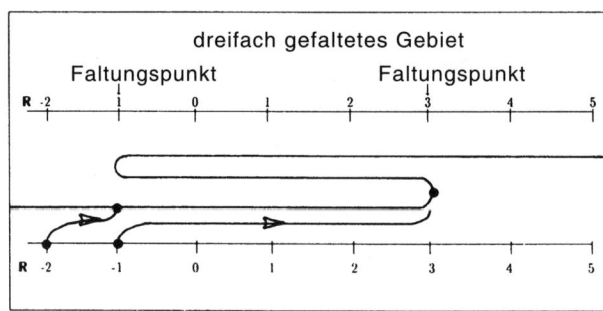

Abb. 3.6 Die polynomiale Transformation $f(x) = x^3 - 3x + 1$.

3.1.16 Zeigen Sie, daß die Ein-Parameter-Familie polynomialer Transformationen f_λ : $[0, 2] \to [0, 2]$ mit

$$f_\lambda(x) = \lambda \cdot x \cdot (2 - x), \ \lambda \in [0, 2],$$

das Intervall $[0, 2]$ wirklich in sich selbst abbildet. Bestimmen Sie den Wert von x, an dem die Faltung auftritt! Skizzieren Sie das Verhalten der Familie in Anlehnung an Abbildung 3.6!

3.1.17 Es sei $f : \mathbf{R} \to \mathbf{R}$ eine Transformation vom Grad n. Zeigen Sie, daß die Werte x, welche in Faltungspunkte transformiert werden, Lösungen von

$$\frac{df}{dx}(x) = 0, \ x \in \mathbf{R},$$

sind. Lösungen dieser Gleichung werden (reelle) *kritische Punkte* der Funktion f genannt. Ist c ein kritischer Punkt, dann ist $f(c)$ ein *kritischer Wert*. Zeigen Sie, daß ein kritischer Wert nicht unbedingt ein Faltungspunkt sein muß!

3.1.18 Finden Sie eine polynomiale Transformation, die die Kurve in Abbildung 3.7 wiedergibt!

3.1.19 Erinnern Sie sich, daß eine polynomiale Transformation eines Intervalls $f : I \subset \mathbf{R} \to I$ sich normalerweise so zeigt, wie in Abbildung 3.8. Das wird nützlich werden, wenn wir die Iterierten $\{f^{\circ n}(x)\}_{n=1}^\infty$ studieren. Jedenfalls hilft es uns aus der Sicht der Faltungspunkte, die Idee von der Deformierung des Raumes zu verstehen.

3.1.20 Polynomiale Transformationen können auf einfache Weise *geliftet* werden, so daß sie auf Teilmengen des $\mathbf{R}^2$ wirken. Wir können beispielsweise $F(x) = (f_1(x_1), f_2(x_2))$ definieren, wobei f_1 und f_2 jeweils polynomiale Transformationen in $\mathbf{R}$ sind, so daß $F : \mathbf{R}^2 \to \mathbf{R}^2$. Wenn es gewünscht wird, können auf diese

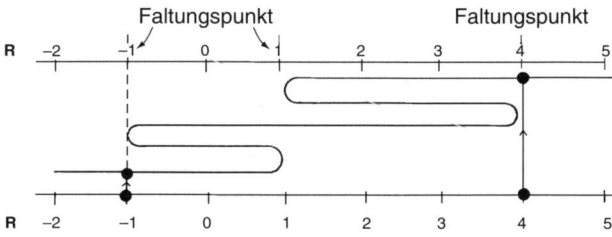

Abb. 3.7 Finden Sie eine polynomiale Transformation $f : \mathbf{R} \to \mathbf{R}$, die die reelle Zahlengerade genauso transformiert, wie es auf dieser Abbildung zu sehen ist.

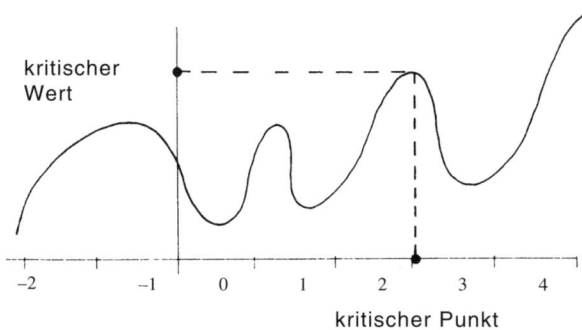

Abb. 3.8 Die gewöhnliche Art und Weise, sich eine polynomiale Transformation vorzustellen.

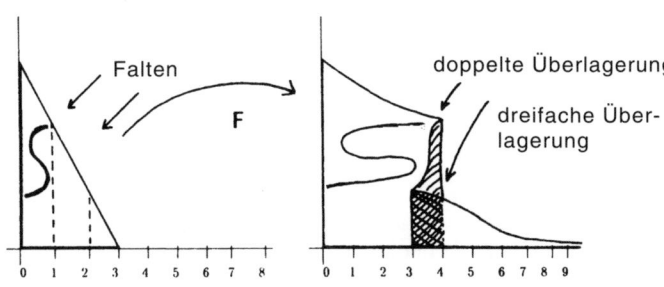

Abb. 3.9 Eine polynomiale Transformation, die auf eine Menge S in der Ebene wirkt.

Weise Faltungen in zwei aufeinander senkrecht stehenden Richtungen erzeugt werden, oder aber Schrumpfen in der einen und Falten in der anderen Richtung. Zeigen Sie, daß die Transformation $F(x_1, x_2) = (\frac{8}{5}x_1^3 - \frac{36}{5}x_1^2 + \frac{48}{5}x_1, \, x_2)$ so auf die dreieckige Menge S in Abbildung 3.9 wirkt, wie es dort dargestellt ist.

Die reelle Zahlengerade kann zu einem Raum fortgesetzt werden, der topologisch gesehen ein Kreis ist, indem man den „unendlich fernen Punkt" hinzunimmt. Eine Möglichkeit dies zu tun ist, sich $\mathbf{R}$ als Teilmenge von $\widehat{\mathbf{C}}$ zu denken und dann den Nordpol von $\widehat{\mathbf{C}}$ hinzuzufügen. Wir definieren diesen Raum als $\widehat{\mathbf{R}} = \mathbf{R} \cup \{\infty\}$ und werden auf ihm gewöhnlich die sphärische Metrik benutzen.

Definition 3.4. Eine Transformation $f : \widehat{\mathbf{R}} \to \widehat{\mathbf{R}}$, die in der Form

$$f(x) = \frac{ax + b}{cx + d}, \quad a, b, c, d \in \mathbf{R}, \ ad \neq bc$$

definiert ist, heißt *lineare, gebrochen rationale Transformation* oder *Möbius-Transformation*. Falls $c \neq 0$, dann ist $f(-\frac{d}{c}) = \infty$ und $f(\infty) = \frac{a}{c}$. Ist $c = 0$, dann ist $f(\infty) = \infty$.

Aufgaben

3.1.21 Zeigen Sie, daß eine Möbius-Transformation invertierbar ist!

3.1.22 Zeigen Sie, daß, falls f_1 und f_2 Möbius-Transformationen sind, auch $f_1 \circ f_2$ eine Möbius-Transformation ist!

3.1.23 In Abbildung 3.10 wird $\widehat{\mathbf{R}}$ als Kreisring auf der Sphäre aufgefaßt. Was passiert, wenn man die Funktion $f : \widehat{\mathbf{R}} \to \widehat{\mathbf{R}}$ mit $f(x) = \frac{1}{x}$ anwendet?

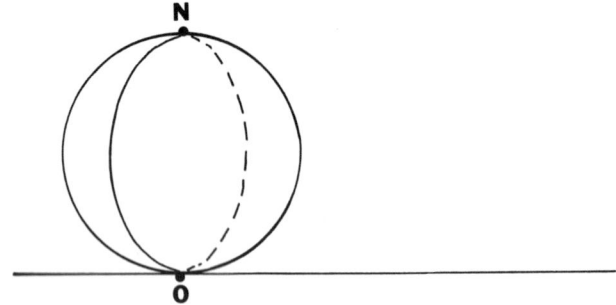

Abb. 3.10 $\mathbf{R} \cup \{\infty\}$ wird zu einem Kreis auf der Sphäre.

3.1.24 Zeigen Sie, daß die Menge der Möbius-Transformationen f, für welche $f(\infty) = \infty$ gilt, die Menge der affinen Transformationen ist!

3.1.25 Finden Sie eine Möbius-Transformation $f : \widehat{\mathbf{R}} \to \widehat{\mathbf{R}}$, mit $f(1) = 2$, $f(2) = 0$, $f(0) = \infty$. Berechnen Sie $f(\infty)$!

3.1.26 Abbildung 3.11 zeigt ein Sierpinski-Dreieck vor und nach einer polynomialen Transformation $x \to ax(x-b)$ der x-Achse. Berechnen Sie die reellen Konstanten a und b. Man sieht, wie gut Fraktale dazu benutzt werden können, um zu zeigen, wie Transformationen wirken.

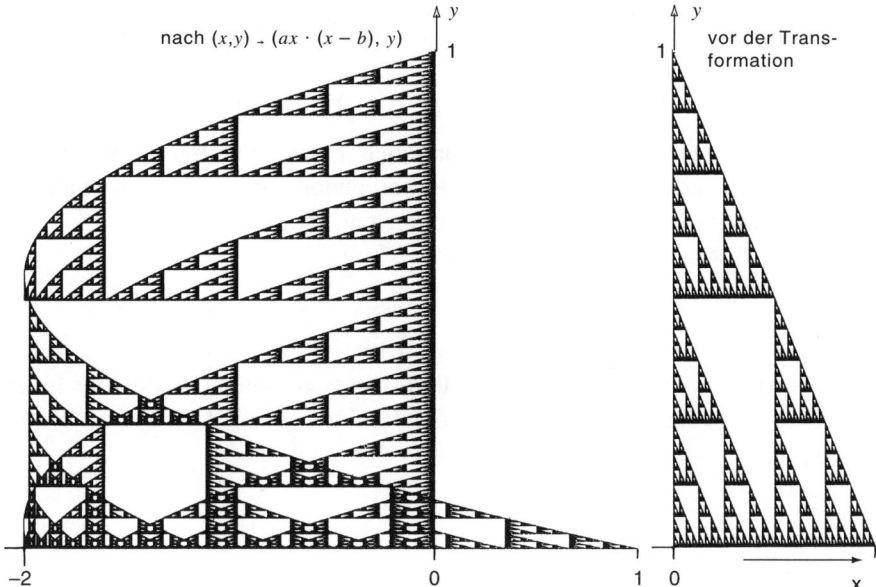

nach $(x,y) \rightarrow (ax \cdot (x - b), y)$

vor der Transformation

Abb. 3.11 Ein Sierpinski-Dreieck, vor und nach der Anwendung einer polynomialen Transformation $x \rightarrow ax(x - b)$ auf die x-Achse. Berechnen Sie die reellen Konstanten a und b.

3.2 Affine Transformationen der euklidischen Ebene

Definition 3.5. Eine Transformation $w : \mathbf{R}^2 \rightarrow \mathbf{R}^2$ der Form

$$w(x_1, x_2) = (ax_1 + bx_2 + e,\ cx_1 + dx_2 + f),$$

wobei a, b, c, d, e und f reelle Zahlen sind, heißt (zweidimensionale) *affine* Transformation.

Wir werden häufig die folgende äquivalente Bezeichnung benutzen:

$$w(x) = w \begin{pmatrix} x_1 \\ x_2 \end{pmatrix} = \begin{pmatrix} a & b \\ c & d \end{pmatrix} \begin{pmatrix} x_1 \\ x_2 \end{pmatrix} + \begin{pmatrix} e \\ f \end{pmatrix} = Ax + t.$$

Hierbei ist $A = \begin{pmatrix} a & b \\ c & d \end{pmatrix}$ eine zweidimensionale, reelle 2×2-Matrix, und t ist der Spaltenvektor $\begin{pmatrix} e \\ f \end{pmatrix}$, den wir nicht vom Koordinatenpaar $(e, f) \in \mathbf{R}^2$ unterscheiden wollen. Solche Transformationen haben wichtige geometrische und algebraische Eigenschaften. Hier und im folgenden wird davon ausgegangen, daß der Leser mit Matrizen-Multiplikation vertraut ist.

Die Matrix A kann immer in der Form

$$\begin{pmatrix} a & b \\ c & d \end{pmatrix} = \begin{pmatrix} r_1 \cos \theta_1 & -r_2 \sin \theta_2 \\ r_1 \sin \theta_1 & r_2 \cos \theta_2 \end{pmatrix}$$

geschrieben werden. Dabei sind (r_1, θ_1) die Polarkoordinaten des Punktes (a, c) und $(r_2, (\theta_2 + \frac{\pi}{2}))$ die Polarkoordinaten des Punktes (b, d). Die *lineare* Transformation

$$\begin{pmatrix} x_1 \\ x_2 \end{pmatrix} \rightarrow A \begin{pmatrix} x_1 \\ x_2 \end{pmatrix}$$

bildet in $\mathbf{R}^2$ jedes Parallelogramm mit einem Eckpunkt im Ursprung in ein anderes Parallelogramm mit Eckpunkt im Ursprung ab (Abbildung 3.12). Beachten Sie, daß das Parallelogramm durch die Transformation „umgewendet" werden kann (d. h. in sein Spiegelbild verwandelt wird), wie Abbildung 3.13 zeigt.

Die allgemeine affine Transformation $w(x) = Ax + t$ in $\mathbf{R}^2$ besteht aus einer linearen Transformation A, die den Raum in Bezug auf den Ursprung verformt, wie oben beschrieben. Darauf folgt eine *Verschiebung* oder ein *Shift*, der durch den Vektor t verursacht wird (Abbildung 3.14).

Wie kann man eine affine Transformation finden, die eine gegebene Menge in $\mathbf{R}^2$ ungefähr in eine andere gegebene Menge umwandelt? Sehen wir uns an, wie man eine affine Transformation bestimmt, die, wie in Abbildung 3.15 dargestellt, das große Blatt annähernd in das kleine Blatt verwandelt. Diese Abbildung zeigt die Fotokopie zweier wirklicher Efeublätter. Wir möchten nun die Zahlen a, b, c, d, e und f finden, wie sie oben definiert sind, so daß gilt:

w(großes Blatt)   ungefähr gleich   kleines Blatt.

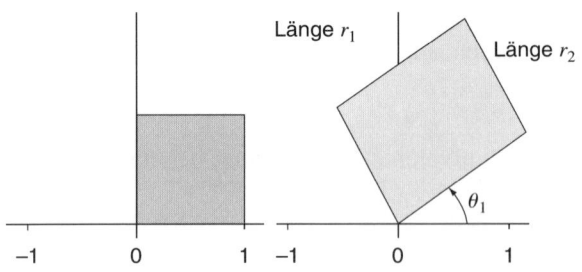

Abb. 3.12 Eine affine Transformation bildet Parallelogramme in Parallelogramme ab.

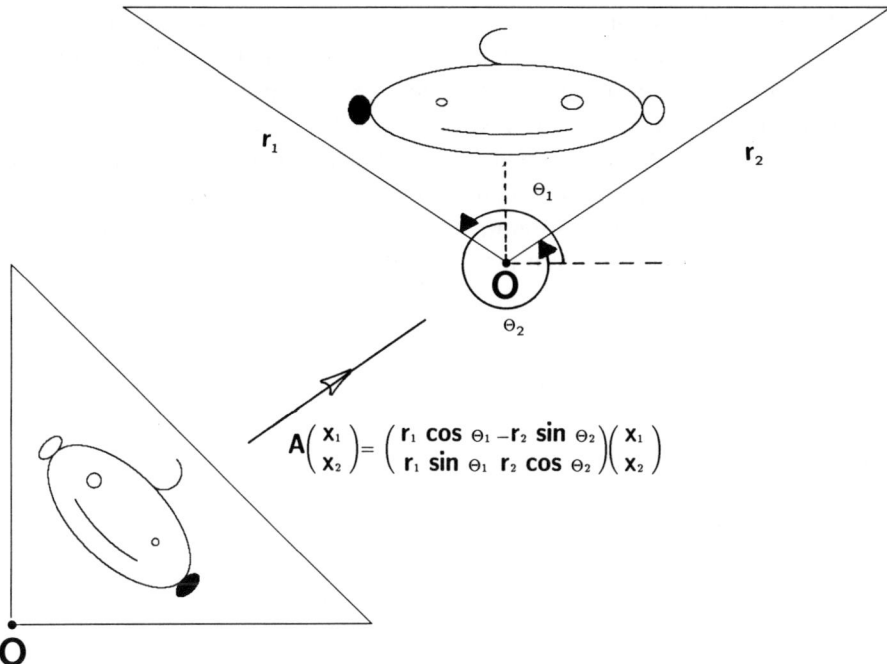

$$A\begin{pmatrix} x_1 \\ x_2 \end{pmatrix} = \begin{pmatrix} r_1 \cos \Theta_1 & -r_2 \sin \Theta_2 \\ r_1 \sin \Theta_1 & r_2 \cos \Theta_2 \end{pmatrix}\begin{pmatrix} x_1 \\ x_2 \end{pmatrix}$$

Abb. 3.13 Eine lineare Transformation kann Bilder in ihr Spiegelbild verwandeln.

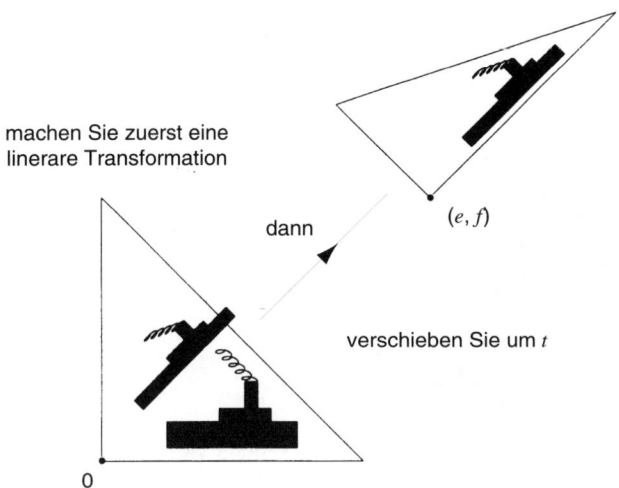

machen Sie zuerst eine
linerare Transformation

dann (e, f)

verschieben Sie um t

Abb. 3.14 Eine affine Transformation besteht aus einer linearen Transformation, gefolgt von einer Verschiebung (man sagt auch Translation).

Wir beginnen damit, die x- und y-Koordinatenachsen festzulegen, wie es in Abbildung 3.15 gezeigt wird. Dann werden drei Punkte auf dem großen Blatt markiert (wir haben die Blattspitze, einen Seitendorn und den Stielansatz ausgewählt) und anschließend deren Koordinaten (x_1, x_2), (y_1, y_2) und (z_1, z_2) bestimmt. Nun werden die korrespondierenden Punkte am kleinen Blatt markiert, in der Hoffnung, daß diese Stellen nicht von einer Raupe gefressen wurden, und deren Koordinaten ebenfalls bestimmt, sagen wir $(\tilde{x}_1, \tilde{x}_2)$, $(\tilde{y}_1, \tilde{y}_2)$ und $(\tilde{z}_1, \tilde{z}_2)$. Jetzt erhält man a, b und e, indem man die drei linearen Gleichungen

$$x_1 a + x_2 b + e = \tilde{x}_1,$$
$$y_1 a + y_2 b + e = \tilde{y}_1,$$
$$z_1 a + z_2 b + e = \tilde{z}_1$$

löst, während c, d und f dem Gleichungssystem

$$x_1 c + x_2 d + f = \tilde{x}_2,$$
$$y_1 c + y_2 d + f = \tilde{y}_2,$$
$$z_1 c + z_2 d + f = \tilde{z}_2$$

genügen müssen.

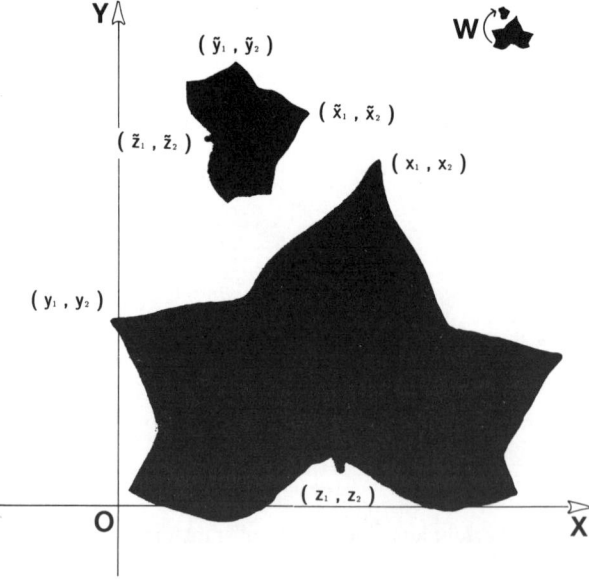

Abb. 3.15 Zwei Efeublätter, die in der euklidischen Ebene liegen, legen eine affine Transformation fest.

Aufgaben

3.2.1 Finden Sie eine affine Transformation im $\mathbf{R}^2$, die das Dreieck mit den Eckpunkten $(0, 0)$, $(0, 1)$, $(1, 0)$ in das Dreieck mit den Eckpunkten $(4, 5)$, $(-1, 2)$, $(3, 0)$ abbildet. Zeigen Sie, was diese Transformation mit einem in dem ersten Dreieck einbeschriebenen Kreis macht!

3.2.2 Zeigen Sie, daß es für die affine Transformation

$$\begin{pmatrix} a & b \\ c & d \end{pmatrix} \begin{pmatrix} x_1 \\ x_2 \end{pmatrix} + \begin{pmatrix} e \\ f \end{pmatrix} = Ax + t$$

eine notwendige und hinreichende Bedingung ist, invertierbar zu sein, wenn $\det A \neq 0$ gilt. Hierbei ist $\det A = (ad - bc)$ die *Determinante* der 2×2-Matrix A.

3.2.3 Zeigen Sie: Wenn $f_1 : \mathbf{R}^2 \to \mathbf{R}^2$ und $f_2 : \mathbf{R}^2 \to \mathbf{R}^2$ affine Transformationen sind, dann gilt dies auch für

$$f_3 = f_1 \circ f_2.$$

Es seien $f_i(x) = A_i x + t_i$, $i = 1, 2, 3$, wobei A_i reelle 2×2- Matrizen sind. Drücken Sie A_3 in Termen mit A_1 und A_2 aus!

3.2.4 A und B seien 2×2-Matrizen mit den Determinanten $\det A$ beziehungsweise $\det B$. Zeigen Sie, daß die Determinante des Matrizenprodukts gleich dem Produkt der Determinaten ist, d. h.

$$\det(AB) = \det A \cdot \det B.$$

Definition 3.6. Eine Transformation $w : \mathbf{R}^2 \to \mathbf{R}^2$ heißt *Ähnlichkeitsabbildung*, wenn es eine affine Transformation ist, die eine der folgenden speziellen Formen hat:

$$w\begin{pmatrix} x_1 \\ x_2 \end{pmatrix} = \begin{pmatrix} r \cos \theta & -r \sin \theta \\ r \sin \theta & r \cos \theta \end{pmatrix} \begin{pmatrix} x_1 \\ x_2 \end{pmatrix} + \begin{pmatrix} e \\ f \end{pmatrix}$$

$$w\begin{pmatrix} x_1 \\ x_2 \end{pmatrix} = \begin{pmatrix} r \cos \theta & r \sin \theta \\ r \sin \theta & -r \cos \theta \end{pmatrix} \begin{pmatrix} x_1 \\ x_2 \end{pmatrix} + \begin{pmatrix} e \\ f \end{pmatrix}.$$

Dabei ist $(e, f) \in \mathbf{R}^2$ eine Verschiebung, $r \neq 0$ eine reelle Zahl und θ ein Winkel mit $0 \leq \theta < 2\pi$. θ heißt *Drehungswinkel*, und r heißt *Skalierungsfaktor* oder *Skalierung*. Die lineare Transformation

$$R_\theta \begin{pmatrix} x_1 \\ x_2 \end{pmatrix} = \begin{pmatrix} \cos \theta & -\sin \theta \\ \sin \theta & \cos \theta \end{pmatrix} \begin{pmatrix} x_1 \\ x_2 \end{pmatrix}$$

ist eine *Drehung*. Die lineare Transformation

$$R\begin{pmatrix} x_1 \\ x_2 \end{pmatrix} = \begin{pmatrix} 1 & 0 \\ 0 & -1 \end{pmatrix} \begin{pmatrix} x_1 \\ x_2 \end{pmatrix}$$

ist eine *Spiegelung*.

Abbildung 3.16 zeigt einige Möglichkeiten, wie eine Ähnlichkeitsabbildung wirken kann. Beachten Sie, daß eine Ähnlichkeitsabbildung nicht die Winkel verändert.

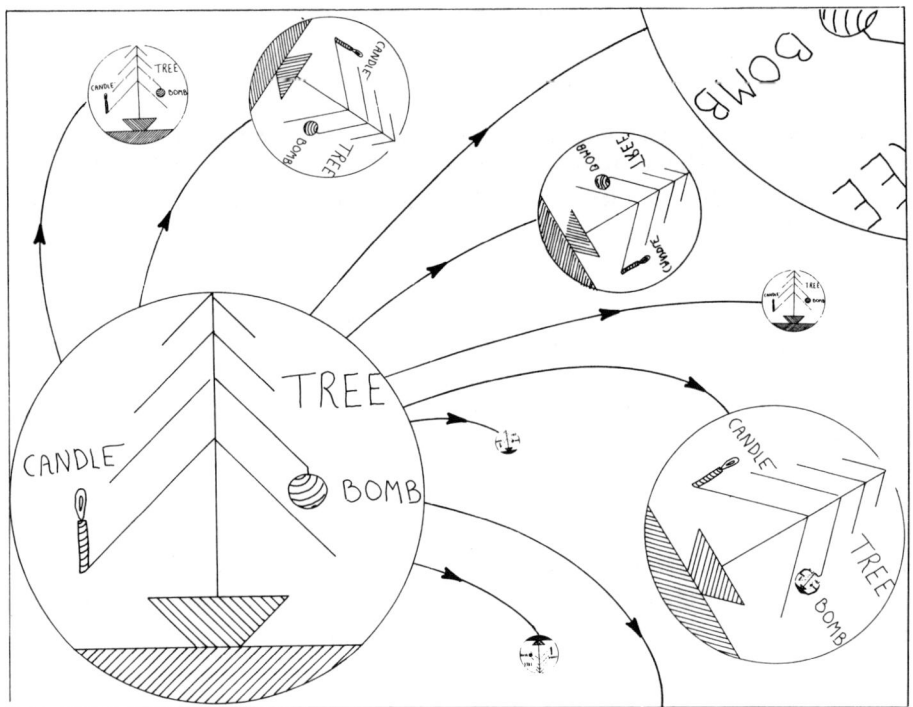

Abb. 3.16   Einige Veränderungen, die bei Anwendung einer Ähnlichkeitsabbildung bewirkt werden können.

Aufgaben

3.2.5 Finden Sie die Werte r_1, r_2 sowie die Drehungswinkel θ_1, θ_2 für die affine Transformation, die das Dreieck $(0, 0)$, $(0, 1)$, $(1, 0)$ in die Strecke von $(1, 1)$ nach $(2, 2)$ in $\mathbf{R}^2$ überführt. Dabei sollen sowohl $(0, 1)$ als auch $(1, 0)$ auf $(1, 1)$ abgebildet werden.

3.2.6 Es sei S ein Gebiet in $\mathbf{R}^2$, das durch ein Polygon oder einen anderen „glatten" Rand begrenzt wird, und $w : \mathbf{R}^2 \to \mathbf{R}^2$ eine affine Transformation mit $w(x) = Ax + t$. Zeigen Sie, daß

$$\text{(Flächeninhalt von } w(S)) = |\det A| \cdot \text{(Flächeninhalt von } S)$$

gilt (Abbildung 3.17)! Zeigen Sie, daß man für den Fall $\det A < 0$, diesen Vorgang als ein „Umdrehen" von S durch die Transformation ansehen kann! (Hinweis: Zeigen Sie dies zuerst für ein Dreieck).

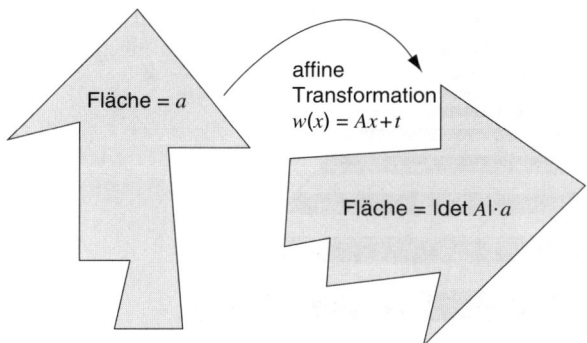

Abb. 3.17 Der Skalierungsfaktor, durch den eine affine Transformation einen Flächeninhalt verändert, wird durch die Determinante des linearen Anteils angegeben.

3.2.7 Zeigen Sie für den Fall, daß $w : \mathbf{R}^2 \to \mathbf{R}^2$ mit $w(x) = Ax + t$ eine Ähnlichkeitsabbildung ist, wobei t die Verschiebung und A eine 2×2-Matrix ist und A immer in der Form $A = rR_\theta$ oder $A = rRR_\theta$ geschrieben werden kann.

3.2.8 Betrachten Sie die Eisenbahnschienen in Abbildung 3.18 als Teilmenge S in $\mathbf{R}^2$. Finden Sie eine Ähnlichkeitsabbildung $w : \mathbf{R}^2 \to \mathbf{R}^2$, so daß $w(S) \subset S$ mit $w(S) \neq S$ gilt.

3.2.9 Wir benutzen die Bezeichnungen aus Definition 3.6. Bestimmen Sie eine reelle Zahl $r \neq 0$, einen Winkel θ und einen Translationsvektor t, so daß in $\mathbf{R}^2$ die Ähnlichkeitsabbildung $w(x) = rR_\theta x + t$ der Relation

$$w\left(\mathbb{A}\right) \subset \mathbb{A} \text{ mit } w\left(\mathbb{A}\right) \neq \mathbb{A}$$

gehorcht. Dabei bezeichnet $\mathbb{A}$ ein Sierpinski-Dreieck mit den Eckpunkten $(0,0)$, $(1,0)$ und $(\frac{1}{2}, 1)$.

3.2.10 Zeigen Sie für den Fall, daß $w : \mathbf{R}^2 \to \mathbf{R}^2$ mit $w(x) = Ax + t$ affin ist, die Transformation auch durch

$$w(x) = \begin{pmatrix} r_1 & 0 \\ 0 & r_2 \end{pmatrix} R_\theta \begin{pmatrix} r_3 & 0 \\ 0 & r_4 \end{pmatrix} \begin{pmatrix} x_1 \\ x_2 \end{pmatrix} + t$$

ausgedrückt werden kann, wobei $r_i \in \mathbf{R}$ und $0 \leq \theta < 2\pi$ ist. Eine Transformation der Form

$$w\begin{pmatrix} x_1 \\ x_2 \end{pmatrix} = \begin{pmatrix} r_1 & 0 \\ 0 & r_2 \end{pmatrix} \begin{pmatrix} x_1 \\ x_2 \end{pmatrix}$$

nennen wir eine Koordinaten-Neuskalierung.

3.2.11 Mit S werde die zweidimensionale Obstgarten-Teilmenge in $\mathbf{R}^2$ bezeichnet, die in Abbildung 3.19 dargestellt ist. Finden Sie zwei grundsätzlich verschiedene Transformationen, welche S *in* S, aber nicht *auf* S abbilden! Definieren Sie die Transformationen, indem Sie festlegen wie diese auf drei Punkte wirken.

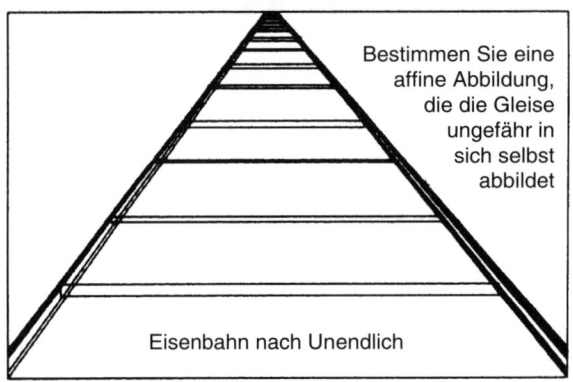

Abb. 3.18   Eisenbahn in die Unendlichkeit. Können Sie eine affine Transformation angeben, die die Gleise ungefähr in sich selbst abbildet?

3.2.12 Es sei A eine 2×2-Matrix der Form

$$A = \begin{pmatrix} a & b \\ c & d \end{pmatrix}$$

mit $\det A \neq 0$. Zeigen Sie: Die Inverse von A, die mit A^{-1} bezeichnet wird, ist dann durch

$$A^{-1} = \frac{1}{\det A} \begin{pmatrix} d & -b \\ -c & a \end{pmatrix} = \begin{pmatrix} \frac{d}{\det A} & -\frac{b}{\det A} \\ -\frac{c}{\det A} & \frac{a}{\det A} \end{pmatrix}$$

gegeben.

3.2.13 Die *Spur* einer Matrix A ist die Summe ihrer Diagonalelemente, d. h.

$$\operatorname{sp} A = \sum a_{ii}.$$

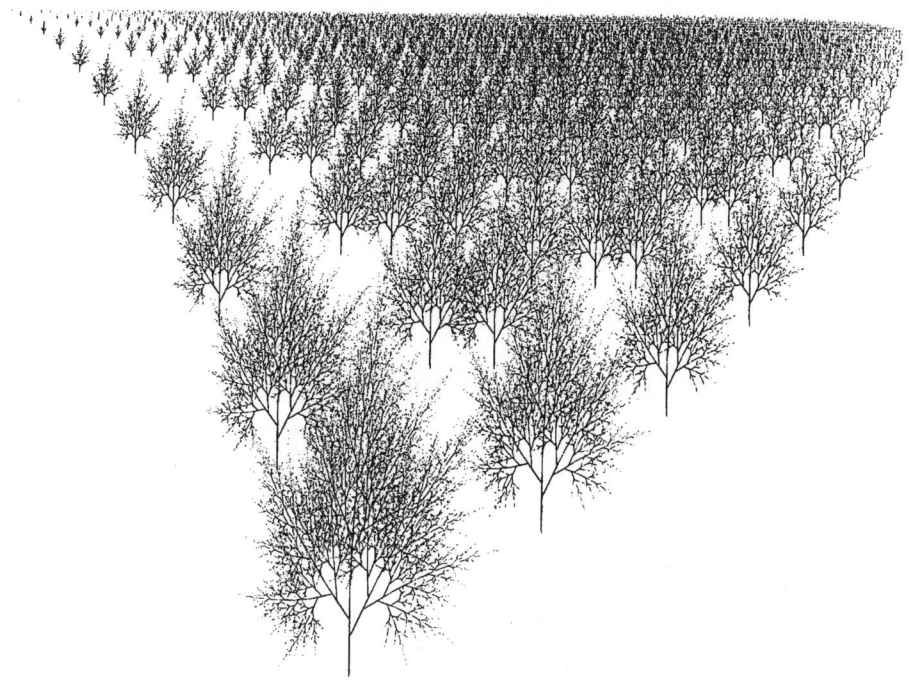

Abb. 3.19   Obstgarten-Teilmenge des $\mathbf{R}^2$. Können Sie irgenwelche interessanten affinen Transformationen bestimmen, die diese Menge in sich selbst abbilden?

Es sei A eine 2×2-Matrix und B eine andere 2×2-Matrix mit $\det B \neq 0$. Zeigen Sie, daß

$$\mathrm{sp}(BAB^{-1}) = \mathrm{sp}\, A$$

und

$$\det(BAB^{-1}) = \det A$$

gelten.

3.2.14 Es sei $w(x) = Ax$ die Bezeichnung für eine lineare Transformation im metrischen Raum $(\mathbf{R}^2, D)$, wobei

$$A = \begin{pmatrix} a & b \\ c & d \end{pmatrix}.$$

Wir definieren die *Norm* eines Punktes $x \in \mathbf{R}^2$ durch $|x| = D(x, O)$, wobei O den Ursprung bezeichnet. Die Norm einer linearen Transformation A definieren wir durch

$$|A| = \max \left\{ \frac{|Ax|}{|x|} : x \in \mathbf{R}^2, x \neq 0 \right\},$$

falls das Maximum existiert. Zeigen Sie, daß $|A|$ definiert ist, wenn D die euklidische Metrik, bzw. wenn es die Manhattan-Metrik ist. Drücken Sie für beide

Fälle $|A|$ mit Hilfe von a, b, c und d aus. Überlegen Sie sich eine geometrische Interpretation von $|A|$. Zeigen Sie für den Fall, daß $|A|$ existiert, daß

$$|Ax| \leq |A| \cdot |x|$$

für alle $x \in \mathbf{R}^2$ richtig ist.

3.3 Möbius-Transformationen auf der Riemannschen Zahlensphäre

Definition 3.7. Eine Transformation $f : \widehat{\mathbf{C}} \to \widehat{\mathbf{C}}$, die durch

$$f(z) = \frac{az + b}{cz + d}$$

mit a, b, c und $d \in \mathbf{C}$, $ad - bc \neq 0$, gegeben ist, heißt *Möbius-Transformation* auf $\widehat{\mathbf{C}}$. Ist $c \neq 0$, dann gilt $f(-\frac{d}{c}) = \infty$ und $f(\infty) = \frac{a}{c}$. Ist $c = 0$, dann gilt $f(\infty) = \infty$.

Wie die nächsten Übungen und Beispiele zeigen, kann man sich eine Möbius-Transformation folgendermaßen vorstellen. Zunächst bildet man die gesamte Zahlenebene $\mathbf{C}$ gemeinsam mit dem im Unendlichen liegenden Punkt, so wie es in Kapitel 2 beschrieben wurde, auf die Kugel $\widehat{\mathbf{C}}$ ab. Dann werden nacheinander elementare Operationen auf die Zahlenkugel angewandt, von denen jede die Eigenschaft haben soll, daß sie Kreise wieder auf Kreise abbildet. Mögliche Operationen sind: Rotation um eine Achse, Reskalierung (gleichmäßiges Ausdehnen oder Zusammenziehen der Kugel) und Translation (die Kugel wird hochgehoben und ohne Drehung an einem anderen Punkt der Zahlenebene aufgesetzt). Schließlich wird die Kugel auf die übliche Weise zurück auf die Zahlenebene abgebildet. Bei der Abbildung der Ebene auf die Kugel werden Geraden und Kreise der Ebene stets in Kreise auf der Kugel übergeführt. In der umgekehrten Richtung gilt entsprechend: Kreise der Kugel werden auf Geraden oder Kreise der Ebene abgebildet. Wir sehen daran, daß eine Möbius-Transformation die Menge aller Geraden und Kreise der Ebene wieder auf sich selbst abbildet. Außerdem sehen wir, daß eine Möbius-Transformation umkehrbar ist. Es ist faszinierend, wie die recht komplizierte Geometrie der Möbius-Transformationen durch einfache Mittel der komplexen Algebra faßbar wird: Wir betrachten einfach Ausdrücke der Form $\dfrac{az + b}{cz + d}$.

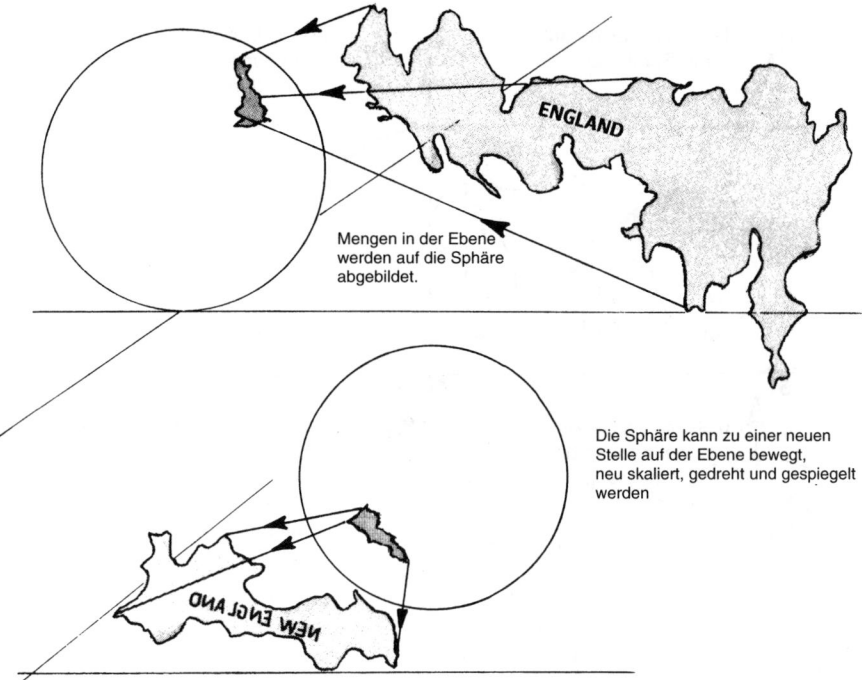

Abb. 3.20 Eine Möbius-Transformation wirkt auf England und produziert dabei ein neues Land.

Aufgaben

3.3.1 Zeigen Sie, daß die allgemeinste Möbius-Transformation, die ∞ auf ∞ abbildet, die Form $f(z) = az + b$ mit $a, b \in \mathbf{C}$, $a \neq 0$, hat und daß dies eine Ähnlichkeitsabbildung ist! Zeigen Sie, daß jede zweidimensionale Ähnlichkeitsabbildung, die keine Spiegelung beinhaltet, in dieser Form geschrieben werden kann. Das bedeutet

$$
\begin{aligned}
f(z) = f(x_1 + ix_2) &= (a_1 + ia_2)(x_1 + ix_2) + (b_1 + ib_2) \\
&= re^{i\theta}(x_1 + ix_2) + (b_1 + ib_2), \qquad (i = \sqrt{-1})
\end{aligned}
$$

$$
= \begin{pmatrix} r\cos\theta & -r\sin\theta \\ r\sin\theta & r\cos\theta \end{pmatrix} \begin{pmatrix} x_1 \\ x_2 \end{pmatrix} + \begin{pmatrix} b_1 \\ b_2 \end{pmatrix}.
$$

Bestimmen Sie r und θ in Abhängigkeit von a_1 und a_2 und zeigen Sie, daß die Transformation wie in Abbildung 3.21 angewandt werden kann!

3.3.2 Zeigen Sie, daß die Möbius-Transformation $f(z) = \frac{1}{z}$ folgendermaßen interpretiert werden kann: Zuerst wird die Ebene so auf die Kugel abgebildet, daß der Einheitskreis $\{z \in \mathbf{C} : |z| = 1\}$ in den Äquator übergeht, dann wird die Kugel invertiert (durch Rotation um eine Achse durch die Äquatorpunkte $+1$ und -1 auf den Kopf gestellt) und abschließend zurück auf die Ebene abgebildet.

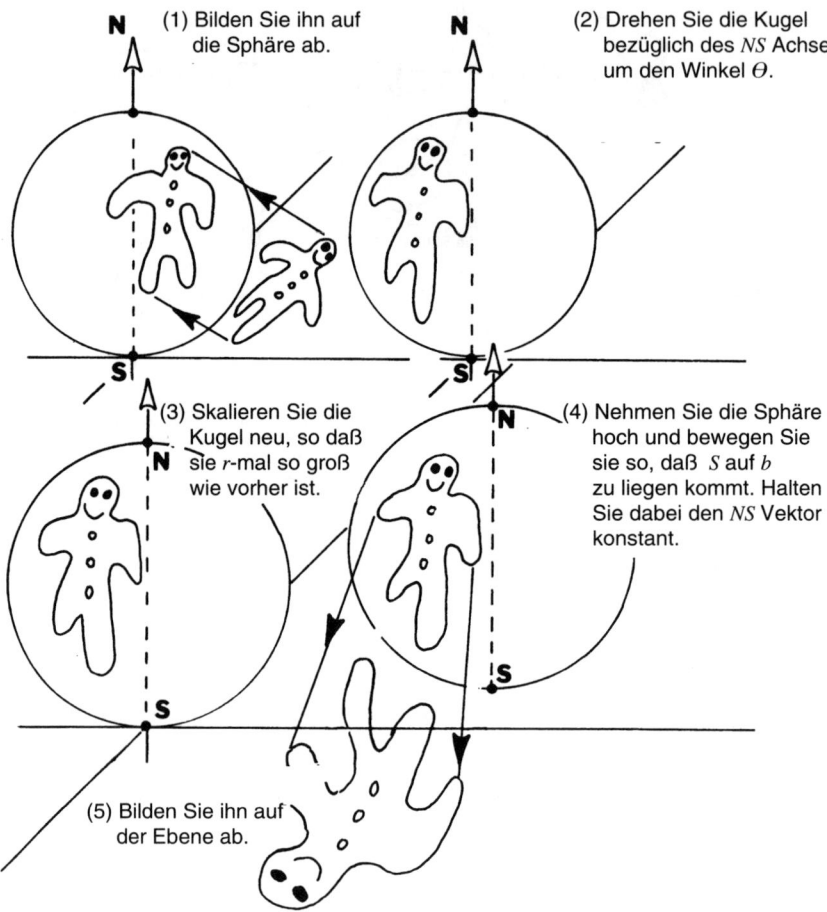

Abb. 3.21   Der Mechanismus der Ähnlichkeitsabbildung $f(z) = re^{i\theta}z + b$ auf der Sphäre betrachtet.

3.3.3   Zeigen Sie, daß jede Möbius-Transformation, die keine Ähnlichkeitsabbildung ist, in der Form

$$f(z) = e + \frac{f}{z + g} \quad \text{mit } e, f, g \in \mathbf{C}, f \neq 0$$

geschrieben werden kann.

3.3.4   Skizzieren Sie, was mit dem Bild aus Abbildung 3.22 unter der Möbius-Transformation $f(z) = \frac{1}{z}$ geschieht.

3.3.5   Was geschieht mit Abbildung 3.22 unter der Möbius-Transformation $f(z) = 1 + iz$?

3.3.6   Zeigen Sie algebraisch, daß eine Möbius-Transformation $f : \widehat{\mathbf{C}} \to \widehat{\mathbf{C}}$ stets invertierbar ist!

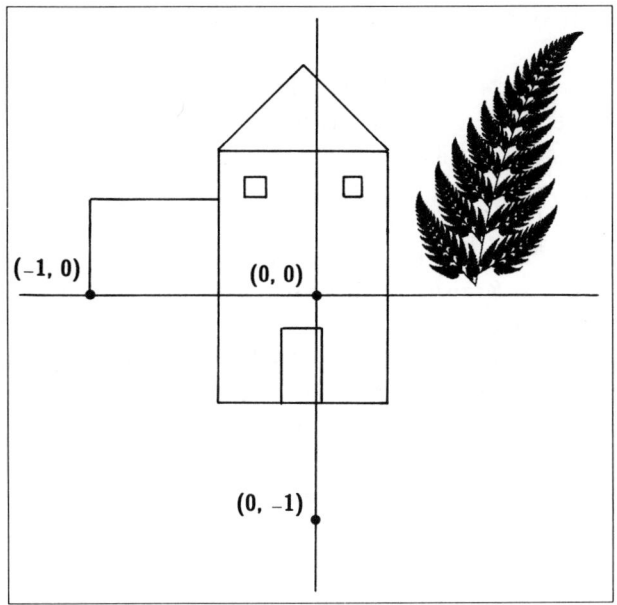

Abb. 3.22 Den Gartenweg hoch. Was geschieht mit diesem Bild, wenn man die Möbius-Transformation $z \to 1 + iz$ darauf anwendet?

3.3.7 Zeigen Sie, daß $f_1 \circ f_2$ eine Möbius-Transformation ist, wenn f_1 und f_2 Möbius-Transformationen sind!

3.3.8 Geben Sie eine Möbius-Transformation an, die die reelle Achse auf den Einheitskreis um den Koordinatenursprung abbildet!

3.3.9 Berechnen Sie $f^{\circ n}(z)$ für $f(z) = \frac{1}{1+z}$, $n \in \{-2, -1, 0, 1, 2, 3, \ldots\}$!

3.3.10 Interpretieren Sie die Möbius-Transformation $f(z) = i + \frac{1}{z-i}$ durch Operationen auf der Kugel!

3.4 Analytische Transformationen

In diesem Abschnitt wollen wir die Diskussion der Transformationen der metrischen Räume ($\mathbf{C}$, euklidisch) und ($\widehat{\mathbf{C}}$, sphärisch) fortsetzen. Wir führen eine Verallgemeinerung der Möbius-Transformationen ein, die analytischen Transformationen, und konzentrieren uns auf das Verhalten quadratischer Transformationen. Wir empfehlen dem Leser, sich beim ersten Lesen dieses Abschnittes zunächst darauf zu konzentrieren, eine gute Vorstellung davon zu erhalten, wie quadratische Transformationen auf der Kugel wirken. Ein genaueres Durcharbeiten kann nach dem Studium von Julia-Mengen (Kapitel sieben) nachgeholt werden.

Die durch die Formel $f(z) = 3z + 1$ gegebene Ähnlichkeitstransformation $f : \widehat{C} \longrightarrow \widehat{C}$ ist ein Beispiel einer analytischen Transformation. Sie bildet Kreise auf dreifach vergrößerte Kreise ab. Eine Kreisscheibe mit Zentrum z_0 wird auf eine Scheibe mit Zentrum $f(z_0) = 3z_0 + 1$ abgebildet. Die Abbildung ist stetig und bildet offene Mengen auf offene Mengen ab.

Die Ähnlichkcitsabbildung $f : \widehat{C} \longrightarrow \widehat{C}$ mit $f(z) = (3 + 3i)z + (1 - 2i)$ kann man ähnlich beschreiben. Die Kreise und Kreisscheiben werden hier um $45°$ gedreht, zusätzlich vergrößert und verschoben.

Grob gesagt, ist eine Transformation auf $\widehat{C}$ analytisch, wenn sie stetig ist und sich lokal „wie eine Ähnlichkeitsabbildung verhält". Nehmen Sie sich eine wirklich sehr kleine Region her (Wie klein? Klein genug! Auf jeden Fall kann man die Region so klein wählen, daß das hier Gesagte zutrifft!), und sehen Sie sich an, was die Transformation mit dieser winzigen Region macht. Sie werden feststellen, daß sie in fast der gleichen Weise vergrößert oder verkleinert, gedreht und verschoben wird, wie es eine Ähnlichkeitsabbildung getan hätte. Die Ähnlichkeitsabbildung ist dabei immer von dem speziellen Typ, den wir bereits in Aufgabe 3.3.1 besprochen haben.

Wir wollen diese Beschreibung präzisieren. Sehen wir uns einmal an, was unsere Transformation in der Nachbarschaft des Punktes $z_0 \in C$ bewirkt. Nehmen wir an, daß z_0 kein kritischer Punkt ist (was das ist, wird weiter unten definiert). Mit T bezeichnen wir eine kleine Region, zum Beispiel eine Kreisscheibe, die den Punkt z_0 enthält. Es sei $f(T)$ ihr Bild unter der Transformation f. Dann kann man T mit einem Faktor so reskalieren, daß die Region in etwa die Größe des Einheitsquadrates hat, und man kann $f(T)$ mit demselben Faktor reskalieren. Die Behauptung im vorangegangenen Abschnitt besteht darin, daß die Wirkung einer Transformation, betrachtet als T, reskaliert, abgebildet auf $f(T)$, reskaliert, durch eine Ähnlichkeitsabbildung immer genauer beschrieben werden kann. Wenn Sie wollen, können Sie sich ein Bild P, welches in T gezeichnet wurde, ansehen und das transformierte Bild $f(P)$ untersuchen. Falls P und $f(P)$ mit demselben Faktor reskaliert wurden, so daß P die Größe eines Einheitsquadrates hat, dann sieht $f(P)$ immer mehr danach aus, als ob man auf P eine Ähnlichkeitsabbildung angewendet hätte. Diese Beschreibung wird um so genauer, je kleiner die betrachtete Region ist.

Wir betrachten die quadratische Transformation $f : \widehat{C} \to \widehat{C}$, die durch

$$f(z) = z^2 = (x_1 + ix_2)^2 = (x_1^2 - x_2^2) + 2x_1x_2 i$$
$$= f_1(x_1, x_2) + if_2(x_1, x_2)$$

gegeben ist. Dabei ist $f_1(x_1, x_2) = (x_1^2 - x_2^2)$ der reelle Anteil von $f(z)$ und $f_2(x_1, x_2) = 2x_1x_2$ der imaginäre Anteil von $f(z)$. Wie diese Transformation auf Sierpinski-Dreiecke wirkt, ist in Abbildung 3.23 dargestellt.

Man kann zwei charakteristische Merkmale feststellen:

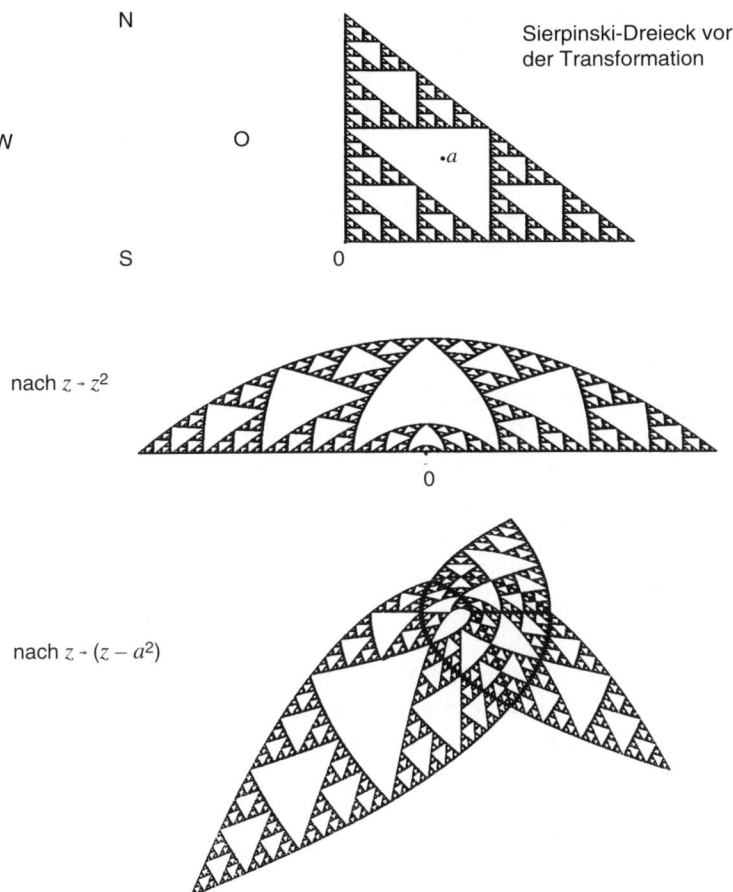

Abb. 3.23 Man kann hier die Wirkungsweise von quadratischen Transformationen auf Sierpinski-Dreiecke sehen. Benutzen Sie eine Lupe, um festzustellen, ob sich die Transformationen lokal wie Ähnlichkeitsabbildungen verhalten.

(1) Vorausgesetzt, wir halten uns vom Ursprung fern, verhält sich die Transformation lokal wie eine Ähnlichkeitsabbildung: Für Punkte z nahe z_0 wird f durch die Ähnlichkeitsabbildung

$$w(z) = az + b \quad \text{mit } a = z_0 \text{ und } b = -z_0^2$$

approximiert. Dieser Sachverhalt ist in Abbildung 3.23 zu sehen: Bei genauer Betrachtung (wir schlagen vor, eine Lupe zu gebrauchen) der transformierten Sierpinski-Dreiecke sieht man, daß diese sich aus kleinen Dreiecken zusammensetzen, deren Form sich kaum von der ihrer Urbilder unterscheidet. Die einzige Stelle, an der das nicht zutrifft, ist das Bild des Ursprungs, der *ein kritischer Punkt* ist.

(2) Die Transformation wickelt den Raum zweimal um den Ursprung. Man kann analytisch verfolgen, was mit dem Punkt

$$z = R \cos t + iR \sin t$$

passiert, wobei $R > 0$ ist. Wenn der Zeitparameter t von 0 nach 2π läuft, bewegt sich z gegen den Uhrzeigersinn einmal auf dem Kreis mit Radius R herum. Der transformierte Punkt $f(z)$ sei nun durch

$$f(z) = R^2 \cos 2t + iR^2 \sin 2t$$

gegeben. Wenn der Zeitparameter t von 0 nach 2π läuft, bewegt sich $f(z)$ zweimal um den Kreis mit dem Radius R^2.

Auf der Riemannschen Sphäre kann die Transformation $z \to z^2$ wie folgt beschrieben werden. Sagen wir, der Äquator korrespondiert mit dem Einheitskreis in der Ebene, der Südpol korrespondiert mit dem Ursprung und der Nordpol korrespondiert mit dem unendlich fernen Punkt. Dann läßt die Transformation beide Pole fest. Die Linie des Längengrades L, die die Pole miteinander verbindet und mit der positiven reellen Achse korrespondiert, wird in sich selbst abgebildet. Ebenso wird der Äquator in sich selbst abgebildet. Jetzt müssen wir uns folgendes vorstellen. *Erstens:* Punkte, die oberhalb des Äquators liegen, bewegen sich näher an den Nordpol heran; Punkte, die unterhalb des Äquators liegen, bewegen sich näher an den Südpol heran, und der Äquator wird nicht verschoben. *Zweitens:* Die Hülle der Sphäre wird entlang der Linie des Längengrades L aufgeschnitten. Eine Seite des Schnittes wird festgehalten, während die andere Seite um die Sphäre herumgezogen wird (immer der Schattengrenze folgend, wenn die Sonne hoch über dem Äquator steht), so daß sie sich gleichmäßig über den ganzen Raum erstreckt, bis die Schnittkante wieder über L zu liegen kommt. Die beiden Schnittkanten werden zusammengefaßt. Die Sphäre wurde zweimal auf sich selbst abgebildet. Die Pole sind die kritischen Punkte der Transformation, an ihnen treten Verwicklungen auf. Diese Beschreibung wird in Abbildung 3.24 illustriert.

Die ganz allgemeine quadratische Transformation auf der Sphäre kann durch eine Formel der Form $Az^2 + Bz + C$ ausgedrückt werden, wobei A, B und C komplexe Zahlen sind. Man kann zeigen, daß es einen Koordinatenwechsel $z \to \theta(z)$ gibt, wobei θ eine Ähnlichkeitsabbildung ist, so daß sich $f(z)$ in der speziellen Form $f(z) = z^2 + \widetilde{C}$, für eine komplexe Zahl $\widetilde{C}$, ausdrücken läßt (dazu weiteres in Aufgabe 3.5.17). Somit kann die allgemeine quadratische Transformation auf der Sphäre mit den gleichen Mitteln wie oben beschrieben werden, mit der Ausnahme, daß zum Schluß noch eine Verschiebung um eine konstante Größe $\widetilde{C}$ stattfindet. Diese Verschiebung läßt den unendlich fernen Punkt fest.

Die quadratische Transformation $f(z) = z^2$ bildet die punktierte Ebene $\mathbf{C}$ zweimal auf sich selbst ab. Jeder Punkt $z \in \mathbf{C} \setminus \{0\}$ hat zwei Urbilder. Somit ist

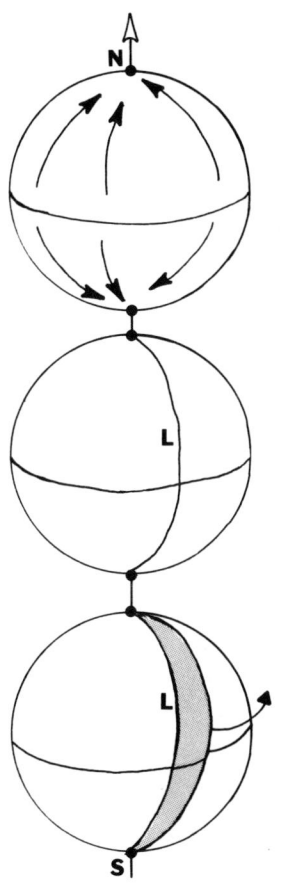

(1) Punkte oberhalb
des Äquators bewegen
sich zum Nordpol hin;
unterhalb bewegen sie
sich südwarts.

(2) Die Sphäre wird
entlang des
Längengrades L
aufgeschnitten.

(3) Eine Schnittkante
wird rechts herum um
die Sphäre gezogen.
Dadurch wird die
Sphäre doppelt
überdeckt.

Abb. 3.24 Die Wirkungsweise der quadratischen
Transformation $z \to z^2$ auf
der Sphäre.

$f : \widehat{\mathbf{C}} \to \widehat{\mathbf{C}}$ keine invertierbare Transformation. In solchen Situationen können
wir eine mengenwertige inverse Funktion definieren.

Definition 3.8. Es sei $f : \widehat{\mathbf{C}} \to \widehat{\mathbf{C}}$ eine analytische Transformation in dem Sinn,
daß $f(\widehat{\mathbf{C}}) = \widehat{\mathbf{C}}$ ist. Dann heißt die Abbildung $f^{-1} : \mathcal{H}(\widehat{\mathbf{C}}) \to \mathcal{H}(\widehat{\mathbf{C}})$, definiert
durch

$$f^{-1}(A) = \{w \in \widehat{\mathbf{C}} : f(w) \in A\} \quad \text{für alle } A \in \mathcal{H}(\widehat{\mathbf{C}}),$$

die *mengenwertige Inverse* von f.

In Abbildung 3.25 wird gezeigt, wie die Transformation f^{-1} im Fall der
quadratischen Transformation $f(z) = z^2$ auf dem Raum der Fraktale wirkt.
    Man kann explizite Formeln für f^{-1} angeben, falls f eine quadratische Trans-
formation ist. Für $f(z) = z^2$ gilt zum Beispiel $f^{-1}(O) = O, f^{-1}(\infty) = \infty$

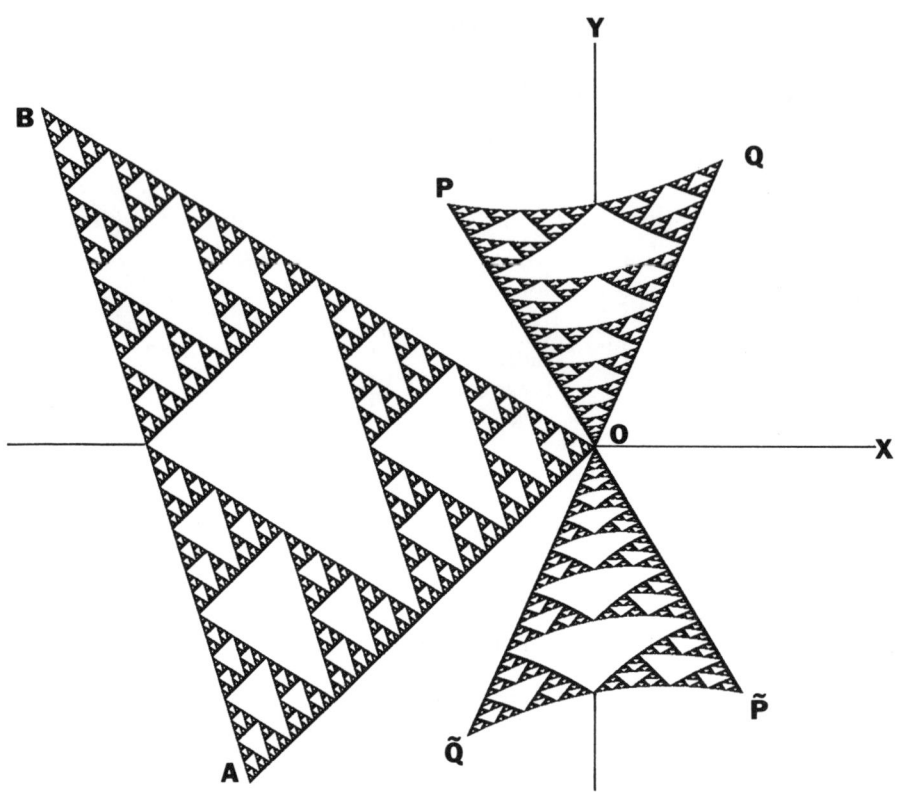

Abb. 3.25 Die mengenwertige Inverse f^{-1} der quadratischen Transformation $f(z) = z^2$ bildet das Sierpinski-Dreieck AOB in $POQ \cup \widetilde{P}O\widetilde{Q}$ ab. Allgemeiner bildet f^{-1} den Raum der Fraktale in sich selbst ab. Sehen Sie sich dieses Bild ganz genau an! Es werden hier mehrere wichtige Merkmale analytischer Transformationen gezeigt.

und $f^{-1}(z) = \{w_1(z), w_2(z)\}$ für $z \in \widehat{\mathbf{C}} \setminus \{0, \infty\}$. Hierbei ist $w_1(x_1 + ix_2) = a(x_1, x_2) + ib(x_1, x_2)$ und $w_2(x_1, x_2) = -a(x_1, x_2) - ib(x_1, x_2)$ mit

$$a(x_1, x_2) = \sqrt{\frac{\sqrt{x_1^2 + x_2^2} + x_1}{2}}, \quad \text{falls } x_2 \geq 0,$$

$$a(x_1, x_2) = -\sqrt{\frac{\sqrt{x_1^2 + x_2^2} + x_1}{2}}, \quad \text{falls } x_2 < 0,$$

$$b(x_1, x_2) = \sqrt{\frac{\sqrt{x_1^2 + x_2^2} - x_1}{2}}.$$

Jede der beiden Funktionen $w_1(z)$ und $w_2(z)$ ist ihrerseits analytisch auf $\widehat{\mathbf{C}} \setminus \{0, \infty\}$.

Durch die folgende Definition wird formal festgelegt, was unter einer analytischen Transformation der komplexen Ebene zu verstehen ist. Für weiteres Studium empfehlen wir [Rudin 1966].

Definition 3.9. Es bezeichne $(\mathbf{C}, d)$ die komplexe Ebene mit der euklidischen Metrik. Eine Transformation $f : \mathbf{C} \to \mathbf{C}$ heißt *analytisch*, falls für jedes $z_0 \in \mathbf{C}$ eine Ähnlichkeitsabbildung der Form

$$w(z) = az + b \text{ für ein Zahlenpaar } a, b \in \mathbf{C}$$

existiert, so daß $\frac{d(f(z), w(z))}{d(z, z_0)} \to 0$, wenn $z \to z_0$. Die Zahlen a und b hängen von z_0 ab. Wenn $a = 0$ ist, korrespondierend zu einem bestimmten Punkt $z_0 = c$, so heißt c ein *kritischer Punkt* der Transformation, und $f(c)$ heißt *kritischer Wert*.

Falls die analytische Transformation $f(z)$ eine rationale Transformation ist, was bedeuten soll, daß sie sich als Bruch von zwei Polynomen in z schreiben läßt, wie beispielsweise

1. $f(z) = 1 + 2i + 27z^2 - 9z^3$,

2. $f(z) = \dfrac{1 + z}{1 - z}$,

3. $f(z) = \dfrac{1 + z + z^2}{1 - z + z^2}$,

dann werden die Zahlen a und b der Ähnlichkeitsabbildung aus Definition 3.8 durch die Formeln

$$a = f'(z_0) \text{ und } b = f(z_0) - az_0$$

gegeben. Die *Ableitung* $f'(z)$ der rationalen Funktion $f(z)$ kann berechnet werden, indem man z behandelt, als wäre es eine reelle Variable x und dann die üblichen Differentiationsregeln der Analysis anwendet. Die kritischen Punkte $c \in \mathbf{C}$ sind die Lösungen der Gleichung $f'(c) = 0$.

Nahe genug an einem Punkt z_0 mit $f'(z_0) \neq 0$ wird zum Beispiel die kubische Transformation (1.) gut durch die Ähnlichkeitsabbildung

$$w(z) = (54z_0 - 27z_0^2)z + ((1 + 2i - 27z_0^2 + 18z_0^3)$$

beschrieben. Die endlichen kritischen Punkte von (1.) erhält man, wenn man

$$54c - 27c^2 = 0$$

löst und sich dementsprechend $c = 0 + i0$ und $c = 2 + i0$ ergibt. Wenn man durch $z' = \frac{1}{z}$ die Koordinaten ändert (siehe Abschnitt 3.5), so kann man auch das

Verhalten am unendlich fernen Punkt untersuchen. Es zeigt sich, daß $c = \infty$ für eine polynomiale Transformation $f(z)$ auf $\widehat{C}$ immer ein kritischer Punkt ist. Der Raum „wickelt" sich n-mal um das Bild eines kritischen Punktes, wobei n eine natürliche Zahl ist. Zum Beispiel wickelt die kubische Transformation (1.) den Raum zweimal um jeden der Punkte $f(0 + i0) = 1 + 2i$ und $f(2 + i0) = 37 + 2i$, und sie wickelt ihn dreimal um $f(\infty) = \infty$.

Aufgaben

3.4.1 Skizzieren Sie einen Globus, der $\widehat{C}$ repräsentieren soll, und darauf eine Teilmenge, die wie Afrika aussieht. Zeigen Sie was passiert, wenn man auf diese Teilmenge die quadratische Transformation $f(z) = z^2$ wirken läßt!

3.4.2 Bestätigen Sie, daß die folgenden expliziten Formeln für $f^{-1}(z)$ gelten, korrespondierend zu $f(z) = z^2 - 1$: $f^{-1}(-1) = 0$, $f^{-1}(\infty) = \infty$ und $f^{-1}(z) = \{w_1(z), w_2(z)\}$ für $z \in \widehat{C} \setminus \{-1, \infty\}$, wobei $w_1(x_1, x_2) = a(x_1, x_2) + ib(x_1, x_2)$ und $w_2(x_1, x_2) = -a(x_1, x_2) - ib(x_1, x_2)$. Es ist

$$a(x_1, x_2) = \sqrt{\frac{\sqrt{(1 + x_1)^2 + x_2^2} + 1 + x_1}{2}} \quad \text{für } x_2 \geq 0,$$

$$a(x_1, x_2) = -\sqrt{\frac{\sqrt{(1 + x_1)^2 + x_2^2} + 1 + x_1}{2}} \quad \text{für } x_2 < 0,$$

$$b(x_1, x_2) = \sqrt{\frac{\sqrt{(1 + x_1)^2 + x_2^2} - 1 - x_1}{2}}.$$

Wir bemerken, daß sowohl $w_1(z)$ als auch $w_2(z)$ analytisch auf $\widehat{C} \setminus \{-1, \infty\}$ sind.

3.4.3 Bestimmen Sie die kritischen Punkte und kritischen Werte der quadratischen Transformation $f(z) = z^2 + 1$.

3.4.4 Zeichnen Sie die seitliche Ansicht eines Menschen, der einen Arm vor sich ausgestreckt hat und ein Messer hält, dessen Klinge nach unten zeigt. Wählen Sie den Koordinatenursprung so, daß er mit dem Bauchnabel übereinstimmt. Zeichnen Sie ein anderes Bild, um zu zeigen, wie durch Anwendung der Inversen der quadratischen Transformation $f(z) = z^2$ auf Ihr Bild Harakiri ausgeführt wird!

3.4.5 Bestimmen Sie eine Ähnlichkeitsabbildung, die das Verhalten der gegebenen analytischen Transformation in der Nachbarschaft des gegebenen Punktes approximiert:
a) $f(z) = z^2$ nahe $z_0 = 1$;
b) $f(z) = \frac{1}{z}$ nahe $z_0 = 1 + i$;
c) $f(z) = (z - 1)^3$ nahe $z_0 = 1 - i$.

3.5   Wie man Koordinaten ändert

Wenn wir Transformationen auf Räumen beschreiben, verwenden wir gewöhnlich ein zugrundeliegendes Koordinatensystem. Die meisten Räume besitzen ein Koordinatensystem, das durch die Lage der Punkte im Raum festgelegt ist. Dieses Koordinatensystem wird durch die Spezifizierung des Raumes impliziert. So liefert $\mathbf{X} = [1, 2]$ zum Beispiel eine Ansammlung von Punkten zusammen mit der natürlichen Koordinate x, eingeschränkt durch $1 \leq x \leq 2$. Wir können uns auf zweierlei Weise einen Raum vorstellen, entweder besteht er aus Punkten $x \in \mathbf{X}$, oder äquivalent dazu aus einem System von Koordinaten. Wenn der Raum $\mathbf{X}$ die reelle, euklidische oder komplexe Zahlenebene ist, so wählt man als zugrundeliegendes Koordinatensystem meist die kartesischen Koordinaten. Falls $\mathbf{X} = \widehat{\mathbf{C}}$ ist, so benutzt man als Koordinatensystem die Polarkoordinaten der Sphäre.

In jedem Fall ist das zugrundeliegende Koordinatensystem selbst eine Teilmenge eines metrischen Raumes. Diesen metrischen Raum bezeichnen wir mit $\mathbf{X_C}$. Für gewöhnlich brauchen wir zwischen einem Punkt $x \in \mathbf{X}$ und seinen Koordinaten $x \in \mathbf{X_C}$ nicht bewußt zu unterscheiden. Beachten Sie aber trotzdem, daß der Raum $\mathbf{X_C}$ Punkte (Koordinaten) enthalten kann, die zu keinem der Punkte im Raum $\mathbf{X}$ gehören. Im Fall des Raumes $\mathbf{X} = \blacksquare$ wird man natürlich $\mathbf{X_C} = \mathbf{R}^2$ wählen. Dann korrespondieren Punkte $x \in \mathbf{X}$ mit Koordinaten $x = (x_1, x_2) \in \mathbf{X_C}$, eingeschränkt durch $0 \leq x_1 \leq 1$ und $0 \leq x_2 \leq 1$. Jedoch gehören die Koordinaten $(3, 5) \in \mathbf{X_C}$ zu keinem Punkt aus $\mathbf{X}$. Wir möchten dem Leser empfehlen, sich das so vorzustellen, daß der Raum selber „auf seinem Koordinatensystem liegt", wie es in Abbildung 3.26 dargestellt ist.

Ein Wechsel des Koordinatensystems läßt sich durch eine Transformation $\boldsymbol{\theta} : \mathbf{X_C} \to \mathbf{X_C}$ ausdrücken. Wir können uns das folgendermaßen vorstellen: Ein Koordinatenwechsel wird durch ein physisches Bewegen jedes Punktes $x \in \mathbf{X}$ bewirkt, so daß er nicht mehr über $x \in \mathbf{X_C}$ liegt, sondern stattdessen über der Koordinate $x' = \boldsymbol{\theta}(x) \in \mathbf{X_C}$. Also müssen wir nun unterscheiden zwischen einem Punkt x, der im Raum $\mathbf{X}$ liegt, und seiner Koordinate $x \in \mathbf{X_C}$. Dann wollen wir den Koordinatenwechsel $\boldsymbol{\theta} : \mathbf{X_C} \to \mathbf{X_C}$ als eine Bewegung von $\mathbf{X}$ relativ zu seinem zugrundeliegenden Koordinatenraum $\mathbf{X_C}$ betrachten (Abbildung 3.27).

Beispiele

3.5.1 Es sei $\mathbf{X} = [1, 2]$, und wir wählen dazu $\mathbf{X_C} = \mathbf{R}$. Nun sei $\boldsymbol{\theta} : \mathbf{R} \to \mathbf{R}$ definiert durch $\boldsymbol{\theta}(x) = 2x + 1$. Dann ändert sich die Koordinate des Punktes $x = 1{,}5$ auf 4. Wir wollen uns den Raum $\mathbf{X}$ so vorstellen, daß er relativ zum festgehaltenem Koordinatenraum $\mathbf{X_C}$ bewegt wird (3.28).

Bezeichne $\boldsymbol{\theta} : \mathbf{X_C} \to \mathbf{X_C}$ einen Koordinatenwechsel. Damit das neue Koordinatensystem brauchbar ist, ist es gewöhnlich notwendig, daß $\boldsymbol{\theta}$, betrachtet als Transformation von $\mathbf{X}$ nach $\boldsymbol{\theta}(\mathbf{X})$, injektiv und surjektiv und damit invertierbar ist. Es sei $f : \mathbf{X} \to \mathbf{X}$ eine Transformation auf einem Raum $\mathbf{X}$. Wir wollen uns ansehen, wie

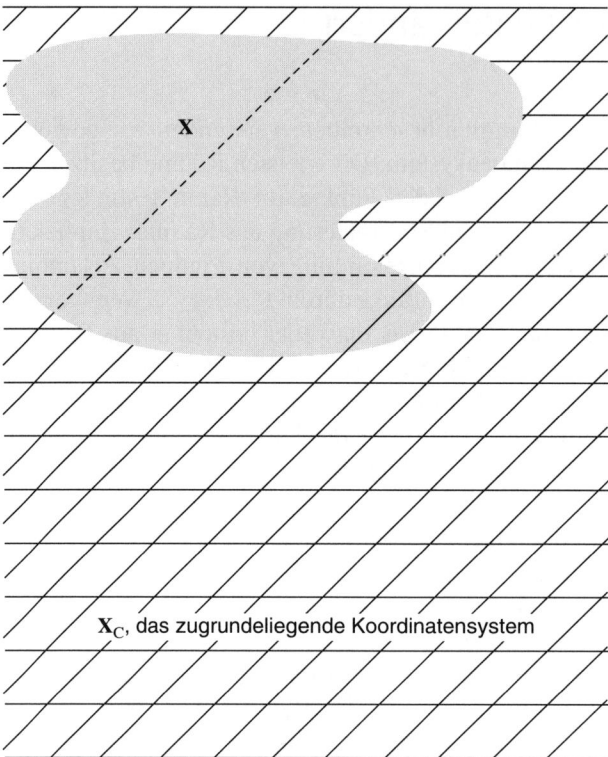

Abb. 3.26   Das zugrundeliegende Koordinatensystem $\mathbf{X_C}$ für den Raum $\mathbf{X}$.

die Transformation f nach dem Koordinatenwechsel beschrieben werden sollte. Bezeichne x gleichzeitig einen Punkt in $\mathbf{X}$ und seine zugehörigen Koordinaten. Weiter bezeichne $f(x)$ gleichzeitig den Punkt, in welchen x durch f transformiert wird, sowie seine Koordinaten. x' bezeichne den Punkt $x \in \mathbf{X}$ im neuen Koordinatensystem. Das heißt, $x' = \boldsymbol{\theta}(x) \in \mathbf{X_C}$ sind die neuen Koordinaten des Punktes x. Die Transformation $f : \mathbf{X} \rightarrow \mathbf{X}$ werde im neuen Koordinatensystem durch $f'(x')$ ausgedrückt. Dann wird die Beziehung zwischen den beiden Koordinatensystemen durch das Kommutativdiagramm in Abbildung 3.30 beschrieben und in Abbildung 3.29 veranschaulicht.

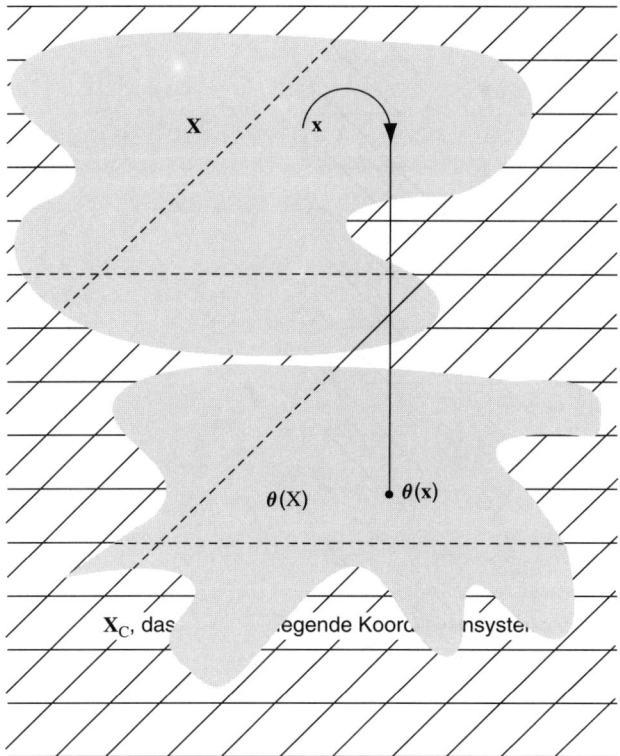

Abb. 3.27 Ein Koordinatenwechsel aus Sicht von **X** und **X**$_C$. Wir stellen uns vor, daß **X** relativ zu seinem zugrundeliegenden Koordinatenraum **X**$_C$ bewegt wird.

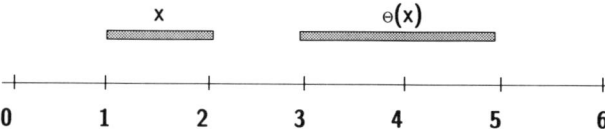

Abb. 3.28 Ein Koordinatenwechsel des Raumes **X** = [1, 2], bedingt durch die Transformation $x' = \boldsymbol{\theta}(x) = 2x + 1$.

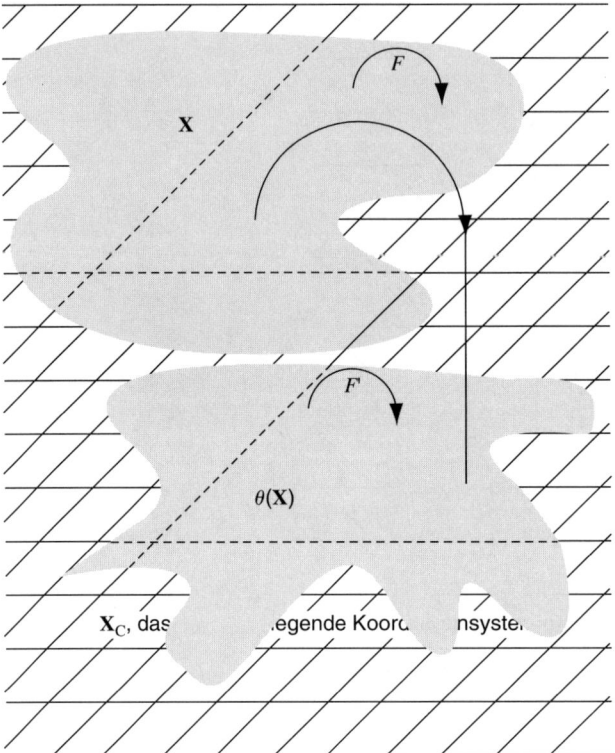

Abb. 3.29 Die Transformation F, die auf $\mathbf{X}$ wirkt, ist äquivalent zu der auf $\boldsymbol{\theta}(\mathbf{X})$ agierenden Transformation F'.

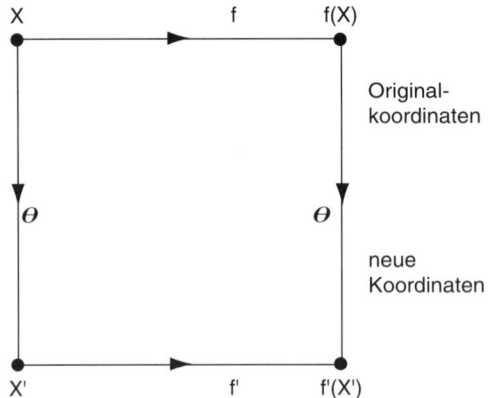

Abb. 3.30 Kommutativdiagramm für den Koordinatenwechsel $\boldsymbol{\theta} : \mathbf{X}_C \to \mathbf{X}_C$.

Satz 3.1. *Es sei* **X** *ein Raum und* $\mathbf{X_C} \supset \mathbf{X}$ *ein Koordinatenraum für* **X**. *Ein Koordinatenwechsel werde durch die Transformation* $\boldsymbol{\theta} : \mathbf{X_C} \to \mathbf{X_C}$ *gegeben.* $\boldsymbol{\theta}$ *sei invertierbar, wenn man es als Transformation von* **X** *nach* $\boldsymbol{\theta}(\mathbf{X})$ *auffaßt. Die Koordinaten des Punktes* $x \in \mathbf{X}$ *werden vor dem Koordinatenwechsel mit x bezeichnet und anschließend mit x', so daß* $x' = \boldsymbol{\theta}(x)$.
Es sei $f : \mathbf{X} \to \mathbf{X}$ *eine Transformation auf dem Raum* **X**, $x \to f(x)$ *sei die Formel für f, ausgedrückt in Originalkoordinaten, und* $x' \to f'(x')$ *die Formel für f, ausgedrückt in den neuen Koordinaten. Dann gilt*

$$f(x) = (\boldsymbol{\theta}^{-1} \circ f' \circ \boldsymbol{\theta})(x)$$
$$f'(x') = (\boldsymbol{\theta} \circ f \circ \boldsymbol{\theta}^{-1})(x').$$

Definition 3.10. Es sei $f : \mathbf{X} \to \mathbf{X}$ eine Transformation auf einem metrischen Raum. Ein Punkt $x_f \in \mathbf{X}$ mit der Eigenschaft $f(x_f) = x_f$ heißt *Fixpunkt* der Transformation.

Die Fixpunkte einer Transformation sind sehr wichtig. Sie geben uns Auskunft darüber, welche Teile des Raumes im Raum festgehalten, d. h. von der Transformation nicht bewegt werden. Die Fixpunkte einer Transformation schränken die Bewegung des Raumes bei „nicht-zerreißenden" Transformationen mit beschränkter Deformation ein.

Aufgaben/Beispiele

3.5.2 Wir betrachten eine affine Transformation $f(x) = ax + b$, $a \neq 0$, $a \neq 1$, $a, b \in \mathbf{R}$. Diese hat einen Fixpunkt $x_f \in \mathbf{R}$, der durch $f(x_f) = x_f$ definiert ist. Wir bestimmen ihn als $x_f = \frac{b}{1-a}$. x_f ist offensichtlich ein interessanter Punkt bezüglich der Wirkung einer affinen Transformation auf **R**. Entsprechend führen wir einen Koordinatenwechsel durch, der x_f auf den Ursprung bewegt, d. h. $x' = \boldsymbol{\theta}(x) = x - x_f$. Wie sieht f in diesem neuen Koordinatensystem aus!

$$f'(x') = (\boldsymbol{\theta} \circ f \circ \boldsymbol{\theta}^{-1})(x') = \boldsymbol{\theta} \circ f(x' + x_f) = a(x' + x_f) + b - x_f;$$

Setzt man den obigen Term für x_f ein, so erhält man $f'(x') = ax'$, was einfach eine Reskalierung ist. Benutzen wir nun die erste Formel, so erhalten wir

$$f(x) = a(x - x_f) + x_f$$

und

$$f^{\circ n} = a^n(x - x_f) + x_f \quad \text{für alle } n \in \{0, \pm 1, \pm 2, \pm 3, \ldots\}.$$

Nun haben wir eine neue Möglichkeit, eine affine Transformation auf **R** sichtbar zu machen: Als Beispiel betrachten wir den Fall $a > 1$ in Abbildung 3.31.

3.5.3 Zeigen Sie, daß eine affine Transformation $f(x) : \mathbf{R}^2 \to \mathbf{R}^2$, die durch $f(x) = Ax + t$ gegeben ist und den Fixpunkt x_f besitzt, durch die Koordinatentransformation $\boldsymbol{\theta}(x) = x - x_f$ in die Funktion $f'(x') = Ax'$ überführt wird.

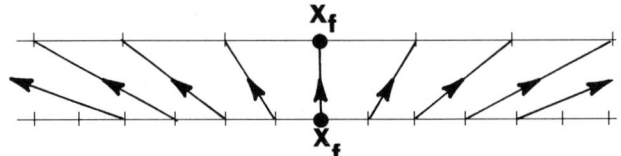

Abb. 3.31   Eine affine Transformation auf **R**. Wir sehen eine Reskalierung (Vergrößerung oder Verkleinerung) vom Fixpunkt ausgehend, zusammen mit einer Drehung um 180°, falls $a < 0$.

3.5.4   Es sei $\mathbf{X} = [1, 2]$, und durch $x' = 2x - 1$ werde ein Koordinatenwechsel gegeben. Es sei $f : \mathbf{X} \to \mathbf{X}$ eine Transformation, definiert durch $f(x) = (x - 1)^2 + 1$. Drücken Sie f im neuen Koordinatensystem aus.

3.5.5   Bestimmen Sie die Fixpunkte x_1 und x_2 der Möbius-Transformation

$$f(z) = \frac{z + 2}{4 - z}$$

auf $\widehat{\mathbf{C}}$. Führen Sie einen Koordinatenwechsel durch, so daß x_1 zum Ursprung und x_2 der unendlich ferne Punkt wird. Interpretieren Sie dann die Wirkung von $f(z)$ auf der Sphäre unter geometrischen Gesichtspunkten!

3.5.6   Es sei $W(x) = Ax + t$ eine zweidimensionale affine Transformation auf dem Raum $\mathbf{X} = \mathbf{R}^2$ mit $\det A \neq 0$. Bestimmen Sie den Fixpunkt x_f. Führen Sie einen Koordinatenwechsel durch, so daß x_f zum Ursprung des neuen Koordinatensystems wird! Beschreiben Sie dann damit die geometrische Wirkung einer zweidimensionalen, nichtdegenerierten affinen Transformation! Was kann auftreten, wenn $\det A = 0$ ist?

3.5.7   Wir setzen voraus, daß es eine Koordinatentransformation $BAB^{-1} = D$ gibt, wobei D eine Diagonalmatrix der Gestalt

$$D = \begin{pmatrix} \lambda_1 & 0 \\ 0 & \lambda_2 \end{pmatrix}$$

ist. Zeigen Sie, daß λ_1 und λ_2 die Gleichung

$$\det \begin{pmatrix} e - \lambda_i & f \\ g & h - \lambda_i \end{pmatrix} = \begin{vmatrix} e - \lambda_i & f \\ g & h - \lambda_i \end{vmatrix} = \lambda_i^2 - \lambda_i \cdot \mathrm{sp}\, A + \det A = 0$$

für $i = 1, 2$ erfüllen!

3.5.8   Untersuchen Sie das Verhalten der affinen Transformation $w(z) = 7z + 1$ auf $\widehat{\mathbf{C}}$ in der Umgebung des unendlich fernen Punktes, indem sie mit Hilfe von $h(z) = \frac{1}{z}$ einen Koordinatenwechsel vornehmen!

3.5.9   Durch $f_\mu(x) = x^2 - \mu$ und $g_\lambda(x) = \lambda x (1 - x)$ sind zwei Ein-Parameter-Familien von Transformationen auf $\mathbf{R}$ gegeben, wobei μ und λ reelle Parameter sind. Bestimmen Sie einen Koordinatenwechsel und eine Funktion $\mu = \mu(\lambda)$, so daß $f'_{\mu(\lambda)}(x') = g_\lambda(x')$ für ein geeignetes Intervall auf der λ-Achse zutrifft!

3.5.10   Berechnen Sie die reellen Fixpunkte von $g(x) = x^2 - \frac{1}{2}$. Untersuchen Sie das Verhalten von g in der Nähe seiner Fixpunkte, indem Sie Koordinatenwechsel so durchführen, daß Sie zuerst den einen und dann den anderen Fixpunkt auf den Ursprung verlegen. Eine andere Methode, g in der Nähe seiner Fixpunkte zu analysieren, besteht darin, $g(x)$ durch die ersten beiden Terme seiner Taylorreihenentwicklung um den jeweiligen Fixpunkt zu approximieren. Vergleichen Sie die beiden Methoden!

3.5.11 Wir setzen voraus, daß die 2×2-Matrix

$$A = \begin{pmatrix} e & f \\ g & h \end{pmatrix}$$

die Bedingung $(\operatorname{sp} A)^2 - 4 \cdot \det A > 0$ erfüllt. Zeigen Sie, daß es eine Matrix B gibt, für die

$$BAB^{-1} = D$$

gilt, wobei D eine Diagonalmatrix ist. Zeigen Sie weiterhin, daß auch folgende Wahl von B möglich ist:

$$B = \begin{pmatrix} 1 & \frac{f}{\lambda_1 - h} \\ 1 & \frac{f}{\lambda_2 - h} \end{pmatrix}.$$

Was passiert, wenn $(\operatorname{sp} A)^2 - 4 \cdot \det A < 0$ ist?

3.5.12 Es sei $w : \mathbf{R}^2 \to \mathbf{R}^2$ eine affine Transformation, definiert durch

$$w \begin{pmatrix} x_1 \\ x_2 \end{pmatrix} = \begin{pmatrix} 1 & 2 \\ 2 & 3 \end{pmatrix} \begin{pmatrix} x_1 \\ x_2 \end{pmatrix} + \begin{pmatrix} 1 \\ 1 \end{pmatrix}.$$

Nehmen Sie einen Koordinatenwechsel vor, so daß die Transformation einfach nur eine Koordinatenreskalierung ist! Wie lauten die Reskalierungsfaktoren?

Definition 3.11. Es sei F eine Menge von affinen Transformationen auf einem metrischen Raum $\mathbf{X}$. F heißt eine *Halbgruppe*, falls mit $f, g \in F$ impliziert wird, daß auch $f \circ g \in F$. F heißt eine *Gruppe*, falls es eine Halbgruppe invertierbarer Transformationen ist und mit $f \in F$ folgt, daß auch $f^{-1} \in F$.

Wir haben diese Definition eingeführt, weil wir Halbgruppen (und Gruppen) von Transformationen dazu benutzen werden, fraktale Teilmengen von $\mathbf{X}$ zu charakterisieren und zu berechnen. Jedoch werden wir keine tiefergehenden Sätze aus der Gruppentheorie benutzen.

Aufgaben

3.5.13 Es sei $f : \mathbf{X} \to \mathbf{X}$ eine Transformation auf einem metrischen Raum. Zeigen Sie, daß die Menge der Transformationen

$$\{f^{\circ n} : n = 0, 1, 2, 3, \ldots\}$$

eine Halbgruppe bildet!

3.5.14 Eine Transformation $T : \Sigma \to \Sigma$ auf dem Adressenraum wird definiert durch

$$T(x_1 x_2 x_3 x_4 x_5 \cdots) = x_2 x_3 x_4 x_5 x_6 \cdots.$$

Sie wird als *Shift-Operator* bezeichnet. Beschreiben Sie die Halbgruppe der Transformationen $\{T^{\circ n} : n = 0, 1, 2, 3, \ldots\}$. Wie lauten die *Fixpunkte* von $T^{\circ 3}$, wenn der Adressenraum nur aus den beiden Symbolen $\{0, 1\}$ besteht?

3.5.15 Zeigen Sie, daß die Menge der Möbius-Transformationen auf $\widehat{\mathbf{R}}$ eine Gruppe bildet!

3.5.16 Zeigen Sie, daß die Menge der Möbius-Transformationen auf $\widehat{\mathbf{C}}$ eine Gruppe bildet!

3.5.17 Zeigen Sie, daß die Menge der invertierbaren, affinen Transformationen auf $\mathbf{R}^2$ eine Gruppe bildet!

3.5.18 Zeigen Sie, daß die Menge der Transformationen $f : \mathbf{R}^2 \to \mathbf{R}^2$ mit $f(\mathbb{A}) \subset \mathbb{A}$ eine Halbgruppe bildet!

3.5.19 Zeigen Sie, daß durch die Menge von affinen Transformationen der Form $w(x) = Ax + t$ eine Gruppe von Transformationen geliefert wird, wobei $A = \begin{pmatrix} a & 0 \\ b & c \end{pmatrix}$ für $a, b, c \in \mathbf{R}$ und mit $ac \neq 0$. Der Verschiebungsvektor t ist beliebig.

3.5.20 Die allgemeinste analytische quadratische Transformation $f : \widehat{\mathbf{C}} \to \widehat{\mathbf{C}}$ kann durch einen Ausdruck der Form $f(z) = Az^2 + Bz + C$ beschrieben werden, wobei A, B und C komplexe Zahlen sind sowie $A \neq 0$ gilt. Zeigen Sie, daß durch einen passenden Koordinatenwechsel $z' = \theta(z)$, wobei θ eine Ähnlichkeitsabbildung ist, $f(z)$ auch als eine quadratische Transformation der speziellen Form $f'(z) = (z')^2 + \widetilde{C}$ ausgedrückt werden kann. Dabei ist $\widetilde{C}$ eine beliebige komplexe Zahl.

3.6   Der Kontraktions-Satz

Definition 3.12. Eine Transformation $f : \mathbf{X} \to \mathbf{X}$ auf einem metrischen Raum $(\mathbf{X}, d)$ heißt *kontrahierend* oder eine *Kontraktion*, falls es eine Konstante $0 \leq s < 1$ gibt, so daß

$$d(f(x), f(y)) \leq s \cdot d(x, y), \ \forall x, y \in \mathbf{X}$$

gilt. Eine solche Zahl s heißt *Kontraktions-Faktor* für f.

Es wäre angenehm, über die größte und die kleinste Zahl in einer Menge von reellen Zahlen reden zu können. Eine Menge, wie $S = (-\infty, 3)$, besitzt jedoch keines von beiden. Diese Schwierigkeit wird durch die folgende Definition beseitigt.

Definition 3.13. Bezeichne S eine Menge von reellen Zahlen. Das *Infimum* von S ist dann gleich $-\infty$, wenn S beliebig große negative Zahlen enthält. Andernfalls ist das Infimum von $S = \max\{x \in \mathbf{R} : x \leq s$ für alle $s \in S\}$. Es liegt in der Natur des Systems der reellen Zahlen, daß das Infimum von S immer existiert; es wird mit $\inf S$ bezeichnet. Das *Supremum* von S ist ähnlich definiert. Es ist gleich $+\infty$, falls S beliebig große Zahlen enthält. Sonst ist es das Minimum der Menge von Zahlen, die größer oder gleich den Zahlen in S sind. Das Supremum von S existiert immer und wird mit $\sup S$ bezeichnet.

Aufgaben

3.6.1 Bestimmen Sie das Supremum und das Infimum von folgenden Mengen reeller Zahlen:
  a) $(-\infty, 3)$;
  b) $\mathscr{C}$, der klassischen Cantor-Menge;
  c) $\{1, 2, 3, 4, \ldots\}$;
  d) positive reelle Zahlen.

3.6.2 Es sei $f : \mathbf{X} \to \mathbf{X}$ eine Kontraktion auf einem metrischen Raum $(\mathbf{X}, d)$. Zeigen Sie, daß

$$\inf\{s \in \mathbf{R} : s \text{ ist ein Kontraktions-Faktor für } f\}$$

ein Kontraktions-Faktor für f ist!

3.6.3 Zeigen Sie für den Fall, daß $f : \mathbf{X} \to \mathbf{X}$ und $g : \mathbf{X} \to \mathbf{X}$ Kontraktionen auf einem metrischen Raum $(\mathbf{X}, d)$ mit dazugehörigen Kontraktions-Faktoren s und t sind, daß auch $f \circ g$ eine Kontraktion mit Kontraktions-Faktor $s \cdot t$ ist.

Satz 3.2 (Kontraktions-Satz). *Es sei* $f : \mathbf{X} \to \mathbf{X}$ *eine Kontraktion auf einem vollständigen metrischen Raum* $(\mathbf{X}, d)$. *Dann besitzt* f *genau einen Fixpunkt* $x_f \in \mathbf{X}$. *Darüber hinaus konvergiert die Folge* $\{f^{\circ n}(x) : n = 0, 1, 2, \ldots\}$ *für jeden Punkt* $x \in \mathbf{X}$ *gegen* x_f, *das heißt*

$$\lim_{n \to \infty} f^{\circ n}(x) = x_f, \text{ für jedes } x \in \mathbf{X}.$$

Die Vorstellung von einer kontrahierenden Transformation auf einem vollständigen metrischen Raum wird in Abbildung 3.32 wiedergegeben.

Beweis. Es sei $x \in \mathbf{X}$ und $0 \leq s < 1$ ein Kontraktions-Faktor für f. Dann gilt

$$d(f^{\circ n}(x), f^{\circ m}(x)) \leq s^{m \wedge n} \cdot d(x, f^{\circ |n-m|}(x)) \qquad (*)$$

für alle $m, n = 0, 1, 2, \ldots$, wobei wir $x \in \mathbf{X}$ festhalten. Die Bezeichnung $u \wedge v$ bedeutet das Minimum der beiden reellen Zahlen u und v. Insbesondere erhalten wir für $k = 0, 1, 2, \ldots$

$$\begin{aligned} d(x, f^{\circ k}(x)) &\leq d(x, f(x)) + d(f(x), f^{\circ 2}(x)) + \\ &\qquad \cdots + d(f^{\circ (k-1)}(x), f^{\circ k}(x)) \\ &\leq (1 + s + s^2 + \cdots + s^{k-1}) \cdot d(x, f(x)) \\ &\leq (1 - s)^{-1} \cdot d(x, f(x)). \end{aligned}$$

Setzen wir dies in Gleichung $(*)$ ein, ergibt sich

$$d(f^{\circ n}(x), f^{\circ m}(x)) \leq s^{m \wedge n} \cdot (1 - s)^{-1} \cdot d(x, f(x)),$$

woraus sofort folgt, daß $\{f^{\circ n}(x)\}_{n=0}^{\infty}$ eine Cauchy-Folge ist. Da $\mathbf{X}$ vollständig ist, besitzt diese Cauchy-Folge einen Grenzwert $x_f \in \mathbf{X}$, und wir haben

$$\lim_{n \to \infty} f^{\circ n}(x) = x_f.$$

Abb. 3.32 a)   So kann man sich die Wirkung einer kontrahierenden Transformation auf einem kompakten metrischen Raum vorstellen.

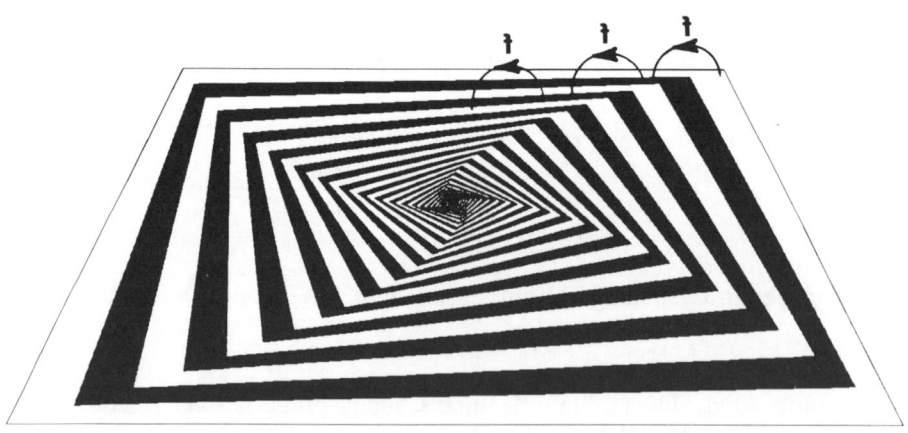

Abb. 3.32 b)   Durch eine Kontraktion wird der gesamte kompakte metrische Raum **X** auf den Fixpunkt zusammengezogen.

Nun werden wir zeigen, daß x_f ein Fixpunkt von f ist. Da f kontrahierend ist, ist f stetig (das folgt aus Hilfssatz 3.1) und somit

$$f(x_f) = f\left(\lim_{n \to \infty} f^{\circ n}(x)\right) = \lim_{n \to \infty} f^{\circ(n+1)}(x) = x_f.$$

Zum Schluß stellen wir die Frage, ob es mehr als einen Fixpunkt geben kann? Nehmen wir an, wir hätten mehrere, dann seien x_f und y_f zwei Fixpunkte von f. Dann gilt $x_f = f(x_f)$, $y_f = f(y_f)$ und

$$d(x_f, y_f) = d(f(x_f), f(y_f)) \leq s \cdot d(x_f, y_f).$$

Daraus würde $(1 - s) \cdot d(x_f, y_f) \leq 0$ folgen, also $d(x_f, y_f) = 0$ und so $x_f = y_f$. Damit ist der Beweis vollständig. $\qquad\qquad\qquad\qquad\qquad\qquad\qquad\qquad$ $\square$

Aufgaben

3.6.4 Es sei $w(x) = Ax + t$ eine zweidimensionale affine Transformation. Führen Sie einen Koordinatenwechsel $h(x) = x' = x - x_f$ durch, unter der Annahme, daß $\det(I - A) \neq 0$. Zeigen Sie, daß $w'(x') = h \circ w \circ h^{-1}(x') = Ax'$ sowie $w(x) = h^{-1} \circ w' \circ h(x) = A(x - x_f) + x_f$ gilt und schließlich daß

$$w^{\circ n}(x) = A^n(x - x_f) + x_f, \text{ für } n = 0, 1, 2, 3, \ldots.$$

Welche Bedingungen müssen an A gestellt werden, so daß w kontrahierend ist a) in der euklidischen Metrik und b) in der Manhattan-Metrik? Zeigen Sie, daß wenn $|A| < 1$ ist (wobei $|A|$ irgendeine geeignete Norm von A, betrachtet als linearer Operator auf einem zweidimensionalen Vektorraum, bedeutet), dann $\{w^{\circ n}(x)\}$ eine Cauchy-Folge ist, die gegen x_f konvergiert, für alle $x \in \mathbf{R}^2$.

3.6.5 Es sei $f : \blacksquare \to \blacksquare$ eine Kontraktion auf ($\blacksquare$, euklidisch). Zeigen Sie, daß Abbildung 3.32 die richtige Vorstellung liefert.

3.6.6 Es sei $f : \mathbf{R} \to \mathbf{R}$ eine durch $f(x) = \frac{1}{2}x + \frac{1}{2}$ definierte affine Transformation. Weisen Sie nach, daß f eine Kontraktion ist, und schließen Sie, daß

$$\lim_{n \to \infty} f^{\circ n}(x) = x_f, \text{ für alle } x \in \mathbf{R}.$$

Benutzen Sie diesen Ausdruck für $x = 0$, um für den Fixpunkt $x_f \in \mathbf{R}$ eine geometrische Reihe zu entwickeln. Beachten Sie , daß $f(\mathbf{R}) = \mathbf{R}$ und f in der Tat invertierbar ist!

3.6.7 Es sei $(\mathbf{X}, d)$ ein kompakter metrischer Raum, der mehr als einen Punkt enthält. Zeigen Sie, daß für eine Kontraktion $f : \mathbf{X} \to \mathbf{X}$ nicht die Situation aus Aufgabe 3.6.6 auftreten kann. Das heißt, es ist nachzuweisen, daß zwar $f(\mathbf{X}) \subset \mathbf{X}$ ist, aber $f(\mathbf{X}) \neq \mathbf{X}$. Belegen Sie damit weiterhin, daß eine Kontraktion auf einem nichttrivialen, kompakten metrischen Raum nicht invertierbar ist. Hinweis: Nutzen Sie die Kompaktheit des Raumes aus, um zu zeigen, daß es einen Punkt im Raum gibt, der am weitesten vom Fixpunkt entfernt liegt. Dann zeigen Sie, daß es einen Punkt gibt, der nicht zu $f(\mathbf{X})$ gehört!

3.6.8 Weisen Sie nach, daß die Menge der Kontraktionen auf einem metrischen Raum eine Halbgruppe bildet!

3.6.9   Zeigen Sie, daß die affine Transformation $w : \mathbb{A} \to \mathbb{A}$, definiert durch $w(x) = Ax + t$, eine Kontraktion ist, wobei gilt:

$$A = \begin{pmatrix} \frac{1}{2}\cos 120° & -\frac{1}{2}\sin 120° \\ \frac{1}{2}\sin 120° & \frac{1}{2}\cos 120° \end{pmatrix} \quad \text{und } t = \begin{pmatrix} \frac{1}{2} \\ 0 \end{pmatrix}.$$

$\mathbb{A}$ ist hier ein gleichseitiges Sierpinski-Dreieck mit Eckpunkten im Ursprung und $(1, 0)$. Zuerst müssen Sie nachweisen, daß w wirklich $\mathbb{A}$ in sich selbst abbildet. Machen Sie den Fixpunkt x_f ausfindig. Zeichnen Sie ein Bild von der Kontraktion, „die ihre Arbeit verrichtet, indem sie den ganzen kompakten metrischen Raum $\mathbb{A}$ in Richtung des Fixpunktes abbildet". Benutzen Sie verschiedene Farben, um die sukzessiven Regionen $f^{\circ n}(\mathbb{A}) \setminus f^{\circ(n+1)}(\mathbb{A})$ für $n = 0, 1, 2, 3, \ldots$ zu kennzeichnen!

3.6.10 Definieren Sie durch $f(x_1 x_2 x_3 x_4 \ldots) = 1 x_1 x_2 x_3 x_4 \ldots$ eine Abbildung auf dem Adressenraum der beiden Symbole $\{0, 1\}$. (Rufen Sie sich in Erinnerung, daß die Metrik durch

$$d(x, y) = \sum_{i=1}^{\infty} \frac{|x_i - y_i|}{3^i},$$

oder äquivalent, gegeben ist). Zeigen Sie, daß f eine Kontraktion ist. Berechnen Sie den Fixpunkt von f!

3.6.11 Es sei $(\mathbf{X}, d)$ ein kompakter metrischer Raum und $f : \mathbf{X} \to \mathbf{X}$ eine Kontraktion. Zeigen Sie, daß $\{f^{\circ n}(\mathbf{X})\}_{n=0}^{\infty}$ eine Cauchy-Folge von Punkten in $(\mathcal{H}(\mathbf{X}), h)$ ist und daß $\lim_{n \to \infty} f^{\circ n}(\mathbf{X}) = \{x_f\}$ gilt, wobei x_f der Fixpunkt von f ist!

3.6.12 Es sei $(\mathbf{X}, d)$ ein kompakter metrischer Raum und $f : \mathbf{X} \to \mathbf{X}$ eine Abbildung mit der Eigenschaft $\lim_{n \to \infty} f^{\circ n}(\mathbf{X}) = \{x_f\}$. Suchen Sie eine Metrik $\tilde{d}$ auf $\mathbf{X}$, so daß f eine Kontraktion und die Identität ein Homöomorphismus von $(\mathbf{X}, d)$ nach $(\mathbf{X}, \tilde{d})$ ist!

3.6.13 Für diese Aufgabe benötigen wir die *Cayley-Hilbert-Metrik* d_{C-H}, die durch

$$d_{C-H}(\phi, \psi) = -\log \left[\min \left\{ \frac{\cos\psi}{\cos\phi}, \frac{\sin\psi}{\sin\phi} \right\} \cdot \min \left\{ \frac{\cos\phi}{\cos\psi}, \frac{\sin\phi}{\sin\psi} \right\} \right]$$

für zwei Winkel $\phi, \psi \in [0°, 90°]$ definiert ist. Der Wert ∞ ist zugelassen.

Es sei $Ax = \begin{pmatrix} a & b \\ c & d \end{pmatrix} \begin{pmatrix} x_1 \\ x_2 \end{pmatrix}$ eine lineare Transformation auf $\mathbf{R}^2$ mit $a, b, c, d \in \mathbf{R}$ streng positiv. Beweisen Sie, daß A den positiven Quadranten $\{(x_1, x_2) : x_1 \leq 0, x_2 \leq 0\}$ in sich selbst abbildet. Es sei eine Abbildung $f : [0, 90°] \to [0, 90°]$ definiert durch

$$A \begin{pmatrix} \cos\theta \\ \sin\theta \end{pmatrix} = (\text{eine positive Zahl}) \cdot \begin{pmatrix} \cos f(\theta) \\ \sin f(\theta) \end{pmatrix}.$$

Zeigen Sie, daß f auf dem metrischen Raum $([0°, 90°], d_{C-H})$ eine Kontraktion ist und daß $\{f^{\circ n}(\theta)\}$ gegen den einzigen Fixpunkt von f konvergiert. Folgern Sie, daß eine eindeutige positive Zahl λ existiert[1]und ein Winkel $0 < \theta < 90°$, so daß $A \begin{pmatrix} \cos \theta \\ \sin \theta \end{pmatrix} = \lambda \begin{pmatrix} \cos \theta \\ \sin \theta \end{pmatrix}$. Betrachten Sie Abbildung 3.33!

Belegen Sie mit einem Zahlenbeispiel, daß f auf dem metrischen Raum $([0°, 90°],$ euklidisch) nicht unbedingt eine Kontraktion ist!

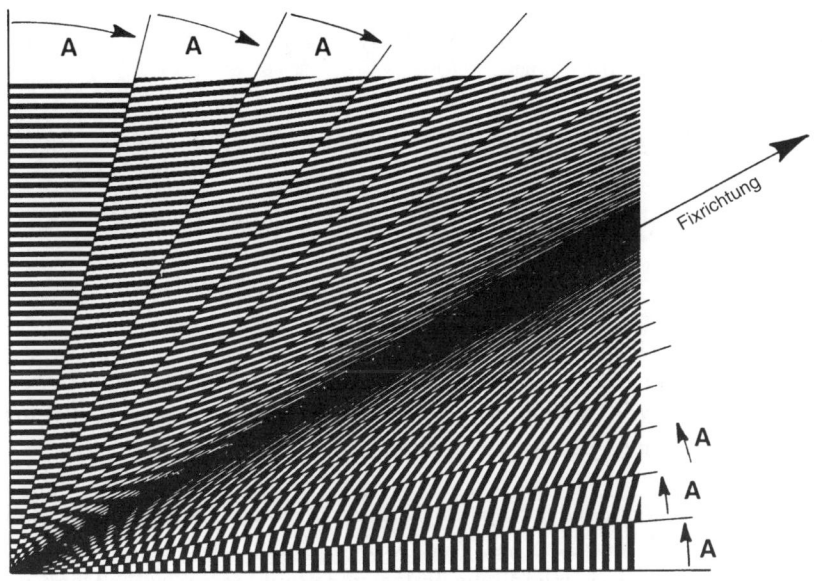

Abb. 3.33 Die Bedeutung eines positiven Eigenwertes bei einer „Winkel quetschenden"
linearen Transformation.

3.7 Kontraktionen auf dem Raum der Fraktale

Es sei $(\mathbf{X}, d)$ ein metrischer Raum und $(\mathcal{H}(\mathbf{X}), h(d))$ der dazu korrespondierende Raum der nichtleeren, kompakten Teilmengen mit der Hausdorff-Metrik
$h(d)$. Wir führen die Bezeichnung $h(d)$ ein, um deutlich zu machen, daß d die
zugrundeliegende Metrik für die Hausdorff-Metrik h ist. Zum Beispiel könn-
ten wir mit $(\mathcal{H}(\widehat{\mathbf{C}}), h(\text{spärisch}))$ oder mit $(\mathcal{H}(\mathbf{R}^2), h(\text{Manhattan}))$ arbeiten. Wir
werden diesen Zusatz weglassen, wenn wir Hausdorff-Abstände berechnen.

Wir haben uns wiederholt davor gescheut, Fraktale zu definieren: Wir waren
uns einig darin, daß sie Teilmengen einfacher geometrischer Räume, wie $(\mathbf{R}^2,$

---

[1]Die Zahl λ heißt *Eigenwert* der Abbildung A. (Anm. d. Übers.)

euklidisch) und ($\widehat{\mathbf{C}}$, sphärisch), sind. Wenn wir ein *deterministisches Fraktal* definieren müßten, könnten wir sagen, daß es der Fixpunkt einer Kontraktion auf $(\mathcal{H}(\mathbf{X}), h(d))$ ist. Wir würden verlangen, daß der zugrundeliegende metrische Raum $(\mathbf{X}, d)$ „geometrisch einfach" ist. Wir würden auch fordern, daß die Kontraktion aus einfachen, leicht zu spezifizierenden Kontraktionen auf $(\mathbf{X}, d)$ aufgebaut ist, wie es im folgenden beschrieben wird.

Hilfssatz 3.1. *Es sei* $w : \mathbf{X} \to \mathbf{X}$ *eine Kontraktion auf dem metrischen Raum* $(\mathbf{X}, d)$. *Dann ist* w *stetig.*

Beweis. Es sei $\epsilon > 0$ gegeben, und es sei $s > 0$ ein Kontraktions-Faktor für w. Dann gilt

$$d(w(x), w(y)) \leq s \cdot d(x, y) < \epsilon$$

immer dann, wenn $d(x, y) < \delta$, wobei $\delta = \frac{\epsilon}{s}$. Das war zu beweisen. □

Hilfssatz 3.2. *Es sei* $w : \mathbf{X} \to \mathbf{X}$ *eine stetige Abbildung auf dem metrischen Raum* $(\mathbf{X}, d)$. *Dann wird* $\mathcal{H}(\mathbf{X})$ *durch* w *in sich selbst abgebildet, d. h., es gilt* $w : \mathcal{H}(\mathbf{X}) \to \mathcal{H}(\mathbf{X})$ *mit* $w(A) = \{w(x) : x \in A\}$.

Beweis. Es sei S eine nichtleere, kompakte Teilmenge von $\mathbf{X}$. Dann ist klar, daß $w(S) = \{w(x) : x \in S\}$ nicht leer ist. Wir wollen zeigen, daß $w(S)$ kompakt ist. Es sei $\{y_n = w(x_n)\}$ eine unendliche Folge von Punkten in $w(S)$. Dann ist $\{x_n\}$ eine unendliche Folge von Punkten in S. Da S kompakt ist, gibt es eine Teilfolge $\{x_{N_n}\}$, die gegen einen Punkt $\widehat{x} \in S$ konvergiert. Aber dann wird durch die Stetigkeit von w impliziert, daß $\{y_{N_n} = w(x_{N_n})\}$ eine Teilfolge von $\{y_n\}$ ist, die gegen $\widehat{y} = w(\widehat{x}) \in w(S)$ konvergiert. Das war zu beweisen. □

Durch den folgenden Hilfssatz lernen wir, wie man aus einer Kontraktion auf $(\mathbf{X}, d)$ eine Kontraktion auf $(\mathcal{H}(\mathbf{X}), h)$ konstruiert.

Hilfssatz 3.3. *Es sei* $w : \mathbf{X} \to \mathbf{X}$ *eine Kontraktion auf dem metrischen Raum* $(\mathbf{X}, d)$ *mit Kontraktions-Faktor* s. *Dann ist* $w : \mathcal{H}(\mathbf{X}) \to \mathcal{H}(\mathbf{X})$ *definiert durch*

$$w(B) = \{w(x) : x \in B\}, \quad \forall B \in \mathcal{H}(\mathbf{X})$$

eine Kontraktion auf $(\mathcal{H}(\mathbf{X}), h(d))$ *mit Kontraktions-Faktor* s.

Beweis. Aus Hilfssatz 3.1 folgt, daß $w : \mathbf{X} \to \mathbf{X}$ stetig ist. Durch Hilfssatz 3.2 wissen wir, daß $\mathcal{H}(\mathbf{X})$ durch W in sich selbst abgebildet wird. Nun seien $B, C \in \mathcal{H}(\mathbf{X})$. Dann ist

$$\begin{aligned} d(w(B), w(C)) &= \max\{\min\{d(w(x), w(y)) : y \in C\} : x \in B\} \\ &\leq \max\{\min\{s \cdot d(x, y) : y \in C\} : x \in B\} = s \cdot d(B, C). \end{aligned}$$

Genauso ist $d(w(C), w(B)) \leq s \cdot d(C, B)$. Somit

$$h(w(B), w(C)) = d(w(B), w(C)) \vee d(w(C), w(B))$$
$$\leq s \cdot (d(B, C) \vee d(C, B)) \leq s \cdot h(B, C),$$

was zu beweisen war. □

Der nächste Hilfssatz liefert eine charakteristische Eigenschaft der Hausdorff-Metrik, welche wir kurz gebrauchen werden. Der Beweis folgt sofort durch Aufgabe 2.6.13.

Hilfssatz 3.4. *Für alle B, C, D und E aus $\mathcal{H}(\mathbf{X})$ gilt:*

$$h(B \cup C, D \cup E) \leq h(B, D) \vee h(C, E),$$

wobei h die gewöhnliche Hausdorff-Metrik ist.

Durch den nun folgenden Hilfssatz wird eine wichtige Methode bereitgestellt, Kontraktionen auf $(\mathcal{H}(\mathbf{X}), h)$ zu kombinieren, um so neue Kontraktionen auf $(\mathcal{H}(\mathbf{X}), h)$ zu produzieren. Diese Methode unterscheidet sich von der zur Komposition von Kontraktionen gebräuchlichen.

Hilfssatz 3.5. *Es sei $(\mathbf{X}, d)$ ein metrischer Raum, und $\{w_n : n = 1, 2, \ldots, N\}$ seien Kontraktionen auf $(\mathcal{H}(\mathbf{X}), h)$. Der Kontraktions-Faktor von w_n werde für alle n durch s_n bezeichnet. Wir definieren $W : \mathcal{H}(\mathbf{X}) \to \mathcal{H}(\mathbf{X})$ durch*

$$W(B) = w_1(B) \cup w_2(B) \cup \cdots \cup w_N(B) = \bigcup_{n=1}^{N} w_n(B),$$

für alle $B \in \mathcal{H}(\mathbf{X})^2$. Dann ist W eine Kontraktion mit Kontraktions-Faktor $s = \max\{s_n : n = 1, 2, \ldots, N\}$.

Beweis. Wir demonstrieren die Behauptung für $N = 2$. Der Beweis wird dann durch ein induktives Argument vervollständigt. Es seien $B, C \in \mathcal{H}(\mathbf{X})$, dann haben wir

$$h(W(B), W(C)) = h(w_1(B) \cup w_2(B), w_1(C) \cup w_2(C))$$
$$\leq h(w_1(B), w_1(C)) \vee h(w_2(B), w_2(C))$$
$$\text{(Hilfssatz 3.4)}$$
$$\leq s_1 \cdot h(B, C) \vee s_2 \cdot h(B, C) \leq s \cdot h(B, C),$$

was zu zeigen war. □

---

[2]Die Definition dieser Abbildung geht auf [Hutchinson 1981] zurück. (Anm. d. Übers.)

Definition 3.14. Ein (hyperbolisches) *Iteriertes Funktionensystem* besteht aus einem vollständigen metrischen Raum $(\mathbf{X}, d)$, zusammen mit einer endlichen Menge von Kontraktionen $w_n : \mathbf{X} \to \mathbf{X}$, mit den jeweiligen Kontraktions-Faktoren s_n für $n = 1, 2, \ldots, N$. Das „Iterierte Funktionensystem" wird mit „IFS" abgekürzt und mit $\{\mathbf{X}; w_n, n = 1, 2, \ldots, N\}$ bezeichnet. Sein Kontraktions-Faktor ist $s = \max\{s_n : n = 1, 2, \ldots, N\}$.

Wir haben in dieser Definition das Wort „hyperbolisch" in Klammern gesetzt, weil es manchmal in der Praxis weggelassen wird. Darüber hinaus werden wir hin und wieder den Begriff IFS benutzen, um einfach nur eine endliche Menge von Kontraktionen zu bezeichnen, die sich auf einem metrischen Raum abspielen, ohne besondere Bedingungen an die Abbildungen zu stellen.

Der folgende Satz faßt die bisherigen, hauptsächlichen Tatsachen über ein hyperbolisches IFS zusammen.

Satz 3.3. *Es sei* $\{\mathbf{X}; w_n, n = 1, 2, \ldots, N\}$ *ein hyperbolisches Iteriertes Funktionensystem mit Kontraktions-Faktor s. Dann ist die Transformation* $W : \mathcal{H}(\mathbf{X}) \to \mathcal{H}(\mathbf{X})$, *die durch*

$$W(B) = \bigcup_{n=1}^{N} w_n(B)$$

definiert ist, für alle $B \in \mathcal{H}(\mathbf{X})$ *eine Kontraktion auf einem vollständigen metrischen Raum* $(\mathcal{H}(\mathbf{X}), h(d))$ *mit Kontraktions-Faktor s. Das bedeutet*

$$h(W(B), W(C)) \leq s \cdot h(B, C),$$

für alle $B, C \in \mathcal{H}(\mathbf{X})$. *Der einzige Fixpunkt* $A \in \mathcal{H}(\mathbf{X})$ *gehorcht*

$$A = W(A) = \bigcup_{n=1}^{N} w_n(A)$$

und wird für alle $B \in \mathcal{H}(\mathbf{X})$ *durch* $A = \lim_{n \to \infty} W^{\circ n}(B)$ *gegeben.*

Definition 3.15. Der Fixpunkt $A \in \mathcal{H}(\mathbf{X})$, der in Satz 3.3 beschrieben wird, heißt der *Attraktor* des IFS.

Manchmal werden wir den Begriff „Attraktor" in Verbindung mit einem IFS benutzen, das einfach nur eine endliche Menge von Abbildungen auf einem vollständigen metrischen Raum ist. Damit ist gemeint, daß man eine Behauptung aufstellen kann, die analog zur letzten Aussage in Satz 3.3 ist.

Wir wollten statt des Begriffs „Attraktor" in Definition 3.15 eigentlich den Begriff „deterministisches Fraktal" gebrauchen. Dieser Versuchung widerstanden wir aber. Die Bezeichnung „Iteriertes Funktionensystem" soll eigentlich an den Namen „Dynamisches System" erinnern. Wir werden in Kapitel vier dynamische Systeme einführen. Dynamische Systeme besitzen häufig Attraktoren. Wenn diese interessant genug sind, untersucht zu werden, heißen sie *seltsame Attraktoren*.

Aufgaben

3.7.1 Diese Übungsaufgabe findet in den metrischen Räumen ($\mathbf{R}$, euklidisch) und ($\mathscr{H}(\mathbf{R})$, h(euklidisch)) statt. Wir betrachten das IFS $\{\mathbf{R}; w_1, w_2\}$ mit $w_1(x) = \frac{1}{3}x$ und $w_2(x) = \frac{1}{3}x + \frac{2}{3}$. Zeigen Sie, daß dies wirklich ein IFS ist, mit Kontraktions-Faktor $s = \frac{1}{3}$. Es sei $B_0 = [0, 1]$. Berechnen Sie $B_n = W^{\circ n}(B_0), n = 1, 2, 3, \ldots$. Leiten Sie her, daß $A = \lim_{n\to\infty} B_n$ die klassische Cantor-Menge ist. Überprüfen Sie auf direktem Wege, daß $A = \frac{1}{3}A \cup \{\frac{1}{3}A + \frac{2}{3}\}$ ist. Hier gebrauchen wir die folgende Notation: Für eine Teilmenge A von $\mathbf{R}$ ist $xA = \{xy : x \in \mathbf{R}, y \in A\}$ und $A + x = \{y + x : x \in \mathbf{R}, y \in A\}$.

3.7.2 Zeigen Sie unter Berücksichtigung von Aufgabe 3.7.1, daß mit $w_1(x) = s_1 x$ und $w_2(x) = (1 - s_1)x + s_1$ gilt: $B_1 = B_2 = B_3 = \cdots$. s_1 ist eine Zahl mit $0 < s_1 < 1$. Bestimmen Sie den Attraktor!

3.7.3 Wiederholen Sie Aufgabe 3.7.1 mit $w_1(x) = \frac{1}{3}x$ und $w_2(x) = \frac{1}{2}x + \frac{1}{2}$. In diesem Fall ist $A = \lim_{n\to\infty} B_n$ nicht die klassische Cantor-Menge, aber etwas Ähnliches. Beschreiben sie A und zeigen Sie, daß A keine Intervalle enthält! Wie viele Punkte enthält A?

3.7.4 Gegeben sei das IFS $\{\mathbf{R}; \frac{1}{4}x + \frac{3}{4}, \frac{1}{2}x, \frac{1}{4}x + \frac{1}{4}\}$. Bestätigen Sie, daß der Attraktor so aussieht wie in Abbildung 3.34. Stellen Sie genau dar, inwiefern die Menge in Abbildung 3.34 eine Vereinigung dreier „eingeschrumpfter Kopien von sich selber" ist. Dieser Attraktor ist interessant: Er enthält abzählbar viele Löcher und abzählbar viele Intervalle.

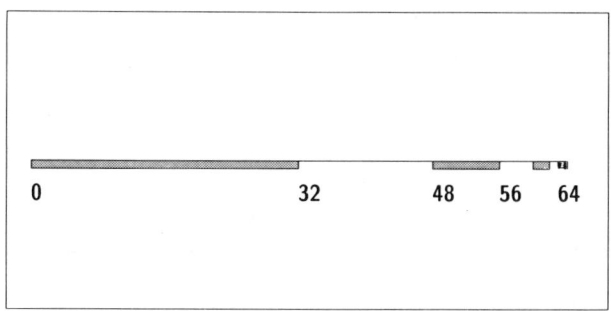

0   32   48   56   64

Abb. 3.34   Ein Attraktor von drei affinen Abbildungen auf der reellen Zahlengeraden. Können Sie die Abbildungen bestimmen?

3.7.5 Beweisen sie, daß der Attraktor eines IFS der Form $\{\mathbf{R}; w_1(x) = ax + b, w_2(x) = cx + d\}$, wobei a, b, c und $d \in \mathbf{R}$, entweder zusammenhängend oder total unzusammenhängend ist!

3.7.6 Gibt es ein IFS aus drei affinen Abbildungen auf $\mathbf{R}^2$, dessen Attraktor die Vereinigung von zwei disjunkten, abgeschlossenen Intervallen ist?

3.7.7 Gegeben sei das IFS

$$\left\{ \mathbf{R}^2; \begin{pmatrix} \frac{1}{2} & 0 \\ 0 & \frac{1}{2} \end{pmatrix} \begin{pmatrix} x \\ y \end{pmatrix} + \begin{pmatrix} \frac{1}{2} \\ \frac{1}{2} \end{pmatrix}, \begin{pmatrix} \frac{1}{2} & 0 \\ 0 & \frac{1}{2} \end{pmatrix} \begin{pmatrix} x \\ y \end{pmatrix} \right\}.$$

Es seien $A_0 = \{(\frac{1}{2}, y) : 0 \le y \le 1\}$ und $W^{\circ n}(A_0) = A_n$. W ist in der üblichen Weise auf $\mathcal{H}(\mathbf{R}^2)$ definiert. Zeigen Sie, daß der Attraktor gegeben ist durch $A = \{(x, y) : x - y, 0 \le x \le 1\}$ und damit Abbildung 3.35 richtig ist. Zeichnen Sie eine Folge von Bildern, um zu demonstrieren was passiert, wenn $A_0 = \{(x, y) \in \mathbf{R}^2 : 0 \le x \le 1, 0 \le y \le 1\}$.

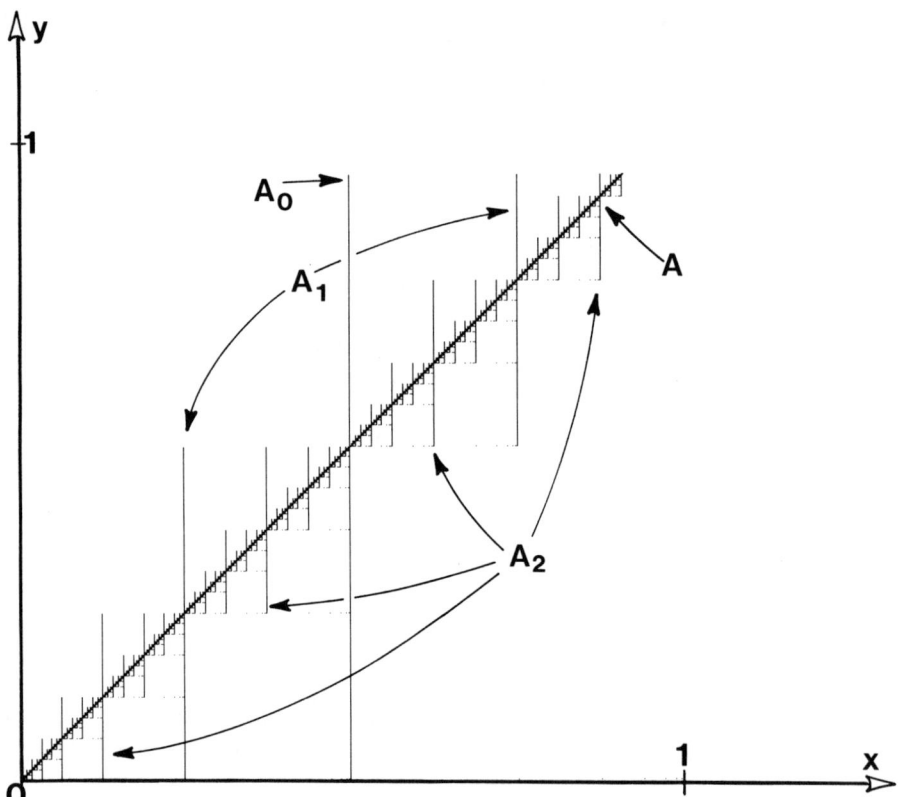

Abb. 3.35   Eine Folge von Mengen konvergiert gegen eine Strecke.

3.7.8   Betrachten Sie den Attraktor für das IFS $\{\mathbf{R}; w_1(x) = 0, w_2(x) = \frac{2}{3}x + \frac{1}{3}\}$. Zeigen Sie, daß der Attraktor aus einer abzählbaren, wachsenden Folge reeller Punkte $\{x_n : n = 0, 1, 2, \ldots\}$ und dem Punkt $\{1\}$ besteht! Beweisen Sie, daß sich x_n als die n-te Partialsumme einer unendlichen geometrischen Reihe schreiben läßt! Geben Sie eine kurze Formel für x_n an!

3.7.9   Beschreiben Sie den Attraktor für das IFS

$$\left\{ [0, 2]; w_1(x) = \tfrac{1}{9}x^2, w_2(x) = \tfrac{3}{4}x + \tfrac{1}{2} \right\},$$

indem sie eine Folge von Mengen darstellen, die gegen den Attraktor konvergiert. Zeigen Sie, daß A total unzusammenhängend ist! Berechnen Sie den Kontraktions-Faktor für dieses IFS!

3.7.10   Es werden mit (r, θ), $0 \leq r < \infty$, $0 \leq \theta < 2\pi$ die Polarkoordinaten eines Punktes in der Ebene $\mathbf{R}^2$ bezeichnet. Es seien $w_1(r, \theta) = (\tfrac{1}{2}r + \tfrac{1}{2}, \tfrac{1}{2}\theta)$ und $w_2(r, \theta) = (\tfrac{2}{3}r + \tfrac{1}{3}, \tfrac{2}{3}\theta + \tfrac{2\pi}{3})$. Zeigen Sie, daß $\{\mathbf{R}^2; w_1, w_2\}$ kein hyperbolisches IFS ist, da die beiden Abbildungen w_1 und w_2 nicht auf der ganzen Ebene stetig sind. Zeigen Sie, daß $\{\mathbf{R}^2; w_1, w_2\}$ dennoch einen Attraktor besitzt. Bestimmen Sie ihn (betrachten Sie r und θ getrennt)!

3.7.11   Weisen Sie nach, daß die Folge von Mengen, welche in Abbildung 3.36 dargestellt ist, in der Form $A_n = W^{\circ n}(A_0)$ mit $n = 1, 2, \cdots$ geschrieben werden kann. Bestimmen Sie $W : \mathscr{H}(\mathbf{R}^2) \to \mathscr{H}(\mathbf{R}^2)$.

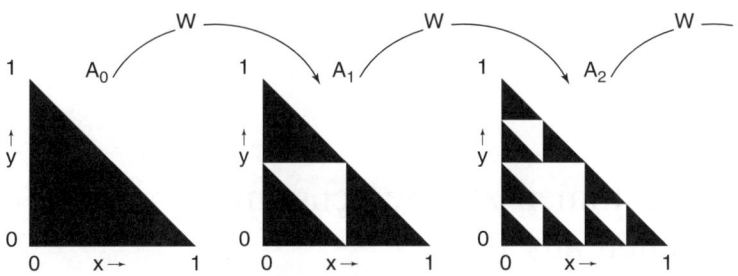

Abb. 3.36   Die ersten drei Mengen A_0, A_1 und A_2 in einer konvergenten Folge von Mengen in $\mathscr{H}(\mathbf{R}^2)$. Können Sie eine Transformation $W : \mathscr{H}(\mathbf{R}^2) \to \mathscr{H}(\mathbf{R}^2)$ finden, so daß $A_{n+1} = W(A_n)$?

3.7.12   Beschreiben Sie die Sammlung von Funktionen, welche den Attraktor für das IFS

$$\{C[0, 1]; w_1(f(x)) = \tfrac{1}{2}f(x), w_2(f(x)) = \tfrac{1}{2}f(x) + 2x(1 - x)\}$$

bilden. Bestimmen Sie den Kontraktions-Faktor für dieses IFS!

3.7.13   Es seien $C^0[0, 1] = \{f \in C[0, 1] : f(0) = f(1) = 0\}$ und $d(f, g) = \max\{|f(x) - g(x)| : x \in [0, 1]\}$. Definieren Sie $w_1 : C^0[0, 1] \to C^0[0, 1]$ durch $w_1(f(x)) = \tfrac{1}{2}f(2x \bmod 1) + 2x(1 - x)$ und $w_2(f(x)) = \tfrac{1}{2}f(x)$. Zeigen Sie, daß $\{C^0[0, 1]; w_1, w_2\}$ ein IFS ist, berechnen Sie den Kontraktions-Faktor und bestimmen Sie den Attraktor! Zeichnen Sie ein Bild des Attraktors!

3.7.14   Stellen Sie Bedingungen auf, so daß die Möbius-Transformation

$$w(x) = \frac{ax + b}{cx + d} \quad \text{mit } a, b, c, d \in \mathbf{C} \text{ und } ad - bc \neq 0$$

eine Kontraktion auf der Einheitsscheibe $\mathbf{X} = \{z \in \mathbf{C} : |z| \leq 1\}$ darstellt. Bestimmen Sie eine obere Schranke für den Kontraktions-Faktor. Konstruieren Sie ein IFS mit zwei Möbius-Transformationen auf $\mathbf{X}$ und beschreiben Sie den Attraktor!

3.7.15 Weisen Sie nach, daß eine Möbius-Transformation auf $\widehat{\mathbf{C}}$ bezüglich der sphärischen Metrik niemals eine Kontraktion ist!

3.7.16 Es sei (Σ, d) der Adressenraum der drei Symbole $\{0, 1, 2\}$ mit der Metrik

$$d(x, y) = \sum_{n=1}^{\infty} \frac{|x_n - y_n|}{4^n}.$$

Definieren Sie $w_i : \Sigma \to \Sigma$, $i = 1, 2$, durch $w_1(x) = 0x_1x_2x_3 \ldots$ und $w_2(x) = 2x_1x_2x_3 \ldots$. Zeigen Sie, daß w_1 und w_2 beides Kontraktionen sind, und bestimmen Sie ihre Kontraktions-Faktoren. Beschreiben Sie den Attraktor für das IFS $\{\Sigma; w_1, w_2\}$! Was passiert, wenn wir dem IFS eine dritte Transformation $w_3(x) = 1x_1x_2x_3 \ldots$ hinzufügen?

3.7.17 Es sei $\mathbb{A} \subset \mathbf{R}^2$ die Bezeichnung für den kompakten metrischen Raum, der aus einem gleichseitigen Sierpinski-Dreieck mit Eckpunkten in $(0, 0)$, $(1, 0)$ und $(\frac{1}{2}, \frac{\sqrt{3}}{2})$ besteht. Betrachten wir das IFS $\left\{\mathbb{A}; \frac{1}{2}z + \frac{1}{2}, \frac{1}{2}e^{\frac{2\pi i}{3}}z + \frac{1}{2}\right\}$, wobei wir die Bezeichnungsweise der komplexen Zahlen verwenden. Es seien $A_0 = \mathbb{A}$ und $A_n = W^{\circ n}(A_0)$ für $n = 1, 2, 3, \ldots$. Beschreiben Sie A_1, A_2 und den Attraktor A! Was passiert, wenn wir zu dem IFS eine dritte Transformation $w_3(z) = \frac{1}{2}z + \frac{1}{4} + \frac{\sqrt{3}}{4}i$ hinzunehmen?

3.8   Zwei Algorithmen zur Berechnung von Fraktalen aus IFS

In diesem Abschnitt werden wir in den mathematischen Ausführungen nicht voranschreiten, sondern zwei Algorithmen vorstellen, die Bilder der Attraktoren von Iterierten Funktionensystemen auf dem Bildschirm eines Heimcomputers oder einer Workstation wiedergeben. Der Leser sollte beim Durcharbeiten dieses Abschnitts eine Computergraphik-Ausstattung zur Verfügung haben, die einen oder beide Softwaretools besitzt, die in diesem Abschnitt vorgeschlagen werden.

Die Algorithmen, die hier vorgestellt werden, sind (1) der deterministische Algorithmus und (2) der Zufalls-Iterations-Algorithmus[3]. Der deterministische Algorithmus beruht auf der Idee, von einer Anfangsmenge A_0 aus auf direktem Weg eine Folge von Mengen $\{A_n = W^{\circ n}(A)\}$ zu berechnen. Der Zufalls-Iterations-Algorithmus ist in der Ergodentheorie begründet. Die dazugehörigen mathematischen Grundlagen werden in Kapitel neun vorgestellt. In Kapitel vier gibt es eine intuitive Erklärung, weshalb der Algorithmus funktioniert. Wichtige Fragen bezüglich Diskretisierung und Genauigkeit werden zurückgestellt. Diese Probleme werden in späteren Kapiteln behandelt.

---

[3]Statt Zufalls-Iterations-Algorithmus wird in der Literatur häufig auch der Begriff *Chaos-Spiel* benutzt. (Anm. d. Übers.)

Der Einfachheit halber beschränken wir uns auf hyperbolische IFS der Form $\{\mathbf{R}^2; w_n : n = 1, 2, \ldots, N\}$, wobei jede Abbildung eine affine Transformation ist. Wir erläutern den Algorithmus für ein IFS, dessen Attraktor ein Sierpinski-Dreieck ist. Hier ist ein Beispiel für ein solches IFS:

$$w_1\begin{pmatrix} x_1 \\ x_2 \end{pmatrix} = \begin{pmatrix} 0.5 & 0 \\ 0 & 0.5 \end{pmatrix}\begin{pmatrix} x_1 \\ x_2 \end{pmatrix} + \begin{pmatrix} 1 \\ 1 \end{pmatrix},$$

$$w_2\begin{pmatrix} x_1 \\ x_2 \end{pmatrix} = \begin{pmatrix} 0.5 & 0 \\ 0 & 0.5 \end{pmatrix}\begin{pmatrix} x_1 \\ x_2 \end{pmatrix} + \begin{pmatrix} 1 \\ 50 \end{pmatrix},$$

$$w_3\begin{pmatrix} x_1 \\ x_2 \end{pmatrix} = \begin{pmatrix} 0.5 & 0 \\ 0 & 0.5 \end{pmatrix}\begin{pmatrix} x_1 \\ x_2 \end{pmatrix} + \begin{pmatrix} 50 \\ 50 \end{pmatrix}.$$

Diese Bezeichnung für ein IFS affiner Abbildungen ist schwerfällig. Einigen wir uns darauf,

$$w_i(x) = w_i\begin{pmatrix} x_1 \\ x_2 \end{pmatrix} = \begin{pmatrix} a_i & b_i \\ c_i & d_i \end{pmatrix}\begin{pmatrix} x_1 \\ x_2 \end{pmatrix} + \begin{pmatrix} e_i \\ f_i \end{pmatrix} = A_i x + t_i$$

zu schreiben. Dann haben wir mit Tabelle 3.1 eine bequemere Möglichkeit, uns einen Überblick über dasselbe IFS zu verschaffen.

Tabelle 3.1. IFS-Code für ein Sierpinski-Dreieck

w	a	b	c	d	e	f	p
1	0.5	0	0	0.5	1	1	0.33
2	0.5	0	0	0.5	1	50	0.33
3	0.5	0	0	0.5	50	50	0.34

Tabelle 3.1 gibt für jedes w_i, $i = 1, 2, 3$, auch noch jeweils eine Zahl p_i an. Diese Zahlen sind in Wirklichkeit Wahrscheinlichkeiten. Im allgemeineren Fall eines IFS $\{X; w_n : n = 1, 2, \ldots, N\}$ wären N solcher Zahlen $\{p_i : i = 1, 2, \ldots, N\}$ gegeben, die der Bedingung

$$p_1 + p_2 + p_3 + \cdots + p_N = 1 \quad \text{und} \quad p_i > 0 \quad \text{für } i = 1, 2, \ldots, N$$

genügen. Diese Wahrscheinlichkeiten spielen bei der Berechnung der Bilder eines Attraktors eines IFS eine wichtige Rolle, wenn man den Zufalls-Iterations-Algorithmus benutzt. Im deterministischen Algorithmus dagegen sind sie bedeutungslos. Ihre mathematische Bedeutung wird in späteren Kapiteln diskutiert. Im Moment werden wir sie in Verbindung mit dem Zufalls-Iterations-Algorithmus als rechnerische Hilfe benutzen. Schließlich werden wir ihre Werte durch

$$p_i \approx \frac{|\det A_i|}{\sum_{i=1}^{N} |\det A_i|} = \frac{|a_i d_i - b_i c_i|}{\sum_{i=1}^{N} |a_i d_i - b_i c_i|}$$

für $i = 1, 2, \ldots, N$ approximieren. Das Symbol „$\approx$" bedeutet „ungefähr gleich".
Falls det $A_i = 0$ ist, für irgendein i, dann sollte p_i eine kleine positive Zahl, z. B.
0,001, zugewiesen werden. Andere Situationen sollte man empirisch behandeln.
Wir bezeichnen die Daten in Tabelle 3.1 als einen IFS-*Code*. Andere IFS-Codes
werden in den Tabellen 3.2, 3.3 und 3.4 gegeben.

Tabelle 3.2. IFS-Code für ein Quadrat

w	a	b	c	d	e	f	p
1	0.5	0	0	0.5	1	1	0.25
2	0.5	0	0	0.5	50	1	0.25
3	0.5	0	0	0.5	1	50	0.25
4	0.5	0	0	0.5	50	50	0.25

Tabelle 3.3. IFS-Code für einen Farn

w	a	b	c	d	e	f	p
1	0	0	0	0.16	0	0	0.01
2	0.85	0.04	−0.04	0.85	0	1.6	0.85
3	0.2	−0.26	0.23	0.22	0	1.6	0.07
4	0.15	0.28	0.26	0.24	0	0.44	0.07

Tabelle 3.4. IFS-Code für einen fraktalen Baum

w	a	b	c	d	e	f	p
1	0	0	0	0.5	0	0	0.05
2	0.42	−0.42	0.42	0.42	0	0.2	0.4
3	0.42	0.42	−0.42	0.42	0	0.2	0.4
4	0.1	0	0	0.1	0	0.2	0.15

(1) Der deterministische Algorithmus

Es sei $\{\mathbf{X}; w_1, w_2, \ldots, w_N\}$ ein hyperbolisches IFS. Wir wählen eine kompakte
Menge $A_0 \subset \mathbf{R}^2$. Dann berechnen wir sukzessiv $A_n = W^{\circ n}(A)$ gemäß

$$A_{n+1} = \bigcup_{j=1}^{N} w_j(A_n) \quad \text{für } n = 1, 2, \ldots .$$

Damit wird eine Folge $\{A_n : n = 0, 1, 2, 3, \ldots\} \subset \mathcal{H}(\mathbf{X})$ konstruiert. Nach Satz
3.3 konvergiert diese Folge dann in der Hausdorff-Metrik gegen den Attraktor
des IFS.

Wir illustrieren die Durchführung des Algorithmus. Das folgende Programm
berechnet und plottet die aufeinanderfolgenden Mengen A_{n+1}, ausgehend von
einer Anfangsmenge A_0, in diesem Fall ein Quadrat. Es wird der IFS-Code
aus Tabelle 3.1 verwendet. Das Programm ist in BASIC geschrieben. Es sollte
ohne Veränderungen auf einem IBM PC mit CGA-Graphikkarte oder EGA-
Graphikkarte und Turbobasic laufen. Es kann auch so abgeändert werden, daß

es auf jedem Personalcomputer mit graphikfähigem Bildschirm läuft. Die Wörter auf jeder Zeile, die durch ' abgetrennt sind, sind Kommentare und nicht Bestandteil des Programms.

Programm 3.1 (Beispiel für einen deterministischen Algorithmus)

```
screen 1:cls              'Initialisierung der Graphik
dim s(100,100):dim t(100,100)
                          'Anweisung für zwei Felder von Pixeln
a(1)=0.5:b(1)=0:c(1)=0:d(1)=0.5:e(1)=1:f(1)=1
                          'Eingabe des IFS-Codes
a(2)=0.5:b(2)=0:c(2)=0:d(2)=0.5:e(2)=50:f(2)=1
a(3)=0.5:b(3)=0:c(3)=0:d(3)=0.5:e(3)=25:f(3)=50
for i=1 to 100            'Eingabe der Anfangsmenge A(0), in diesem
                          'Fall ein Quadrat, in das Feld t(i,j)
t(i,1)=1:pset(i,1)        'A(0) kann als Kondensationsmenge
                          'benutzt werden
t(1,i)=1:pset(1,i)        'A(0) wird auf dem Bildschirm dargestellt
t(100,i)=1:pset(100,i)
t(i,100)=1:pset(i,100)
next:do
for i=1 to 100            'wendet W auf die Menge A(n) an, um im
                          'Feld s(i,j) die Menge A(n+1) zu erzeugen
for j=1 to 100:if t(i,j)=1 then
s(a(1)*i+b(1)*j+e(1),c(1)*i+d(1)*j+f(1))=1
                          'wendet W auf A(n) an
s(a(2)*i+b(2)*j+e(2),c(2)*i+d(2)*j+f(2))=1
s(a(3)*i+b(3)*j+e(3),c(3)*i+d(3)*j+f(3))=1
end if:next j:next i
cls                       'löscht den Bildschirm - übergeht die
                          'Möglichkeit eine Folge mit A(0) als
                          'Kondensationsmenge zu erhalten
                          '(siehe Abschnitt 3.9)
for i=1 to 100:for j=1 to 100
t(i,j)=s(i,j)             'schiebt A(n+1) in das Feld t(i,j)
s(i,j)=0                  'stellt das Feld s(i,j) auf null
if t(i,j)=1 then
pset(i,j)                 'stellt A(n+1) dar
end if: next: next
loop until instat         'falls eine Taste gedrückt wurde:anhalten,
                          'andernfalls A(n+1)=W(A(n+1)) berechnen
```

In Abbildung 3.37 ist das Ergebnis eines Durchlaufs einer Version dieses Programms mit höherer Auflösung auf einer Masscomp 5600 Workstation zu sehen. Der Inhalt des Graphikbildschirms wurde ausgedruckt. In diesem Fall haben wir jedes der aufeinanderfolgenden Bilder, die durch das Programm erzeugt wurden, behalten.

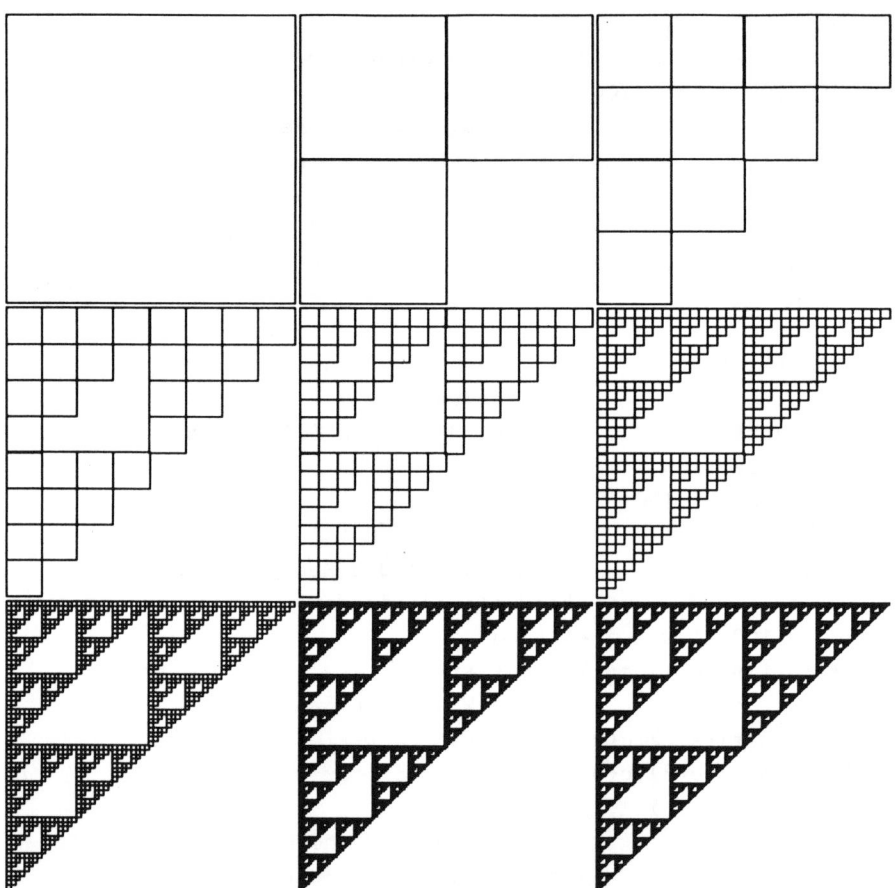

Abb. 3.37   Das Ergebnis eines Durchlaufs des deterministischen Algorithmus (Programm 3.1) mit verschiedenen Werten für *n* für den IFS-Code aus Tabelle 3.1.

Beachten Sie, daß das Programm damit beginnt, im Feld $s(i, j)$ ein Rechteck zu zeichnen. Dieses Rechteck hat keinen Einfluß auf das schließlich berechnete Bild eines Sierpinski-Dreiecks. Man könnte genausogut von irgendeiner anderen (nichtleeren) Menge von Punkten im Feld $s(i, j)$ aus starten. Das wird in Abbildung 3.38 deutlich gemacht.

Abb. 3.38 Das Ergebnis eines Durchlaufs des deterministischen Algorithmus (Programm 3.1). Es wurde wieder der IFS-Code aus Tabelle 3.1 benutzt, aber diesmal von einem anderen Anfangsfeld $s(i, j)$ aus gestartet. Das Resultat zum Schluß ist immer dasselbe!

Will man das Programm 3.1 so abändern, daß es auch mit anderen IFS-Codes läuft, ist es für gewöhnlich notwendig, einen Koordinatenwechsel vorzunehmen. Damit ist gesichert, daß jede Transformation des IFS das Pixelfeld $s(i, j)$ auch wirklich in sich selbst abbildet. Der Koordinatenwechsel in einem IFS wird in Abschnitt 3.10, Beispiel 3.10.14, besprochen. Wie dem Programm 3.1 zu entnehmen ist, handelt es sich bei dem Feld $s(i, j)$ um eine diskretisierte Darstellung eines Quadrats in $\mathbf{R}^2$. Die linke untere Ecke liegt in $(1, 1)$ und die obere rechte Ecke in $(100, 100)$. Es führt zu unvorhersagbaren und spannenden Resultaten, wenn man es versäumt, die Koordinaten richtig anzupassen.

(2) Der Zufalls-Iterations-Algorithmus

Es sei $\{\mathbf{X}; w_1, w_2, \ldots, w_N\}$ ein hyperbolisches IFS, wobei jedem w_i für $i = 1, 2, \ldots, N$ eine Wahrscheinlichkeit $p_i > 0$ zugewiesen wird und $\sum_{i=1}^{N} p_i = 1$ gilt. Wir wählen ein $x_0 \in \mathbf{X}$ und dann rekursiv und unabhängig

$$x_n \in \{w_1(x_{n-1}), w_2(x_{n-1}), \ldots, w_N(x_{n-1})\} \text{ für } n = 1, 2, 3, \ldots.$$

Dabei ist die Wahrscheinlichkeit für ein Ereignis $x_n = w_i(x_{n-1})$ durch p_i gegeben. So wird eine Folge $\{x_n : n = 0, 1, 2, 3, \ldots\} \in \mathbf{X}$ konstruiert.

Der Leser sollte nun den Rest dieses Abschnitts überspringen und erst nach dem Lesen von Abschnitt 3.9 auf ihn zurückkommen. Es sei $\{\mathbf{X}; w_0, w_1, w_2, \ldots, w_N\}$ ein IFS mit Kondensations-Abbildung w_0 und dazugehöriger Kondensationsmenge $C \in \mathscr{H}(\mathbf{X})$. Der Algorithmus wird dann abgeändert durch (a) Anbinden einer Wahrscheinlichkeit $p_0 > 0$ an w_0, so daß $\sum_{n=0}^{N} p_i = 1$ und (b) immer wenn ein $w_0(x_{n-1})$ für ein n ausgewählt wurde, wird ein x_n „zufällig" aus C gewählt. So wird auch in diesem Fall eine Folge $\{x_n : n = 0, 1, 2, 3, \ldots\}$ mit Punkten aus $\mathbf{X}$ konstruiert.

Die Folge $\{x_n\}_{n=0}^{\infty}$ „konvergiert" unter bestimmten Bedingungen gegen den Attraktor des IFS, und zwar auf eine Weise, die in Kapitel neun präzisiert wird.

Wir erläutern die Durchführung des Algorithmus. Das folgende Programm berechnet und gibt tausend Punkte des Attraktors aus, der durch den IFS-Code in Tabelle 3.1 ausgewiesen ist. Dieses Programm ist ebenfalls in BASIC geschrieben und läuft ohne Modifikationen auf einem IBM PC mit EGA-Graphikkarte und Turbobasic. Die Worte auf den Zeilen, die durch ' abgetrennt sind, sind Kommentare und nicht Bestandteil des Programms.

Programm 3.2 (Beispiel für einen Zufalls-Iterations-Algorithmus)

```
a[1]=0.5:b[1]=0:c[1]=0:d[1]=0.5:e[1]=1:f[1]=1
                'Daten des Iterierten Funktionensystems
a[2]=0.5:b[2]=0:c[2]=0:d[2]=0.5:e[2]=50:f[2]=1
a[3]=0.5:b[3]=0:c[3]=0:d[3]=0.5:e[3]=50:f[3]=50
screen 1:cls      'Initialisierung der Computergraphik
window (0,0)-(100,100)
                'setzt das Ausgabefenster auf 0<x<100,0<y<100
x=0:y=0:numits=1000
                'initialisiert (x,y) und legt die
                'Anzahl der Iterationen numits fest
for n=1 to numits 'zufällige Iteration beginnt
```

```
k=int(3*rnd - 0.00001)+1
                    'wählt eine der Zahlen 1,2 oder 3
                    'mit gleicher Wahrscheinlichkeit
newx=a[k]*x+b[k]*y+e[k]:newy=c[k]*x+d[k]*y+f[k]
                    'wendet affine Transformation der Nummer k an
x=newx:y=newy 'setzt (x,y) auf den Punkt, der so erhalten wurde
if n>10 then pset(x,y)
                    'zeichnet (x,y) nach den ersten 10 Iterationen
next:end
```

Das Resultat eines Durchlaufs eines abgeänderten Programms auf einer Masscomp Workstation mit den Daten aus Tabelle 3.3 ist in Abbildung 3.39 zu sehen.

Abb. 3.39 Dies ist das Ergebnis, wenn man den Chaos-Algorithmus für eine wachsende Zahl von Iterationen laufen läßt. Der zufällige Tanz des Punktes beginnt die Struktur des Attraktors des IFS aus Tabelle 3.3 anzudeuten.

Beachten Sie, daß bei Verkleinerung des Ausgabefensters (zum Beispiel durch Ersetzen des window-Befehls durch window (0,0) - (50,50)) nur ein Teil des Bildes dargestellt wird, allerdings in höherer Auflösung. Dadurch können wir einfach in Bilder des Attraktors eines IFS „hineinzoomen". Die Anzahl der Iteration kann erhöht werden, um die Qualität des berechneten Bildes zu verbessern.

Aufgaben

3.8.1 Schreiben Sie die Programme 3.1 und 3.2 so um, daß sie auf Ihrer Computeranlage lauffähig werden. Lassen Sie die Programme dann laufen und machen Sie von der Ausgabe eine Hardcopy. Vergleichen Sie die Ausführungen!

3.8.2 Ändern Sie die Programme 3.1 und 3.2 so um, daß sie die Bilder berechnen, die durch den IFS-Code in Tabelle 3.2 gegeben sind!

3.8.3 Verändern Sie das Programm 3.2 so, daß es die Bilder berechnet, die zu den IFS-Codes in den Tabellen 3.3 und 3.4 gehören!

3.8.4 Ändern Sie die Fenstergröße in Programm 3.2, so daß Sie „Zooms" des Sierpinski-Dreiecks erhalten! Benutzen Sie beispielsweise die Fenster: $(1, 1) - (50, 50)$; $(1, 1) - (25, 25)$; $(1, 1) - (12, 12)$; ... $(1, 1) - (N, N)$. Wie muß die Anzahl der Iterationen, als eine Funktion von N, eingestellt werden, damit die ungefähre Anzahl der Punkte, die innerhalb des Fensters landen, konstant bleibt? Zeichnen Sie einen Graphen von der Gesamtanzahl der Iterationen in Abhängigkeit von der Fenstergröße.

3.8.5 Was sollte theoretisch passieren, wenn man in der Folge von Bildern, die durch Programm 3.1 berechnet wird, die Menge A_0 ändert? Was passiert in der Praxis? Machen Sie ein rechnerisches Experiment, um zu sehen, ob es einen Unterschied gibt, sagen wir in A_{10}, korrespondierend zu zwei verschiedenen Mengen A_0.

3.8.6 Schreiben Sie Programm 3.2 so um, daß die Wahrscheinlichkeiten p_i, mit der die Transformationen w_i angewendet werden, durch den Benutzer eingegeben werden können. Vergleichen Sie die Anzahl der Iterationen, die man braucht, um eine „gute" Wiedergabe des Sierpinski-Dreiecks zu erhalten. Führen Sie dies für die Fälle

a) $p_1 = 0.33$, $p_2 = 0.33$, $p_3 = 0.34$;

b) $p_1 = 0.2$, $p_2 = 0.46$, $p_3 = 0.34$;

c) $p_1 = 0.1$, $p_2 = 0.56$, $p_3 = 0.34$

durch!

3.9   Kondensationsmengen

Es gibt einen anderen Weg, Kontraktionen auf $\mathcal{H}(\mathbf{X})$ hervorzubringen.

Definition 3.16. Es sei $(\mathbf{X}, d)$ ein metrischer Raum und $C \in \mathcal{H}(\mathbf{X})$. Gegeben sei eine Transformation $w_0 : \mathcal{H}(\mathbf{X}) \to \mathcal{H}(\mathbf{X})$ durch $w_0(B) = C$ für alle $B \in \mathcal{H}(\mathbf{X})$. Dann heißt w_0 eine *Kondensations-Transformation*, und C heißt die dazu gehörende *Kondensationsmenge*.

Beachten Sie, daß eine Kondensations-Transformation

$$w_0 : \mathcal{H}(\mathbf{X}) \to \mathcal{H}(\mathbf{X})$$

eine Kontraktion auf einem metrischen Raum $(\mathcal{H}(\mathbf{X}), h(d))$ ist. Der Kontraktions-Faktor ist gleich null und die Kontraktion besitzt einen eindeutigen Fixpunkt, nämlich gerade die Kondensationsmenge.

Definition 3.17. Es sei $\{\mathbf{X}; w_0, w_1, \ldots, w_N\}$ ein hyperbolisches IFS mit Kontraktions-Faktor $0 \leq s < 1$. Es sei $w_0 : \mathcal{H}(\mathbf{X}) \to \mathcal{H}(\mathbf{X})$ eine Kondensations-Transformation. Dann heißt $\{\mathbf{X}; w_0, w_1, \ldots, w_N\}$ ein *hyperbolisches IFS mit Kondensation* mit Kontraktions-Faktor s.

Satz 3.3 kann so abgeändert werden, daß er den Fall eines IFS mit Kondensation ebenfalls abdeckt.

Satz 3.4. *Es sei* $\{X, w_n : n = 0, 1, 2, \ldots, N\}$ *ein hyperbolisches IFS mit Kondensation und mit Kontraktions-Faktor* s. *Dann ist die Transformation* $W : \mathcal{H}(X) \to \mathcal{H}(X)$, *die durch*

$$W(B) = \bigcup_{n=0}^{N} w_n(B) \quad \text{für alle } B \in \mathcal{H}(X)$$

gegeben ist, eine Kontraktion auf einem vollständigen metrischen Raum $(\mathcal{H}(X), h(d))$ *mit Kontraktions-Faktor* s. *Das heißt*

$$h(W(B), W(C)) \leq s \cdot h(B, C) \text{ für alle } B, C \in \mathcal{H}(X).$$

Ihr eindeutiger Fixpunkt $A \in \mathcal{H}(X)$ *gehorcht*

$$A = W(A) = \bigcup_{n=0}^{N} w_n(A)$$

und ist definiert durch $A = \lim_{n \to \infty} W^{\circ n}(B)$ *für jedes* $B \in \mathcal{H}(X)$.

Aufgaben

3.9.1 Eine Folge von Mengen $\{A_n \subset X\}_{n=0}^{\infty}$ in einem metrischen Raum (X, d) heißt *wachsend*, falls $A_0 \subset A_1 \subset A_2 \subset \cdots$, und *fallend*, wenn $A_0 \supset A_1 \supset A_2 \supset \cdots$. Die Teilmengen müssen nicht unbedingt alle echt sein. Zeigen Sie, daß eine fallende Folge von Mengen $\{A_n \in \mathcal{H}(X)\}_{n=0}^{\infty}$ eine Cauchy-Folge bildet! Weisen Sie nach, daß für den Fall, daß X kompakt ist, eine wachsende Folge von Mengen $\{A_n \in \mathcal{H}(X)\}_{n=0}^{\infty}$ eine Cauchy-Folge bildet! Es sei $\{X; w_0, w_1, \ldots, w_N\}$ ein hyperbolisches IFS mit Kondensationsmenge C, und X sei kompakt. Desweiteren sei

$$W_0(B) = \bigcup_{n=0}^{N} w_n(B), \; \forall B \in \mathcal{H}(X) \text{ und } W(B) = \bigcup_{n=1}^{N} w_n(B).$$

Wir definieren nun $\{C_n = W_0^{\circ n}(C)\}_{n=0}^{\infty}$. Dann wissen wir durch Satz 3.4, daß $\{C_n\}$ eine Cauchy-Folge in $\mathcal{H}(X)$ ist, die gegen den Attraktor des IFS konvergiert. Beachten Sie, daß unabhängig von dem Satz

$$C_n = C \cup W(C) \cup W^{\circ 2}(C) \cup \cdots \cup W^{\circ n}(C)$$

eine wachsende Folge kompakter Mengen liefert. Es folgt unmittelbar, daß für die Grenzmenge A gilt: $W_0(A) = A$.

3.9.2 Wir befinden uns in $(\mathbf{R}^2, \text{euklidisch})$. Es sei $C = \text{🌲} = A_0 \subset \mathbf{R}^2$ eine Menge, die wie eine versengte Kiefer aussieht, im Ursprung steht und deren Stamm senkrecht zur x-Achse steht. Außerdem gelte

$$w_1 = \begin{pmatrix} x \\ y \end{pmatrix} = \begin{pmatrix} 0.75 & 0 \\ 0 & 0.75 \end{pmatrix} \begin{pmatrix} x \\ y \end{pmatrix} + \begin{pmatrix} 0.25 \\ 0 \end{pmatrix}.$$

Beweisen Sie, daß $\{\mathbf{R}^2; w_0, w_1\}$ ein IFS mit Kondensation ist, und bestimmen Sie seinen Kontraktions-Faktor! Es sei $A_n = W^{\circ n}(A_0)$ für $n = 1, 2, 3, \ldots$, wobei $W(B) = \bigcup\limits_{n=0}^{N} w_n(B)$ für $B \in \mathcal{H}(\mathbf{R}^2)$. Zeigen Sie, daß A_n aus den ersten $(n + 1)$ Kiefern besteht, die von links nach rechts in Abbildung 3.40 dargestellt sind. Wenn ein Künstler für die Zeichnung des ersten Baumes 0,1 % der Tinte in seinem Füller braucht, und er äußerst gewissenhaft den ganzen Attraktor korrekt zeichnet, wieviel Tinte braucht er dann insgesamt für den ganzen Attraktor?

3.9.3 Was passiert mit den Bäumen in Abbildung 3.40, wenn man in Aufgabe 3.9.2 die Abbildung $w_1\begin{pmatrix} x \\ y \end{pmatrix}$ durch

$$w_1\begin{pmatrix} x \\ y \end{pmatrix} = \begin{pmatrix} 0.5 & 0 \\ 0 & 0.75 \end{pmatrix} \begin{pmatrix} x \\ y \end{pmatrix} + \begin{pmatrix} 0.5 \\ 0 \end{pmatrix}$$

ersetzt?

3.9.4 Bestimmen Sie für das IFS mit Kondensation $\{\mathbf{R}; w_0, w_1\}$ einen Attraktor, wobei die Kondensationsmenge gleich dem Intervall $[0, 1]$ ist und $w_1(x) = \frac{1}{2}x + 2$. Was passiert für $w_1(x) = \frac{1}{2}x$?

3.9.5 Entwickeln Sie ein IFS mit Kondensation, welches die baumähnliche Menge in Abbildung 3.41 erzeugt. Geben Sie Bedingungen für r und θ an, so daß der Baum einfach zusammenhängend ist. Weisen Sie nach, daß der Baum entweder einfach zusammenhängend oder „unendlich oft zusammenhängend" ist, was bedeuten soll, daß das Komplement der baumähnlichen Menge aus unendlich vielen einfach zusammenhängenden Teilen besteht.

3.9.6 Bestimmen Sie ein IFS mit Kondensation, das Abbildung 3.42 erzeugt!

3.9.7 Ihnen wird eine Kondensations-Abbildung $w_0(x)$ in $\mathbf{R}^2$ gegeben, die den größten Baum in Abbildung 3.19 liefert. Bestimmen Sie ein IFS mit Kondensation der Form $\{\mathbf{R}^2; w_0, w_1, w_2\}$, das den ganzen Obstgarten produziert. Wie lautet der Kontraktions-Faktor für dieses IFS? Bestimmen Sie den Attraktor für das IFS $\{\mathbf{R}^2; w_1, w_2\}$!

3.9.8 Warum führt ein Weglassen des Befehls in Programm 3.1, der den Bildschirm leer macht („cls"), zu der Berechnung eines Bildes, das mit einem IFS mit Kondensation verbunden ist? Identifizieren Sie die Kondensationsmenge. Lassen Sie Ihre Version des Programms 3.1 laufen, nachdem Sie den „cls"-Befehl entfernt haben!

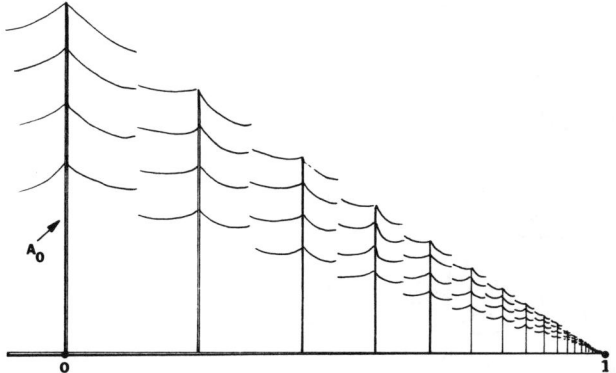

Abb. 3.40 Eine geometrische Reihe von Kiefern, der Attraktor eines IFS mit Kondensation.

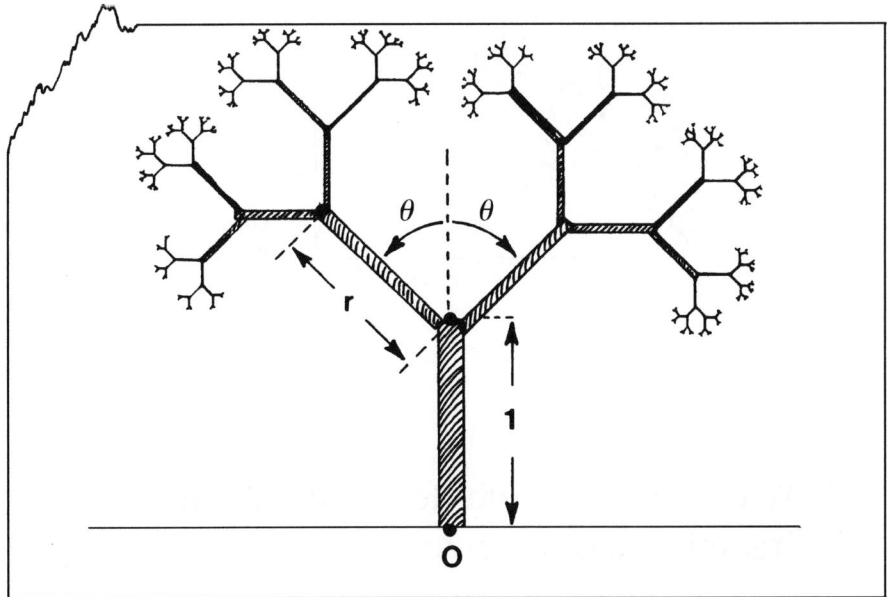

Abb. 3.41 Skizze eines fraktalen Baumes, des Attraktors eines IFS mit Kondensation.

Abb. 3.42   Eine endlose Spirale kleiner Männchen.

3.10   Wie man mit Hilfe des Collage-Satzes fraktale Modelle erzeugt

Der folgende Satz hat für den Entwurf Iterierter Funktionensysteme, deren Attraktoren nahe bei vorgegebenen Mengen liegen, eine zentrale Bedeutung.

Satz 3.5 (Collage-Satz, [Barnsley 1985b]). *Es sei* $(\mathbf{X}, d)$ *ein vollständiger metrischer Raum. Weiter seien* $L \in \mathcal{H}(\mathbf{X})$ *und* $\epsilon > 0$ *gegeben. Man wähle dann ein IFS (bzw. ein IFS mit Kondensation) mit Kontraktions-Faktor* $0 \leq s < 1$, *so daß*

$$h\left(L, \bigcup_{\substack{n=1 \\ (n=0)}}^{N} w_n(L)\right) \leq \epsilon\,,$$

wobei h(d) die Hausdorff-Metrik ist. Dann gilt

$$h(L, A) \leq \frac{\epsilon}{1-s}\,,$$

wobei A der Attraktor des IFS ist. Äquivalent ist

$$h(L, A) \leq (1-s)^{-1} \cdot h\left(L, \bigcup_{\substack{n=1 \\ (n=0)}}^{N} w_n(L)\right) \quad \text{für alle } L \in \mathcal{H}(\mathbf{X}).$$

Der Beweis für den Collage-Satz wird im nächsten Abschnitt geführt. Der Satz gibt uns Auskunft darüber, wie man ein IFS finden kann, dessen Attraktor „nahe bei" einer vorgegebenen Menge liegt oder „ähnlich aussieht". Man muß versuchen, eine Menge von Transformationen zu bestimmen – Kontraktionen auf einem passenden Raum, worin die gegebene Menge liegt – so daß die Vereinigung (oder Collage) der Bilder der gegebenen Menge unter den Transformationen nahe bei der gegebenen Menge liegt. „Nähe" wird bezüglich der Hausdorff-Metrik gemessen.

Aufgaben/Beispiele

3.10.1 Für dieses Beispiel befinden wir uns in ($\mathbf{R}$, euklidisch). Beachten Sie, daß $[0, 1] = [0, \frac{1}{2}] \cup [\frac{1}{2}, 1]$. Daher ist $[0, 1]$ ein Attraktor für jedes Paar von Kontraktionen $w_1 : \mathbf{R} \to \mathbf{R}$ und $w_2 : \mathbf{R} \to \mathbf{R}$ mit $w_1([0, 1]) = [0, \frac{1}{2}]$ und $w_2([0, 1]) = [\frac{1}{2}, 1]$. Zum Beispiel vollführen $w_1(x) = \frac{1}{2}x$ und $w_2(x) = \frac{1}{2}x + \frac{1}{2}$ diesen Trick. Das Einheitsintervall ist eine Collage aus zwei kleineren „Kopien" seiner selbst.

3.10.2 Nehmen wir an, wir würden ein Trial-und-Error-Verfahren anwenden, um die Koeffizienten zweier affiner Abbildungen $w_1(x) = ax+b$ und $w_2(x) = cx+d$ mit $a, b, c, d \in \mathbf{R}$ so anzupassen, daß wir ein IFS $\{\mathbf{R}; w_1, w_2\}$ finden, dessen Attraktor das abgeschlossene Einheitsintervall ist. Wir würden auf $w_1(x) = 0.51x - 0.01$ und $w_2(x) = 0.47x + 0.53$ kommen. Wie weit wird der Attraktor des IFS von $[0, 1]$ entfernt sein? Um das herauszufinden, berechnen wir

$$h\left([0, 1], \bigcup_{i=1}^{2} w_i([0, 1])\right) = h([0, 1], [-0.01, 0.5] \cup [0.53, 1])$$
$$= 0.015$$

und beachten, daß $s = 0.51$ der Kontraktions-Faktor für das IFS ist. Nach dem Collage-Satz ist

$$h([0, 1], A) \leq \frac{0.015}{0.49} < 0.04,$$

wobei A den Attraktor bezeichnet.

3.10.3 Abbildung 3.43 zeigt als Zielmenge $L \subset \mathbf{R}^2$ ein Blatt, dargestellt durch den polygonalisierten Blattrand. Auf den linken unteren Blattrand wurden vier affine Transformationen, Kontraktionen, angewendet, so daß die vier kleineren verformten Blattränder entstanden. Der Hausdorff-Abstand zwischen der Vereinigung der vier Kopien und dem Original beträgt ungefähr 1,0 Einheiten, wobei die Breite des ganzen Rahmens mit 10 Einheiten gewählt wurde. Der Kontraktivitäts-Faktor des zugehörigen IFS $\{\mathbf{R}^2; w_1, w_2, w_3, w_4\}$ liegt ungefähr bei 0,6. Somit ist der Hausdorff-Abstand h (euklidisch) zwischen dem originalen Zielblatt L und dem Attraktor des IFS kleiner als 2,5 Einheiten. Das ist nicht vielversprechend. Der eigentliche Attraktor, nach rechts verschoben, ist rechts unten zu sehen. Es überrascht nicht, daß er dem Originalblatt nicht sonderlich ähnlich sieht. Eine verbesserte Collage ist oben links abgebildet. Der Abstand $h(L, \bigcup_{n=1}^{4} w(L))$ liegt nun unter 0,02 Einheiten, während der Kontraktivitäts-Faktor immer noch ungefähr 0,6 beträgt. Daher sollte $h(L, A)$ jetzt kleiner als 0,05 Einheiten sein. Wir können erwarten, daß der Attraktor bei dieser Auflösung der Abbildung ganz wie L aussieht. Nach rechts verschoben ist A oben rechts zu sehen.

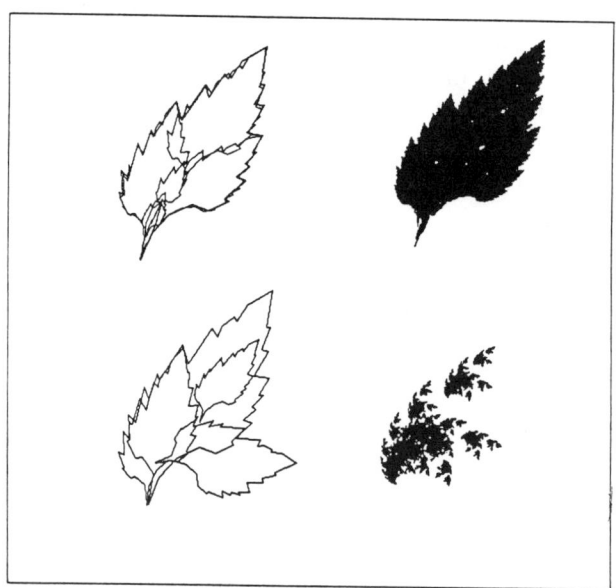

Abb. 3.43 Hier wird der Collage-Satz auf eine Region angewendet, die durch einen polygonalisierten Blattrand begrenzt wird.

3.10.4 Sehen Sie sich die Collage in Abbildung 3.44 an, um ein IFS zu bestimmen, dessen Attraktor eine Region ist, die von einem rechtwinkligen Dreieck umschlossen wird.

3.10.5 Durch die Collage in Abbildung 3.44 erhält man einen netten Beweis für den Satz von Pythagoras. Es ist klar, daß die beiden einbezogenen Transformationen Ähnlichkeitsabbildungen sind. Die Kontraktivitäts-Faktoren dieser beiden Ähnlichkeitsabbildungen sind $\frac{b}{c}$ und $\frac{a}{c}$. Für die Fläche $\mathscr{A}$ gilt dadurch $\mathscr{A} = \left(\frac{b}{c}\right)^2 \mathscr{A} + \left(\frac{a}{c}\right)^2 \mathscr{A}$. Daraus folgt $c^2 = a^2 + b^2$, da $\mathscr{A} > 0$ ist.

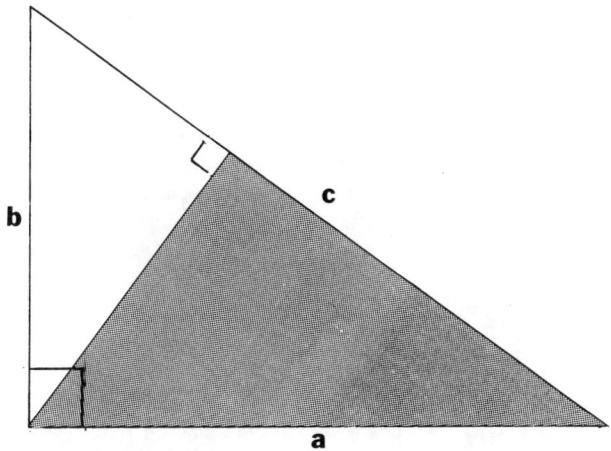

Abb. 3.44 Die von einem rechtwinkligen Dreieck umgebene Fläche ist die Vereinigung der Lösungen zweier affiner Abbildungen, die auf dieses rechtwinklige Dreieck angewendet wurden.

3.10.6 Durch die Abbildungen 3.45 bis 3.49 werden Aufgaben gestellt, die Anwendungen des Collage-Satzes darstellen. Wenn Sie diese Aufgaben bearbeiten, dürfen keine Kondensationsmengen benutzt werden!

3.10.7 Es ist ohne Schwierigkeiten zu sehen, wie uns der Collage-Satz Mengen von Abbildungen für IFS liefert, die △ erzeugen. Aber wie ist es mit den sogenannten

Menger-Schwämmen, die wie ▰ aussehen? Bestimmen Sie ein IFS,

dessen Attraktor wie ein Schwamm aussieht.

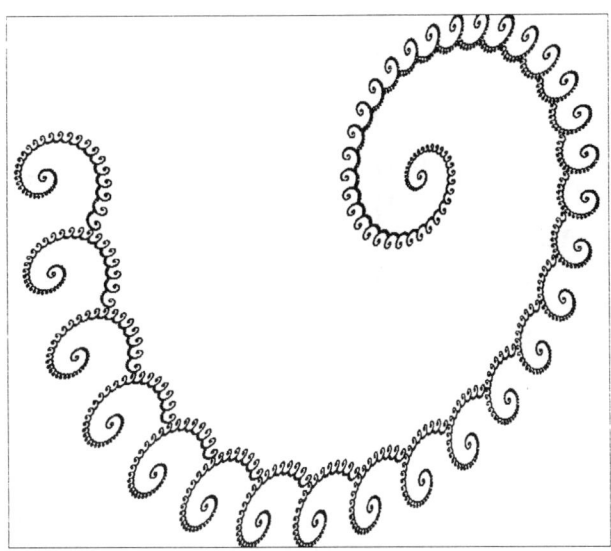

Abb. 3.45 Bestimmen Sie mit Hilfe des Collage-Satzes ein aus zwei affinen Abbildungen in $\mathbf{R}^2$ bestehendes IFS, dessen Attraktor nahe bei dieser Menge liegt!

Abb. 3.46 Dieses Bild stellt den Attraktor von 14 affinen Transformationen in $\mathbf{R}^2$ dar. Bestimmen Sie diese unter Zuhilfenahme des Collage-Satzes.

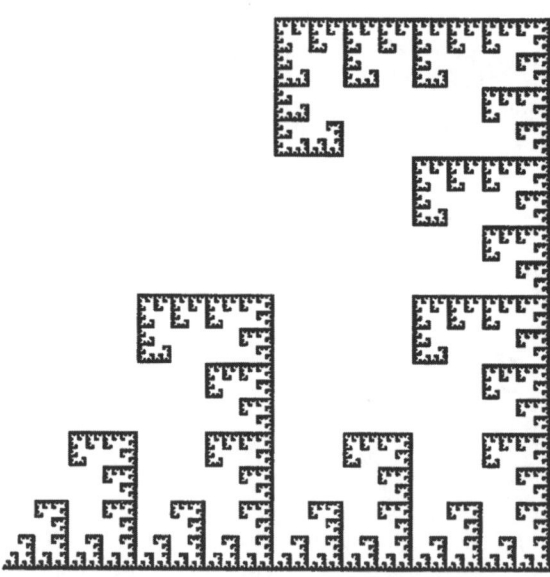

Abb. 3.47 Benutzen Sie den Collage-Satz, um ein hyperbolisches IFS der Form $\{\mathbf{R}^2; w_1, w_2, w_3\}$ zu bestimmen, wobei w_1, w_2 und w_3 Ähnlichkeitsabbildungen in $\mathbf{R}^2$ sind. Der Attraktor ist hier abgebildet. Sie können das Koordinatensystem selbst wählen.

Abb. 3.48   Bestimmen Sie ein IFS der Form $\{\mathbf{R}^2; w_1, w_2, w_3, w_4\}$, wobei die w_i affine Transformationen in $\mathbf{R}^2$ sind. Der zugehörige Attraktor, wenn er erstellt wurde, enthält dieses Bild. Überprüfen Sie Ihre Schlußfolgerung, indem Sie Programm 3.2 benutzen.

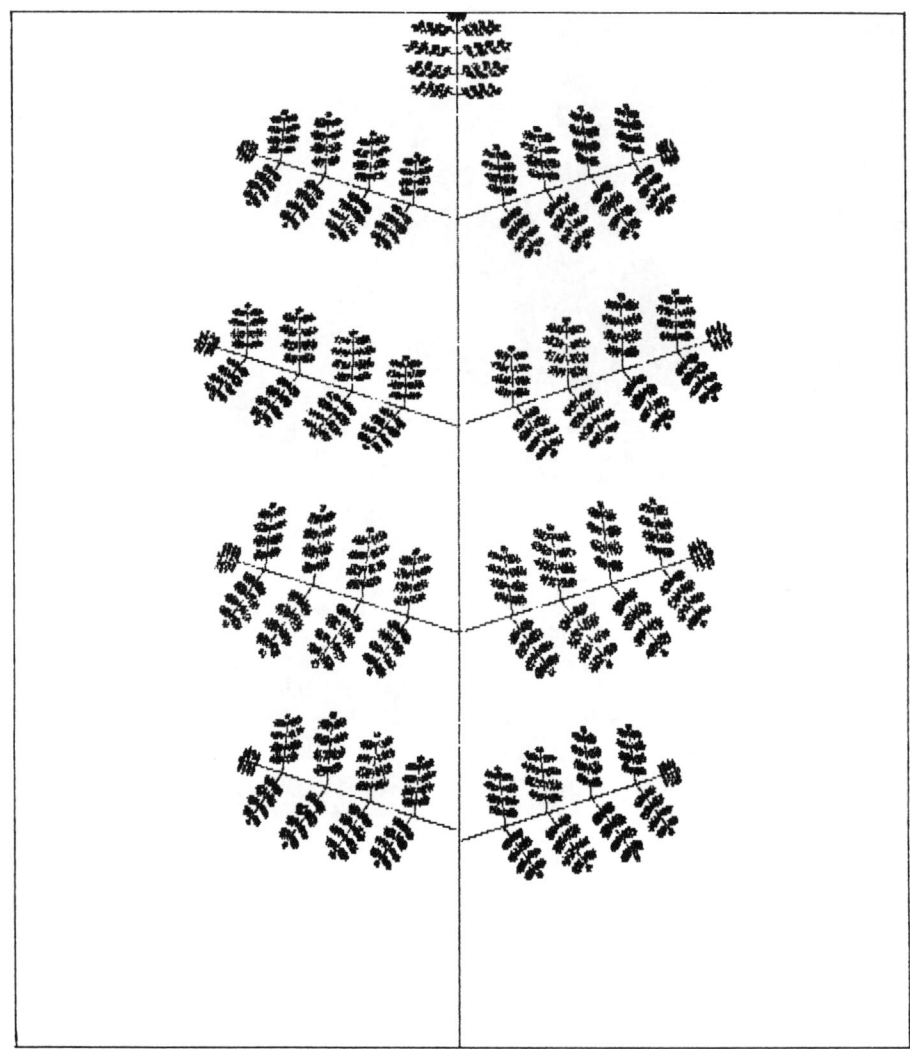

Abb. 3.49 Wieviele affine Transformationen in $\mathbf{R}^2$ benötigt man, um diesen Attraktor zu erzeugen? Sie müssen keine Kondensationsmenge benutzen.

3.10.8 Das IFS, das den *Black Spleenwort*-Farn erzeugt, ist in den Abbildungen 3.50 a) und 3.50 b) zu sehen. Es besteht aus vier affinen Abbildungen der Form

$$w_i \begin{pmatrix} x \\ y \end{pmatrix} = \begin{pmatrix} r\cos\theta & -s\sin\phi \\ r\sin\theta & s\cos\phi \end{pmatrix} \begin{pmatrix} x \\ y \end{pmatrix} + \begin{pmatrix} h \\ k \end{pmatrix},$$

$i = 1, 2, 3, 4$; wie Tabelle 3.5.

Abb. 3.50 a)   Der Black Spleenwort-Farn. Dieses Bild stellt eine der vier affinen Transformationen im IFS dar, mit dessen Attraktor der Farn erzeugt wurde. Die Transformation
bildet das Dreieck *ABC* auf das Dreieck *abc* ab. Der Collage-Satz liefert die anderen
drei Transformationen. Der IFS-Code für dieses Bild steht in Tabelle 3.3. Beachten Sie,
daß der Stiel das Bild der ganzen Menge unter einer der Transformationen ist. Stellen Sie
fest, welche Nummer die Abbildung in Tabelle 3.3 hat, zu der der Stiel korrespondiert.

Abb. 3.50 b)   Der Black Spleenwort-Farn und eine Nahaufnahme.

Tabelle 3.5. Der IFS-Code für den Black Spleenwort,
angegeben sind Winkel und Skalierungsfaktoren.

Abbildung	Verschiebungen		Drehungen		Skalierungen	
	h	k	θ	ϕ	r	s
1	0.0	0.0	0	0	0	0.16
2	0.0	1.6	−2.5	−2.5	−2.5	0.85
3	0.0	1.6	49	49	0.3	0.34
4	0.0	0.44	120	−120	0.3	0.37

3.10.9 Finden Sie eine Collage von Transformationen in $\mathbf{R}^2$, die zu Abbildung 3.51 gehört!

3.10.10 In Abbildung 3.52 a) wird die Collage eines Blattes gezeigt. Aus dieser Collage folgt das IFS $\{\mathbf{C}; w_1, w_2, w_3, w_4\}$, wobei in komplexer Darstellung

$$w_i(z) = s_i z + (1 - s_i)a_i \quad \text{für } i = 1, 2, 3, 4.$$

Weisen Sie nach, daß a_i in dieser Formel der Fixpunkt der Transformation ist! Die Werte, die für s_i und a_i gefunden wurden, stehen in Tabelle 3.6. Überprüfen Sie, daß diese, in Beziehung zu der Collage, einen Sinn ergeben. Der Attraktor für das IFS ist in Abbildung 3.52 b) zu sehen.

Tabelle 3.6. Skalierungsfaktoren und Fixpunkte für
die Collage in Abbildung 3.52

s	a
0.6	$0.45 + 0.9i$
0.6	$0.45 + 0.3i$
$0.4 - 0.3i$	$0.60 + 0.3i$
$0.4 + 0.3i$	$0.30 + 0.3i$

3.10.11 Der Attraktor in Abbildung 3.53 wird durch zwei affine Transformationen festgelegt. Lokalisieren Sie die Fixpunkte der beiden affinen Transformationen in $\mathbf{R}^2$.

3.10.12 Abbildung 3.54 zeigt den Attraktor für ein IFS $\{\mathbf{R}^3; w_i, i = 1, 2, 3, 4\}$, wobei jedes w_i eine dreidimensionale affine Transformation ist. Der Attraktor liegt in dem Gebiet $\{(x_1, x_2, x_3) \in \mathbf{R}^3 : -10 \leq x_1 \leq 10, 0 \leq x_2 \leq 10, -10 \leq x_3 \leq 10\}$. Die w_i lauten:

$$w_1 \begin{pmatrix} x_1 \\ x_2 \\ x_3 \end{pmatrix} = \begin{pmatrix} 0 & 0 & 0 \\ 0 & 0.18 & 0 \\ 0 & 0 & 0 \end{pmatrix} \begin{pmatrix} x_1 \\ x_2 \\ x_3 \end{pmatrix} + \begin{pmatrix} 0 \\ 0 \\ 0 \end{pmatrix},$$

$$w_2 \begin{pmatrix} x_1 \\ x_2 \\ x_3 \end{pmatrix} = \begin{pmatrix} 0.85 & 0 & 0 \\ 0 & 0.85 & 0.1 \\ 0 & -0.1 & 0.85 \end{pmatrix} \begin{pmatrix} x_1 \\ x_2 \\ x_3 \end{pmatrix} + \begin{pmatrix} 0 \\ 1.6 \\ 0 \end{pmatrix},$$

Abb. 3.51 Benutzen Sie den Collage-Satz, um die vier zu diesem Bild korrespondierenden, affinen Transformationen herauszufinden. Können Sie selber eine Transformation bestimmen, die die „fehlende Ecke" ersetzt?

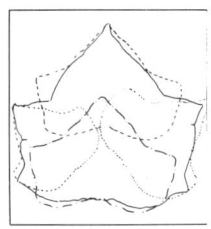

a) Collage   b) Attraktor

Abb. 3.52 Man erhält die Collage eines Blattes, indem man vier Ähnlichkeitsabbildungen benutzt, wie in a) dargestellt. Das korrespondierende IFS steht in Tabelle 3.6 in komplexer Schreibweise. Der Attraktor des IFS ist in b) wiedergegeben.

$$w_3\begin{pmatrix} x_1 \\ x_2 \\ x_3 \end{pmatrix} = \begin{pmatrix} 0.2 & -0.2 & 0 \\ 0.2 & 0.2 & 0 \\ 0 & 0 & 0.3 \end{pmatrix} \begin{pmatrix} x_1 \\ x_2 \\ x_3 \end{pmatrix} + \begin{pmatrix} 0 \\ 0.8 \\ 0 \end{pmatrix},$$

$$w_4\begin{pmatrix} x_1 \\ x_2 \\ x_3 \end{pmatrix} = \begin{pmatrix} -0.2 & 0.2 & 0 \\ 0.2 & 0.2 & 0 \\ 0 & 0 & 0.3 \end{pmatrix} \begin{pmatrix} x_1 \\ x_2 \\ x_3 \end{pmatrix} + \begin{pmatrix} 0 \\ 0.8 \\ 0 \end{pmatrix}.$$

3.10.13 Bestimmen Sie ein IFS von Ähnlichkeitsabbildungen in $\mathbf{R}^2$, so daß der Attraktor wie die schattierte Fläche in Abbildung 3.55 aussieht. Die Collage sollte „gerade berührend" sein, womit gemeint ist, daß die Transformierten der Region eine „Pflasterung" der Region ergeben: sie sollten zusammenpassen, wie die Teile aus einem Puzzle.

3.10.14 Diese Übung beschäftigt sich damit, wie man die Koordinaten eines IFS ändert. Es seien $(\mathbf{X}_1, d_1)$ und $(\mathbf{X}_2, d_2)$ zwei metrische Räume und $\{\mathbf{X}_1; w_1, w_2, \ldots, w_N\}$ ein hyperbolisches IFS mit Attraktor A_1. Es sei $\boldsymbol{\theta} : \mathbf{X}_1 \to \mathbf{X}_2$ eine invertierbare, stetige Transformation. Wir betrachten das IFS $\{\mathbf{X}_2; \boldsymbol{\theta} \circ w_1 \circ \boldsymbol{\theta}^{-1}, \boldsymbol{\theta} \circ w_2 \circ \boldsymbol{\theta}^{-1}, \ldots, \boldsymbol{\theta} \circ w_N \circ \boldsymbol{\theta}^{-1}\}$ und benutzen $\boldsymbol{\theta}$, um auf $\mathbf{R}^2$ eine neue Metrik zu definieren, so daß das neue IFS auch wirklich ein hyperbolisches IFS ist. Beweisen Sie, daß falls $A_2 \in \mathscr{H}(\mathbf{X}_2)$ der Attraktor des neuen IFS ist, dann $A_2 = \boldsymbol{\theta}(A_1)$ gilt. Somit kann man schnell ein IFS konstruieren, dessen Attraktor die Transformierte des Attraktors eines anderen IFS ist.

3.10.15 Versuchen Sie, einige der affinen Transformationen zu bestimmen, die für den Entwurf der fraktalen Szene in Abbildung 3.56 benutzt wurden.

3.10.16 Benutzen Sie den Collage-Satz, um ein IFS ausfindig zu machen, dessen Attraktor die Menge in Abbildung 3.57 approximiert.

3.10.17 Lösen Sie die Aufgaben, die in den Bildtiteln von a) Abbildung 3.58, b) Abbildung 3.59, c) Abbildung 3.60 gestellt werden.

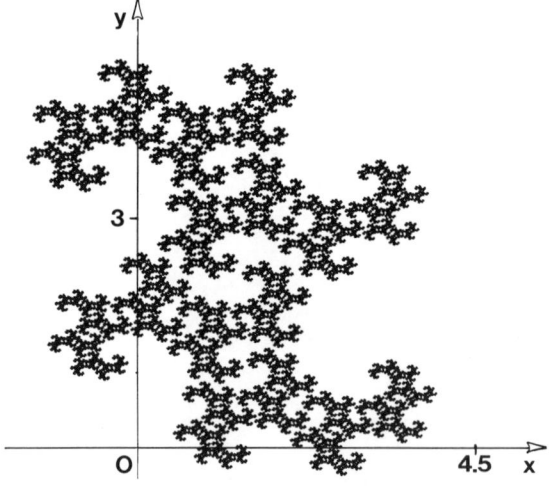

Abb. 3.53 Lokalisieren Sie die Fixpunkte von zwei affinen Transformationen in $\mathbf{R}^2$, deren Attraktor hier wiedergegeben ist.

Abb. 3.54 Ein einzelner dreidimensionaler Farn. Der Attraktor eines IFS von Abbildungen in $\mathbf{R}^3$.

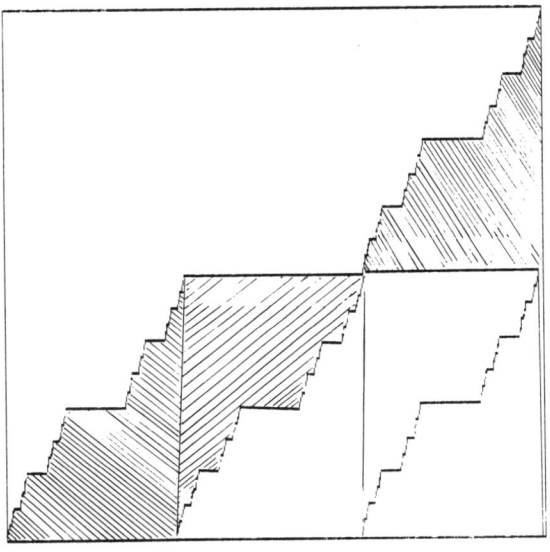

Abb. 3.55 Entwerfen Sie eine „gerade berührende" Collage von dem Gebiet unter dieser Teufelstreppe.

Abb. 3.56   Bestimmen Sie einige der für diese fraktale Szene verwendeten affinen Transformationen. Wo kommen zum Beispiel die dunklen Seiten des größten Berges her?

Abb. 3.57 „Typische" Fraktale sehen nicht schön aus. Benutzen Sie den Collage-Satz, um ein IFS ausfindig zu machen, dessen Attraktor diese Menge approximiert.

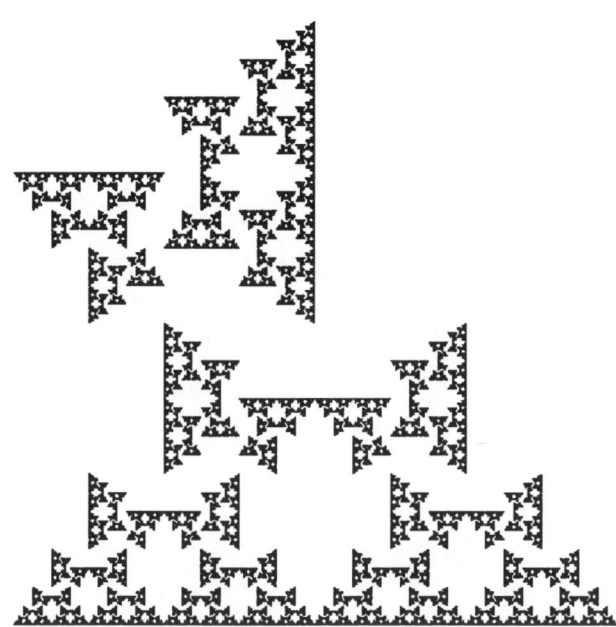

Abb. 3.58 Bestimmen Sie die affinen Transformationen für ein IFS, korrespondierend zu diesem Fraktal. Können Sie allein nur durch Betrachten dieses Bildes feststellen, ob jeweils die linearen Teile dieser Transformationen eine negative Determinante haben?

Abb. 3.59 Benutzen Sie den Collage-Satz, um dieses Fraktal zu untersuchen. In wieviel verschiedenen Größen wird hier das ganze Bild offenbar in sich selbst wiederholt? Wie oft wiederholt sich die kleinste erkennbare Kopie?

Abb. 3.60 Betrachten Sie die weißen Flächen in diesem Bild als eine Menge S in $\mathbf{R}^2$. Bestimmen Sie den Rand der größten wegzusammenhängenden Teilmenge von S. Es wird vorausgesetzt, daß Sie mit einer Fotokopie dieses Bildes, einer Lupe und einem spitzen, roten Filzstift arbeiten.

3.11   Vom Winde verweht: Die stetige Abhängigkeit der Fraktale von Parametern

Der Collage-Satz bietet eine Möglichkeit, sich dem umgekehrten Problem zu nähern: Gegeben sei eine Menge L, man bestimme ein IFS, für das L der Attraktor ist. Das zugrundeliegende mathematische Prinzip ist ganz einfach: Der Beweis für den Collage-Satz ist gerade der Beweis des folgenden Hilfssatzes.

Hilfssatz 3.6. *Es sei* $(\mathbf{X}, d)$ *ein vollständiger metrischer Raum und* $f : \mathbf{X} \rightarrow \mathbf{X}$ *eine Kontraktion mit Kontraktions-Faktor* $0 \leq s < 1$, *und* $x_f \in \mathbf{X}$ *sei der Fixpunkt von* f. *Dann gilt*
$$d(x, x_f) \leq (1 - s)^{-1} \cdot d(x, f(x)) \quad \text{für alle } x \in \mathbf{X}.$$

Beweis. Die Abstands-Funktion $d(a, b)$ ist für ein festes $a \in \mathbf{X}$ stetig in b. Somit ist

$$
\begin{aligned}
d(x, x_f) &= d\left(x, \lim_{n \to \infty} f^{\circ n}(x)\right) = \lim_{n \to \infty} d(x, f^{\circ n}(x)) \\
&\leq \lim_{n \to \infty} \left(\sum_{m=1}^{n} d(f^{\circ(m-1)}(x), f^{\circ m}(x))\right) \\
&\leq \lim_{n \to \infty} \left(d(x, f(x))(1 + s + s^2 + \cdots + s^{n-1})\right) \\
&\leq (1 - s)^{-1} \cdot d(x, f(x)),
\end{aligned}
$$

was zu zeigen war.   □

Die folgenden Resultate sind wichtig und stehen in enger Beziehung zu dem obigen Stoff. Sie begründen die stetige Abhängigkeit des Attraktors eines hyperbolischen IFS von den Parametern der Abbildungen, die das IFS bilden.

Hilfssatz 3.7. *Es seien* (P, d_P) *ein metrischer und* $(\mathbf{X}, d)$ *ein vollständiger metrischer Raum, weiterhin* $w : P \times \mathbf{X} \rightarrow \mathbf{X}$ *eine Familie von Kontraktionen auf* $\mathbf{X}$ *mit Kontraktions-Faktor* $0 \leq s < 1^4$. *Das bedeutet, daß* $w(p, \cdot)$ *für jedes* $p \in P$ *eine Kontraktion auf* $\mathbf{X}$ *ist. Dann hängt der Fixpunkt von* w *in stetiger Weise von* p *ab, d. h.,* $x_f : P \rightarrow \mathbf{X}$ *ist stetig.*

Beweis. Bezeichne $x_f(p)$ den Fixpunkt von w für ein festes $p \in P$. Es seien $p \in P$ und $\epsilon > 0$ gegeben. Dann gilt für alle $q \in P$

$$
\begin{aligned}
d(x_f(p), x_f(q)) &= d(w(p, x_f(p)), w(q, x_f(q))) \\
&\leq d(w(p, x_f(p)), w(q, x_f(p))) + d(w(q, x_f(p)), w(q, x_f(q))) \\
&\leq d(w(p, x_f(p)), w(q, x_f(p))) + s \cdot d(x_f(p), x_f(q)),
\end{aligned}
$$

---

[4]Es ist wichtig, daß der Kontraktions-Faktor s von $p \in P$ unabhängig ist. (Anm. d. Übers.)

woraus folgt, daß

$$d(x_f(p), x_f(q)) \leq (1 - s)^{-1} \cdot d(w(p, x_f(p)), w(q, x_f(p))).$$

Die rechte Seite dieser Gleichung kann beliebig klein gemacht werden, indem man verlangt, daß q hinreichend nahe bei p liegt. (Beachten Sie, daß, falls es eine reelle Konstante C gibt, so daß

$$d(w(p, x), w(q, x)) \leq C \cdot d(p, q) \quad \text{für alle } p, q \in P, \quad \text{für alle } x \in \mathbf{X},$$

dann $d(x_f(p), x_f(q)) \leq (1 - s)^{-1} \cdot C \cdot d(p, q)$ gilt, was eine brauchbare Abschätzung darstellt.) $\square$

Aufgaben/Beispiele

3.11.1 Der Fixpunkt der Kontraktion $w : \mathbf{R} \to \mathbf{R}$, $w(x) = \frac{1}{2}x + p$ hängt stetig von dem reellen Parameter p ab. In der Tat ist $x_f = 2p$.

3.11.2 Weisen Sie nach, daß die feste Funktion für die Transformation $w : C^0[0, 1] \to C^0[0, 1]$, die durch $w(f(x)) = p \cdot f(2x \bmod 1) + x(1 - x)$ definiert ist, stetig ist in p, für $p \in (-1, 1)$. Hierbei ist $C^0[0, 1] = \{f \in C[0, 1] : f(0) = f(1) = 0\}$, und der Abstand ist $d(f, g) = \max\{|f(x) - g(x)| : x \in [0, 1]\}$.

Damit dies für uns von Nutzen ist, benötigen wir eine Methode, die stetige Abhängigkeit vom Parameter p nach $\mathscr{H}(\mathbf{X})$ zu übertragen. Zwar hängt das Bild eines Punktes in einer Menge B stetig von p ab (dadurch haben wir ein δ, um p einzuschränken, so daß sich $w(p, x)$ weniger als ϵ bewegt), aber diese Beziehung ist noch vom Punkt (p, x) abhängig. Eine interessante Menge B enthält unendlich viele solcher Punkte, und wir bekommen kein δ größer als 0 zur Einschränkung von p, so daß sich die Veränderung in der ganzen Menge begrenzen läßt. Dies können wir erreichen, wenn wir $w(p, x)$ weiter einschränken. Dazu gibt es viele Möglichkeiten, von denen wir eine wählen, die leicht zu verstehen ist. Für unser durch $p \in P$ parametrisiertes IFS, d. h. $\{\mathbf{X} : w_{1_p}, \ldots, w_{N_p}\}$, verlangen wir für die Bedingungen, unter denen bei gegebenem $\epsilon > 0$ ein $\delta > 0$ existiert, daß

$$d_P(p, q) < \delta \quad \Rightarrow \quad h(w_p(B), w_q(B)) < \epsilon$$

gilt. Wir setzen voraus, daß $w_{i_p}(x)$ für jedes $p \in P$ eine stetige Funktion auf $\mathbf{X}$ ist. Weiterhin soll ein von x und p unabhängiges $k > 0$ existieren, so daß für jedes feste $x \in \mathbf{X}$ und für jedes w_{i_p} die Bedingung

$$d(w_{i_p}(x), w_{i_q}(x)) \leq k \cdot d_P(p, q)$$

zutrifft. Diese Bedingung heißt *Lipschitz-Stetigkeit*. Sie ist nicht die allgemeinste Voraussetzung, um das zu beweisen, was wir benötigen. Tatsächlich brauchen wir nur eine stetige Funktion von $d(p, q)$, die auf der rechten Seite unabhängig von x ist. Wir verwenden an dieser Stelle die Lipschitz-Stetigkeit, weil sie für die uns interessierenden Abbildungen am leichtesten nachzuprüfen ist. Wenn wir zeigen können, daß wir für eine Menge $B \in \mathcal{H}(\mathbf{X})$

$$h(w_{i_p}(B), w_{i_q}(B)) \leq k \cdot d_P(p, q)$$

haben, so können wir die Bedingung, die wir haben wollen, leicht durch den Collage-Satz erhalten. Für den Beweis muß man nur einfach die Definitionen der Metrik h hinschreiben. Es ist

$$h(w_p(B), w_q(B)) = d(w_p(B), w_q(B)) \vee d(w_q(B), w_p(B))$$

mit

$$d(w_p(B), w_q(B)) = \max_{x \in w_p(B)} (d(x, w_q(B)))$$
$$d(x, w_q(B)) = \min_{y \in w_q(B)} (d(x, y)).$$

$x \in w_p(B)$ impliziert nun, daß es ein $\tilde{x} \in B$ gibt, für welches $x = w_p(\tilde{x})$ gilt. Dann gibt es einen Punkt $w_q(\tilde{x}) \in w_q(B)$, der das Bild von $\tilde{x}$ bezüglich w_q ist. Für diesen Punkt gilt unsere Bedingung und

$$d(x, w_q(\tilde{x})) \leq k \cdot d_P(p, q) \Rightarrow \min_{y \in w_q(B)} (d(x, y)) \leq d(x, w_q(\tilde{x})) \leq k \cdot d_P(p, q).$$

Da dieses gilt, beträgt das Maximum über diese Punkte für jedes $x \in w_p(B)$ höchstens $k \cdot d_P(p, q)$, und wir haben

$$d(w_p(B), w_q(B)) \leq k \cdot d_P(p, q).$$

Die Argumentation für $d(w_q(B), w_p(B))$ verläuft nahezu identisch, so daß sich

$$h(w_p(B), w_q(B)) \leq k \cdot d_P(p, q)$$

ergibt, und eine kleine Veränderung des Parameters bei einer bestimmten Abbildung ruft eine kleine Änderung im Bild einer Menge $B \in \mathcal{H}(\mathbf{X})$ hervor. Für eine endliche Menge von Abbildungen $w_{1_p}, \ldots, w_{N_p}$ und ihre entprechenden Konstanten $k_1, \ldots, k_N$ ist dann mit $k = \max_{i=1,\ldots,N} (k_i)$ sicherlich

$$h(w_{i_p}(B), w_{i_q}(B)) \leq k \cdot d_P(p, q).$$

Die Vereinigung solcher Bildmengen kann sich nun von Parameter zu Parameter nicht mehr als der obige Hausdorff-Abstand verändern, also folgt

$$h(W_p(B), W_q(B) \leq k \cdot d_P(p, q).$$

Wir wenden nun die Ergebnisse von Hilfssatz 3.7 auf den vollständigen metrischen Raum $\mathcal{H}(\mathbf{X})$ an, woraus sich

$$h(A_p, A_q) \leq (1-s)^{-1} h(A_p, W_q(A_p)) \leq (1-s)^{-1} k \cdot d_P(p, q)$$

ergibt.

Satz 3.6. *Es sei $(\mathbf{X}, d)$ ein metrischer Raum und $\{\mathbf{X}; w_1, \ldots, w_N\}$ ein hyperbolisches IFS mit dem Kontraktionsfaktor s. Für $n = 1, 2, \ldots, N$ seien die w_n vom Parameter $p \in (P, d_P)$ abhängig unter der Voraussetzung $d(w_{n_p}(x), w_{n_q}(x)) \leq k \cdot d_P(p, q)$, für alle $x \in \mathbf{X}$, wobei k von n, p oder x unabhängig ist. Dann hängt der Attraktor $A(p) \in \mathcal{H}(\mathbf{X})$ hinsichtlich der Hausdorff-Metrik $h(d)$ stetig vom Parameter $p \in P$ ab.*

Anders gesagt, führen kleine Veränderungen der Parameter zu kleinen Änderungen des Attraktors, unter der Voraussetzung, daß das System hyperbolisch bleibt. Das ist sehr wichtig, denn damit wissen wir, wie wir den Attraktor eines IFS stetig kontrollieren können. Nämlich indem wir die Parameter einer Transformation berichtigen wie bei Bildkomprimierungen. Es bedeutet auch, daß wir auf eine fließende Art zwischen Attraktoren interpolieren können: Das ist beispielsweise für Bildanimationen nützlich.

Aufgaben

3.11.3 Konstruieren Sie eine Ein-Parameter-Familie eines IFS, welches die Form $\{\mathbf{R}^2; w_1, w_2, w_3\}$ hat. Jedes w_i sei affin, und der Parameter p liege im Intervall $[0, 24]$. Der Attraktor soll die Zeit angeben, wie in Abbildung 3.61 zu sehen ist. $A(p)$ bezeichnet den Attraktor zur Zeit p.

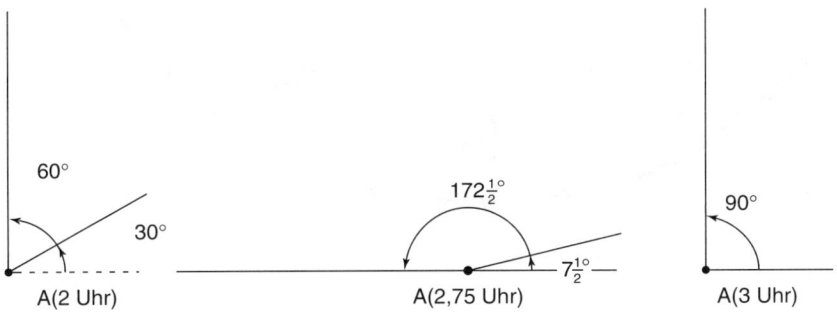

Abb. 3.61 Eine Ein-Parameter-Familie eines IFS zur Angabe der Uhrzeit.

3.11.4 Stellen Sie sich eine geringfügig kompliziertere Uhr vor, die durch die Ein-Parameter-Familie eines IFS der Form $\{\mathbf{R}^2; w_0, w_1, w_2, w_3\}$, $p \in [0, 24]$, erzeugt wird. w_0 erzeugt die Uhr, w_1 und w_2 haben die Funktion wie in Aufgabe 3.11.3, und w_3 ist eine Ähnlichkeitsabbildung, die eine Kopie der Uhr auf den Stundenzeiger setzt, so wie es in Abbildung 3.62 zu sehen ist. Wenn p dann von 0 nach 12 wandert, bewegt sich der Stundenzeiger um 360°, der Stundenzeiger der kleineren Uhr bewegt sich um 720°, und der Stundenzeiger der noch kleineren Uhr bewegt sich um 1080° und so weiter. Wenn p vorrückt, gibt es also Linien auf dem Attraktor, die mit beliebig hohen Geschwindigkeiten rotieren. Dennoch haben wir in der Hausdorff-Metrik eine stetige Abhängigkeit des Bildes von p. Zu welchen Uhrzeiten zeigen alle Stundenzeiger in dieselbe Richtung?

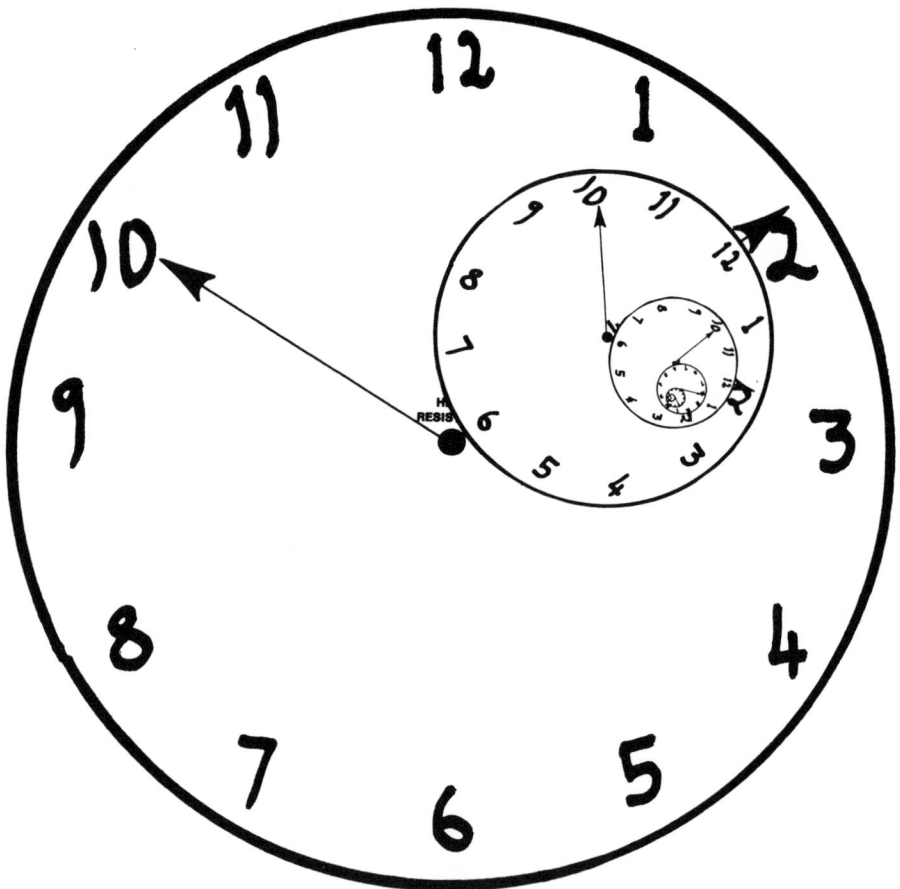

Abb. 3.62 Diese fraktale Uhr hängt bezüglich der Hausdorff-Metrik stetig von der Zeit ab.

3.11.5 Bestimmen Sie eine Ein-Parameter-Familie eines IFS in $\mathbf{R}^2$, dessen Attraktoren die drei Bäume aus Abbildung 3.63 enthalten!

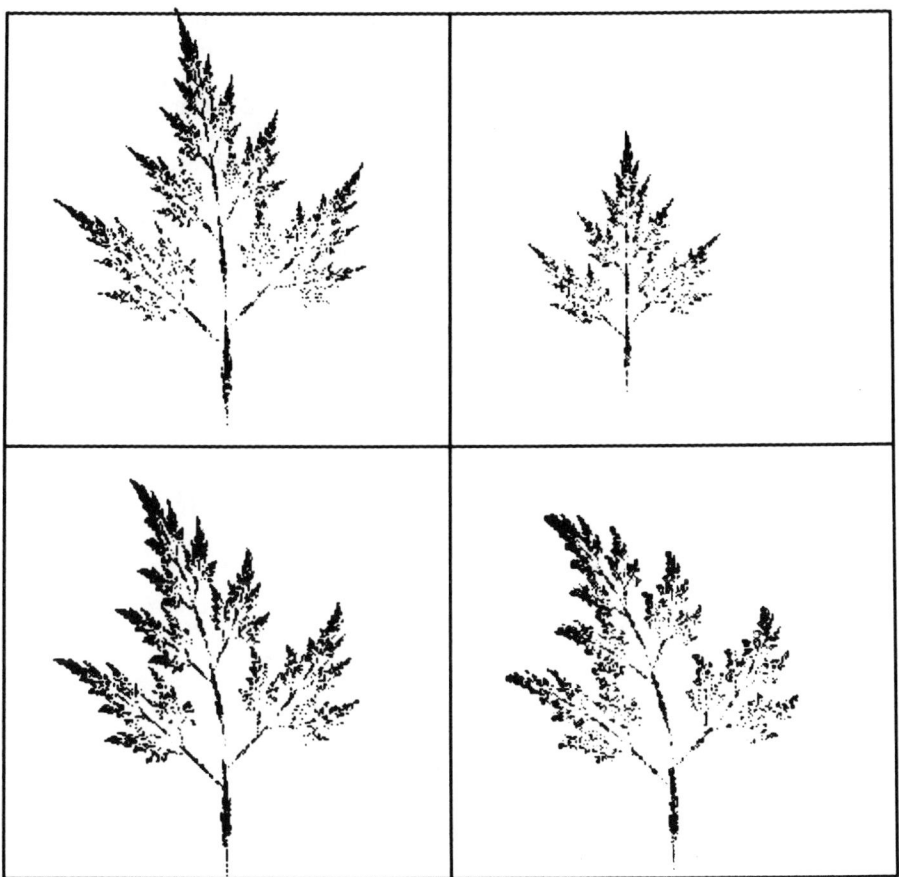

Abb. 3.63 Vom Winde verweht. Bestimmen Sie eine Ein-Parameter-Familie eines IFS, dessen Attraktoren die drei hier gezeigten Bäume enthalten. Um diese Bilder zu berechnen, wurde ein Zufalls-Iterations-Algorithmus benutzt.

3.11.6 Lassen Sie Ihre Version des Programms 3.1 oder 3.2 laufen, nachdem Sie kleine Veränderungen im IFS-Code vorgenommen haben. Überzeugen Sie sich selbst, daß sich im Hinblick auf diese Veränderungen auch die resultierenden Bilder „stetig ändern"!

3.11.7 Lösen Sie die folgenden Aufgaben unter Berücksichtigung der Bilder a)–f) in Abbildung 3.64. Erinnern Sie sich daran, daß sich bei einer „gerade berührenden"-Collage die Transformierungen der Zielmenge nicht überschneiden. Sie passen zusammen wie die Teile eines Puzzles.

    a) Bestimmen Sie eine Ein-Parameter-Familien-Collage von affinen Transformationen!

    b) Bestimmen Sie eine „gerade berührende"-Collage von affinen Transformationen!

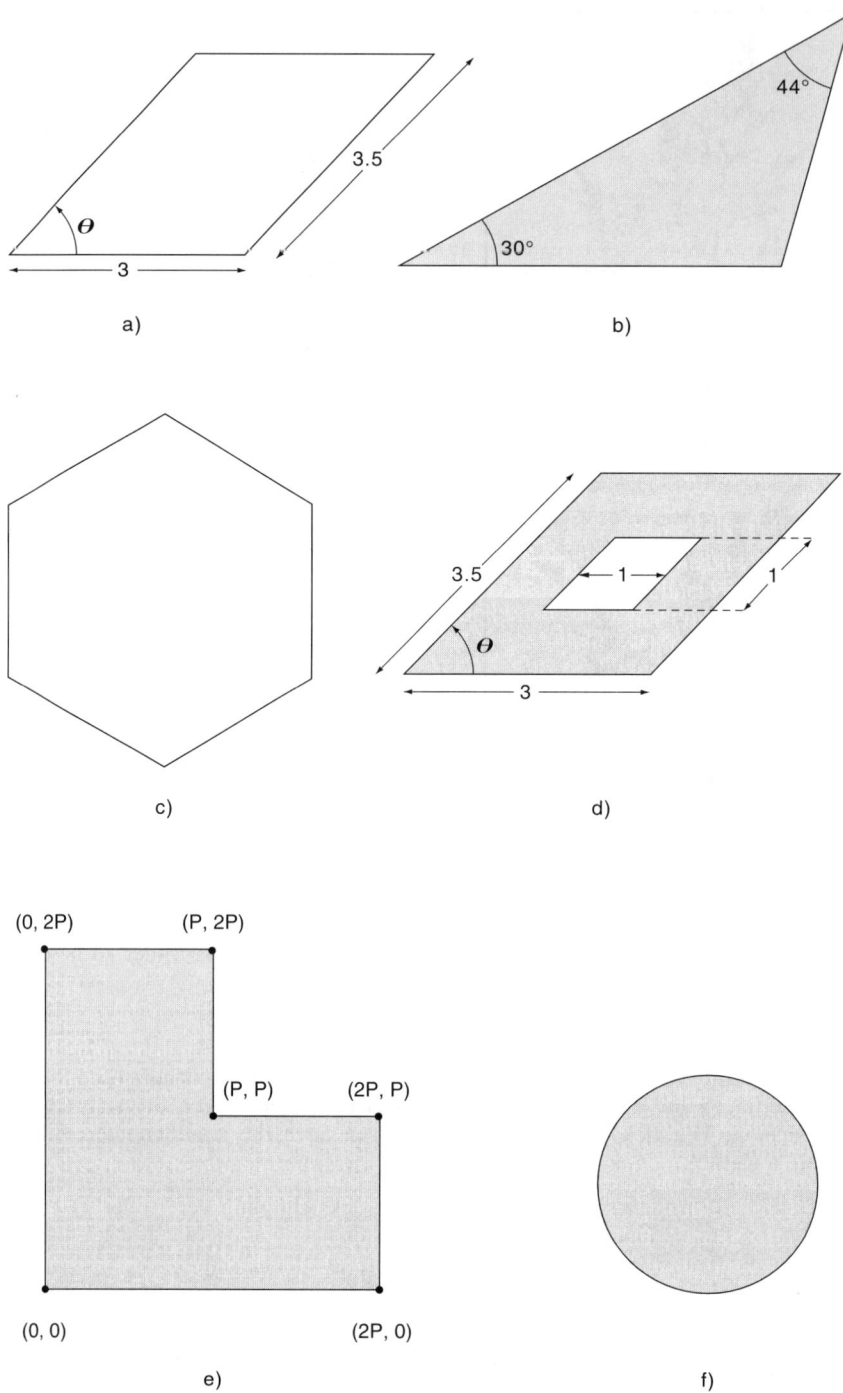

Abb. 3.64 Klassische Collagen. Können Sie zu jedem der klassischen geometrischen Objekte ein zugehöriges IFS bestimmen?

c) Bestimmen Sie eine Collage, wobei Sie nur Ähnlichkeitsabbildungen benutzen! Wieviele affine Transformationen in $\mathbf{R}^2$ braucht man mindestens, damit die Umrandung der Attraktor ist?

d) Bestimmen Sie eine Ein-Parameter-Familien-Collage von affinen Transformationen!

e) Bestimmen Sie eine „gerade berührende"-Collage, wobei nur Ähnlichkeitsabbildungen benutzt werden dürfen, die durch die reelle Zahl p parametrisiert werden!

f) Bestimmen Sie eine Collage für Kreise und Kreisscheiben!

4 Chaotische Dynamik auf Fraktalen

4.1 Die Adressen von Punkten auf Fraktalen

Wir beginnen damit, ganz zwanglos das Konzept der *Adressen* von Punkten auf dem Attraktor eines hyperbolischen IFS zu betrachten. In Abbildung 4.1 ist der Attraktor des IFS

$$\{\mathbf{C}; w_1(z) = (0.13 + 0.64i)z, \ w_2(z) = (0.13 + 0.64i)z + 1\}$$

dargestellt. Dieser Attraktor A ist die Vereinigung zweier disjunkter Mengen $w_1(A)$ und $w_2(A)$. Diese liegen entsprechend links und rechts von der Strecke ab. Wiederum besteht jede dieser beiden Mengen aus zwei disjunkten Mengen:

$$w_1(A) = w_1(w_1(A)) \cup w_1(w_2(A)),$$
$$w_2(A) = w_2(w_1(A)) \cup w_2(w_2(A)).$$

Dies führt zu der Idee, wie man Punkten eine Adresse zuweisen kann: man benutzt die Reihenfolge der auf A angewendeten Transformationen, die zu diesem Punkt geführt haben. Alle Punkte von A, die in der Teilmenge $w_1(w_1(A))$ liegen, befinden sich in dem Teil des Attraktors, der unterhalb von dc und links von ab liegt. Die Adressen dieser Punkte beginnen alle mit $11\ldots$. Je genauer wir geometrisch spezifizieren, wo ein Punkt in A liegt, desto mehr Bits der Adresse bekommen wir geliefert. Jeder Punkt zum Beispiel, der rechts von ab, unterhalb von ef und links von gh liegt, hat eine Adresse, die mit $212\ldots$ anfängt. In Satz 4.2 werden wir beweisen, daß man in Beispielen wie diesem jedem Punkt aus A eine eindeutige Adresse zuordnen kann. In solchen Fällen sagen wir, daß das IFS „total unzusammenhängend" ist.

Hier ist ein Beispiel eines anderen Typs. Wir betrachten das IFS

$$\left\{\mathbf{C}; w_1(z) = \frac{1}{2}z, \ w_2(z) = \frac{1}{2}z + \frac{1}{2}, \ w_3(z) = \frac{1}{2}z + \frac{1}{2}i\right\}.$$

Der Attraktor A dieses IFS ist ein Sierpinski-Dreieck mit den Eckpunkten $(0, 0)$, $(1, 0)$ und $(0, 1)$. Wieder können wir die Punkte von A, übereinstimmend mit der

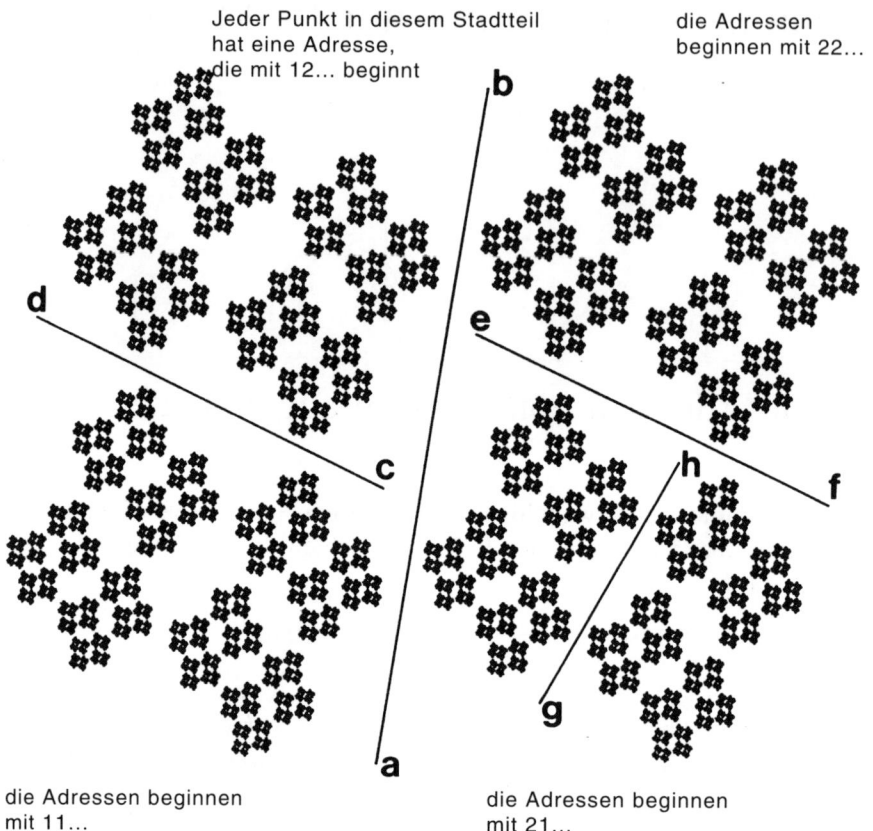

Jeder Punkt in diesem Stadtteil
hat eine Adresse,
die mit 12... beginnt

die Adressen
beginnen mit 22...

die Adressen beginnen
mit 11...

die Adressen beginnen
mit 21...

Abb. 4.1 Adressen von Punkten auf einem Attraktor. Die Strecken *ab*, *cd*, *ef* und *gh* gehören nicht zum Attraktor dazu.

Reihenfolge der Transformationen, welche zu ihnen geführt haben, addressieren. Dieses Mal gibt es aber mindestens drei Punkte in A, die zwei Adressen haben. In jeder der Mengen $w_1(A) \cap w_2(A)$, $w_2(A) \cap w_3(A)$ und $w_3(A) \cap w_1(A)$ liegt nämlich ein Punkt (Abbildung 4.2).

Andererseits haben andere Punkte des Sierpinski-Dreiecks, wie die Eckpunkte $(0, 0)$, $(1, 0)$ und $(0, 1)$, nur eine Adresse. Obwohl der Attraktor zusammenhängend ist, ist der Anteil der Punkte mit mehrfacher Adresse in einem bestimmten Sinn, den wir noch nicht präzisieren, „klein". In solchen Fällen wie diesem, sagen wir, daß das IFS „gerade berührend" ist. Beachten Sie, daß sich diese Bezeichnungsweise mehr auf das IFS selbst als auf seinen Attraktor bezieht.

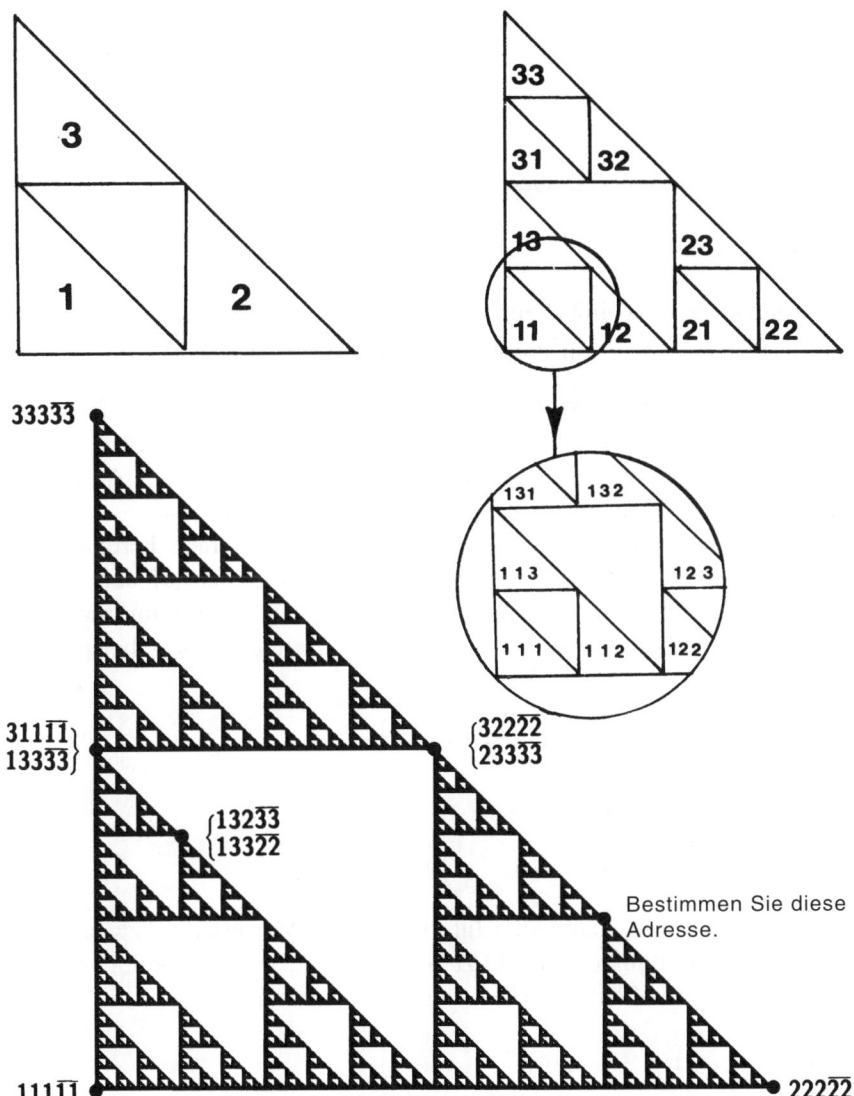

Abb. 4.2 Einige Punkte dieses Sierpinski-Dreiecks haben zwei Adressen, während andere nur eine haben. Wenn in einem Ausdruck wie $311\overline{11}$ die letzten Symbole überstrichen werden, bedeutet das, daß sich diese Symbole endlos wiederholen. Zum Beispiel $311\overline{11} = 311111111111111111111111\ldots$ und $31\overline{123} = 31123123123123\ldots.$

Lassen Sie uns ein drittes, völlig anderes Beispiel ansehen. Wir betrachten das hyperbolische IFS

$$\left\{ [0,1]; w_1(x) = \tfrac{1}{2}x, \; w_2(x) = \tfrac{3}{4}x + \tfrac{1}{4} \right\}.$$

Der Attraktor ist $A = [0,1]$, aber jetzt ist

$$w_1(A) \cap w_2(A) = \left[0, \tfrac{1}{2} \right] \cap \left[\tfrac{1}{4}, 1 \right] = \left[\tfrac{1}{4}, \tfrac{1}{2} \right].$$

Somit ist $w_1(A) \cap w_2(A)$ ein bedeutsamer Teil des Attraktors. Der Attraktor würde ganz anders aussehen, wenn dieses überlappende Stück $\left[\tfrac{1}{4}, \tfrac{1}{2} \right]$ fehlen würde.

Beachten Sie nun, daß jeder Punkt in $\left[\tfrac{1}{4}, \tfrac{1}{2} \right]$ mindestens zwei Adressen hat. Auf der anderen Seite hat jeder der Punkte 0 und 1 nur eine Adresse. Trotzdem tritt hier der Fall auf, daß der Anteil der Punkte mit mehrfacher Adresse groß ist. In solchen Fällen sagen wir, daß das IFS „überlappend" ist.

Die Bezeichnungen „total unzusammenhängend", „gerade berührend" und „überlappend" beziehen sich mehr auf das IFS selbst, als auf den Attraktor. Der Grund dafür liegt darin, daß dieselbe Menge als Attraktor für mehrere verschiedene hyperbolische IFS auftreten kann. Betrachten wir beispielsweise die beiden IFS

$$\left\{ [0,1]; w_1(x) = \tfrac{1}{2}x, \; w_2(x) = \tfrac{1}{2}x + \tfrac{1}{2} \right\}$$

und

$$\left\{ [0,1]; w_1(x) = \tfrac{1}{2}x, \; w_2(x) = -\tfrac{1}{2}x + 1 \right\}.$$

Der Attraktor ist jeweils das reelle Intervall $[0,1]$. Wir erhalten zwei verschiedene Schemata, die Punkte in $[0,1]$ zu addressieren, wie in Abbildung 4.3 dargestellt wird. Diese beiden IFS sind „gerade berührend". Dagegen ist das IFS

$$\left\{ [0,1]; w_1(x) = \tfrac{1}{2}x, \; w_2(x) = \tfrac{3}{4}x + \tfrac{1}{4} \right\}$$

„überlappend", während der Attraktor ebenfalls $[0,1]$ ist.

Aufgaben/Beispiele

4.1.1 Abbildung 4.4 zeigt den Attraktor für ein IFS der Form

$$\{ \mathbf{R}^2; w_n, \, n = 1, 2, 3 \},$$

wobei jede der Transformationen $w_n : \mathbf{R}^2 \to \mathbf{R}^2$ affin ist. Von mehreren Punkten wird die Adresse angegeben. Bestimmen Sie die Adressen von a, b und c!

4.1.2 Suchen Sie in Abbildung 4.4 den Punkt, dessen Adresse $111\overline{11}$ lautet.

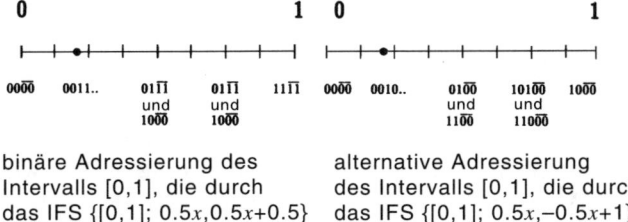

binäre Adressierung des
Intervalls [0,1], die durch
das IFS {[0,1]; 0.5x,0.5x+0.5}
erzeugt wird

alternative Adressierung
des Intervalls [0,1], die durch
das IFS {[0,1]; 0.5x,−0.5x+1}
erzeugt wird

Abb. 4.3 Verschiedene IFS mit demselben Attraktor liefern verschiedene Adressierungsschemata. Aus offensichtlichen Gründen werden hier anstatt der Symbole {1, 2} die Symbole {0, 1} benutzt.

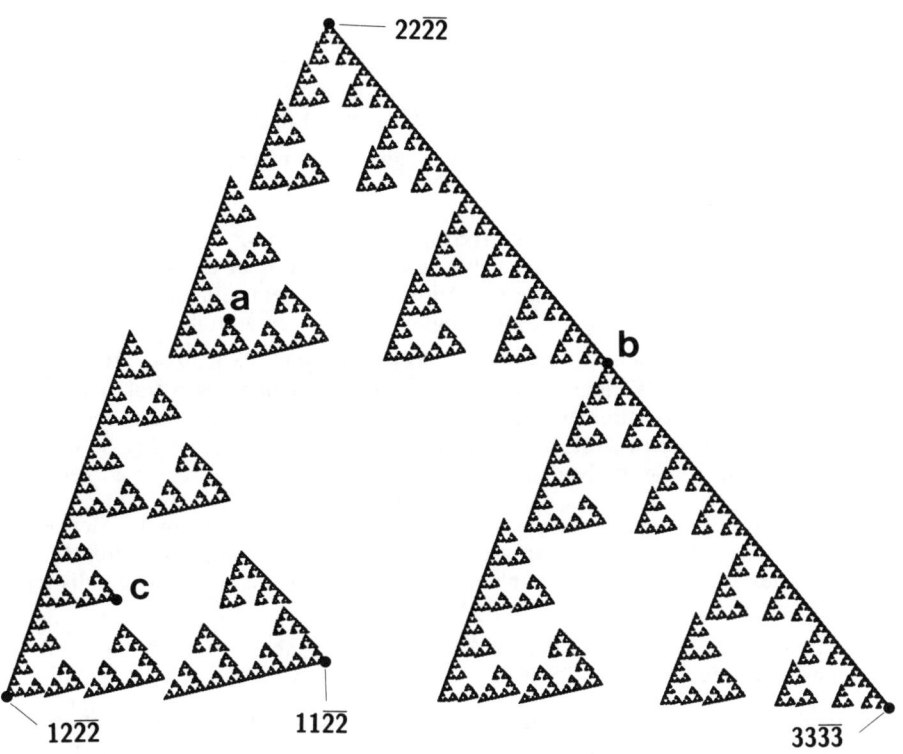

Abb. 4.4 Können Sie die Adressen von *a*, *b* und *c* angeben?

4.1.3 Ein *Quadtree* ist ein Adressierungsschema, das in der Informatik benutzt wird, um in dem Einheitsquadrat

$$\blacksquare = \{(x_1, x_2) \in \mathbf{R}^2 : 0 \le x_1 \le 1, 0 \le x_2 \le 1\}$$

kleine Qudrate zu addressieren. Das funktioniert wie folgt: Das Quadrat wird in vier Viertel aufgeteilt. Die Punkte im ersten Viertel haben Adressen, die mit 0 beginnen, Punkte im zweiten Viertel haben Adressen, die mit 1 anfangen usw., wie in Abbildung 4.5 dargestellt. Bestimmen Sie ein IFS, welches geeignet ist, das in Abbildung 4.5 vorgeschlagene Adressierungsverfahren zu verwenden! Ist dies dann ein „total unzusammenhängendes", „gerade berührendes" oder „überlappendes" IFS?

33	32	23	22
30	31	20	21
03	02	13	12
00	01	10	11

Abb. 4.5 Adressen in einem Quadtree bis zur Tiefe zwei.

4.1.4 Dem Sierpinski-Dreieck werden Adressen zugewiesen, wie es in Abbildung 4.2 erfolgt. Kennzeichnen Sie diejenige Menge von Punkten, welche auf dem äußersten Rand liegen, das Dreieck mit den Eckpunkten $\overline{11}$, $\overline{22}$ und $\overline{33}$.

4.1.5 Charakterisieren Sie in Abbildung 4.6 die Adressen der Punkte, die zum Rand des größten Loches gehören!

4.1.6 Betrachten Sie ein hyperbolisches IFS mit Kondensationsmenge C. Nehmen wir an, daß die Kondensationsmenge selbst wieder der Attraktor eines anderen hyperbolischen IFS ist. Entwerfen sie ein Adressierungsschema für den Attraktor des IFS mit Kondensation! Können alle möglichen Adressen auftreten?

4.1.7 Abbildung 4.7 zeigt den Attraktor eines „überlappenden" IFS für zwei affine Transformationen in $\mathbf{R}^2$. Wählen Sie in jeder markierten Region des Attraktors jeweils einen Punkt aus. Bestimmen Sie für jeden dieser Punkte die ersten vier Ziffern in zwei verschiedenen Adressen! Um Mehrdeutigkeiten zu vermeiden, sollten Sie erst entscheiden, wie die beiden Transformationen auf dem Attraktor wirken.

4.1.8 Identifizieren Sie von einem hyperbolischen IFS mit Adressenraum die Menge der Adressen von Punkten auf dem Attraktor A. Begründen Sie, daß Adressen, die nahe beieinander liegen, mit Punkten auf A korrespondieren, die ebenfalls nahe beieinander liegen!

4.1.9 Bestimmen Sie für jedes der beiden Adressierungsverfahren aus Abbildung 4.3 die Adresse der reellen Zahl 0.7513.

Beim Nachdenken über die Adressen von Punkten auf Fraktalen haben wir uns schon davon leiten lassen, versuchsweise zu vergleichen, „wie viele" Punkte eine bestimmte Eigenschaft und wie viele eine andere Eigenschaft haben. In dem

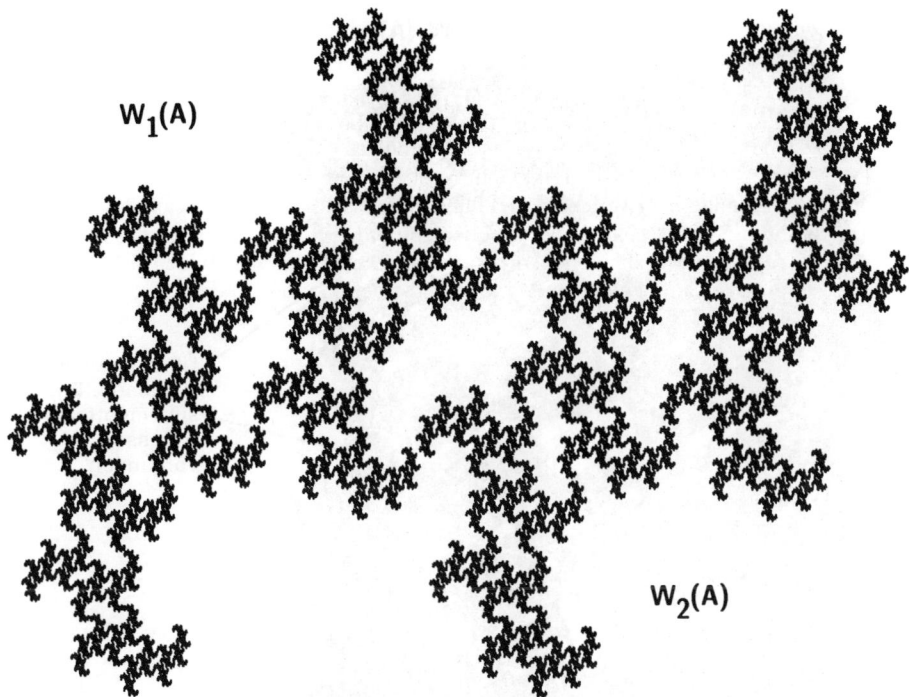

$W_1(A)$

$W_2(A)$

Abb. 4.6   Können Sie die Adressen derjenigen Punkte beschreiben, die auf dem Rand der weißen Region in der Mitte liegen?

Fall der Adressierungsschemata auf dem Sierpinski-Dreieck zum Beispiel, die oben beschrieben wurden, wollten wir die Anzahl der Punkte mit mehrfacher Adresse mit der Zahl der Punkte mit einfacher Adresse vergleichen. Es hat sich herausgestellt, daß beide Zahlen unendlich sind. Noch immer wollen wir jedoch die Zahlen vergleichen. Eine Möglichkeit, dieses zu tun, besteht, wenn man das Konzept der Abzählbarkeit anwendet.

Definition 4.1. Es sei S eine Menge. S ist *abzählbar*, wenn sie leer ist, oder es eine surjektive Transformation $c : I \to S$ gibt, wobei I entweder eine der Mengen $\{1\}$, $\{1, 2\}$, $\{1, 2, 3\}$, $\cdots$, $\{1, 2, 3, \ldots, n\}$, $\cdots$ ist, oder die natürlichen Zahlen $\{1, 2, 3, 4, \ldots\}$. Die Menge S heißt *überabzählbar*, wenn sie nicht abzählbar ist.

Wir stellen uns bei einer überabzählbaren Menge vor, daß sie größer als eine abzählbare Menge ist.

Um das Konzept der Adressen zu formalisieren, machen wir grundlegenden Gebrauch vom Adressenraum. Wieviele Punkte enthält der Adressenraum?

Satz 4.1. *Der Adressenraum mit zwei oder mehr Symbolen ist überabzählbar.*

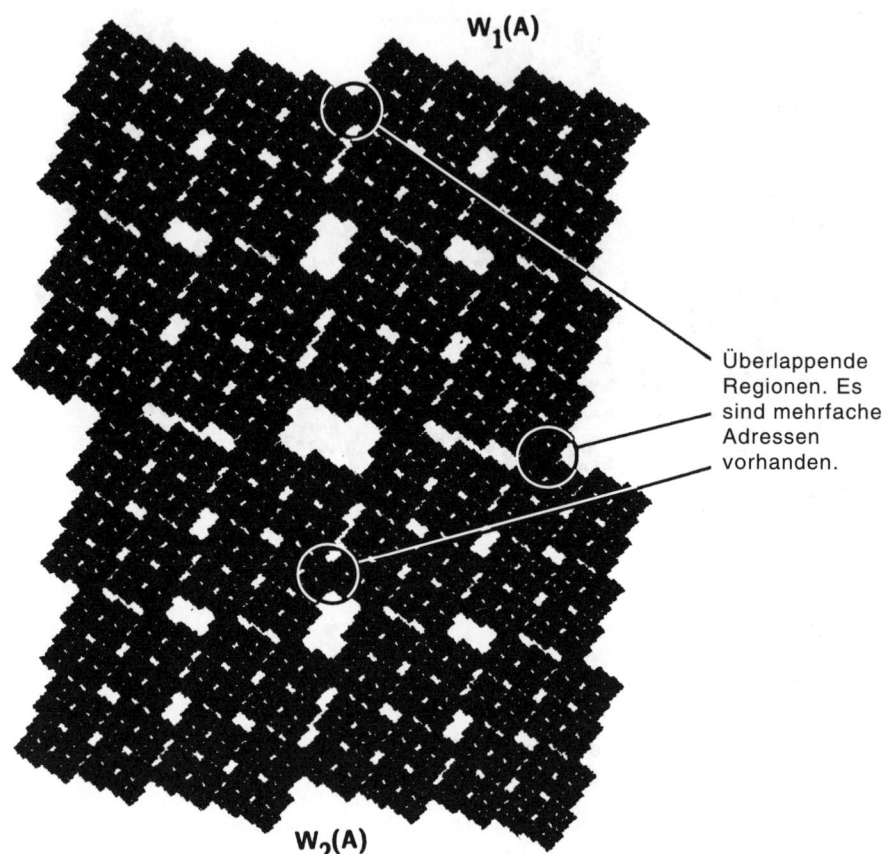

Abb. 4.7 Der Attraktor eines hyperbolischen IFS im überlappenden Fall. In den überlappenden Regionen verfügt man über mehrere Adressen.

Beweis. Der Satz wird hier für den Adressenraum bewiesen, der aus den beiden Symbolen $\{1, 2\}$ besteht. Ein Element des Adressenraums Σ werde mit $\omega = \omega_1\omega_2\omega_3 \cdots$ bezeichnet, wobei jedes $\omega_i \in \{1, 2\}$. Man definiere $\rho : \{1, 2\} \to \{1, 2\}$ durch $\rho(1) = 2$ und $\rho(2) = 1$. Nehmen wir an, der Adressenraum wäre abzählbar und die „zählende" Funktion durch $c : \{1, 2, 3, \ldots\} \to \Sigma$ gegeben. Wir betrachten einen Punkt $\sigma \in \Sigma$, der durch

$$\sigma = \sigma_1\sigma_2\sigma_3 \cdots$$

definiert ist, wobei $\sigma_n = \rho((c(n))_n)$ ist. Mit $(c(n))_n$ wird das n-te Symbol von $c(n)$ bezeichnet. Wann erreicht die zählende Funktion c den Punkt σ? Niemals! Zum Beispiel ist $c(3) \neq \sigma$, weil ihre dritten Symbole unterschiedlich sind. Das war zu beweisen.   □

Aufgaben/Beispiele

4.1.10 Die Menge der ganzen Zahlen $\mathbf{Z} = \{0, \pm1, \pm2, \ldots\}$ ist abzählbar. Wir definieren $c : \mathbf{N} \to \mathbf{Z}$ durch $c(z) = \frac{z-1}{2}$, wenn z ungerade ist, und durch $c(z) = -\frac{z}{2}$, wenn z gerade ist.

4.1.11 Beweisen Sie, daß eine abzählbare Menge, die aus abzählbaren Mengen besteht, abzählbar ist! Zeigen Sie weiter: Nimmt man aus einer überabzählbaren Menge eine abzählbare heraus, so bleibt sie überabzählbar.

4.1.12 Die Menge der *rationalen Zahlen* ist abzählbar. Eine rationale Zahl kann immer in der Form $\frac{p}{q}$ geschrieben werden, wobei p und q ganze Zahlen sind und $q \neq 0$. In Abbildung 4.8 wird dargestellt, wie man die positiven rationalen Zahlen zählt. Einige Zahlen werden mehr als einmal gezählt. Entwickeln Sie eine Regel, mit der man die überflüssigen Zählungen eliminiert. Zeigen Sie außerdem, wie man die negativen rationalen Zahlen mit in das Zählschema integrieren kann!

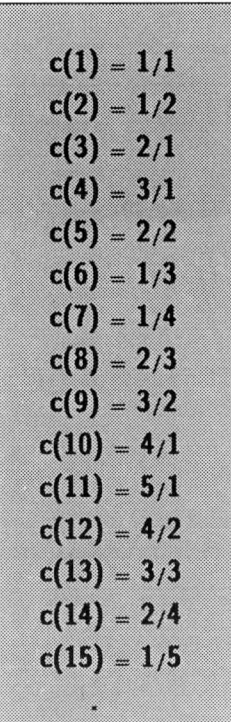

$c(1) = 1/1$
$c(2) = 1/2$
$c(3) = 2/1$
$c(4) = 3/1$
$c(5) = 2/2$
$c(6) = 1/3$
$c(7) = 1/4$
$c(8) = 2/3$
$c(9) = 3/2$
$c(10) = 4/1$
$c(11) = 5/1$
$c(12) = 4/2$
$c(13) = 3/3$
$c(14) = 2/4$
$c(15) = 1/5$
.
.
.

Abb. 4.8 Wie man die positiven rationalen Zahlen zählt. Was ist $c(24)$?

4.1.13 Weisen Sie nach, daß das Sierpinski-Dreieck abzählbar viele Dreiecke enthält!

4.1.14 In dieser Aufgabe sei S eine perfekte Teilmenge eines vollständigen metrischen Raumes. Es werde vorausgesetzt, daß S mehr als einen Punkt enthält. Zeigen Sie, daß S überabzählbar ist!

4.1.15 Charakterisieren Sie die Adressen der fehlenden Teile des Attraktors in Abbildung 4.9!

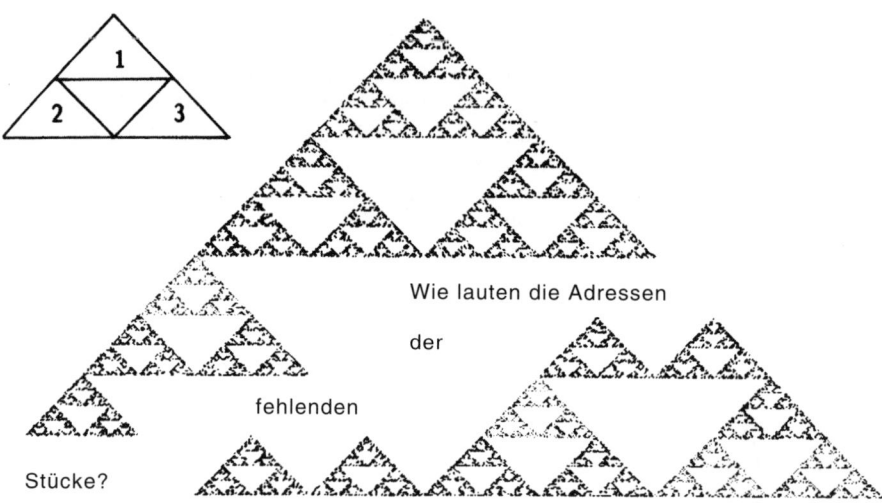

Abb. 4.9   Charakterisieren Sie die Adressen der fehlenden Teile.

4.2   Stetige Transformationen vom Adressenraum auf Fraktale

Definition 4.2. Es sei $\{\mathbf{X}; w_1, w_2, \ldots, w_N\}$ ein hyperbolisches IFS. Der zu dem *IFS gehörende Adressenraum* (Σ, d_C) ist definiert als Adressenraum mit N Symbolen $\{1, 2, 3, \ldots, N\}$ mit der Metrik

$$d_C(\omega, \sigma) = \sum_{n=1}^{\infty} \frac{|\omega_n - \sigma_n|}{(N+1)^n} \quad \text{für alle } \omega, \sigma \in \Sigma.$$

Es ist unser Ziel, eine stetige Transformation ϕ von einem zu einem IFS gehörenden Adressenraum auf den Attraktor des IFS zu konstruieren. Das wird uns erlauben, den Begriff der Adressen zu formalisieren. Um diese Konstruktion durchzuführen, benötigen wir zwei Hilfssätze. Wir haben ein hyperbolisches IFS, das auf einem vollständigen metrischen Raum agiert. Wenn wir aber nur daran interessiert sind zu untersuchen, wie das IFS in bezug auf eine feste kompakte Teilmenge von $\mathbf{X}$ agiert, dann besagt der erste Hilfssatz, daß wir das IFS so behandeln können, als ob es auf einem kompakten metrischen Raum definiert wäre.

Hilfssatz 4.1. *Es sei $(\mathbf{X}, d)$ ein vollständiger metrischer Raum und $\{\mathbf{X}; w_n : n = 1, 2, \ldots, N\}$ ein hyperbolisches IFS sowie $K \in \mathcal{H}(\mathbf{X})$. Dann gibt es ein $\widetilde{K} \in \mathcal{H}(\mathbf{X})$, so daß $K \subset \widetilde{K}$ und $w_n : \widetilde{K} \to \widetilde{K}$ für $n = 1, 2, \ldots, N$. Mit anderen Worten ausgedrückt, $\{\widetilde{K}; w_n : n = 1, 2, \ldots, N\}$ ist ein hyperbolisches IFS, wobei der zugrundeliegende Raum kompakt ist.*

Beweis. Wir definieren $W : \mathcal{H}(\mathbf{X}) \to \mathcal{H}(\mathbf{X})$ durch

$$W(B) = \bigcup_{n=1}^{N} w_n(B) \quad \text{für alle } B \in \mathcal{H}(\mathbf{X}).$$

Um $\widetilde{K}$ zu konstruieren, betrachten wir das IFS mit Kondensation $\{\mathbf{X}; w_n : n = 0, 1, 2, \ldots, N\}$. Der Kondensations-Abbildung w_0 ist dabei die Kondensations-menge K zugeordnet. Nach Satz 3.4 gehört der Attraktor dieses IFS zu $\mathcal{H}(\mathbf{X})$. Nach Beispiel 3.9.1 kann man schreiben:

$$\widetilde{K} = (K \cup W^{\circ 1}(K) \cup W^{\circ 2}(K) \cup W^{\circ 3}(K) \cup \cdots \cup W^{\circ n}(K) \cup \cdots).$$

Man überblickt schnell, daß $K \subset \widetilde{K}$ und $W(\widetilde{K}) \subset \widetilde{K}$ gilt. Das war zu zeigen. $\square$

Mit dem nächsten Hilfssatz machen wir den ersten Schritt, den Adressenraum mit dem Attraktor eines IFS zu verknüpfen. Dabei führen wir eine gewisse Trans-formation ϕ ein, die den kartesischen Produktraum $\Sigma \times \mathbf{N} \times \mathbf{X}$ in $\mathbf{X}$ abbildet. In Satz 4.2 werden wir geeignete Grenzwerte bilden und somit die Abhängigkeiten von $\mathbf{N}$ und $\mathbf{X}$ eliminieren. Wir erhalten dann den gewünschten Zusammenhang zwischen Σ und $\mathbf{X}$.

Hilfssatz 4.2. *Es sei $(\mathbf{X}, d)$ ein vollständiger metrischer Raum und $\{\mathbf{X}; w_n : n = 1, 2, \ldots, N\}$ ein hyperbolisches IFS mit der Kontraktivität s. Bezeichne (Σ, d_C) den zum IFS gehörenden Adressenraum. Wir definieren für jedes $\sigma \in \Sigma$, $n \in \mathbf{N}$ und $x \in \mathbf{X}$*

$$\phi(\sigma, n, x) = w_{\sigma_1} \circ w_{\sigma_2} \circ \cdots \circ w_{\sigma_n}(x).$$

Schließlich sei K eine kompakte, nichtleere Teilmenge von $\mathbf{X}$. Dann gibt es eine reelle Konstante D, so daß

$$d(\phi(\sigma, m, x_1), \phi(\sigma, n, x_2)) \leq D s^{m \wedge n},$$

für alle $\sigma \in \Sigma$, alle $m, n \in \mathbf{N}$ und alle $x_1, x_2 \in K$.

Beweis. Es seien σ, m, n, x_1 und x_2 genauso wie im Hilfssatz angegeben. Wir konstruieren ein $\widetilde{K}$ wie in Hilfssatz 4.1. Ohne Beschränkung der Allgemeinheit können wir annehmen, daß $m < n$. Dann sehen wir, daß gilt

$$\phi(\sigma, n, x_2) = \phi(\sigma, m, \phi(\omega, n - m, x_2)),$$

wobei

$$\omega = \sigma_{n-m+1}\sigma_{n-m+2} \cdots \sigma_n \cdots \in \Sigma.$$

Es sei $x_3 = \phi(\omega, n - m, x_2)$. Dann gehört x_3 zu $\widetilde{K}$. Somit können wir schreiben:

$$
\begin{aligned}
d(\phi(\sigma, m, x_1), \phi(\sigma, n, x_2)) &= d(\phi(\sigma, m, x_1), \phi(\sigma, m, x_3)) \\
&\le s d(w_{\sigma_2} \circ \cdots \circ w_{\sigma_m}(x_1), w_{\sigma_2} \circ \cdots \circ w_{\sigma_m}(x_3)) \\
&\le s^2 d(w_{\sigma_3} \circ \cdots \circ w_{\sigma_m}(x_1), w_{\sigma_3} \circ \cdots \circ w_{\sigma_m}(x_3)) \\
&\le s^m d(x_1, x_3) \\
&\le s^m D,
\end{aligned}
$$

wobei $D = \max\{d(x_1, x_3) : x_1, x_3 \in \widetilde{K}\}$. D ist endlich, da $\widetilde{K}$ kompakt ist. Das war zu beweisen. $\qquad\square$

Satz 4.2. *Es sei* $(\mathbf{X}, d)$ *ein vollständiger metrischer Raum und* $\{\mathbf{X}; w_n : n = 1, 2, \ldots, N\}$ *ein hyperbolisches IFS. Der Attraktor des IFS werde mit A bezeichnet. Der zum IFS gehörende Adressenraum sei* (Σ, d_C). *Für jedes* $\sigma \in \Sigma$, $n \in \mathbf{N}$ *und* $x \in \mathbf{X}$ *gelte*

$$\phi(\sigma, n, x) = w_{\sigma_1} \circ w_{\sigma_2} \circ \cdots \circ w_{\sigma_n}(x).$$

Dann existiert

$$\phi(\sigma) = \lim_{n \to \infty} \phi(\sigma, n, x).$$

$\phi(\sigma)$ *gehört zu A und ist unabhängig von* $x \in \mathbf{X}$. *Falls K eine kompakte Teilmenge von $\mathbf{X}$ ist, so konvergiert* $\phi(\sigma, n, x)$ *gleichmäßig für alle* $x \in K$. *Die so erhaltene Funktion* $\phi : \Sigma \to A$ *ist stetig und surjektiv.*

Beweis. Es seien $x \in \mathbf{X}$ und $K \in \mathcal{H}(\mathbf{X})$, so daß $x \in K$ ist. Wir konstruieren $\widetilde{K}$ wie in Hilfssatz 4.1 und definieren $W : \mathcal{H}(\mathbf{X}) \to \mathcal{H}(\mathbf{X})$ auf die übliche Weise. Nach Satz 3.3 ist W eine Kontraktion auf dem metrischen Raum $(\mathcal{H}(\mathbf{X}), h(d))$, und wir haben

$$A = \lim_{n \to \infty} \{W^{\circ n}(K)\}.$$

Insbesondere ist $\{W^{\circ n}(K)\}$ eine Cauchy-Folge in $(\mathcal{H}, h)$. Beachten Sie, daß $\phi(\sigma, n, x) \in W^{\circ n}(K)$. Es folgt aus Satz 2.3, daß wenn $\lim_{n \to \infty} \phi(\sigma, n, x)$ existiert, er zu A gehört.

Die Existenz des vorangegangenen Grenzwertes folgt aus der Tatsache, daß $\{\phi(\sigma, n, x)\}_{n=1}^{\infty}$ für ein festes $\sigma \in \Sigma$ eine Cauchy-Folge ist. Nach Hilfssatz 4.2 ist

$$d(\phi(\sigma, m, x), \phi(\sigma, n, x)) \leq D s^{m \wedge n}.$$

Die rechte Seite geht hier gegen null, wenn m und n gegen unendlich laufen. Die gleichmäßige Konvergenz folgt aus dem Umstand, daß die Konstante D unabhängig von $x \in K$ ist.

Als nächstes beweisen wir, daß $\phi : \Sigma \to A$ stetig ist. Es sei $\epsilon > 0$ gegeben. Wir wählen ein n, so daß $s^n D < \epsilon$ und $\sigma, \omega \in \Sigma$ so, daß sie

$$d_C(\sigma, \omega) < \sum_{m=n+2}^{\infty} \frac{N}{(N+1)^m} = \frac{1}{(N+1)^{(n+1)}}$$

genügen. Dann kann man nachweisen, daß σ in den ersten n Stellen mit ω übereinstimmen muß, d. h. $\sigma_1 = \omega_1, \sigma_2 = \omega_2, \ldots, \sigma_n = \omega_n$. Es folgt, daß wir für alle $m \geq n$

$$d(\phi(\sigma, m, x), \phi(\omega, m, x)) = d(\phi(\sigma, n, x_1), \phi(\sigma, n, x_2))$$

schreiben können, für ein beliebiges Paar $x_1, x_2 \in \tilde{K}$. Nach Hilfssatz 4.2 ist die rechte Seite kleiner als $s^n D$, was wiederum kleiner als ϵ ist. Betrachtet man den Grenzwert für $m \to \infty$, findet man, daß

$$d(\phi(\sigma), \phi(\omega)) < \epsilon.$$

Schließlich zeigen wir, daß ϕ surjektiv ist. Es sei $a \in A$. Da nun $A = \lim_{n \to \infty} W^{\circ n}(\{x\})$, folgt aus Satz 2.3, daß eine Folge

$$\{\omega^{(n)} \in \Sigma : n = 1, 2, 3, \ldots\} \text{ mit } \lim_{n \to \infty} \phi(\omega^{(n)}, n, x) = a$$

existiert. Da (Σ, d_C) kompakt ist (weisen Sie das selbst nach), folgt, daß $\{\omega^{(n)} \in \Sigma : n = 1, 2, 3, \ldots\}$ eine konvergente Teilfolge mit Grenzwert $\omega \in \Sigma$ enthält. Nehmen wir ohne Beschränkung der Allgemeinheit an, daß $\lim_{n \to \infty} \omega^{(n)} = \omega$. Dann nimmt die Zahl der aufeinanderfolgenden, anfänglich übereinstimmenden Stellen von $\omega^{(n)}$ und ω ohne Grenze zu, d. h., wenn

$$\alpha(n) = \text{Anzahl der Elemente in } \{j \in \mathbf{N} : \omega_k^{(n)} = \omega_k \text{ für } 1 \leq k \leq j\}$$

mit $\mathbf{N} = \{1, 2, 3, \ldots\}$, dann ist $\alpha(n) \to \infty$ für $n \to \infty$. Es folgt, daß

$$d(\phi(\omega, n, x), \phi(\omega^{(n)}, n, x)) \leq s^{\alpha(n)} D.$$

Nimmt man den Grenzwert auf beiden Seiten für $n \to \infty$, so erhält man $d(\phi(\omega), a) = 0$. Dies impliziert $\phi(\omega) = a$. Damit ist $\phi : \Sigma \to A$ surjektiv und der Beweis vollständig. $\square$

Definition 4.3. Es sei $\{\mathbf{X}; w_n, n = 1, 2, 3, \ldots, N\}$ ein hyperbolisches IFS mit zugehörigem Adressenraum Σ und $\phi : \Sigma \to A$ eine stetige Funktion vom Adressenraum auf den Attraktor des IFS, wie in Satz 4.2 konstruiert. Eine *Adresse* eines Punktes $a \in A$ ist ein Element der Menge

$$\phi^{-1}(a) = \{\omega \in \Sigma : \phi(\omega) = a\}.$$

Diese Menge heißt die *Menge der Adressen* von $a \in A$. Das IFS wird *total unzusammenhängend* genannt, wenn jeder Punkt seines Attraktors eine eindeutige Adresse besitzt. Das IFS heißt *gerade berührend*, wenn es nicht total unzusammenhängend ist, sein Attraktor aber eine nichtleere Menge $\mathbb{O}$ enthält, die im metrischen Raum A offen ist, so daß

(1) $w_i(\mathbb{O}) \cap w_j(\mathbb{O}) = \emptyset \quad \forall\, i, j \in \{1, 2, \ldots, N\} \quad \text{mit } i \neq j;$

(2) $\displaystyle\bigcup_{i=1}^{N} w_i(\mathbb{O}) \subset \mathbb{O}.$

Ein IFS, dessen Attraktor den Bedingungen (1) und (2) genügt, erfüllt die *offene-Mengen-Bedingung*. Das IFS heißt *überlappend*, wenn es weder gerade berührend, noch total unzusammenhängend ist.

Satz 4.3. *Es sei* $\{\mathbf{X}; w_n, n = 1, 2, \ldots, N\}$ *ein hyperbolisches IFS mit Attraktor* A. *Das IFS ist* total unzusammenhängend *genau dann, wenn*

$$w_i(A) \cap w_j(A) = \emptyset \quad \forall\ i, j \in \{1, 2, \ldots, N\} \quad \textit{mit } i \neq j.$$

Beweis. Wenn das IFS total unzusammenhängend ist, besitzt jeder Punkt seines Attraktors eine eindeutige Adresse. Daraus folgt die Gleichung im vorangegangenen Satz. Wenn das IFS nicht total unzusammenhängend ist, dann besitzt irgendein Punkt seines Attraktors zwei verschiedene Adressen. Diese beiden müssen sich an einer der ersten Stellen unterscheiden. Wählen Sie die Urbilder, so daß sich diese Stelle zeigt, um einen Widerspruch zur Gleichung im Satz herzustellen. Damit ist der Beweis abgeschlossen. $\qquad\square$

Aufgaben

4.2.1 Zeigen Sie, daß das IFS $\{\mathbf{R}; \frac{1}{2}x, \frac{1}{2}x + \frac{1}{2}\}$ gerade berührend ist! Welcher Art ist das IFS $\{\mathbf{R}; \frac{1}{2}x, 1\}$?

4.2.2 Weisen Sie nach, daß das IFS $\{\mathbf{R}; \frac{1}{2}x, \frac{3}{4}x + \frac{1}{4}\}$ überlappend ist!

4.2.3 Betrachten sie das IFS $\{[0, 1]; w_n(x) = \frac{(n-1)}{10} + \frac{1}{10}x, n = 1, 2, \ldots, 10\}$. Benutzen Sie dementsprechend für den zugehörigen Adressenraum die Symbole $\{0, 1, 2, \ldots, 9\}$. Zeigen Sie, daß der Attraktor des IFS gleich $[0, 1]$ ist und daß er gerade berührend ist! Finden Sie die Adressen der Punkte mit mehrfacher Adresse heraus und zeigen-Sie, daß die Adresse eines Punktes gerade seiner dezimalen Darstellung entspricht! Kommentieren Sie die Tatsache, daß einige Zahlen zwei verschiedene Darstellungen haben!

4.2.4 Beweisen Sie, daß das IFS $\{[0, 1]; w_1(x) = \frac{1}{3}x, w_2(x) = \frac{1}{3}x + \frac{2}{3}\}$ total unzusammenhängend ist!

4.2.5 Zeigen Sie, daß das IFS, welches den *Black Spleenwort-Farn* erzeugt (vgl. Beispiel 3.10.8) gerade berührend ist!

4.2.6 Weisen Sie nach, daß das IFS $\{[0, 1]; w_1(x) = \frac{1}{2}, w_2(x) = \frac{1}{2}\}$ überlappend ist!

Es ist notwendig, die Struktur des Adressenraums zu verstehen. Aus Satz 4.2 wissen wir, daß der Adressenraum mit N Symbolen der Ursprung aller IFS ist, die aus N Abbildungen bestehen. Mit Hilfe des nächsten Satzes werden wir zeigen, daß der Adressenraum metrisch äquivalent zu einer klassischen Cantor-Menge ist.

Satz 4.4. *Es bezeichne* Σ *den Adressenraum der N Symbole* $\{1, 2, \ldots, N\}$. *Wir definieren zwei unterschiedliche Metriken auf* Σ *durch*

$$d_1(x, y) = \sum_{i=1}^{\infty} \frac{|x_i - y_i|}{(N+1)^i}, \quad d_2(x, y) = \left| \sum_{i=1}^{\infty} \frac{x_i - y_i}{(N+1)^i} \right|.$$

Dann sind (Σ, d_1) *und* (Σ, d_2) *äquivalente metrische Räume.*

Beweis. Wir führen den Beweis für $N = 10$ durch. Es seien $x, y \in \Sigma$ gegeben. Es ist klar, daß wir $d_2(x, y) \leq d_1(x, y)$ haben. Wir müssen zeigen, daß es eine Konstante C gibt, so daß $C d_1(x, y) \leq d_2(x, y)$, wobei C unabhängig von x und y ist. Wir wählen hier $C = \frac{1}{19}$ und zeigen, daß das funktioniert.

Wir können annehmen, daß für ein $k \in \{1, 2, 3, \ldots\}$ gilt: $x_1 = y_1$, $x_2 = y_2$, ..., $x_{k-1} = y_{k-1}$, $x_k \neq y_k$. Dann ist

$$d_2(x, y) = \left| \sum_{i=k}^{\infty} \frac{x_i - y_i}{11^i} \right| \geq \frac{|x_k - y_k|}{11^k} - \sum_{i=k+1}^{\infty} \frac{|x_i - y_i|}{11^i}$$

$$\geq \frac{|x_k - y_k|}{11^k} - \sum_{i=k+1}^{\infty} \frac{9}{11^i} = \left(|x_k - y_k| - \frac{9}{10} \right) \frac{1}{11^k}$$

$$\geq \frac{1}{19} \left(|x_k - y_k| + \frac{9}{10} \right) \frac{1}{11^k},$$

(Verifizieren Sie das, indem Sie es für $|x_k - y_k| \in \{1, 2, \ldots, 9\}$ nachprüfen),

$$\geq \frac{1}{19}\left(\frac{|x_k - y_k|}{11^k} + \sum_{i=k+1}^{\infty} \frac{9}{11^i}\right)$$

$$\geq \frac{1}{19}\left(\frac{|x_k - y_k|}{11^k} + \sum_{i=k+1}^{\infty} \frac{|x_i - y_i|}{11^i}\right)$$

$$\geq \frac{1}{19}\sum_{n=1}^{\infty} \frac{|x_i - y_i|}{11^i} = \frac{1}{19}d_1(x, y).$$

Somit ist der Beweis fertig. $\qquad\qquad\qquad\qquad\qquad\qquad\qquad\qquad\square$

Wir zeigen nun, daß der Adressenraum metrisch äquivalent zu einer total unzusammenhängenden Cantor-Teilmenge von $[0, 1]$ ist. Wir definieren ein hyperbolisches IFS durch $\{[0, 1]; w_n(x) = \frac{1}{(N+1)}x + \frac{n}{(N+1)} : n = 1, 2, \ldots, N\}$. Damit folgt

$$w_n([0, 1]) = \left[\frac{n}{N+1}, \frac{n+1}{N+1}\right] \qquad \text{für } n = 1, 2, \ldots, N,$$

wie es in Abbildung 4.10 für den Fall $N = 3$ dargestellt wird.

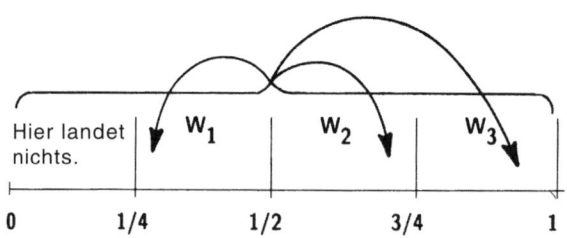

Hier landet nichts.

|0   1/4   1/2   3/4   1

Abb. 4.10 Im ersten Intervall landet nichts.

Der Attraktor für dieses IFS ist total unzusammenhängend, wie der Abbildung 4.11 für den Fall $N = 3$ zu entnehmen ist. Für den Fall $N = 3$ ist der Attraktor in $[\frac{1}{3}, 1]$ enthalten. Die Fixpunkte der drei Transformationen $w_1(x) = \frac{1}{4}x + \frac{1}{4}$, $w_2(x) = \frac{1}{4}x + \frac{1}{2}$, $w_3(x) = \frac{1}{4}x + \frac{3}{4}$ sind dementsprechend $\frac{1}{3}$, $\frac{2}{3}$ und 1. Darüber hinaus ist die Adresse eines jeden Punktes genau dieselbe, wie in der Ziffernfolge, die seiner Darstellung in $(N + 1)$-adischer Form entspricht. Was hier passiert, ist folgendes. Auf der nullten Ebene beginnen wir mit allen Zahlen in $[0, 1]$. Diese sind in $(N + 1)$-adischer Form dargestellt. Wir entfernen alle Punkte, deren erste Ziffer eine Null ist. Im Fall $N = 3$ zum Beispiel wird dadurch das Intervall $[0, \frac{1}{4}]$ eliminiert. Auf der zweiten Stufe entfernen wir von den verbleibenden Punkten alle diejenigen, die an der zweiten Stelle eine Null

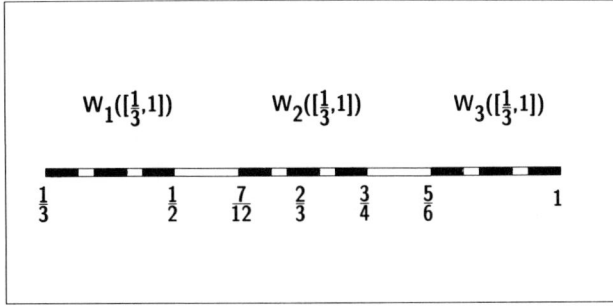

Abb. 4.11 Eine spezielle dreifache Cantor-Menge im Entstehen.

haben und so weiter. Wir enden damit, daß wir nur noch Punkte haben, die in der Darstellung bezüglich der Basis $N + 1$ keine Nullen mehr enthalten. Betrachten wir jetzt die Transformation $\phi : (\Sigma, d_C) \rightarrow (A, \text{euklidisch})$. Aus Satz 4.4 folgt, daß die beiden metrischen Räume äquivalent sind. ϕ ist die Transformation, die die Äquivalenz zur Verfügung stellt. Damit haben wir eine Realisierung, einen Weg, uns den Adressenraum vorzustellen.

Aufgaben

4.2.7 Finden Sie eine Darstellung, analog zu der in Abbildung 4.11, für den Fall $N = 9$.

4.2.8 Welches ist die kleinste Zahl in $[0, 1]$, deren dezimale Darstellung keine Nullen enthält?

Wir fahren damit fort, die Beziehung zwischen dem Attraktor A eines hyperbolischen IFS $\{\mathbf{X}; w_1, w_2, \ldots, w_N\}$ und seinem zugehörigen Adressenraum Σ zu erörtern. Es sei $\phi : \Sigma \rightarrow \mathbf{X}$ die Adressenraum-Abbildung, die in Satz 4.2 konstruiert wurde; sei $\omega = \omega_1 \omega_2 \omega_3 \omega_4 \ldots$ die Adresse eines Punktes $x \in A$. Dann ist

$$\widetilde{\omega} = j\omega_1 \omega_2 \omega_3 \omega_4 \ldots$$

für jedes $j \in \{1, 2, \ldots, N\}$ eine Adresse von $w_j(x)$.

Definition 4.4. Der Attraktor eines hyperbolischen IFS $\{\mathbf{X}; w_1, w_2, \ldots, w_N\}$ werde mit A bezeichnet. Ein Punkt $a \in A$ heißt *periodischer Punkt* des IFS, wenn eine endliche Folge von Zahlen $(\sigma(n) \in \{1, 2, \ldots, N\})_{n=1}^{P}$ existiert, so daß

$$a = w_{\sigma(P)} \circ w_{\sigma(P-1)} \circ \cdots \circ w_{\sigma(1)}(a).$$

Wenn a periodisch ist, dann heißt die kleinste natürliche Zahl P, für die diese Aussage zutrifft, die *Periode* von a.

Damit ist ein Punkt eines Attraktors periodisch, wenn wir auf ihn eine Folge von w_n anwenden können, in der Weise, daß wir nach endlich vielen Schritten wieder zu genau dem Punkt zurückkehren. Es sein a ein periodischer Punkt, der der Gleichung in Definition 4.4 genügt, und σ der Punkt im zugehörigen Adressenraum, gegeben durch

$$\sigma = \sigma(P)\sigma(P-1)\cdots\sigma(1)\sigma(P)\sigma(P-1)\cdots\sigma(1)\sigma(P)\sigma(P-1)\cdots$$

$$= \overline{\sigma(P)\sigma(P-1)\cdots\sigma(1)}.$$

Betrachten wir dann $\lim\limits_{n\to\infty}\phi(\sigma, n, a)$, so sehen wir, daß $\phi(\sigma) = a$.

Definition 4.5. Ein Punkt im Adressenraum, dessen Symbole periodisch auftreten wie in der obigen Gleichung, heißt *periodische Adresse*. Ein Punkt im Adressenraum, dessen Symbole periodisch werden, nachdem zu Anfang eine endliche Anzahl übersprungen wurde, heißt *schließlich periodisch*.

Aufgaben/Beispiele

4.2.9   Ein Beispiel für eine periodische Adresse ist:

$$121212121212121212121212121212121212121212\ldots,$$

wo (12) endlos wiederholt wird. Ein Beispiel für eine schließlich periodische Adresse ist

$$112111111211111211112111121221211212121212121212121\ldots,$$

wo sich (21) endlos wiederholt.

4.2.10 Beweisen Sie den folgenden Satz: „Es sei $\{\mathbf{X}; w_1, w_2, \ldots, w_N\}$ ein hyperbolisches IFS mit Attraktor A. Dann sind die folgenden Aussagen äquivalent:

(1) $x \in A$ ist ein periodischer Punkt;

(2) $x \in A$ besitzt eine periodische Adresse;

(3) $x \in A$ ist ein Fixpunkt eines der Elemente der Halbgruppe von Transformationen, die durch $\{w_1, w_2, \ldots, w_N\}$ erzeugt wird."

4.2.11 Zeigen Sie, daß ein Punkt $x \in [0, 1]$ genau dann ein periodischer Punkt des IFS

$$\left\{[0, 1]; \frac{1}{2}x, \frac{1}{2}x + \frac{1}{2}\right\}$$

ist, wenn er in der Form $x = \frac{p}{(2^N-1)}$ ausgedrückt werden kann! Dabei sind p und N natürliche Zahlen mit $0 \le p \le (2^N - 1)$ und $N \in \{1, 2, 3, \ldots\}$.

4.2.12 Es bezeichne $\{\mathbf{X}; w_1, w_2, \ldots, w_N\}$ ein hyperbolisches IFS mit Attraktor A. Wir definieren $W(S) = \bigcup\limits_{n=1}^{N} w_n(S)$, falls S eine Teilmenge von $\mathbf{X}$ ist. Weiter sei P die Menge aller schließlich periodischen Punkte des IFS. Zeigen Sie, daß gilt: $W(P) = P$.

2.2.13 Bestimmen Sie für das IFS $\{\mathbf{C}; \frac{1}{2}z, \frac{1}{2}z + \frac{1}{2}, \frac{1}{2}z + \frac{i}{2}\}$ alle periodischen Punkte der Periode 3. Kennzeichnen Sie die Lage dieser Punkte auf dem Attraktor.

4.2.14 Bestimmen Sie alle periodischen Punkte des IFS

$$\left\{ \mathbf{R}; w_1(x) = 0, w_2(x) = \frac{1}{2}x + \frac{1}{2} \right\}.$$

Satz 4.5. *Der Attraktor eines IFS ist der Abschluß seiner periodischen Punkte.*

Beweis. Der Adressenraum ist der Abschluß der Menge der periodischen Adressen. Diese Aussage überträgt man mittels der Adressenraum-Abbildung $\phi : \Sigma \to A$ auf den Attraktor A. ϕ ist eine stetige Abbildung von einem metrischen Raum Σ auf einen metrischen Raum A. Wenn $S \subset \Sigma$ derart ist, daß $\overline{S} = \Sigma$, so folgt, daß $\overline{\phi(S)} = A$. $\qquad \square$

Aufgaben

4.2.15 Beweisen Sie, daß der Attraktor eines total unzusammenhängenden hyperbolischen IFS, das aus zwei oder mehr Abbildungen besteht, überabzählbar ist!

4.2.16 Unter welchen Bedingungen enthält der Attraktor eines hyperbolischen IFS überabzählbar viele Punkte mit mehrfacher Adresse? Versuchen Sie nicht, eine vollständige Antwort zu geben, sondern nur einige Bedingungen, und denken Sie über das Problem nach!

4.2.17 Unter welchen Bedingungen existieren in dem Attraktor eines hyperbolischen IFS Punkte, die überabzählbar viele Adressen besitzen? Versuchen Sie nicht, eine vollständige Antwort zu finden.

4.2.18 In der Standard-Konstruktion der klassischen Cantor-Menge $\mathscr{C}$ wird eine Folge offener Teilintervalle von $[0, 1]$ entfernt, wie es in Beispiel 3.1.5, beschrieben wurde. Die Endpunkte jedes dieser Intervalle gehören zu $\mathscr{C}$. Zeigen Sie, daß die Menge solcher Intervallendpunkte abzählbar ist. Weisen Sie nach, daß $\mathscr{C}$ selber überabzählbar ist. $\mathscr{C}$ ist der Attraktor des IFS $\{[0, 1]; \frac{1}{3}x, \frac{1}{3}x + \frac{2}{3}\}$. Charakterisieren Sie die Adressen der Menge der Intervallendpunkte in $\mathscr{C}$.

4.3 Einführung in dynamische Systeme

Wir führen den Begriff des dynamischen Systems und einen Teil der zugehörigen Terminologie ein.

Definition 4.6. Ein *dynamisches System* ist eine Transformation $f : \mathbf{X} \to \mathbf{X}$ auf einem metrischen Raum $(\mathbf{X}, d)$. Es wird mit $\{\mathbf{X}; f\}$ bezeichnet. Die Folge $\{f^{\circ n}(x)\}_{n=0}^{\infty}$ heißt der *Orbit* des Punktes $x \in \mathbf{X}$.

Wie wir entdecken werden, sind dynamische Systeme die Quellen der deterministischen Fraktale. Die Gründe dafür sind stark mit der IFS-Theorie verflochten. Später werden wir einen speziellen Typ eines dynamischen Systems einführen, das mit einem IFS verknüpft werden kann – die Shift-Abbildung. Wenn wir die Orbits dieser Systeme untersuchen, werden wir mehr über Fraktale lernen. Eines unserer Ziele ist es, zu verstehen, weshalb der Zufalls-Iterations-Algorithmus, der in Programm 3.2 benutzt wurde, die Bilder von Attraktoren eines IFS erfolgreich berechnet. Wir werden weitere Informationen über die tiefere Struktur des Attraktors eines IFS entdecken.

Aufgaben/Beispiele

4.3.1 Wir definieren eine Funktion $f : \Sigma \to \Sigma$ auf dem Adressenraum durch

$$f(x_1 x_2 x_3 x_4 \cdots) = x_2 x_3 x_4 x_5 \cdots .$$

Dann ist $\{\Sigma; f\}$ ein dynamisches System.

4.3.2 $\{[0, 1]; f(x) = \lambda x(1 - x)\}$ ist für jedes $\lambda \in [0, 4]$ ein dynamisches System. Wir sagen, daß eine *Ein-Parameter-Familie* eines dynamischen Systems vorliegt.

4.3.3 Es sei $w(x) = Ax + t$ eine affine Transformation in $\mathbf{R}^2$. Dann ist $\{\mathbf{R}^2; w\}$ ein dynamisches System.

4.3.4 Definieren Sie $T : C[0, 1] \to C[0, 1]$ durch

$$(Tf)(x) = \tfrac{1}{2} \cdot f\left(\tfrac{1}{2}x\right) + \tfrac{1}{2} \cdot f\left(\tfrac{1}{2}x + \tfrac{1}{2}\right).$$

Dann ist $\{C[0, 1]; T\}$ ein dynamisches System.

4.3.5 Es sei $w : \widehat{\mathbf{C}} \to \widehat{\mathbf{C}}$ eine Möbius-Transformation. Das heißt,

$$w(z) = \frac{az + b}{cz + d},$$

wobei $a, b, c, d \in \mathbf{C}$ und $(ad - bc) \neq 0$. Dann ist $\{\widehat{\mathbf{C}}; w(z)\}$ ein dynamisches System.

4.3.6 $\{[0, 1]; 2x \bmod 1\}$ ist ein dynamisches System. Es ist hier $2x \bmod 1 = 2x - [2x]$, wobei $[2x]$ die größte natürliche Zahl bedeutet, die kleiner oder gleich $2x$ ist.

4.3.7 Man definiere eine Transformation $f : \blacksquare \to \blacksquare$, wie in Abbildung 4.12 dargestellt. $\{\blacksquare; f\}$ ist ein dynamisches System.

In der Theorie der dynamischen Systeme ist man daran interessiert, was passiert, wenn man einem typischen Orbit folgt. Gibt es irgendeinen Attraktor, der für gewöhnlich auftritt? Dynamische Systeme werden dann interessant, wenn die enthaltenen Transformationen *keine* Kontraktionen sind. So reicht eine einzelne Transformation aus, ein interessantes Verhalten hervorzurufen. Der Orbit eines einzelnen Punktes kann eine geometrisch komplizierte Menge sein. Macht sich ein neugieriger Leser ein paar Gedanken über die horizontalen Scheiben in Abbildung 4.13, so wird es ihn schnell an eine enge Beziehung zwischen die-

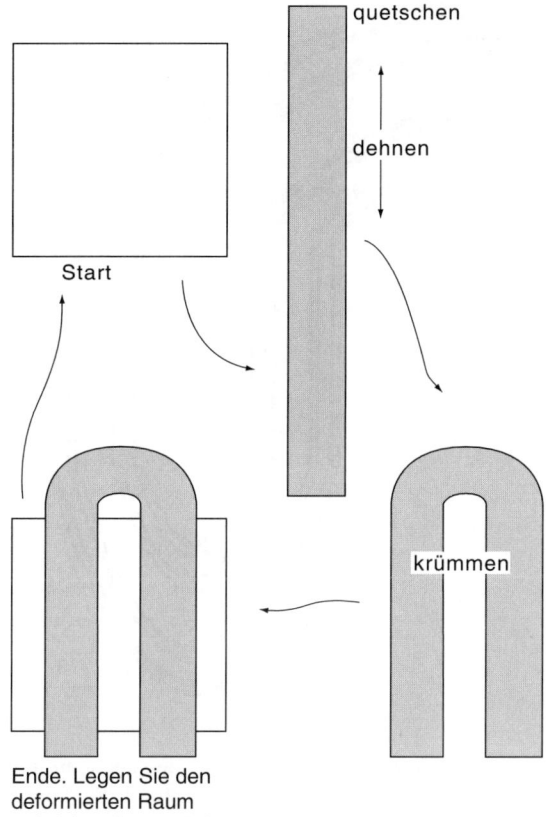

quetschen

dehnen

krümmen

Start

Ende. Legen Sie den
deformierten Raum
auf sich selbst zurück.

Abb. 4.12   Ein Beispiel eines
„dehnenden, quetschenden und
krümmenden" dynamischen Systems (Smales Hufeisen-Abbil-
dung).

sem nichtkontrahierenden dynamischen System und einem hyperbolischen IFS
denken lassen.

Definition 4.7. Es sei $\{\mathbf{X}, f\}$ ein dynamisches System. Ein *periodischer Punkt*
von f ist ein Punkt $x \in \mathbf{X}$ derart, daß $f^{\circ n}(x) = x$ für ein $n \in \{1, 2, 3, \ldots\}$.
Wenn x ein periodischer Punkt von f ist, so heißt die natürliche Zahl n, mit
$f^{\circ n}(x) = x$, $n \in \{1, 2, 3, \ldots\}$ die *Periode* von x. Die kleinste derartige Zahl heißt
die *minimale Periode* des periodischen Punktes x. Der Orbit eines periodischen
Punktes von f heißt *Zyklus* von f. Die minimale Periode eines Zyklus ist die
Anzahl verschiedener Punkte, die er enthält. Eine Periode eines Zyklus von f
ist die Periode eines Punktes im Zyklus.

Definition 4.8. Es sei $\{\mathbf{X}; f\}$ ein dynamisches System und $x_f \in \mathbf{X}$ ein Fixpunkt
von f. Der Punkt x_f heißt *attraktiver* Fixpunkt von f, wenn es eine Zahl $\epsilon > 0$
gibt, so daß f die Kugel $B(x_f, \epsilon)$ in sich selbst abbildet. Darüber hinaus ist
f in $B(x_f, \epsilon)$ eine Kontraktion. Im vorliegenden Fall ist $B(x_f, \epsilon) = \{y \in \mathbf{X} :$

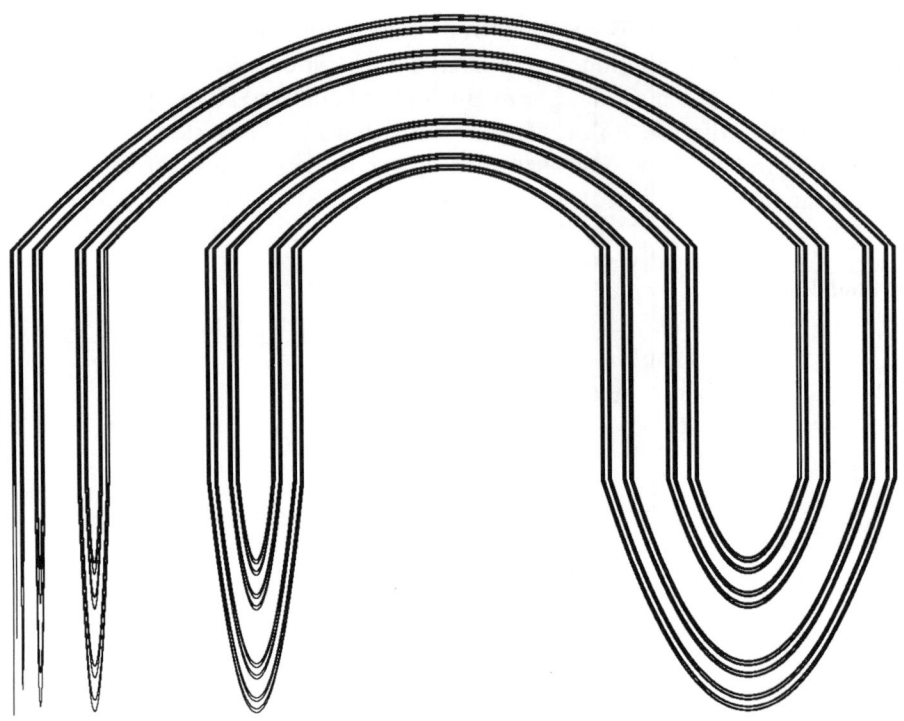

Abb. 4.13 Eine Million Punkte eines Orbits von einem „dehnenden, quetschenden und krümmenden" dynamischen System. Können Sie eine Verwandtschaft zur IFS-Theorie feststellen?

$d(x_f, y) \leq \epsilon\}$. Der Punkt x_f heißt *repulsiver* Fixpunkt von f, falls eine Zahl $\epsilon > 0$ und eine Zahl $C > 1$ existieren, so daß

$$d(f(x_f), f(y)) \geq Cd(x_f, y) \quad \text{für alle } y \in B(x_f, \epsilon).$$

Ein periodischer Punkt von f der Periode n ist *attraktiv*, wenn er ein attraktiver Fixpunkt von $f^{\circ n}$ ist. Ein Zyklus der Periode n ist ein *attraktiver Zyklus* von f, wenn der Zyklus einen attraktiven periodischen Punkt von f der Periode n enthält. Ein periodischer Punkt von f der Periode n heißt *repulsiv*, wenn er ein repulsiver Fixpunkt von $f^{\circ n}$ ist. Ein Zyklus der Periode n heißt *repulsiver Zyklus* von f, wenn der Zyklus einen repulsiven periodischen Punkt von f der Periode n enthält.

Definition 4.9. Es sei $\{X; f\}$ ein dynamisches System. Ein Punkt $x \in X$ heißt *schließlich periodischer* Punkt von f, wenn $f^{\circ m}(x)$ für irgendeine natürliche Zahl m periodisch ist.

Bemerkung: Die hier angegebenen Definitionen für attraktive und repulsive Punkte sind mit den Definitionen vereinbar, die wir für die metrische Äquivalenz verwenden. Wir werden sie das ganze Buch über benutzen. Normalerweise sind die Definitionen, die man in der Theorie über dynamische Systeme gebraucht, mehr topologischer Natur. Diese werden später in den Übungsaufgaben 4.5.4 und 4.5.5 angegeben.

Aufgaben/Beispiele

4.3.8   Der Punkt $x_f = 0$ ist für das dynamische System $\{\mathbf{R}; \frac{1}{2}x\}$ ein attraktiver Fixpunkt und für das dynamische System $\{\mathbf{R}; 2x\}$ ein repulsiver Fixpunkt.

4.3.9   Für das dynamische System

$$\{\widehat{\mathbf{C}}; (\cos 10° + i \sin 10°)(0.9)z\}$$

ist der Punkt $z = 0$ ein attraktiver Fixpunkt und $z = \infty$ ein repulsiver Fixpunkt. Ein typischer Orbit, der in der Nähe des unendlich fernen Punktes auf der Sphäre startet, wird in den Abbildungen 4.14 und 4.15 gezeigt.

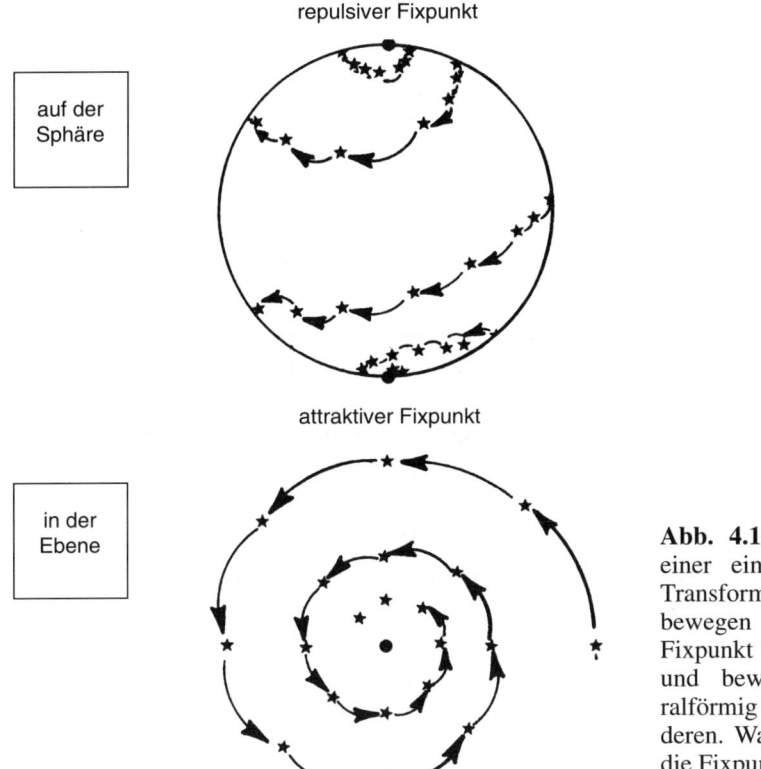

repulsiver Fixpunkt

auf der
Sphäre

attraktiver Fixpunkt

in der
Ebene

Abb. 4.14 Die Dynamik einer einfachen Möbius-Transformation.   Punkte bewegen sich von einem Fixpunkt spiralförmig weg und bewegen sich spiralförmig gegen den anderen. Was passiert, wenn die Fixpunkte übereinstimmen?

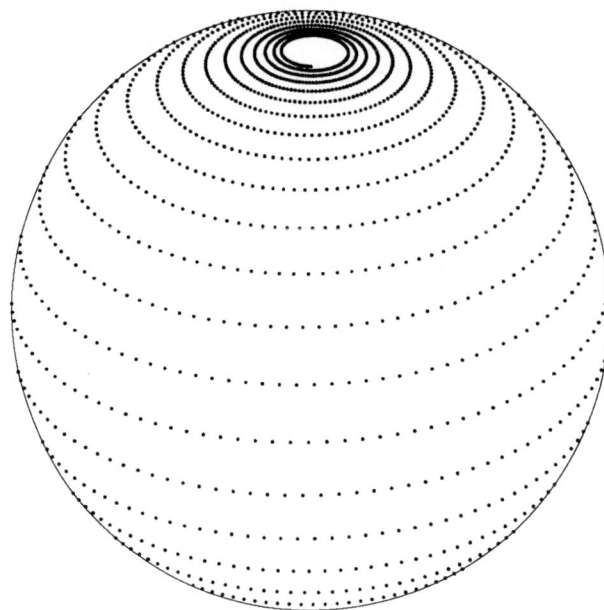

Abb. 4.15 Punkte, die zu einem Orbit einer Möbius-Transformation auf der Sphäre gehören.

4.3.10 Der Punkt $x_f = 111\overline{111}$ ist für das dynamische System $\{\Sigma; f\}$ ein repulsiver Fixpunkt, wobei $f : \Sigma \to \Sigma$ durch

$$f(x_1 x_2 x_3 x_4 x_5 \cdots) = x_2 x_3 x_4 x_5 \cdots$$

definiert ist. Zeigen Sie, daß $x = 1212\overline{12}$ ein repulsiver periodischer Punkt mit der Periode 2 ist! Weisen Sie außerdem nach, daß $\{12\overline{12}, 21\overline{21}\}$ ein repulsiver Zyklus der Periode 2 ist.

4.3.11 Das dynamische System $\{[0, 1]; \frac{1}{2}x(1-x)$ besitzt den attraktiven Fixpunkt $x_f = 0$. Können Sie für dieses System einen repulsiven Fixpunkt bestimmen?

Es gibt eine interessante Konstruktion, um Orbits von dynamischen Systemen mit der speziellen Form $\{\mathbf{R}; f(x)\}$ darzustellen. Dazu wird der Graph der Funktion $f : \mathbf{R} \to \mathbf{R}$ benutzt. Wir beschreiben hier, wie mit seiner Hilfe der Orbit $\{x_n = f^{\circ n}(x_0)\}_{n=1}^{\infty}$ eines Punktes $x_0 \in \mathbf{R}$ gezeichnet werden kann.

Der Einfachheit halber nehmen wir an, daß $f : [0, 1] \to [0, 1]$. Zeichnen Sie das Quadrat $\{(x, y) : 0 \leq x \leq 1, 0 \leq y \leq 1\}$ und skizzieren Sie die Graphen von $y = f(x)$ und $y = x$ für $x \in [0, 1]$! Beginnen Sie am Punkt (x_0, y_0) und verbinden Sie ihn durch eine Strecke mit dem Punkt $(x_0, x_1 = f(x_0))$! Verbinden Sie diesen Punkt durch eine Strecke mit dem Punkt (x_1, x_1), diesen wiederum mit dem Punkt $(x_1, x_2 = f(x_1))$ und setzen Sie dieses Verfahren weiter fort! Der Orbit selbst zeigt sich als Folge von Punkten (x_0, x_0), (x_1, x_1), (x_2, x_2),... auf der Winkelhalbierenden $y = x$ des ersten Quadranten. Das Resultat dieser geometrischen Konstruktion nennen wir eine *graphische Iteration*.

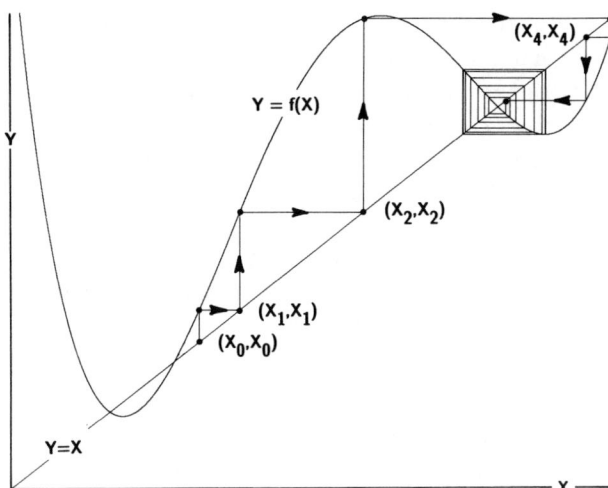

Abb. 4.16 Dies ist ein Beispiel für eine graphische Iteration. Die graphische Iteration ist ein Mittel, um den Orbit eines Punktes $x_0 \in \mathbf{R}$ für ein dynamisches System $\{\mathbf{R}; f\}$ bildlich darzustellen und zu analysieren. Die geometrische Konstruktion während einer graphischen Iteration verwendet den Graphen von $f(x)$.

Es ist nun einfach, Computergraphikroutinen zu schreiben, die solche graphischen Iterationen auf dem Bildschirm eines Kleincomputers darstellen. Das folgende Programm ist in BASIC geschrieben. Es läuft ohne Abänderungen auf einem IBM PC mit CGA-Graphikkarte und Turbobasic. Die Worte in den Zeilen, die durch ' abgetrennt sind, sind Kommentare und nicht Bestandteil des Programms.

Programm 4.1

```
l = 3.79:xn = 0.95           'Parameterwert 3.79, Orbit startet
                             'bei 0.95
def fnf(xn)=l*xn*(1-xn)      'ändern Sie diese Funktion f(x) für
                             'andere dynamische Systeme
screen 1 :cls                'initialisiert die Computergraphik
window(0,0)-(1,1)            'setzt das Zeichenfenster auf
                             '0 < x < 1, 0 < y < 1
for k=1 to 400               'zeichnet den Graphen von f(x)
pset(k/400,fnf(k/400))
next k
do                           'die Hauptschleife der Berechnung
n=n+1                        'der Zähler n wird um 1 erhöht
y=fnf(xn)                    'berechnet den nächsten Punkt auf
                             'dem Orbit
line(xn,xn)-(xn,y),n         'zeichnet eine Strecke von (xn, xn)
                             'nach (xn, y) in Farbe n
```

```
line(xn,y)-(y,y),n          'zeichnet eine Strecke von (xn, y)
                            'nach (y, y) in Farbe n
xn=y                        'setzt xn auf den vor kurzem
                            'berechneten Punkt des Orbits
loop until instat:end       'das Programm hält an, wenn eine
                            'Taste gedrückt wird
```

Zwei Beispiele für einige graphische Iterationen, die mit diesem Programm berechnet wurden, sind in Abbildung 4.17 zu sehen. Das in diesem Fall benutzte dynamische System lautet $\{[0, 1]; f(x) = 3.79x(1 - x)\}$.

Aufgaben/Beispiele

4.3.12 Schreiben Sie das Programm 4.1 so um, daß es für Ihre eigene Computerausstattung geeignet ist. Wenden Sie dann Ihr Programm an, um das dynamische System $\{[0, 1]; f(x) = \lambda x(1 - x)\}$ für $\lambda = 0.55, 1.3, 2.225, 3.014, 3.794$ zu untersuchen. Versuchen Sie, die verschiedenartigen graphischen Iterationen, die für diese Ein-Parameter-Familie von dynamischen Systemen auftreten, zu klassifizieren.

4.3.13 Unterteilen Sie $[0, 1]$ in 16 Teilintervalle $[0, \frac{1}{16}), [\frac{1}{16}, \frac{2}{16}), \cdots, [\frac{14}{16}, \frac{15}{16}), [\frac{15}{16}, 1]$. Es sei $f : [0, 1] \to [0, 1]$ durch $f(x) = \lambda x(1 - x)$ definiert, wobei $\lambda \in [0, 4]$ ein Parameter ist. Berechnen Sie $\{f^{\circ n}(\frac{1}{2}) : n = 0, 1, 2, \ldots, 5000\}$ und verfolgen Sie die *Frequenz*, mit der $f^{\circ n}(\frac{1}{2})$ in das k-te Intervall fällt, für $k = 1, 2, 4, 8, 16$ und $\lambda = 0.55, 1.3, 2.225, 3.014, 3.794$. Werten Sie Ihre Ergebnisse durch ein Histogramm aus!

4.3.14 Beschreiben Sie das Verhalten der Ein-Parameter-Familie von dynamischen Systemen $\{\mathbf{R} \cup \{\infty\}; \lambda x\}$, mit λ als reellem Parameter, für die Fälle
a) $\lambda = 0$; b) $0 < |\lambda| < 1$; c) $\lambda = -1$; d) $\lambda = 1$; e) $1 < \lambda < \infty$.

4.3.15 Analysieren Sie die möglichen Verhaltensweisen von $\{\mathbf{R}^2; Ax + t\}$, wobei $Ax + t$ eine affine Transformation ist!

4.3.16 Untersuchen Sie die Möglichkeiten für das Verhalten der Orbits des dynamischen Systems $\{\widehat{\mathbf{C}}; \text{Möbius-Transformation}\}$. Sie sollten dazu einen geeigneten Koordinatenwechsel durchführen, um die Diskussion zu vereinfachen.

4.3.17 Zeigen Sie, daß alle Punkte des „gleitenden und faltenden" dynamischen Systems $\{\mathbf{R}; f\}$ schließlich periodisch sind. Dabei ist

$$f(x) = \begin{cases} x + 1, & \text{falls } x \leq 0, \\ -x + 1, & \text{falls } x \geq 0. \end{cases}$$

Dieses System ist in Abbildung 4.18 dargestellt.

4.3.18 Es sei $\{\mathbf{X}; w_1, w_2, \ldots, w_N\}$ ein hyperbolisches IFS. $\{\mathcal{H}(\mathbf{X}); W\}$ ist dann ein dynamisches System, wobei

$$W(B) = \bigcup_{n=1}^{N} w_n(B) \quad \text{für alle } B \in \mathcal{H}(\mathbf{X})$$

ist. Dynamische Systeme, die auf Mengen statt auf Punkte wirken, werden manchmal *dynamische Systeme für Mengen* genannt. Weisen Sie nach, daß der Attraktor des IFS ein attraktiver Fixpunkt des dynamischen Systems $\{\mathcal{H}(\mathbf{X}); W\}$ ist. Dazu sollten Sie geeignete Resultate vorangegangener Sätze heranziehen.

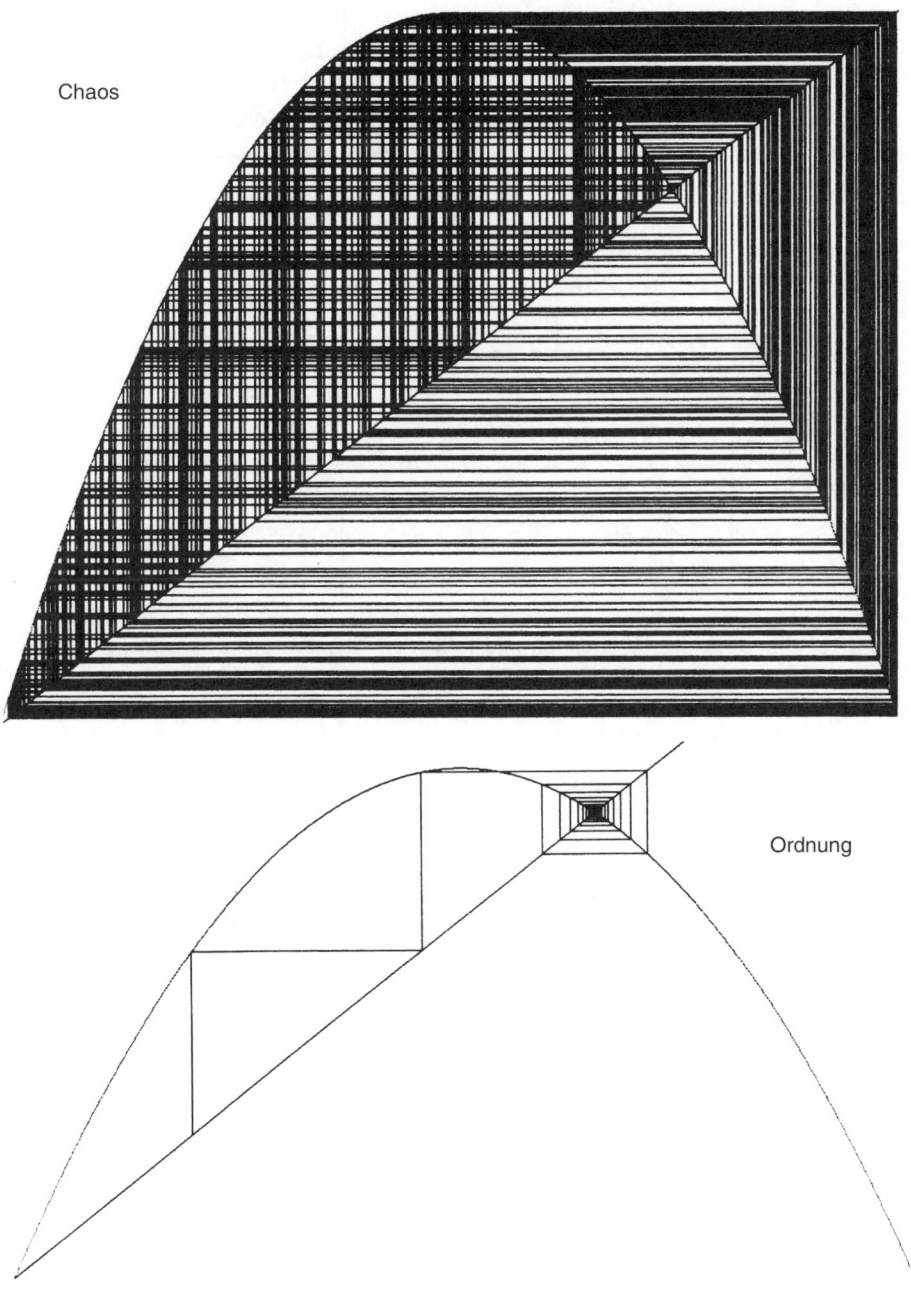

Abb. 4.17 Zwei Beispiele für graphische Iterationen, die mit Programm 4.1 berechnet wurden. Das dynamische System lautet hier $\{[0, 1]; f(x) = \lambda x(1 - x)\}$ für zwei verschiedene Werte von $\lambda \in [0, 4]$. Das System, das zu dem kleineren Wert von λ gehört, ist ordentlich. Das andere ist nahe daran, chaotisch zu sein.

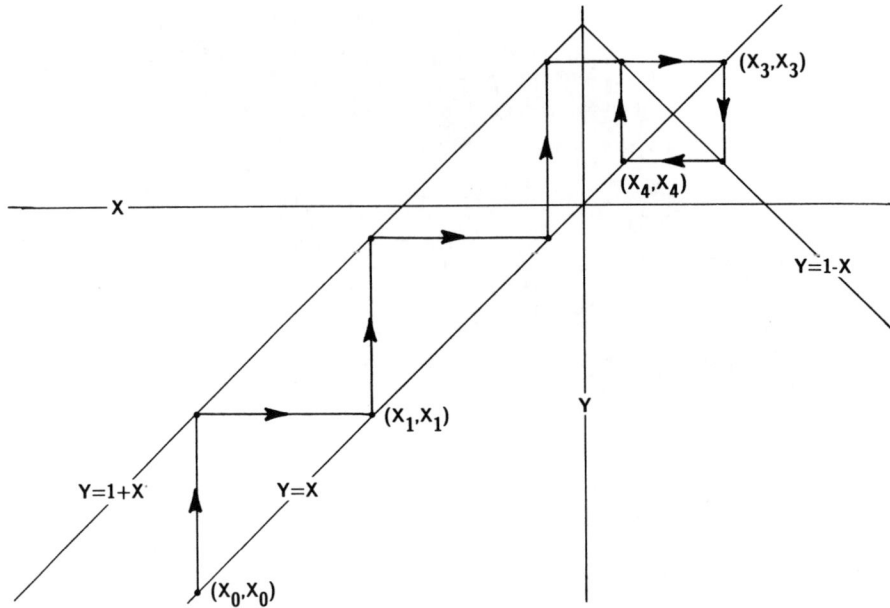

Abb. 4.18 Ein Orbit des „gleitenden und faltenden" dynamischen Systems, das in Beispiel 4.3.17 beschrieben wird. Können Sie nachweisen, daß alle Orbits schließlich periodisch sind?

4.3.19 Wir betrachten wieder unseren zweidimensionalen Adressenraum mit Vergangenheit und Zukunft, d. h. den Shiftraum (vgl. Übungsaufgabe 2.1.12). In diesem Raum ist die Shift-Transformation ein Homöomorphismus des Raumes in sich (er wird häufig als der *Shift-Automorphismus* bezeichnet). An dieser Stelle gibt es für den Shift-Automorphismus eine schöne geometrische Interpretation. Dazu sehen wir uns die Wirkung der Shift-Transformation mit der Metrik d_k mit $k = N$ an, so wie in Übungsaufgabe 2.2.19. Um die Erläuterungen zu vereinfachen, nehmen wir $N = 2$. Der Shiftraum ist ein zweidimensionaler Adressenraum mit Punkten der Form

$$(x, y) = (x_1 x_2 x_3 \ldots, y_1 y_2 y_3 \ldots),$$

den wir mit der „euklidischen" Metrik (vgl. Übungsaufgabe 2.2.6)

$$d((x_1, y_1), (x_2, y_2)) = \sqrt{\left(\sum_{i=1}^{\infty} \frac{x_{1_i} - x_{2_i}}{2^i}\right)^2 + \left(\sum_{i=1}^{\infty} \frac{y_{1_i} - y_{2_i}}{2^i}\right)^2}$$

versehen. Die Shift-Transformation wird hier am besten beschrieben, wenn wir

$$(x, y) = \ldots y_3 y_2 y_1 . x_1 x_2 x_3 \ldots$$

schreiben. Nun führen wir einen Shift durch, indem wir den Punkt eine Stelle nach rechts schieben, und erhalten so:

$$T(x, y) = \ldots y_2 y_1 x_1 . x_2 x_3 x_4 \ldots = (x_2 x_3 \ldots, x_1 y_1 y_2 \ldots).$$

Mit der eben erwähnten Metrik können wir dies mit dem Einheitsquadrat $[0, 1] \times [0, 1]$ in Beziehung setzen. Jeder Punkt in diesem Quadrat besitzt eine binäre Darstellung mit Nullen und Einsen, so daß ein Punkt (x, y) mit genau denselben Symbolen und derselben Metrik (euklidisch) als $(.x_1 x_2 \ldots, .y_1 y_2 \ldots)$ beschrieben werden kann. Nun läßt sich erkennen, daß die Shift-Transformation folgende Wirkung hat:

- x **dehnen:** verdoppelt x. Die erste Ziffer wird hochgeschoben, so daß sie an der Einerstelle steht.

- y **stauchen:** halbiert y. Dadurch wird die erste Ziffer eine Null, und alle anderen Ziffern werden nach unten geschoben.

- **hebe das halbe Intervall:** Falls die Einerstelle von x die Ziffer 1 ist, so wird die neue erste Ziffer Null von y durch 1 ersetzt. Dadurch wird zu y einhalb addiert.

- **lege es über das andere:** Wenn die Ziffer an der Einerstelle von x eine 1 ist, so wird sie weggeworfen. Dadurch werden die x-Werte zu jenen zwischen 0 und 1 gebracht, so daß diese Hälfte von Punkten über die andere Hälfte gelegt wird.

Damit haben wir das Quadrat auf das Doppelte seiner Breite gestreckt (x verdoppelt) und auf die Hälfte seiner Höhe gestaucht (y halbiert), das entstandene Rechteck an der Stelle $x = 1$ in zwei Hälften geschnitten und dann die rechte Hälfte über die untere Hälfte gelegt ($\frac{1}{2}$ zu y addiert, falls das neue x größer als 1 ist). Dieser Vorgang des Verzerrens des Quadrates, des Zerschneidens und anschließenden Übereinanderlegens der Stücke heißt *Bäcker-Transformation*, da es daran erinnert, wie ein Bäcker den Teig rollt, schneidet und zusammenlegt (z. B. um Gebäck herzustellen). Dies ist identisch zur Shift-Transformation auf dem Shiftraum, solange wie der Teig in klar erkennbaren Schichten bleibt (im Gegensatz zu $\mathbf{R}^2$ mit $0\bar{1} \neq 1\bar{0}$).

Definition 4.10. Diese Transformation ist berühmt, weil sie das Herzstück jeder invertierbaren „mischenden" Funktion (man muß eine beliebige Anzahl von Schnitten und ungleichmäßiges Ausrollen erlauben) ist. Eine *mischende* Funktion ist eine Funktion f, so daß es für eine gegebene Menge A (aus einer bestimmten Mengenklasse, an dieser Stelle Mengen mit einem Inneren) und jede Menge B aus derselben Klasse ein N gibt, so daß $f^n(A) \cap B \neq \emptyset$ für $n > N$ gilt.

Der Begriff *mischend* ist offensichtlich: Wenn A rot ist und B blau, so sind sie beide schließlich violett (d. h. sie haben beide rot und blau in sich). Eine schöne Eigenschaft dieser Mischung besteht darin, daß es mindestens einen Punkt im Raum gibt, so daß $\{f^n(x) : n = 1, 2, \ldots\}$ dicht liegt. Das bedeutet, wenn eine offene Menge $\mathcal{O}$ gegeben ist, so existiert ein n, daß $f^n(x) \in \mathcal{O}$ ist. Falls f diese Eigenschaft hat, so sagen wir, daß f einen *dichten Orbit* besitzt. T ist auf dem Shiftraum und auf dem Adressenraum mischend und hat als Konsequenz einen dichten Orbit.

Aufgaben

4.3.20 Beweisen Sie, daß es für jeden Adressenraum Σ mit N Symbolen einen Punkt $\sigma \in \Sigma$ gibt, so daß σ bezüglich der Shift-Transformation einen dichten Orbit besitzt, d. h., $\{T^n(\sigma) : n = 1, 2, \ldots\}$ ist dicht in Σ.

4.3.21 Zeigen Sie, daß T auf dem Adressenraum für die Klasse der offenen Mengen mischend ist.

Abb. 4.19 Ein Vorzeichen für die Dinge, die noch kommen werden.

4.4 Dynamik auf Fraktalen, oder wie man Orbits durch das Betrachten von Bildern berechnet

Wir setzen das Hauptthema dieses Kapitels fort, nämlich die dynamischen Systeme auf Fraktalen. Wir benötigen das folgende Resultat.

Hilfssatz 4.3. *Es sei* $\{\mathbf{X}; w_n, n = 1, 2, \ldots, N\}$ *ein hyperbolisches IFS mit Attraktor A. Wenn das IFS total unzusammenhängend ist, dann sind die Transformationen* $w_n : A \to A$ *für jedes* $n \in \{1, 2, \ldots, N\}$ *injektiv.*

Beweis. Wir argumentieren mit Hilfe des Adressenraums. Nehmen wir an, es gäbe eine natürliche Zahl $n \in \{1, 2, \ldots, N\}$ und voneinander verschiedene Punkte $a_1, a_2 \in A$, so daß $w_n(a_1) = w_n(a_2) = a \in A$. Wenn a_1 die Adresse ω hat und a_2 die Adresse σ, dann besitzt a die beiden Adressen $n\omega$ und $n\sigma$. Das ist aber unmöglich, denn das IFS ist total unzusammenhängend. Dieser Widerspruch beweist die Behauptung. □

Durch diesen Hilfssatz wird die folgende Definition sinnvoll.

Definition 4.11. Es sei $\{\mathbf{X}; w_n, n = 1, 2, \ldots, N\}$ ein total unzusammenhängendes hyperbolisches IFS mit Attraktor A. Die Transformation $S : A \to A$ heißt zugehörige *Shift-Transformation* auf A und ist gegeben durch

$$S(a) = w_n^{-1}(a) \quad \text{für } a \in w_n(A).$$

Die w_n werden dabei als Transformationen auf A angesehen. Das dynamische System $\{A; S\}$ heißt zum IFS gehörende *Shift-Abbildung*.

Aufgaben/Beispiele

4.4.1 In Abbildung 4.20 ist der Attraktor für das IFS

$$\left\{ \mathbf{R}^2; 0.47\begin{pmatrix} x_1 \\ x_2 \end{pmatrix}, 0.47\begin{pmatrix} x_1 \\ x_2 \end{pmatrix} + \begin{pmatrix} 1 \\ 0 \end{pmatrix}, 0.47\begin{pmatrix} x_1 \\ x_2 \end{pmatrix} + \begin{pmatrix} 1 \\ 0 \end{pmatrix} \right\}$$

zu sehen. Darüber hinaus ist dort auch ein schließlich periodischer Orbit $\{a_n = S^{\circ n}(a_0)\}_{n=0}^{\infty}$ für die zugehörige Shift-Abbildung dargestellt. Dieser Orbit endet eigentlich im Fixpunkt $\phi(2\overline{22})$. Der Orbit lautet $a_0 = \phi(13132\overline{22})$, $a_1 = \phi(31312\overline{22})$, $a_2 = \phi(1322\overline{22})$, $a_3 = \phi(322\overline{22})$, $a_4 = \phi(\overline{2222})$, wobei $\phi : \Sigma \to A$ die zugehörige Adressenraum-Abbildung ist. Der Punkt a_4 ist offensichtlich ein repulsiver Fixpunkt des dynamischen Systems. Beachten Sie, wie man den Orbit des Punktes a_0 von seiner Adresse ablesen kann. Starten Sie von einem anderen Punkt, der sehr nahe bei a_0 liegt, und verfolgen Sie, was passiert! Beachten Sie außerdem, daß die Dynamik nicht nur von A selbst abhängt, sondern auch von dem IFS. Ein anderes IFS mit demselben Attraktor wird im allgemeinen zu einer anderen Shift-Dynamik führen.

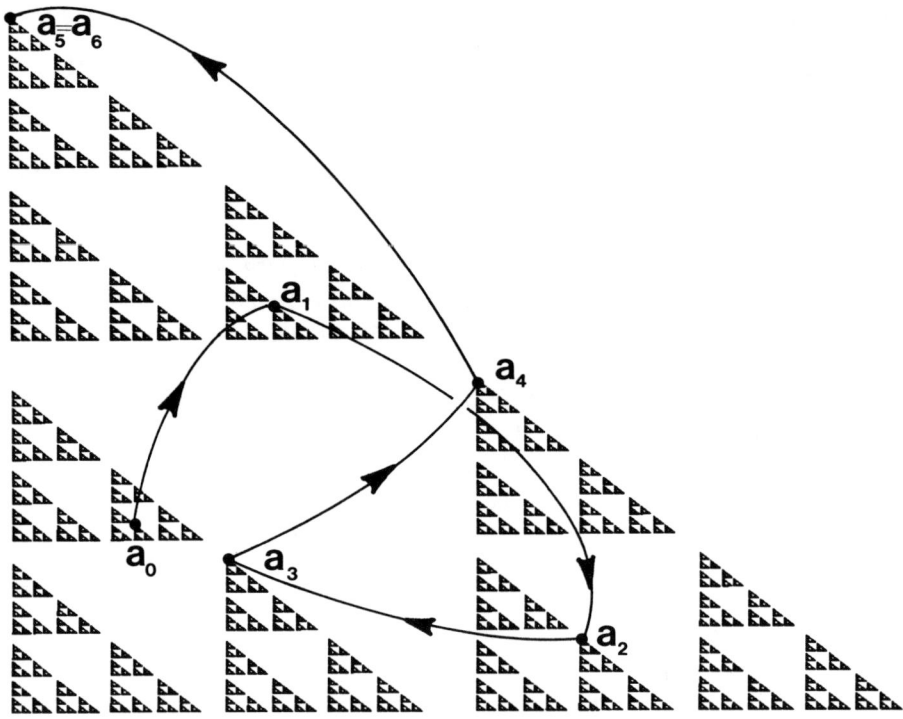

Abb. 4.20   Ein Orbit einer Shift-Abbildung auf einem Fraktal.

4.4.2 Jede der beiden Abbildungen 4.21 und 4.22 zeigt Attraktoren von IFS. In jedem
Fall ist das IFS offensichtlich. Geben Sie in Abbildung 4.21 die Adressen der
Punkte $\{a_n = S^{\circ n}(a_0)\}_{n=0}^{\infty}$ des schließlich periodischen Orbits an. Zeigen Sie, daß
der Zyklus, gegen den der Orbit konvergiert, ein repulsiver Zyklus der Periode drei
ist. Der Orbit in Abbildung 4.22 ist entweder sehr lang oder unendlich lang. Warum
ist es für uns schwer zu erkennen, welche von beiden Möglichkeiten zutrifft?

4.4.3 In Abbildung 4.23 wird der Orbit eines Punktes bezüglich einer Shift-Abbildung,
zu dem ein bestimmtes IFS $\{\mathbf{R}^2; w_1, w_2, w_3\}$ gehört, dargestellt. w_1, w_2 und w_3
sind affine Transformationen. Leiten Sie die Orbits derjenigen Punkte her, welche
in der Abbildung mit b und c gekennzeichnet sind.

4.4.4 Abbildung 4.24 zeigt den Beginn eines Orbits eines Punktes bezüglich einer Shift-
Abbildung. Dazu gehört ein hyperbolisches IFS der Form $\{\mathbf{R}; w_1, w_2, w_3\}$, wobei
die Transformationen $w_n : \mathbf{R} \to \mathbf{R}$ affin sind und $[0, 1]$ der Attraktor ist. Skizzieren
Sie einen Teil des Orbits von dem Punkt, der in der Abbildung mit b gekennzeichnet
ist. (Beachten Sie, daß dieses IFS eigentlich gerade berührend ist. Dennoch ist es
kein Problem, die zugehörige Shift-Dynamik auf eindeutige Weise auf $\mathcal{O} \cap A$ zu
definieren, wobei $\mathcal{O}$ die offene Menge ist, auf welche in Definition 4.3 Bezug
genommen wurde.)

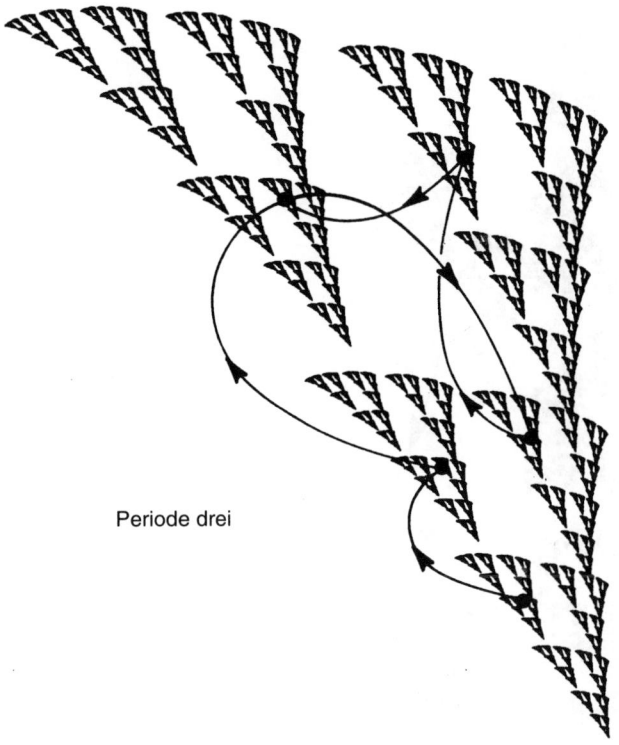

Abb. 4.21 Dieser Orbit endet in einem Zyklus der Periode drei.

Wir können die Definition eines überlappenden IFS mit Hilfe der in Abschnitt drei dieses Kapitels besprochenen Mischungseigenschaften verschärfen. Es sei $\{\mathbf{X}; w_1, \ldots, w_N\}$ ein hyperbolisches IFS. Wir definieren die Menge

$$M = \bigcup_{i \neq j} (w_i(A) \cap w_j(A))$$

von Punkten in den verschiedenen Schnittmengen der Abbildungen des IFS. Dann gelten die folgenden Eigenschaften:

Offenes Inneres: Wenn es eine Menge $\mathcal{O}$ gibt, die bezüglich A offen ist, so daß $\mathcal{O} \subset M$ gilt, dann ist das IFS überlappend. Dadurch kann das IFS in einigen Fällen als überlappend erkannt werden. Der Beweis ist nicht schwierig: Wir nehmen an, daß M eine offene Menge $\mathcal{O}$ enthält. Es sei nun $\mathcal{O}_1$ eine offene Menge, die die offene-Mengen-Bedingung für ein gerade berührendes IFS erfüllt. Dann ist $W^n(\mathcal{O}_1) \cap \mathcal{O} = \emptyset$ für alle n, da $\mathcal{O}_1$ keine Punkte in der Überschneidung enthalten und in sich selbst abbilden kann. Durch die stetige Abbildung $\phi : \Sigma \to A$ wüßten wir, daß $\phi^{-1}(\mathcal{O}_1)$ und $\phi^{-1}(\mathcal{O})$ beides offene Mengen im Adressenraum wären. Aber wegen des Mischens muß $T^n(\phi^{-1}(\mathcal{O}))$ die Menge $\phi^{-1}(\mathcal{O}_1)$ im

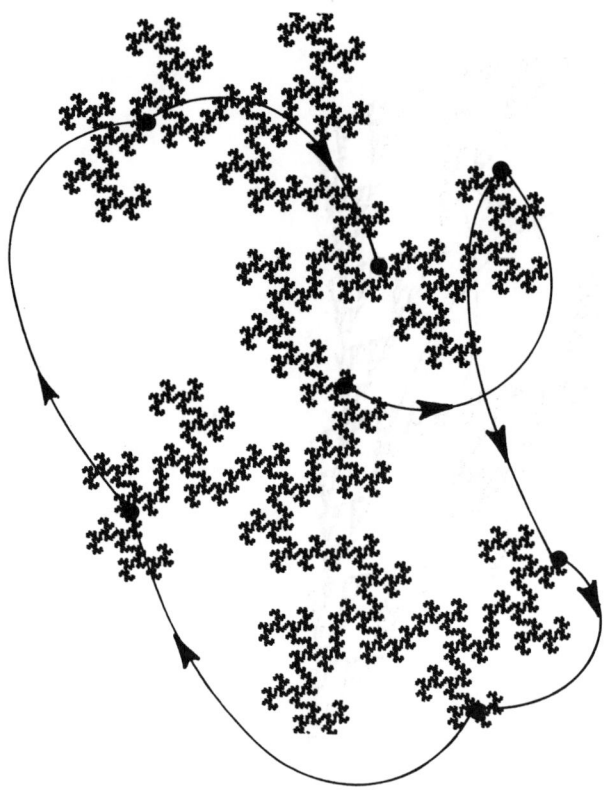

Abb. 4.22 Ein chaotischer Orbit kommt ins Laufen. Die Shift-Dynamiken sind häufig planlos. Warum?

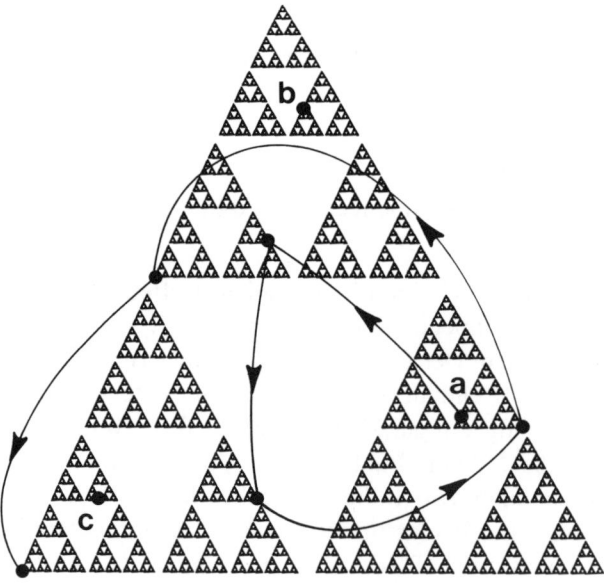

Abb. 4.23 Es wird der Orbit des Punktes *a* dargestellt. Können Sie die ersten Punkte der Orbits von *b* und *c* einzeichnen? Warnung! Das IFS hier ist nicht das gewöhnliche. Überlegen Sie, wie Sie durch die Kenntnis von einem Teil der Dynamik zu weiteren Schlußfolgerungen kommen können.

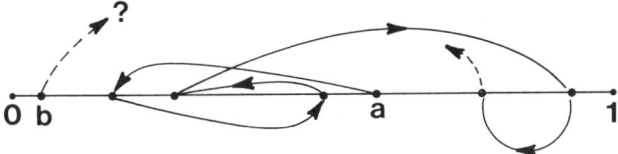

Abb. 4.24 In dieser Abbildung ist ein Teil des Orbits skizziert, der zu dem IFS $\{[0, 1]; w_1, w_2, w_3\}$ auf dessen Attraktor $[0, 1]$ gehört. Die Transformationen $w_i : [0, 1] \to [0, 1]$ sind affin für $i = 1, 2, 3$. Skizzieren Sie einen Teil des Orbits von b.

Adressenraum für ein n schneiden. Also gehört eine Adresse im Durchschnitt zu einem Punkt a auf dem Attraktor, so daß $W^n(\{a\})$ die offene Menge $\mathcal{O}$ schneidet. Somit kann $\mathcal{O}_1$ nicht existieren, und das IFS ist überlappend.

Dichte Adressen: Damit das IFS im Beweis zuvor nicht gerade berührend ist, braucht der Orbit $\phi^{-1}(M)$ nur in Σ dicht zu sein, um mit Punkten im Bild einer offenen Menge in A zu enden. Daher ist ein IFS überlappend, wenn der Orbit von $\phi^{-1}(M)$ im Adressenraum bezüglich der Shift-Transformation dicht ist.

Leeres Inneres: Wenn das IFS aus affinen Abbildungen besteht und es wie gerade berührend „aussieht", d. h., M besitzt kein Inneres, dann ist es gerade berührend. Die wichtige Eigenschaft affiner Abbildungen, die hier benutzt wurde, besteht darin, daß sie Randpunkte auf Randpunkte abbilden und die Urbilder von Randpunkten Randpunkte sind.

4.4.5 Die Eigenschaft mit dem leeren Inneren gilt nicht allgemein, aber sie ist nützlich, wenn sie funktioniert. Um zu sehen, weshalb sie nur eingeschränkt richtig ist, betrachten wir das folgende IFS, das aus sechs verschobenen Kopien der folgenden Abbildung besteht: Es sei $\theta(x) = \arccos(x)$ auf dem Intervall $[-1, 1]$ gegeben. Das bedeutet, daß x auf den Punkt abgebildet wird, der auf dem Einheitskreis direkt über x liegt. Dann wird $\theta(x)$ in den Punkt $\theta(x) - \alpha \sin \theta(x)$ überführt, wobei $\alpha \in [0, \frac{1}{2})$ ist. Danach wird der neue Punkt auf dem Kreis auf $[-1, 1]$ zurückabgebildet, indem $\theta(x)$ durch $x' = \cos \theta(x)$ verändert wird. Nun wird das Intervall mit der Abbildung x'^2 im Nullpunkt gefaltet und anschließend durch drei geteilt, damit sichergestellt ist, daß die Abbildung kontrahierend ist. Das Intervall wurde also auf $[0, \frac{1}{3}]$ abgebildet. Wir nennen diese Abbildung $v(x)$. Explizit ausgedrückt heißt das:

$$v(x) = \frac{1}{3} \cos^2(\arccos(x)) - \sin(\arccos(x)).$$

Nun bilden wir durch Verschiebung und Vorzeichenänderung aus $v(x)$ sechs neue Abbildungen $w_1, \ldots, w_6$:

$$w_1(x) = v(x) - 1 \qquad w_2(x) = -v(x) - \tfrac{1}{3}$$
$$w_3(x) = v(x) - \tfrac{1}{3} \qquad w_4(x) = -v(x) + \tfrac{1}{3}$$
$$w_5(x) = v(x) + \tfrac{1}{3} \qquad w_6(x) = -v(x) + 1.$$

Der Leser sollte in der Lage sein, nachzuweisen, daß der Attraktor des IFS

$$\{[-1, 1]; w_1, w_2, w_3, w_4, w_5, w_6\}$$

das Intervall $[-1, 1]$ ist und daß jede dieser Abbildungen jeden Nachbarn in einem einzelnen Punkt berührt. Es gibt einen Punkt $x_0(\alpha)$, so daß

$$\arccos(x_0) - \alpha \sin(\arccos(x_0)) = \frac{\pi}{2}$$

ist, dessen Bild aus den Punkten

$$\left\{-1, -\frac{1}{3}, \frac{1}{3}, 1\right\}$$

besteht und dessen Endpunkte auf $\{-\frac{2}{3}, 0, \frac{2}{3}\}$ abgebildet werden. Wenn man für α verschiedene Werte wählt, kann man x_0 durch das Intervall $[-\frac{1}{3}, 0]$ bewegen. Greifen wir $\sigma \in \Sigma$ als dichten Orbit in Σ bezüglich der Shift-Transformation heraus, so können wir diese Adresse für x_0 sukzessiv approximieren, so daß die Adresse von x_0 gerade 3σ lautet. Dies können wir für jedes $\sigma \in \Sigma$ dieser Art durchführen. Außerdem können wir dies für eine Vielzahl periodischer Orbits tun, die nicht dicht sind.

Es stellt sich heraus, daß dieses IFS für die *meisten* Werte von $x_0 \in [-\frac{1}{3}, 0]$ (die Wahrscheinlichkeit, daß ein Wert in diesem Intervall einer von jenen ist, beträgt 100%) überlappend ist, obwohl zwischen zwei Werten, für die das IFS überlappend ist, immer ein Wert liegt, für welchen es gerade berührend ist. Die Attraktoren dieser IFS-Familie sind identisch, genauso wie die Schnittpunkte. Dies ist ein Beispiel für ein IFS, das einerseits eine endliche Menge von Schnittpunkten besitzt und (manchmal) überlappend ist und sich andererseits nicht glatt von total unzusammenhängend nach gerade berührend nach überlappend verändert. Diese Eigenschaften sind für das IFS erklärt und nicht für den Attraktor. Es sind Eigenschaften, die das Verhalten der Adressen im Adressenraum bestimmen.

4.5   Äquivalente dynamische Systeme

Definition 4.12. Zwei metrische Räume $(\mathbf{X}_1, d_1)$ und $(\mathbf{X}_2, d_2)$ heißen *topologisch äquivalent*, wenn ein Homöomorphismus $f : \mathbf{X}_1 \to \mathbf{X}_2$ existiert. Zwei Teilmengen $S_1 \subset \mathbf{X}_1$ und $S_2 \subset \mathbf{X}_2$ sind topologisch äquivalent, oder *homöomorph*, wenn die metrischen Räume (S_1, d_1) und (S_2, d_2) topologisch äquivalent sind. S_1 und S_2 werden *metrisch äquivalent* genannt, falls (S_1, d_1) und (S_2, d_2) äquivalente metrische Räume sind.

Die Cantor-Menge und der Adressenraum sind metrisch äquivalent, wie im Anschluß an Satz 4.4 diskutiert wurde. Nach Satz 2.13 wissen wir, daß $f : \mathbf{X}_1 \to \mathbf{X}_2$ ein Homöomorphismus ist, wenn f eine stetige, injektive Abbildung von einem kompakten metrischen Raum $(\mathbf{X}_1, d_1)$ auf einen kompakten metrischen

Raum $(\mathbf{X}_2, d_2)$ ist. So läßt sich mit Hilfe der Adressenraum-Abbildung ϕ : $\Sigma \to A$ leicht nachweisen, daß der Attraktor eines total unzusammenhängenden IFS zu der klassischen Cantor-Menge topologisch äquivalent ist.

Topologische Äquivalenz erlaubt viel stärkeres Dehnen und Stauchen, als bei metrischer Äquivalenz stattfinden darf. Später werden wir eine Größe definieren, die *fraktale Dimension* genannt wird. Die fraktale Dimension einer Teilmenge eines metrischen Raumes, wie z. B. ($\mathbf{R}^2$, euklidisch), liefert ein Maß für die geometrische Komplexität der Menge. Außerdem kann sie dazu benutzt werden, Ihr Erstaunen vorherzusagen, wenn Sie das Bild der Menge betrachten. Wir werden zeigen, daß zwei Mengen, die metrisch äquivalent sind, dieselbe fraktale Dimension haben. Wenn sie lediglich topologisch äquivalent sind, kann ihre fraktale Dimension verschieden sein.

Mit der auf natürliche Weise implizierten Metrik ist [0, 1] homöomorph zu [0, 2]. ■ ist homöomorph zu ●, $\overset{\text{\tiny ✿}}{\curlyvee}$ ist homöomorph zu $\curlyvee$ und ——— ist homöomorph zu $\wedge\!\!\wedge\!\!\wedge$.

In fraktaler Geometrie sind wir besonders an der *Geometrie* von Mengen und am Aussehen dieser Mengen, wenn sie durch Bilder dargestellt werden, interessiert. Wir haben damit begonnen, mathematisch festzulegen, was wir darunter verstehen, wenn wir sagen, daß zwei Mengen ähnlich sind. Dazu benutzten wir die einschränkende Bedingung der metrischen Äquivalenz. In der Theorie dynamischer Systeme sind wir jedoch an der *Bewegung* selbst interessiert, an der Dynamik, an der Art und Weise, wie sich Punkte bewegen, an der Existenz periodischer Orbits, am asymptotischen Verhalten der Orbits und so weiter. Diese Strukturen werden durch Homöomorphismen nicht zerstört, wie wir sehen werden. Demnach sagen wir, daß zwei dynamische Systeme ähnlich sind, wenn sie über einen Homöomorphismus miteinander in Beziehung stehen.

Definition 4.13. Zwei dynamische Systeme $\{\mathbf{X}_1; f_1\}$ und $\{\mathbf{X}_2; f_2\}$ heißen *äquivalent,* oder *topologisch konjugiert*, wenn es einen Homöomorphismus $\theta : \mathbf{X}_1 \to \mathbf{X}_2$ gibt, so daß

$$f_1(x_1) = \theta^{-1} \circ f_2 \circ \theta(x_1) \qquad \text{für alle } x_1 \in \mathbf{X}_1,$$
$$f_2(x_2) = \theta^{-1} \circ f_1 \circ \theta(x_2) \qquad \text{für alle } x_2 \in \mathbf{X}_2.$$

Mit anderen Worten: Zwei dynamische Systeme sind über ein Kommutativdiagramm miteinander verknüpft, wie in Abbildung 4.25 zu sehen ist. Der zugehörige Homöomorphismus wird dort mit h bezeichnet.

Durch den folgenden Satz wird eine Tatsache formal ausgedrückt, die schon aus unserer Erfahrung mit der Shift-Dynamik auf Fraktalen klar sein sollte.

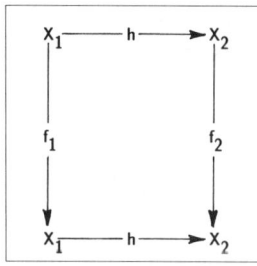

Abb. 4.25 Ein Kommutativdiagramm, das die Äquivalenz zwischen zwei dynamischen Systemen $\{X; f_1\}$ und $\{X_2; f_2\}$ darstellt. Die Funktion $h : X_1 \to X_2$ ist ein Homöomorphismus.

Satz 4.6. *Es sei $\{X; w_1, w_2, \ldots, w_N\}$ ein total unzusammenhängendes hyperbolisches IFS und $\{A; S\}$ die zugehörige Shift-Abbildung, Σ der zugehörige Adressenraum mit N Symbolen, und $T : \Sigma \to \Sigma$ sei definiert durch*

$$T(\sigma_1 \sigma_2 \sigma_3 \cdots) = \sigma_2 \sigma_3 \sigma_4 \cdots \quad \text{für alle } \sigma = \sigma_1 \sigma_2 \sigma_3 \cdots \in \Sigma.$$

Dann sind die beiden dynamischen Systeme $\{A; S\}$ und $\{\Sigma; T\}$ äquivalent. Der Homöomorphismus, welcher die Äquivalenz liefert, ist $\phi : \Sigma \to A$, wie er in Satz 4.2 definiert wurde. Darüber hinaus ist $\{a_1, a_2, \ldots, a_p\}$ ein repulsiver Zyklus der Periode p für S genau dann, wenn

$$\{\phi^{-1}(a_1), \phi^{-1}(a_2), \ldots, \phi^{-1}(a_p)\}$$

ein repulsiver Zyklus der Periode p für T ist.

Aufgaben

4.5.1 Es seien $\{X_1; f_1\}$ und $\{X_2; f_2\}$ zwei äquivalente dynamische Systeme und $\theta :$ $X_1 \to X_2$ ein Homöomorphismus, der die Äquivalenz herstellt. Zeigen Sie, daß $\{x_1, x_2, \ldots, x_p\}$ für $\{X_1; f_1\}$ genau dann ein Zyklus der Periode p ist, wenn $\{\theta(x_1), \theta(x_2), \ldots, \theta(x_p)\}$ für $\{X_2; f_2\}$ ein Zyklus der Periode p ist! Nehmen wir an, $\{x_1, x_2, \ldots, x_p\}$ sei für f_1 ein attraktiver Zyklus. Weisen Sie nach, daß dadurch nicht impliziert wird, daß $\{\theta(x_1), \theta(x_2), \ldots, \theta(x_p)\}$ für f_2 ein attraktiver Zyklus ist!

4.5.2 Es seien $\{X_1; f_1\}$ und $\{X_2; f_2\}$ äquivalente dynamische Systeme und $\theta : X_1 \to X_2$ ein Homöomorphismus, der die Äquivalenz herstellt. Es sei $\{f_1^{\circ n}(x)\}_{n=0}^{\infty}$ ein schließlich periodischer Orbit von f_1. Beweisen Sie, daß $\{f_2^{\circ n}(\theta(x))\}_{n=0}^{\infty}$ ein schließlich periodischer Orbit von f_2 ist!

4.5.3 Es seien $\{X_1; f_1\}$ und $\{X_2; f_2\}$ äquivalente dynamische Systeme und $\theta : X_1 \to X_2$ ein Homöomorphismus, der die Äquivalenz herstellt. Dieser Homöomorphismus sei so gewählt, daß die beiden Räume (X_1, d_1) und (X_2, d_2) metrisch äquivalent sind. Konstruieren Sie ein Beispiel, in dem x_f ein repulsiver Fixpunkt des dynamischen Systems $\{X_1; f_1\}$, jedoch $\theta(x_f)$ für $\{X_2; f_2\}$ kein repulsiver Fixpunkt ist!

4.5.4 Es seien $\{X_1; f_1\}$ und $\{X_2; f_2\}$ äquivalente dynamische Systeme und $\theta : X_1 \to X_2$ ein Homöomorphismus, der die Äquivalenz herstellt, und $x_f \in X_1$ ein Fixpunkt von f_1. Nehmen wir an, es gibt eine offene Menge $\mathcal{O}$, welche einerseits x_f enthält und andererseits so gewählt ist, daß durch $x \in \mathcal{O}$ impliziert wird, daß $\lim_{n \to \infty} f_1^{\circ n}(x) = x_f$ ist. Zeigen Sie, daß es in X_2 eine offene Umgebung von $\theta(x_f)$ gibt, die die gleiche Eigenschaft besitzt!

4.5.5 Unsere Definition der *attraktiven* und *repulsiven* Fixpunkte und Zyklen (vgl. Definition 4.8) hat das Merkmal, daß sie stark von der Metrik abhängt. Das ist durch die Situation der analytischen Dynamik begründet, bei der kleine Kreisscheiben wieder nahezu in Kreisscheiben abgebildet werden. Zeigen Sie, wie man Aufgabe 4.5.4 dazu benutzen kann, eine Definition eines attraktiven Zyklus in der Weise zu formulieren, daß die Attraktivität von Zyklen unter äquivalenten dynamischen Systemen erhalten bleibt!

4.5.6 Es sei $A \subset \mathbf{R}$. Eine Funktion $f : A \to A$ ist dann an einem Punkt $x_0 \in A$ *differenzierbar*, wenn

$$\lim_{\substack{x \to x_0 \\ x \in A}} \left\{ \frac{f(x) - f(x_0)}{x - x_0} \right\}$$

existiert. Falls dieser Grenzwert existiert, wird er mit $f'(x_0)$ bezeichnet. Nun sei $\{\mathbf{R}; w_1, w_2, \ldots, w_N\}$ ein total unzusammenhängendes, hyperbolisches IFS, welches auf dem metrischen Raum $(\mathbf{R}, \text{euklidisch})$ wirkt. Wir nehmen an, daß $w_n(x)$ differenzierbar ist für jedes $n = 1, 2, \ldots, N$ und daß $|w_n'(x)| > 0$ für alle $x \in \mathbf{R}$. Zeigen Sie, daß die zugehörige Shift-Abbildung $\{S; A\}$ so beschaffen ist, daß S an jedem Punkt $x_0 \in A$ differenzierbar ist und daß darüber hinaus $|S'(x_0)| > 1$ für alle $x \in A$ gilt!

4.5.7 Es seien $\{\mathbf{R}; f\}$ und $\{\mathbf{R}; g\}$ äquivalente dynamische Systeme, und $\theta : \mathbf{R} \to \mathbf{R}$ sei ein Homöomorphismus, der ihre Äquivalenz herstellt. Wenn $\theta(x)$ für alle $x \in \mathbf{R}$ unendlich oft differenzierbar ist, heißt das dynamische System *diffeomorph*. Beweisen Sie, daß a_1 genau dann ein attraktiver Fixpunkt von f ist, wenn $\theta(a_1)$ ein attraktiver Fixpunkt von g ist!

4.5.8 Es sei $\{\mathbf{R}; f\}$ ein dynamisches System derart, daß f für alle $x \in \mathbf{R}$ differenzierbar ist. Betrachten Sie die graphischen Iterationen, die zu diesem System gehören. Zeigen Sie, daß die Fixpunkte von f gerade die Schnittpunkte der Geraden $y = x$ mit dem Graphen $y = f(x)$ sind! Es sei a ein Fixpunkt von f. Zeigen Sie, daß a genau dann ein Fixpunkt von f ist, wenn $|f'(a)| < 1$ ist! Verallgemeinern Sie dieses Ergebnis auf Zyklen! Beachten Sie, daß wenn $\{a_1, a_2, \ldots, a_N\}$ ein Zyklus der Periode p ist,

$$\left(\frac{\mathrm{d} f^{\circ p}(x)}{\mathrm{d}x} \right)_{|x=a_1} = f'(a_1) f'(a_2) \cdots f(a_p)$$

gilt. Vergewissern Sie sich, daß diese Situation in der graphischen Iteration in Abbildung 4.26 korrekt dargestellt wurde!

4.5.9 Betrachten Sie das dynamische System $\{[0, 1]; f(x)\}$ mit

$$f(x) = \begin{cases} 1 - 2x, & \text{falls } x \in [0, \tfrac{1}{2}], \\ 2x - 1, & \text{falls } x \in [\tfrac{1}{2}, 1]. \end{cases}$$

Betrachten Sie weiter das gerade berührende IFS

$$\left\{ [0, 1]; \tfrac{1}{2}x + \tfrac{1}{2}, -\tfrac{1}{2}x + \tfrac{1}{2} \right\}.$$

Weisen Sie nach, daß es möglich ist, eine Shift-Transformation S auf dem Attraktor A dieses IFS so zu definieren, daß $\{[0, 1]; S\}$ und $\{[0, 1]; f(x)\}$ äquivalente dynamische Systeme bilden. Um dies durchzuführen, sollten Sie für Punkte mit eindeutiger Adresse $S : A \to A$ in der naheliegenden Art und Weise definieren. Für die Wirkung von S auf Punkte mit mehrfacher Adresse sollten Sie sich eine geeignete Definition überlegen.

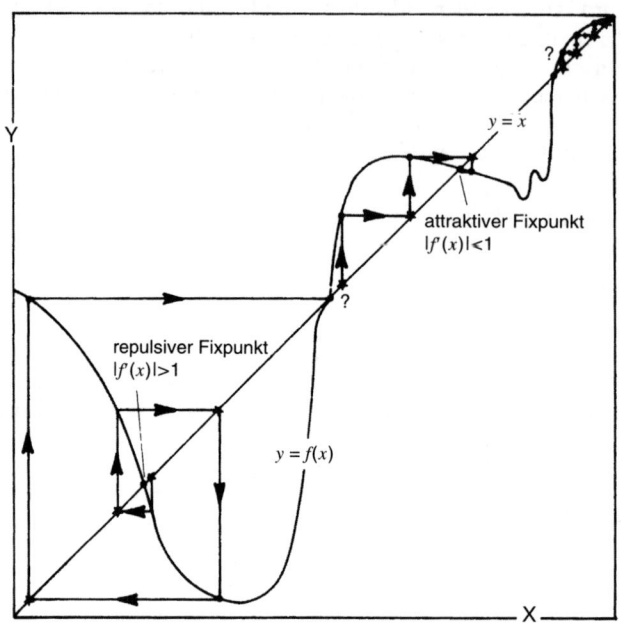

Abb. 4.26 Attraktive und repulsive Fixpunkte in einer graphischen Iteration für ein differenzierbares dynamisches System. Untersuchen Sie die Punkte, die mit ? gekennzeichnet sind!

4.5.10 Bezeichne $\{\mathbf{R}^2; w_1, w_2, w_3\}$ eine Ein-Parameter-Familie eines IFS, wobei

$$w_1\begin{pmatrix} x \\ y \end{pmatrix} = \begin{pmatrix} \left(\frac{1+p}{4}\right) & 0 \\ 0 & \left(\frac{1+p}{4}\right) \end{pmatrix}\begin{pmatrix} x \\ y \end{pmatrix},$$

$$w_2\begin{pmatrix} x \\ y \end{pmatrix} = \begin{pmatrix} \left(\frac{1+p}{4}\right) & 0 \\ 0 & \left(\frac{1+p}{4}\right) \end{pmatrix}\begin{pmatrix} x \\ y \end{pmatrix} + \begin{pmatrix} \frac{3+p}{8} \\ \frac{p}{2} \end{pmatrix},$$

$$w_3\begin{pmatrix} x \\ y \end{pmatrix} = \begin{pmatrix} \left(\frac{1+p}{4}\right) & 0 \\ 0 & \left(\frac{1+p}{4}\right) \end{pmatrix}\begin{pmatrix} x \\ y \end{pmatrix} + \begin{pmatrix} \frac{3-p}{4} \\ 0 \end{pmatrix}$$

für $p \in [0, 1]$. Der Attraktor dieses IFS werde mit $A(p)$ bezeichnet. Weisen Sie nach, daß $A(0)$ die Cantor-Menge und $A(1)$ das Sierpinski-Dreieck ist. Betrachten Sie die zugehörige Familie der Adressenraum-Abbildungen $\phi(p) : \Sigma \to A(p)$. Zeigen Sie, daß $\phi(p)(\sigma)$ für festes $\sigma \in \Sigma$ stetig in p ist. Das bedeutet, daß $\phi(p)(\sigma) : [0, 1] \to \mathbf{R}^2$ ein stetiger Pfad ist. Zeichnen Sie einige dieser Pfade, einschließlich derer, welche sich bei $p = 1$ treffen. Interpretieren Sie Ihre Beobachtungen in Beziehung zur Cantor-Menge, die an verschiedenen Punkten „zusammengefügt" wird, um ein Sierpinski-Dreieck zu bilden.

Da das IFS für $p = 0$ total unzusammenhängend ist, ist $\phi(p = 0) : \Sigma \to A$ invertierbar. Somit können wir eine stetige Transformation $\theta : A(0) \to A(1)$ durch $\theta(x) = \phi(p = 1)(\phi^{-1}(p = 0)(x))$ definieren. Wir definieren nun eine Menge $J(x) = \{y \in A(0) : \theta(y) = x\}$ für alle $x \in A(1)$. Zeigen Sie, daß $J(x)$ die

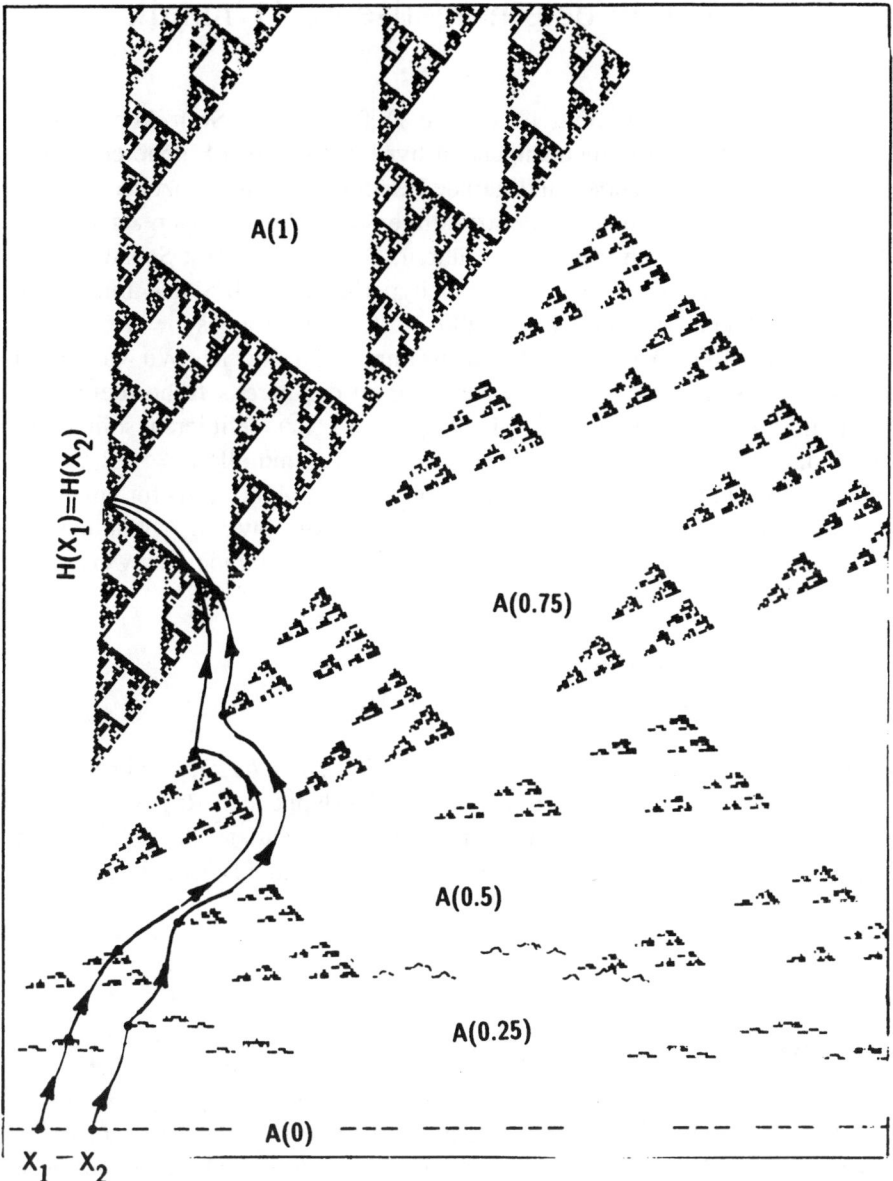

Abb. 4.27 Stetige Transformation einer Cantor-Menge in ein Sierpinski-Dreieck. Die inverse Transformation würde einige Risse nach sich ziehen.

Menge derjenigen Punkte in $A(0)$ ist, deren zugehörige Pfade sich für $p = 1$ im Punkt $x \in A(1)$ treffen. Entwickeln Sie Shift-Dynamik auf Pfaden!

4.6   Der Schatten deterministischer Dynamik

Unser Ziel in diesem Abschnitt ist es, die Definition der Shift-Abbildungen, die zu einem total unzusammenhängenden hyperbolischen IFS gehören, auszudehnen, um die überlappenden und gerade berührenden Fälle abzudecken. Das wird uns sowohl auf die Idee von den zufälligen Shift-Abbildungen als auch zur Entdeckung eines sehr schönen Satzes führen. Dieser Satz heißt Schatten-Satz.

Es werde mit $\{\mathbf{X}; w_1, w_2, \ldots, w_n\}$ ein hyperbolisches IFS und mit A sein Attraktor bezeichnet. Nehmen wir an, daß $w_n : A \to A$ für jedes $n = 1, 2, \ldots, N$ invertierbar, das IFS aber nicht total unzusammenhängend ist. Wir wollen ein dynamisches System $\{A; S\}$ definieren, analog zu der bereits früher definierten Shift-Abbildung. Es ist klar, daß wir $S(x) = w_n^{-1}(x)$ definieren sollten, für den Fall, daß $x \in w_n(A)$, aber $x \notin w_m(A)$ für $m \neq n$ und alle $n = 1, 2, \ldots, N$. Gleichwohl ist mindestens eine der Schnittmengen $w_m(A) \cap w_n(A)$ für beliebiges $m \neq n$ nicht leer. Eine Möglichkeit besteht darin, die inverse Abbildung, die in der überlappenden Region angewendet werden soll, einfach zuzuweisen. Im Fall $N = 2$ könnten wir zum Beispiel

$$S(x) = \begin{cases} w_1^{-1}(x), & \text{wenn } x \in w_1(A), \\ w_2^{-1}(x), & \text{wenn } x \in A \setminus w_1(A), \end{cases}$$

definieren. Für den Fall der gerade berührenden IFS spielt es keine sehr wichtige Rolle, auf welche Art die Abbildung S in den überlappenden Regionen auf die Punkte wirkt. Es ist nur ein relativ kleiner Anteil der Punkte, der solche etwas willkürlich spezifizierte Orbits erhält. Wir sehen uns einige Beispiele an, um auf den Geschmack zu kommen.

Aufgaben/Beispiele

4.6.1 Wir betrachten die Shift-Abbildungen, welche zu dem IFS $\{[0, 1]; \frac{1}{2}x, \frac{1}{2}x + \frac{1}{2}\}$ gehören. Wir haben $S(x) = 2x$ für $x \in [0, \frac{1}{2})$ und $S(x) = 2x - 1$ für $x \in (\frac{1}{2}, 1]$. Für den Wert von $S(\frac{1}{2})$ können wir entweder 1 oder 0 festlegen. Die beiden möglichen Graphen, die sich für $S(x)$ ergeben, sind in Abbildung 4.28 zu sehen. Die einzigen Punkte $x \in [0, 1] = A$, deren Orbits durch die Definition betroffen werden, sind diejenigen rationalen Zahlen, die in binärer Darstellung mit $\ldots 01\overline{11}$ oder $\ldots 10\overline{00}$ enden. Das sind die dyadischen Brüche.

4.6.2 Zeigen Sie, daß wenn wir den oben eingeführten Ideen folgen, es nur ein dynamisches System $\{A; S\}$ gibt, welches mit dem gerade berührenden IFS $\{[0, 1]; -\frac{1}{2}x + \frac{1}{2}, \frac{1}{2}x\}$ vereinbar ist! Der Schlüssel hierzu liegt in der Tatsache begründet, daß $w_1^{-1}(x) = w_2^{-1}(x)$ für alle $x \in w_1(A) \cap w_2(A)$.

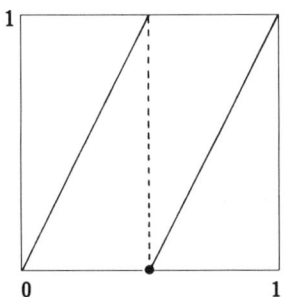
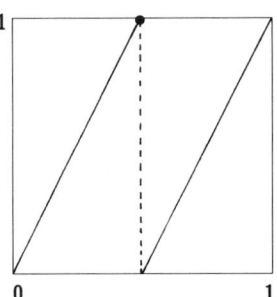

Abb. 4.28 Die beiden möglichen Shift-Abbildungen, die mit dem gerade berührenden IFS $\{[0, 1]; \frac{1}{2}x, \frac{1}{2}x + \frac{1}{2}\}$ vereinbar sind, werden durch die beiden möglichen Graphen von $S(x)$ repräsentiert. Die „meisten" Orbits bleiben durch den Unterschied zwischen den beiden Systemen unberührt.

4.6.3 Betrachten Sie einige mögliche Shift-Abbildungen, die mit dem IFS

$$\left\{\mathbf{C}; \tfrac{1}{2}z, \tfrac{1}{2}z + \tfrac{1}{2}, \tfrac{1}{2}z + \tfrac{i}{2}\right\}$$

verbunden werden können. Der Attraktor $\mathbb{A}$ ist an den drei Punkten $a = w_1(\mathbb{A}) \cap w_2(\mathbb{A})$, $b = w_2(\mathbb{A}) \cap w_3(\mathbb{A})$ und $c = w_3(\mathbb{A}) \cap w_1(\mathbb{A})$ überlappend. Wir könnten nun $S(a) = w_1^{-1}(a)$ oder $w_2^{-1}(a)$, $S(b) = w_2^{-1}(b)$ oder $w_3^{-1}(b)$, und $S(c) = w_3^{-1}(c)$ oder $w_1^{-1}(c)$ definieren. Weisen Sie nach, daß die Orbits von a, b und c, unabhängig von der getroffenen Definition, schließlich periodisch sind!

4.6.4 Wir betrachten ein gerade berührendes IFS der Form $\{\mathbf{R}^2; w_1, w_2, w_3\}$, dessen Attraktor ein gleichseitiges Sierpinski-Dreieck $\mathbb{A}$ ist. Nehmen wir an, daß jede Abbildung eine ÄhnlichkeitsAbbildung mit Skalierungsfaktor 0,5 ist. Wir betrachten die Möglichkeit, daß jede der Abbildungen eine Drehung um $0°$, $120°$ oder $240°$ mit sich bringt. Der Attraktor $\mathbb{A}$ ist an den drei Punkten $a = w_1(\mathbb{A}) \cap w_2(\mathbb{A})$, $b = w_2(\mathbb{A}) \cap w_3(\mathbb{A})$ und $c = w_3(\mathbb{A}) \cap w_1(\mathbb{A})$ überlappend. Zeigen Sie, daß es möglich ist, die Abbildungen so zu wählen, daß $w_1^{-1}(a) = w_2^{-1}(a)$, $w_2^{-1}(b) = w_3^{-1}(b)$ und $w_3^{-1}(c) = w_1^{-1}(c)$ gilt!

4.6.5 Ist der Adressenraum mit zwei Symbolen zum Adressenraum mit drei Symbolen topologisch äquivalent? Ja! Konstruieren Sie einen Homöomorphismus, der diese Äquivalenz errichtet!

4.6.6 Betrachten Sie das hyperbolische IFS $\{\Sigma; t_1, t_2, \ldots, t_N\}$, wobei Σ der Adressenraum mit den N Symbolen $\{1, 2, \ldots, N\}$ ist, und

$$t_n \sigma = n\sigma \quad \text{für alle } \sigma \in \Sigma$$

gilt. Beweisen Sie, daß die zugehörige Shift-Abbildung gerade die in Satz 4.6 definierte Abbildung $\{\Sigma; T\}$ ist. Können zwei solcher Shift-Abbildungen für verschiedene Werte von N äquivalent sein? Betrachten Sie, um diese Frage zu beantworten, wieviele Fixpunkte das dynamische System $\{\Sigma; T\}$ für unterschiedliche Werte von N besitzt.

4.6.7 Betrachten Sie das überlappende hyperbolische IFS $\{[0, 1]; \frac{1}{2}x, \frac{3}{4}x + \frac{1}{4}\}$. Vergleichen Sie die beiden zugehörigen Shift-Abbildungen, deren Graphen in Abbildung 4.29 dargestellt sind. Welche Merkmale haben die beiden gemeinsam?

4.6.8 Demonstrieren Sie, daß der Adressenraum mit zwei Symbolen zum Adressenraum mit drei Symbolen nicht metrisch äquivalent ist!

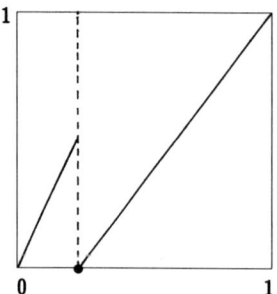 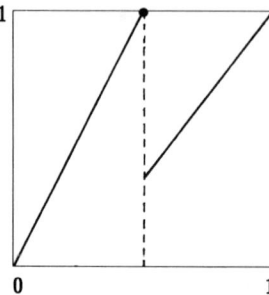

Abb. 4.29 Zwei mögliche Shift-Abbildungen, welche dem überlappenden IFS $\{[0, 1]; \frac{1}{2}x, \frac{3}{4}x + \frac{1}{4}\}$ zugeordnet werden können. In welcher Weise sind sie sich ähnlich?

Wenn wir uns Aufgaben wie 4.6.7 ansehen, wo zwei verschiedene dynamische Systeme zu einem überlappenden IFS gehören, sind wir versucht anzunehmen, daß bei der Shift-Dynamik in überlappenden Regionen keine besondere Definition bevorzugt werden muß. Das legt nahe, daß man die Dynamik in den überlappenden Regionen auf eine irgendwie zufällige Art definiert. Wenn immer ein Punkt eines Orbits in einer überlappenden Region landet, sollten wir die Möglichkeit erlauben, daß der nächste Punkt des Orbits durch die Anwendung irgendeiner verfügbaren Umkehrtransformation erhalten werden kann. Diese Idee wird in Abbildung 4.30 veranschaulicht, die mit Abbildung 4.29 verglichen werden sollte.

Definition 4.14. Es sei $\{\mathbf{X}; w_1, w_2\}$ ein hyperbolisches IFS. Bezeichne A den Attraktor des IFS. Nehmen wir an, daß sowohl $w_1 : A \to A$ als auch $w_2 : A \to A$ invertierbar sind. Eine Folge von Punkten $\{x_n\}_{n=0}^{\infty}$ in A heißt der Orbit einer zu dem IFS gehörenden *zufälligen Shift-Abbildung,* sofern gilt

$$x_{n+1} = \begin{cases} w_1^{-1}(x_n), & \text{wenn } x_n \in w_1(A) \text{ und } x_n \notin w_1(A) \cap w_2(A), \\ w_2^{-1}(x_n), & \text{wenn } x_n \in w_2(A) \text{ und } x_n \notin w_1(A) \cap w_2(A), \\ \text{eine von } \{w_1^{-1}(x_n), w_2^{-1}(x_n)\}, & \text{wenn } x_n \in w_1(A) \cap w_2(A), \end{cases}$$

für alle $n \in \{0, 1, 2, \ldots\}$. Wir werden die Bezeichnungsweise $x_{n+1} = S(x)$ benutzen, obwohl es keine wohldefinierte Transformation $S : A \to A$ geben muß, die das rechtfertigt. Ebenso werden wir $\{A; S\}$ schreiben und damit die Sammlung möglicher Orbits meinen, die hier definiert wurden. Wir nennen $\{A; S\}$ die zum IFS gehörende, zufällige Shift-Abbildung.

Beachten Sie, daß wenn $w_1(A) \cap w_2(A) = \emptyset$, das IFS total unzusammenhängend ist und die Orbits, die hier definiert wurden, gerade die der früher definierten Shift-Abbildung sind.

Wir zeigen nun, daß es ein vollständig deterministisches dynamisches System auf einem höherdimensionalen Raum gibt, dessen Projektion auf den Original-

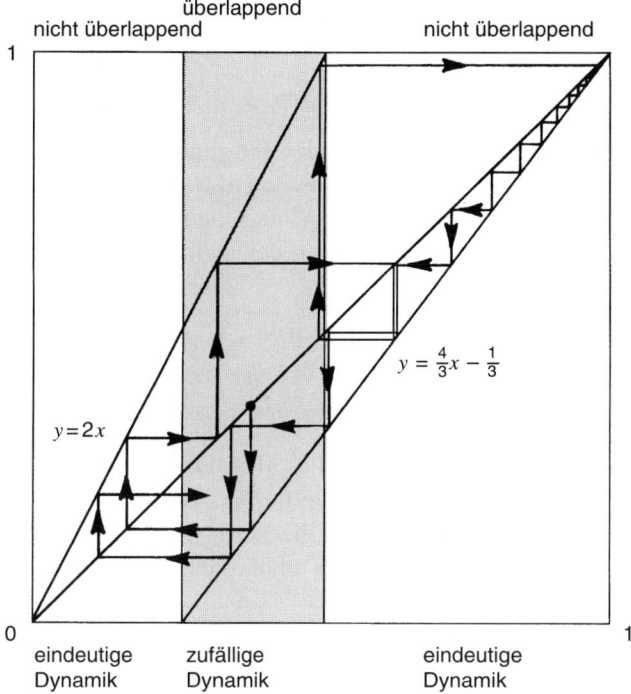

Abb. 4.30   Eine teilweise zufällige und teilweise deterministische Shift-Abbildung, welche zu dem IFS $\{[0, 1]; \frac{1}{2}x, \frac{3}{4}x + \frac{1}{4}\}$ gehört.

raum **X** die gerade beschriebene „zufällige Dynamik" ergibt. Unsere zufällige Dynamik ist als Schatten der deterministischen Dynamik sichtbar. Um dieses Ergebnis zu erhalten, verwandeln wir das IFS durch Einführung einer zusätzlichen Variable in ein total unzusammenhängendes System. Wir werden uns bei der folgenden Diskussion auf IFS mit zwei Abbildungen beschränken, um die Notation übersichtlich zu gestalten.

Definition 4.15. Das zu einem hyperbolischen IFS $\{\mathbf{X}; w_1, w_2\}$ gehörende *geliftete* IFS ist das hyperbolische IFS $\{\mathbf{X} \times \Sigma; \widetilde{w}_1, \widetilde{w}_2\}$[1]. Dabei ist Σ der Adressenraum mit den zwei Symbolen $\{1, 2\}$ und

$$\widetilde{w}_1(x, \sigma) = (w_1(x), 1\sigma) \text{ für alle } (x, \sigma) \in \mathbf{X} \times \Sigma,$$
$$\widetilde{w}_2(x, \sigma) = (w_2(x), 2\sigma) \text{ für alle } (x, \sigma) \in \mathbf{X} \times \Sigma.$$

---

[1]Die Metrik $\widehat{d}$ auf $\mathbf{X} \times \Sigma$ ist durch $\widehat{d}((x, \sigma), (y, \tau)) = \max\{d(x, y), \widetilde{d}(\sigma, \tau)\}$ gegeben. Dabei ist d die Metrik auf $\mathbf{X}$ und $\widetilde{d}$ die Metrik auf Σ. (Anm. d. Übers.)

Wie ist der Attraktor $\tilde{A} \subset \mathbf{X} \times \Sigma$ des gelifteten IFS beschaffen? Es ist klar, daß

$$A = \{x \in A : (x, \sigma) \in \tilde{A}\} \qquad \text{und} \qquad \Sigma = \{\sigma \in \Sigma : (x, \sigma) \in \tilde{A}\}.$$

Die Projektion des Attraktors des gelifteten IFS auf den Originalraum $\mathbf{X}$ ist mit anderen Worten einfach der Attraktor des ursprünglichen IFS. Die Projektion von $\tilde{A}$ auf Σ ist Σ. Erinnern Sie sich, daß Σ zur klassischen Cantor-Menge äquivalent ist? Damit wissen wir, daß der Attraktor des gelifteten IFS total unzusammenhängend ist.

Hilfssatz 4.4. *Es sei* $\{\mathbf{X}; w_1, w_2\}$ *ein hyperbolisches IFS mit Attraktor A. Die beiden Transformationen* $w_1 : A \to A$ *und* $w_2 : A \to A$ *seien invertierbar. Dann ist das zugehörige geliftete IFS hyperbolisch und total unzusammenhängend.*

Definition 4.16. Es sei $\{\mathbf{X}; w_1, w_2\}$ ein hyperbolisches IFS. Die beiden Transformationen $w_1 : A \to A$ und $w_2 : A \to A$ seien invertierbar. Bezeichne $\tilde{A}$ den Attraktor des zugehörigen gelifteten IFS. Dann heißt die Shift-Abbildung $\{\tilde{A}; \tilde{S}\}$, welche zu dem gelifteten IFS gehört, die zum IFS gehörende *geliftete Shift-Abbildung*.

Beachten Sie, daß

$$\tilde{S}(x, \sigma) = (w_{\sigma_1}^{-1}(x), T(\sigma)) \quad \text{für alle } (x, \sigma) \in \tilde{A},$$

wobei $T(\sigma_1 \sigma_2 \sigma_3 \sigma_4 \ldots) = \sigma_2 \sigma_3 \sigma_4 \sigma_5 \ldots$ für alle $\sigma = \sigma_1 \sigma_2 \sigma_3 \sigma_4 \ldots \in \Sigma$.

Satz 4.7 (Schatten-Satz[2]). *Es sei* $\{\mathbf{X}; w_1, w_2\}$ *ein hyperbolisches IFS mit invertierbaren Transformationen* w_1 *und* w_2 *und Attraktor A. Es sei* $\{x_n\}_{n=0}^{\infty}$ *irgendein Orbit der zugehörigen zufälligen Shift-Abbildung* $\{A; S\}$. *Dann gibt es einen Orbit* $\{\tilde{x}_n\}_{n=0}^{\infty}$ *des gelifteten dynamischen Systems* $\{\tilde{A}; \tilde{S}\}$, *so daß die erste Komponente von* $\tilde{x}_n$ *für alle n gleich* x_n *ist.*

Wir überlassen dem Leser die Beweise von Hilfssatz 4.4 und Satz 4.7 als Übung. Gleichwohl macht es Spaß und ist lehrreich, verschiedene geometrische Wege zu betrachten, um herauszubekommen, was hier vor sich geht.

Aufgaben/Beispiele

4.6.9   Betrachten Sie das IFS $\{\mathbf{C}; w_1(z), w_2(z), w_3(z), w_4(z)\}$, wobei in komplexer Schreibweise gilt:

$$\begin{aligned}
w_1(z) &= (0{,}5)(\cos 45° - i \sin 45°)z + (0{,}4 - 0{,}2i), \\
w_2(z) &= (0{,}5)(\cos 45° + i \sin 45°)z - (0{,}4 + 0{,}2i), \\
w_3(z) &= (0{,}5)z + 0{,}3i, \\
w_4(z) &= (0{,}5)z - 0{,}3i.
\end{aligned}$$

---

[2]engl.: Shadow-Theorem (Anm. d. Übers.)

Eine Skizze des Attraktors ist in Abbildung 4.31 enthalten, er sieht wie ein Ahornblatt aus.

Das Blatt besteht aus vier sich überlappenden Blättchen, welche wir uns als jeweils eigenständige Objekte vorstellen wollen, die in verschiedenen Höhen „über" dem Attraktor liegen. Wiederum stellen wir uns für jedes Blättchen vor, daß es aus vier kleineren Blättchen besteht, die in verschiedenen Höhen liegen. So kann man die Idee schnell nachvollziehen: Man endet in einer Menge von Höhen, die in der Weise über eine Cantor-Menge verteilt sind, daß der Schatten der gesamten Sammlung von infinitesimal kleinen Blättchen den Blatt-Attraktor in der **C**-Ebene bildet. Die Cantor-Menge ist dabei im Grunde genommen Σ. Der geliftete Attraktor ist total unzusammenhängend und stützt die deterministische Shift-Dynamik, wie es in Abbildung 4.32 zu sehen ist.

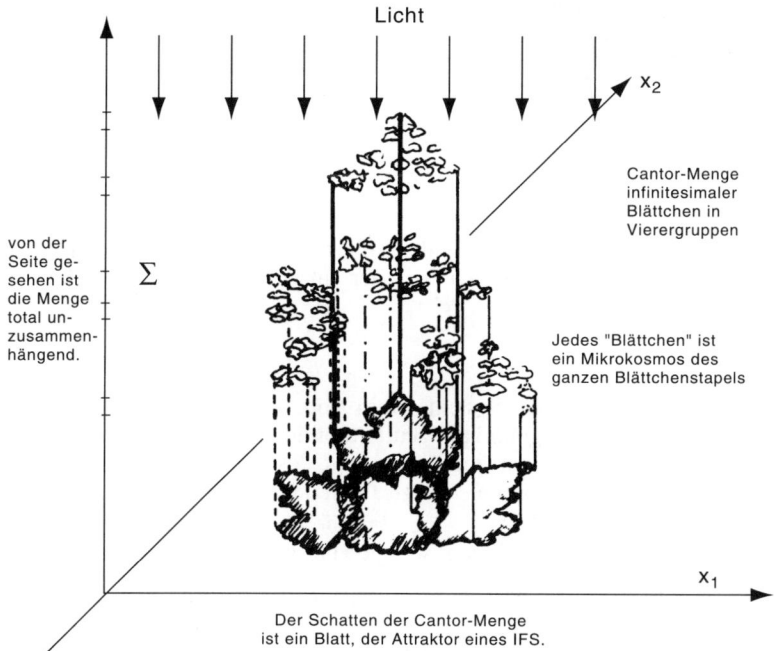

Abb. 4.31 Die Anhebung des überlappenden Blattattraktors ist total unzusammenhängend. Deterministische Shift-Dynamik wird möglich. Vergleichen Sie auch Abbildung 4.32!

4.6.10 Betrachten Sie das überlappende, hyperbolische IFS $\{\mathbf{R}; \frac{1}{2}x, \frac{3}{4}x + \frac{1}{4}\}$. Wir können es zu dem hyperbolischen IFS $\{\mathbf{R}^2; w_1(x), w_2(x)\}$ liften, wobei

$$w_1\begin{pmatrix} x_1 \\ x_2 \end{pmatrix} = \begin{pmatrix} \frac{1}{2} & 0 \\ 0 & \frac{1}{3} \end{pmatrix}\begin{pmatrix} x_1 \\ x_2 \end{pmatrix},$$

$$w_2\begin{pmatrix} x_1 \\ x_2 \end{pmatrix} = \begin{pmatrix} \frac{3}{4} & 0 \\ 0 & \frac{1}{3} \end{pmatrix}\begin{pmatrix} x_1 \\ x_2 \end{pmatrix} + \begin{pmatrix} \frac{1}{4} \\ \frac{2}{3} \end{pmatrix}.$$

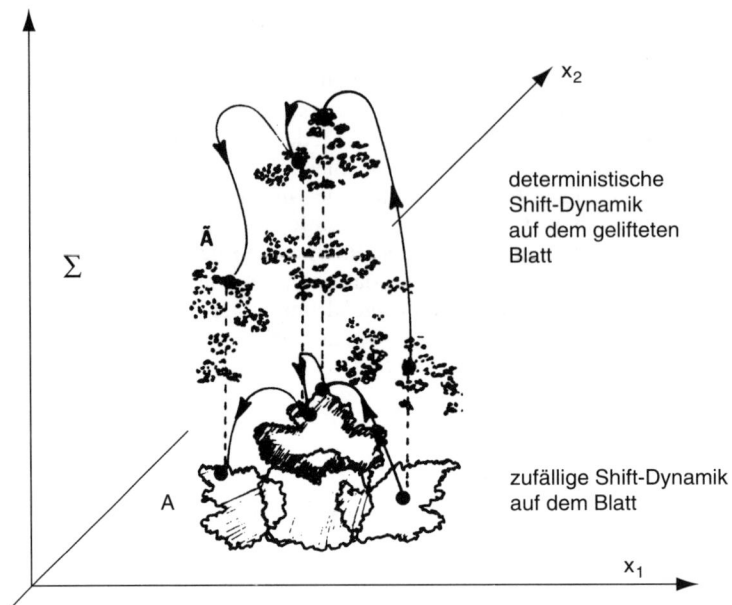

Σ

deterministische
Shift-Dynamik
auf dem gelifteten
Blatt

Ã

zufällige Shift-Dynamik
auf dem Blatt

A

Abb. 4.32 Ein Bild des Schatten-Satzes. Die deterministische Dynamik auf dem total unzusammenhängenden Staub wirft einen Schatten, der auf dem Blattattraktor zufällige Shift-Dynamik tanzt.

Der Attraktor $\widetilde{A}$ dieses gelifteten Systems ist in Abbildung 4.33 dargestellt. Dort ist ebenfalls der Orbit der zugehörigen Shift-Abbildung abgebildet. Der Schatten dieses Orbits ist ein offenbar zufälliger Orbit des ursprünglichen Systems. Nach dem Schatten-Satz ist *jeder beliebige* Orbit $\{x_n\}_{n=1}^{\infty}$ der zufälligen Shift-Abbildung, die zum IFS $\{\mathbf{R}; \frac{1}{2}x, \frac{3}{4}x + \frac{1}{4}\}$ gehört, die Projektion oder der Schatten irgendeines Orbits der Shift-Abbildung, welche zum gelifteten IFS gehört.

4.6.11 Als zwingende Illustration des Schatten-Satzes betrachten Sie das IFS $\{\mathbf{R}; \frac{1}{2}x, \frac{3}{4}x + \frac{1}{4}\}$. Lassen Sie uns die Orbits $\{x_n\}_{n=0}^{\infty}$ der Shift-Abbildung ansehen, die in dem linken Graphen der Abbildung 4.29 spezifiziert ist. In diesem Fall wählen wir in der überlappenden Region immer $S(x) = w_2^{-1}(x)$. Von welchen Orbits $\{\widetilde{x}_n\}_{n=0}^{\infty}$ des gelifteten Systems, die in der vorangegangenen Aufgabe beschrieben wurden, sind diese Orbits nun der Schatten? Sehen Sie sich wieder Abbildung 4.33 an. Definieren Sie den oberen Teil von $\widetilde{A}$ als

$$\widetilde{A}_{\text{top}} = \{(x, y) \in \widetilde{A} : (z, y) \in \widetilde{A} \Rightarrow x, y \in [0, 1]\}.$$

Beachten Sie, daß $\widetilde{S} : \widetilde{A}_{\text{top}} \to \widetilde{A}_{\text{top}}$. Es ist leicht zu sehen, daß es eine injektive Übereinstimmung zwischen den Orbits des gelifteten Systems $\{\widetilde{A}_{\text{top}}; \widetilde{S}\}$ und den Orbits des ursprünglichen Systems gibt, welches durch den linken Graphen in Abbildung 4.29 spezifiziert wird. Es gilt in der Tat

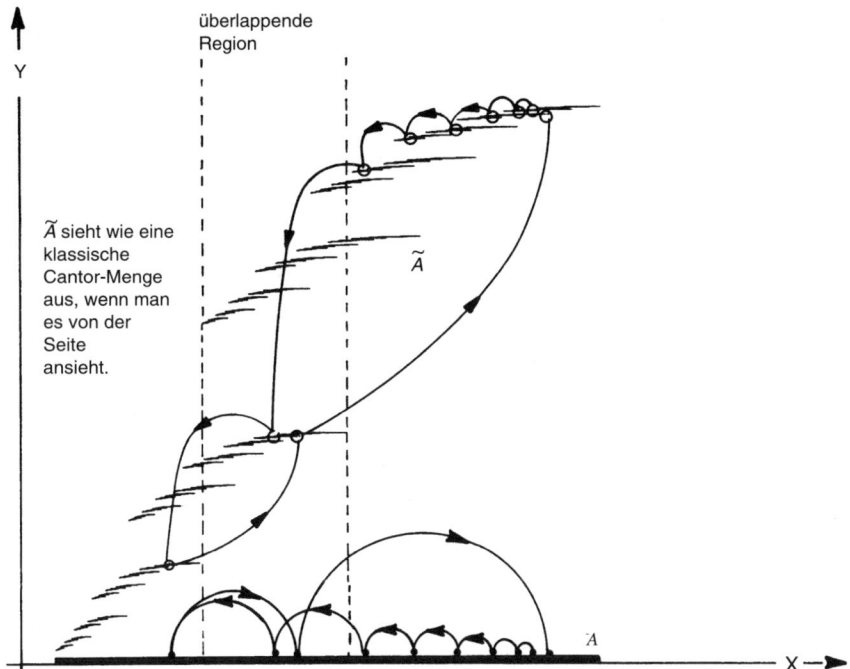

überlappende
Region

Y

$\widetilde{A}$ sieht wie eine
klassische
Cantor-Menge
aus, wenn man
es von der
Seite
ansieht.

$\widetilde{A}$

A

X ─►

Abb. 4.33 Der Schatten-Satz behauptet, daß der Orbit der zufälligen Shift-Abbildung auf
einem überlappenden Attraktor A der Schatten eines deterministischen Orbits auf $\widetilde{A}$ ist.

„$\{(x_n, y_n)\}_{n=0}^{\infty}$ ist ein Orbit des gelifteten Systems und $(x_0, y_0) \in \widetilde{A}_{\text{top}}$"

⇕

„$\{x_n\}_{n=0}^{\infty}$ ist ein Orbit des linken Graphen in Abbildung 4.29".

4.6.12 Zeichnen Sie einige Bilder, um den Schatten-Satz im Fall des gerade berührenden
IFS $\{[0, 1]; \frac{1}{2}x, \frac{1}{2}x + \frac{1}{2}\}$ darzustellen!

4.6.13 Erläutern Sie den Schatten-Satz an Hand des überlappenden IFS $\{[0, 1]; -\frac{3}{4}x +$
$\frac{3}{4}, \frac{3}{4}x + \frac{1}{4}\}$. Können Sie einen Orbit der Periode zwei bestimmen, dessen geliftetes
Äquivalent mindestens die Periode vier hat? Gibt es periodische Orbits, deren
geliftete Entsprechungen nicht periodisch sind?

4.6.14 Beweisen Sie Hilfssatz 4.4!

4.6.15 Beweisen Sie Satz 4.7.

4.6.16 Das IFS $\{\Sigma; w_1(\sigma), \dots, w_N(\sigma)\}$, welches durch

$$w_n(\sigma) = n\sigma$$

gegeben ist, hat einen interessanten Lift. Zeigen Sie, daß der Lift dieses IFS, mit
einer geeignet definierten Inversen, der Shift-Automorphismus auf dem Shiftraum
und deshalb äquivalent zur Bäcker-Transformation ist!

4.6.17 In Abschnitt fünf dieses Kapitels wurde nachgewiesen, daß die zu einem total unzusammenhängenden IFS gehörende Shift-Abbildung äquivalent zur Shift-Transformation auf dem Adressenraum ist. Dann können wir die zweite Abbildung im Lift für den Schatten-Satz durch ein solches total unzusammenhängendes IFS ersetzen. Das bedeutet, wir können eine Abbildung wie das Blatt in den Abbildungen 4.31 und 4.32 nehmen und die Abbildung

$$\{\mathbf{R}^2 \times \mathbb{A}; \widetilde{w}_1(x, y), \ldots, \widetilde{w}_4(x, y)\}$$

definieren. Dabei ist $\widetilde{w}_i = (w_i^{-1}(x, y), v_i(x, y))$, und die v_i sind die Abbildungen des total unzusammenhängenden IFS

$$v_1 \begin{pmatrix} x \\ y \end{pmatrix} = \begin{pmatrix} \frac{1}{3} & 0 \\ 0 & \frac{1}{3} \end{pmatrix} \begin{pmatrix} x \\ y \end{pmatrix},$$

$$v_2 \begin{pmatrix} x \\ y \end{pmatrix} = \begin{pmatrix} \frac{1}{3} & 0 \\ 0 & \frac{1}{3} \end{pmatrix} \begin{pmatrix} x \\ y \end{pmatrix} + \begin{pmatrix} 1 \\ 0 \end{pmatrix},$$

$$v_3 \begin{pmatrix} x \\ y \end{pmatrix} = \begin{pmatrix} \frac{1}{3} & 0 \\ 0 & \frac{1}{3} \end{pmatrix} \begin{pmatrix} x \\ y \end{pmatrix} + \begin{pmatrix} 1 \\ 1 \end{pmatrix},$$

$$v_4 \begin{pmatrix} x \\ y \end{pmatrix} = \begin{pmatrix} \frac{1}{3} & 0 \\ 0 & \frac{1}{3} \end{pmatrix} \begin{pmatrix} x \\ y \end{pmatrix} + \begin{pmatrix} 0 \\ 1 \end{pmatrix}.$$

Da dieses IFS einen total unzusammenhängenden Attraktor erzeugt und somit eine Kopie des Adressenraumes, ist der resultierende Lift total unzusammenhängend. Wie würde eine Wiedergabe des gelifteten Systems aussehen, wenn das Ahornblatt mittels eines total unzusammenhängenden Baumes geliftet wird?

4.7   Die Bedeutung ungenau berechneter Orbits und der Beschattungssatz

Es sei $\{\mathbf{X}; w_1, w_2, \ldots, w_N\}$ ein hyperbolisches IFS mit der Kontraktivität $0 < s < 1$. Bezeichne A den Attraktor dieses IFS, und nehmen wir an, daß $w_n : A \to A$ für jedes $n = 1, 2, \ldots, N$ invertierbar ist. Falls das IFS total unzusammenhängend ist, werde mit $\{A; S\}$ die zugehörige Shift-Abbildung bezeichnet. Andernfalls bezeichne $\{A; S\}$ die dazu gehörende zufällige Shift-Abbildung. Wir betrachten das folgende Modell für die ungenaue Berechnung des Orbits von einem Punkt $x_0 \in A$. Dieses Modell wird sicherlich den Erfahrungen des Lesers bei der direkten Berechnung der Shift-Dynamik aus den Bildern der Fraktale entsprechen. Darüber hinaus ist es ein vernünftiges Modell für das Auftreten numerischer Fehler, wenn für die Berechnung eines Orbits ein Computer benutzt wird.

Es sei $\{x_n\}_{n=0}^{\infty}$ die Bezeichnung für den exakten Orbit eines Punktes $x_0 \in A$, wobei $x_n = S^{\circ n}(x_0)$ für alle n gelte. Mit $\{\tilde{x}_n\}_{n=0}^{\infty}$ werde der ungefähre Orbit eines Punktes $x_0 \in A$ bezeichnet, wobei $\tilde{x}_0 = x_0$. Dann nehmen wir an, daß bei jedem Schritt höchstens der Fehler θ gemacht wird ($0 < \theta < \infty$), d. h.

$$d(\tilde{x}_{n+1}, S(\tilde{x}_n)) \leq \theta \quad \text{für } n = 0, 1, 2, \ldots.$$

Wir fahren nun damit fort, dieses Modell zu untersuchen. Es ist klar, daß der ungenaue Orbit $\{\tilde{x}_n\}_{n=0}^{\infty}$ sich gewöhnlich auf exponentielle Weise vom exakten Orbit $\{x_n\}_{n=0}^{\infty}$ entfernt. Es kann auch passieren, daß $d(x_n, \tilde{x}_n)$ für verschiedene große Werte von n „zufällig" klein ist, was aus der Kompaktheit von A herrührt. Wenn $d(x_n, \tilde{x}_n)$ klein genug ist, wird dann jedoch $d(x_{n+j}, \tilde{x}_{n+j})$ typischerweise mit zunehmendem j wieder exponentiell wachsen. Wir werden präziser und nehmen an, daß $d(\tilde{x}_1, S(\tilde{x}_0)) = \theta$ ist und wir keine weiteren Fehler machen. Setzen wir weiter voraus, daß wir für eine natürliche Zahl M und irgendwelche natürliche Zahlen $\sigma_1, \sigma_2, \ldots, \sigma_M \in \{1, 2, \ldots, N\}$

$$\tilde{x}_n \text{ und } x_n \in w_{\sigma_n}(A) \quad \text{für } n = 0, 1, 2, \ldots, M$$

haben. Darüber hinaus nehmen wir an, daß gilt:

$$x_{n+1} = w_{\sigma_n}^{-1}(x_n) \text{ und } \tilde{x}_{n+1} = w_{\sigma_n}^{-1}(\tilde{x}_n) \quad \text{für } n = 1, 2, \ldots, M.$$

Daraus ergibt sich

$$d(x_{n+1}, \tilde{x}_{n+1}) \geq s^{-n}\theta \quad \text{für } n = 0, 1, 2, \ldots, M.$$

Für eine natürliche Zahl $J > M$ ist es wahrscheinlich der Fall, daß gilt:

$$x_{J+1} = w_{\sigma_J}^{-1}(x_J) \quad \text{und} \quad \tilde{x}_{J+1} = w_{\tilde{\sigma}_J}^{-1}(\tilde{x}_J) \quad \text{für ein } \sigma_J \neq \tilde{\sigma}_J.$$

Über die wechselseitige Beziehung von exaktem und ungefährem Orbit können wir ohne weitere Annahmen nicht mehr sagen. Natürlich erhalten wir immer eine Fehlerschranke

$$d(x_n, \tilde{x}_n) \leq \text{diam}(A) = \max\{d(x, y) : x \in A, y \in A\}$$

für alle $n = 1, 2, 3, \ldots.$

Machen die obigen Bemerkungen die Situation hoffnungslos? Sind alle Berechnungen der Shift-Dynamik, welche wir in diesem Kapitel ohne Punkt und Komma durchgeführt haben, hoffnungslos mit Fehlern durchsetzt? Nein! Der folgende Satz besagt, daß es unabhängig davon, wieviel Fehler wir auch machen, einen exakten Orbit gibt, der bei jedem Schritt innerhalb eines kleinen Abstandes von unserem fehlerhaften Orbit liegt. Dieser Orbit beschattet den fehlerhaften Orbit. Wir benutzen das Wort „beschattet" hier im Sinne eines Geheimagenten, der einen Spion beschattet. Dieser Agent ist immer außerhalb der Sichtweite, nicht zu weit weg, meist nicht zu nahe dran, aber immer verfolgt er den Spion.

Satz 4.8 (Beschattungssatz[3]). *Es sei* $\{\mathbf{X}; w_1, w_2, \ldots, w_N\}$ *ein hyperbolisches IFS mit Kontraktionsfaktor* $0 < s < 1$. *Mit A werde der Attraktor dieses IFS bezeichnet und vorausgesetzt, daß jede der Transformationen* $w_n : A \to A$ *invertierbar ist. Falls das IFS total unzusammenhängend ist, werde mit* $\{A; S\}$ *die zugehörige Shift-Abbildung, andernfalls die dazu gehörende zufällige Shift-Abbildung bezeichnet. Es sei* $\{\tilde{x}_n\}_{n=0}^{\infty} \subset A$ *ein ungefährer Orbit von S mit*

$$d(\tilde{x}_{n+1}, S(\tilde{x}_n)) \leq \theta \quad \text{für alle } n = 0, 1, 2, 3, \ldots,$$

für eine feste Zahl θ $(0 < \theta < \text{diam}(A))$. *Dann gibt es einen exakten Orbit* $\{x_n = S^{\circ n}(x_0)\}_{n=0}^{\infty}$ *für ein* $x_0 \in A$, *so daß gilt:*

$$d(\tilde{x}_{n+1}, x_{n+1}) \leq \frac{s \cdot \theta}{(1 - s)} \quad \text{für alle } n = 0, 1, 2, \ldots.$$

Beweis. Wie üblich nutzen wir den Adressenraum aus! Es sei $\sigma_n \in \{1, 2, \ldots, N\}$ für $n = 1, 2, 3, \ldots$ so gewählt, daß $w_{\sigma_1}^{-1}, w_{\sigma_2}^{-1}, w_{\sigma_3}^{-1}, \ldots$ die eigentliche Folge inverser Abbildungen ist, die benutzt wird, um $S(\tilde{x}_0), S(\tilde{x}_1), S(\tilde{x}_2), \ldots$ zu berechnen.

Bezeichne $\phi : \Sigma \to A$ die zu dem IFS gehörende Adressenraum-Abbildung. Wir definieren dann

$$x_0 = \phi(\sigma_1 \sigma_2 \sigma_3 \ldots).$$

Nun vergleichen wir den exakten Orbit des Punktes x_0,

$$\{x_n = S^{\circ n}(x_0) = \phi(\sigma_{n+1} \sigma_{n+2} \ldots)\}_{n=0}^{\infty},$$

mit dem fehlerhaften Orbit $\{\tilde{x}_n\}_{n=0}^{\infty}$.

Es sei M eine große positive natürliche Zahl. Da x_M und $S(\tilde{x}_{M-1})$ beide zu A gehören, erhalten wir

$$d(S(x_{M-1}), S(\tilde{x}_{M-1})) \leq \text{diam}(A) < \infty.$$

Weil $S(x_{M-1})$ und $S(\tilde{x}_{M-1})$ beide mit derselben inversen Abbildung $w_{\sigma_M}^{-1}$ errechnet wurden, folgt

$$d(x_{M-1}, \tilde{x}_{M-1}) \leq s \cdot \text{diam}(A).$$

Somit ist

$$\begin{aligned}
d(S(x_{M-2}), S(\tilde{x}_{M-2})) &= d(x_{M-1}, S(\tilde{x}_{M-2})) \\
&\leq d(x_{M-1}, \tilde{x}_{M-1}) + d(\tilde{x}_{M-1}, S(\tilde{x}_{M-2})) \\
&\leq \theta + s \cdot \text{diam}(A).
\end{aligned}$$

---

[3]engl.: Shadowing-Theorem (Anm. d. Übers.)

Wiederholt man jetzt das oben verwendete Argument, ergibt sich

$$d(x_{M-2}, \tilde{x}_{M-2}) \leq s \cdot (\theta + s \cdot \mathrm{diam}(A)).$$

Wird dasselbe Argument k-mal angewendet, erreichen wir

$$d(x_{M-k}, \tilde{x}_{M-k}) \leq s \cdot \theta + s^2 \cdot \theta + \cdots + s^{k-1} \cdot \theta + s^k \cdot \mathrm{diam}(A).$$

So erhalten wir mit jeder positiven natürlichen Zahl M und jeder natürlichen Zahl n und $0 < n < M$, daß

$$d(x_n, \tilde{x}_n) \leq s \cdot \theta + s^2 \cdot \theta + \cdots + s^{M-n-1} \cdot \theta + s^{M-n} \cdot \mathrm{diam}(A).$$

Machen wir nun auf beiden Seiten der Gleichung den Grenzübergang für $M \to \infty$, ergibt sich

$$d(x_n, \tilde{x}_n) \leq s \cdot \theta \cdot (1 + s + s^2 + \cdots) = \frac{s \cdot \theta}{(1 - s)}$$

für alle $n = 1, 2, \ldots$, was zu beweisen war. $\qquad\qquad\qquad\qquad\qquad$ □

Aufgaben/Beispiele

4.7.1 Lassen Sie uns den Beschattungssatz auf einen Orbit auf dem Sierpinski-Dreieck anwenden. Wir benutzen dabei die zufällige Shift-Abbildung, die zu dem IFS

$$\left\{ \mathbf{C}; \frac{1}{2}z, \frac{1}{2}z + \frac{1}{2}, \frac{1}{2}z + \frac{i}{2} \right\}$$

gehört. Da dieses System gerade berührend (engl.: just-touching) ist, müssen wir dem Teil der Shift-Transformation, die auf just-touching-Punkte angewendet wird, Werte zuweisen. Wir tun das mittels Definition von

$$S(x_1 + ix_2) = 2x_1 \bmod 1 + i(2x_2 \bmod 1).$$

Wir betrachten den Orbit des Punktes $\tilde{x}_0 = (0.2147, 0.0353)$ und berechnen die ersten elf Punkte des exakten Orbits dieses Punktes. Dann vergleichen wir diese Koordinaten mit den Ergebnissen, die sich ergeben, wenn wir bei jedem Schritt einen absichtlichen Fehler $\theta = 0.0001$ einfügen. Wir erhalten:

	fehlerhaft		exakt
$\tilde{x}_0$	$= (0.2147, 0.0353)$	$S^{\circ 0}(\tilde{x}_0)$	$= (0.2147, 0.0353)$
$\tilde{x}_1$	$= (0.4295, 0.0705)$	$S^{\circ 1}(\tilde{x}_0)$	$= (0.4294, 0.0706)$
$\tilde{x}_2$	$= (0.8591, 0.1409)$	$S^{\circ 2}(\tilde{x}_0)$	$= (0.8588, 0.1412)$
$\tilde{x}_3$	$= (0.7183, 0.2817)$	$S^{\circ 3}(\tilde{x}_0)$	$= (0.7176, 0.2824)$
$\tilde{x}_4$	$= (0.4365, 0.5635)$	$S^{\circ 4}(\tilde{x}_0)$	$= (0.4352, 0.5648)$
$\tilde{x}_5$	$= (0.8731, 0.1269)$	$S^{\circ 5}(\tilde{x}_0)$	$= (0.8704, 0.1296)$
$\tilde{x}_6$	$= (0.7463, 0.2537)$	$S^{\circ 6}(\tilde{x}_0)$	$= (0.7408, 0.2592)$
$\tilde{x}_7$	$= (0.4927, 0.5073)$	$S^{\circ 7}(\tilde{x}_0)$	$= (0.4816, 0.5184)$
$\tilde{x}_8$	$= (0.9855, 0.0145)$	$S^{\circ 8}(\tilde{x}_0)$	$= (0.9632, 0.0368)$
$\tilde{x}_9$	$= (0.9711, 0.0289)$	$S^{\circ 9}(\tilde{x}_0)$	$= (0.9264, 0.0736)$
$\tilde{x}_{10}$	$= (0.9423, 0.0577)$	$S^{\circ 10}(\tilde{x}_0)$	$= (0.8528, 0.1472)$

Beachten Sie, wie der fehlerhafte Orbit und der exakte Orbit von x_0 auseinander-laufen. Trotzdem behauptet der Beschattungssatz, daß es einen exakten Orbit $\{x_n\}$ gibt mit

$$d(x_n, \widetilde{x}_n) \leq \frac{\frac{1}{2}}{1 - \frac{1}{2}} \cdot (0.0001) = 0.0001,$$

wobei $d(\,\cdot\,,\,\cdot\,)$ die Manhattan-Metrik bezeichnet. Das sieht wirklich unwahrschein-lich aus, aber es muß wahr sein! Hier ist ein Beispiel eines solchen beschattenden Orbits, der ebenfalls exakt berechnet wurde. Die Idee wird in Abbildung 4.34 ver-anschaulicht.

exakter beschattender Orbit $x_n = S^{\circ n}(x_0)$	$d(x_n, \widetilde{x}_n) \leq 0.0001$
$x_0 = (0.21478740234375, 0.03521259765625)$	0.00009
$x_1 = (0.4295748046875, 0.0704251953125)$	0.00008
$x_2 = (0.8591496093750, 0.1408503906250)$	0.00005
$x_3 = (0.7182992187500, 0.2817007812500)$	0.000001
$x_4 = (0.4365984375000, 0.5634015625000)$	0.0001
$x_5 = (0.8731968750000, 0.1268031250000)$	0.0001
$x_6 = (0.7463937500000, 0.2536062500000)$	0.0001
$x_7 = (0.4927875000000, 0.5072125000000)$	0.00009
$x_8 = (0.9855750000000, 0.0144250000000)$	0.00008
$x_9 = (0.9711500000000, 0.0288500000000)$	0.00005
$x_{10} = (0.9423000000000, 0.0577000000000)$	0.000000

4.7.2 Wir betrachten die Shift-Abbildung $(\Sigma; T)$ auf dem Adressenraum mit den beiden Symbolen $\{1, 2\}$. Zeigen Sie, daß die Folge von Punkten $\{\widetilde{x}_n\}$, die durch

$$\widetilde{x}_0 = 21\overline{2} \quad \text{und} \quad \widetilde{x}_n = 1\overline{2} \quad \text{für alle } n = 1, 2, 3, \ldots$$

gegeben ist, einen fehlerhaften Orbit des Systems bildet. Veranschaulichen Sie die Divergenz von $T^{\circ n}(\widetilde{x}_0)$ und $\widetilde{x}_n$. Bestimmen Sie einen beschattenden Orbit $\{x_n\}_{n=0}^{\infty}$ und bestätigen Sie die Fehlerabschätzung, die durch den Beschattungssatz gegeben wird!

4.7.3 Verdeutlichen Sie den Beschattungssatz durch Konstruktion eines fehlerhaften Or-bits und eines Orbits, der ihn beschattet, für die Shift-Abbildung $\{[0, 1]; \frac{1}{3}x, \frac{1}{2}x + \frac{1}{2}\}$!

4.7.4 Berechnen Sie einen Orbit für eine zufällige Shift-Abbildung, welche zu dem über-lappenden IFS $\{[0, 1]; \frac{3}{4}x, \frac{1}{2}x + \frac{1}{2}\}$ gehört!

4.7.5 Ein Orbit einer Shift-Abbildung, welche zu dem IFS

$$\left\{ \mathbf{R}^2; \frac{1}{2}\begin{pmatrix} x \\ y \end{pmatrix}, \frac{3}{4}\begin{pmatrix} x \\ y \end{pmatrix} + \frac{1}{4}\begin{pmatrix} 1 \\ 1 \end{pmatrix}, \frac{1}{2}\begin{pmatrix} x \\ y \end{pmatrix} + \begin{pmatrix} 2 \\ 0 \end{pmatrix}, \frac{1}{8}\begin{pmatrix} x \\ y \end{pmatrix} + \begin{pmatrix} 0 \\ 7 \end{pmatrix} \right\}$$

gehört, wird mit der Genauigkeit $0{,}0005$ berechnet. Wie nahe existiert dort ein beschattender Orbit? Benutzen Sie die Manhattan-Metrik.

4.7.6 In Abbildung 4.35 wird ein Orbit einer zufälligen Shift-Abbildung, welche zu dem IFS $\{[0, 1]; w_1(x), w_2(x)\}$ gehört, durch eine graphische Iteration berechnet. Der Computer besteht in diesem Fall aus Bleistift und Zeichenbrett. Schätzen Sie den Fehler in der Zeichnung und leiten Sie daraus ab, wie nahe ein exakter Orbit den gezeichneten beschattet! Dazu müssen Sie den Kontraktionsfaktor des IFS abschätzen. Zeichnen Sie darüber hinaus einen Schlauch um den gezeichneten Orbit, innerhalb dessen der exakte Orbit liegt!

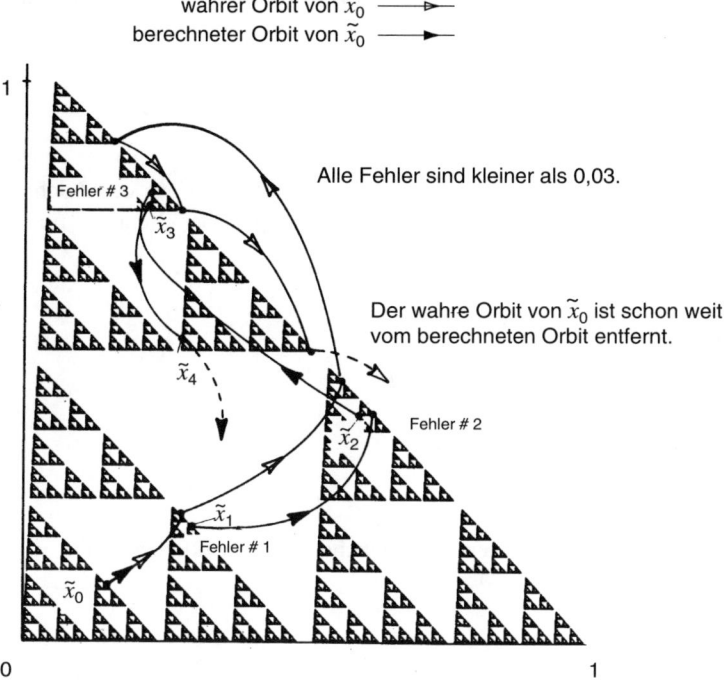

wahrer Orbit von $\tilde{x}_0$ ———▷——

berechneter Orbit von $\tilde{x}_0$ ———▶——

Alle Fehler sind kleiner als 0,03.

Der wahre Orbit von $\tilde{x}_0$ ist schon weit vom berechneten Orbit entfernt.

Fehler # 3

$\tilde{x}_3$

$\tilde{x}_4$

$\tilde{x}_2$

Fehler # 2

$\tilde{x}_1$

Fehler # 1

$\tilde{x}_0$

Abb. 4.34 Der Beschattungssatz besagt, daß ein exakter Orbit existiert, der für alle n näher als 0,03 bei $\{x_n\}$ liegt.

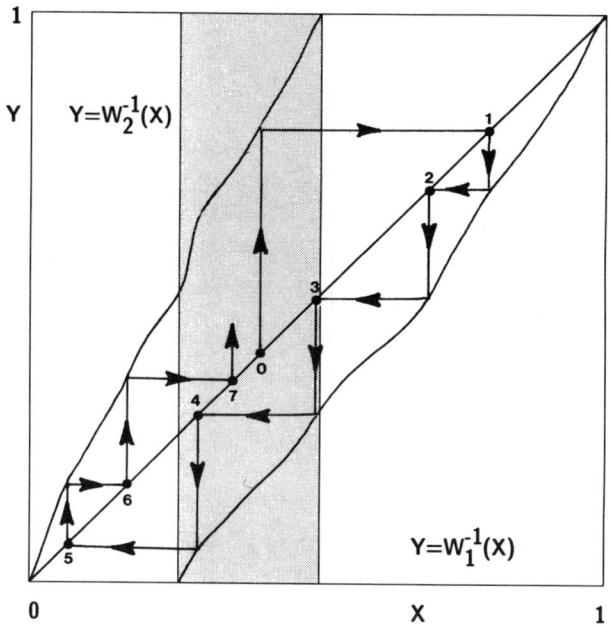

$Y = W_2^{-1}(X)$

$Y = W_1^{-1}(X)$

Abb. 4.35 Ein exakter Orbit beschattet bei dieser graphischen Iteration den Orbit einer zufälligen Shift-Abbildung, der durch „Zeichnen berechnet" wurde.

4.7.7 In Abbildung 4.36 ist ein Orbit $\{x_n\}$ derjenigen zufälligen Shift-Abbildung zu sehen, die zu dem IFS

$$\{[0,\,1];\,w_1(x),\,w_2(x)\}$$

gehört. Wir haben sie erhalten, indem wir für $x \in w_1(A) \cap w_2(A)$ definiert haben, daß $S(x) = w_2^{-1}(x)$ ist. Der Kontraktionsfaktor des IFS kann aus der Zeichnung mit $\frac{3}{5}$ geschätzt werden. Da die Genauigkeit der graphischen Iteration für jede Iteration innerhalb eines Millimeters liegt, folgt

$$d(\widetilde{x}_{n+1}, S(\widetilde{x}_n)) \le 1\text{mm}.$$

Demnach existiert ein exakter Orbit, so daß

$$d(x_n, \widetilde{x}_n) \le \frac{\frac{3}{5}}{\frac{2}{5}} = 1{,}5\text{mm}.$$

Also gibt es innerhalb des schattierten Schlauches einen wirklichen Orbit, wie es in Abbildung 4.36 dargestellt wird.

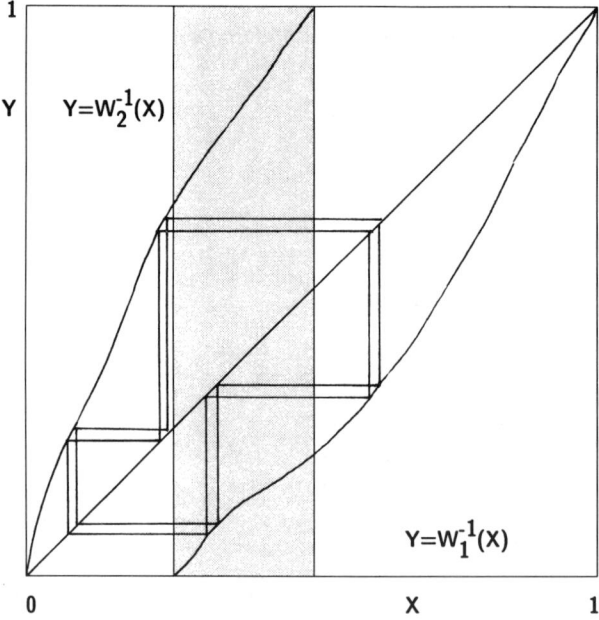

Abb. 4.36 Der *Schatten* allein weiß es. Innerhalb des „Orbitschlauches" existiert ein *exakter* Orbit $\{x_n\}_{n=0}^{\infty}$ der zum IFS gehörenden zufälligen Shift-Abbildung.

4.8   Chaotische Dynamik auf Fraktalen

Die Shift-Abbildung $\{A; S\}$, die zu einem total unzusammenhängendem IFS gehört, ist äquivalent zu der Shift-Abbildung $\{\Sigma; T\}$, wobei Σ der zu dem IFS gehörende Adressenraum ist. Diese Äquivalenz bedeutet, wie wir gesehen haben, daß die beiden Systeme eine Reihe von Eigenschaften gemeinsam haben. Zum Beispiel besitzen sie dieselbe Anzahl von Zyklen mit minimaler Periode sieben. Eine besonders wichtige Eigenschaft, die beide teilen, ist, daß sie beide „chaotische" dynamische Systeme sind. Diesen Begriff werden wir in diesem Abschnitt erklären. Trotzdem wollen wir zuerst hervorheben, daß die beiden Systeme aus der Sicht der Wechselwirkung ihrer jeweiligen Dynamik mit der Geometrie ihrer zugrundeliegenden Räume grundlegend verschieden sind.

Betrachten wir den Fall eines IFS mit drei Transformationen. Bezeichne Σ den Adressenraum der drei Symbole $\{1, 2, 3\}$. Sehen wir uns den Orbit des Punktes $\sigma \in \Sigma$ an, der durch

$$\sigma = 12311121321222331323311111121131211221231311311113$$
$$21332112122132212222232312322333113112312312313333213$$
$$22323331332333111111112111311211122112311311311$$
$$32113312111212121312211222122312311232123313$$
$$1113121212\ldots\ldots\ldots \text{ und ständig so weiter}$$

gegeben ist. Dieser Orbit $\{T^{\circ n}(\sigma)\}_{n=0}^{\infty}$ kann auf einer Cantor-Menge mit drei Symbolen gezeichnet werden, wie es in Abbildung 4.37 skizziert ist.

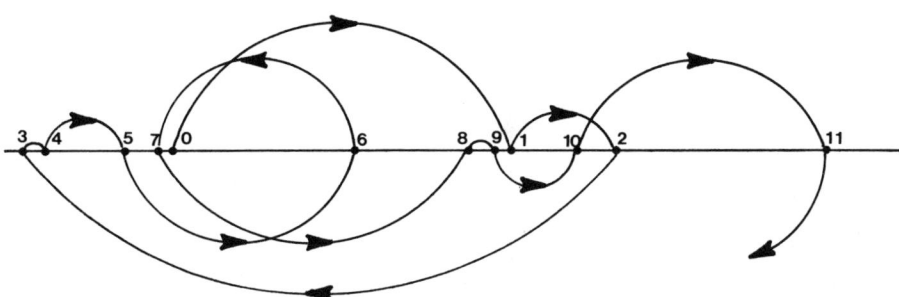

Abb. 4.37   Der Anfang eines chaotischen Orbits auf einer Cantor-Menge mit drei Symbolen.

Dieser kann mit dem Orbit $\{S^{\circ n}(\phi(\sigma))\}_{n=0}^{\infty}$ der Shift-Abbildung $\{A; S\}$ verglichen werden, welche zu einem IFS mit drei Abbildungen gehört, wie es in Abbildung 4.38 gezeichnet ist. In Abbildung 4.39 ist ein äquivalenter Orbit dar-

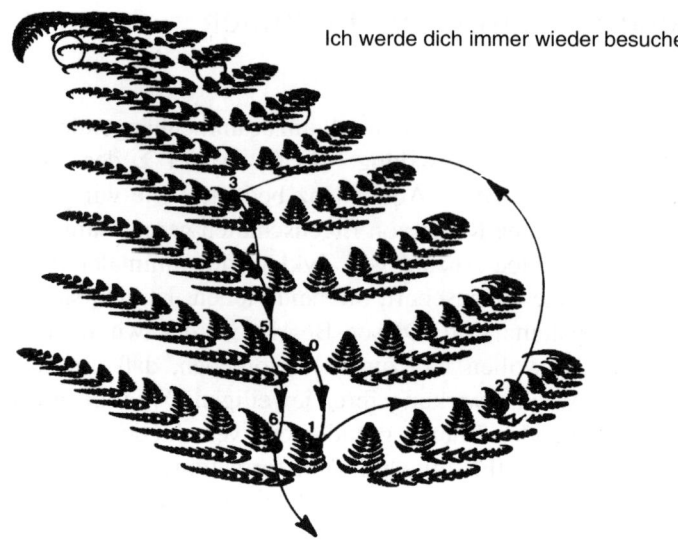

Ich werde dich immer wieder besuchen!

Abb. 4.38   Der Beginn eines Orbits einer deterministischen Shift-Abbildung. Dieser Orbit ist chaotisch. Er wird in den Teil des Attraktors, der innerhalb jedes der drei kleinen Kreise liegt, unendlich oft wiederkehren.

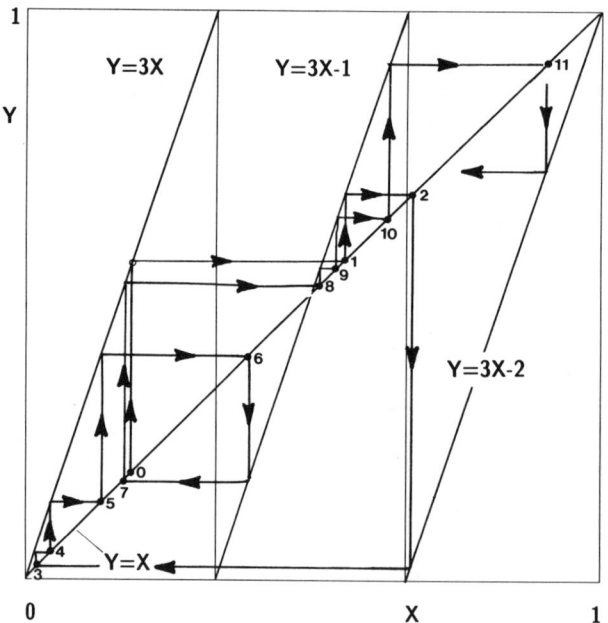

Abb. 4.39   Ein äquivalenter Orbit zu denen in den Abbildungen 4.37 und 4.38, dieses Mal mit Hilfe einer graphischen Iteration gezeichnet. Der Startpunkt hat die Adresse 12311121321222331 . . . . Diese Offenbarung eines Orbits, der willkürlich nahe an jeden Punkt kommt, findet auf einem gerade berührenden Attraktor statt.

gestellt, aber diesmal für das IFS $\{[0, 1]; \frac{1}{3}x, \frac{1}{3}x+\frac{1}{3}, \frac{1}{3}x+\frac{2}{3}\}$. Seine Entwicklung wird durch eine graphische Iteration gezeigt.

In jedem dieser Fälle sieht „dieselbe" Dynamik jeweils verschieden aus. Die Arten der Schönheit und Harmonie der beobachteten Orbits sind unterschiedlich. Das ist nicht überraschend: Die Äquivalenz dynamischer Systeme ist eine topologische Äquivalenz. Sie liefert nicht viele Informationen über die Wechselwirkung der Dynamik mit den Geometrien der Räume, in denen sie wirkt. Diese Wechselwirkung ist in der Forschung noch ein offenes Gebiet. Welches sind zum Beispiel die speziellen Eigenschaften zweier metrisch äquivalenter dynamischer Systeme, die erhalten bleiben? Können Sie die Anmut und die Zartheit eines auf einem Fraktal tanzenden Orbits messen?

Nach diesen Bemerkungen richten wir unsere Aufmerksamkeit auf eine wichtige Sammlung von Eigenschaften, die von allen Shift-Abbildungen geteilt werden. Der Einfachheit halber formalisieren wir die Diskussion für den Fall der Shift-Abbildungen $\{A; S\}$, welche zu einem total unzusammenhängenden IFS gehören.

Definition 4.17. Es sei $(\mathbf{X}, d)$ ein metrischer Raum. Eine Teilmenge $B \subset \mathbf{X}$ heißt *dicht* in $\mathbf{X}$, falls der Abschluß von B gleich $\mathbf{X}$ ist. Eine Folge von Punkten $\{x_n\}_{n=0}^{\infty}$ in $\mathbf{X}$ heißt dicht in $\mathbf{X}$, wenn es für jeden Punkt $a \in \mathbf{X}$ eine Teilfolge $\{x_{\sigma_n}\}_{n=0}^{\infty}$ gibt, die gegen a konvergiert. Insbesondere ist der Orbit $\{x_n\}_{n=0}^{\infty}$ eines dynamischen Systems $\{\mathbf{X}; f\}$ dicht in $\mathbf{X}$, wenn die Folge $\{x_n\}_{n=0}^{\infty}$ dicht in $\mathbf{X}$ ist.

Inzwischen werden Sie im Umgang mit dem Zufalls-Iterations-Algorithmus, Programm 3.2, einige Erfahrungen gesammelt und Bilder von Attraktoren A von IFS in $\mathbf{R}^2$ berechnet haben. Wenn Sie den Algorithmus von einem Punkt $x_0 \in A$ aus gestartet haben, dann liegen alle berechneten Punkte in A. Offensichtlich sind die Folgen von Punkten, welche wir gezeichnet haben, Beispiele für Folgen, die im metrischen Raum (A, d) dicht sind.

Die Eigenschaft, dicht zu sein, ist unter Homöomorphismen invariant: Wenn B im metrischen Raum $(\mathbf{X}, d)$ dicht und $\theta : \mathbf{X} \to \mathbf{Y}$ ein Homöomorphismus ist, dann ist $\theta(B)$ dicht in $\mathbf{Y}$. Falls $\{\mathbf{X}; f\}$ und $\{\mathbf{Y}; g\}$ unter θ äquivalente dynamische Systeme sind und wenn $\{x_n\}$ ein Orbit von f ist, der dicht in $\mathbf{X}$ ist, dann ist $\{\theta(x_n)\}$ ein Orbit von g, welcher dicht in $\mathbf{Y}$ ist.

Definition 4.18. Ein dynamisches System $\{\mathbf{X}; f\}$ ist *transitiv*, wenn immer $\mathcal{U}$ und $\mathcal{V}$ offene Teilmengen des metrischen Raums $(\mathbf{X}, d)$ sind und eine endliche natürliche Zahl n existiert, so daß

$$\mathcal{U} \cap f^{\circ n}(\mathcal{V}) \neq \emptyset.$$

Das dynamische System $\{[0, 1]; f(x) = \min\{2x, 2 - 2x\}\}$ ist topologisch transitiv. Um dies nachzuweisen, sei $\mathcal{U}$ und $\mathcal{V}$ irgendein Paar offener Intervalle im metrischen Raum $([0, 1],$ euklidisch$)$. Es ist klar, daß jede Anwendung der

Transformation die Länge des Intervalls $\mathcal{V}$ vergrößert, so daß es schließlich $\mathcal{U}$ überlappt.

Definition 4.19. Das dynamische System ist *sensitiv gegenüber Anfangsbedingungen,* wenn es ein $\delta > 0$ gibt, so daß für jedes $x \in \mathbf{X}$ und irgendeine Kugel $B(x, \epsilon)$ mit Radius $\epsilon > 0$ ein $y \in B(x, \epsilon)$ und eine natürliche Zahl $n \geq 0$ existieren, so daß

$$d(f^{\circ n}(x), f^{\circ n}(y)) > \delta.$$

Grob gesagt, werden Orbits, die nahe beieinander starten, durch die Wirkung des dynamischen Systems auseinandergerissen. Zum Beispiel ist das dynamische System $\{[0, 1]; 2x \bmod 1\}$ sensitiv gegenüber Anfangsbedingungen.

Aufgaben

4.8.1 Zeigen Sie, daß die rationalen Zahlen im metrischen Raum ($\mathbf{R}$, euklidisch) dicht liegen!

4.8.2 Es sei $C(n)$ eine Zählfunktion, die alle rationalen Zahlen zählt, welche im Intervall $[0, 1]$ liegen. Mit $r_{C(n)}$ bezeichnen wir die n-te rationale Zahl in $[0, 1]$. Beweisen Sie, daß die Folge reeller Zahlen $\{r_{C(n)} \in [0, 1] : n = 1, 2, 3, \ldots\}$ im metrischen Raum ($[0, 1]$, euklidisch) dicht ist!

4.8.3 Betrachten Sie das dynamische System $\{[0, 1]; f(x) = 2x \bmod 1\}$. Bestimmen Sie einen Punkt $x_0 \in [0, 1]$, dessen Orbit in $[0, 1]$ dicht ist!

4.8.4 Zeigen Sie, daß das dynamische System $\{[0, \infty); f(x) = 2x\}$ sensitiv gegenüber Anfangsbedingungen ist, das dynamische System $\{[0, \infty); f(x) = \frac{1}{2}x\}$ aber nicht!

4.8.5 Weisen Sie nach, daß die Shift-Abbildung $\{\Sigma; T\}$ transitiv und sensitiv gegenüber Anfangsbedingungen ist! Dabei ist Σ der Adressenraum mit zwei Symbolen.

4.8.6 Es seien $\{\mathbf{X}; f\}$ und $\{\mathbf{Y}; g\}$ äquivalente dynamische Systeme. Zeigen Sie, daß $\{\mathbf{X}; f\}$ genau dann transitiv ist, wenn $\{\mathbf{Y}; g\}$ transitiv ist! Mit anderen Worten: die Eigenschaft, transitiv zu sein, bleibt zwischen äquivalenten dynamischen Systemen erhalten.

Definition 4.20. Ein dynamisches System ist *chaotisch,* wenn

(1) es transitiv ist,

(2) es sensitiv gegenüber Anfangsbedingungen ist und wenn

(3) die Menge periodischer Orbits von f dicht in $\mathbf{X}$ ist.

Satz 4.9. *Die Shift-Abbildung, welche zu einem total unzusammenhängenden, hyperbolischen IFS mit zwei oder mehr Abbildungen gehört, ist chaotisch.*

Beweisskizze. Zuerst weist man nach, daß die Shift-Abbildung $\{\Sigma; T\}$ chaotisch ist, wobei Σ den Adressenraum mit N Symbolen ($N \geq 2$) bezeichnet. Dann benutzt man die Adressenraum-Abbildung $\phi : \Sigma \to A$, um die Ergebnisse auf das äquivalente dynamische System $\{A; S\}$ zu übertragen.   □

Satz 4.9 läßt sich auf ein geliftetes IFS, das zu einem hyperbolischen IFS gehört, anwenden. Somit ist die geliftete Shift-Abbildung, die zu einem IFS mit zwei oder mehr Transformationen gehört, chaotisch. Daraus läßt sich wiederum auf bestimmte Merkmale der Projektion einer gelifteten Shift-Abbildung schließen, d. h. auf Merkmale der zufälligen Shift-Abbildungen.

Lassen Sie uns nun aus einer intuitiven Sicht heraus überlegen, warum der Zufalls-Iterations-Algorithmus funktioniert. Betrachten wir das hyperbolische IFS $\{\mathbf{R}^2; w_1, w_2\}$. Es sei $a \in A$. Nehmen wir an, die Adresse von a im zugehörigen Adressenraum sei $\sigma \in \Sigma$, d. h. $a = \phi(\sigma)$. Unter Zuhilfenahme eines Zufallszahlengenerators wird eine Folge von einer Million Einsen und Zweien produziert. Zum Beispiel laute eine solche Folge

$$21\ldots12121121121211121111211111211121111211121211212122211,$$

welche von rechts nach links gelesen werden muß. Damit ist gemeint, daß die erste Zahl, die ausgewählt wurde, eine Eins ist, dann wieder eine Eins, dann drei Zweien und so weiter. Dann wird die folgende Folge von Punkten auf dem Attraktor berechnet:

$a = \phi(\sigma)$
$w_1(a) = \phi(1\sigma)$
$w_1 \circ w_1(a) = \phi(11\sigma)$
$w_2 \circ w_1 \circ w_1(a) = \phi(211\sigma)$
$w_2 \circ w_2 \circ w_1 \circ w_1(a) = \phi(2211\sigma)$
$w_2 \circ w_2 \circ w_2 \circ w_1 \circ w_1(a) = \phi(22211\sigma)$
$w_1 \circ w_2 \circ w_2 \circ w_2 \circ w_1 \circ w_1(a) = \phi(122211\sigma)$
$w_2 \circ w_1 \circ w_2 \circ w_2 \circ w_2 \circ w_1 \circ w_1(a) = \phi(2122211\sigma)$
$w_1 \circ w_2 \circ w_1 \circ w_2 \circ w_2 \circ w_2 \circ w_1 \circ w_1(a) = \phi(12122211\sigma)$
$w_2 \circ w_1 \circ w_2 \circ w_1 \circ w_2 \circ w_2 \circ w_2 \circ w_1 \circ w_1(a) = \phi(212122211\sigma)$
$w_1 \circ w_2 \circ w_1 \circ w_2 \circ w_1 \circ w_2 \circ w_2 \circ w_2 \circ w_1 \circ w_1(a) = \phi(1212122211\sigma)$
$w_1 \circ w_1 \circ w_2 \circ w_1 \circ w_2 \circ w_1 \circ w_2 \circ w_2 \circ w_2 \circ w_1 \circ w_1(a) = \phi(11212122211\sigma)$
$\ldots\ldots$

$w_2 \circ w_1 \circ \cdots \circ w_1 \circ w_1 \circ w_2 \circ w_1 \circ w_2 \circ w_1 \circ w_2 \circ w_2 \circ w_2 \circ w_1 \circ w_1(a) =$
$$\phi(21\ldots11212122211\sigma).$$

Wir stellen uns vor, wir hätten die Punkte in der Reihenfolge ihrer Berechnung, anstatt zu zeichnen, in eine Liste von einer Million berechneter Punkte eingetragen. Haben wir das getan, zeichnen wir die Punkte in umgekehrter Reihenfolge ihrer Berechnung. Das heißt, wir beginnen damit, den Punkt $\phi(21\ldots11212122211\sigma)$ zu zeichnen, und wir enden mit dem Punkt $\phi(\sigma)$. Was werden wir zu sehen bekommen? Wir werden eine Million Punkte auf dem Orbit der Shift-Abbildung $\{A; S\}$ sehen, nämlich gerade $\{S^{\circ n}(\phi(21\ldots11212122211\sigma))\}_{n=0}^{1000000}$.

Was erwarten wir nun bei all unserer Erfahrung mit Shift-Dynamik, unserem theoretischen Wissen und unserer Intuition von einem solchen Orbit? Wir erwarten, daß er chaotisch ist und daß er eine weit verstreute Sammlung von Punkten auf dem Attraktor besucht. Wir sehen einen Teil eines „zufällig ausgewählten" Orbits der Shift-Abbildung, und wir erwarten, daß er im Attraktor dicht ist.

Nehmen wir zum Beispiel an, daß man die Shift-Dynamik auf dem Bild eines total unzusammenhängenden Fraktals oder auf einem Farn betrachtet. Sie sollten davon überzeugt sein, daß Sie durch eine geschickte Regulierung des Orbits in jedem Schritt, wie im Beschattungssatz, den Orbit leicht dazu zwingen können, jeden Punkt des Bildes bis auf einen Abstand $\epsilon > 0$ aufzusuchen. Aber der Beschattungssatz stellt dann sicher, daß es in der Nähe Ihres künstlichen einen tatsächlichen Orbit gibt. Und er nähert sich auch jedem Punkt auf dem Fraktal, sagen wir bis auf einen Abstand von 2ϵ, jedem Punkt des Bildes. Das legt nahe, daß die „meisten" Orbits einer Shift-Abbildung im Attraktor dicht sind.

Aufgaben/Beispiele

4.8.7 Machen Sie Experimente mit dem Bild eines Attraktors eines total unzusammenhängenden hyperbolischen IFS, um die Behauptung des letzten Absatzes, daß Sie „durch eine geschickte Regulierung des Orbits in jedem Schritt, wie im Beschattungssatz, den Orbit leicht dazu zwingen können, jeden Punkt des Bildes bis auf einen Abstand $\epsilon > 0$ aufzusuchen", nachzuweisen. Können Sie einige experimentelle Abschätzungen angeben, wieviele Orbits innerhalb eines Abstandes $\epsilon > 0$ verlaufen, und zwar für mehrere Werte von ϵ, von jedem Punkt im Bild? Ein Weg, dies durchzuführen, könnte sein, daß man mit einem diskretisierten Bild arbeitet und versucht, die Anzahl der vorhandenen Orbits zu zählen.

4.8.8 Lassen Sie den Zufalls-Iterations-Algorithmus laufen (Programm 3.2) um ein Bild eines Fraktals zu erzeugen, zum Beispiel einen Farn ohne Stiel wie in Abbildung 4.38. Wenn die Punkte berechnet und gezeichnet sind, stellen Sie eine Liste dieser Punkte auf. Zeichnen Sie die Punkte dann noch einmal in umgekehrter Reihenfolge. Lassen Sie die Punkte auf dem Attraktor auf dem Bildschirm blinken, damit Sie sehen können, wo sie landen. Auf diese Weise werden Sie die Wechselwirkung zwischen der Geometrie und der Shift-Dynamik auf dem Attraktor zu sehen bekommen. Ist der Orbit schön? Falls Sie finden, daß er es ist, versuchen Sie, Ihren Eindruck zu objektivieren!

Wir wollen anfangen, die Idee zu formalisieren , daß die „meisten" Orbits einer Shift-Abbildung, die zu einem total unzusammenhängenden IFS gehören, dicht im Attraktor liegen. Der folgende Hilfssatz stellt die Anzahl der Zyklen mit minimaler Periode p fest.

Hilfssatz 4.5. *Es sei* $\{A; S\}$ *eine Shift-Abbildung, die zu einem total unzusammenhängenden hyperbolischen IFS* $\{\mathbf{X}; w_1, w_2, \ldots, w_N\}$ *gehört. Bezeichne* $\mathcal{N}(p)$ *die Anzahl verschiedener Zyklen mit minimaler Periode* p *für* $p = 1, 2, 3, \ldots$. *Dann gilt*

$$\mathcal{N}(p) = \frac{1}{p} \cdot \left(N^p - \sum_{\substack{k=1 \\ k \text{ teilt } p}}^{p-1} k \cdot \mathcal{N}(k) \right)$$

für $p = 1, 2, 3, \ldots$.

Beweis. Es genügt, die Aufmerksamkeit auf den Adressenraum zu beschränken. Um die hauptsächliche Beweisidee zu entwickeln, betrachten wir nur den Fall $N = 2$. Für $p = 1$ sind die Zyklen der Periode 1 gerade die Fixpunkte von T. Die Gleichung

$$T\sigma = \sigma, \quad \sigma \in \Sigma$$

impliziert $\sigma = \overline{01111}$ oder $\sigma = \overline{2222}$. Somit ist also $\mathcal{N}(1) = 2$. Für $p = 2$ muß jeder Punkt, der auf einem Zyklus der Periode 2 liegt, ein Fixpunkt von $T^{\circ 2}$ sein, nämlich

$$T^{\circ 2}\sigma = \sigma,$$

woraus folgt, daß $\sigma = \overline{11}, \overline{12}, \overline{21}$ oder $\overline{22}$. Die übrigen Zyklen, die nicht die minimale Periode zwei haben, müssen die minimale Periode eins haben. Darüber hinaus enthält ein Zyklus der minimalen Periode zwei genau zwei voneinander verschiedene Punkte. Es ist also

$$\mathcal{N}(2) = \frac{1}{2} \cdot (2^2 - \mathcal{N}(1)) = \frac{2}{2} = 1.$$

So bekommt man schnell eine Vorstellung von der Idee. Eine vollständige Induktion über p vervollständigt den Beweis für $N = 2$. $\qquad\square$

Für $N = 2$ findet man beispielsweise: $\mathcal{N}(2) = 1$, $\mathcal{N}(3) = 2$, $\mathcal{N}(4) = 3$, $\mathcal{N}(5) = 6$, $\mathcal{N}(6) = 9$, $\mathcal{N}(7) = 18$, $\mathcal{N}(8) = 30$, $\mathcal{N}(9) = 56$, $\mathcal{N}(10) = 99$, $\mathcal{N}(11) = 186$, $\mathcal{N}(12) = 335$, $\mathcal{N}(13) = 630$, $\mathcal{N}(14) = 1161$, $\mathcal{N}(15) = 2182$, $\mathcal{N}(16) = 4080$, $\mathcal{N}(17) = 7710$, $\mathcal{N}(18) = 14532$, $\mathcal{N}(19) = 27594$, $\mathcal{N}(20) = 52377$. 99,8% aller Punkte, die auf einem Zyklus der Periode zwanzig liegen, liegen auf einem Zyklus mit der minimalen Periode zwanzig.

Das ist die Idee, auf die wir kommen wollten. Wir wissen, daß die Menge der periodischen Zyklen dicht in dem Attraktor eines hyperbolischen IFS ist. Daraus folgt, daß wir den Attraktor durch die Menge aller Zyklen mit irgendeiner endlichen Periode, sagen wir zwölf Milliarden, approximieren können. Ersetzen wir also den Attraktor A durch eine solche Approximation $\tilde{A}$, die aus

$2^{12000000000}$ Punkten besteht. Nehmen wir an, wir würden davon einen Punkt zufällig auswählen. Dann ist es für diesen Punkt sehr wahrscheinlich, daß er auf einem Zyklus mit *minimaler* Periode zwölf Milliarden liegt. Somit ist es für den Orbit eines Punktes, der „zufällig" aus dem approximierten Attraktor $\widetilde{A}$ ausgewählt wurde, sehr wahrscheinlich, daß er aus zwölf Milliarden *verschiedenen* Punkten auf $\widetilde{A}$ besteht.

In der Tat kann man zeigen, daß eine statistisch zufällige Folge von Symbolen jede mögliche endliche Teilfolge enthält. Also können wir davon ausgehen, daß die Menge von zwölf Milliarden verschiedenen Punkten von A wenigstens einen Repräsentanten eines jeden Teils des Attraktors enthält!

5 Fraktale Dimension

5.1 Fraktale Dimension

Wie groß ist ein Fraktal? Wann sind zwei Fraktale in irgendeinem Sinne einander ähnlich? Welche experimentellen Messungen können wir durchführen, um in Erfahrung zu bringen, ob zwei verschiedene Fraktale metrisch äquivalent sind? Wie beschreibt man das, was die beiden Fraktale in Abbildung 5.1 gemeinsam haben?

Mit Hilfe verschiedener Zahlen, die man Fraktalen zuordnet, können Fraktale miteinander verglichen werden. Diese Zahlen werden im allgemeinen als *fraktale Dimensionen* bezeichnet. Sie sollen unseren subjektiven Eindruck davon quantifizieren, wie dicht Fraktale den metrischen Raum, in welchem sie liegen, ausfüllen. Durch die fraktalen Dimensionen erhält man ein objektives Hilfsmittel für den Vergleich von Fraktalen.

Fraktale Dimensionen sind wichtig, weil sie im Zusammenhang mit Tatsachen aus der realen Welt definiert werden können. Sie können unter Zuhilfenahme von Experimenten gemessen werden. Zum Beispiel kann man die „fraktale Dimension" der Küstenlinie Großbritanniens messen, deren Wert ungefähr 1.2 beträgt. Fraktale Dimensionen können mit Wolken, Bäumen, Küstenlinien, Federn, Teilen des Nervensystems im Körper, momentanem Staub in der Luft, Kleidung, die Sie tragen, Verteilung der Lichtfrequenzen, die von einer Blume reflektiert werden, Licht, das von der Sonne abgestrahlt wird, oder mit der faltigen Oberfläche des Meeres während eines Sturms verknüpft werden. Diese Zahlen machen es uns möglich, Mengen der realen Welt mit den Fraktalen aus dem Labor, wie Attraktoren von IFS, zu vergleichen.

Wir beschränken uns darauf, kompakte Teilmengen metrischer Räume zu untersuchen. Das erweist sich auch als günstig für die Modellierung der realen physikalischen Welt durch Teilmengen metrischer Räume. Nehmen wir an, ein Wissenschaftler untersucht auf experimentelle Weise irgendeine physikalische Erscheinung, und er möchte diese mit Hilfe einer Teilmenge des $\mathbf{R}^3$ modellieren. Dann kann er für sein Modell eine kompakte Menge benutzen, indem er zum

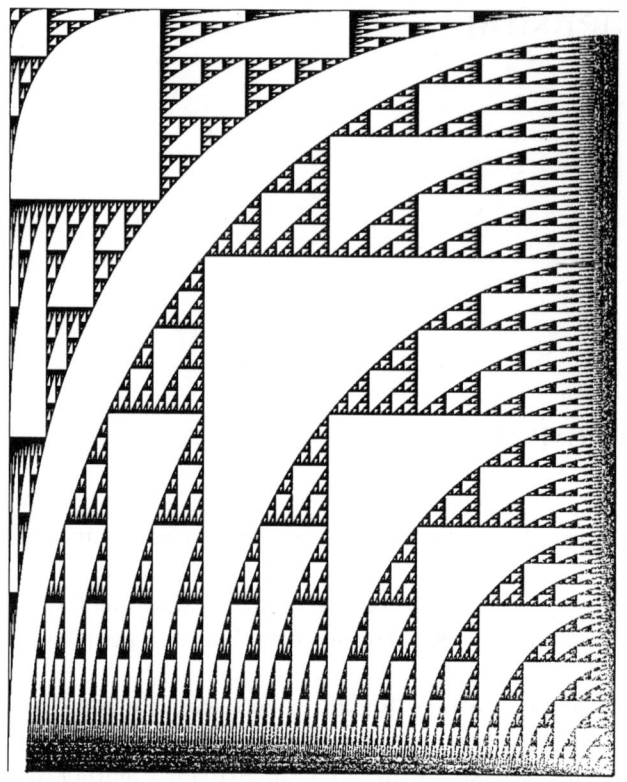

Abb. 5.1   Haben die beiden enthaltenen Fraktale dieselbe Dimension?

Beispiel davon ausgeht, daß die Abstände, welche er mißt, euklidische Abstände sind, und er kann voraussetzen, daß das Universum beschränkt ist. Er kann annehmen, daß jede Cauchy-Folge von Punkten in seiner Modellmenge gegen einen Punkt seiner Modellmenge konvergiert, da er diese Annahme nicht auf experimentelle Weise entkräften kann. Obwohl wir in der Mathematik zwischen einer Menge und ihrem Abschluß unterscheiden können, ist diese Trennung in der Physik nicht möglich. Die Voraussetzung der Kompaktheit erlaubt es, sich mit dem Modell auf relativ einfache Weise theoretisch zu befassen.

Bezeichne $(\mathbf{X}, d)$ einen vollständigen metrischen Raum und $B(x, \epsilon)$ eine abgeschlossene Kugel mit Radius ϵ und Mittelpunkt $x \in \mathbf{X}$. Wir wollen eine natürliche Zahl $\mathcal{N}(A, \epsilon)$ als Mindestzahl abgeschlossener Kugeln mit Radius ϵ definieren, die man benötigt, um eine Menge A zu überdecken. Das heißt

$$\mathcal{N}(A, \epsilon) = \text{kleinste, positive natürliche Zahl } M, \text{ so daß}$$

$$A \subset \bigcup_{n=1}^{M} B(x_n, \epsilon)$$

für eine Menge von verschiedenen Punkten $\{x_n : n = 1, 2, \ldots, M\} \subset \mathbf{X}$. Wie erfahren wir, ob eine solche Zahl $\mathcal{N}(A, \epsilon)$ existiert? Ganz einfach mit folgender Logik: Man umgibt jeden Punkt $x \in A$ mit einer *offenen* Kugel mit Radius $\epsilon > 0$, um eine Überdeckung von A durch offene Mengen zu erhalten. Da A kompakt ist, besitzt diese Überdeckung eine endliche Teilüberdeckung, die aus einer Anzahl, sagen wir $\widehat{M}$, offener Kugeln besteht. Indem wir den Abschluß einer jeden Kugel nehmen, bekommen wir eine Überdeckung, die aus $\widehat{M}$ *abgeschlossenen* Kugeln besteht. Es sei $\mathcal{U}$ die Menge der Überdeckungen von A mit höchstens $\widehat{M}$ abgeschlossenen Kugeln mit Radius ϵ. Dann enthält $\mathcal{U}$ mindestens ein Element. Es sei $f : \mathcal{U} \to \{1, 2, 3, \ldots, \widehat{M}\}$ definiert durch $f(c) =$ Anzahl der Kugeln in der Überdeckung $c \in \mathcal{U}$. Somit ist $\{f(c) : c \in \mathcal{U}\}$ eine endliche Menge natürlicher Zahlen. Es folgt, daß sie eine kleinste natürliche Zahl $\mathcal{N}(A, \epsilon)$ enthält.

Die intuitive Vorstellung, die hinter der fraktalen Dimension steckt, ist, daß eine Menge A die fraktale Dimension D hat, wenn

$$\mathcal{N}(A, \epsilon) \approx C\epsilon^{-D}$$

für irgendeine positive Konstante C gilt. An dieser Stelle benutzen wir die Bezeichnung „$\approx$" wie folgt. Es seien $f(\epsilon)$ und $g(\epsilon)$ zwei reellwertige Funktionen der positiven reellen Variablen ϵ. Dann bedeutet $f(\epsilon) \approx g(\epsilon)$, daß $\lim\limits_{\epsilon \to 0} \left(\frac{\ln(f(\epsilon))}{\ln(g(\epsilon))} \right) = 1$.

Wenn wir dies nach D auflösen, ergibt sich

$$D \approx \frac{\ln \mathcal{N}(A, \epsilon) - \ln C}{\ln(\frac{1}{\epsilon})}.$$

Mit $\ln(x)$ bezeichnen wir den Logarithmus der positiven reellen Zahl x zur Basis e. Beachten Sie nun, daß der Ausdruck $\frac{\ln C}{\ln(\frac{1}{\epsilon})}$ für $\epsilon \to 0$ gegen null geht. Das führt zu der folgenden Definition.

Definition 5.1. Es sei $A \in \mathcal{H}(\mathbf{X})$, wobei $(\mathbf{X}, d)$ ein metrischer Raum ist. Für jedes $\epsilon > 0$ sei $\mathcal{N}(A, \epsilon)$ die kleinste Anzahl abgeschlossener Kugeln mit Radius $\epsilon > 0$, die man benötigt, um A zu überdecken. Wenn

$$D = \lim_{\epsilon \to 0} \left\{ \frac{\ln(\mathcal{N}(A, \epsilon))}{\ln(\frac{1}{\epsilon})} \right\}$$

existiert, dann heißt D die *fraktale Dimension* von A. Wir werden ebenfalls die Bezeichnungsweise $D = D(A)$ benutzen, was „A hat die fraktale Dimension D" bedeuten soll.

Aufgaben/Beispiele

5.1.1 Wir betrachten ein Beispiel im metrischen Raum $(\mathbf{R}^2$, euklidisch). Es sei $a \in \mathbf{X}$ und $A = \{a\}$. A besteht also aus einem einzelnen Punkt im Raum. Für jedes $\epsilon > 0$ ist $\mathcal{N}(A, \epsilon) = 1$, woraus folgt, daß $D(A) = 0$ ist.

5.1.2 Wir betrachten ein Beispiel im metrischen Raum ($\mathbf{R}^2$, Manhattan). Bezeichne A die Strecke $[0, 1]$, sei $\epsilon > 0$. Dann ist es einfach zu sehen, daß $\mathcal{N}(A, \epsilon) = -([\frac{-1}{\epsilon}])$, wobei $[x]$ den positiven, ganzzahligen Anteil der reellen Zahl x bezeichnet. In Abbildung 5.2 ist der Graph von $\ln(\mathcal{N}(A, \epsilon))$ als Funktion von $\ln(\frac{1}{\epsilon})$ dargestellt. Trotz eines unstetigen Beginns, stellt sich offensichtlich heraus, daß gilt

$$\lim_{\epsilon \to 0} \left\{ \frac{\ln(\mathcal{N}(A, \epsilon))}{\ln(\frac{1}{\epsilon})} \right\} = 1.$$

In der Tat ist für $0 < \epsilon < 1$

$$\frac{\ln(\frac{1}{\epsilon})}{\ln(\frac{1}{\epsilon})} \leq \frac{\ln(-[\frac{-1}{\epsilon}])}{\ln(\frac{1}{\epsilon})} = \frac{\ln(\mathcal{N}(A, \epsilon))}{\ln(\frac{1}{\epsilon})}$$
$$\leq \frac{\ln(\frac{1}{\epsilon} + 1)}{\ln(\frac{1}{\epsilon})} = \frac{\ln(1 + \epsilon) + \ln(\frac{1}{\epsilon})}{\ln(\frac{1}{\epsilon})}.$$

Beide Seiten konvergieren hier gegen 1, wenn $\epsilon \to 0$. Somit konvergiert auch der in der Mitte eingeschlossene Term gegen 1. Wir schließen daraus, daß die fraktale Dimension einer abgeschlossenen Strecke gleich 1 ist. Wenn wir die euklidische Metrik verwendet hätten, wären wir zu demselben Ergebnis gelangt.

5.1.3 Es sei $(\mathbf{X}, d)$ ein metrischer Raum. Seien $a, b, c \in \mathbf{X}$, und sei $A = \{a, b, c\}$. Zeigen Sie, daß $D(A) = 0$ gilt!

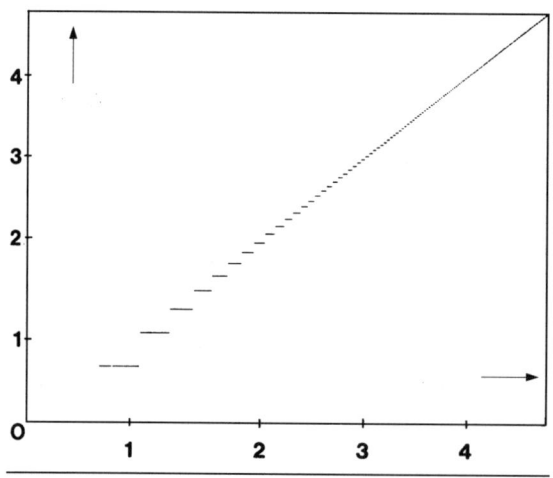

Abb. 5.2 Zeichnung des Graphen von $\ln([\frac{1}{x}])$ als eine Funktion von $\ln(\frac{1}{x})$. Hierdurch wird verdeutlicht, daß man bei der Berechnung der fraktalen Dimension gewöhnlich die sich schließlich ergebende „Steigung" einer unstetigen Funktion heranzieht. In diesem Fall beträgt die Steigung 1.

Die beiden folgenden Sätze vereinfachen den Berechnungsvorgang für die fraktale Dimension. Sie machen es möglich, die stetige Variable ϵ durch eine diskrete Variable zu ersetzen.

Satz 5.1. *Es sei* $A \in \mathcal{H}(\mathbf{X})$, *wobei* $(\mathbf{X}, d)$ *ein metrischer Raum ist. Weiterhin sei* $\epsilon_n = Cr^n$ *für reelle Zahlen* $0 < r < 1$ *und* $C > 0$ *und natürliche Zahlen* $n = 1, 2, 3, \ldots$. *Wenn gilt*

$$D = \lim_{n \to \infty} \left\{ \frac{\ln(\mathcal{N}(A, \epsilon_n))}{\ln(\frac{1}{\epsilon_n})} \right\},$$

dann hat A *die fraktale Dimension* D.

Beweis. Es seien die reellen Zahlen r und C sowie die Zahlenfolge $E = \{\epsilon_n : n = 1, 2, 3, \ldots\}$ so definiert, wie in der Voraussetzung des Satzes angegeben. Wir definieren $f(\epsilon) = \max\{\epsilon_n \in E : \epsilon_n \leq \epsilon\}$ und setzen voraus, daß $\epsilon \leq r$. Dann gilt

$$f(\epsilon) \leq \epsilon \leq \frac{f(\epsilon)}{r}$$

und

$$\mathcal{N}(A, f(\epsilon)) \geq \mathcal{N}(A, \epsilon) \geq \mathcal{N}\left(A, \frac{f(\epsilon)}{r}\right).$$

Da $\ln(x)$ für $x \geq 1$ eine monoton wachsende, positive Funktion von x ist, folgt, daß

$$\left\{ \frac{\ln(\mathcal{N}(A, \frac{f(\epsilon)}{r}))}{\ln(\frac{1}{f(\epsilon)})} \right\} \leq \left\{ \frac{\ln(\mathcal{N}(A, \epsilon))}{\ln(\frac{1}{\epsilon})} \right\}$$

$$\leq \left\{ \frac{\ln(\mathcal{N}(A, f(\epsilon)))}{\ln(\frac{r}{f(\epsilon)})} \right\}. \tag{1}$$

Nehmen wir an, daß $\mathcal{N}(A, \epsilon) \to \infty$ für $\epsilon \to 0$. Falls dies nicht zutrifft, ist der Satz wahr. Die rechte Seite von (1) gehorcht

$$\lim_{\epsilon \to 0} \left\{ \frac{\ln(\mathcal{N}(A, f(\epsilon)))}{\ln(\frac{r}{f(\epsilon)})} \right\} = \lim_{n \to \infty} \left\{ \frac{\ln(\mathcal{N}(A, \epsilon_n))}{\ln(\frac{r}{\epsilon_n})} \right\}$$

$$= \lim_{n \to \infty} \left\{ \frac{\ln(\mathcal{N}(A, \epsilon_n))}{\ln(r) + \ln(\frac{1}{\epsilon_n})} \right\}$$

$$= \lim_{n \to \infty} \left\{ \frac{\ln(\mathcal{N}(A, \epsilon_n))}{\ln(\frac{1}{\epsilon_n})} \right\},$$

während für die linke Seite von (1) gilt:

$$\lim_{\epsilon \to 0} \left\{ \frac{\ln(\mathcal{N}(A, \frac{f(\epsilon)}{r}))}{\ln(\frac{1}{f(\epsilon)})} \right\} = \lim_{n \to \infty} \left\{ \frac{\ln(\mathcal{N}(A, \epsilon_{n-1}))}{\ln(\frac{1}{\epsilon_n})} \right\}$$

$$= \lim_{n \to \infty} \left\{ \frac{\ln(\mathcal{N}(A, \epsilon_{n-1}))}{\ln(\frac{1}{r}) + \ln(\frac{1}{\epsilon_{n-1}})} \right\}$$

$$= \lim_{n \to \infty} \left\{ \frac{\ln(\mathcal{N}(A, \epsilon_n))}{\ln(\frac{1}{\epsilon_n})} \right\}.$$

Wenn also ϵ gegen 0 geht, laufen sowohl die linke, als auch die rechte Seite von (1) gegen denselben Wert, wie es im Satz behauptet wurde. Wie man aus der Analysis weiß, kann man daraus schließen, daß der mittlere Term von (1) ebenfalls existiert und darüber hinaus denselben Wert annimmt. Das war zu beweisen.   □

Satz 5.2 (Kästchenzählsatz[1]). *Es sei $A \in \mathcal{H}(\mathbf{R}^m)$, wobei die euklidische Metrik benutzt wird. Der $\mathbf{R}^m$ werde durch abgeschlossene, sich berührende, quadratische Kästchen mit der Seitenlänge $\frac{1}{2^n}$ überdeckt. Dies ist in Abbildung 5.3 exemplarisch für das Beispiel $n = 2$ und $m = 2$ dargestellt. Es sei $\mathcal{N}_n(A)$ die Mindestanzahl der Kästchen mit Seitenlänge $\frac{1}{2^n}$, die man benötigt, um den Attraktor A zu überdecken. Wenn*

$$D = \lim_{n \to \infty} \left\{ \frac{\ln(\mathcal{N}_n(A))}{\ln(2^n)} \right\},$$

dann hat A die fraktale Dimension D.

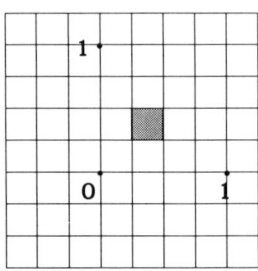

Abb. 5.3 Abgeschlossene Kästchen mit Seitenlänge $\frac{1}{2^n}$ überdecken $\mathbf{R}^2$. Hier ist $n = 2$ (vgl. Satz 5.2).

---

[1]engl.: Box-Counting-Theorem (Anm. d. Übers.)

Beweis. Wir bemerken, daß für $m = 1, 2, 3, \dots$

$$2^{-m} \cdot \mathcal{N}_{n-1} \leq \mathcal{N}(A, \frac{1}{2^n}) \leq \mathcal{N}_{k(n)}$$

gilt, für alle $n = 1, 2, 3, \dots$. Dabei ist $k(n)$ die kleinste natürliche Zahl, die $k \geq n - 1 + \frac{1}{2} \log_2(m)$ genügt. Die erste Ungleichung gilt, da eine Kugel mit Radius $\frac{1}{2^n}$ höchstens 2^m Kästchen mit Seitenlänge $\frac{1}{2^{n-1}}$ schneiden kann. Die zweite folgt aus der Tatsache, daß ein Kästchen der Seitenlänge s in eine Kugel mit Radius r hineinpaßt, weil nach dem Satz des Pythagoras $r^2 \geq (\frac{s}{2})^2 + (\frac{s}{2})^2 + \dots + (\frac{s}{2})^2 = m \cdot (\frac{s}{2})^2$ gilt. Nun ist

$$\lim_{n \to \infty} \left\{ \frac{\ln(\mathcal{N}_{k(n)})}{\ln(2^n)} \right\} = \lim_{n \to \infty} \left\{ \frac{\ln(2^{k(n)})}{\ln(2^n)} \cdot \frac{\ln(\mathcal{N}_{k(n)})}{\ln(2^{k(n)})} \right\} = D,$$

weil $\frac{k(n)}{n} \to 1$. Daher gilt genauso

$$\lim_{n \to \infty} \left\{ \frac{\ln(2^{-m} \cdot \mathcal{N}_{n-1})}{\ln(2^n)} \right\} = \lim_{n \to \infty} \left\{ \frac{\ln(\mathcal{N}_{n-1})}{\ln(2^{n-1})} \right\} = D.$$

Wendet man Satz 5.1 mit $r = \frac{1}{2}$ an, so ist der Beweis vollständig.   □

Es ist nichts Magisches daran, in Satz 5.2 Kästchen mit der Seitenlänge $(\frac{1}{2})^n$ zu benutzen. Genausogut lassen sich Kästchen mit der Seitenlänge Cr^n verwenden, wobei $C > 0$ und $0 < r < 1$ fest gewählte reelle Zahlen sind.

Aufgaben/Beispiele

5.1.4 Betrachten wir $\blacksquare \subset \mathbf{R}^2$. Es ist leicht zu sehen, daß $\mathcal{N}_1(\blacksquare) = 4$, $\mathcal{N}_2(\blacksquare) = 16$, $\mathcal{N}_3(\blacksquare) = 64$, $\mathcal{N}_4(\blacksquare) = 256$ und im allgemeinen $\mathcal{N}_n(\blacksquare) = 4^n$ für $n = 1, 2, 3, \dots$ (Abbildung 5.4). Aus Satz 5.2 folgt, daß

$$D(\blacksquare) = \lim_{n \to \infty} \left\{ \frac{\ln(\mathcal{N}_n(\blacksquare))}{\ln(2^n)} \right\} = \lim_{n \to \infty} \left\{ \frac{\ln(4^n)}{\ln(2^n)} \right\} = 2.$$

5.1.5 Betrachten wir das Sierpinski-Dreieck $\mathbb{A}$ in Abbildung 5.5 als eine Teilmenge von $(\mathbf{R}^2,$ euklidisch$)$. Wir sehen, daß $\mathcal{N}_1(\mathbb{A}) = 3$, $\mathcal{N}_2(\mathbb{A}) = 9$, $\mathcal{N}_3(\mathbb{A}) = 27$, $\mathcal{N}_4(\mathbb{A}) = 81$ und im allgemeinen $\mathcal{N}_n(\mathbb{A}) = 3^n$ für $n = 1, 2, 3, \dots$ gilt. Aus Satz 5.2 folgt

$$D(\mathbb{A}) = \lim_{n \to \infty} \left\{ \frac{\ln(\mathcal{N}_n(\mathbb{A}))}{\ln(2^n)} \right\}$$

$$= \lim_{n \to \infty} \left\{ \frac{\ln(3^n)}{\ln(2^n)} \right\} = \frac{\ln(3)}{\ln(2)}.$$

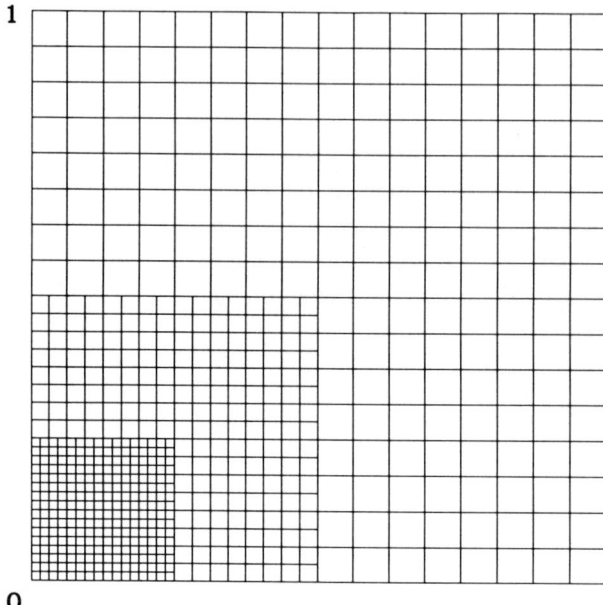

1

0   1

Abb. 5.4 Man benötigt $(\frac{1}{2^n})^{-2}$ Kästchen der Seitenlänge $(\frac{1}{2^n})$, um ■ zu überdecken. Mit einem Gefühl der Erleichterung erkennen wir, daß die fraktale Dimension von ■ zwei beträgt. Zu welcher Collage steht dieses Bild in Beziehung?

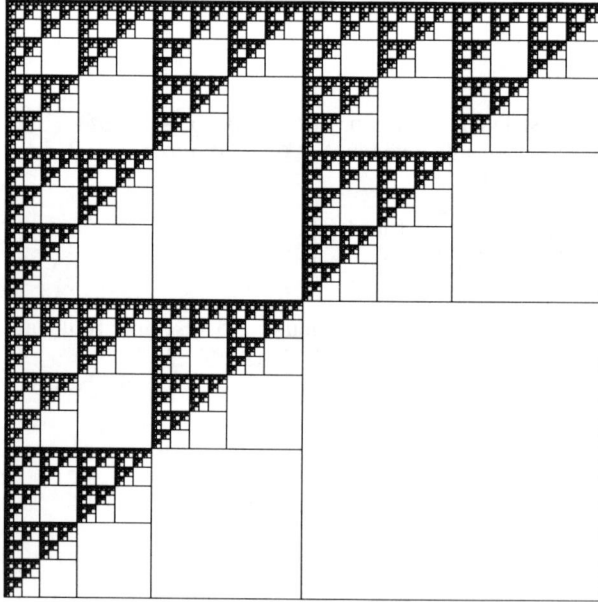

Abb. 5.5 Man benötigt 3^n abgeschlossene Kästchen mit der Seitenlänge $(\frac{1}{2})^n$, um das Sierpinski-Dreieck △ $\subset \mathbf{R}^2$ zu überdecken. Wir folgern, daß die fraktale Dimension $\frac{\ln(3)}{\ln(2)}$ beträgt.

5.1.6 Verwenden Sie den Kästchenzählsatz, diesmal aber mit Kästchen der Seitenlänge $(\frac{1}{3})^n$, um die fraktale Dimension der klassischen Cantor-Menge $\mathscr{C}$, welche in Beispiel 3.1.5 beschrieben wurde, auszurechnen.

5.1.7 Benutzen Sie den Kästchenzählsatz, um die fraktale Dimension derjenigen fraktalen Teilmenge des $\mathbf{R}^2$ abzuschätzen, die in Abbildung 5.6 zu sehen ist. Als erstes Kästchen sollten Sie dasjenige wählen, welches offensichtlich aus dem Bild hervorgeht. Dann sollten Sie ein Muster bestimmen, in dem die Zahlenfolge $\mathscr{N}_1$, $\mathscr{N}_2$, $\mathscr{N}_3$, ... erscheint.

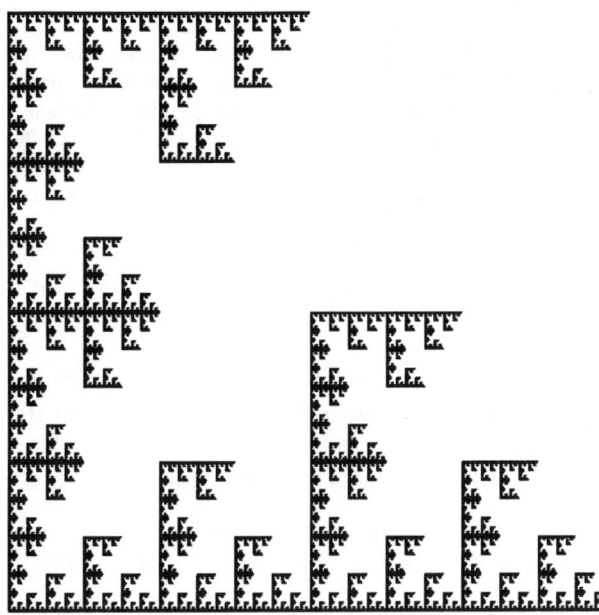

Abb. 5.6 Verwenden Sie den Kästchenzählsatz, um die fraktale Dimension derjenigen Teilmenge von ($\mathbf{R}^2$, euklidisch) abzuschätzen, die hier zu sehen ist. Welches andere, wohlbekannte Fraktal hat dieselbe fraktale Dimension?

5.1.8 Das gleiche Problem wie in Aufgabe 5.1.7, diesmal auf Abbildung 5.7 angewendet. Sie können die Aufgabe vereinfachen, wenn Sie das kartesische Koordinatensystem richtig auswählen.

Was passiert mit der fraktalen Dimension einer Menge, wenn wir sie „durch eine begrenzte Verzerrung" deformieren? Der folgende Satz besagt, daß metrisch äquivalente Mengen dieselbe fraktale Dimension besitzen. Zum Beispiel haben die beiden Fraktale in Abbildung 5.1 dieselbe fraktale Dimension.

Satz 5.3. *Es seien* $(\mathbf{X}_1, d_1)$ *und* $(\mathbf{X}_2, d_2)$ *zwei metrisch äquivalente metrische Räume. Es sei* $\theta : \mathbf{X}_1 \rightarrow \mathbf{X}_2$ *diejenige Transformation, welche die Äquivalenz der Räume herstellt. Vorausgesetzt,* $A_1 \in \mathscr{H}(\mathbf{X}_1)$ *besitzt die fraktale Dimension* D, *dann hat* $A_2 = \theta(A_1)$ *ebenfalls die fraktale Dimension* D. *Es gilt*

$$D(A_1) = D(\theta(A_1)).$$

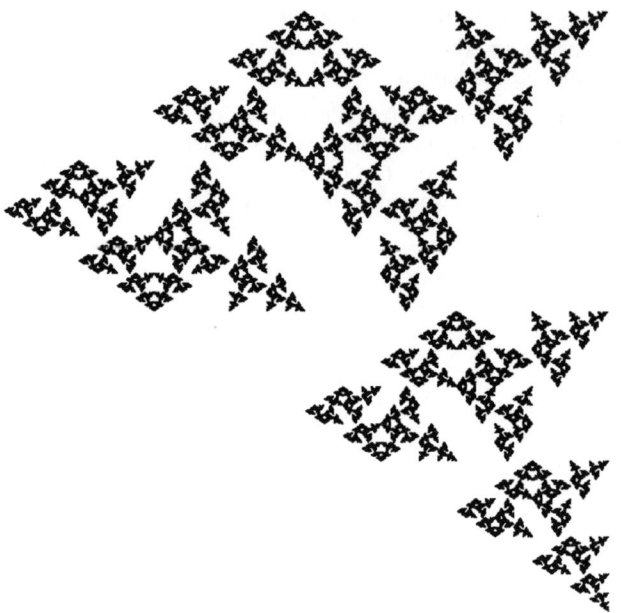

Abb. 5.7 Wenn Sie das „erste" Kästchen richtig wählen, können Sie die fraktale Dimension dieses Fraktals recht einfach abschätzen. Zählen Sie die Anzahl $\mathcal{N}_n$ von Kästchen der Seitenlänge $(\frac{1}{2})^n$, die die Menge schneiden, für $n = 1, 2, 3, \ldots$, und wenden Sie dann den Kästchenzählsatz an.

Beweis. In diesem Beweis wird das Konzept des lim sup und lim inf einer Funktion gebraucht. (Der lim sup wird im nächsten Abschnitt im Anschluß an die Definition 5.2 kurz erläutert.)

Da die beiden Räume $(\mathbf{X}_1, d_1)$ und $(\mathbf{X}_2, d_2)$ unter θ äquivalent sind, gibt es positive Konstanten e_1 und e_2, so daß

$$e_1 \cdot d_2(\theta(x), \theta(y)) \le d_1(x, y) \le e_2 \cdot d_2(\theta(x), \theta(y)) \tag{2}$$

für alle $x, y \in \mathbf{X}_1$. Ohne Beschränkung der Allgemeinheit können wir $e_1 < 1 < e_2$ voraussetzen. Aus Gleichung (2) folgt

$$d_2(\theta(x), \theta(y)) \le \frac{d_1(x, y)}{e_1}$$

für alle $x, y \in \mathbf{X}_1$. Daraus folgt wiederum

$$\theta(B(x, \epsilon)) \subset B(\theta(x), \frac{\epsilon}{e_1}) \tag{3}$$

für alle $x \in \mathbf{X}_1$. Aus der Definition von $\mathcal{N}(A_1, \epsilon)$ wissen wir nun, daß es eine Menge von Punkten $\{x_1, x_2, \ldots, x_{\mathcal{N}}\} \subset \mathbf{X}_1$ gibt, wobei $\mathcal{N} = \mathcal{N}(A_1, \epsilon)$, so daß die Menge abgeschlossener Kugeln $\{B(x_n, \epsilon) : n = 1, 2, \ldots, \mathcal{N}(A_1, \epsilon)\}$ eine Überdeckung von A_1 bildet. Es folgt, daß $\{\theta(B(x_n, \epsilon)) : n = 1, 2, \ldots, \mathcal{N}(A_1, \epsilon)\}$ eine Überdeckung von A_2 liefert. Durch Gleichung (3) wird jetzt impliziert, daß $\{B(\theta(x_n), \epsilon/e_1) : n = 1, 2, \ldots, \mathcal{N}(A_1, \epsilon)\}$ eine Überdeckung von A_2 darstellt. Somit ist

$$\mathcal{N}(A_2, \frac{\epsilon}{e_1}) \le \mathcal{N}(A_1, \epsilon).$$

Mit $\epsilon < 1$ folgt daraus

$$\frac{\ln(\mathcal{N}(A_2, \frac{\epsilon}{e_1}))}{\ln(\frac{1}{\epsilon})} \leq \frac{\ln(\mathcal{N}(A_1, \epsilon))}{\ln(\frac{1}{\epsilon})}.$$

Es ergibt sich

$$\limsup_{\epsilon \to 0} \left\{ \frac{\ln(\mathcal{N}(A_2, \epsilon))}{\ln(\frac{1}{\epsilon})} \right\} = \limsup_{\epsilon \to 0} \left\{ \frac{\ln(\mathcal{N}(A_2, \frac{\epsilon}{e_1}))}{\ln(\frac{1}{\epsilon})} \right\}$$

$$\leq \limsup_{\epsilon \to 0} \left\{ \frac{\ln(\mathcal{N}(A_1, \epsilon))}{\ln(\frac{1}{\epsilon})} \right\} = D(A_1). \quad (4)$$

Jetzt suchen wir eine Ungleichung für die umgekehrte Richtung. Gleichung (2) impliziert, daß

$$d_1(\theta^{-1}(x), \theta^{-1}(y)) \leq e_2 \cdot d_2(x, y)$$

für alle $x, y \in \mathbf{X}_2$ ist. Dadurch wissen wir, daß

$$\theta^{-1}(B(x, \epsilon)) \subset B(\theta^{-1}(x), e_2\epsilon)$$

für alle $x \in \mathbf{X}_2$, woraus wiederum folgt, daß

$$\mathcal{N}(A_1, e_2\epsilon) \leq \mathcal{N}(A_2, \epsilon).$$

Daher gilt mit $\epsilon < 1$

$$\frac{\ln(\mathcal{N}(A_1, e_2\epsilon))}{\ln(\frac{1}{\epsilon})} \leq \frac{\ln(\mathcal{N}(A_2, \epsilon))}{\ln(\frac{1}{\epsilon})}.$$

Es folgt

$$D(A_1) = \lim_{\epsilon \to 0} \left\{ \frac{\ln(\mathcal{N}(A_1, \epsilon))}{\ln(\frac{1}{\epsilon})} \right\}$$

$$= \lim_{\epsilon \to 0} \left\{ \frac{\ln(\mathcal{N}(A_1, e_2\epsilon))}{\ln(\frac{1}{\epsilon})} \right\}$$

$$= \liminf_{\epsilon \to 0} \left\{ \frac{\ln(\mathcal{N}(A_2, \epsilon))}{\ln(\frac{1}{\epsilon})} \right\}. \quad (5)$$

Kombiniert man die Gleichungen (4) und (5), so erhält man

$$\liminf_{\epsilon \to 0} \left\{ \frac{\ln(\mathcal{N}(A_2, \epsilon))}{\ln(\frac{1}{\epsilon})} \right\} = D(A_1) = \limsup_{\epsilon \to 0} \left\{ \frac{\ln(\mathcal{N}(A_2, \epsilon))}{\ln(\frac{1}{\epsilon})} \right\}.$$

Daraus ergibt sich nun

$$D(A_2) = \lim_{\epsilon \to 0} \left\{ \frac{\ln(\mathcal{N}(A_2, \epsilon))}{\ln(\frac{1}{\epsilon})} \right\} = D(A_1),$$

was zu beweisen war. $\qquad\qquad\qquad\qquad\qquad\qquad\qquad\qquad\qquad\qquad\square$

Aufgaben

5.1.9   Bezeichne $\mathscr{C}$ die im Intervall [0, 1] definierte klassische Cantor-Menge, die sich ergibt, wenn man die „mittleren Drittel" entfernt. Es sei $\widetilde{\mathscr{C}}$ die Cantor-Menge, die man erhält, wenn man vom abgeschlossenen Intervall [0, 3] aus startet und die „mittleren Drittel" herausnimmt. Verwenden Sie Satz 5.3, um nachzuweisen, daß beide dieselbe fraktale Dimension besitzen! Verifizieren Sie den Schluß mit Hilfe eines Arguments, das auf Zählen von Kästchen beruht!

5.1.10 Es sei A eine kompakte, nichtleere Teilmenge des $\mathbf{R}^2$. Nehmen wir an, daß A die fraktale Dimension D_1 besitzt, wenn diese bezüglich der euklidischen Metrik berechnet wird, und die fraktale Dimension D_2, wenn sie bezüglich der Manhattan-Metrik berechnet wird. Zeigen Sie, daß $D_1 = D_2$ gilt!

5.1.11 Dieses Beispiel gehört zum metrischen Raum ($\mathbf{R}^2$, Manhattan). Es seien A_1 und A_2 die Attraktoren der beiden folgenden hyperbolischen IFS:

$$\{\mathbf{R}^2; w_1(x, y), w_2(x, y), w_3(x, y)\}$$

und

$$\{\mathbf{R}^2; w_4(x, y), w_5(x, y), w_6(x, y)\},$$

wobei

$$w_1 \begin{pmatrix} x \\ y \end{pmatrix} = \begin{pmatrix} \frac{1}{2} & 0 \\ 0 & \frac{1}{2} \end{pmatrix} \begin{pmatrix} x \\ y \end{pmatrix} + \begin{pmatrix} 1 \\ 0 \end{pmatrix},$$

$$w_2 \begin{pmatrix} x \\ y \end{pmatrix} = \begin{pmatrix} \frac{1}{2} & 0 \\ 0 & \frac{1}{2} \end{pmatrix} \begin{pmatrix} x \\ y \end{pmatrix},$$

$$w_3 \begin{pmatrix} x \\ y \end{pmatrix} = \begin{pmatrix} \frac{1}{2} & 0 \\ 0 & \frac{1}{2} \end{pmatrix} \begin{pmatrix} x \\ y \end{pmatrix} + \begin{pmatrix} 0 \\ 1 \end{pmatrix}$$

und

$$w_4 \begin{pmatrix} x \\ y \end{pmatrix} = \begin{pmatrix} \frac{1}{2} & 0 \\ 0 & \frac{1}{2} \end{pmatrix} \begin{pmatrix} x \\ y \end{pmatrix} + \begin{pmatrix} 2 \\ 0 \end{pmatrix},$$

$$w_5 \begin{pmatrix} x \\ y \end{pmatrix} = \begin{pmatrix} \frac{1}{2} & 0 \\ 0 & \frac{1}{2} \end{pmatrix} \begin{pmatrix} x \\ y \end{pmatrix},$$

$$w_6 \begin{pmatrix} x \\ y \end{pmatrix} = \begin{pmatrix} \frac{1}{2} & 0 \\ 0 & \frac{1}{2} \end{pmatrix} \begin{pmatrix} x \\ y \end{pmatrix} + \begin{pmatrix} 1 \\ 1 \end{pmatrix}.$$

Finden Sie einen geeigneten Koordinatenwechsel und zeigen Sie dann, daß A_1 und A_2 dieselbe fraktale Dimension haben!

5.2   Die theoretische Bestimmung der fraktalen Dimension

Die folgende Definition erweitert Definition 5.1. Sie stellt für eine größere Auswahl von Mengen einen Wert für die fraktale Dimension bereit.

Definition 5.2. Es sei $(\mathbf{X}, d)$ ein vollständiger metrischer Raum und $A \in \mathcal{H}(\mathbf{X})$. Bezeichne $\mathcal{N}(\epsilon)$ die minimale Anzahl von Kugeln mit Radius ϵ, die man benötigt, um A zu überdecken. Wenn

$$D = \lim_{\epsilon \to 0} \left\{ \sup \left\{ \frac{\ln(\mathcal{N}(\tilde{\epsilon}))}{\ln(1/\tilde{\epsilon})} : \tilde{\epsilon} \in (0, \epsilon) \right\} \right\}$$

existiert, dann heißt D die *fraktale Dimension* von A. Wir werden ebenfalls die Bezeichnungsweise $D = D(A)$ verwenden, was „A hat die fraktale Dimension D" bedeuten soll.

In der Formulierung dieser Definition haben wir den $\lim \sup$ „auseinander gezogen". Für eine beliebige Funktion $f(\epsilon)$, beispielsweise mit $0 < \epsilon < 1$, gilt

$$\limsup_{\epsilon \to 0} f(\epsilon) = \lim_{\epsilon \to 0} \{ \sup \{ f(\epsilon) : \tilde{\epsilon} \in (0, \epsilon) \} \}.$$

Man kann beweisen, daß Definition 5.2 mit Definition 5.1 vereinbar ist. Wenn eine Menge nach Definition 5.1 eine fraktale Dimension D besitzt, dann hat sie nach Defintion 5.2 dieselbe Dimension. Genauso sind alle Sätze in diesem Buch mit beiden Definitionen verträglich. Die weitergehende Definition liefert allerdings in einigen Fällen eine fraktale Dimension, über welche die vorangegangene Definition keine Aussage macht.

Satz 5.4. *Es sei m eine natürliche Zahl, und wir betrachten den metrischen Raum $(\mathbf{R}^m, \text{euklidisch})$. Die fraktale Dimension $D(A)$ existiert für alle $A \in \mathcal{H}(\mathbf{R}^m)$. Es sei $B \in \mathcal{H}(\mathbf{R}^m)$ derart, daß $A \subset B$ gilt. Bezeichne $D(B)$ die fraktale Dimension von B. Dann ist $D(A) \leq D(B)$. Insbesondere gilt*

$$0 \leq D(A) \leq m.$$

Beweis. Wir beweisen den Satz für den Fall $m = 2$. Ohne Beschränkung der Allgemeinheit können wir annehmen, daß $A \subset \blacksquare$. Es folgt, daß $\mathcal{N}(A, \epsilon) \leq \mathcal{N}(\blacksquare, \epsilon)$ für alle $\epsilon > 0$. Daraus erhalten wir für alle ϵ mit $0 < \epsilon < 1$

$$0 \leq \frac{\ln(\mathcal{N}(A, \epsilon))}{\ln(\frac{1}{\epsilon})} \leq \frac{\ln(\mathcal{N}(\blacksquare, \epsilon))}{\ln(\frac{1}{\epsilon})}.$$

Es folgt

$$\limsup_{\epsilon \to 0} \left\{ \frac{\ln(\mathcal{N}(A, \epsilon))}{\ln(\frac{1}{\epsilon})} \right\} \leq \limsup_{\epsilon \to 0} \left\{ \frac{\ln(\mathcal{N}(\blacksquare, \epsilon))}{\ln(\frac{1}{\epsilon})} \right\}.$$

Der $\lim \sup$ auf der rechten Seite existiert und hat den Wert 2. Daraus ergibt sich, daß der $\lim \sup$ auf der linken Seite ebenfalls existiert und nach oben durch 2 beschränkt ist. Also ist die fraktale Dimension $D(A)$ definiert und nach oben durch 2 beschränkt. Darüber hinaus ist $D(A)$ nichtnegativ.

Wenn $A, B \in \mathcal{H}(\mathbf{R}^2)$ mit $A \subset B$, so ist die fraktale Dimension von A und B definiert. Wenn man ∎ durch B ersetzt, ergibt sich nach dem Schluß von oben, daß $D(A) \leq D(B)$ ist, was zu zeigen war.   □

Der folgende Satz hilft uns, die fraktale Dimension der Vereinigung zweier Mengen zu berechnen.

Satz 5.5. *Es sei m eine natürliche Zahl, und wir betrachten den metrischen Raum ($\mathbf{R}^m$, euklidisch). Es seien A und B Elemente von $\mathcal{H}(\mathbf{R}^m)$, und A sei so beschaffen, daß die fraktale Dimension durch*

$$D(A) = \lim_{\epsilon \to 0} \left\{ \frac{\ln(\mathcal{N}(A, \epsilon))}{\ln(\frac{1}{\epsilon})} \right\}$$

gegeben ist. $D(B)$ und $D(A \cup B)$ seien die jeweiligen fraktalen Dimensionen von B und $A \cup B$. Vorausgesetzt, daß $D(B) \leq D(A)$ ist, gilt dann

$$D(A \cup B) = D(A).$$

Beweis. Aus Satz 5.4 folgt $D(A \cup B) \geq D(A)$. Wir wollen zeigen, daß $D(A \cup B) \leq D(A)$ ist. Zu Anfang beachten wir, daß für alle $\epsilon > 0$

$$\mathcal{N}(A \cup B, \epsilon) \leq \mathcal{N}(A, \epsilon) + \mathcal{N}(B, \epsilon)$$

gilt. Es folgt

$$D(A \cup B) = \limsup_{\epsilon \to 0} \left\{ \frac{\ln(\mathcal{N}(A \cup B, \epsilon))}{\ln(\frac{1}{\epsilon})} \right\}$$

$$\leq \limsup_{\epsilon \to 0} \left\{ \frac{\ln(\mathcal{N}(A, \epsilon) + \mathcal{N}(B, \epsilon))}{\ln(\frac{1}{\epsilon})} \right\}$$

$$\leq \limsup_{\epsilon \to 0} \left\{ \frac{\ln(\mathcal{N}(A, \epsilon))}{\ln(\frac{1}{\epsilon})} \right\}$$

$$+ \limsup_{\epsilon \to 0} \left\{ \frac{\ln\left(1 + \mathcal{N}(B, \epsilon)/\mathcal{N}(A, \epsilon)\right)}{\ln(\frac{1}{\epsilon})} \right\}.$$

Der Beweis ist fertig, wenn wir gezeigt haben, daß $\mathcal{N}(B, \epsilon)/\mathcal{N}(A, \epsilon)$ für ein hinreichend kleines ϵ kleiner als eins ist. Daraus würde folgen, daß der zweite Summand auf der rechten Seite der untersten Ungleichung gleich null ist, während der erste Summand gegen $D(A)$ konvergiert.

Beachten Sie, daß

$$\sup\left\{\frac{\ln(\mathcal{N}(B,\widetilde{\epsilon}))}{\ln(\frac{1}{\widetilde{\epsilon}})} : \widetilde{\epsilon} < \epsilon\right\}$$

eine monoton fallende Funktion der positiven Variablen ϵ ist. Es folgt, daß

$$\frac{\ln(\mathcal{N}(B,\epsilon))}{\ln(\frac{1}{\epsilon})} < D(A)$$

für alle hinreichend kleinen $\epsilon > 0$ gilt. Da in der Voraussetzung des Satzes ausdrücklich die Existenz des Grenzwertes verlangt wurde, folgt, daß

$$\frac{\ln(\mathcal{N}(B,\epsilon))}{\ln(\frac{1}{\epsilon})} < \frac{\ln(\mathcal{N}(A,\epsilon))}{\ln(\frac{1}{\epsilon})}$$

für alle hinreichend kleinen $\epsilon > 0$ ist. Daraus läßt sich schließen, daß

$$\frac{\mathcal{N}(B,\epsilon)}{\mathcal{N}(A,\epsilon)} < 1$$

für alle hinreichend kleinen $\epsilon > 0$ gilt. Das war zu beweisen. Etwas mehr Vorsicht ist geboten für den Fall $D(A) = D(B)$. $\qquad\square$

Beispiel

5.2.1 Die fraktale Dimension der in Abbildung 5.8 dargestellten haarigen Menge $A \subset \mathbf{R}^2$ beträgt 2. Der Beitrag der Haare zu $\mathcal{N}(A,\epsilon)$ wird exponentiell klein, verglichen mit dem Beitrag von ■, wenn man ϵ gegen null gehen läßt.

Nun kommen wir zu einem sehr nützlichen Satz, der eine Aussage über die fraktale Dimension von Attraktoren einer wichtigen Klasse von IFS macht. Es wird Ihnen dann möglich sein, die fraktale Dimension im „Überfliegen" abzuschätzen, und zwar einfach durch Betrachten der Bilder von Fraktalen.

Satz 5.6. *Es sei* $\{\mathbf{R}^m; w_1, w_2, \ldots, w_N\}$ *ein hyperbolisches IFS mit Attraktor A. Nehmen wir an, w_n ist für jedes $n \in \{1, 2, 3, \ldots, N\}$ eine Ähnlichkeitsabbildung mit Skalierungsfaktor s_n. Falls das IFS total unzusammenhängend oder gerade berührend ist, dann ist die fraktale Dimension $D(A)$ seines Attraktors durch die eindeutige Lösung von*

$$\sum_{n=1}^{N} |s_n|^{D(A)} = 1, \quad D(A) \in [0, m]$$

gegeben. Wenn das IFS überlappend ist, so ist $\overline{D} \geq D(A)$, wobei $\overline{D}$ die Lösung von

$$\sum_{n=1}^{N} |s_n|^{\overline{D}} = 1, \quad \overline{D} \in [0, \infty)$$

darstellt.

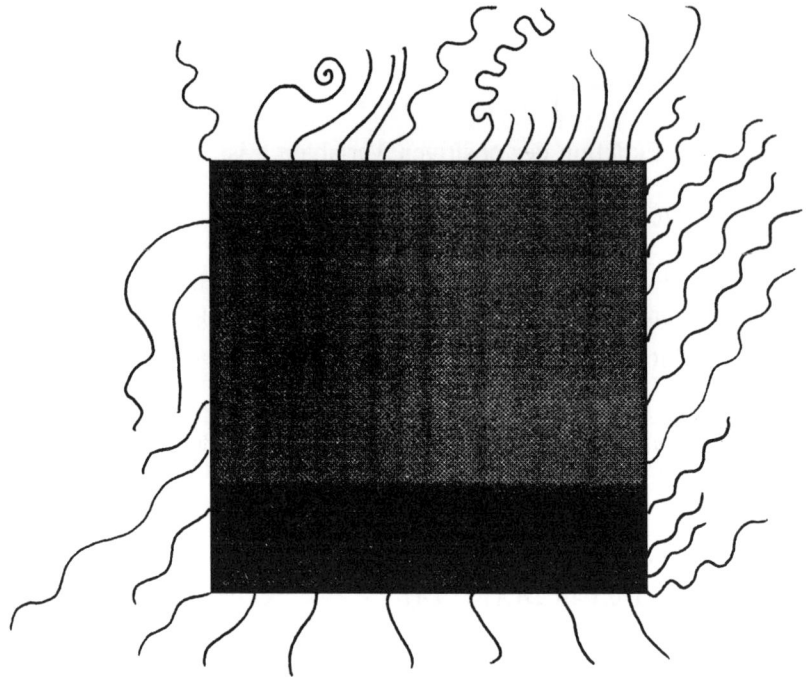

Abb. 5.8 Bild eines haarigen Kastens. Die fraktale Dimension derjenigen Teilmenge von $\mathbf{R}^2$, die hier zu sehen ist, ist dieselbe fraktale Dimension wie die des Kastens. Die Haare werden überwältigt.

Beweisskizze. Der vollständige Beweis befindet sich in [Bedford 1986], [Hardin 1985], [Hutchinson 1981] und [Reuter 1987]. Durch die folgende Argumentation ergibt sich ein wertvoller Einblick in das Konzept der fraktalen Dimension. Wir beschränken uns auf den Fall, in dem das IFS total unzusammenhängend ist. Wir setzen voraus, daß der Skalierungsfaktor s_i der zugehörigen Ähnlichkeitsabbildung w_i für alle $i \in \{1, 2, \ldots, N\}$ nicht null ist. Es sei $\epsilon > 0$. Wir beginnen mit zwei Feststellungen.

Feststellung a). Es sei $i \in \{1, 2, \ldots, N\}$. Da w_i eine Ähnlichkeitsabbildung mit Skalierungsfaktor s_i ist, bildet sie in Einklang mit

$$w_i(B(x, \epsilon)) = B(w_i(x), |s_i| \cdot \epsilon)$$

abgeschlossene Kugeln auf abgeschlossene Kugeln ab. Es sei $s_i \neq 0$. Dann ist w_i invertierbar, und wir erhalten

$$w_i^{-1}(B(x, \epsilon)) = B(w_i^{-1}(x), |s_i|^{-1} \cdot \epsilon).$$

Aufgrund der letzten beiden Gleichungen gilt für alle $\epsilon > 0$

$$\mathcal{N}(A, \epsilon) = \mathcal{N}(w_i(A), |s_i| \cdot \epsilon),$$

was äquivalent zu

$$\mathcal{N}(w_i(A), \epsilon) = \mathcal{N}(A, |s_i|^{-1} \cdot \epsilon) \tag{1}$$

ist. Dies trifft für $i \in \{1, 2, 3, \ldots, N\}$ zu.

Feststellung b). Der Attraktor des IFS ist eine Vereinigung disjunkter Mengen

$$A = w_1(A) \cup w_2(A) \cup \cdots \cup w_N(A),$$

wobei jede der Mengen $w_i(A)$ kompakt ist. Daher können wir eine positive Zahl ϵ so klein wählen, daß für einen Punkt $x \in \mathbf{R}^2$ und eine natürliche Zahl $i \in \{1, 2, \ldots, N\}$ folgendes gilt: $B(x, \epsilon) \cap w_i(A) \neq \emptyset$, aber $B(x, \epsilon) \cap w_j(A) = \emptyset$ für alle $j \in \{1, 2, \ldots, N\}$ mit $j \neq i$. Daraus folgt, daß wenn die Zahl ϵ genügend klein ist, wir

$$\mathcal{N}(A, \epsilon) = \mathcal{N}(w_1(A), \epsilon) + \mathcal{N}(w_2(A), \epsilon) + \ldots + \mathcal{N}(w_N(A), \epsilon)$$

erhalten.

Wir fügen unsere Feststellungen zusammen. Setzt man Gleichung (1) in die vorangegangene Gleichung ein, so ergibt sich

$$\mathcal{N}(A, \epsilon) = \mathcal{N}(A, |s_1|^{-1} \cdot \epsilon) + \mathcal{N}(A, |s_2|^{-1} \cdot \epsilon) + \ldots + \mathcal{N}(A, |s_N|^{-1} \cdot \epsilon). \tag{2}$$

Diese Funktionalgleichung ist für alle genügend kleinen positiven Zahlen ϵ wahr. Der Beweis wird vollständig, wenn man formal nachweist, daß diese Tatsache die Behauptung des Satzes impliziert.

Wir vollziehen hier nun den letzten Schritt. Lassen Sie uns annehmen, daß $\mathcal{N}(A, \epsilon) \approx C\epsilon^{-D}$ ist. Setzt man dies in Gleichung (2) ein, so erhält man die Gleichung

$$C\epsilon^{-D} = C|s_1|^D \epsilon^{-D} + C|s_2|^D \epsilon^{-D} + \ldots + C|s_N|^D \epsilon^{-D}.$$

Daraus können wir schließen, daß

$$1 = |s_1|^D + |s_2|^D + \ldots + |s_N|^D$$

gilt. Damit ist die Beweisskizze zu Satz 5.6 fertig. □

Aufgaben/Beispiele

5.2.2 Wir befinden uns mit diesem Beispiel im metrischen Raum $(\mathbf{R}^2, \text{euklidisch})$. Ein Sierpinski-Dreieck ist der Attraktor eines gerade berührenden IFS, welches aus drei Ähnlichkeitsabbildungen, jeweils mit Skalierungsfaktor 0.5, besteht. Die fraktale Dimension ist somit die Lösung D der Gleichung

$$(0.5)^D + (0.5)^D + (0.5)^D = 1.$$

Daraus ergibt sich

$$D = \frac{\ln(\frac{1}{3})}{\ln(0.5)} = \frac{\ln(3)}{\ln(2)}.$$

5.2.3 Bestimmen Sie ein gerade berührendes IFS von Ähnlichkeitsabbildungen in $\mathbf{R}^2$, dessen Attraktor ■ ist. Weisen Sie nach, daß Satz 5.6 den richtigen Wert für die fraktale Dimension von ■ liefert!

5.2.4 Die klassische Cantor-Menge ist der Attraktor des hyperbolischen IFS

$$\left\{[0,1]; w_1(x) = \tfrac{1}{3}x,\ w_2(x) = \tfrac{1}{3}x + \tfrac{2}{3}\right\}.$$

Benutzen Sie Satz 5.6, um die fraktale Dimension zu berechnen!

5.2.5 In Abbildung 5.9 ist der Attraktor eines gerade berührenden hyperbolischen IFS $\{\mathbf{R}^2; w_i(x), i = 1, 2, 3, 4\}$ dargestellt. Die affinen Transformationen $w_i : \mathbf{R}^2 \to \mathbf{R}^2$ sind Ähnlichkeitsabbildungen, deren Koeffizienten in Tabelle 5.1 zu finden sind. Verwenden Sie Satz 5.6, um die fraktale Dimension des Attraktors auszurechnen!

Tabelle 5.1   IFS-Code für eine Burg

w	a	b	c	d	e	f	p
1	0.5	0	0	0.5	0	0	0.25
2	0.5	0	0	0.5	2	0	0.25
3	0.4	0	0	0.4	0	1	0.25
4	0.5	0	0	0.5	2	1	0.25

5.2.6 Der Attraktor eines gerade berührenden IFS $\{\mathbf{R}^2; w_i(x), i = 1, 2, 3\}$ ist in Abbildung 5.10 zu sehen. Die affinen Transformationen $w_i : \mathbf{R}^2 \to \mathbf{R}^2$ sind Ähnlichkeitsabbildungen. Benutzen Sie zuerst den Collage-Satz, um die Ähnlichkeitsabbildungen zu bestimmen und dann Satz 5.6, um die fraktale Dimension des Attraktors zu berechnen!

5.2.7 Abbildung 5.11 stellt den Attraktor eines überlappenden hyperbolischen IFS $\{\mathbf{R}^2; w_i(x) = i = 1, 2, 3, 4\}$ dar. Verwenden Sie den Collage-Satz und Satz 5.6, um für die fraktale Dimension des Attraktors eine obere Schranke zu bestimmen!

5.2.8 Berechnen Sie die fraktale Dimension der Teilmenge des $\mathbf{R}^2$, die in Abbildung 5.12 dargestellt ist!

5.2.9 Stellen Sie sich den Attraktor A eines total unzusammenhängenden, hyperbolischen IFS $\{\mathbf{R}^7; w_i(x), i = 1, 2\}$ vor, wobei die beiden Abbildungen $w_1 : \mathbf{R}^7 \to \mathbf{R}^7$ und $w_2 : \mathbf{R}^7 \to \mathbf{R}^7$ Ähnlichkeitsabbildungen mit dazugehörigen Skalierungsfaktoren s_1 und s_2 sind. Zeigen Sie, daß A ebenfalls der Attraktor für das total unzusammenhängende IFS $\{\mathbf{R}^7; v_i(x), i = 1, 2, 3, 4\}$ ist, wobei $v_1 = w_1 \circ w_1$, $v_2 = w_1 \circ w_2$, $v_3 = w_2 \circ w_1$ und $v_4 = w_2 \circ w_2$. Weisen Sie nach, daß die $v_i(x)$ für $i = 1, 2, 3, 4$ Ähnlichkeitsabbildungen sind. Bestimmen Sie deren Skalierungsfaktoren. Wenden Sie nun Satz 5.6 an, um zwei offenbar verschiedene Gleichungen für die fraktale Dimension von A herzuleiten. Beweisen Sie, daß diese beiden Gleichungen dieselbe Lösung haben!

Abb. 5.9   Das Burg-Fraktal. Dies ist ein Beispiel für ein selbstähnliches Fraktal, dessen fraktale Dimension mit Hilfe von Satz 5.6 berechnet werden kann. Der dazugehörige IFS-Code befindet sich in Tabelle 5.1.

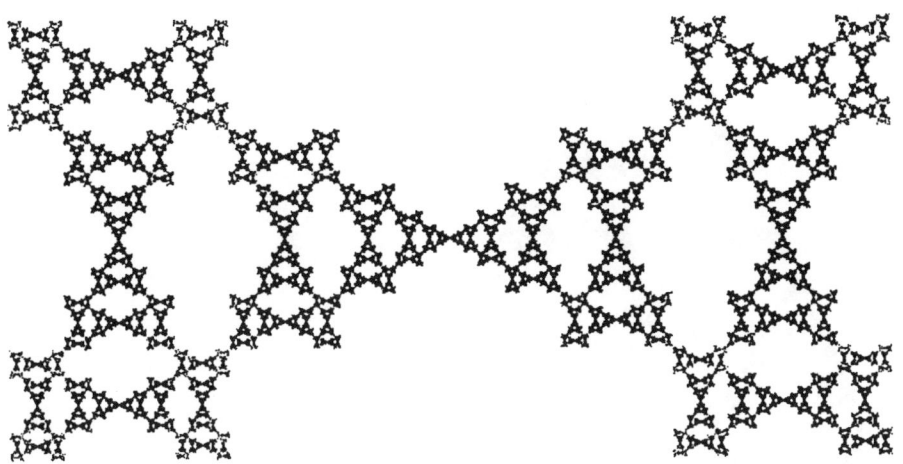

Abb. 5.10   Um die fraktale Dimension dieser hier dargestellten Teilmenge des $\mathbf{R}^2$ zu berechnen, müssen Sie zuerst den Collage-Satz anwenden, damit Sie die korrespondierende Menge von Ähnlichkeitsabbildungen finden. Benutzen Sie dann Satz 5.6.

Abb. 5.11 Mit Hilfe von Satz 5.6 läßt sich eine obere Schranke für die fraktale Dimension des hier dargestellten Attraktors eines überlappenden IFS angeben.

Abb. 5.12 Berechnen Sie die fraktale Dimension der Teilmenge des $\mathbf{R}^2$, die in diesem Bild dargestellt ist.

5.3 Die experimentelle Bestimmung der fraktalen Dimension

In diesem Abschnitt befassen wir uns mit der experimentellen Bestimmung der fraktalen Dimension von Mengen aus der physikalischen Welt. Wir modellieren sie so gut wir können durch Teilmengen von ($\mathbf{R}^2$, euklidisch) oder ($\mathbf{R}^3$, euklidisch). Dann analysieren wir das Modell, basierend auf der Definition der fraktalen Dimension und manchmal zusätzlich mit Hilfe einiger vorangegangener Sätze, wie dem Kästchenzählsatz, um für die Menge aus der realen Welt eine fraktale Dimension zu bestimmen.

In den folgenden Beispielen wird nachdrücklich betont, daß, wenn die fraktale Dimension einer physikalischen Menge berechnet wurde, auch Anhaltspunkte dafür gegeben werden müssen, wie die Berechnung erfolgte. Es gibt noch keine allgemein akzeptierte, eindeutige Art und Weise, wie man einer Menge von experimentellen Daten eine fraktale Dimension zuordnet.

Beispiele

5.3.1 In dem Holzschnitt in Abbildung 5.13 ist eine merkwürdige Wolke von Punkten zu sehen. Lassen Sie uns versuchen, deren fraktale Dimension durch direkte Anwendung von Definition 5.1 abzuschätzen.

Abb. 5.13 In einem Holzschnitt überdecken wir eine Wolke von Punkten durch Kreisscheiben mit dem Radius $\epsilon > 0$.

Wir beginnen damit, die Punktewolke durch Kreisscheiben mit Radius ϵ zu überdecken. Wir führen dies für eine Reihe von ϵ-Werten durch, von $\epsilon = 3$ cm abwärts bis $\epsilon = 0{,}3$ cm. Jedesmal zählen wir die Anzahl der Kreisscheiben, die wir benötigen. Das liefert uns eine Menge ungefährer Werte für $\mathcal{N}(A, \epsilon)$, die in Tabelle 5.2 aufgelistet sind. Die Daten werden dann noch einmal in Tabelle 5.3 im log-log-Format aufgeführt. Die Daten aus Tabelle 5.3 sind in Abbildung 5.14 dargestellt. Eine Gerade, die ungefähr durch die Punkte verläuft, ist ebenfalls eingezeichnet. Die Steigung dieser Geraden ist unsere Schätzung für die fraktale Dimension der Punktewolke.

Tabelle 5.2 Minimale Anzahl von Kugeln mit verschiedenem Radius, die man benötigt, den „Staub" in einem Holzschnitt zu überdecken.

ϵ		$\mathcal{N}(A, \epsilon)$
3	cm	2
2	cm	3
1,5	cm	4
1,2	cm	6
1	cm	7
0,5	cm	16
0,4	cm	23
0,3	cm	31
0,015	cm	267

Tabelle 5.3 Die Daten aus Tabelle 5.2 in log-log-Form. Diese Werte werden benutzt, um die fraktale Dimension zu finden.

$\ln(\frac{1}{\epsilon})$	$\ln(\mathcal{N}(A, \epsilon))$
$-1{,}1$	0,69
$-0{,}69$	1,09
$-0{,}405$	1,39
$-0{,}182$	1,79
0	1,95
0,29	2,30
0,693	2,77
0,916	3,13
1,204	3,43
4,2	5,59

Die experimentelle Zahl $\mathcal{N}(A, 0{,}015\text{cm})$ ist nicht sehr genau. Sie ist eine sehr grobe Abschätzung, die auf der Größe der Punkte basiert, und ist nicht in der Zeichnung in Abbildung 5.13 enthalten. Die Steigung der Geraden in Abbildung 5.14 ergibt

$$D(A) \simeq 1{,}2, \tag{1}$$

über den Größenordnungsbereich von $0{,}3$ cm bis 3 cm ermittelt. A bezeichnet dabei die Menge von Punkten, deren Dimension wir abgeschätzt haben.

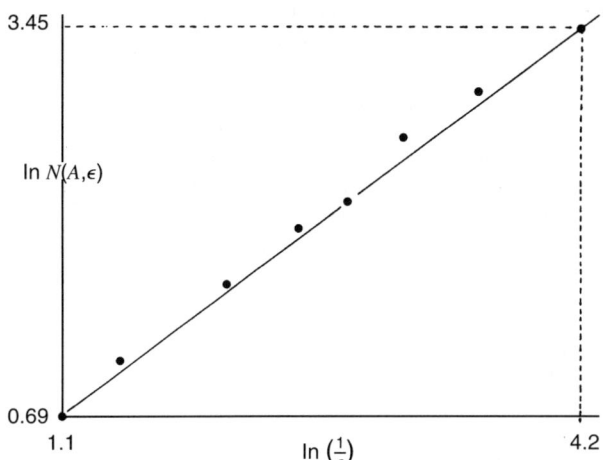

Abb. 5.14 Dies ist ein Diagramm, in dem die Logarithmen von $\frac{1}{\epsilon}$ und $\mathcal{N}(A, \epsilon)$ gegeneinander aufgetragen sind, um die fraktale Dimension D der Punktewolke aus dem Holzschnitt in Abbildung 5.13 abzuschätzen. Die dazugehörigen Daten befinden sich in den Tabellen 5.2 und 5.3.

Die Gerade in Abbildung 5.14 wurde nach „Augenmaß" gezeichnet. Wenn also jemand das Experiment wiederholt, wird er möglicherweise zu einem anderen Wert von $D(A)$ gelangen. Um die Ergebnisse verschiedener Experimente miteinander vereinbar zu machen, sollte die Gerade nach der Methode der kleinsten Quadrate ermittelt werden.

Geht man in der Weise vor, daß man Definition 5.1 direkt anwendet, so sollten die Abschätzungen für $\mathcal{N}(A, \epsilon)$ sehr vorsichtig gemacht werden. Man muß ganz sicher sein, daß $\mathcal{N}(A, \epsilon)$ wirklich die *kleinste* Anzahl von Kugeln mit Radius ϵ ist, die man benötigt. Für große Datenmengen kann dies sehr zeitintensiv sein.

Es ist natürlich sehr wichtig, die Größenordnung der benutzten Längeneinheiten festzulegen: Wir haben in Abbildung 5.13 weiter keine Vorstellung oder Aussage über die Struktur der Punkte bei höherer Auflösung als 0,015 cm. Darüber hinaus werden wir immer darauf angewiesen sein, die Steigung einer Geraden zu schätzen, die zu einem endlich großen Maßstab der Meßwerte gehört, unabhängig davon, wieviele experimentelle Daten wir haben und wieviele verschieden große Maßstäbe uns zur Verfügung stehen. Wenn wir den Datenpunkt (0,015 cm, 267) in die obige Abschätzung mit dazunehmen, erhalten wir, über den Größenordnungsbereich von 0,015 cm bis 5 cm ermittelt,

$$D(A) \simeq 0,9. \tag{2}$$

Machen wir uns Gedanken über den Unterschied zwischen den Abschätzungen (1) und (2). Wenn wir uns auf den Bereich der Größenordnungen von (1) beschränken, ist nur wenig Information in den Daten enthalten, die die Punktewolke von einer sehr irregulären Kurve unterscheidet. Die Daten jedoch, die man benutzt, um (2) zu bekommen, enthalten Werte für $\mathcal{N}(A, \epsilon)$ für mehrere Werte von ϵ, so daß die dazu gehörende Überdeckung von A unzusammenhängend ist. Dies vermindert den experimentell bestimmten Wert von D.

5.3.2 In diesem Beispiel betrachten wir die physikalische Menge, die in Abbildung 5.15 mit A gekennzeichnet ist. A ist eigentlich eine Annäherung an eine klassische Cantor-Menge. In diesem Fall nehmen wir eine experimentelle Schätzung der fraktalen Dimension vor, die auf dem Kästchenzählsatz beruht. Es wird ein kartesisches Koordinatensystem, wie in der Abbildung sichtbar, gezeichnet, und dann versuchen wir, die Anzahl der quadratischen Kästchen $\mathcal{N}_n(A)$ mit Seitenlänge $\frac{1}{2^n}$ zu zählen, welche A schneiden. Wir sind in der Lage, für $n = 0, 1, 2, 3, 4, 5$ und 6 ziemlich genaue Werte für $\mathcal{N}_n(A)$ zu erhalten. Diese Werte sind in Tabelle 5.4 aufgelistet. Wir bemerken, daß diese Werte von der Wahl des Koordinatensystems abhängen. Trotzdem sind die Werte für $\mathcal{N}_n(A)$ viel leichter zu ermitteln als die Werte für $\mathcal{N}(A)$ in Beispiel 5.3.1.

Die Untersuchung der Daten verläuft genauso wie in Beispiel 5.3.1. Sie ist in der Tabelle 5.4 und in Abbildung 5.16 dargestellt. Wir erhalten

$$D(A) \simeq 0{,}8$$

über den Größenordnungsbereich von $\frac{1}{8}$ Inch^2 bis 8 Inches ermittelt.

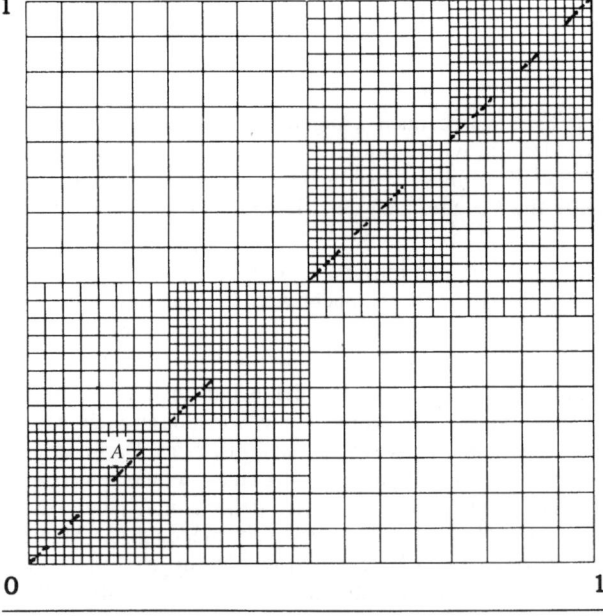

Abb. 5.15 Hier wird eine aufeinanderfolgende Unterteilung des darüberliegenden Netzes durchgeführt, so daß man die Anzahl der Kästchen zählen kann, die man für die Anwendung von Satz 5.2 benötigt, um die fraktale Dimension der Cantor-Menge A zu schätzen. Die jeweiligen Anzahlen sind in Tabelle 5.4 zu finden.

---

[2] 1 Inch $= 2{,}54$ cm (Anm. des Übers.)

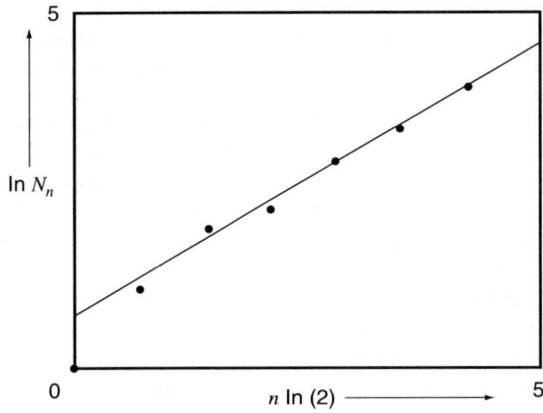

Abb. 5.16 Die Steigung der Geraden, die durch die eingezeichneten Daten aus Tabelle 5.4 verläuft, ergibt eine Annäherung der fraktalen Dimension für die Menge A in Abbildung 5.15.

Tabelle 5.4 Die Daten, die aus Abbildung 5.15 bestimmt wurden, um eine experimentelle Berechnung der fraktalen Dimension einer physikalischen Menge A durchzuführen.

n	$\mathcal{N}_n(A)$	$\ln(\mathcal{N}_n(A))$	$n\ln(2)$
0	1	0	0
1	3	1,10	0,69
2	7	1,95	1,38
3	10	2,30	2,08
4	19	2,94	2,77
5	33	3,50	3,46
6	58	4,06	4,16

5.3.3 In diesem Beispiel zeigen wir, wie ein guter Experimentator [Strahle 1991] die Schwierigkeiten bei der experimentellen Bestimmung der fraktalen Dimension überwindet und dadurch zu einem bedeutendem wissenschaftlichen Ergebnis kommt. Die Idee ist es, zwei Mengen experimenteller Daten desselben physikalischen Systems, die auf verschiedenen Wegen ermittelt wurden, miteinander zu vergleichen. Das physikalische System ist der Strahl aus einer Versuchsdüse. Die Daten sind Zeitreihen für die Temperatur und die Geschwindigkeit an zwei verschiedenen Punkten im Düsenstrahl. Die Idee liegt darin, dieselbe Vorgehensweise bei der Analyse der beiden Datensätze anzuwenden, um einen Wert für die fraktale Dimension zu erhalten. Die Werte sind gleich. Anstatt den Schluß zu ziehen, daß beide Datensätze „dieselbe fraktale Dimension besitzen", folgerte er, daß die beiden Datensätze die gleiche Quelle haben. Jene gemeinsame Quelle ist physikalisch, ist Teil der realen Welt, ist Chaos.

Das Experiments wird folgt durchgeführt: Eine Flamme wird a) durch einen Laserstrahl und b) mit einem sehr dünnen Draht untersucht. Diese beiden Untersuchungen, gekoppelt mit entsprechenden Meßgeräten, erlauben Messungen der Temperatur und der Geschwindigkeit im Düsenstrahl an zwei verschiedenen Punkten als eine Funktion der Zeit. Im Fall a) wird das Licht von den sich schnell bewegenden Molekülen in dem Abgas zurückgeworfen, und ein Empfänger mißt die Eigenschaften des reflektierten Lichtes. Am Empfänger wird eine Spannung angezeigt. Wenn man die Spannung geeignet reskaliert, erhält man die Temperatur im Düsenstrahl als eine Funktion der Zeit. Im Fall b) wird die Temperatur des Drahtes in der Flamme konstant gehalten. Die Spannung, die benötigt wird, um die Temperatur konstant aufrechtzuerhalten, wird aufgezeichnet. Wenn man diese Spannung geeignet reskaliert, bekommt man die Geschwindigkeit des Düsenstrahls als eine Funktion der Zeit. Auf diese Weise erhalten wir zwei unabhängige Versionen zweier verschiedener aber miteinander in Beziehung stehender Größen.

Natürlich ist der experimentelle Apparat weitaus komplizierter, als es von der obigen Beschreibung her erscheint. Dabei ist wichtig, daß die Meßgeräte mit sehr hoher Auflösung, Genauigkeit und Empfindlichkeit arbeiten. Die Geschwindigkeit läßt sich einmal pro Mikrosekunde ablesen, und man kann somit riesige Datenmengen erzeugen. In Abbildung 5.17 ist ein Beispiel für das experimentelle Ergebnis a) dargestellt, das durch den Graphen der Spannung in Abhängigkeit von der Zeit repräsentiert wird. Es ist eine sehr komplexe Kurve. Wenn man die Kurve „vergrößert", sieht man, daß die geometrische Komplexität der Kurve weiter vorhanden ist. Die Kurve gehört zu denjenigen Dingen, die wir als fraktale Geometer gern analysieren.

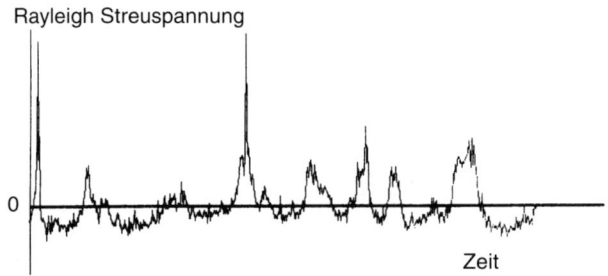

Rayleigh Streuspannung

0

Zeit

Abb. 5.17 Hier ist der Graph der Spannung gegen die Zeit aufgetragen. Die Werte stammen aus experimentellen Daten aus einem turbulenten Düsenstrom. In diesem Fall wird die durch die Flamme verursachte Streuung von Laserstrahlen gemessen.

Ein Beispiel des experimentellen Outputs von b) ist in Abbildung 5.18 zu sehen, wieder als Graph der Spannung gegen die Zeit. Vergleichen Sie die Abbildungen 5.17 und 5.18, sie sehen verschieden aus. Gibt es irgendeine Beziehung zwischen ihnen? Die sollte es geben: sie sind beide Untersuchungen desselben brennenden Gases, in denselben Größeneinheiten dargestellt.

Um den fraktalen Charakter in den Daten herauszustellen, ist ein vergrößertes Teilstück der Daten aus Abbildung 5.18 in Abbildung 5.19 dargestellt.

Die fraktalen Dimensionen der Graphen der beiden Zeitreihen, die sich aus a) und b) ergeben, werden mit Hilfe einer Methode berechnet, die auf dem Kästchenzählsatz beruht. Auf beide Datensätze wird genau dieselbe Methode angewendet, über dem gleichen Umfang von Größenordnungen. Abbildung 5.20 zeigt die graphische Analyse des Resultats der Kästchenzählungen. Beide Experimente ergeben denselben Wert

$$D \approx 1,5$$

in dem Größenordnungsbereich von $2^6 \cdot 10^{-5}$ bis $2^{13} \cdot 10^{-5}$ Sekunden. Trotz des

Heißschicht-Spannung

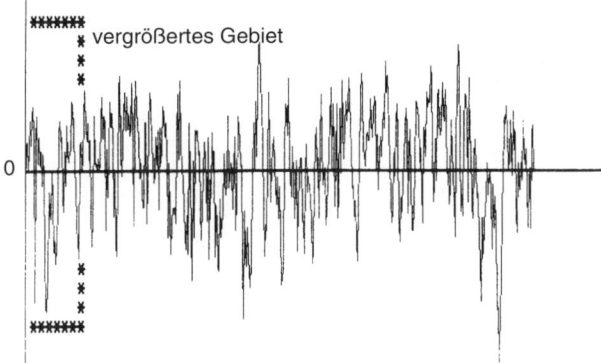

vergrößertes Gebiet

0

Abb. 5.18   Hier ist ebenfalls der Graph der Spannung gegen die Zeit aufgetragen. Die Werte stammen wiederum aus experimentellen Daten aus einem turbulenten Düsenstrom. In diesem Fall wird aber die Spannung über einen Draht, der sich innerhalb der Flamme befindet, gemessen. Diese Daten haben einen bestimmten fraktalen Charakter, wie sich aus einem vergrößerten Teilstück dieses Graphen in Abbildung 5.19 entnehmen läßt.

Heißschicht-Spannung im vergrößerten Gebiet

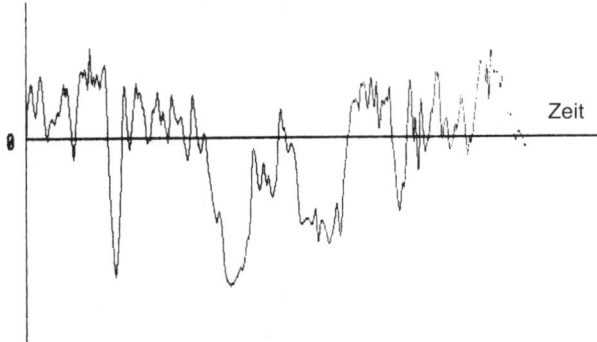

Zeit

0

Abb. 5.19   Eine Vergrößerung eines Teils des Graphen aus Abbildung 5.18.

unterschiedlichen Aussehens ihrer Graphen ist es naheliegend, daß es für die Daten eine gemeinsame Quelle gibt.

Wir glauben, daß diese gemeinsame Quelle eine chaotische Dynamik mit einem bestimmten speziellen Charakter ist, welche sich hier in dem Düsenabgasstrom zeigt. Wenn dem so ist, dann wird durch die fraktale Dimension ein experimentell meßbarer Parameter zur Verfügung gestellt, der dazu benutzt werden kann, Chaos zu quantifizieren.

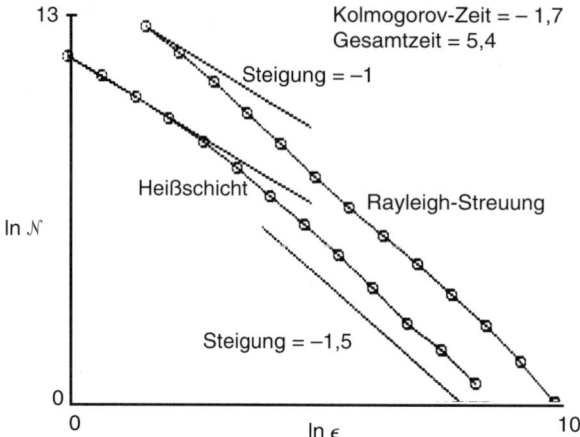

Abb. 5.20 Graphische Analyse der Kästchenzählungen, die zu den Experimenten a) und b) gehören. Die Daten, welche analysiert werden, sind in den Abbildungen 5.17 und 5.18 dargestellt. Die beiden Datensätze, die aus den Messungen eines einzelnen turbulenten Systems kommen, ergeben denselben Wert $D = 1,5$ für ihre fraktale Dimension, sofern sie auf genau dieselbe Art analysiert wurden. Dadurch wird nahegelegt, daß es für die Daten, trotz ihrer verschieden erscheinenden Graphen, eine gemeinsame Quelle gibt. Diese Quelle ist chaotische Dynamik mit einem bestimmten speziellen Charakter. Die fraktale Dimension liefert ein meßbares Anzeichen dafür, von welcher Sorte das Chaos ist.

Aufgaben

5.3.4 Benutzen Sie die Methode, die auf direkter Anwendung von Definition 5.1 beruht, um eine experimentelle Bestimmung der fraktalen Dimension derjenigen physikalischen Menge durchzuführen, die in Abbildung 5.21 mit schwarzer Tinte gezeichnet ist. Geben Sie den Größenordnungsbereich an, in dem Ihr Resultat zutrifft!

5.3.5 Benutzen Sie wie in Beispiel 5.3.2 eine Methode, die auf dem Kästchenzählsatz beruht, um die fraktale Dimension der „zufälligen Dendriten" in Abbildung 5.22 zu schätzen. Legen Sie den Größenordnungsbereich fest, in dem sich Ihre Abschätzung anwenden läßt. Führen Sie mehrere, vollständige Experimente durch, damit Sie eine Vorstellung von der Genauigkeit Ihres Ergebnisses bekommen!

5.3.6 Führen Sie eine experimentelle Bestimmung der fraktalen Dimension von den Dendriten durch, die in Abbildung 5.23 zu sehen sind. Wir haben ein Netz quadratischer Kästchen mit Seitenlänge $\frac{1}{12}$ Inches über den Dendriten gelegt. Vergleichen Sie das Ergebnis, welches Sie hier erhalten, mit dem aus der vorangegangenen Aufgabe! Dabei ist es wichtig, daß Sie in beiden Experimenten genau dieselbe Prozedur verwenden.

5.3.7 Bestimmen Sie experimentell die fraktale Dimension der Menge in Abbildung 5.12. Vergleichen Sie Ihr Ergebnis mit der theoretischen Abschätzung, die auf Satz 5.6 beruht (wie in Aufgabe 5.2.7)!

5.3.8 Besorgen Sie sich Landkarten von Großbritannien in verschiedenen Größen. Bestimmen Sie auf experimentelle Weise die fraktale Dimension der Küstenlinie und zwar in einem Größenordnungsbereich so groß wie möglich!

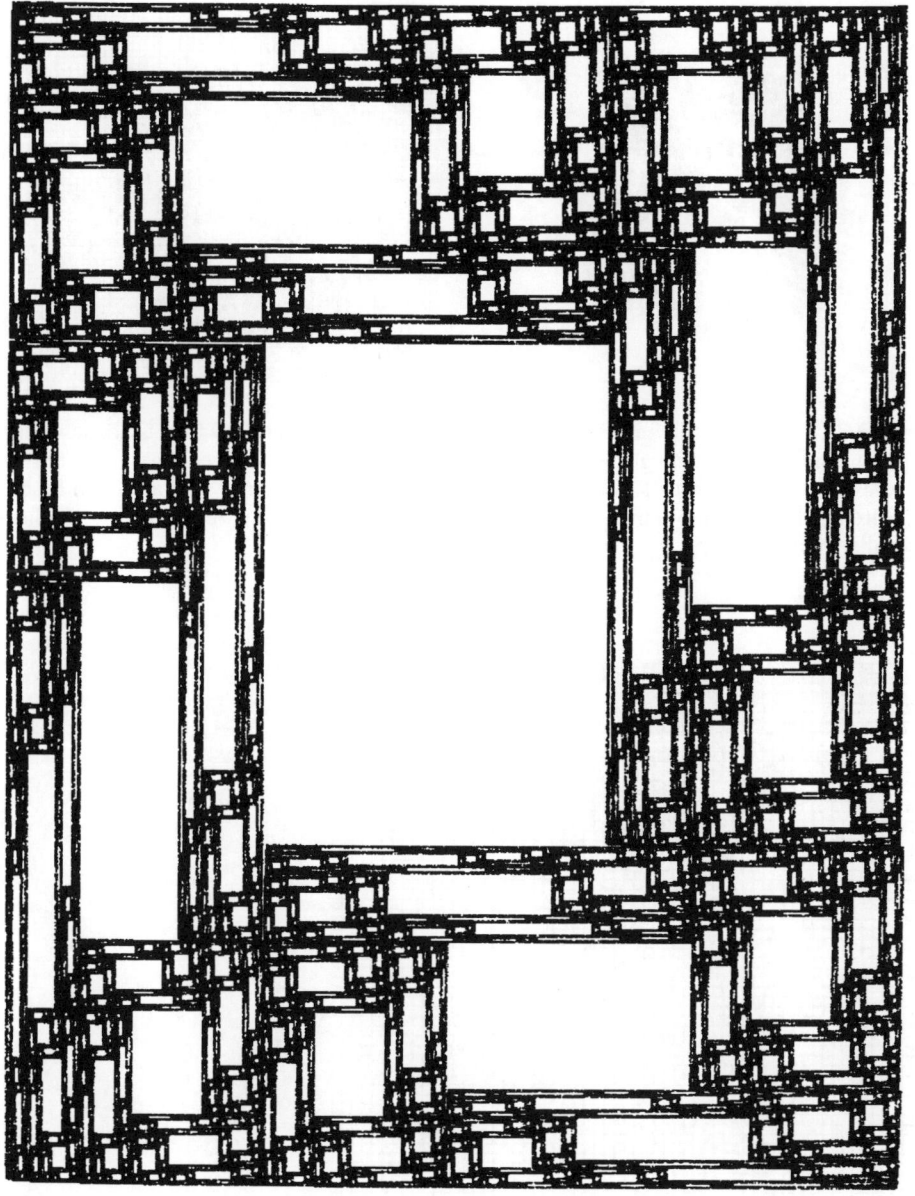

Abb. 5.21 Schätzen Sie experimentell die fraktale Dimension der Menge A, die mit schwarzer Tinte gezeichnet ist, ab! Führen Sie dies im Größenordnungsbereich von 5 Inches bis $\frac{1}{10}$ Inches durch. Gründen Sie Ihre experimentelle Methode direkt auf Definition 5.1.

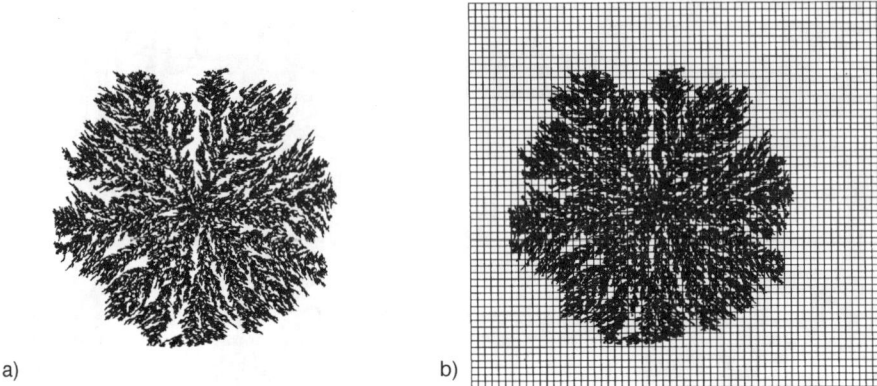

a)   b)

Abb. 5.22 Nehmen Sie im Größenordnungsbereich von 5 Inches bis $\frac{1}{12}$ Inches eine experimentelle Abschätzung der fraktalen Dimension von der Menge in a) vor. Führen Sie dies auf Grundlage des Kästchenzählsatzes und graphischer Analyse durch. Um Ihnen zu helfen, haben wir in b) ein Netz von quadratischen Kästchen mit Seitenlänge $\frac{1}{12}$ Inches über die Menge gelegt.

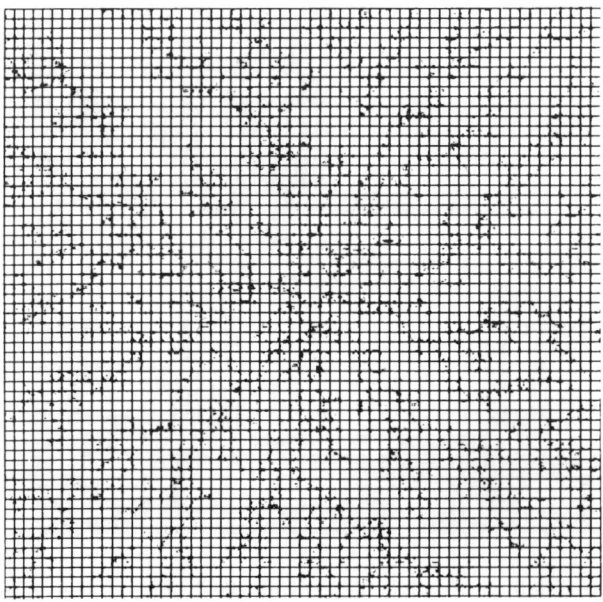

Abb. 5.23 Führen Sie eine experimentelle Abschätzung der fraktalen Dimension des hier gezeigten zufälligen Dendriten durch. Beachten Sie, daß über dem Dendriten ein Netz quadratischer Kästchen mit Seitenlänge $\frac{1}{12}$ Inches liegt. Vergleichen Sie die experimentelle fraktale Dimension, die sich hier ergibt, mit der des Dendriten in Abbildung 5.22. Was würden Sie im voraus erwarten, welche Menge hat die niedrigere fraktale Dimension?

5.3.9 Besorgen Sie sich Datensätze, die die Schwankungen eines Aktienindexes an der Börse wiedergeben. Sie benötigen Aufzeichnungen über unterschiedliche Zeiträume, beispielsweise stündliche, tägliche, monatliche und jährliche. Führen Sie eine experimentelle Bestimmung der fraktalen Dimension durch! Finden Sie einen zweiten wirtschaftlichen Indikator für dasselbe System und untersuchen Sie dessen fraktale Dimension! Vergleichen Sie die Ergebnisse!

5.4 Die fraktale Dimension von Hausdorff-Besicovitch

Die Hausdorff-Besicovitch-Dimension beschränkter Teilmengen des $\mathbf{R}^m$ ist eine andere reelle Zahl, die man benutzen kann, um die geometrische Komplexität beschränkter Teilmengen des $\mathbf{R}^m$ zu charakterisieren. Ihre Defintion ist komplexer und feinsinniger als die der fraktalen Dimension. Einer der Gründe für ihre Wichtigkeit liegt darin, daß sie mit einer Methode verbunden ist, die die „Größen" von Mengen vergleicht, deren fraktale Dimensionen übereinstimmen. Es ist schwieriger damit zu arbeiten, als mit der fraktalen Dimension. Ihre Definition wird normalerweise nicht als Grundlage für experimentelle Vorgehensweisen zur Bestimmung der fraktalen Dimension physikalischer Mengen benutzt.

Wir werden durchweg im metrischen Raum $(\mathbf{R}^m, d)$ arbeiten, wobei m eine natürliche Zahl ist und d die euklidische Metrik bezeichnet. Es sei $A \subset \mathbf{R}^m$ beschränkt. Dann benutzen wir die Bezeichnungsweise

$$\text{diam}(A) = \sup\{d(x, y) : x, y \in A\}.$$

Es sei $0 < \epsilon < \infty$ und $0 \le p < \infty$. Bezeichne $\mathcal{A}$ die Menge von Folgen der Teilmengen $\{A_i \subset A\}$, so daß $A = \bigcup_{i=1}^{\infty} A_i$. Dann definieren wir

$$\mathcal{M}(A, p, \epsilon) = \inf\left\{ \sum_{i=1}^{\infty} (\text{diam}(A_i))^p : \{A_i\} \in \mathcal{A}, \text{diam}(A_i) < \epsilon, i = 1, 2, 3, \ldots \right\}.$$

Wir benutzen die Konvention, daß $(\text{diam}(A_i))^0 = 0$, für den Fall, daß A_i leer ist. $\mathcal{M}(A, p, \epsilon)$ ist eine Zahl, die im Bereich $[0, \infty]$ liegt; der Wert kann null, endlich oder unendlich sein. Sie sollten nachweisen, daß $\mathcal{M}$ eine nichtwachsende Funktion von ϵ ist. Nun definieren wir

$$\mathcal{M}(A, p) = \sup\{\mathcal{M}(A, p, \epsilon) : \epsilon > 0\}.$$

Damit ergibt sich für jedes $p \in [0, \infty]$, daß $\mathcal{M}(A, p) \in [0, \infty]$ ist.

Definition 5.3. Es seien m eine natürliche Zahl und A eine beschränkte Teilmenge des metrischen Raums $(\mathbf{R}^m$, euklidisch). Für jedes $p \in [0, \infty)$ heißt die oben beschriebene Größe $\mathcal{M}(A, p)$ das *Hausdorff-p-dimensionale Maß* von A.

Aufgaben

5.4.1 Zeigen Sie, daß $\mathcal{M}(A, p)$ eine nichtwachsende Funktion von $p \in [0, \infty]$ ist!

5.4.2 Bezeichne A eine Menge aus sieben verschiedenen Punkten in ($\mathbf{R}^2$, euklidisch). Weisen Sie nach, daß $\mathcal{M}(A, 0) = 7$ und $\mathcal{M}(A, p) = 0$ für $p > 0$.

5.4.3 Es bezeichne A eine abzählbar unendliche Teilmenge verschiedener Punkte in ($\mathbf{R}^2$, euklidisch). Überprüfen Sie, daß $\mathcal{M}(A, 0) = \infty$ und $\mathcal{M}(A, p) = 0$ für $p > 0$ ist.

5.4.4 Bezeichne $\mathcal{C}$ die klassische Cantor-Menge in $[0, 1]$. Zeigen Sie, daß $\mathcal{M}(\mathcal{C}, 0) = \infty$ und $\mathcal{M}(\mathcal{C}, 1) = 0$ ist.

5.4.5 Es sei $\mathbb{A}$ ein passendes Sierpinski-Dreieck. Weisen Sie nach, daß $\mathcal{M}(\mathbb{A}, 1) = \infty$ und $\mathcal{M}(\mathbb{A}, 2) = 0$ ist. Können Sie $\mathcal{M}\left(\mathbb{A}, \frac{\ln(3)}{\ln(2)}\right)$ berechnen? Versuchen Sie zumindest zu erklären, weshalb dies eine interessante Zahl sein könnte!

Das Hausdorff-p-dimensionale Maß $\mathcal{M}(A, p)$ als eine Funktion von $p \in [0, \infty]$, verhält sich bemerkenswert. Sein Wertebereich besteht nur aus einem, zwei oder drei Elementen! Die möglichen Werte lauten null, eine endliche Zahl und unendlich. In Abbildung 5.24 wird dieses Verhalten für den Fall veranschaulicht, daß A ein bestimmtes Sierpinski-Dreieck ist.

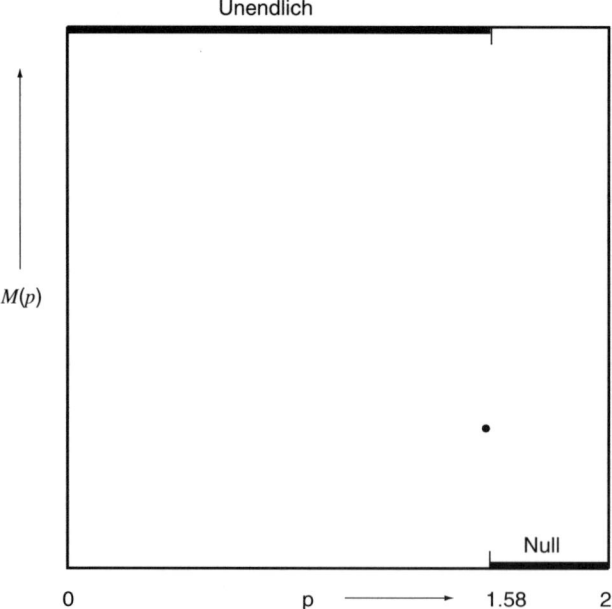

Abb. 5.24 Graph der Funktion $\mathcal{M}(\mathbb{A}, p)$, wobei $\mathbb{A}$ ein bestimmtes Sierpinski-Dreieck ist. Der Graph besteht aus nur drei Punkten.

Satz 5.7. *Es sei m eine natürliche Zahl, A sei eine beschränkte Teilmenge des metrischen Raums* ($\mathbf{R}^m$, *euklidisch). Bezeichne* $\mathcal{M}(A, p)$ *für* $p \in [0, \infty)$ *diejenige Funktion, die oben definiert wurde. Dann gibt es eine eindeutige reelle Zahl* $D_H \in [0, m]$, *so daß*

$$\mathcal{M}(A, p) = \begin{cases} \infty, & \textit{falls } p < D_H \textit{ und } p \in [0, \infty) \\ 0, & \textit{falls } p > D_H \textit{ und } p \in [0, \infty). \end{cases}$$

Beweis. Der Beweis befindet sich beispielsweise in [Federer 1969, Abschnitt 2.10.3]. □

Definition 5.4. Es sei m eine natürliche Zahl und A eine beschränkte Teilmenge des metrischen Raumes (($\mathbf{R}^m$, euklidisch). Die dazugehörige reelle Zahl D_H, welche in Satz 5.7 erwähnt wird, heißt die *Hausdorff-Besicovitch-Dimension* der Menge A. Diese Zahl wird auch mit $D_H(A)$ bezeichnet.

Satz 5.8. *Es sei m eine natürliche Zahl, und A sei eine Teilmenge des metrischen Raumes* ($\mathbf{R}^m$, *euklidisch). Bezeichne* $D(A)$ *die fraktale Dimension von A und* $D_H(A)$ *die Hausdorff-Besicovitch-Dimension von A. Dann gilt*

$$0 \le D_H(A) \le D(A) \le m.$$

Aufgaben

5.4.6 Beschreiben Sie eine Situation, in der Sie erwarten würden, daß die Ungleichung $D_H(A) < D(A)$ gilt!

5.4.7 Beweisen Sie Satz 5.8!

Satz 5.9. *Es sei m eine natürliche Zahl, und* $\{\mathbf{R}^m; w_1, w_2, \ldots, w_N\}$ *sei ein hyperbolisches IFS mit Attraktor A. Es seien die* w_n *für jedes* $n \in \{1, 2, \ldots, N\}$ *Ähnlichkeitsabbildungen mit Skalierungsfaktoren* s_n. *Falls das IFS total unzusammenhängend oder gerade berührend ist, dann sind die Hausdorff-Besicovitch-Dimension* $D_H(A)$ *und die fraktale Dimension* $D(A)$ *gleich. Tatsächlich gilt* $D(A) = D_H(A) = D$, *wobei sich D als eindeutige Lösung von*

$$\sum_{n=1}^{N} |s_n|^D = 1, \quad D \in [0, m]$$

ergibt. Ist darüber hinaus D positiv, dann ist das Hausdorff-D-dimensionale Maß $\mathcal{M}(A, D_H(A))$ *eine positive reelle Zahl.*

Beweis. Der Beweis befindet sich in [Hutchinson 1981].   □

In der Situation, auf die sich Satz 5.9 bezieht, kann das Hausdorff-$D_H(A)$-dimensionale Maß dazu benutzt werden, die „Größe" von Fraktalen mit derselben fraktalen Dimension miteinander zu vergleichen. Je größer der Wert von $\mathcal{M}(A, D_H(A))$, desto „größer" ist das Fraktal. Wenn zwei Fraktale unterschiedliche fraktale Dimensionen besitzen, dann sagen wir natürlich, daß dasjenige mit der höheren fraktalen Dimension „größer" ist.

Aufgaben/Beispiele

5.4.8 An dieser Stelle vermitteln wir Ihnen eine Vorstellung über die Funktionen $\mathcal{M}(A, p, \epsilon)$ und $\mathcal{M}(A, p)$ und die „Größe" von Fraktalen. Wir veranschaulichen, wie diese Größen geschätzt werden können. Die Art des Vorgehens kann häufig angewendet werden, insbesondere wenn man Attraktoren von gerade berührenden und total unzusammenhängenden IFS untersucht, deren Abbildungen sämtlich Ähnlichkeitsabbildungen sind. Dabei sollte man zu korrekten Werten kommen. Eine formale Rechtfertigung ist weitschweifig und folgt den Zügen in [Hutchinson 1981].

Wir betrachten das Sierpinski-Dreieck $\mathbb{A}$ mit den Eckpunkten $(0, 0)$, $(0, 1)$ und $(1, 0)$. Wir arbeiten im $\mathbf{R}^2$ mit der euklidischen Metrik und beginnen damit, für mehrere Werte von ϵ und für $p \in [0, \infty)$ die Zahl $\mathcal{M}(\mathbb{A}, p, \epsilon)$ zu schätzen. Wir betrachten dies für die Werte $\epsilon = \sqrt{2}\left(\frac{1}{2}\right)^n$ für $n = 0, 1, 2, 3, \dots$. Beachten Sie nun, daß $\mathbb{A}$ durch 3^n abgeschlossene Kreisscheiben mit Durchmesser $\sqrt{2}\left(\frac{1}{2}\right)^n$ vollständig überdeckt werden kann. Wir nehmen an, daß das Infimum in der Definition von $\mathcal{M}\left(\mathbb{A}, p, \epsilon = \sqrt{2}\left(\frac{1}{2}\right)^n\right)$ für diese Überdeckung wirklich angenommen wird. Wir erhalten die Abschätzung

$$\mathcal{M}\left(\mathbb{A}, p, \sqrt{2}\left(\frac{1}{2}\right)^n\right) = 3^n(\sqrt{2})^p\left(\frac{1}{2}\right)^{np}$$

für $n = 1, 2, 3, \dots$. Das Supremum von $\mathcal{M}(\mathbb{A}, p)$ kann durch einen Grenzwert ersetzt werden. Damit ergibt sich

$$\mathcal{M}(\mathbb{A}, p) = \lim_{n \to \infty}\{3^n(\sqrt{2})^p\left(\frac{1}{2}\right)^{np}\}$$
$$= \begin{cases} \infty & \text{falls } p < \ln 3/\ln 2, \\ (\sqrt{2})^{\ln 3/\ln 2} & \text{falls } p = \ln 3/\ln 2, \\ 0 & \text{falls } p > \ln 3/\ln 2. \end{cases}$$

Somit erkennen wir, daß $D_H(\mathbb{A}) = \frac{\ln 3}{\ln 2}$, was wir schon aus Satz 5.9 wissen. Außerdem sehen wir, daß

$$\mathcal{M}(\mathbb{A}, D_H(\mathbb{A})) = (\sqrt{2})^{\frac{\ln 3}{\ln 2}}$$

ist. Das ist unsere Schätzung für die „Größe" des an dieser Stelle betrachteten Sierpinski-Dreiecks.

Wenn man die obigen Schritte für ein Sierpinski-Dreieck $\widetilde{\mathbb{A}}$ mit den Eckpunkten $(0,0)$, $(0, \frac{1}{\sqrt{2}})$ und $(\frac{1}{\sqrt{2}}, 0)$ wiederholt, so findet man $\mathcal{M}\left(\widetilde{\mathbb{A}}, D_H\left(\widetilde{\mathbb{A}}\right)\right) = 1$. Daher ist $\widetilde{\mathbb{A}}$ „kleiner" als $\mathbb{A}$.

Für Paare von Attraktoren von total unzusammenhängenden oder gerade berührenden IFS, deren Abbildungen Ähnlichkeitsabbildungen und deren fraktale Dimensionen gleich sind, können ähnliche Abschätzungen durchgeführt werden. Der Vergleich der „Größen" wird spannend, wenn die beiden Attraktoren nicht metrisch äquivalent sind.

5.4.9 Schätzen Sie die „Größen" der beiden Fraktale in Abbildung 5.25 ab. Welches ist das „größere"? Stimmt die berechnete Schätzung mit Ihrem subjektiven Gefühl dafür, welches das „größere" ist, überein?

5.4.10 Beweisen Sie, daß die Hausdorff-Besicovitch-Dimension von zwei metrisch äquivalenten, beschränkten Teilmengen des($\mathbf{R}^2$, euklidisch) gleich ist!

5.4.11 Es sei d eine Metrik auf $\mathbf{R}^2$, die zur euklidischen Metrik äquivalent ist. Bezeichne A eine beschränkte Teilmenge von $\mathbf{R}^2$. Nehmen wir an, daß zur Berechnung einer „Hausdorff-Besicovitch"-Dimension von A, an Stelle der euklidischen Metrik, d benutzt wird. Diese Dimension werde mit $\widetilde{D}_H(A)$ bezeichnet. Beweisen Sie, daß $D_H(A) = \widetilde{D}_H(A)$ gilt! Zeigen Sie, daß jedoch die „Größe" $\mathcal{M}(A; D_H(A))$ der Menge verschieden sein kann, wenn sie mit d an Stelle der euklidischen Metrik berechnet wird.

5.4.12 Wenn der Abstand in $\mathbf{R}^2$ in Zentimetern gemessen wird, und eine Menge A aus $\mathbf{R}^2$ die fraktale Dimension 1.391 besitzt, welche Einheit trägt dann $\mathcal{M}(A, 1.391)$?

5.4.13 In Abbildung 5.26 ist der Attraktor eines bestimmten hyperbolischen IFS dargestellt.

a) Erklären Sie mit Hilfe geeigneter Sätze, warum die fraktale Dimension D und die Hausdorff-Besicovitch-Dimension D_H des Attraktors des IFS gleich sind!

b) Berechnen Sie D!

c) Vergleichen Sie die Hausdorff-Besicovitch-D-dimensionalen Maße von A und $w(A)$. Dabei bezeichnet $w(A)$ eine der kleineren Kopien von A, und zwar eine der „ersten Generation".

5.4.14 Bestimmen Sie durch Hilfsmittel Ihrer Wahl die Hausdorff-Besicovitch-Dimension der Küstenlinie von Baron von Kochs Insel, die in Abbildung 5.27 dargestellt ist! Es ist empfehlenswert, daß Theoretiker eine experimentelle Abschätzung versuchen und Experimentatoren eine theoretische.

5.4.15 Besitzt die Arbeit mancher Künstler eine charakteristische fraktale Dimension? Vergleichen Sie die empirischen fraktalen Dimensionen von Romeo und Julia in Abbildung 5.28 über einen geeigneten Größenordnungsbereich!

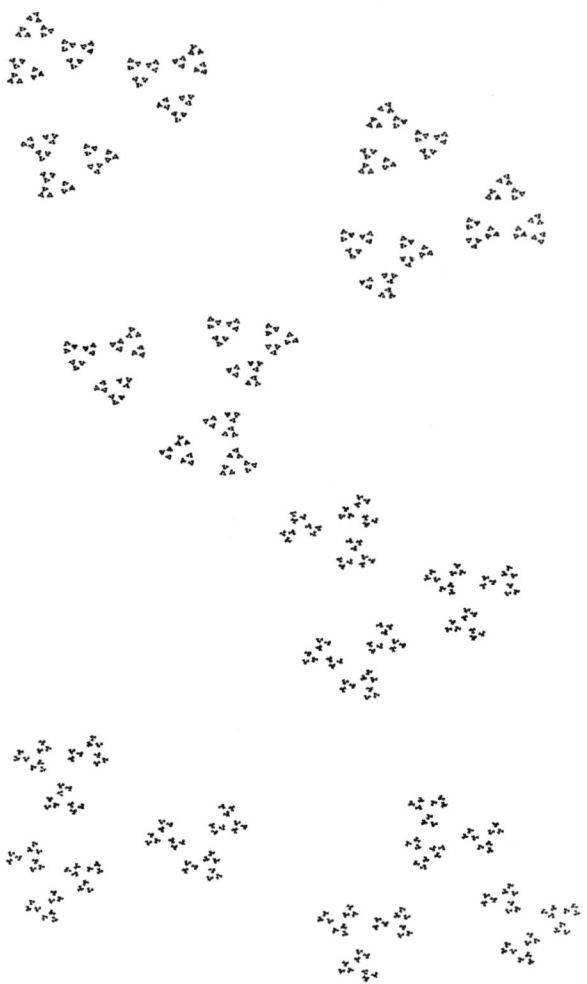

Abb. 5.25 Die beiden Bilder, die hier zu sehen sind, sind Attraktoren zweier verschiedener IFS der Form $\{\mathbf{R}^2; w_1, w_2, w_3\}$. Dabei sind alle Abbildungen Ähnlichkeitsabbildungen
mit Skalierungsfaktor 0,4. Beide Mengen haben dieselbe fraktale Dimension $\frac{\ln 3}{\ln(2,5)}$. Welche ist also die „größere"? Vergleichen Sie die „Größen" dadurch, daß Sie die jeweiligen
Hausdorff $\frac{\ln 3)}{\ln(2,5)}$-dimensionalen Maße abschätzen!

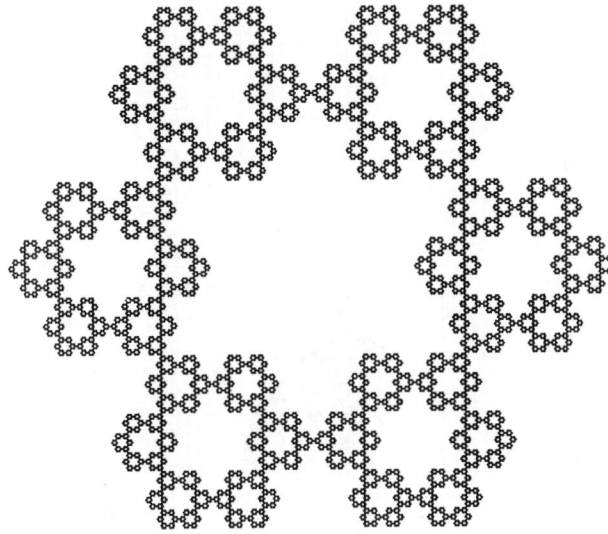

Abb. 5.26   Warum sind die fraktale Dimension und die Hausdorff-Besicovitch-Dimension des hier abgebildeten Attraktors eines IFS gleich?

Abb. 5.27   Bestimmen Sie die Hausdorff-Besicovitch-Dimension der Küstenlinie von Baron von Kochs Insel. Benutzen Sie dazu Mittel Ihrer Wahl!

Abb. 5.28 Besitzt die Arbeit mancher Künstler eine charakteristische fraktale Dimension? Vergleichen Sie die empirischen fraktalen Dimensionen von Romeo und Julia über einen geeigneten Größenordnungsbereich!

6 Fraktale Interpolation

6.1 Anwendung auf fraktale Funktionen

Euklidische Geometrie, Trigonometrie und Analysis haben uns gelehrt, die Formen, die wir in der realen Welt sehen, als Strecken, Kreise, Parabeln und andere einfache Kurven anzusehen und dementsprechend zu beschreiben. Das hat viele Konsequenzen für unser tägliches Leben. Sie reichen vom Entwurf normaler Gegenstände über den üblichen Gebrauch tabellarischer Werke, Lineale und Zirkel bis zu den „Anwendungen", von denen einführende Analysiskurse begleitet werden. Wir weisen insbesondere auf die Bereitstellung von Funktionen zum Zeichnen von Punkten, Geraden, Polygonen und Kreisen im Rahmen der Computergraphik-Software, wie MacPaint und Turbobasic, hin. Ein Großteil der Computergraphik-Hardware ist speziell darauf ausgerichtet, eine schnelle Berechnung und Darstellung klassischer geometrischer Formen zu liefern.

Euklidische Geometrie und elementare Funktionen, wie Sinus, Cosinus und Polynome, bilden die Grundlage traditioneller Methoden für die Analyse experimenteller Daten. Betrachten wir ein Experiment, in dem die Werte einer reellwertigen Funktion $F(x)$ als Funktion einer reellen Variablen x gemessen werden. Beispielsweise könnte $F(x)$ die Spannung als eine Funktion der Zeit bedeuten, wie in den in Beispiel 5.3.3 erläuterten Experimenten mit dem Düsenabgas. Das Experiment kann ein numerisches Experiment auf einem Computer sein. In jedem Fall wird das Ergebnis eine Sammlung von Daten der Form

$$\{(x_i, F_i) : i = 0, 1, 2, \ldots, N\}$$

sein. Dabei ist N eine natürliche Zahl, $F_i = F(x_i)$, und die x_i sind reelle Zahlen, so daß gilt:

$$x_0 < x_i < x_2 < \cdots < x_N.$$

Die traditionelle Methode für die Analyse dieser Daten beginnt damit, daß man sie graphisch als eine Teilmenge des $\mathbf{R}^2$ darstellt. Das bedeutet, die Daten-

punkte werden auf Zeichenpapier eingetragen und anschließend geometrisch analysiert. Zum Beispiel kann man eine Strecke suchen, die eine gute Annäherung
an den Graphen der Daten bildet. Oder man könnte ein Polynom mit möglichst
niedrigem Grad konstruieren, dessen Graph gut zu den Daten aus dem Intervall
$[x_0, x_N]$ paßt. Anstelle eines Polynoms könnte man eine Kombination aus elementaren Funktionen benutzen. Das Ziel ist immer das gleiche: Darstellung der
Daten als eine Teilmenge des $\mathbf{R}^2$ durch eine klassische, geometrische Größe.
Diese Größe wird durch eine einfache Formel ausgedrückt, so daß sie jemand
anderem leicht übermittelt werden kann. Dieser Vorgang wird in Abbildung 6.1
veranschaulicht.

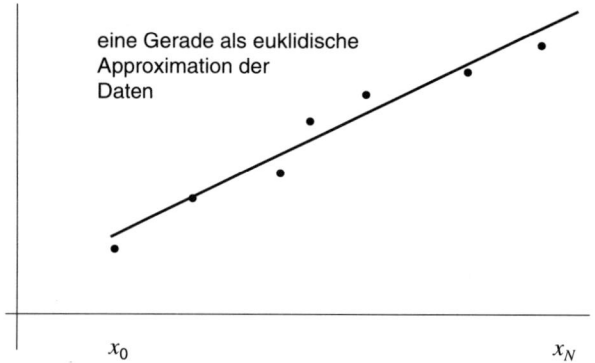

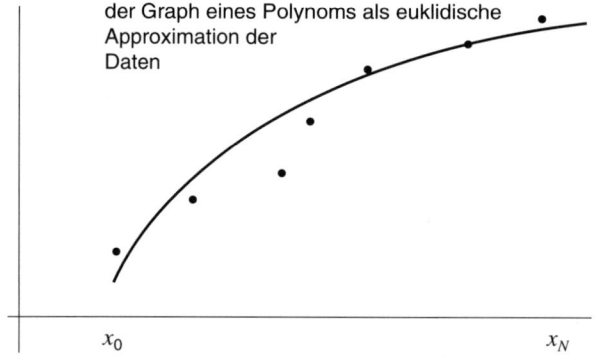

Abb. 6.1 Hier wird der
Vorgang veranschaulicht, bei
dem experimentelle Daten
graphisch dargestellt und
geometrisch modelliert werden. Dies geschieht durch
Zuhilfenahme einer klas-
sischen, geometrischen
Größe, wie einer Strecke
oder einer polynomialen Anpassung an die Daten.

Die Wurzeln elementarer Funktionen, wie trigonometrischer und rationaler
Funktionen, liegen in der euklidischen Geometrie. Sie alle sind dadurch gekennzeichnet, daß sie, wenn ihre Graphen ausreichend „vergrößert" werden, lokal wie
gerade Linien „aussehen". Das bedeutet, daß die Approximation durch eine Tan-
gente in der Nähe der meisten Punkte wirksam eingesetzt werden kann. Darüber
hinaus beträgt die fraktale Dimension der Graphen dieser Funktionen immer
eins. Diese elementaren „euklidischen" Funktionen sind nicht nur ihres geome-

trischen Inhalts wegen nützlich, sondern auch, weil sie durch einfache Formeln ausgedrückt werden können. Wir können sie verwenden, um auf einfache Weise Informationen von einer Person an eine andere übermitteln zu lassen. Sie bilden eine gemeinsame Sprache für unsere wissenschaftliche Arbeit. Darüber hinaus werden elementare Funktionen in wissenschaftlichen Berechnungen, im Computer Aided Design (CAD) und in der Datenanalyse umfassend verwendet, da sie in kleinen Dateien gespeichert und durch schnelle Algorithmen berechnet werden können.

Graphische Systeme, die auf traditioneller Geometrie beruhen, sind wirkungsvoll bei der Herstellung der Bilder von beispielsweise Ziegelsteinen, Rädern, Straßen, Gebäuden und Zahnrädern, also Objekten, die von Menschenhand geschaffen wurden. Das ist nicht überraschend, da diese Objekte in erster Linie mit Hilfe euklidischer Geometrie entwickelt wurden. Jedoch ist es für graphische Systeme wünschenswert, daß sie eine breitere Auswahl von Problemen behandeln können.

In diesem Kapitel stellen wir fraktale Interpolationsfunktionen vor. Die Graphen dieser Funktionen können dazu benutzt werden, Bildteile, wie Profile von Bergketten, Wolkenspitzen, mit Stalaktiten behangene Höhlengewölbe und Ansichten von Wäldern, zu approximieren (Abbildung 6.2). Diese Bildteile werden weniger durch eine zufällig enstandene Ansammlung von Objekten behandelt, wie einzelnen Bergen, Wölkchen, Stalaktiten oder Baumspitzen, sondern durch die Wechselbeziehungen eines einzelnen Systems modelliert. Solche Bilder können durch elementare oder euklidische graphische Funktionen nicht gut dargestellt werden.

Fraktale Interpolationsfunktionen stellen ebenfalls ein neues Hilfsmittel zur Verfügung, um experimentelle Daten anzupassen. Es ist klar, daß es nicht ausreicht, auf die wilden experimentellen Daten von Strahle eine polynomiale „kleinste Quadrate"-Anpassung anzuwenden. Sehen Sie sich noch einmal die Temperaturen in einem Düsenabgas als eine Funktion der Zeit an, wie sie in Abbildung 5.17 dargestellt ist. Die klassische Geometrie würde auch kein gutes Werkzeug sein, wenn man die Spannung an einem Punkt des menschlichen Gehirns analysieren wollte, wie sie von einem Elektroenzephalographen erfaßt wird. Die fraktalen Interpolationsfunktionen können jedoch dazu benutzt werden, solche experimentellen Daten „anzupassen". Das heißt, der Graph der fraktalen Interpolationsfunktion kann bezüglich der Hausdorff-Metrik nahe an die Daten gelegt werden. Darüber hinaus kann man sicherstellen, daß die fraktale Dimension des Graphen der Interpolationsfunktion über einen geeigneten Größenordnungsbereich mit der Dimension der Daten übereinstimmt. Diese Idee ist in Abbildung 6.3 veranschaulicht.

Fraktale Interpolationsfunktionen sind elementaren Funktionen insofern ähnlich, als daß sie einen geometrischen Charakter haben, durch kurze „Formeln" ausgedrückt und schnell berechnet werden können. Der wesentliche Unterschied ist ihr fraktaler Charakter. Zum Beispiel können sie eine fraktale Dimension be-

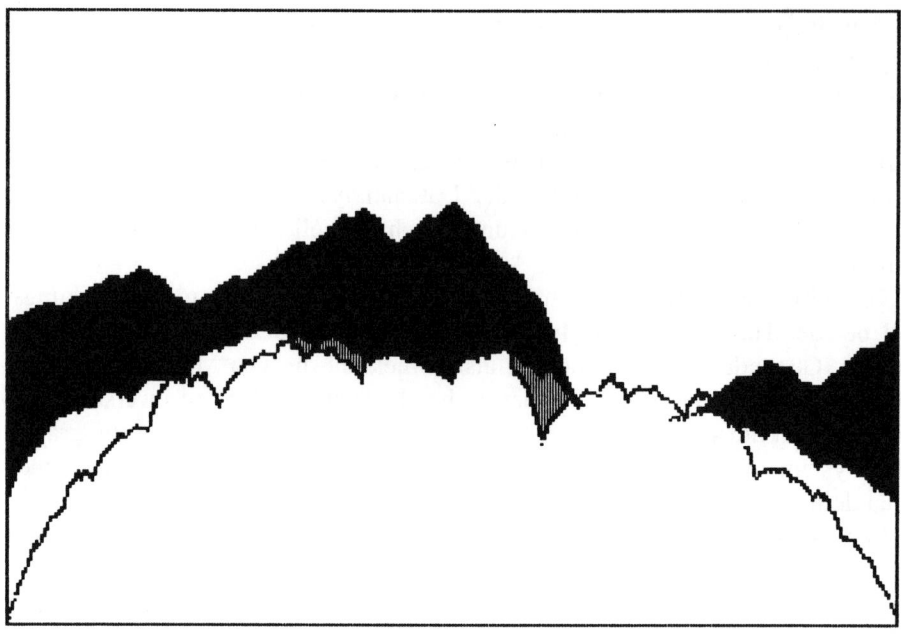

Abb. 6.2 Die in diesem Kapitel vorgestellten fraktalen Interpolationsfunktionen können in Computergraphikpaketen benutzt werden. Sie liefern ein einfaches Mittel für die Wiedergabe der Profile von Bergketten, Wolkenspitzen und Ansichten von Wäldern.

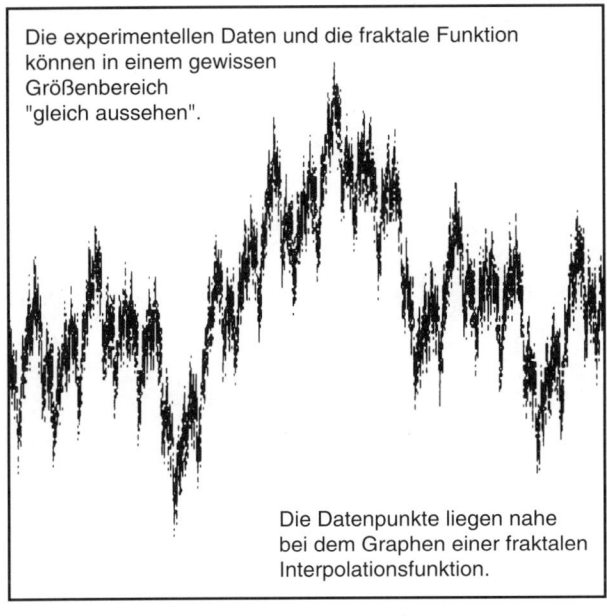

Die experimentellen Daten und die fraktale Funktion können in einem gewissen Größenbereich "gleich aussehen".

Die Datenpunkte liegen nahe bei dem Graphen einer fraktalen Interpolationsfunktion.

Abb. 6.3 Diese Abbildung verdeutlicht die Idee, experimentelle Daten durch die Benutzung fraktaler Interpolationsfunktionen anzupassen. Der Graph der Interpolationsfunktion kann bezüglich der Hausdorff-Metrik nahe an den Graphen der experimentellen Daten gelegt werden. Die fraktale Dimension der Interpolationsfunktion stimmt über einen gewissen Größenordnungsbereich mit der der Daten überein.

sitzen, die keine natürliche Zahl ist. Es ist leicht, mit ihnen zu hantieren, wenn man sich daran gewöhnt hat, mehr mit Mengen als mit Punkten zu arbeiten und die IFS-Theorie mit affinen Abbildungen zu benutzen. Wenn wir damit anfangen, fraktale Interpolationsfunktionen umfassend bekanntzumachen, werden sie Teil der üblichen Wissenschaftssprache werden. Also lesen Sie weiter!

Aufgaben

6.1.1 Schreiben Sie einen Aufsatz über die Einflüsse der euklidischen Geometrie auf unsere Betrachtung der physikalischen Welt! Wie ändert sich diese Sichtweise durch die fraktale Geometrie?

6.1.2 Bestimmen Sie eine lineare Approximation $l(x)$ der Funktion $f(x) = \sin(x)$ um den Punkt $x = 0$. Es sei $\epsilon > 0$. Bestimmen Sie einen linearen Koordinatenwechsel $(x', y') = \theta(x, y)$ in $\mathbf{R}^2$, so daß $\theta([0, \epsilon] \times [0, \epsilon]) = [0, 1] \times [0, 1]$. Bezeichne $l'(x')$ die Funktion $l(x)$ im neuen Koordinatensystem, und bezeichne $f'(x')$ die Funktion $f(x)$ im neuen Koordinatensystem. Weiter werde mit L der Graph von $l'(x')$ für $x' \in [0, 1]$ und mit G der Graph von $f'(x')$ für $x' \in [0, 1]$ bezeichnet. Wie klein muß man ϵ wählen, um sicher zu sein, daß der Hausdorff-Abstand von L und G weniger als 0.01 beträgt? Der Hausdorff-Abstand sollte bezüglich der Manhattan-Metrik in $\mathbf{R}^2$ berechnet werden.

6.2   Fraktale Interpolationsfunktionen

Definition 6.1. Eine *Datenmenge* ist eine Menge von Punkten der Form $\{(x_i, F_i) \in \mathbf{R}^2 : i = 0, 1, 2, \ldots, N\}$ mit

$$x_0 < x_1 < x_2 < \ldots < x_N.$$

Eine *Interpolationsfunktion*, die zu dieser Datenmenge gehört, ist eine stetige Funktion $f : [x_0, x_N] \to \mathbf{R}$, so daß

$$f(x_i) = F_i \quad \text{für } i = 0, 1, 2, \ldots, N.$$

Die Punkte $(x_i, F_i) \in \mathbf{R}^2$ heißen *Interpolationspunkte*. Wir sagen, daß die Funktion f die Daten *interpoliert* und daß (der Graph von) f *durch die Interpolationspunkte verläuft*.

Aufgaben/Beispiele

6.2.1 Die Funktion $f(x) = 1 + x$ ist eine Interpolationsfunktion für die Datenmenge $\{(0, 1), (1, 2)\}$. Betrachten wir jetzt das hyperbolische IFS $\{\mathbf{R}^2; w_1, w_2\}$, wobei

$$w_1 \begin{pmatrix} x \\ y \end{pmatrix} = \begin{pmatrix} 0.5 & 0 \\ 0 & 0.5 \end{pmatrix} \begin{pmatrix} x \\ y \end{pmatrix} + \begin{pmatrix} 0 \\ 0.5 \end{pmatrix},$$

$$w_2 \begin{pmatrix} x \\ y \end{pmatrix} = \begin{pmatrix} 0.5 & 0 \\ 0 & 0.5 \end{pmatrix} \begin{pmatrix} x \\ y \end{pmatrix} + \begin{pmatrix} 0.5 \\ 1 \end{pmatrix}.$$

Der Attraktor des IFS werde mit G bezeichnet. Dann ist schnell nachgewiesen, daß G die Strecke ist, welche das Punktepaar $(0, 1)$ und $(1, 2)$ verbindet. Mit anderen Worten, G ist der Graph der Interpolationsfunktion $f(x)$ über das Intervall $[0, 1]$.

6.2.2 Es bezeichne $\{(x_i, F_i) : i = 0, 1, 2, \ldots, N\}$ eine Datenmenge. Es sei $f : [x_0, x_N] \to \mathbf{R}$ die einzige Funktion, die durch die Interpolationspunkte verläuft und die auf jedem der Teilintervalle $[x_{i-1}, x_i]$ linear ist. Das heißt, es gilt

$$f(x) = F_{i-1} + \frac{(x - x_{i-1})}{(x_i - x_{i-1})} \cdot (F_i - F_{i-1})$$

für $x \in [x_{i-1}, x_i], i = 1, 2, \ldots, N$. Die Funktion $f(x)$ nennt man *stückweise lineare Interpolationsfunktion*. Der Graph von $f(x)$ ist in Abbildung 6.4 zu sehen. Dieser Graph G läßt sich ebenfalls als Attraktor eines IFS der Form $\{\mathbf{R}^2; w_n, n = 1, 2, \ldots, N\}$ auffassen, wobei die Abbildungen affin sind. In der Tat ist

$$w_n \begin{pmatrix} x \\ y \end{pmatrix} = \begin{pmatrix} a_n & 0 \\ c_n & 0 \end{pmatrix} \begin{pmatrix} x \\ y \end{pmatrix} + \begin{pmatrix} e_n \\ f_n \end{pmatrix},$$

wobei gilt:

$$a_n = \frac{(x_n - x_{n-1})}{(x_N - x_0)}, \quad e_n = \frac{(x_N x_{n-1} - x_0 x_n)}{(x_N - x_0)},$$

$$c_n = \frac{(F_n - F_{n-1})}{(x_N - x_0)}, \quad f_n = \frac{(x_N F_{n-1} - x_0 F_n)}{(x_N - x_0)}$$

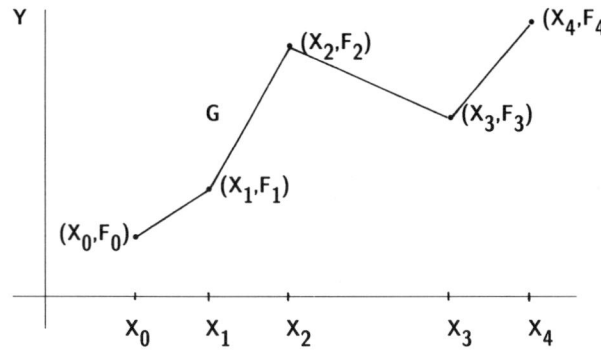

Abb. 6.4 Graph der stückweise linearen Interpolationsfunktion $f(x)$ durch die Interpolationspunkte $\{(F_i, x_i), i = 0, 1, 2, 3, 4\}$. Dieser Graph ist auch der Attraktor für ein IFS der Form $\{\mathbf{R}^2; w_n, n = 1, 2, 3, 4\}$, wobei die Abbildungen affin sind.

für $n = 1, 2, \ldots, N$. Beachten Sie, daß das IFS in bezug auf die euklidische Metrik möglicherweise nicht hyperbolisch ist. Können Sie trotzdem beweisen, daß G die einzige nichtleere kompakte Teilmenge des $\mathbf{R}^2$ ist, so daß

$$G = \bigcup_{n=1}^{N} w_n(G) \ ?$$

6.2.3 Weisen Sie die Behauptungen des vorangegangenen Beispiels für die Datenmenge $\{(0, 0), (1, 3), (2, 0)\}$ nach, wobei Sie entweder den deterministischen Algorithmus, Programm 3.1, oder den Zufalls-Iterations-Algorithmus, Programm 3.2, verwenden. Dazu müssen Sie die Programme leicht verändern.

6.2.4 Die Parabel, die durch $f(x) = 2x - x^2$ auf dem Intervall $[0, 2]$ definiert ist, ist eine Interpolationsfunktion für die Datenmenge $\{(0, 0), (1, 1), (2, 0)\}$. Es sei G der Graph von $f(x)$. Das heißt

$$G = \{(x, 2x - x^2) : x \in [0, 2]\}.$$

Dann behaupten wir, daß G der Attraktor des hyperbolischen IFS $\{\mathbf{R}^2; w_1, w_2\}$ ist, wobei

$$w_1 \begin{pmatrix} x \\ y \end{pmatrix} = \begin{pmatrix} 0.5 & 0 \\ 0.5 & 0.25 \end{pmatrix} \begin{pmatrix} x \\ y \end{pmatrix},$$

$$w_2 \begin{pmatrix} x \\ y \end{pmatrix} = \begin{pmatrix} 0.5 & 0 \\ -0.5 & 0.25 \end{pmatrix} \begin{pmatrix} x \\ y \end{pmatrix} + \begin{pmatrix} 1 \\ 1 \end{pmatrix}.$$

Wir beweisen diese Behauptung auf direktem Weg. Wir beachten einfach, daß für alle $x \in [0, 2]$

$$w_1 \begin{pmatrix} x \\ f(x) \end{pmatrix} = \begin{pmatrix} \frac{1}{2}x \\ 2(\frac{1}{2}x) - (\frac{1}{2}x)^2 \end{pmatrix} = \begin{pmatrix} \frac{1}{2}x \\ f(\frac{1}{2}x) \end{pmatrix},$$

$$w_2 \begin{pmatrix} x \\ f(x) \end{pmatrix} = \begin{pmatrix} 1 + \frac{1}{2}x \\ 2(1 + \frac{1}{2}x) - (1 + \frac{1}{2}x)^2 \end{pmatrix} = \begin{pmatrix} 1 + \frac{1}{2}x \\ f(1 + \frac{1}{2}x) \end{pmatrix}$$

gilt. Wenn x das Intervall $[0, 2]$ durchläuft, ergibt die rechte Seite der ersten Gleichung den Teil des Graphen von $f(x)$, der über dem Intervall $[0, 1]$ liegt. Durch die rechte Seite der zweiten Gleichung erhält man den Teil des Graphen von $f(x)$, der über dem Intervall $[1, 2]$ liegt. Somit ist $G = w_1(G) \cup w_2(G)$. Da $G \in \mathcal{H}(\mathbf{R}^2)$, schließen wir, daß G der Attraktor des IFS ist. Beachten Sie, daß das IFS gerade berührend ist.

6.2.5 Bestimmen Sie ein hyperbolisches IFS der Form $\{\mathbf{R}^2; w_1, w_2\}$, wobei w_1 und w_2 affine Transformationen in $\mathbf{R}^2$ sind. Der Attraktor des IFS soll der Graph einer quadratischen Funktion sein, welche die Daten $\{(0, 0), (1, 1), (2, 4)\}$ interpoliert.

Es sei eine Datenmenge $\{(x_i, F_i) : i = 0, 1, 2, \ldots, N\}$ gegeben. Wir erklären nun, wie man ein IFS in $\mathbf{R}^2$ konstruieren kann, so daß dessen Attraktor G der Graph einer stetigen Funktion $f : [x_0, x_N] \to \mathbf{R}$ ist, die die Daten interpoliert. Wir werden uns durchgängig auf affine Transformationen beschränken. Die Verwendung von allgemeineren Transformationen wird in [Barnsley 1989b] behandelt.

Wir betrachten ein IFS der Form $\{\mathbf{R}^2; w_n, n = 1, 2, \ldots, N\}$, wobei die Abbildungen affine Transformationen mit der speziellen Struktur

$$w_n \begin{pmatrix} x \\ y \end{pmatrix} = \begin{pmatrix} a_n & 0 \\ c_n & d_n \end{pmatrix} \begin{pmatrix} x \\ y \end{pmatrix} + \begin{pmatrix} e_n \\ f_n \end{pmatrix}$$

sind. Die Transformationen werden durch

$$w_n \begin{pmatrix} x_0 \\ F_0 \end{pmatrix} = \begin{pmatrix} x_{n-1} \\ F_{n-1} \end{pmatrix} \quad \text{und} \quad w_n \begin{pmatrix} x_N \\ F_N \end{pmatrix} = \begin{pmatrix} x_n \\ F_n \end{pmatrix}$$

für $n = 1, 2, \ldots, N$ an die Daten angepaßt. Die Situation wird in Abbildung 6.5 zusammengefaßt.

Es sei $n \in \{1, 2, 3, \ldots, N\}$ gegeben. Die Transformation w_n ist durch die fünf reellen Zahlen a_n, c_n, d_n, e_n und f_n bestimmt, die die vier linearen Gleichungen

$$a_n x_0 + e_n = x_{n-1},$$
$$a_n x_n + e_n = x_n,$$
$$c_n x_0 + d_n F_0 + f_n = F_{n-1},$$
$$c_n x_N + d_n F_N + f_n = F_n$$

erfüllen müssen. Daraus folgt, daß es in jeder Gleichung einen freien Parameter gibt. Wir wählen d_n als diesen Parameter, und zwar aus folgendem Grund: Die Transformation w_n ist eine *Scherung*, sie bildet Geraden, die parallel zur y-Achse verlaufen, in Geraden ab, die parallel zur y-Achse verlaufen. Bezeichne L eine zur y-Achse parallele Strecke. Dann ist $w_n(L)$ ebenfalls eine Strecke parallel zur y-Achse. Das Verhältnis der Länge von $w_n(L)$ zur Länge von L ist $|d_n|$. Wir nennen $|d_n|$ den *vertikalen Skalierungsfaktor* in der Transformation w_n. Indem wir d_n als den freien Parameter wählen, sind wir in der Lage, die vertikale Skalierung, die durch die Transformation verursacht wird, zu bestimmen. Mit $d_n = 0$, $n = 1, 2, \ldots, N$, erhält man wieder die stückweise lineare Interpolationsfunktion. In diesem Abschnitt werden wir zeigen, daß diese Parameter die fraktale Dimension des Attraktors des IFS bestimmen.

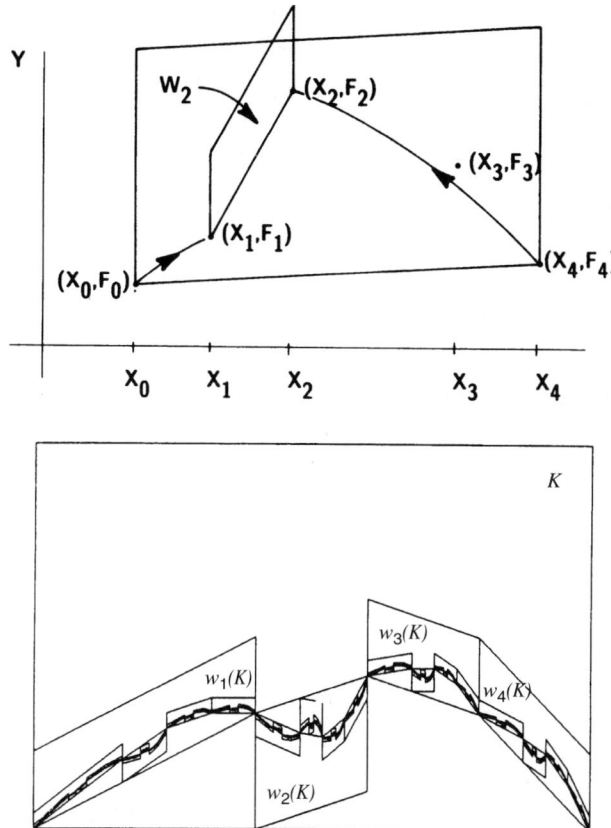

Abb. 6.5 Die beiden Illustrationen zeigen, wie ein IFS mit Scherungen benutzt wird, um eine fraktale Interpolationsfunktion zu konstruieren. (Die Bilder stammen von Peter Massopust.)

Es sei d_n irgendeine reelle Zahl. Wir führen vor, daß wir die obigen Gleichungen für a_n, c_n, e_n und f_n in bezug auf d_n und die Daten immer lösen können. Wir erhalten

$$a_n = \frac{(x_n - x_{n-1})}{(x_N - x_0)}, \tag{1}$$

$$e_n = \frac{(x_N x_{n-1} - x_0 x_n)}{(x_N - x_0)}, \tag{2}$$

$$c_n = \frac{(F_n - F_{n-1})}{(x_N - x_0)} - d_n \frac{(F_n - F_0)}{(x_N - x_0)}, \tag{3}$$

$$f_n = \frac{(x_N F_{n-1} - x_0 F_n)}{(x_N - x_0)} - d_n \frac{(x_N F_0 - x_0 F_N)}{(x_N - x_0)}. \tag{4}$$

Es bezeichne nun $\{\mathbf{R}^2; w_n, n = 1, 2, \ldots, N\}$ das oben definierte IFS. Der vertikale Skalierungsfaktor d_n gehorche $0 \leq d_n < 1$ für $n = 1, 2, \ldots, N$. Selbst mit dieser Bedingung ist das IFS auf dem metrischen Raum ($\mathbf{R}^2$, euklidisch) im allgemeinen nicht hyperbolisch. Lassen Sie uns trotzdem ansehen, was passiert, wenn wir auf das IFS den Zufalls-Iterations-Algorithmus anwenden.

Hier stellen wir Programm 3.2 vor, das so verändert wurde, daß die Eingabedaten aus den Interpolationspunkten und vertikalen Skalierungsfaktoren bestehen. Es wurde für $N = 3$ und die Datenmenge

$$\{(0, 0), (30, 50), (60, 40), (100, 10)\}$$

geschrieben. Die vertikalen Skalierungsfaktoren werden vom Benutzer während der Ausführung des Codes eingegeben. Das Programm berechnet aus den Daten die Koeffizienten der Scherung und wendet dann den Zufalls-Iterations-Algorithmus auf das sich ergebende IFS an. Das Programm ist in BASIC geschrieben. Es läuft ohne Abänderungen auf einem IBM PC mit EGA-Karte und Turbobasic. Diejenigen Worte auf jeder Zeile, die durch ein ' abgetrennt sind, sind Kommentare und nicht Bestandteil des Programms.

Programm 6.1

```
x[0]=0: x[1]=30: x[2]=60: x[3]=100              'Datenmenge
F[0]=0: F[1]=50: F[2]=40: F[3]=10
input ''Geben Sie die Skalierungsfaktoren d(1), d(2) und d(3)
          ein''
d(1),d(2),d(3)                      'vertikale Skalierungsfaktoren
for n=1 to 3              'berechnet die Scherung aus den Daten und
                         'aus den vertikalen Skalierungsfaktoren
b=x[3]-x[0]: a[n]=(x[n]-x[n-1])/b
e[n]=(x[3]*x[n-1]-x[0]x[n])/b
c[n]=(F[n]-F[n-1]-d[n]*(F[3]-F[0]))/b
ff[n]=(x[3]*F[n-1]-x[0]*F[n]-d[n]*(x[3]*F[0]-x[0]*F[3]))/b
next
screen 2:cls                           'initialisiert die Graphik
window(0,0)-(100,100)                   'ändern Sie dies zum Zoomen
                                        'und/oder Schwenken
x=0: y=0           'Anfangswert, von dem aus die Iteration beginnt
for n=1 to 1000                   'Zufalls-Iterations-Algorithmus
k=int(3*rnd-0.0001)+1
newx=a[k]*x+e[k]
newy=c[k]*x+d[k]*y+ff[k]
x=newx: y=newy
pset(x,y)              'zeichnet den gerade vorher berechneten Punkt auf
                       'dem Bildschirm
next
end
```

Das Ergebnis eines Durchlaufs einer Anpassung dieses Programms auf einer Masscomp Workstation und dem anschließendem Ausdruck des Bildschirminhalts ist in Abbildung 6.6 zu sehen. In diesem Fall ist $d_1 = 0.5$, $d_2 = -0.5$ und $d_3 = 0.23$. Beachten Sie, daß bei Verkleinerung der Größe des Zeichenfensters, beispielsweise durch Ersetzen des window-Aufrufs durch `window(0,0)-(50,50)`, nur ein Teil des Bildes gezeichnet wird, aber in höherer Auflösung. Die Anzahl der Iterationen kann heraufgesetzt werden, um die Qualität des berechneten Bildes zu verbessern.

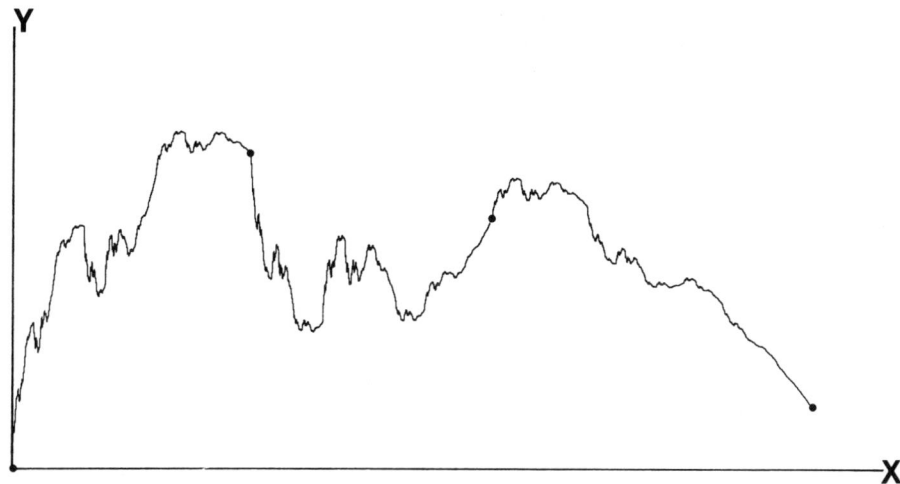

Abb. 6.6 Das Resultat eines Durchlaufs von Programm 6.1 mit den vertikalen Skalierungsfaktoren 0.5, −0.5 und 0.23. Es stellt sich heraus, daß das zugehörige IFS einen eindeutigen Attraktor besitzt, welcher der Graph einer Funktion und durch die Interpolationspunkte $\{(0, 0), (30, 50), (60, 40), (100, 10)\}$ verläuft. Gibt es eine Metrik, so daß das IFS hyperbolisch ist?

Aufgaben

6.2.6 Schreiben Sie Programm 6.1 so um, daß es zu Ihrer eigenen Computeranlage paßt! Lassen Sie es dann laufen, und machen Sie von der Ausgabe eine Hardcopy.

6.2.7 Variieren Sie die Daten, die vom Programm 6.1 benutzt werden! Weisen Sie mit Hilfe computergraphischer Experimente nach, daß das zugehörige IFS anscheinend immer einen eindeutigen Attraktor besitzt, vorausgesetzt, daß die vertikalen Skalierungsfaktoren in der Norm kleiner als eins sind! Weisen Sie außerdem nach, daß wenn genügend Punkte gezeichnet sind, der Attraktor immer die Datenpunkte enthält und daß er wie der Graph einer Funktion aussieht!

6.2.8 Zeigen Sie, daß die oben beschriebenen Scherungen w_n bezüglich der euklidischen Metrik keine Kontraktionen zu sein brauchen, wenn auch die Werte der vertikalen Skalierungsfaktoren kleiner als eins sind! Haben Sie so ein Beispiel gefunden, so verschaffen Sie sich mit Hilfe einer passenden Abänderung von Programm 6.1 den graphischen Beweis für die mögliche Existenz eines Attraktors. Sie werden vermutlich entdecken, daß das IFS, obwohl es einen Attraktor besitzt, in der euklidischen Metrik nicht hyperbolisch ist.

6.2.9 Benutzen Sie Programm 6.1, um nachzuweisen, daß der Attraktor des IFS aus
Beispiel 6.2.4 eine Parabel ist!

Wir liefern nun die theoretische Grundlage für unsere experimentellen Beobachtungen.

Satz 6.1. *Es sei N eine natürliche Zahl, die größer als eins ist. Bezeichne
$\{\mathbf{R}^2; w_n, n = 1, 2, \ldots, N\}$ das oben definierte IFS, welches zur Datenmenge
$\{(x_n, F_n) : n = 0, 1, 2, \ldots, N\}$ gehört. Der vertikale Skalierungsfaktor gehorche
der Bedingung $0 \le d_n < 1$ für $n = 1, 2, \ldots, N$. Dann gibt es eine Metrik d auf
$\mathbf{R}^2$, äquivalent zur euklidischen Metrik, so daß das IFS bezüglich d hyperbolisch
ist. Insbesondere existiert eine eindeutige nichtleere kompakte Menge $G \subset \mathbf{R}^2$,
so daß*

$$G = \bigcup_{n=1}^{N} w_n(G).$$

Beweis. Wir definieren durch

$$d((x_1, y_1), (x_2, y_2)) = |x_1 - x_2| + \theta|y_1 - y_2|$$

auf $\mathbf{R}^2$ eine Metrik d, wobei θ eine positive reelle Zahl ist, die wir weiter unten
spezifizieren. Wir überlassen es dem Leser als Übung, nachzuweisen, daß diese
Metrik zur euklidischen Metrik auf $\mathbf{R}^2$ äquivalent ist. Es sei $n \in \{1, 2, \ldots, N\}$.
Die Zahlen a_n, c_n, e_n und f_n seien durch die Gleichungen (1), (2), (3) und (4)
definiert. Dann haben wir

$$\begin{aligned}
d(w_n(x_1, y_1), w_n(x_2, y_2)) &= d((a_n x_1 + e_n, c_n x_1 + d_n y_1 + f_n), \\
&\qquad (a_n x_2 + e_n, c_n x_2 + d_n y_2 + f_n)) \\
&= a_n|x_1 - x_2| + \theta|c_n(x_1 - x_2) + d_n(y_1 - y_2)| \\
&\le (|a_n| + \theta|c_n|)|x_1 - x_2| + \theta|d_n||y_1 - y_2|.
\end{aligned}$$

Beachten Sie nun, daß $|a_n| = \frac{|x_n - x_{n-1}|}{|x_N - x_0|} < 1$ gilt, da $N \ge 2$ ist. Falls $c_1 = c_2 =
\cdots = c_n = 0$, wählen wir $\theta = 1$. Andernfalls setzen wir

$$\theta = \frac{\min\{2 - |a_n| : n = 1, 2, \ldots, N\}}{\max\{2|c_n| : n = 1, 2, \ldots, N\}}.$$

Daraus folgt dann

$$\begin{aligned}
d(w_n(x_1, y_1), w_n(x_2, y_2)) &\le (|a_n| + \theta|c_n|)|x_1 - x_2| + \theta|d_n||y_1 - y_2| \\
&\le a_n|x_1 - x_2| + \theta\delta|y_1 - y_2| \\
&\le \max\{a, \delta\}d((x_1, y_1), (x_2, y_2)),
\end{aligned}$$

wobei

$$a = \left(1 + a_n - \frac{\max\{|a_n| : n = 1, 2, \ldots, N\}}{2}\right) < 1 \text{ und}$$

$$\delta = \max\{|d_n| : n = 1, 2, \ldots, N\} < 1.$$

Damit ist der Beweis vollständig. $\qquad\qquad\qquad\qquad\qquad\qquad\quad$ □

Satz 6.2. *Es sei N eine natürliche Zahl größer als eins. Bezeichne $\{\mathbf{R}^2; w_n, n = 1, 2, \ldots, N\}$ das oben definierte IFS, das zu der Datenmenge $\{(x_n, F_n) : n = 0, 1, 2, \ldots, N\}$ gehört. Der vertikale Skalierungsfaktor d_n gehorche für $n = 1, 2, \ldots, N$ der Bedingung $0 \le d_n < 1$, so daß das IFS hyperbolisch ist. Es bezeichne G den Attraktor des IFS. Dann ist G der Graph einer stetigen Funktion $f : [x_0, x_N] \to \mathbf{R}$, welcher die Daten $\{(x_n, F_n) : n = 0, 1, 2, \ldots, N\}$ interpoliert. Das bedeutet*

$$G = \{(x, f(x)) : x \in [x_0, x_N]\},$$

wobei

$$f(x_i) = F_i \quad \text{für } i = 0, 1, 2, 3, \ldots, N.$$

Beweis. Es bezeichne $\mathscr{F}$ die Menge der stetigen Funktionen $f : [x_0, x_N] \to \mathbf{R}$ mit $f(x_0) = F_0$ und $f(x_N) = F_N$. Wir definieren durch

$$d(f, g) = \max\{|f(x) - g(x)| : x \in [x_0, x_N]\}$$

für alle $f, g \in \mathscr{F}$ eine Metrik d auf $\mathscr{F}$. Dann ist $(\mathscr{F}, d)$ ein vollständiger metrischer Raum, siehe zum Beispiel [Rudin 1966], oder beweisen Sie es selbst.

Die reellen Zahlen a_n, c_n, e_n und f_n seien durch die Gleichungen (1), (2), (3) und (4) definiert. Man definiere nun eine Abbildung $T : \mathscr{F} \to \mathscr{F}$ durch

$$(Tf)(x) = c_n l_n^{-1}(x) + d_n f(l_n^{-1}(x)) + f_n,$$

für $x \in [x_{n-1}, x_n]$ und für $n = 1, 2, \ldots, N$. Dabei ist $l_n : [x_0, x_N] \to [x_{n-1}, x_n]$ die invertierbare Transformation

$$l_n(x) = a_n x + e_n.$$

Wir weisen nach, daß $\mathscr{F}$ durch T tatsächlich in sich selbst abgebildet wird. Dann genügt die Funktion $(Tf)(x)$ den Randbedingungen, da

$$\begin{aligned}
(Tf)(x_0) &= c_1 l_1^{-1}(x_0) + d_1 f(l_1^{-1}(x_0)) + f_1 \\
&= c_1 x_0 + d_1 f(x_0) + f_1 \\
&= c_1 x_0 + d_1 F_0 + f_1 = F_0
\end{aligned}$$

und

$$\begin{aligned}
(Tf)(x_N) &= c_N l_N^{-1}(x_N) + d_N f(l_N^{-1}(x_N)) + f_N \\
&= c_N x_N + d_N f(x_N) + f_N \\
&= c_N x_N + d_N F_N + f_N = F_N.
\end{aligned}$$

Der Leser kann beweisen, daß $(Tf)(x)$ auf dem Intervall $[x_{n-1}, x_n]$ für $n = 1, 2, \ldots, N$ stetig ist. Dann bleibt zu zeigen, daß $(Tf)(x)$ in jedem der Punkte $x_1, x_2, x_3, \ldots, x_{N-1}$ stetig ist. In jedem dieser Punkte ist der Wert von $(Tf)(x)$ augenscheinlich auf zwei verschiedene Weisen definiert. Für $n \in \{1, 2, \ldots, N - 1\}$ haben wir

$$
\begin{aligned}
(Tf)(x_n) &= c_{n+1} l_{n+1}^{-1}(x_n) + d_{n+1} f(l_{n+1}^{-1}(x_n)) + f_{n+1} \\
&= c_{n+1} x_0 + d_{n+1} f(x_0) + f_{n+1} = F_n
\end{aligned}
$$

und ebenso

$$
\begin{aligned}
(Tf)(x_n) &= c_n l_n^{-1}(x_n) + d_n f(l_n^{-1}(x_n)) + f_n \\
&= c_n x_N + d_n f(x_N) + f_n = F_n.
\end{aligned}
$$

Demnach führen beide Methoden der Auswertung zu demselben Ergebnis. Wir schließen, daß T wirklich $\mathcal{F}$ in $\mathcal{F}$ abbildet.

Nun zeigen wir, daß T auf dem metrischen Raum $(\mathcal{F}, d)$ eine Kontraktion ist. Es seien $f, g \in \mathcal{F}$ und $n \in \{1, 2, \ldots, N\}$ sowie $x \in [x_{n-1}, x_n]$. Dann gilt

$$
|(Tf)(x) - (Tg)(x)| = |d_n||f(l_n^{-1}(x)) - g(l_n^{-1}(x))| \leq |d_n| d(f, g).
$$

Es folgt, daß

$$
d(Tf, Tg) \leq \delta d(f, g),
$$

wobei $\delta = \max\{|d_n| : n = 1, 2, \ldots, N\} < 1$ ist. Wir schließen, daß $T : \mathcal{F} \to \mathcal{F}$ eine Kontraktion ist. Aus dem Kontraktionssatz folgt, daß T in $\mathcal{F}$ einen eindeutigen Fixpunkt besitzt. Das heißt, es gibt eine Funktion $f \in \mathcal{F}$, so daß

$$
(Tf)(x) = f(x) \quad \text{für alle } x \in [x_0, x_N].
$$

Der Leser sollte sich selbst davon überzeugen, daß f durch die Interpolationspunkte verläuft.

Es bezeichne $\widetilde{G}$ den Graphen von f. Beachten Sie, daß die Gleichungen, durch die T definiert wird, in der Form

$$
(Tf)(a_n x + e_n) = c_n x + d_n f(x) + f_n
$$

geschrieben werden können, für $x \in [x_0, x_N]$ und für $n = 1, 2, \ldots, N$. Daraus folgt

$$
\widetilde{G} = \bigcup_{n=1}^{N} w_n(\widetilde{G}).
$$

Aber $\widetilde{G}$ ist eine nichtleere, kompakte Teilmenge von $\mathbf{R}^2$. Nach Satz 6.1 gibt es nur eine nichtleere, kompakte Menge G, den Attraktor des IFS, die der letzten Gleichung genügt. Es folgt also $G = \widetilde{G}$. Somit ist der Beweis fertig.   □

Definition 6.2. Die Funktion $f(x)$, deren Graph der Attraktor eines IFS ist, wie es in den Sätzen 6.1 und 6.2 beschrieben ist, heißt die zu der Datenmenge $\{(x_i, F_i) : i = 0, 1, 2, \ldots, N\}$ gehörende *fraktale Interpolationsfunktion*.

Abbildung 6.7 zeigt ein Beispiel für eine Folge von Iterierten $\{T^{\circ n} f_0 : n = 0, 1, 2, 3, \ldots\}$, die man durch wiederholte Anwendung der Kontraktion T erhält. Dies ist dasselbe T, das im Beweis von Satz 6.2 benutzt wurde. Die Anfangsfunktion $f_0(x)$ ist linear. Die Folge konvergiert gegen die fraktale Interpolationsfunktion f, welche der Fixpunkt von T ist. Beachten Sie, daß das ganze Bild als der Attraktor eines IFS mit Kondensation angesehen werden kann. Dabei ist die Kondensationsmenge gerade der Graph der Funktion $f_0(x)$.

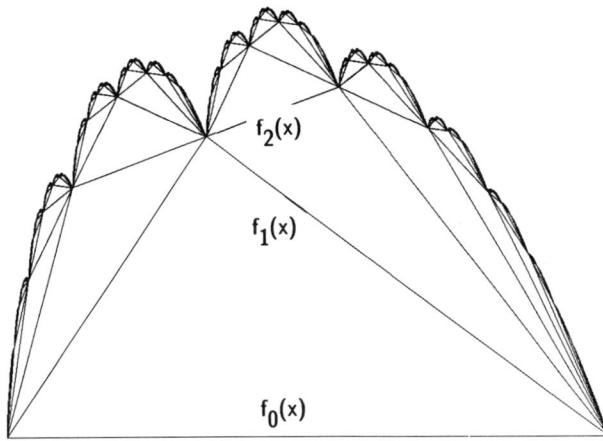

Abb. 6.7 Eine Folge von Funktionen $\{f_{n+1}(x) = (T f_n)(x)\}$ konvergiert gegen den Fixpunkt der Abbildung $T : \mathscr{F} \to \mathscr{F}$, welche in dem Beweis von Satz 6.2 benutzt wurde. Dies ist ein Beispiel für eine Kontraktion, die ihre Arbeit verrichtet.

Der Leser mag sich in Anbetracht des Beweises von Satz 6.2 wundern, weshalb wir mit soviel Mühe nachgewiesen haben, daß es eine Metrik gibt, so daß das IFS kontrahierend ist. Aber nach all dem können wir T einfach benutzen, um fraktale Interpolationsfunktionen zu konstruieren. Die Antwort besteht aus zwei Teilen. a) Wir können jetzt die Theorie der hyperbolischen IFS auf fraktale Interpolationsfunktionen anwenden. Von besonderer Wichtigkeit ist, daß wir IFS-Algorithmen zur Berechnung fraktaler Interpolationsfunktionen benutzen können, daß der Collage-Satz als Hilfe verwendet werden kann, um fraktale Interpolationsfunktionen zu bestimmen, die die gegebenen Daten approximieren, und daß wir die Hausdorff-Metrik benutzen können, um die Genauigkeit der Approximation experimenteller Daten durch die fraktalen Interpolationsfunktionen untersuchen zu können. b) Dadurch, daß wir fraktale Interpolationsfunktionen als Attraktoren von IFS mit affinen Transformationen behandeln, stellen wir eine gemeinsame Sprache für die Beschreibung einer wichtigen Funktionenklasse und Mengenklasse bereit: derselbe Formeltyp, nämlich der IFS-Code, kann in allen Fällen benutzt werden.

Als Konsequenz aus der Tatsache, daß das IFS $\{\mathbf{R}^2; w_n, n = 1, 2, \ldots, N\}$, welches zu einer Datenmenge $\{(x_n, F_n) : n = 0, 1, 2, \ldots, N\}$ gehört, hyperbolisch ist, ergibt sich, daß jede Menge $A_0 \in \mathscr{H}(\mathbf{R}^2)$ zu einer Cauchy-Folge von Mengen $\{A_n\}$ führt, die in der Hausdorff-Metrik gegen G konvergiert. Auf die übliche Weise definieren wir $W : \mathscr{H}(\mathbf{R}^2) \to \mathscr{H}(\mathbf{R}^2)$ durch

$$W(B) = \bigcup_{n=1}^{N} w_n(B) \quad \text{für alle } B \in \mathscr{H}(\mathbf{R}^2).$$

Dann ist $\{A_n = W^{\circ n}(A_0)\}$ eine Cauchy-Folge von Mengen, die in der Hausdorff-Metrik gegen G konvergiert. Diese Idee wird in den Darstellungen von Abbildung 6.8 veranschaulicht. Beachten Sie, daß, wenn A_0 der Graph einer Funktion $f_0 \in \mathscr{F}$ ist, dann A_n der Graph von $T^{\circ n} f_0$ ist.

Aufgaben/Beispiele

6.2.10 Beweisen Sie, daß die Metrik auf $\mathbf{R}^2$, die im Beweis von Satz 6.1 eingeführt wurde, zur euklidischen Metrik auf $\mathbf{R}^2$ äquivalent ist!

6.2.11 Benutzen Sie den Collage-Satz als Hilfe, um eine fraktale Interpolationsfunktion zu bestimmen, die den Graphen derjenigen Funktion approximiert, der in Abbildung 6.9 zu sehen ist!

6.2.12 Schreiben Sie ein Programm, das Ihnen die Verwendung des deterministischen Algorithmus erlaubt, um fraktale Interpolationsfunktionen zu berechnen!

6.2.13 Erklären Sie, warum die Sätze 6.1 und 6.2 die Voraussetzung beinhalten, daß N größer als eins ist!

6.2.14 Es sei die Datenmenge $\{(x_i, F_i) : i = 0, 1, 2, \ldots, N\}$ gegeben. Der metrische Raum $(\mathscr{F}, d)$ und die Transformation $\mathscr{F} \to \mathscr{F}$ seien so definiert, wie in dem Beweis von Satz 6.2. Beweisen Sie, daß, wenn $f \in \mathscr{F}$ ist, dann Tf eine zu der Datenmenge gehörende Interpolationsfunktion ist! Leiten Sie her: Wenn $f \in \mathscr{F}$ ein Fixpunkt von T ist, dann ist f eine zu den Daten gehörende Interpolationsfunktion!

6.2.15 Entwickeln Sie eine nichtlineare Verallgemeinerung der Theorie der fraktalen Interpolationsfunktionen. Betrachten Sie zum Beispiel was passiert, wenn man ein IFS benutzt, das aus nichtlinearen Transformationen $w_n : \mathbf{R}^2 \to \mathbf{R}^2$ der Form

$$w_n(x, y) = (a_n x + e_n, c_n x + d_n y + g_n y^2 + f_n)$$

besteht. Dabei sind a_n, e_n, c_n, d_n, g_n und f_n reelle Konstanten. Dieses Beispiel benutzt eine „quadratische Skalierung" in der vertikalen Richtung statt einer linearen Skalierung. Bestimmen Sie hinreichende Bedingungen dafür, daß das IFS hyperbolisch ist, mit einem Attraktor, der der Graph einer Funktion ist, welche die Daten $\{(x_i, F_i) : i = 0, 1, 2, \ldots, N\}$ interpoliert! Beachten Sie, daß das IFS unter bestimmten Umständen den Graphen einer differenzierbaren Interpolationsfunktion erzeugt!

6.2.16 Es bezeichne $f(x)$ eine zu der Datenmenge $\{(x_i, F_i) : i = 0, 1, 2, \ldots, N\}$ gehörende fraktale Interpolationsfunktion, wobei $N > 1$ ist. Der metrische Raum $(\mathscr{F}, d)$ und die Transformation $\mathscr{F} \to \mathscr{F}$ seien so definiert wie in dem Beweis von

Abb. 6.8 Beispiele für die Konvergenz einer Folge von Mengen $\{A_n\}$ gegen den Graphen einer fraktalen Interpolationsfunktion in der Hausdorff-Metrik.

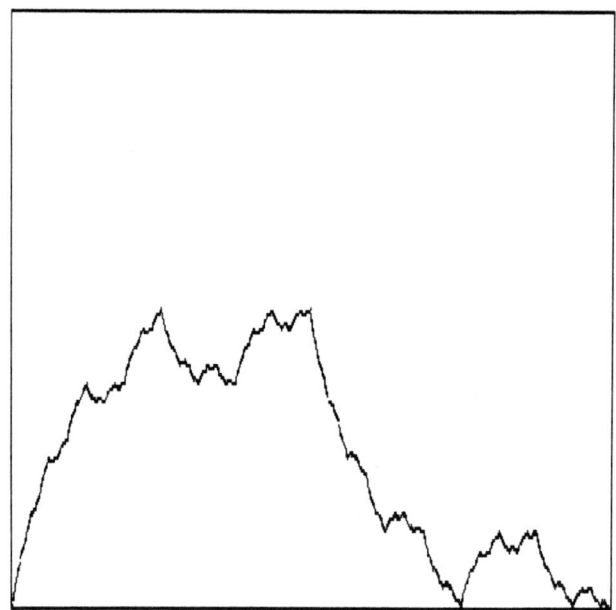

Abb. 6.9 Benutzen Sie den Collage-Satz, um ein IFS $\{\mathbf{R}^2; w_1, w_2\}$ zu bestimmen, wobei w_1 und w_2 Scherungen auf $\mathbf{R}^2$ sind, so daß der Attraktor des IFS eine gute Annäherung an den Graphen der hier dargestellten Funktion bildet.

Satz 6.2. Die Funktionalgleichung $Tf = f$ kann dazu benutzt werden, verschiedenartige Integrale von f auszuwerten. Betrachten Sie zum Beispiel das Problem, das Integral

$$I = \int_{x_0}^{x_N} f(x)\,\mathrm{d}x$$

zu berechnen. Das Integral ist wohldefiniert, da $f(x)$ stetig ist. Wir erhalten

$$I = \int_{x_0}^{x_N} (Tf)(x)\,\mathrm{d}x = \sum_{n=1}^{N} \int_{x_{n-1}}^{x_n} (Tf)(x)\,\mathrm{d}x$$

$$= \sum_{n=1}^{N} \int_{x_0}^{x_N} (c_n x + d_n f(x) + f_n)\,\mathrm{d}(a_n x + e_n) = \alpha I + \beta,$$

wobei

$$\alpha = \left(\sum_{n=1}^{N} a_n d_n \right) \quad \text{und} \quad \beta = \sum_{n=1}^{N} a_n \int_{x_0}^{x_N} (c_n x + f_n)\,\mathrm{d}x$$

sind. Zeigen Sie, daß unter den Standardvoraussetzungen $|\alpha| < 1$ gilt! Weisen Sie nach, daß

$$\beta = \int_{x_0}^{x_N} f_0(x)\,\mathrm{d}x$$

gilt, wobei $f_0(x)$ eine stückweise lineare Interpolationsfunktion ist, die zu den Daten gehört. Schließen Sie daraus

$$\int_{x_0}^{x_N} f(x)\,\mathrm{d}x = \frac{\beta}{(1-\alpha)}.$$

Überprüfen Sie dies für den Fall der Parabel, welche in Aufgabe 6.2.4 beschrieben wurde. In Abbildung 6.10 illustrieren wir die geometrische Vorstellung von der Integration einer fraktalen Interpolationsfunktion.

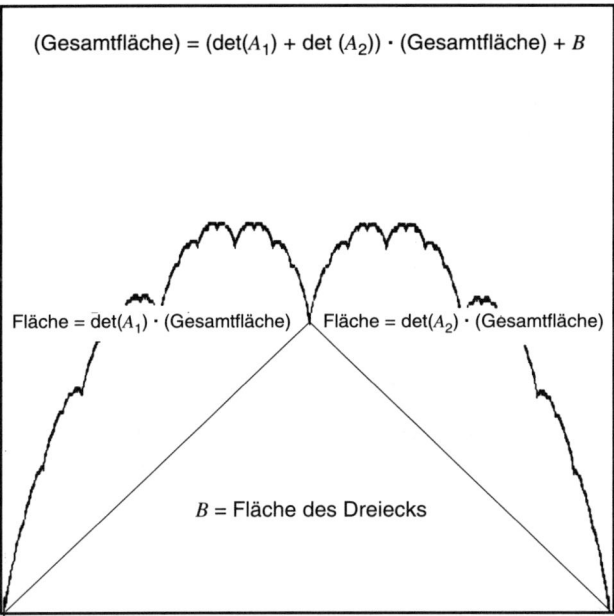

Abb. 6.10 Illustration der geometrischen Sichtweise bei der Integration einer fraktalen Interpolationsfunktion.

6.2.17 Bezeichne $f(x)$ eine zu der Datenmenge $\{(x_i, F_i) : i = 0, 1, 2, \ldots, N\}$ gehörende fraktale Interpolationsfunktion, wobei $N > 1$ ist. Bestimmen Sie eine Formel für das Integral

$$I_1 = \int_{x_0}^{x_N} x f(x)\,\mathrm{d}x,$$

indem Sie mit ähnlichen Schritten vorgehen wie in der vorangegangenen Aufgabe. Überprüfen Sie Ihre Formel dadurch, daß Sie sie auf die in Aufgabe 6.2.4 beschriebene Parabel anwenden!

6.2.18 In Abbildung 6.11 ist eine fraktale Interpolationsfunktion mit einer teilweisen Vergrößerung zu sehen. Können Sie diese Bilder reproduzieren und einen weiteren Zoom herstellen? Wie stellen Sie sich einen Zoom mit sehr hoher Vergrößerung vor?

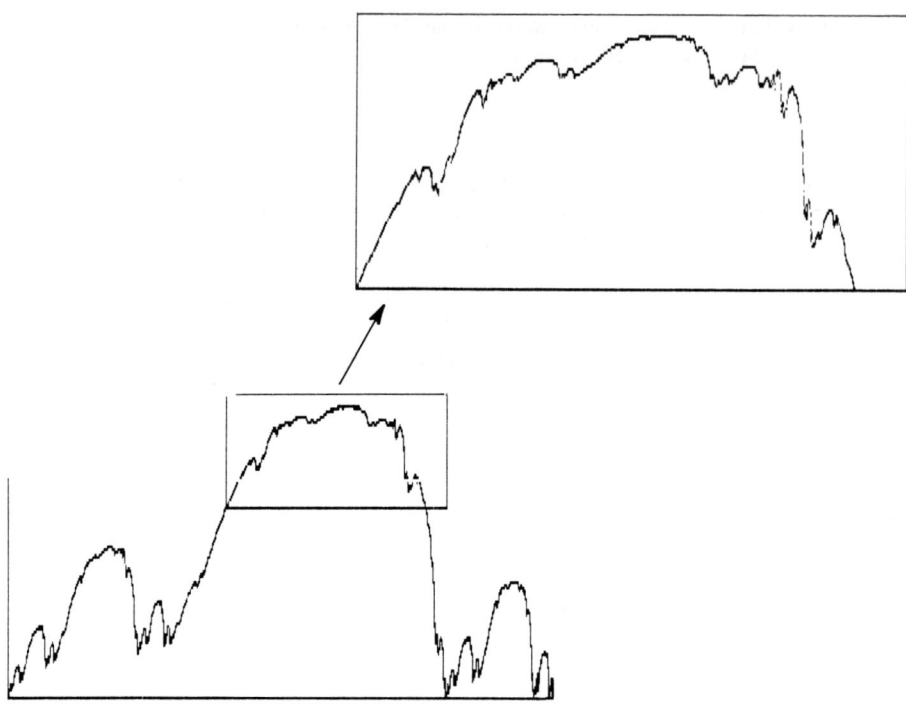

Abb. 6.11   Eine fraktale Interpolationsfunktion mit einem vergrößerten Ausschnitt. Was erwarten Sie, wie die „meisten" Zooms mit sehr hoher Vergrößerung aussehen, wenn die fraktale Dimension gleich eins ist?

6.3 Die fraktale Dimension fraktaler Interpolationsfunktionen

Der folgende hervorragende Satz gibt Auskunft über die fraktale Dimension fraktaler Interpolationsfunktionen.

Satz 6.3. *Es sei N eine natürliche Zahl größer als 1. Es sei $\{(x_n, F_n) \in \mathbf{R}^2 : n = 0, 1, 2, \ldots, N\}$ eine Datenmenge. Es sei $\{\mathbf{R}^2; w_n, n = 1, 2, \ldots, N\}$ ein zu der Datenmenge gehörendes IFS, wobei*

$$w_n \begin{pmatrix} x \\ y \end{pmatrix} = \begin{pmatrix} a_n & 0 \\ c_n & d_n \end{pmatrix} \begin{pmatrix} x \\ y \end{pmatrix} + \begin{pmatrix} e_n \\ f_n \end{pmatrix}$$

für $n = 1, 2, \ldots, N$. Der vertikale Skalierungsfaktor gehorche $0 \leq d_n < 1$ und die Konstanten a_n, c_n, e_n und f_n seien für $n = 1, 2, \ldots, N$ durch die Gleichungen (1), (2), (3) und (4) gegeben. Bezeichne G den Attraktor des IFS, so daß G der Graph einer fraktalen Interpolationsfunktion ist, die zu der Datenmenge gehört. Wenn

$$\sum_{n=1}^{N} |d_n| > 1$$

ist und die Interpolationspunkte nicht alle gleichzeitig auf einer einzelnen Strecke liegen, dann ist die fraktale Dimension von G durch die einzige reelle Lösung D von

$$\sum_{n=1}^{N} |d_n| a_n^{D-1} = 1$$

gegeben. Andernfalls beträgt die fraktale Dimension 1.

Beweisidee. Der formale Beweis dieses Satzes befindet sich in [Barnsley 1986]. An dieser Stelle wollen wir nur eine formlose Argumentation vorführen, um zu begründen, weshalb Satz 6.3 wahr ist. Wir benutzen dieselben Bezeichnungen wie im Satz.

Es sei $\epsilon > 0$. Wir betrachten G mit einem Gitter aus abgeschlossenen Quadraten der Seitenlänge ϵ überdeckt, wie es in Abbildung 6.12 veranschaulicht ist.

$\mathcal{N}(\epsilon)$ bezeichne die Anzahl der quadratischen Kästchen mit Seitenlänge ϵ, die G überdecken. Diese Kästchen sind denen ähnlich, die im Kästchenzählsatz, 5.2, benutzt wurden, abgesehen davon, daß deren Größe willkürlich war. Auf der

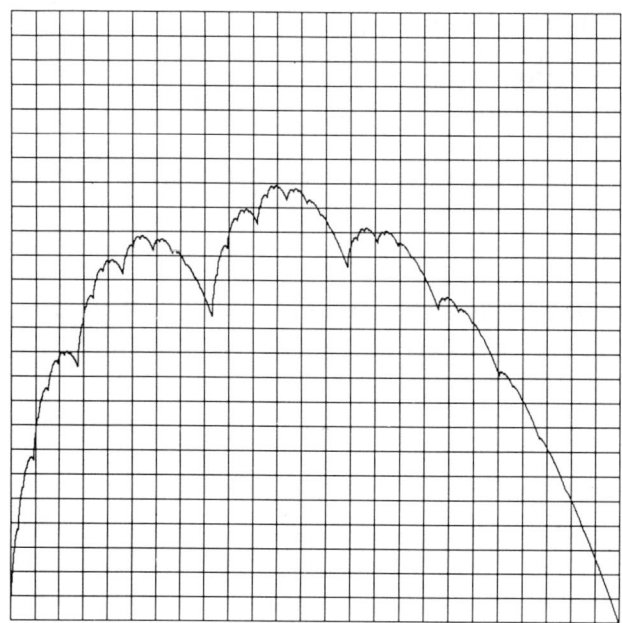

Abb. 6.12 Der Graph G einer fraktalen Interpolationsfunktion ist mit einem Gitter aus abgeschlossenen Quadraten der Seitenlänge ϵ überdeckt. Mit $\mathcal{N}(\epsilon)$ wird die Anzahl der Kästchen bezeichnet, die G überdecken. Welchen Wert hat $\mathcal{N}(\epsilon)$?

Grundlage der intuitiven Vorstellung, die in Kapitel 5, Abschnitt 1 vorgestellt wurde, nehmen wir an, daß G die fraktale Dimension D hat, wobei

$$\mathcal{N}(\epsilon) \approx \text{Konstante} \cdot \epsilon^{-D}$$

ist, wenn $\epsilon \to 0$. Auf der Basis dieser Annahme wollen wir nun den Wert von D schätzen.

Es sei $n \in \{1, 2, \ldots, N\}$. Bezeichne $\mathcal{N}(\epsilon)$ die Anzahl der Kästchen mit Seitenlänge ϵ, die $w_n(G)$ überdecken, für $n = 1, 2, \ldots, N$. Wir setzen voraus, daß ϵ im Vergleich zu $|x_N - x_0|$ sehr klein ist. Da das IFS gerade berührend ist, ist es dann angemessen, die Abschätzung

$$\mathcal{N}(\epsilon) \approx \mathcal{N}_1(\epsilon) + \mathcal{N}_2(\epsilon) + \mathcal{N}_3(\epsilon) + \cdots + \mathcal{N}_N(\epsilon) \tag{$*$}$$

vorzunehmen.

Sehen wir uns nun die Beziehung zwischen $\mathcal{N}(\epsilon)$ und $\mathcal{N}_n(\epsilon)$ an. Man kann sich die Kästchen, die G überdecken, in Spaltenform angeordnet vorstellen (Abbildung 6.13).

Die Menge der Spalten aus Kästchen mit Seitenlänge ϵ, die G überdecken, werde mit $\{c_j(\epsilon) : j = 1, 2, \ldots, \mathcal{K}(\epsilon)\}$ bezeichnet. Dabei ist $\mathcal{K}(\epsilon)$ die Anzahl

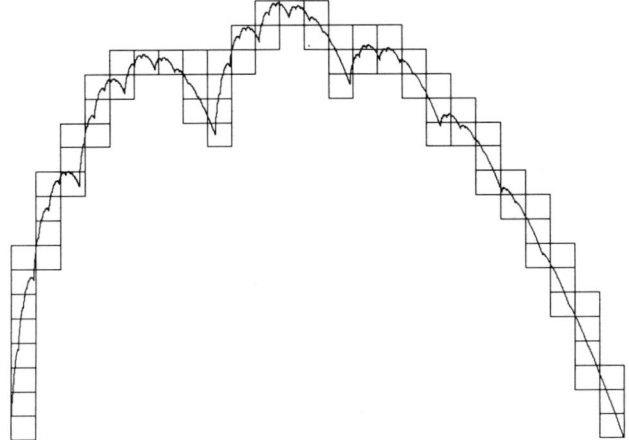

Abb. 6.13 Man kann sich die Kästchen, die G überdecken, in Spaltenform angeordnet vorstellen. Die Menge der Spalten aus Kästchen mit Seitenlänge ϵ, welche G überdecken, wird mit $\{c_j(\epsilon) : j = 1, 2, \ldots, \mathcal{K}(\epsilon)\}$ bezeichnet. Dabei ist $\mathcal{K}(\epsilon)$ die Anzahl der Spalten. Welchen Wert hat $\mathcal{K}(\epsilon)$, und wieviele Kästchen befinden sich in dieser Darstellung in $c_2(\epsilon)$?

der Spalten. Unter der Bedingung $\sum\limits_{n=1}^{N} |d_n| > 1$ (vgl. die Voraussetzung des Satzes) kann man beweisen, daß die minimale Anzahl von Kästchen in einer Spalte ohne Grenzen anwächst, wenn sich ϵ null annähert. Um die Diskussion zu vereinfachen, nehmen wir an, daß

$$|d_n| > a_n \text{ für } n = 1, 2, \ldots, N.$$

Beachten Sie, daß

$$\sum_{n=1}^{N} a_n = \sum_{n=1}^{N} \frac{(x_n - x_{n-1})}{(x_n - x_0)} = 1$$

gilt, was besagt, daß diese Voraussetzung stärker als die Voraussetzung $\sum\limits_{n=1}^{N} |d_n| > 1$ ist. Betrachten wir dann, was mit einer Spalte $c_j(\epsilon)$ aus Kästchen der Seitenlänge ϵ passiert, wenn wir auf sie die affinen Transformationen w_n anwenden. Sie wird zu einer Spalte von Parallelogrammen. Die Breite der Spalte ist $a_n\epsilon$ und die Höhe der Spalte beträgt $|d_n|$-mal die Höhe der Spalte vor der Transformation. Bezeichne $\mathcal{N}(c_j(\epsilon))$ die Anzahl der Kästchen in der Spalte $c_j(\epsilon)$. Dann kann man sich die Spalte $w_n(c_j(\epsilon))$ so vorstellen, daß sie aus quadratischen Kästchen der Seitenlänge $a_n\epsilon$ aufgebaut ist, wobei jedes Kästchen $w_n(G)$ schneidet. Wieviele Kästchen der Seitenlänge $a_n\epsilon$ gibt es in dieser Spalte? Ungefähr $|d_n|\frac{\mathcal{N}(c_j(\epsilon))}{a_n}$. Addiert man die Beiträge jeder Spalte zu $\mathcal{N}_n(a_n\epsilon)$ auf, erhält man

$$\mathcal{N}_n(a_n\epsilon) \approx \sum_{j=1}^{\mathcal{K}(\epsilon)} |d_n|\frac{\mathcal{N}(c_j(\epsilon))}{a_n} = \frac{|d_n|}{a_n}\sum_{j=1}^{\mathcal{K}(\epsilon)} \mathcal{N}(c_j(\epsilon)) = \frac{|d_n|}{a_n}\mathcal{N}(\epsilon).$$

Diese Situation wird in Abbildung 6.14 dargestellt.

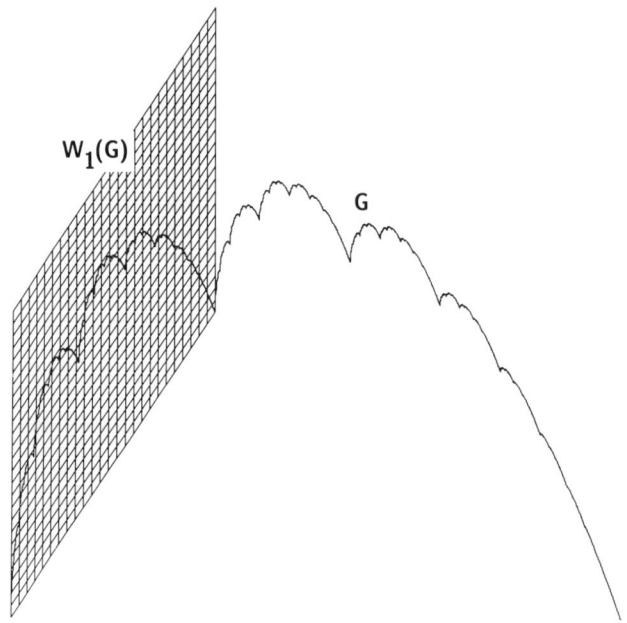

Abb. 6.14 Wenn die Scherung w_1 auf die Spalten von Kästchen, die den Graphen G bedecken, angewendet wird, so ist das Ergebnis eine Menge von dünneren Spalten. Diese haben die Breite $a_n\epsilon$ und bedecken $w_1(G)$. Die neuen Spalten bestehen aus kleinen Parallelogrammen, aber die Anzahl quadratischer Kästchen mit Seitenlänge $a_1\epsilon$, die sie enthalten, läßt sich schnell abschätzen.

Aus der vorangegangenen Gleichung schließen wir für den Fall, daß ϵ im Vergleich zu $[x_0, x_N]$ sehr klein ist, daß

$$\mathcal{N}_n(\epsilon) \approx \frac{|d_n|}{a_n}\mathcal{N}\left(\frac{\epsilon}{a_n}\right)$$

gilt, für $n = 1, 2, \ldots, N$. Setzen wir dies jetzt in die Abschätzung (∗) ein, so ergibt sich die Funktionalgleichung

$$\mathcal{N}(\epsilon) \approx \frac{|d_1|}{a_1}\mathcal{N}\left(\frac{\epsilon}{a_1}\right) + \frac{|d_2|}{a_2}\mathcal{N}\left(\frac{\epsilon}{a_2}\right) + \frac{|d_3|}{a_3}\mathcal{N}\left(\frac{\epsilon}{a_3}\right) + \cdots + \frac{|d_N|}{a_N}\mathcal{N}\left(\frac{\epsilon}{a_N}\right).$$

In diese Gleichung setzen wir die Annahme $\mathcal{N}(\epsilon) = \text{Konstante} \cdot \epsilon^{-D}$ ein, und es ergibt sich

$$\epsilon^{-D} \approx |d_1||a_1^{D-1}\epsilon^{-D} + |d_2||a_2^{D-1}\epsilon^{-D} + |d_3||a_3^{D-1}\epsilon^{-D} + \cdots + |d_N||a_N^{D-1}\epsilon^{-D}.$$

Daraus folgt sofort die Hauptformel in der Behauptung des Satzes.

Falls die Interpolationspunkte kollinear sind, so ist der Attraktor des IFS eine Strecke, welche den Punkt (x_0, F_0) mit dem Punkt (x_N, F_N) verbindet, und diese hat die fraktale Dimension 1. Falls $\sum_{n=1}^{N} |d_n| \leq 1$ ist, dann läßt sich zeigen, daß sich $\mathcal{N}(\epsilon)$ verhält wie eine Konstante mal ϵ^{-1}. Somit ist die fraktale Dimension 1. Hiermit ist die formlose Begründung des Satzes beendet. $\qquad\square$

Aufgaben/Beispiele

6.3.1 Wir betrachten die fraktale Dimension einer fraktalen Interpolationsfunktion für den Fall, daß die Interpolationspunkte zueinander alle den gleichen Abstand haben. Es sei $x_i = x_0 + \frac{i}{N}(x_n - x_0)$ für $i = 0, 1, 2, \ldots, N$. Dann folgt für $n = 1, 2, \ldots, N$, daß $a_n = \frac{1}{N}$ ist. Wenn die Bedingung $\sum_{n=1}^{N} |d_n| > 1$ aus Satz 6.3 erfüllt ist, dann genügt die fraktale Dimension D der fraktalen Interpolationsfunktion der Gleichung

$$\sum_{n=1}^{N} |d_n| \left(\frac{1}{N}\right)^{D-1} = \left(\frac{1}{N}\right)^{D-1} \cdot \sum_{n=1}^{N} |d_n| = 1.$$

Es folgt, daß

$$D = 1 + \frac{\log\left(\sum_{n=1}^{N} |d_n|\right)}{\log(N)}.$$

Dies ist aus zweierlei Gründen eine hübsche Formel. a) Diese Formel bestätigt unser Verständnis von der fraktalen Dimension fraktaler Interpolationsfunktionen. Beachten Sie zum Beispiel, daß $\sum_{n=1}^{N} |d_n| < N$ ist. Somit ist die Dimension einer fraktalen Interpolationsfunktion kleiner als zwei, läßt sich jedoch beliebig nah an zwei annähern. Ebenso ist die fraktale Dimension unter der Bedingung $\sum_{n=1}^{N} |d_n| > 1$ größer als eins, wir können sie jedoch gegen eins glätten. b) Es ist bemerkenswert, daß die fraktale Dimension nicht von den Werten $\{F_i : i = 0, 1, 2, \ldots, N\}$ abhängt, abgesehen von der Voraussetzung, daß die Interpolationspunkte nichtkollinear sein sollen. Somit ist es einfach, eine große Anzahl fraktaler Interpolationsfunktionen, alle mit derselben fraktalen Dimension, zu untersuchen, wenn man die folgende einfache Einschränkung für die vertikalen Skalierungsfaktoren macht:

$$\sum_{n=1}^{N} |d_n| = N^{D-1}.$$

Die Abbildungen 6.15 a)–c) stellen einige Mitglieder aus der Familie derjenigen fraktalen Interpolationsfunktionen dar, die zu der Datenmenge $\{(0, 0), (1, 1),$
$(2, 1), (3, 2)\}$ gehören. Die fraktale Dimension eines jeden Familienmitgliedes
beträgt $D = 1.3$.

Die Abbildungen 6.16 a) und b) veranschaulichen Mitglieder einer Familie fraktaler Interpolationsfunktionen, die durch die fraktale Dimension D parametrisiert
werden. Jede Funktion interpoliert dieselbe Datenmenge.

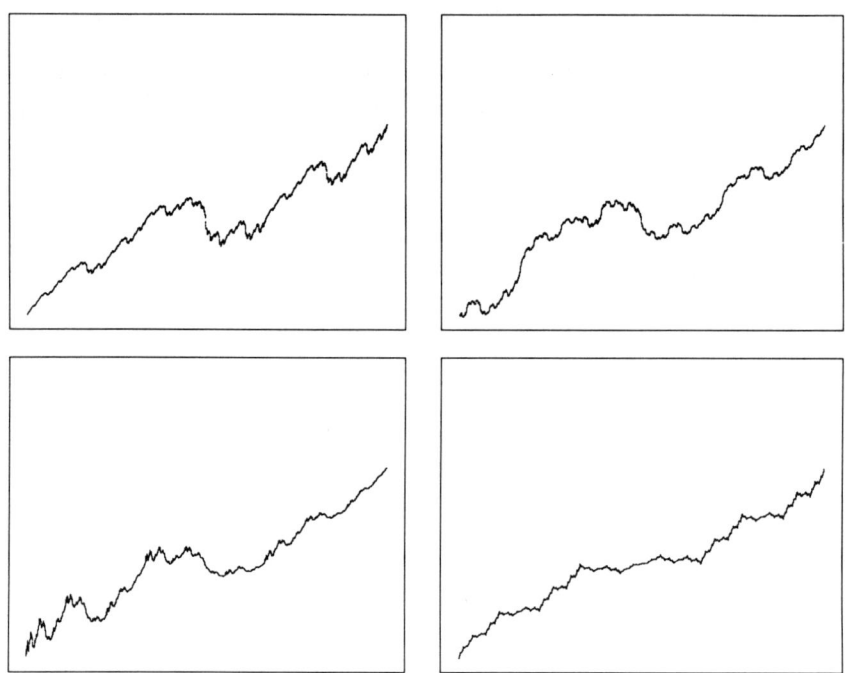

6.15 a

Abb. 6.15 Mitglieder der Familie fraktaler Interpolationsfunktionen, die zur Datenmenge
$\{(0, 0), (1, 1), (2, 1), (3, 2)\}$ gehören, so daß die fraktale Dimension eines jeden Mitglieds
$D = 1.3$ beträgt.

Abb. 6.16 Mitglieder einer Ein-Parameter-Familie fraktaler Interpolationsfunktionen. Sie
gehören zu der Datenmenge $\{(0, 0), (1, 1), (2, 1), (3, 2)\}$, mit vertikalen Skalierungsfaktoren $d_1 = -d_2 = d_3 = 3^{D-2}$ für $D = 1, 1.1, 1.2$ und $1.3, 1.4, 1.5, 1.6$ und 1.7. D ist
die fraktale Dimension der fraktalen Interpolationsfunktionen.

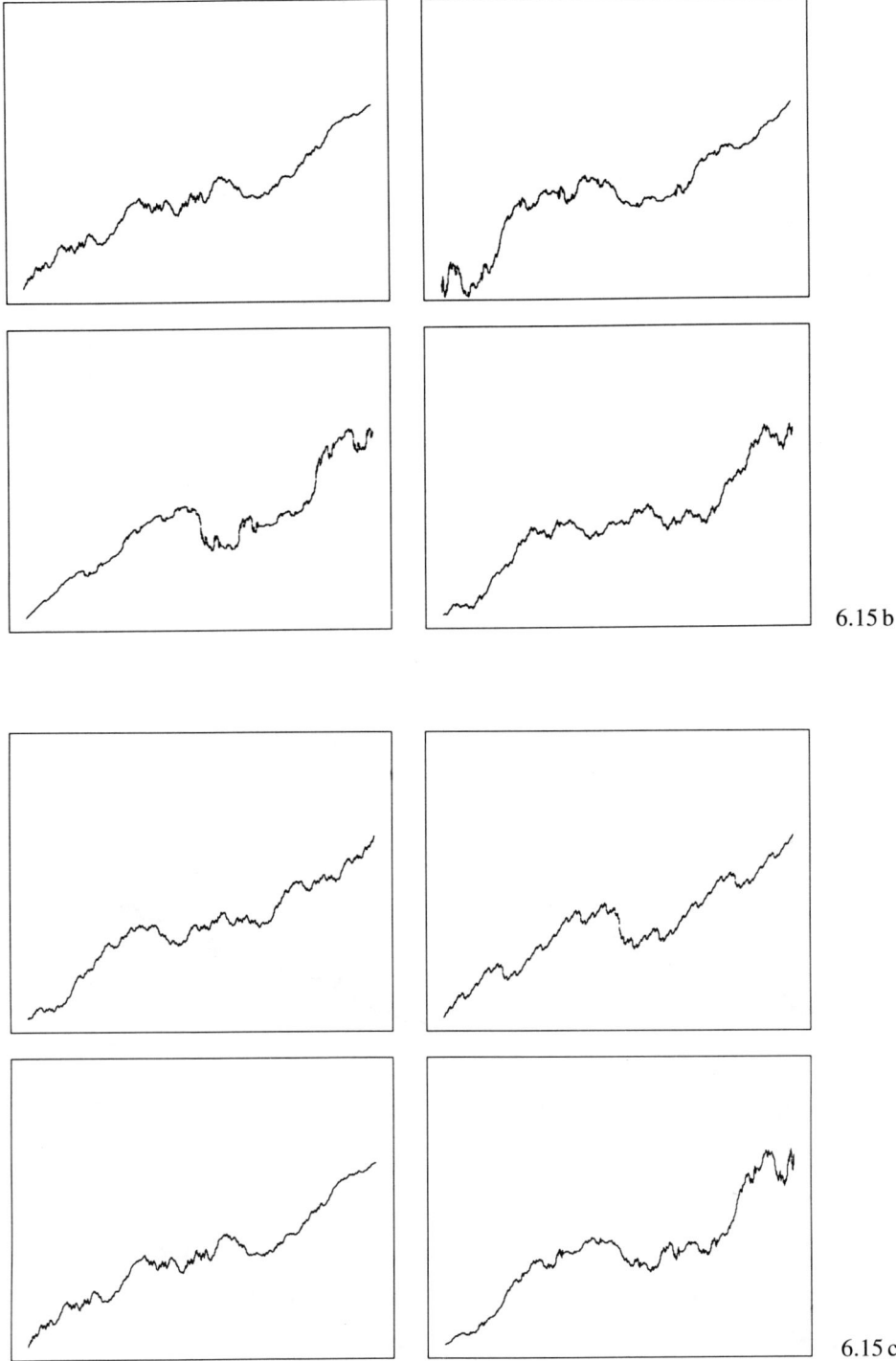

6.15 b

6.15 c

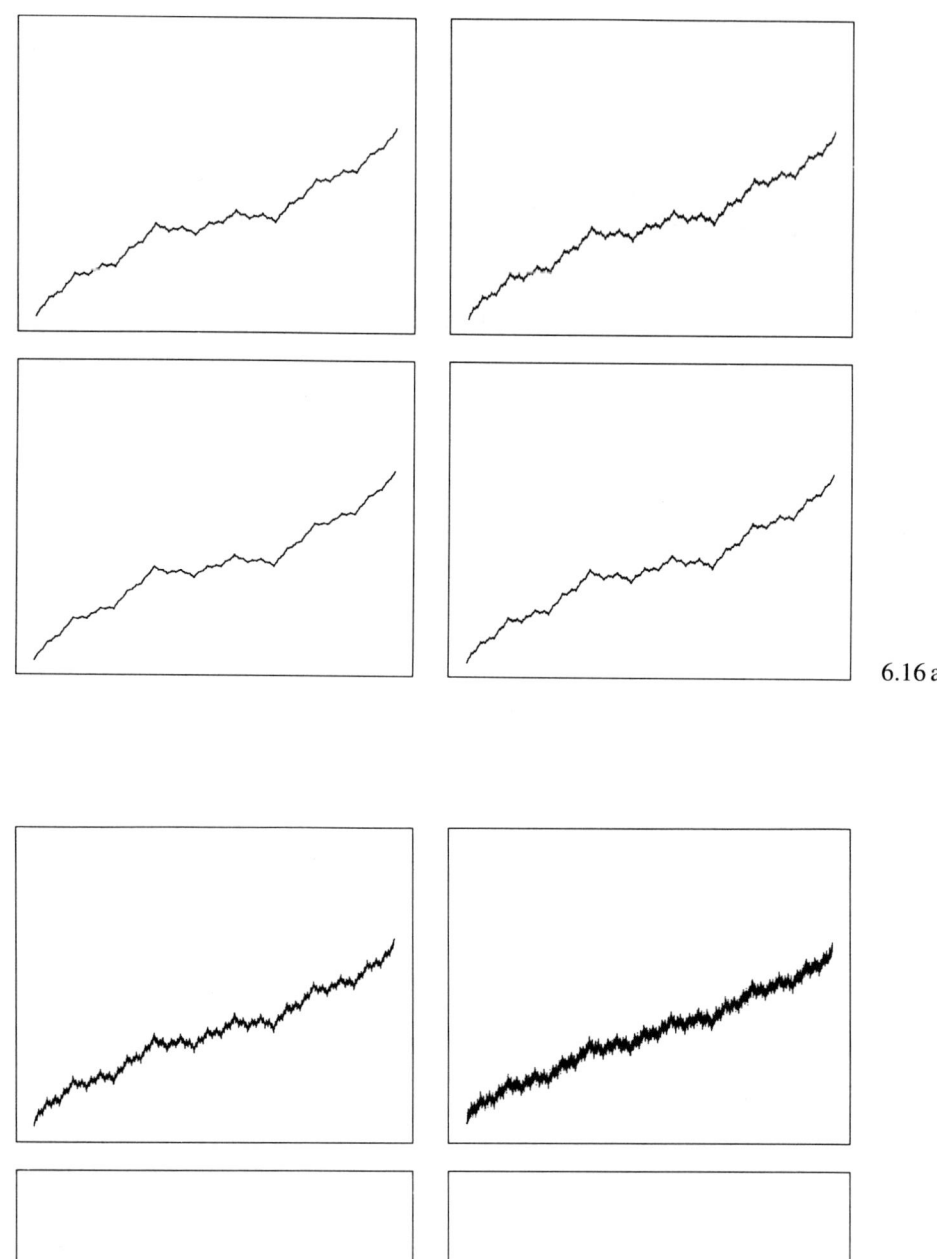

6.16 a

6.16 b

6.3.2 Finden Sie eine experimentelle Abschätzung für die fraktale Dimension der graphischen Daten in Abbildung 6.17. Bestimmen Sie eine fraktale Interpolationsfunktion, die zu der Datenmenge

$$\{(0, 0), (50, -50), (100, 0)\}$$

gehört. Sie soll dieselbe fraktale Dimension besitzen wie die graphischen Daten und zwei gleiche vertikale Skalierungsfaktoren. Vergleichen Sie den Graphen der fraktalen Interpolationsfunktion mit den graphischen Daten!

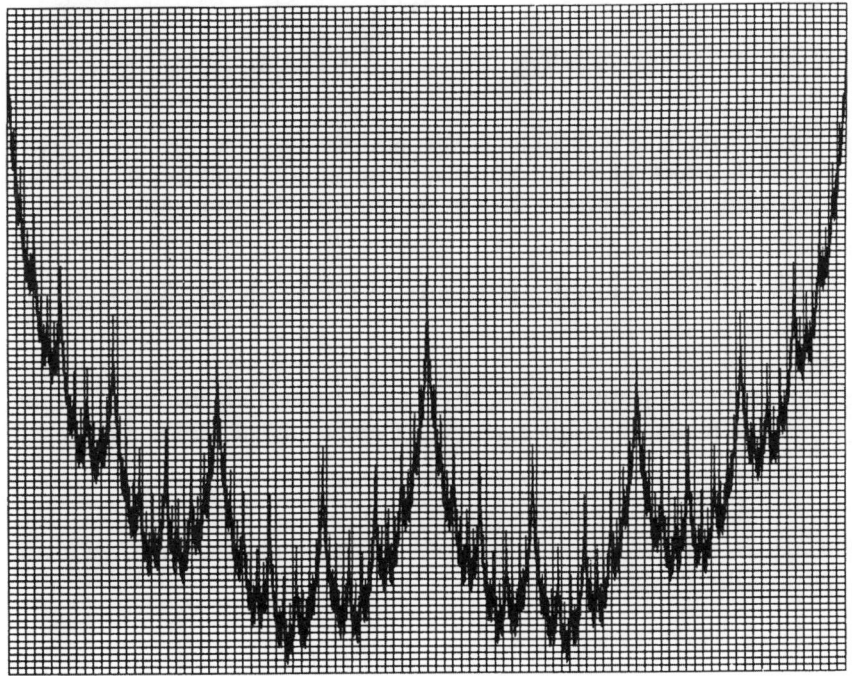

Abb. 6.17 Finden Sie eine experimentelle Abschätzung der fraktalen Dimension der hier dargestellten graphischen Daten.

6.3.3 Bestimmen Sie eine fraktale Interpolationsfunktion, die die in Abbildung 5.17 gezeigten Daten approximiert!

6.3.4 Abbildung 6.18 stellt Graphen von Funktionen dar, die zu verschiedenen Ein-Parameter-Familien fraktaler Interpolationsfunktionen gehören. Jeder Graph ist der Attraktor eines IFS, das aus zwei affinen Transformationen besteht. Bestimmen Sie das IFS, welches zu einer der Familien gehört!

Abb. 6.18 Diese Abbildung stellt Graphen verschiedener Ein-Parameter-Familien von fraktalen Interpolationsfunktionen dar. Jeder Graph ist der Attraktor eines IFS, das aus zwei affinen Transformationen besteht. Können Sie die Familien bestimmen?

6.4   Fraktale Interpolation mit versteckter Variabler

Wir beginnen damit, die Resultate aus Abschnitt 6.2 zu verallgemeinern. Diesen ganzen Abschnitt hindurch bezeichnet $(\mathbf{Y}, d)$ einen vollständigen metrischen Raum.

Definition 6.3. Es sei $I \subset \mathbf{R}$. Es sei $f : I \to \mathbf{Y}$ eine Funktion. Der *Graph* von f ist die Menge der Punkte

$$G = \{(x, f(x)) \in \mathbf{R} \times \mathbf{Y} : X \in I\}.$$

Definition 6.4. Eine Menge von *verallgemeinerten Daten* ist eine Menge von Punkten der Form $\{(x_i, F_i) \in \mathbf{R} \times \mathbf{Y} : i = 0, 1, 2, \ldots, N\}$, wobei

$$x_0 < x_1 < x_2 < x_3 < \cdots < x_N.$$

Eine *Interpolationsfunktion*, die zu dieser Datenmenge gehört, ist eine stetige Funktion $f : [x_0, x_N] \to \mathbf{Y}$, so daß

$$f(x_i) = F_i \quad \text{für } i = 0, 1, 2, \ldots, N.$$

Die Punkte $(x_i, F_i) \in \mathbf{R} \times \mathbf{Y}$ heißen *Interpolationspunkte*. Wir sagen, daß die Funktion f die Daten *interpoliert* und daß (der Graph von) f *durch die Interpolationspunkte verläuft*.

Nun bezeichne $\mathbf{X}$ den kartesischen Produktraum $\mathbf{R} \times \mathbf{Y}$. Es sei θ eine positive Zahl. Wir definieren durch

$$d(X_1, X_2) = |x_1 - x_2| + \theta d_Y(y_1, y_2), \tag{1}$$

für alle Punkte $X_1 = (x_1, y_1)$ und $X_2 = (x_2, y_2)$ in $\mathbf{X}$, eine Metrik d auf $\mathbf{X}$. Dann ist $(\mathbf{X}, d)$ ein vollständiger metrischer Raum.

Es sei N eine natürliche Zahl größer als eins. Es sei eine Menge verallgemeinerter Daten $\{(x_i, F_i) \in \mathbf{X} : i = 0, 1, 2, \ldots, N\}$ gegeben, und es sei $n \in \{1, 2, \ldots, N\}$. Wir definieren $L_n : \mathbf{R} \to \mathbf{R}$ durch

$$L_n(x) = a_n x + e_n, \tag{2}$$

wobei

$$a_n = \frac{(x_n - x_{n-1})}{(x_N - x_0)} \quad \text{und} \quad e_n = \frac{(x_N x_{n-1} - x_0 x_n)}{(x_N - x_0)},$$

so daß $L_n([x_0, x_N]) = [x_{n-1}, x_n]$. Es seien c und s reelle Zahlen mit $0 \leq s < 1$ und $c > 0$. Es sei $M_n : \mathbf{X} \to \mathbf{Y}$ für jedes $n \in \{1, 2, \ldots, N\}$ eine Funktion, die den Ungleichungen

$$d_Y(M_n(a, y), M_n(b, y)) \leq c|a - b|, \tag{3}$$

für alle $a, b \in \mathbf{R}$, $y \in \mathbf{Y}$, und

$$d_Y(M_n(x, a), M_n(x, b)) \leq s d_Y(a, b), \tag{4}$$

für alle $a, b \in \mathbf{Y}$, $x \in \mathbf{R}$, genügt. Wir definieren eine Transformation $w_n : \mathbf{X} \to \mathbf{X}$ durch

$$w_n(x, y) = (L_n(x), M_n(x, y))$$

für alle $(x, y) \in \mathbf{X}$, $n = 1, 2, \ldots, N$.

Satz 6.4. *Das IFS $\{\mathbf{X}; w_n, n = 1, 2, \ldots, N\}$ sei so gewählt, wie oben definiert, mit $N > 1$. Wir setzen die Existenz reeller Konstanten $c > 0$ und $0 \leq s < 1$ voraus. Die Bedingungen (3) und (4) seien erfüllt. Die Konstante θ aus der Definition der Metrik d in Gleichung (1) sei gegeben durch*

$$\theta = \frac{(1 - a)}{2c}, \quad \text{wobei } a = \max\{a_i : i = 1, 2, \ldots, N\}.$$

Dann ist das IFS $\{\mathbf{X}; w_n, n = 1, 2, \ldots, N\}$ in bezug auf die Metrik d hyperbolisch.

Beweis. Dieser Beweis folgt ähnlichen Zügen wie der Beweis von Satz 6.1. Wir überlassen ihn begeisterten Lesern als Übung. Er befindet sich aber auch in [Barnsley 1986]. $\qquad\square$

Wir stellen jetzt Forderungen an das oben definierte hyperbolische IFS $\{\mathbf{X}; w_n, n = 1, 2, \ldots, N\}$, um sicherzustellen, daß sein Attraktor die Menge der verallgemeinerten Daten enthält. Dazu nehmen wir an, daß

$$M_n(x_0, F_0) = F_{n-1} \quad \text{und} \quad M_n(x_N, F_N) = F_n \tag{5}$$

für $n = 1, 2, \ldots, N$. Dann folgt, daß

$$w_n(x_0, F_0) = (x_{n-1}, F_{n-1}) \quad \text{und} \quad w_n(x_N, F_N) = (x_n, F_n)$$

für $n = 1, 2, \ldots, N$.

Satz 6.5. *Es sei N eine natürliche Zahl größer als 1. Es bezeichne $\{\mathbf{X}; w_n, n = 1, 2, \ldots, N\}$ das oben definierte IFS, das zu der Menge der verallgemeinerten Daten $\{(x_i, F_i) \in \mathbf{R} \times \mathbf{Y} : i = 0, 1, 2, \ldots, N\}$ gehört. Wir setzen die Existenz reeller Konstanten $c > 0$ und $0 \leq s < 1$ voraus. Die Bedingungen (3), (4) und (5) seien erfüllt. Bezeichne $G \in \mathcal{H}(\mathbf{X})$ den Attraktor des IFS. Dann ist G der Graph einer stetigen Funktion $f : [x_0, x_N] \to \mathbf{Y}$, welche die Daten $\{(x_i, F_i) : i = 0, 1, 2, \ldots, N\}$ interpoliert. Das heißt, daß*

$$G = \{(x, f(x)) : x \in [x_0, x_N]\}$$

ist, wobei

$$f(x_i) = F_i \quad \text{für } i = 0, 1, 2, 3, \ldots, N.$$

Beweis. Wir verweisen wieder auf [Barnsley 1986]. Der Beweis verläuft analog zu dem von Satz 6.2. □

Definition 6.5. Die Funktion, deren Graph der Attraktor eines IFS ist, wie es in den Sätzen 6.4 und 6.5 beschrieben wird, heißt *verallgemeinerte fraktale Interpolationsfunktion*, die zu den verallgemeinerten Daten $\{(x_i, F_i) : i = 0, 1, 2, \ldots, N\}$ gehört.

Wir zeigen nun, wie man die Idee der verallgemeinerten fraktalen Interpolationsfunktionen benutzt, um Interpolationsfunktionen zu erstellen, die flexibler sind als die vorigen. Die Idee besteht darin, verallgemeinerte fraktale Interpolationsfunktionen zu konstruieren, deren affine Abbildungen auf $\mathbf{R}^3$ wirken, und dann deren Graphen in $\mathbf{R}^2$ zu projizieren. Dies läßt sich so bewerkstelligen, daß die Projektion der Graph einer Funktion ist, die eine Datenmenge $\{(x_i, F_i) \in \mathbf{R}^2 : i = 0, 1, 2, \ldots, N\}$ interpoliert. Die Freiheitsgrade, die wir dadurch, daß wir in $\mathbf{R}^3$ arbeiten, extra gewinnen, liefern uns „versteckte" Variablen. Diese Variablen können benutzt werden, um die Form und fraktale Dimension der Interpolationsfunktionen anzupassen. Die Vorteile der Arbeit mit affinen Transformationen bleiben erhalten.

Es sei N eine natürliche Zahl größer als 1. Es sei eine Datenmenge $\{(x_i, F_i) \in \mathbf{R}^2 : i = 0, 1, 2, \ldots, N\}$ gegeben. Wir führen eine Menge reeller Parameter $\{H_i : i = 0, 1, 2, \ldots, N\}$ ein. Lassen Sie uns für den Moment annehmen, daß diese Parameter fest gewählt sind. Dann definieren wir $\{(x_i, F_i, H_i) \in \mathbf{R} \times \mathbf{R}^2 : i = 0, 1, 2, \ldots, N\}$ als eine verallgemeinerte Datenmenge. In der gegenwärtigen Anwendung von Satz 6.5 wählen wir für $(\mathbf{Y}, d)$ den Raum $(\mathbf{R}^2, \text{euklidisch})$. Wir betrachten ein IFS $\{\mathbf{R}^3; w_n, n = 1, 2, \ldots, N\}$, wobei die Abbildungen w_n : $\mathbf{R}^3 \to \mathbf{R}^3$ für $n \in \{1, 2, \ldots, N\}$ affine Transformationen mit der speziellen Struktur

$$w_n \begin{pmatrix} x \\ y \\ z \end{pmatrix} = \begin{pmatrix} a_n & 0 & 0 \\ c_n & d_n & h_n \\ k_n & l_n & m_n \end{pmatrix} \begin{pmatrix} x \\ y \\ z \end{pmatrix} + \begin{pmatrix} e_n \\ f_n \\ g_n \end{pmatrix}$$

sind. Hierbei sind a_n, c_n, d_n, e_n, f_n, g_n, h_n, k_n, l_n und m_n reelle Zahlen. Wir setzen voraus, daß sie für $n = 1, 2, \ldots, N$ den Bedingungen

$$w_n \begin{pmatrix} x_0 \\ F_0 \\ H_0 \end{pmatrix} = \begin{pmatrix} x_{n-1} \\ F_{n-1} \\ H_{n-1} \end{pmatrix}$$

und

$$w_n \begin{pmatrix} x_N \\ F_N \\ H_N \end{pmatrix} = \begin{pmatrix} x_n \\ F_n \\ H_n \end{pmatrix}$$

genügen. Dann können wir

$$w_n(x, y, z) = (L_n(x), M_n(x, y, z))$$

schreiben, für alle $(x, y, z) \in \mathbf{R}^3$, $n = 1, 2, \ldots, N$. Dabei ist $L_n(x)$ so definiert wie in Gleichung (2), und $M_n : \mathbf{R}^3 \to \mathbf{R}^2$ ist durch

$$M_n \begin{pmatrix} x \\ y \\ z \end{pmatrix} = A_n \begin{pmatrix} y \\ z \end{pmatrix} + \begin{pmatrix} f_n + c_n x \\ g_n + k_n x \end{pmatrix}$$

bestimmt, wobei

$$A_n = \begin{pmatrix} d_n & h_n \\ l_n & m_n \end{pmatrix} \tag{6}$$

ist, für $n = 1, 2, \ldots, N$. Ersetzen wir nun in Gleichung (5) F_n durch (F_n, H_n). Dann erfüllt M_n die Bedingung (5). Weiter definieren wir

$$c = \max\{\max\{c_i, k_i\} : i = 1, 2, \ldots, N\}.$$

Dann trifft Bedingung (3) zu. Schließlich nehmen wir an, daß die linearen Transformationen $A_n : \mathbf{R}^2 \to \mathbf{R}^2$ kontrahierend sind, mit Kontraktionsfaktor $0 \le s < 1$. Dann ist Bedingung (4) wahr. Wir schließen daraus, daß unter den Bedingungen, die in diesem Abschnitt gestellt wurden, das IFS $\{\mathbf{R}^3; w_n, n = 1, 2, \ldots, N\}$ den Voraussetzungen des Satzes 6.5 genügt. Es folgt, daß der Attraktor des IFS eine stetige Funktion $f : [x_0, x_N] \to \mathbf{R}^2$ ist, so daß

$$f(x_i) = (F_i, H_i) \quad \text{für } i = 1, 2, \ldots, N.$$

Wir schreiben nun

$$f(x) = (f_1(x), f_2(x)).$$

Dann ist $f_1 : [x_0, x_N] \to \mathbf{R}$ eine stetige Funktion mit

$$f_1(x_i) = F_i \quad \text{für } i = 0, 1, 2, \ldots, N.$$

Definition 6.6. Die Funktion $f_1 : [x_0, x_N] \to \mathbf{R}^2$, die im vorangegangenen Absatz konstruiert wurde, heißt *fraktale Interpolationsfunktion mit versteckter Variabler* und dazugehöriger Datenmenge $\{(x_i, F_i) \in \mathbf{R}^2 : i = 0, 1, 2, \ldots, N\}$.

Die einfachste Methode, den Graphen einer fraktalen Interpolationsfunktion mit versteckter Variable auszurechnen, besteht darin, den Zufalls-Iterations-Algorithmus anzuwenden. Wir erläutern hier eine Anpassung von Programm 6.1. Sie berechnet Punkte auf dem Graphen der fraktalen Interpolationsfunktion mit versteckter Variabler und stellt diese Punkte auf einem graphikfähigen Bildschirm dar. Die Anpassung wurde für $N = 3$ und die Datenmenge

$$\{(0, 0), (30, 50), (60, 40), (100, 10)\}$$

geschrieben. Die „versteckten" Variablen, d. h. die Einträge der Matrix A_n und die Zahlen H_n für $n = 1, 2, 3$, werden vom Benutzer während der Ausführung des Codes eingegeben. Das Programm berechnet aus den Daten die Koeffizienten in den dreidimensionalen affinen Transformationen und wendet dann den Zufalls-Iterations-Algorithmus auf das sich ergebende IFS an. Die ersten beiden Koordinaten eines jeden aufeinanderfolgend berechneten Punktes, der drei Koordinaten besitzt, werden auf dem Bildschirm gezeichnet. Das Programm ist in BASIC geschrieben. Es läuft ohne Abänderungen auf einem IBM PC mit EGA-Karte und Turbobasic. Die Worte auf jeder Zeile, die durch ein ' abgetrennt sind, sind Kommentare und nicht Bestandteil des Programms.

Programm 6.2

```
x[0]=0: x[1]=30: x[2]=60: x[3]=100              'Datenmenge
F[0]=0: F[1]=50: F[2]=40: F[3]=10
input ''Geben Sie die versteckten Variablen H[0], H[1], H[2]
            und H[3] ein'',
H[1],H[2],H[3],H[4]                             'versteckte Variablen
for n=1 to 3: print ''for n='',n
```

```
input ''Geben Sie die versteckten Variablen d,h,l,m ein''
d[n],hh[n],l[n],m[n]                    'weitere versteckte Variablen
next
for n=1 to 3        'Berechnet die affinen Transformationen aus den
                    'Daten und den versteckten Variablen
p=F[n-1]-d[n]*F[0]-hh[n]*H[0]: q=H[n-1]-l[n]*F[0]-m[n]*H[0]
r=F[n]-d[n]*F[3]-hh[n]*H[3]: s=H[n]-l[n]*F[3]-m[n]*H[3]
b=x[3]-x[0]: c[n]=(r-p)/b: k[n]=(s-q)/b
a[n]=(x[n]-x[n-1])/b: e[n]=(x[3]*x[n-1]-x[0]*x[n])/b
ff[n]=p-c[n]*x[0]: g[n]=q-k[n]*x[0]
next
screen 2: cls                            'Initialisiert die Graphik
window(0,0)-(100,100)            'Ändern Sie dies zum Zoomen und/oder
                                'Schwenken
x=0: y=0: z=hh[0]               'Anfangswert, von dem aus die zufällige
                               'Iteration beginnt
for n=1 to 1000                 'Zufalls-Iterations-Algorithmus
kk=int(3*rnd-0.0001)+1
newx=a[kk]*x+e[kk]
newy=c[kk]*x+d[kk]*y+hh[kk]*z+ff[kk]
newz=k[kk]*x+l[kk]*y+m[kk]*z+g[kk]
x=newx: y=newy: z=newz
pset(x,y),z         'zeichnet den zuletzt berechneten Punkt auf dem
                    'Bildschirm, in Farbe z
next
end
```

Das Ergebnis eines Durchlaufs einer angepaßten Version dieses Programms auf einer Masscomp Workstation und dem anschließenden Ausdruck des Bildschirminhalts ist in Abbildung 6.19 dargestellt.

In diesem Fall wurden $H[0] = 0$, $H[1] = 30$, $H[2] = 60$, $H[3] = 100$, $d(1) = d(2) = d(3) = 0.3$, $h(1) = h(2) = 0.2$, $h(3) = 0.1$, $l(1) = l(2) = l(3) = -0.1$, $m(1) = 0.3$, $m(2) = 0$ und $m(3) = -0.1$ benutzt. Erinnern Sie sich daran, daß die lineare Transformation A_n kontrahierend sein muß. Geben Sie deshalb für die Zahlen $d(n)$, $h(n)$, $l(n)$ und $m(n)$ keine Werte ein, die größer als 1 sind. Das Programm gibt jeden Punkt in der Farbe wieder, die seiner z-Koordinate entspricht. Dies hilft dem Benutzer, sich den „versteckten" dreidimensionalen Charakter der Kurve anschaulich vorzustellen.

Der wichtige Fakt bezüglich fraktaler Interpolationsfunktionen mit versteckter Variabler ist folgender: Obwohl der Attraktor des IFS eine Vereinigung von affinen Transformationen ist, die auf den Attraktor angewendet werden, ist dies nicht der allgemeine Fall, wenn wir das Wort „Attraktor" durch den Ausdruck „Projektion des Attraktors" ersetzen. Der Graph der fraktalen Interpolations-

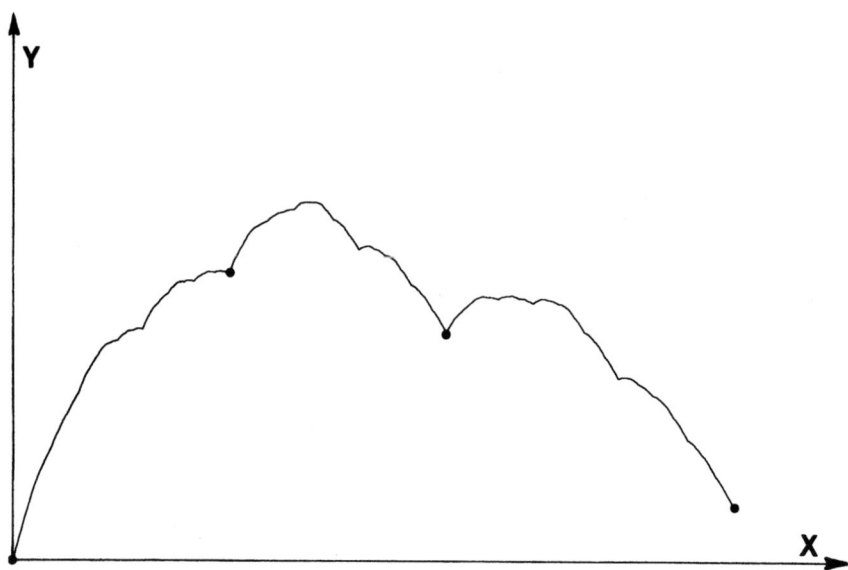

Abb. 6.19 Ein Beispiel für eine fraktale Interpolationsfunktion mit versteckter Variabler. Dieser Graph wurde mit Programm 6.2 berechnet, wobei für die versteckten Variablen die folgenden Werte benutzt wurden: $H[0] = 0$, $H[1] = 30$, $H[2] = 60$, $H[3] = 100$, $d(1) = d(2) = d(3) = 0.3$, $h(1) = h(2) = 0.2$, $h(3) = 0.1$, $l(1) = l(2) = l(3) = -0.1$, $m(1) = 0.3$, $m(2) = 0$ und $m(3) = -0.1$.

funktion mit versteckter Variabler ist nicht selbstähnlich oder selbstaffin oder selbstirgendetwas!

Die Idee der fraktalen Interpolationsfunktionen mit versteckter Variabler kann durch Verwendung einer beliebigen Anzahl von „versteckten" Dimensionen weiterentwickelt werden. Wenn die Anzahl der Dimensionen erhöht wird, wird der Vorgang, die Funktion zu spezifizieren, immer beschwerlicher. Die Funktion selber, die wir nur im „Flachland" sehen können, wird mehr und mehr zufällig. Wenn man sich Bilder von ihnen ansieht, würde man nie auf die Idee kommen, daß sie durch *deterministische* fraktale Geometrie erzeugt wurden.

Aufgaben

6.4.1 Verallgemeinern Sie den Beweis von Satz 6.1, um einen Beweis für Satz 6.4 zu erhalten!

6.4.2 Es bezeichne $\mathscr{F}$ die Menge der stetigen Funktionen $f : [x_0, x_N] \to \mathbf{Y}$ mit $f(x_0) = F_0$ und $f(x_N) = F_N$. Man definiere durch $d(f, g) = \max\{d_Y(f(x), g(x)) : x \in [x_0, x_N]\}$ eine Metrik d auf $\mathscr{F}$. Dann ist $(\mathscr{F}, d)$ ein vollständiger metrischer Raum, siehe z. B. [Rudin 1966]. Nutzen Sie diese Tatsache, um den Beweis von Satz 6.2 so zu verallgemeinern, daß sie einen Beweis für Satz 6.5 erhalten!

6.4.3 Schreiben Sie Programm 6.2 so um, daß es für Ihre eigene Computeranlage passend ist. Lassen Sie dann Ihr Programm laufen, und erzeugen Sie vom Output eine Hardcopy!

6.4.4 Modifizieren Sie Ihre Version des Programms 6.2 so, daß Sie eine „versteckte" Variable während des Programmablaufs anpassen können. Erzeugen Sie auf diese Weise ein Bild von einer Ein-Parameter-Familie fraktaler Interpolationsfunktionen mit versteckter Variabler!

6.4.5 Verändern Sie Ihre Version des Programms 6.2 dahingehend, daß Sie die Projektion des Attraktors des IFS in der (y, z)-Ebene sehen können! Dafür zeichnen Sie einfach (y, z) an Stelle von (x, y). Machen Sie von Ihrem Output eine Hardcopy!

6.4.6 In Abbildung 6.20 a) sind drei Projektionen des Graphen G einer verallgemeinerten fraktalen Interpolationsfunktion $f : [0, 1] \rightarrow \mathbf{R}^2$ dargestellt. Die Projektionen sind: a) in die (x, y)-Ebene, b) in die (x, z)-Ebene und c) in die (y, z)-Ebene. G ist der Attraktor eines IFS der Form $\{\mathbf{R}^3; w_1, w_2\}$, wobei w_1 und w_2 affine Transformationen sind. Bestimmen Sie w_1 und w_2! Sehen Sie sich auch Abbildung 6.21 an.

6.4.7 Benutzen Sie eine fraktale Interpolationsfunktion mit versteckter Variabler, um die experimentellen Daten aus Abbildung 5.17 anzupassen. Hier ist ein Weg, wie man vorgehen kann: a) Modifizieren Sie Ihre Version von Programm 6.2 so, daß Sie von der Tastatur aus die versteckten Variablen anpassen können. b) Pausen Sie die Daten aus Abbildung 5.17 auf eine transparente Folie durch. c) Befestigen Sie die Folie mit Klebeband auf Ihrem Bildschirm. d) Verändern Sie die „versteckten"

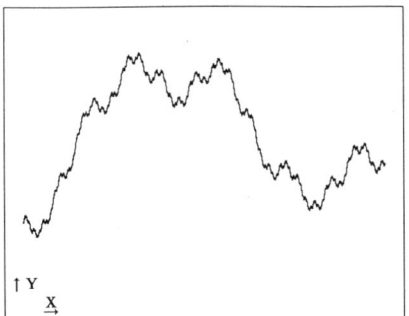

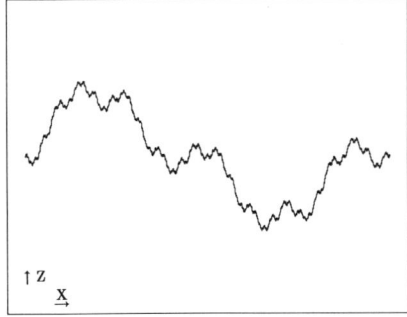

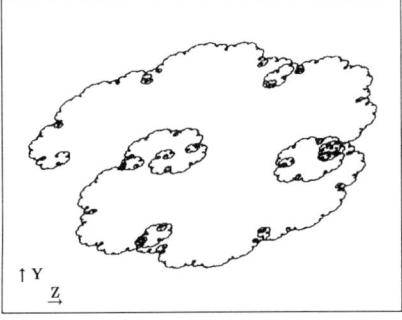

Abb. 6.20 Diese Abbildung zeigt drei Projektionen des Graphen einer verallgemeinerten fraktalen Interpolationsfunktion $f : [0, 1] \rightarrow \mathbf{R}^2$. Die Projektionen gehen a) in die (x, y)-Ebene, b) in die (x, z)-Ebene und c) in die (y, z)-Ebene. G ist der Attraktor eines IFS der Form $\{\mathbf{R}^3; w_1, w_2\}$, wobei w_1 und w_2 affine Transformationen sind. Können Sie w_1 und w_2 bestimmen?

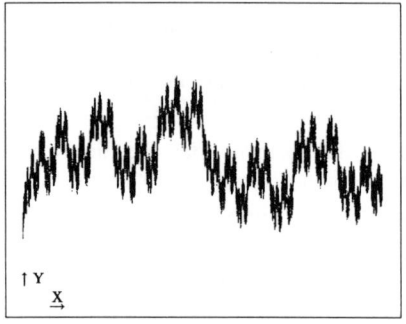 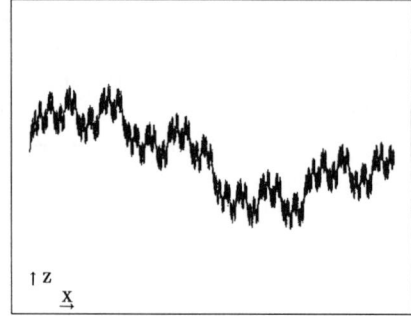

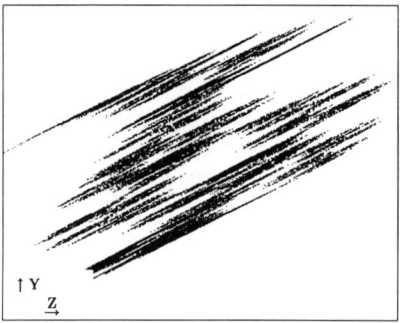

Abb. 6.21 Drei orthogonale Projektionen des Graphen einer verallgemeinerten fraktalen Interpolationsfunktion. Die fraktale Dimension ist hier höher als bei dem Graphen in der vorangegangenen Abbildung.

Variablen interaktiv, um auf diese Weise zu einer guten, visuellen Anpassung der Daten zu kommen!

6.4.8 Zeigen Sie mit versteckten Variablen, daß man affine Transformationen benutzen kann, um Graphen zu konstruieren, die aus Polynomen beliebig hohen Grades bestehen!

6.5   Raumfüllende Kurven

In diesem Abschnitt behandeln wir eine interessante Anwendung von Satz 6.5. Es bezeichne A eine nichtleere, wegzusammenhängende, kompakte Teilmenge von $\mathbf{R}^2$. Wir führen nun vor, wie man eine stetige Funktion $f : [0, 1] \to \mathbf{R}^2$ konstruiert, so daß $f([0, 1]) = A$ gilt.

Bezeichne $(\mathbf{Y}, d)$ den metrischen Raum $(\mathbf{R}^2$, euklidisch). Wir stellen die Punkte in $\mathbf{Y}$ durch ein kartesisches Koordinatensystem mit y-Achse und z-Achse dar. Ein Punkt in $\mathbf{Y}$ wird also durch (y, z) gekennzeichnet. Um die folgende Entwicklung zu motivieren, wählen wir $A = \blacksquare \subset \mathbf{R}^2$. Wir betrachten das gerade berührende IFS $\{\mathbf{Y}; w_1, w_2, w_3, w_4\}$, wobei die Abbildungen Ähnlichkeitsabbildungen mit Skalierungsfaktor 0.5 sind, korrespondierend zu der Collage in Abbildung 6.22.

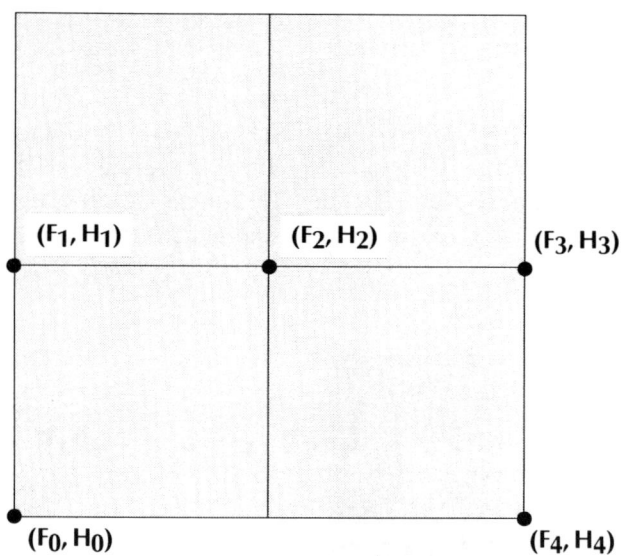

Abb. 6.22 Eine Collage von $\blacksquare$ unter Verwendung von vier Ähnlichkeitsabbildungen mit Skalierungsfaktoren 0.5. Die Abbildung w_n ist so gewählt, daß $w_n(F_0, H_0) = (F_{n-1}, H_{n-1})$ und $w_n(F_4, H_4) = (F_n, H_n)$ für $n = 1, 2, 3, 4$ gilt.

Es sei

$$(F_0, H_0) = (0, 0), \quad (F_1, H_1) = (0, 0.5), \quad (F_2, H_2) = (0.5, 0.5),$$
$$(F_3, H_3) = (1, 0.5) \quad \text{und} \quad (F_4, H_4) = (1, 0).$$

Die Abbildungen sind so gewählt, daß

$$w_n(F_0, H_0) = (F_{n-1}, H_{n-1}) \quad \text{und} \quad w_n(F_4, H_4) = (F_n, H_n)$$

für $n = 1, 2, 3, 4$ gilt. Der IFS-Code für dieses IFS befindet sich in Tabelle 6.1.

Tabelle 6.1 IFS-Code für $\blacksquare$, erzeugt durch eine raumfüllende Kurve

w	a	b	c	d	e	f	p
1	0	0.5	0.5	0	0	0	0.25
2	0.5	0	0	0.5	0	0.5	0.25
3	0.5	0	0	0.5	0.5	0.5	0.25
4	0	−0.5	−0.5	0	1	0.5	0.25

Bezeichne $A_0 \in \mathcal{H}(\blacksquare)$ eine einfache Kurve, die den Punkt (F_0, H_0) mit dem Punkt (F_4, H_4) verbindet, so daß $A_0 \cap \partial(\blacksquare) = \{(F_0, H_0), (F_4, H_4)\}$. Durch diese letzte Bedingung wird ausgedrückt, daß die Kurve bis auf ihre beiden Endpunkte im Inneren des Einheitsquadrates liegt. Wir betrachten die Folge von Mengen $\{A_n = W^{\circ n}(A_0)\}_{n=0}^{\infty}$, wobei $W : \mathcal{H}(\blacksquare) \to \mathcal{H}(\blacksquare)$ durch

$$W(B) = \bigcup_{n=1}^{4} w_n(B)$$

für alle $B \in \mathcal{H}(\blacksquare)$ definiert ist. Aus Satz 3.3 folgt, daß die Folge bezüglich der Hausdorff-Metrik gegen $\blacksquare$ konvergiert. Der Leser sollte nachweisen, daß A_n für $n = 1, 2, \ldots$ wirklich eine einfache Kurve ist, die die Punkte (F_0, H_0) und (F_4, H_4) miteinander verbindet. Folgen solcher Kurven sind in den Abbildungen 6.23–6.26 dargestellt.

Abb. 6.23 Eine Folge von Kurven „konvergiert gegen" eine raumfüllende Kurve. Diese erhält man durch Anwendung des deterministischen Algorithmus auf den IFS-Code in Tabelle 6.1. Man startet von einer Kurve A_0 aus, die $(0, 0)$ mit $(1, 0)$ verbindet und in $\blacksquare$ liegt.

Abb. 6.24 Eines der Teilbilder aus Abbildung 6.26 in höherer Auflösung. Wie lang ist der kürzeste Weg von der unteren linken in die untere rechte Ecke?

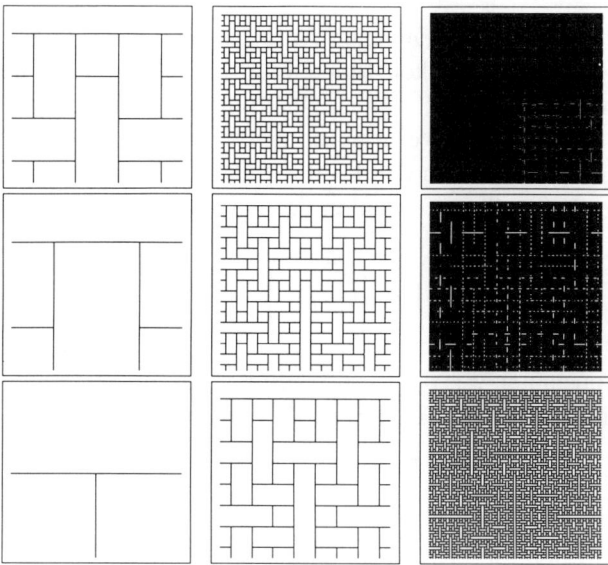

Abb. 6.25 Eine Folge von Mengen „konvergiert gegen" ein ■. Diese Mengen ergeben sich durch Anwendung des deterministischen Algorithmus auf den IFS-Code in Tabelle 6.1. Man startet von einer Menge A_0 aus, die in dem Teilbild in der linken unteren Ecke dargestellt ist. Ist das nicht faszinierend?

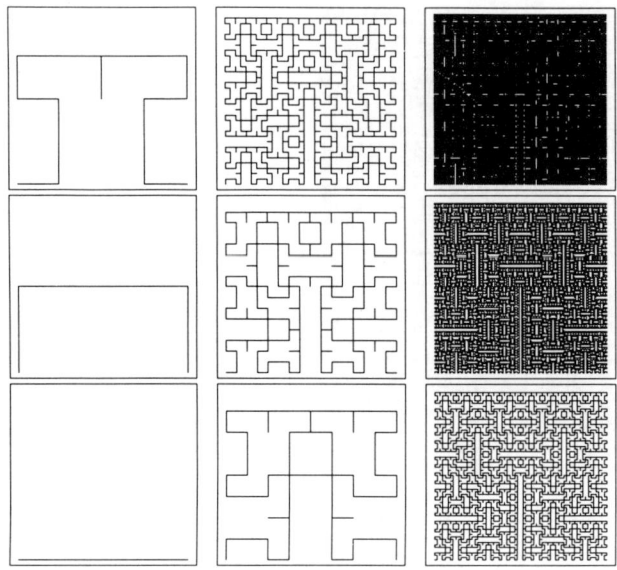

Abb. 6.26 Eine Folge von Kurven „konvergiert gegen" eine raumfüllende Kurve. Man erhält diese Bilder durch Anwendung des deterministischen Algorithmus auf den IFS-Code in Tabelle 6.1. Man startet mit einer Kurve A_0, die $(0, 0)$ mit $(1, 0)$ verbindet und in ■ liegt.

Wir benutzen das IFS, das im vorangegangenen Absatz definiert wurde, um eine stetige Funktion $f : [0, 1] \rightarrow$ ■ zu konstruieren, so daß $f([0, 1]) =$ ■. Wir erreichen dies dadurch, daß wir eine fraktale Interpolationsfunktion mit versteckter Variabler in einer speziellen Weise ausnutzen. Wir verwenden die Ideen aus Kapitel 6, Abschnitt 4. Betrachten wir das IFS $\{\mathbf{R}^3; w_n, n = 1, 2, 3, 4\}$, wobei die Abbildung w_n eine affine Transformation der Form

$$w_n \begin{pmatrix} x \\ y \\ z \end{pmatrix} = \begin{pmatrix} 0.25 & 0 & 0 \\ 0 & a_n & b_n \\ 0 & c_n & d_n \end{pmatrix} \begin{pmatrix} x \\ y \\ z \end{pmatrix} + \begin{pmatrix} \frac{(n-1)}{4} \\ e_n \\ f_n \end{pmatrix}$$

für $n = 1, 2, 3, 4$ ist. Die Konstanten a_n, b_n, c_n, d_n, e_n und f_n sind in Tabelle 6.1 gegeben. Dieses IFS genügt mit der zugehörigen Datenmenge

$$\{(0, F_0, H_0), (0.25, F_1, H_1), (0.5, F_2, H_2), (0.75, F_3, H_3), (1, F_4, H_4)\}$$

dem Satz 6.5. Es folgt, daß der Graph G einer stetigen Funktion $f : [0, 1] \rightarrow \mathbf{R}^2$ der Attraktor des IFS ist. Wie sieht der Wertebereich der Funktion aus? Das ist

$$G_{yz} = \{(y, z) \in \mathbf{R}^2 : (x, y, z) \in G\},$$

also die Projektion von G in die (y, z)-Ebene. Es ist leicht zu zeigen, daß G_{yz} gerade der Attraktor $A =$ ■ desjenigen IFS ist, welches durch den IFS-Code in Tabelle 6.1 bestimmt ist. Es folgt, daß $f([0, 1]) = \blacksquare$ ist. So haben wir nun unsere raumfüllende Kurve.

Wir erhalten noch etwas anderes, das genauso interessant ist. Der Attraktor des dreidimensionalen IFS ist der Graph einer Funktion von $[0, 1]$ nach $\blacksquare$. Mit der momentan angewandten Bezeichnungsweise sind G_{xy} und G_{xz} Graphen von fraktalen Funktionen mit versteckten Variablen, während $G_{yz} = \blacksquare$ ist. Wie sieht G aus anderen Perspektiven aus? In den Abbildungen 6.27 und 6.28 sind Bilder des Attraktors aus verschiedenen anderen Richtungen dargestellt. Wir schließen daraus, daß G ein merkwürdig komplexes, dreidimensionales Objekt ist. Es wäre schön, wenn man ein dreidimensionales Modell von G aus Draht zur Verfügung hätte.

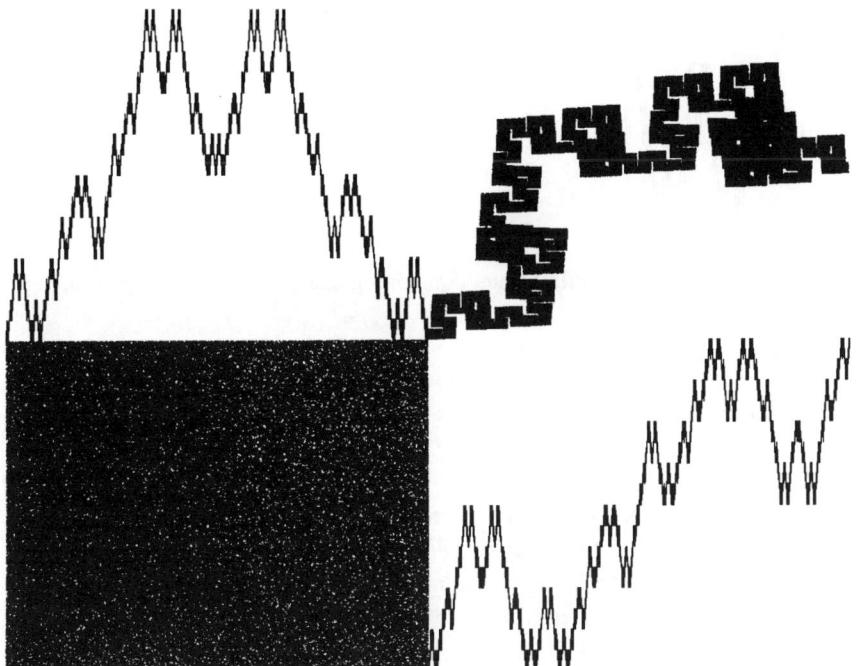

Abb. 6.27 Verschiedene Ansichten eines Attraktors eines bestimmten IFS. Aus einigen Perspektiven sehen wir ihn als den Graphen einer Funktion. Aus einer anderen Richtung ist es klar, daß es sich um den Graphen einer raumfüllenden Kurve handelt.

Abb. 6.28 Das untere rechte Teilbild aus der vorangegangenen Abbildung in höherer Auflösung.

Der folgende Satz faßt zusammen, was wir gerade gelernt haben.

Satz 6.6. *Es sei* $A \subset \mathbf{R}^2$ *eine nichtleere wegzusammenhängende kompakte Menge, die den folgenden Bedingungen gehorcht. Es sei N eine natürliche Zahl größer als 1. Es existiert ein hyperbolisches IFS* $\{\mathbf{R}^2; M_n, n = 1, 2, \ldots, N\}$, *so daß A dessen Attraktor ist. Es existiere eine Menge voneinander verschiedener Punkte* $\{(F_i, G_i) \in A : i = 0, 1, 2, \ldots, N\}$, *so daß*

$$M_n(F_0, H_0) = (F_{n-1}, H_{n-1}) \quad und \quad M_N(F_N, H_N) = (F_n, H_n)$$

für $n = 1, 2, \ldots, N$ ist. Dann gibt es eine stetige Funktion $f : [0, 1] \to \mathbf{R}^2$, so daß $f([0, 1]) = A$ ist. Eine solche Funktion ist die, deren Graph der Attraktor des IFS

$$\left\{ \mathbf{R}^3; w_n(x, y, z) = \left(\frac{1}{N}x + \frac{(n-1)}{N}, M_n(y, z) \right), n = 1, 2, \ldots, N \right\}$$

ist.

Aufgaben

6.5.1 Bezeichne $\triangle$ ein Sierpinski-Dreieck mit den Eckpunkten $(0, 0)$, $(0, 1)$ und $(1, 0)$. Bestimmen Sie ein IFS der Form $\{\mathbf{R}^3; w_1, w_2, w_3\}$, wobei die Abbildungen affin sind. Der Attraktor des IFS sei der Graph einer Funktion $f : [0, 1] \to \mathbf{R}^2$, so daß $f([0, 1]) = \triangle$ ist. Vier Projektionen eines solchen Attraktors sind in Abbildung 6.29 zu sehen.

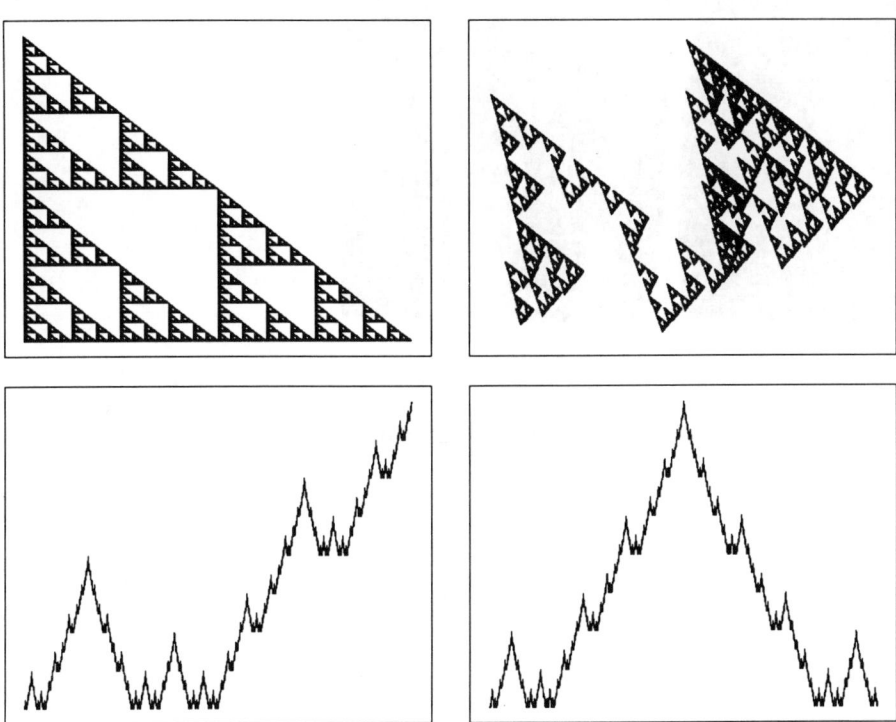

Abb. 6.29 Vier Ansichten des Attraktors eines IFS. Dieser Attraktor ist der Graph einer stetigen Funktion $f : [0, 1] \to \mathbf{R}^2$, so daß $f([0, 1]) = \triangle$ ist. Diese Funktion liefert eine „raumfüllende" Kurve, wobei es sich bei dem Raum um ein Fraktal handelt.

6.5.2 Bestimmen Sie ein IFS $\{\mathbf{R}^3; w_1, w_2, w_3, w_4\}$, wobei die Transformationen affin sind. Der Attraktor sei der Graph einer stetigen Funktion $f : [0, 1] \to \mathbf{R}^2$, so daß $f([0, 1]) = A$ ist. Dabei ist A diejenige Menge, welche in Abbildung 6.30 dargestellt ist.

Abb. 6.30   Bestimmen Sie ein IFS $\{\mathbf{R}^3; w_1, w_2, w_3, w_4\}$, wobei die Transformationen affin sind. Der Attraktor sei der Graph einer stetigen Funktion $f : [0, 1] \to \mathbf{R}^2$, so daß $f([0, 1]) = A$ ist. Dabei ist A die hier dargestellte Menge.

7 Julia-Mengen

7.1 Der Fluchtzeit-Algorithmus zur Berechnung der Bilder von IFS-Attraktoren und Julia-Mengen

Wir betrachten das dynamische System $\{\mathbf{R}^2; f\}$, wobei $f : \mathbf{R}^2 \to \mathbf{R}^2$ durch

$$f(x, y) = \begin{cases} (2x, 2y - 1), & \text{falls } y \geq 0.5, \\ (2x - 1, 2y), & \text{falls } x \geq 0.5 \text{ und } y < 0.5, \\ (2x, 2y) & \text{andernfalls} \end{cases}$$

definiert ist. Dieses dynamische System ist mit dem IFS

$$\{\mathbf{R}^2; w_1(x, y) = (0.5x, 0.5y + 0.5),$$
$$w_2(x, y) = (0.5x + 0.5, 0.5y), w_3(x, y) = (0.5x, 0.5y)\}$$

verwandt. Der Attraktor dieses IFS ist ein Sierpinski-Dreieck $\mathbb{A}$ mit den Eckpunkten $(0, 0)$, $(0, 1)$ und $(1, 0)$. Die Beziehung zwischen dem dynamischen System $\{\mathbf{R}^2; f\}$ und dem IFS $\{\mathbf{R}^2; w_1, w_2, w_3\}$ besteht darin, daß $\{\mathbb{A}; f\}$ eine zu dem IFS gehörende Shift-Abbildung ist. (Shift-Abbildungen wurden in Kapitel 4, Abschnitt 4, behandelt.) Man kann schnell nachweisen, daß für die Einschränkung von f auf $\mathbb{A}$

$$f(x, y) = \begin{cases} w_1^{-1}(x, y), & \text{falls } (x, y) \in w_1(\mathbb{A}), \\ w_2^{-1}(x, y), & \text{falls } (x, y) \in w_2(\mathbb{A}) \setminus \{(0.5, 0.5)\}, \\ w_3^{-1}(x, y), & \text{falls } (x, y) \in w_3(\mathbb{A}) \setminus \{(0, 0.5), (0.5, 0)\} \end{cases}$$

gilt. Insbesondere bildet f das Sierpinski-Dreieck $\mathbb{A}$ auf sich selbst ab. Das dynamische System $\{\mathbf{R}^2; f\}$ ist eine Erweiterung der Shift-Abbildung $\{\mathbb{A}; f\}$ auf $\mathbf{R}^2$ (Abbildung 7.1).

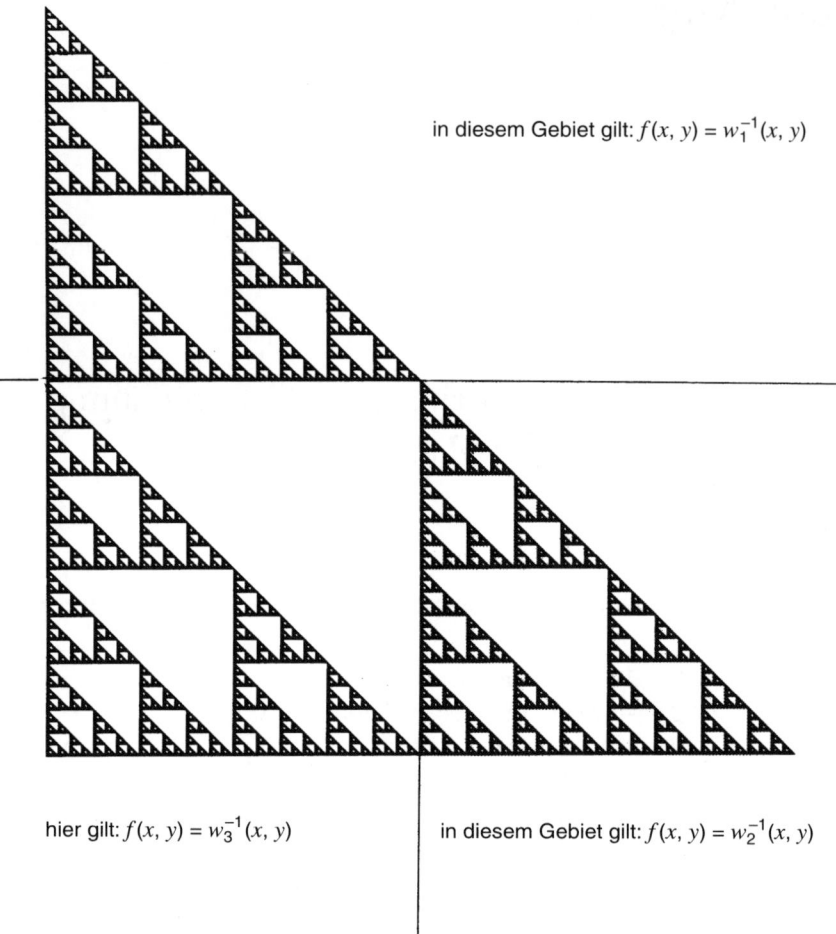

in diesem Gebiet gilt: $f(x, y) = w_1^{-1}(x, y)$

hier gilt: $f(x, y) = w_3^{-1}(x, y)$

in diesem Gebiet gilt: $f(x, y) = w_2^{-1}(x, y)$

Abb. 7.1 Das dynamische System $\{\mathbf{R}^2; f\}$ erhält man dadurch, daß man die Definition einer Shift-Abbildung auf einem Sierpinski-Dreieck auf ganz $\mathbf{R}^2$ erweitert.

Bezeichne d die euklidische Metrik auf $\mathbf{R}^2$. Die Shift-Abbildung $\{\mathbf{R}^2; f\}$ ist eine „Expansion". Für jedes Punktepaar (x, y), das in einem der drei Definitionsbereiche von f liegt, erhalten wir

$$d(f(x_1), f(x_2)) = 2d(x_1, x_2).$$

Man kann beweisen, daß der Orbit $\{f^{\circ n}(x)\}_{n=0}^{\infty}$ gegen unendlich divergiert, wenn x nicht zu $\mathbb{A}$ gehört. Das bedeutet, daß

$$d(O, f^{\circ n}(x)) \to \infty, \quad \text{wenn } n \to \infty$$

für jeden Punkt $x \in \mathbf{R}^2 \setminus \mathbb{A}$ gilt. Was passiert, wenn wir den Orbit eines Punktes $x \in \mathbb{A}$ numerisch berechnen? Rufen Sie sich in Erinnerung, daß die fraktale

Dimension von $\mathbb{A}$ durch $\frac{\ln(3)}{\ln(2)}$ gegeben ist. Das besagt, daß $\mathbb{A}$ im Vergleich zu $\mathbf{R}^2$ „sehr klein" ist. Obwohl $f(\mathbb{A}) = \mathbb{A}$ gilt, werden kleine Fehler in der Berechnung der Orbits zu Punkten führen, die nicht in $\mathbb{A}$ liegen. In der Praxis bedeutet das, daß die meisten numerisch berechneten Orbits divergieren werden, unabhängig davon, ob der Startwert in $\mathbb{A}$ liegt oder nicht. Das Sierpinski-Dreieck ist für die Transformation $f : \mathbf{R}^2 \to \mathbf{R}^2$ eine „instabile" invariante Menge. Für die Transformation $W : \mathcal{H}(\mathbf{R}^2) \to \mathcal{H}(\mathbf{R}^2)$ ist es ein attraktiver Fixpunkt, wobei $W = w_1 \cup w_2 \cup w_3$ auf die übliche Weise definiert ist.

Wir würden intuitiv erwarten, daß die Orbits des dynamischen Systems $\{\mathbf{R}^2; f\}$, die nahe bei $\mathbb{A}$ starten, „länger brauchen, um zu divergieren", als diejenigen, die weit entfernt von $\mathbb{A}$ beginnen. Wie schnell divergieren unterschiedliche Orbits? Wir beschreiben nun ein numerisches, computergraphisches Experiment, um die Anzahl der Iterationen zu vergleichen, die Orbits verschiedener Punkte benötigen, um aus einer Kugel mit großem Radius und Mittelpunkt im Ursprung zu entkommen. Es seien (a, b) und (c, d) die Koordinaten der linken unteren Ecke beziehungsweise der rechten oberen Ecke eines abgeschlossenen, ausgefüllten Rechtecks $\mathcal{W} \subset \mathbf{R}^2$. Es sei M eine natürliche Zahl. Man definiere durch

$$x_{p,q} = \left(a + p\frac{(c-a)}{M}, b + q\frac{(d-b)}{M} \right)$$

für $p, q = 0, 1, 2, \ldots, M$ eine Anordnung von Punkten in $\mathcal{W}$. Im Experiment werden diese Punkte durch die Pixel auf dem Graphikbildschirm eines Computers repräsentiert. Wir vergleichen die Orbits $\{f^{\circ n}(x_{p,q})\}_{n=0}^{\infty}$ für $p, q = 0, 1, 2, \ldots, M$.

Es sei R eine positive Zahl, die groß genug ist, daß die Kugel mit Mittelpunkt im Ursprung und Radius R sowohl $\mathbb{A}$ als auch $\mathcal{W}$ enthält. Man definiere

$$\mathcal{V} = \{(x, y) \in \mathbf{R}^2 : x^2 + y^2 > R\}.$$

Eine mögliche Wahl für das Rechteck $\mathcal{W}$ und die Menge $\mathcal{V}$ in Beziehung zu $\mathbb{A}$ ist in Abbildung 7.2 dargestellt. Damit der Vergleich der Orbits Informationen über $\mathbb{A}$ liefert, sollte man $\mathcal{W}$ so wählen, daß $\mathcal{W} \cap \mathbb{A} \neq \emptyset$ ist.

Bezeichne *numits* eine natürliche Zahl. Das folgende Programm berechnet eine endliche Menge von Punkten

$$\{f^{\circ 1}(x_{p,q}), f^{\circ 2}(x_{p,q}), f^{\circ 3}(x_{p,q}), \ldots, f^{\circ n}(x_{p,q})\},$$

die für jedes Paar $p, q = 1, 2, \ldots, M$ zum Orbit von $x_{p,q} \in \mathcal{W}$ gehören. Die Gesamtanzahl von Punkten, die auf einem Orbit berechnet wird, beträgt höchstens *numits*. Falls die Menge der berechneten Punkte des Orbits $x_{p,q}$ keinen Punkt aus $\mathcal{V}$ enthält, wenn $n = numits$, dann geht die Berechnung zum nächsten Wert von (p, q) über. Andernfalls wird der Pixel eingetragen, der zu $x_{p,q}$ gehört.

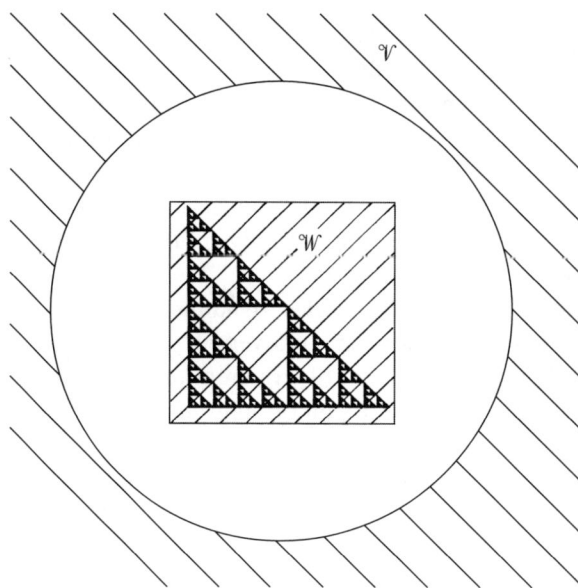

Abb. 7.2 Wie lange brauchen Orbis der Punkte aus $\mathcal{W}$, um in $\mathcal{V}$ anzukommen? Wir nehmen an, daß die Anzahl der benötigten Iterationen uns etwas über die Struktur von $\triangle$ mitteilt.

Dieser Eintrag erfolgt in einer Farbe, die durch die erste Zahl n gekennzeichnet ist, für die $f^{\circ n}(x_{p,q}) \in \mathcal{V}$ gilt. Dann geht die Berechnung zum nächsten Wert von (p, q) über. Dadurch ergibt sich eine computergraphische Methode, die Länge von Orbits für verschiedene Punkte aus $\mathcal{W}$ dahingehend miteinander zu vergleichen, wann sie $\mathcal{V}$ erreichen.

Das folgende Programm ist in BASIC geschrieben. Es läuft ohne Veränderungen auf einem IBM PC mit EGA-Graphikkarte und Turbobasic. Die Wörter auf jeder Zeile, die durch ein ' abgetrennt sind, sind Kommentare und nicht Bestandteil des Programms.

Programm 7.1 (Beispiel für einen Fluchtzeit-Algorithmus)

```
numits=20:a=0:b=0:c=1:d=1:M=100    'Definiert das Sichtfenster W
                                   'und numits
R=200                              'Definiert die Region V
screen 9                           'Initialisiert die Graphik
for p=1 to M
for q=1 to M
x=a+(c-a)*p/M:y=b+(d-b)*q/M        'Spezifiziert den Anfangspunkt
                                   'x(p,q) eines Orbits

for n=1 to numits                  'Vergleicht höchstens numits
                                   'Punkte auf dem Orbit
                                   'von x(p,q)
```

```
if y>0.5 then
x=2*x:y=2*y-1
else if x>0.5 then
x=2*x-1:y=2*y
else
x=2*x:y=2*y
end if
```
'Berechnet f durch Anwendung
auf den vorangegangenen Punkt
des Orbits
DIE FORMEL FÜR DIE FUNKTION
f(x)

```
150 if x*x+y*y>R then
```
'Falls der zuletzt berechnete
'Punkt in $\mathcal{V}$ liegt, dann...

```
160 pset(p,q),n:n=numits
```
'...wird der Pixel x(p,q) in
'Farbe n ausgegeben und geht
'zum nächsten (p,q) weiter

```
170 end if
if instat then end
```
'Stoppt die Berechnung, wenn
'eine Taste gedrückt wird

```
next n:next q:next p
end
```

In Abbildung 7.3 ist das Resultat eines Durchlaufs einer Version von Programm 7.1 dargestellt. Ein Punkt ist in Schwarz gezeichnet, wenn entweder die Anzahl der Iterationen, die man benötigt, um $\mathcal{V}$ zu erreichen, eine ungerade Zahl ist, oder wenn der Orbit des Punktes während der ersten *numits* Iterationen $\mathcal{V}$ nicht erreicht. Abbildung 7.4 zeigt das Ergebnis eines Durchlaufs einer Version von Programm 7.1 mit $(a, b) = (0, 0)$, $(c, d) = (5 \cdot 10^{-18}, 5 \cdot 10^{-18})$ und *numits* $= 65$. Dieses Sichtfenster ist sehr klein. Sie sollten wirklich überzeugt sein, daß $\mathbb{A}$ bei einer Vergrößerung nicht einfacher wird.

Das dynamische System $\{\mathbf{R}^2; f\}$ enthält tiefliegende Informationen über die „abstoßende" Menge $\mathbb{A}$. Ein Teil dieser Information wird mit Hilfe des Fluchtzeit-Algorithmus offenbart. Die Orbits derjenigen Punkte, die nahe bei $\mathbb{A}$ liegen, brauchen tatsächlich länger, um aus $\mathbf{R}^2 \setminus \mathcal{V}$ zu entkommen, als die Punkte, die von $\mathbb{A}$ weiter entfernt liegen.

Abb. 7.3 Ausgabe einer modifizierten Version von Programm 7.1. Ein Pixel wird in Schwarz dargestellt, wenn entweder die Anzahl der Iterationen, die man benötigt, um $\mathcal{V}$ zu erreichen, eine ungerade Zahl ist, oder wenn der Orbit des Punktes während der ersten *numits* Iterationen $\mathcal{V}$ nicht erreicht.

Abb. 7.4 Hier ist das Ergebnis eines Durchlaufs einer Version von Programm 7.1 mit $(a, b) = (0, 0)$, $(c, d) = (5 \cdot 10^{-18}, 5 \cdot 10^{-18})$ und *numits* $= 65$ dargestellt. Dieses Sichtfenster ist sehr klein, trotzdem war die Rechenzeit nicht wesentlich höher. Falls wir es vorher noch nicht gewußt haben, sind wir nun davon überzeugt, daß $\mathbb{A}$ bei einer Vergrößerung nicht einfacher wird.

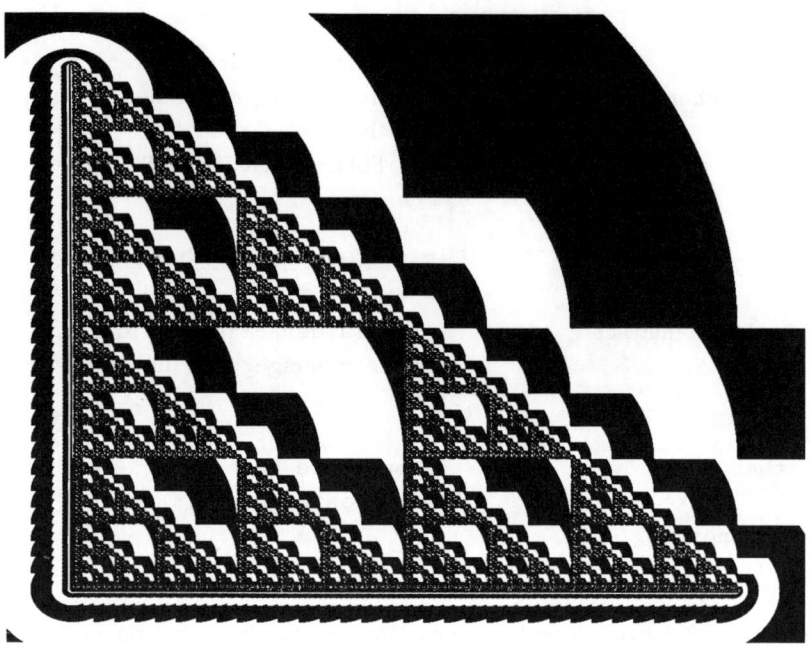

Abb. 7.3

Abb. 7.4

Aufgaben/Beispiele

7.1.1 Es sei $\{\mathbf{R}^2; f\}$ ein dynamisches System, wie es zu Beginn dieses Kapitels definiert wurde. Bezeichne $\mathbb{A}$ das dazugehörige Sierpinski-Dreieck. Beweisen Sie, daß der Orbit $\{f^{\circ n}(x)\}_{n=0}^{\infty}$ für jedes $x \in \mathbf{R}^2 \setminus \mathbb{A}$ divergiert! Das heißt, zeigen Sie, daß $d(O, f^{\circ n}(x)) \to \infty$ für $n \to \infty$ und für jedes $x \in \mathbf{R}^2 \setminus \mathbb{A}$ gilt!

7.1.2 Schreiben Sie Programm 7.1 so um, daß es zu Ihrer eigenen computergraphischen Ausrüstung paßt. Lassen Sie dann Ihr Programm laufen und machen Sie von der Ausgabe eine Hardcopy!

7.1.3 Wie werden die farbigen Regionen im allgemeinen aussehen, wenn Sie den Fluchtzeit-Algorithmus auf das dynamische System

$$\{\mathbf{R}^2; f(x, y) = (2x, 2y)\}$$

anwenden?

7.1.4 Vergrößern Sie Teile des Sierpinski-Dreiecks, indem Sie die Fenstergröße in Programm 7.1 ändern. Benutzen Sie beispielsweise die folgenden Fenster: $(0, 0) - (0.5, 0.5)$, $(0, 0) - (0.25, 0.25),(0, 0) - (0.125, 0.125)$, und so weiter. Wie muß man die Gesamtanzahl der Iterationen *numits* als eine Funktion von der Fenstergröße einrichten, damit die Qualität der Bilder (in etwa) gleich bleibt? Zeichnen Sie einen Graphen der Gesamtanzahl der Iterationen in Abhängigkeit von der Fenstergröße! Gibt es möglicherweise eine Beziehung zwischen dem Verhalten von *numits* als eine Funktion der Fenstergröße und der fraktalen Dimension des Sierpinski-Dreiecks? Stellen Sie eine Vermutung auf und prüfen Sie sie experimentell!

Hier konstruieren wir ein anderes Beispiel für ein dynamisches System, dessen Orbits vom Attraktor des IFS „zu fliehen versuchen". Diesmal behandeln wir ein IFS, dessen Attraktor ein nichtleeres Inneres besitzt. Betrachten wir das hyperbolische IFS $\{\mathbf{R}^2; w_1, w_2\}$ mit

$$w_1 \begin{pmatrix} x \\ y \end{pmatrix} = \begin{pmatrix} 0 & -s^{-1} \\ s^{-1} & 0 \end{pmatrix} \begin{pmatrix} x \\ y \end{pmatrix} + \begin{pmatrix} 1 \\ 0 \end{pmatrix},$$

$$w_2 \begin{pmatrix} x \\ y \end{pmatrix} = \begin{pmatrix} 0 & -s^{-1} \\ s^{-1} & 0 \end{pmatrix} \begin{pmatrix} x \\ y \end{pmatrix} - \begin{pmatrix} 1 \\ 0 \end{pmatrix}$$

und $s = \sqrt{2}$. Der Attraktor dieses IFS ist ein abgeschlossenes gefülltes Rechteck, das wir hier mit ■ bezeichnen wollen. Dieser Attraktor ist die Vereinigung zweier Kopien von sich selbst. Jede wird durch den Faktor $\frac{1}{\sqrt{2}}$ skaliert, gegen den Uhrzeigersinn um den Ursprung um $90°$ gedreht und dann horizontal verschoben, eine Kopie nach links und eine nach rechts. Die inversen Transformationen lauten

$$w_1^{-1} \begin{pmatrix} x \\ y \end{pmatrix} = \begin{pmatrix} 0 & s \\ -s & 0 \end{pmatrix} \begin{pmatrix} x \\ y \end{pmatrix} + \begin{pmatrix} 0 \\ s \end{pmatrix}$$

und

$$w_2^{-1}\begin{pmatrix} x \\ y \end{pmatrix} = \begin{pmatrix} 0 & s \\ -s & 0 \end{pmatrix} \begin{pmatrix} x \\ y \end{pmatrix} - \begin{pmatrix} 0 \\ s \end{pmatrix}.$$

Man definiere $f : \mathbf{R}^2 \to \mathbf{R}^2$ durch

$$f(x, y) = \begin{cases} w_1^{-1}(x, y), & \text{falls } x > 0, \\ w_2^{-1}(x, y), & \text{wenn } x \le 0. \end{cases}$$

Dann ist das dynamische System $\{\mathbf{R}^2; f\}$ eine Erweiterung der Shift-Abbildung $\{\blacksquare, f\}$ auf $\mathbf{R}^2$.

Was passiert, wenn wir den Fluchtzeit-Algorithmus auf dieses dynamische System anwenden? Um das herauszufinden, ersetzen wir in Programm 7.1 die Funktion $f(x)$ durch

```
if x>0 then
newx=s*y:newy=-s*x+s
else
newx=s*y:newy=-s*x-s
end if
x=newx:y=newy
```

DIE FORMEL FÜR DIE FUNKTION f(x)

Ergebnisse von Durchläufen des Programms 7.1, auf diese Weise modifiziert, das Fenster $\mathcal{W}$ und die Fluchtregion $\mathcal{V}$ geeignet gewählt, sind in Abb. 7.5 dargestellt.

Es stellt sich heraus, daß die Orbits der Punkte aus dem Inneren von $\blacksquare$ nicht fliehen. Das ist nicht überraschend. Die fraktale Dimension des IFS-Attraktors ist dieselbe, wie die fraktale Dimension von $\mathbf{R}^2$. Es ist unwahrscheinlich, daß kleine Rechenfehler den Orbit aus der invarianten Menge herausbefördern. Außerdem zeigt sich, daß die Orbits der Punkte, welche in $\mathbf{R}^2 \setminus \blacksquare$ liegen, $\mathcal{V}$ nach immer weniger Iterationen erreichen, je weiter entfernt sie von $\blacksquare$ starten.

Wir sehen wieder, daß der Fluchtzeit-Algorithmus ein Hilfsmittel für die Berechnung des Attraktors eines IFS bildet. Wir haben hier in der Tat die Grundlagen für einen neuen Algorithmus, um Bilder der Attraktoren einiger hyperbolischer IFS auf $\mathbf{R}^2$ zu berechnen. Die wesentlichen Schritte sind:

a) Man bestimme ein dynamisches System $\{\mathbf{R}^2; f\}$, das eine Erweiterung der zu dem IFS gehörenden Shift-Abbildung bildet und welches darauf abzielt, außerhalb des Attraktors liegende Punkte auf neue Punkte abzubilden, die vom Attraktor weiter weg liegen. (Dies ist immer dann möglich, wenn das IFS total unzusammenhängend ist. Der schwierige Teil besteht darin, eine Formel für $f(x)$ zu finden, die bequem in einen Computer eingegeben werden kann. Im Fall affiner Transformationen auf $\mathbf{R}^2$ kann man die Erweiterung des Definitionsbereichs der inversen Transformationen häufig mit Hilfe von Geraden definieren.)

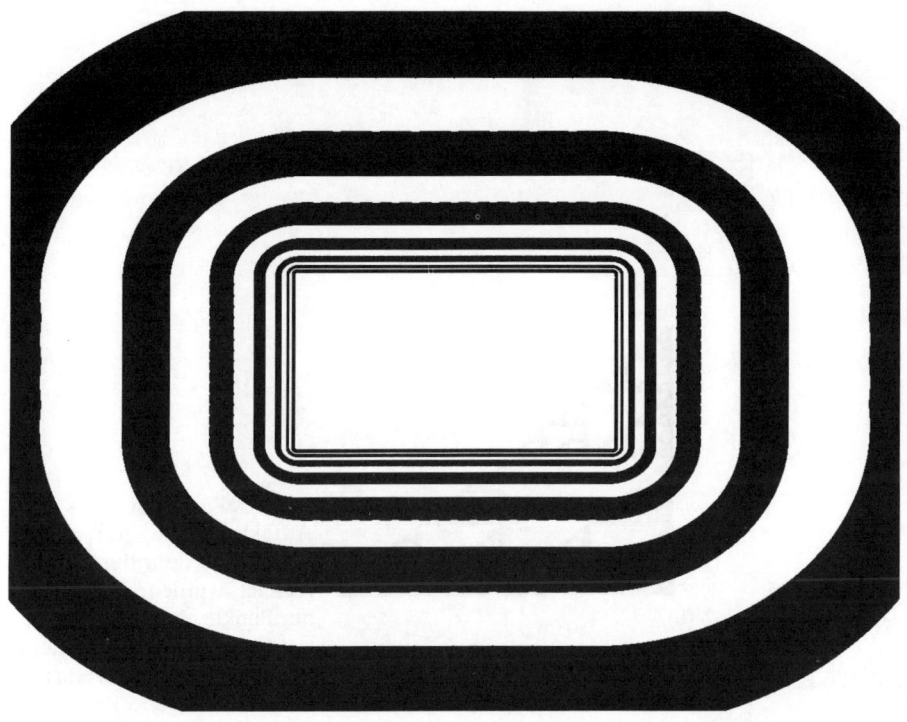

Abb. 7.5   Ein Bild von einem Attraktor eines IFS, das mit Hilfe des Fluchtzeit-Algorithmus berechnet wurde. Dieses Mal handelt es sich bei dem Attraktor um ein gefülltes Rechteck. Die berechneten Orbits der Punkte aus ■■ scheinen niemals zu entkommen.

b)   Man wende den Fluchtzeit-Algorithmus an, wobei $\mathcal{V}$ und $\mathcal{W}$ geeignet gewählt sein müssen. Es dürfen nur die Punkte gezeichnet werden, deren numerische Orbits ausreichend viele Iterationen benötigen, um $\mathcal{V}$ zu erreichen.

In Programm 7.1, so wie es dasteht, kann man die drei Zeilen 150, 160 und 170 durch die beiden Zeilen

```
150 if n=numits then pset(p,q),1
160 if x*x+y*y>R then n=numits
```

ersetzen und *numits* = 10 definieren. Wenn der Wert von *numits* zu hoch ist, werden nur sehr wenig Punkte nicht aus $\mathcal{W}$ entkommen, und man erhält ein armseliges Bild von $\mathbb{A}$. Wenn der Wert von *numits* zu niedrig ist, produziert man ein sehr grobes Bild von $\mathbb{A}$. Ein Bild eines IFS-Attraktors, das mit dem Fluchtzeit-Algorithmus, so modifiziert wie hier beschrieben, berechnet wurde, ist in Abbildung 7.6 dargestellt.

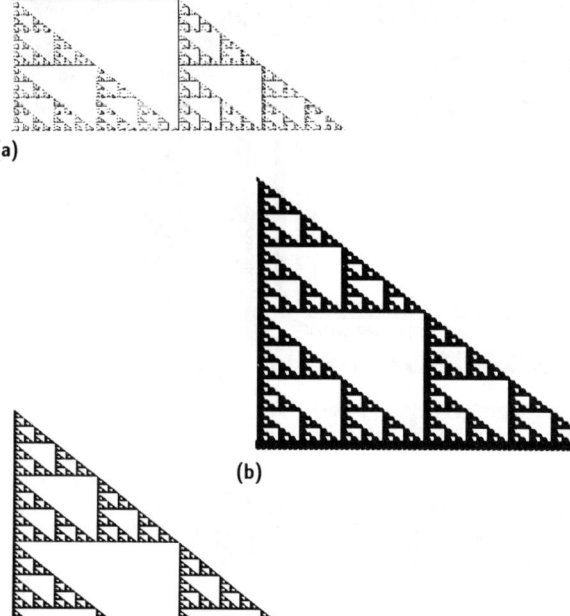

(a)

(b)

(c)

Abb. 7.6 Bilder eines IFS-Attraktors, die mit dem Fluchtzeit-Algorithmus berechnet wurden. Es wurden nur Punkte eingezeichnet, deren Orbits nach *numits* Iterationen $\mathbf{R}^2 \setminus \mathcal{V}$ nicht verlassen haben. Die Werte für *numits* dürfen nicht zu hoch, wie in a), und nicht zu niedrig, wie in b), gewählt werden, sondern genau richtig, wie in c).

Aufgaben

7.1.5 Ändern Sie Ihre Version von Programm 7.1, so daß Sie Bilder des Attraktors des IFS $\{\mathbf{C}; w_1(z) = re^{i\theta}z - 1, w_2(z) = re^{i\theta}z + 1\}$ berechnen können, mit $r = \frac{1}{\sqrt{2}}$ und $\theta = \frac{\pi}{2}$.

7.1.6 Zeigen Sie, daß es möglich ist, ein dynamisches System $\{\mathbf{C}; f\}$ zu definieren, welches die zu dem IFS

$$\{\mathbf{C}; w_1(z) = re^{i\theta}z - 1, w_2(z) = re^{i\theta}z + 1\}$$

gehörende Shift-Abbildung für jedes $\theta \in [0, 2\pi)$ auf ganz $\mathbf{C}$ erweitert, vorausgesetzt, daß die positive reelle Zahl r hinreichend klein gewählt wird. Beachten Sie, daß dies in einer Weise durchgeführt werden kann, daß f stetig ist!

7.1.7 Bezeichne $\{A; f\}$ eine Shift-Abbildung, welche zu einem total unzusammenhängenden hyperbolischen IFS in $\mathbf{R}^2$ gehört. Es sei A der Attraktor des IFS. Zeigen Sie, daß es mehrere Wege gibt, ein dynamisches System $\{\mathbf{R}^2; g\}$ so zu definieren, daß $f(x) = g(x)$ für alle $x \in A$ gilt.

Der Fluchtzeit-Algorithmus kann auf jedes dynamische System der Form $\{\mathbf{R}^2; f\}$, $\{\mathbf{C}; f\}$ oder $\{\widehat{\mathbf{C}}; f\}$ angewendet werden, häufig mit interessanten Ergebnissen. Man braucht nur ein Sichtfenster $\mathcal{W}$ und eine Region $\mathcal{V}$, in die Orbits von Punkten aus $\mathcal{W}$ entkommen können, zu spezifizieren. Das Ergebnis wird ein Bild von $\mathcal{W}$ werden. Darin sind die Pixel, die zum Punkt z gehören, entsprechend dem kleinsten Wert der natürlichen Zahl n gefärbt, für die $f^{\circ n}(z) \in \mathcal{V}$ gilt. Eine spezielle Farbe, wie zum Beispiel Schwarz, sollte man für die Darstellung derjenigen Punkte verwenden, deren Orbits $\mathcal{V}$ nicht vor *(numits + 1)* Iterationen erreichen.

Was würde passieren, wenn man den Fluchtzeit-Algorithmus auf das dynamische System $f : \widehat{\mathbf{C}} \to \widehat{\mathbf{C}}$ anwenden würde und f durch $f(z) = z^2$ definiert wäre? Diese Transformation kann durch $f(x, y) = (x^2 - y^2, 2xy)$ ausgedrückt werden. Aus der Behandlung von quadratischen Transformationen in Kapitel 3, Abschnitt 4, wissen wir, daß die Orbits von Punkten aus dem Komplement der Einheitskreisscheibe $F = \{z \in \mathbf{C} : |z| \leq 1\}$ gegen den unendlich fernen Punkt konvergieren. Orbits von Punkten aus dem Inneren von F konvergieren gegen den Ursprung. Falls $\mathcal{W}$ also ein Rechteck ist, das F enthält, und falls der Radius R, welcher $\mathcal{V}$ definiert, genügend groß ist, so erwarten wir, daß der Fluchtzeit-Algorithmus Bilder von F entwickelt, die von konzentrischen Ringen in verschiedenen Farben umgeben sind. Der Leser sollte das nachprüfen.

F wird die zu der polynomialen Transformation $f(z) = z^2$ gehörende *gefüllte Julia-Menge* genannt. Der Rand von F heißt *Julia-Menge* von F und wird mit J bezeichnet. Sie besteht aus einem Kreis mit Radius 1 und Mittelpunkt im Ursprung. Man kann sich J auf der Riemannschen Sphäre als Äquator auf einem Globus vorstellen. Diese Julia-Menge trennt die Punkte, deren Orbits gegen den unendlich fernen Punkt konvergieren von denen, deren Orbits gegen den Ursprung konvergieren. Orbits von Punkten aus J selber können nicht entkommen, weder nach Unendlich noch zum Ursprung. In der Tat gilt $J \in \mathcal{H}(\widehat{\mathbf{C}})$ und $f(J) = J = f^{-1}(J)$. J ist ein „instabiler" Fixpunkt der Abbildung $f : \mathcal{H}(\widehat{\mathbf{C}}) \to \mathcal{H}(\widehat{\mathbf{C}})$.

Definition 7.1. Bezeichne $f : \widehat{\mathbf{C}} \to \widehat{\mathbf{C}}$ ein Polynom mit Grad größer als eins. Es sei F_f diejenige Menge von Punkten in $\mathbf{C}$, deren Orbits nicht gegen den unendlich fernen Punkt konvergieren, das heißt

$$F_f = \{z \in \mathbf{C} : \{|f^{\circ n}(z)|\}_{n=0}^{\infty} \text{ ist beschränkt}\}.$$

Diese Menge heißt die zu dem Polynom f gehörende *gefüllte Julia-Menge*. Der Rand von F_f heißt die *Julia-Menge* des Polynoms f und wird mit J_f bezeichnet.

Satz 7.1. *Bezeichne* $f : \widehat{\mathbf{C}} \to \widehat{\mathbf{C}}$ *ein Polynom mit Grad größer als eins. Es seien* F_f *die gefüllte Julia-Menge von* f *und* J_f *die Julia-Menge von* f. *Dann sind* F_f *und* J_f *nichtleere kompakte Teilmengen von* $\mathbf{C}$, *d. h.* $F_f \in \mathcal{H}(\mathbf{C})$ *und* $J_f \in \mathcal{H}(\mathbf{C})$. *Darüber hinaus gilt* $f(J_f) = J_f = f^{-1}(J_f)$ *und* $f(F_f) = F_f = f^{-1}(F_f)$. *Die Menge* $\mathcal{V}_\infty = \widehat{\mathbf{C}} \setminus F_f$ *ist wegzusammenhängend.*

Beweis. Wir umreißen den Beweis für eine Ein-Parameter-Familie von Transformationen $f_\lambda : \widehat{\mathbf{C}} \to \widehat{\mathbf{C}}$, welche durch

$$f_\lambda(z) = z^2 - \lambda$$

definiert sind, wobei $\lambda \in \mathbf{C}$ der Parameter ist. Der allgemeine Fall wird zum Beispiel in [Blanchard 1984], [Brolin 1966], [Fatou 1919] und [Julia 1918] behandelt. Dieser Überblicksbeweis ist so angelegt, daß er Informationen über die Beziehung zwischen dem Satz und dem Fluchtzeit-Algorithmus offenlegt. Einige der Ideen und Bezeichnungsweisen, die hier benutzt werden, sind in Abbildung 7.7 dargestellt.

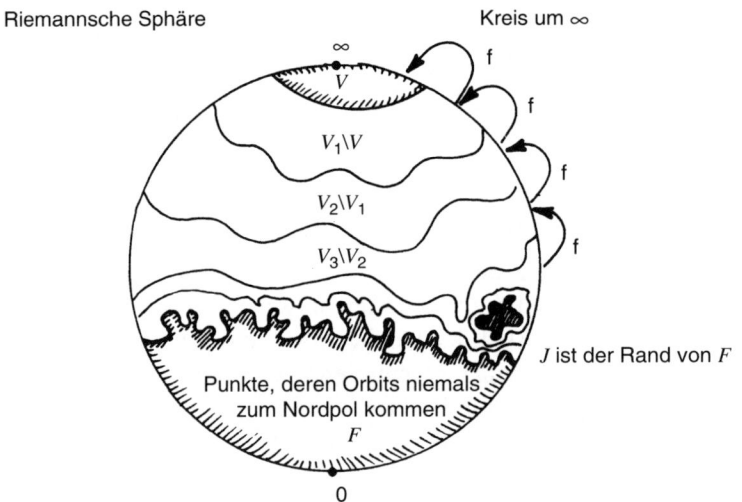

Abb. 7.7 Hier wird veranschaulicht, was in dem Beweis von Satz 7.1 vor sich geht. Es wird die wachsende Folge von Mengen $\{\mathcal{V}_n\}$ dargestellt, die gegen den Rand des Attraktionsgebietes $\mathcal{V}_\infty$ des unendlich fernen Punktes konvergiert. Man sieht ebenfalls die fallende Folge von Mengen K_n, die Komplemente der vorangegangenen Folge, die gegen die gefüllte Julia-Menge F_f konvergiert. Der Ursprung O braucht im allgemeinen nicht zu F_f zu gehören.

Bezeichne J_λ die Julia-Menge von f_λ und F_λ die gefüllte Julia-Menge von f_λ. Es sei d die euklidische Metrik auf $\mathbf{C}$, und es sei

$$R > 0.5 + \sqrt{0.25 + |\lambda|}.$$

Dann läßt sich schnell zeigen, daß

$$d(O, f(z)) > d(O, z) \text{ für alle } z,$$

so daß $d(O, z) \geq R$ gilt. Man definiere

$$\mathcal{V} = \{z \in \mathbf{C} : |z| > R\} \cup \{\infty\}.$$

Dann folgt

$$f(\mathcal{V}) \subset \mathcal{V}.$$

Man kann beweisen, daß der Orbit $\{f^{\circ n}(z)\}$ für alle $z \in \mathcal{V}$ gegen ∞ konvergiert. Kein beschränkter Orbit schneidet $\mathcal{V}$. Es folgt, daß

$$F_\lambda = \{z \in \widehat{\mathbf{C}} : f^{\circ n}(z) \notin \mathcal{V} \text{ für jede natürliche Zahl } n\}$$

gilt. Das bedeutet, F_λ ist dieselbe Menge, wie die Menge von Punkten, deren Orbits $\mathcal{V}$ nicht schneiden. Betrachten wir nun die Folge von Mengen

$$\mathcal{V}_n = f^{\circ -n}(\mathcal{V})$$

für $n = 0, 1, 2, \dots$. Für jede nichtnegative ganze Zahl n ist $\mathcal{V}_n$ eine offene zusammenhängende Teilmenge von $(\widehat{\mathbf{C}}$, sphärisch). $\mathcal{V}_n$ ist offen, da $\mathcal{V}$ offen und f stetig ist. $\mathcal{V}_n$ ist zusammenhängend auf Grund der Geometrie quadratischer Transformationen (Kapitel 3, Abschnitt 4): Das Urbild eines Pfades, der den unendlich fernen Punkt mit jedem anderen Punkt auf der Sphäre verbindet, enthält einen Pfad, der den unendlich fernen Punkt enthält.

Da $f(\mathcal{V}) \subset \mathcal{V}$ gilt, folgt daraus $\mathcal{V} \subset f^{-1}(\mathcal{V})$. Dies impliziert, daß

$$\mathcal{V} = \mathcal{V}_0 \subset \mathcal{V}_1 \subset \mathcal{V}_2 \subset \cdots \subset \mathcal{V}_n \subset \cdots . \qquad (*)$$

Für jede nichtnegative ganze Zahl n gilt

$$\mathcal{V}_n = \{z \in \widehat{\mathbf{C}} : \{z, f^{\circ 1}(z), f^{\circ 2}(z), f^{\circ 3}(z), \dots, f^{\circ n}(z)\} \cap \mathcal{V} \neq \emptyset\}.$$

$\mathcal{V}_n$ ist demnach die Menge der Punkte, deren Orbits höchstens n Iterationen benötigen, um $\mathcal{V}$ zu erreichen. Es sei

$$K_n = \widehat{\mathbf{C}} \setminus \mathcal{V}_n$$

für $n = 0, 1, 2, 3, \dots$. Dann ist K_n die Menge der Punkte, deren Orbits während der ersten n Iterationen $\mathcal{V}$ nicht schneiden. Das heißt, es gilt

$$K_n = \{z \in \widehat{\mathbf{C}} : \{z, f^{\circ 1}(z), f^{\circ 2}(z), f^{\circ 3}(z), \dots, f^{\circ n}(z)\} \cap \mathcal{V} = \emptyset\}.$$

K_n ist für jede nichtnegative ganze Zahl n eine nichtleere kompakte Teilmenge des metrischen Raums $(\widehat{\mathbf{C}}$, sphärisch). Woher wissen wir, daß K_n nicht leer ist? Das ergibt sich aus der Tatsache, daß wir durch Lösen der Gleichung

$$f(z_f) = z_f^2 - \lambda = z_f$$

einen Fixpunkt $z_f \in \mathbf{C}$ für f berechnen können, d. h., daß der Orbit von z_f gegen z_f konvergiert. Daher kann dieser Punkt für jede nichtnegative ganze Zahl n nicht zu $\mathcal{V}_n$ gehören. Somit ist $z_f \in K_n$ für jede nichtnegative ganze Zahl n. Gleichung $(*)$ impliziert, daß

$$K_0 \supset K_1 \supset K_2 \supset K_3 \supset \cdots \supset K_n \supset \cdots$$

gilt. Es folgt, daß $\{K_n\}$ eine Cauchy-Folge in $\mathcal{H}(\widehat{\mathbf{C}})$ ist. Daraus läßt sich schließen, daß $\{K_n\}$ gegen einen Punkt in $\mathcal{H}(\widehat{\mathbf{C}})$ konvergiert. Der Grenzwert ist die Menge von Punkten, deren Orbits $\mathcal{V}$ nicht schneiden. Es ist also

$$F_\lambda = \lim_{n \to \infty} K_n = \bigcap_{n=0}^{\infty} K_n,$$

und wir schließen, daß F_λ zu $\mathcal{H}(\widehat{\mathbf{C}})$ gehört. Aus der Gleichung

$$K_{n+1} = f^{\circ -1}(K_n) \quad \text{für } n = 0, 1, 2, \dots$$

läßt sich wie im Beweis von Satz 7.5 schließen, daß

$$F_\lambda = f^{\circ -1}(F_\lambda)$$

gilt. Da f eine surjektive Abbildung ist, erhalten wir $f(F_\lambda) = F_\lambda$.

Betrachten wir nun den Rand von F_λ, d. h. die Julia-Menge J_λ des dynamischen Systems $\{\widehat{\mathbf{C}}; f_\lambda\}$. Wir wählen z aus dem Inneren von F_λ. Durch die Stetigkeit von f folgt, daß $f^{-1}(z)$ im Inneren von F_λ liegt. Daher gilt $F_\lambda \supset f^{-1}(\partial F_\lambda) \supset \partial F_\lambda$. Nehmen wir nun an, daß $z \in f^{-1}(\partial F_\lambda)$ ist. Es sei O eine offene Kugel, die z enthält. Da f analytisch ist, ist $f(O)$ eine offene Menge, die $f(z) \in \partial F_\lambda$ enthält. Also enthält $f(O)$ einen Punkt, dessen Orbit gegen den unendlich fernen Punkt konvergiert. Es folgt, daß $f^{-1}(\partial F_\lambda) \subset \partial F_\lambda$ gilt. Wir schließen daraus, daß $f^{-1}(\partial F_\lambda) = \partial F_\lambda$ ist und insbesondere, daß $f(\partial F_\lambda) = \partial F_\lambda$ gilt. Damit ist der Beweis vollständig. $\square$

Fassen wir noch einmal einige Dinge zusammen, die wir im Laufe dieses Beweises entdeckt haben. Die gefüllte Julia-Menge F_λ ist der Grenzwert einer fallenden Folge kompakter Mengen. Ihr Komplement, welches wir mit $\mathcal{V}_\infty$ bezeichnen, ist der Grenzwert einer wachsenden Folge $\{\mathcal{V}_n\}$ von offenen wegzusammenhängenden Mengen in $(\widehat{\mathbf{C}}, \text{sphärisch})$. Das bedeutet, es ist

$$\mathcal{V}_\infty = \lim_{n \to \infty} \mathcal{V}_n = \bigcup_{n=0}^{\infty} \mathcal{V}_n.$$

$\mathcal{V}_\infty$ heißt *Attraktionsgebiet* des unendlich fernen Punktes der polynomialen Transformation f_λ. Es ist zusammenhängend, da jede der Mengen $\mathcal{V}_n$ zusammenhängend ist. Wir erhalten

$$\widehat{\mathbf{C}} = F_\lambda \cup \mathcal{V}_\infty.$$

$\mathcal{V}_\infty$ ist offen, zusammenhängend und nichtleer. F_λ ist kompakt und nicht leer.

Der Fluchtzeit-Algorithmus liefert uns ein Hilfsmittel, um die gefüllten Julia-Mengen F_λ „zu sehen", genauso wie die Folgen von Mengen $\{\mathcal{V}_n\}$ und $\{K_n\}$, auf die sich der Satz bezog. Sehen wir uns an, was im Fall $\lambda = 1.1$ passiert.

Wir definieren $\mathcal{V}$, indem wir $R = 4$ wählen und setzen $\mathcal{W} = \{(x, y) : -2 \leq x \leq 2, -2 \leq y \leq 2\}$. Die Funktion $f_{\lambda=1.1} : \mathbf{C} \to \mathbf{C}$ ist durch die Formel

$$f_{\lambda=1.1}(x, y) = (x^2 - y^2 - 1.1, 2xy)$$

gegeben, für alle $(x, y) \in \mathbf{C}$. Ein Beispiel für das Ergebnis eines Durchlaufs des Fluchtzeit-Algorithmus ist in Abbildung 7.8 dargestellt. Dabei sind $\mathcal{V}$, $\mathcal{W}$ und $f : \mathbf{C} \to \mathbf{C}$ so definiert, wie eben erläutert. Das schwarze Objekt repräsentiert die gefüllte Julia-Menge $F_{\lambda=1.1}$. Die Konturen trennen für aufeinanderfolgende Werte von n die Regionen $\mathcal{V}_{n+1} \setminus \mathcal{V}_n$ voneinander. Diese Konturen repräsentieren darüber hinaus die Ränder der Regionen K_n, auf die sich der Beweis des Satzes bezog. Wir sehen sie als Fluchtzeit-Konturen an. Punkte, die in $\mathcal{V}_{n+1} \setminus \mathcal{V}_n$ liegen, besitzen Orbits, die $\mathcal{V}$ in genau $(n + 1)$ Iterationen erreichen.

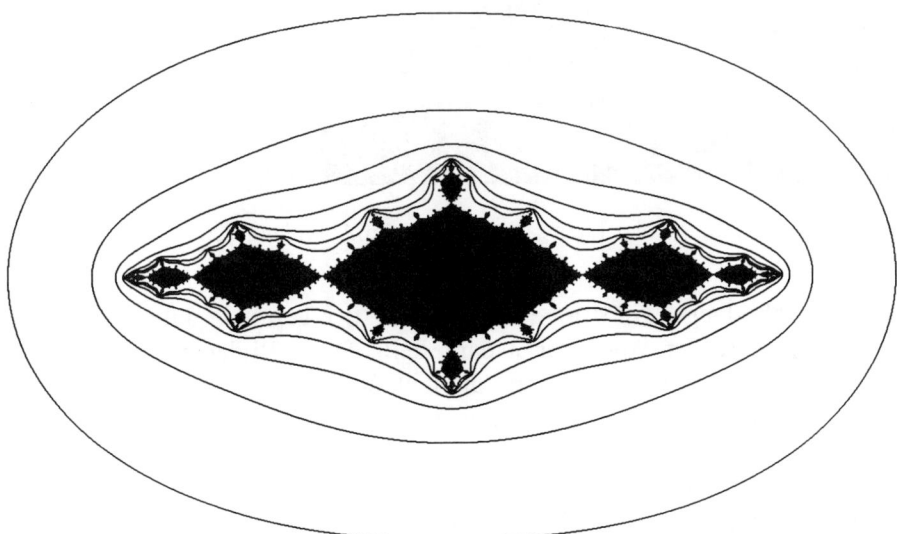

Abb. 7.8 Der Fluchtzeit-Algorithmus liefert uns ein Hilfsmittel, um die gefüllten Julia-Mengen F_λ „zu sehen", genauso wie die Folgen von Mengen $\{\mathcal{V}_n\}$ und $\{K_n\}$, auf die sich Satz 7.1 bezog. In dieser Darstellung ist $\lambda = 1.1$. Das schwarze Objekt repräsentiert die gefüllte Julia-Menge $F_{\lambda=1.1}$. Die Konturen trennen für aufeinanderfolgende Werte von n die Regionen $\mathcal{V}_{n+1} \setminus \mathcal{V}_n$ voneinander. Diese Konturen repräsentieren darüber hinaus die Ränder der Regionen K_n, auf die sich der Beweis des Satzes bezog.

In Abbildung 7.9 ist eine Vergrößerung eines interessanten Teils von $F_{\lambda=1.1}$ zu sehen, wobei auch Teile einiger Fluchtzeit-Konturen abgebildet sind. Dieses Bild wurde berechnet, indem $\mathcal{W}$ als kleine rechteckige Teilmenge des Fensters gewählt wurde, das wir in Abbildung 7.8 benutzt haben.

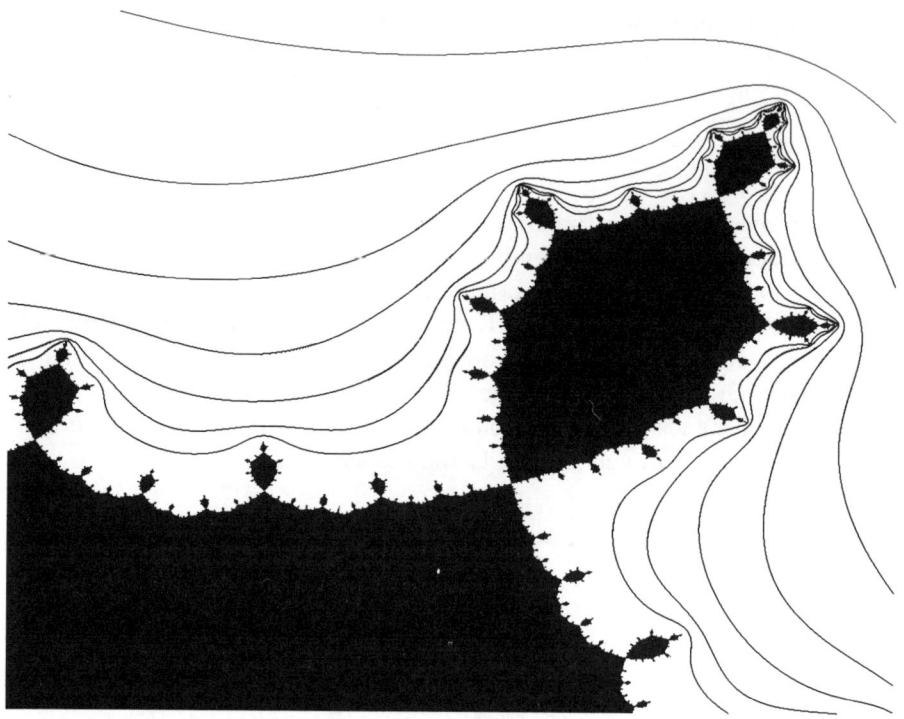

Abb. 7.9 Vergrößerung eines interessanten Teils von Abbildung 7.8.

In den Abbildungen 7.10 a)–e) sind Bilder der gefüllten Julia-Menge F_λ für eine Menge reeller Werte für λ dargestellt. Diese Bilder beinhalten auch eine Anzahl von Fluchtzeit-Konturen, die helfen, die Lage von F_λ anzudeuten. F_0 ist eine gefüllte Kreisscheibe. Wenn λ wächst, wird die Menge mehr und mehr eingeklemmt, solange bis $\lambda = 2$ ist. Dann besteht die Menge nur noch aus dem abgeschlossenen Intervall $[-2, 2]$. Für einige Werte von $\lambda \in [0, 2]$ zeigt sich, daß F_λ kein Inneres besitzt und „baumähnlich" ist. Für andere Werte scheint F_λ ein geräumiges Inneres zu besitzen. Es stellt sich auch heraus, daß F_λ für alle $\lambda \in [0, 2]$ zusammenhängend ist, während sie für $\lambda > 2$ total unzusammenhängend ist. Im letzteren Fall kann F_λ durch eine „Cantor-ähnliche" Menge beschrieben werden oder als „Staub". Der Übergang zwischen der total unzusammenhängenden und der zusammenhängenden, Blasen sprudelnden Menge bei Variation des Parameters λ erinnert uns an den Übergang zwischen der Cantor-Menge und dem Sierpinski-Dreieck, das in Zusammenhang mit Abbildung 4.26 diskutiert wurde.

Abb. 7.10 Eine Folge von Bildern von Julia-Mengen, wie in Abbildung 7.8, für eine wachsende Folge von λ-Werten im Bereich von 0 bis 3.

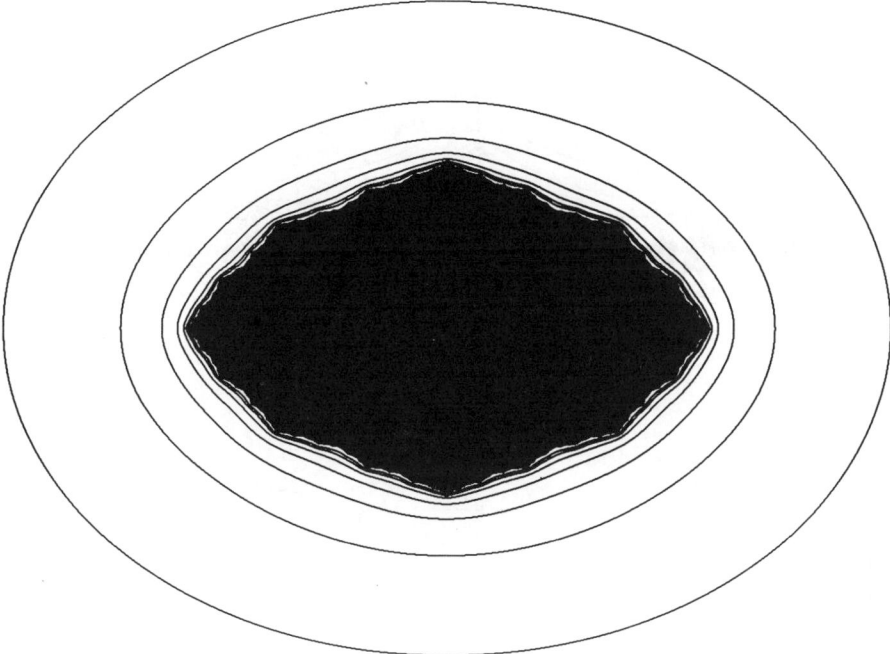

Abb. 7.10 a)

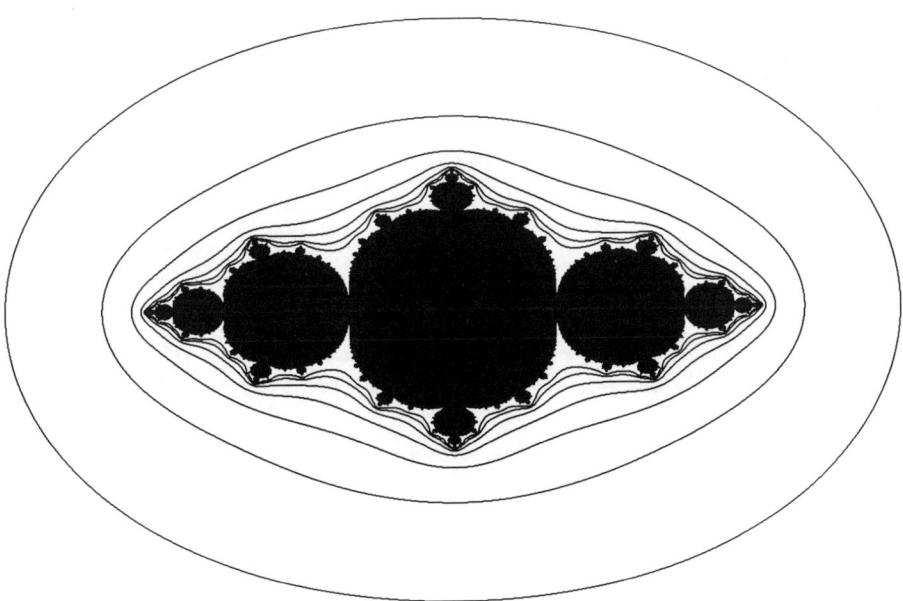

Abb. 7.10 b)

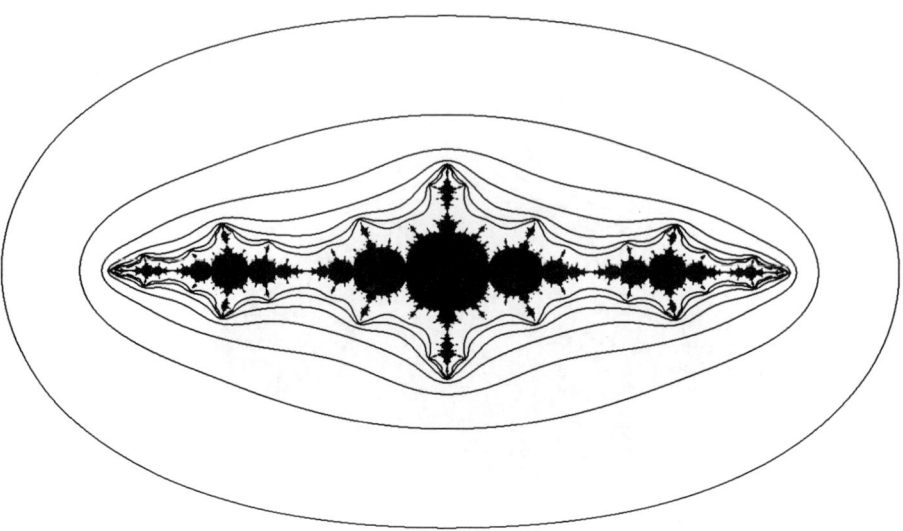

Abb. 7.10 c)

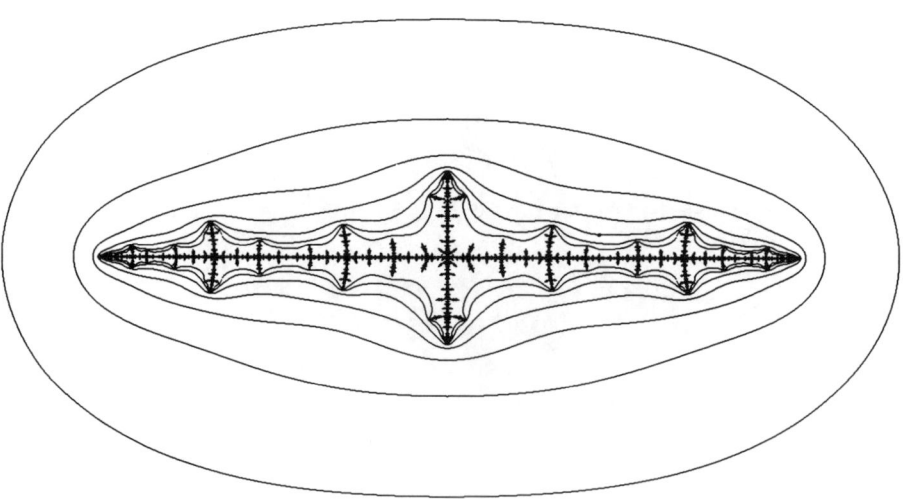

Abb. 7.10 d)   Die gefüllte Julia-Menge und die Julia-Menge stimmen überein. Die gefüllte Julia-Menge besitzt kein Inneres, ist also gleich ihrem Rand. Diese Julia-Menge ist „baumähnlich".

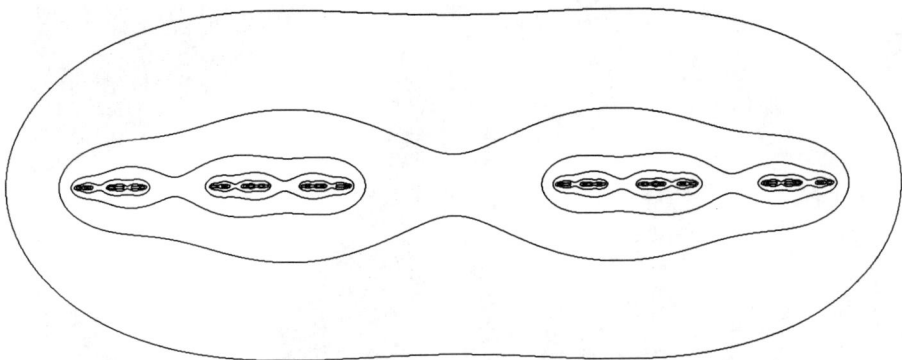

Abb. 7.10 e)   Die gefüllte Julia-Menge und die Julia-Menge stimmen überein. Die gefüllte Julia-Menge besitzt kein Inneres, ist also gleich ihrem Rand. Diese Julia-Menge ist total unzusammenhängend.

Aufgaben

7.1.8   Verändern Sie Ihre Version des Fluchtzeit-Algorithmus so, daß Sie Bilder der gefüllten Julia-Menge für die Familie quadratischer Polynome $z^2 - \lambda$ für verschiedene komplexe Werte von λ berechnen können. Berechnen Sie ein Bild der gefüllten Julia-Menge für $\lambda = i$ und machen Sie von der Ausgabe eine Hardcopy!

7.1.9   Stellen Sie Iterationsformeln auf und bestimmen Sie einen passenden Wert für R in Ausdrücken von $|\lambda|$, so daß Sie den Fluchtzeit-Algorithmus auf das komplexe Polynom $z^3 - \lambda$ anwenden können!

7.1.10 Untersuchen Sie graphische Iterationen, die zu $z^2 - \lambda$ gehören, für wachsende Werte von $\lambda \in [0, 3]$. Machen Sie sich Gedanken über den Zusammenhang zwischen diesen Diagrammen und den zugehörigen gefüllten Julia-Mengen.

7.1.11 Es sei $\lambda \in [0, 0.7] \cup [0.8, 1.2]$. Es sei $\mathcal{V}$ eine offene Kugel mit Radius 0.00001 und Mittelpunkt im Ursprung. Wenden Sie auf das dynamische System $\{\mathbf{C}; z^2 - \lambda\}$ mit dieser Wahl von $\mathcal{V}$ den Fluchtzeit-Algorithmus an. Erzeugen Sie computergraphische Daten, um die Hypothese zu unterstützen, daß der Fluchtzeit-Algorithmus in diesem Fall Bilder von Teilen des Abschlusses von $\mathbf{C} \setminus F_\lambda$ liefert. Entwerfen Sie eine Fluchtregion $\mathcal{V}$, so daß der Fluchtzeit-Algorithmus für $\lambda \in [0, 0.7] \cup [0.8, 1.2]$ ungefähre Bilder von J_λ hervorbringt!

7.1.12 Der Fluchtzeit-Algorithmus bringt numerische Fehler in die Berechnung der Orbits. Diese Fehler sollten zu Ungenauigkeiten in den berechneten Bildern der Julia-Mengen und Attraktoren von IFS führen. Betrachten wir dazu die Anwendung auf die gefüllte Julia-Menge $z^2 - 1$. Bestimmen Sie mit Hilfe computergraphischer Experimente die Bedeutung dieser Fehler in den Bildern, die Sie berechnet haben! Eine Möglichkeit vorzugehen besteht darin, immer kleinere aufeinanderfolgende Fenster $\mathcal{W}$ auszuwählen, welche den augenscheinlichen Rand der gefüllten Julia-Menge schneiden und dann die Fenstergröße zu suchen, bei der die Qualität der berechneten Bilder sich zu verschlechtern scheint. (Sie werden die maximale Anzahl der Iterationen M erhöhen müssen, wenn Sie zoomen.) Können Sie beweisen, daß die offenbar entarteten Bilder tatsächlich nicht korrekt sind?

Abb. 7.11   Dieses Bild wurde durch Anwendung des Fluchtzeit-Algorithmus auf das dynamische System $\{\mathbf{C}; f(z) = z^4 - z - 0.78\}$ erzeugt. Das Sichtfenster ist $\mathcal{W} = \{(x, y) : -1 \leq x \leq 1, -1 \leq y \leq 1\}$. Können Sie die Fluchtregion $\mathcal{V}$ bestimmen?

7.1.13   Das Bild in Abbildung 7.11 wurde durch Anwendung des Fluchtzeit-Algorithmus auf das dynamische System $\{\mathbf{C}; f(z) = z^4 - z - 0.78\}$ erzeugt. Das Sichtfenster ist $\mathcal{W} = \{(x, y) : -1 \leq x \leq 1, -1 \leq y \leq 1\}$. Bestimmen Sie die Fluchtregion $\mathcal{V}$. Versuchen Sie außerdem, eines der kleinen Gesichter in dem Bild zu vergrößern!

7.1.14   Die Bilder in den Abbildungen 7.12 a), b), c) und d) stellen die verschiedenen nichttrivialen Attraktoren aller IFS der Form $\{\blacksquare; w_1, w_2, w_3\}$ dar. Die Abbildungen sind Ähnlichkeitsabbildungen mit Skalierungsfaktor $\frac{1}{2}$, und die Rotationswinkel stammen aus der Menge $\{0°, 90°, 180°, 270°\}$. Es wurden die drei Verschie-

---

Abb. 7.12 a)   Die Bilder in dieser und den folgenden Abbildungen b), c) und d) stellen die verschiedenen nichttrivialen Attraktoren aller IFS der Form $\{\blacksquare; w_1, w_2, w_3\}$ dar, wobei die Abbildungen Ähnlichkeitsabbildungen mit Skalierungsfaktor 1/2 sind und die Rotationswinkel aus der Menge $\{0°, 90°, 180°, 270°\}$ stammen. Es wurden die drei Verschiebungen $(0, 0)$, $(1, 0)$ und $(0, 1)$ benutzt. Diese IFS sind alle gerade berührend. Die Menge $w_i(A) \cap w_j(A)$ ist für $i \neq j$ in einer der beiden Geraden $x = 1$ oder $y = 1$ enthalten. Es ist also einfach, Bilder dieser Attraktoren mit Hilfe des Fluchtzeit-Algorithmus zu berechnen.

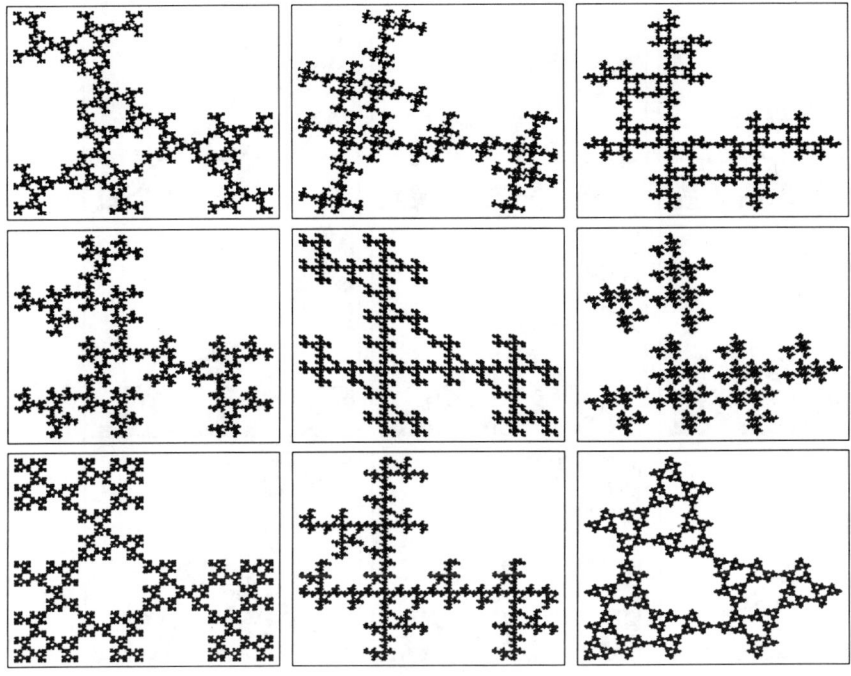

Abb. 7.12 a)

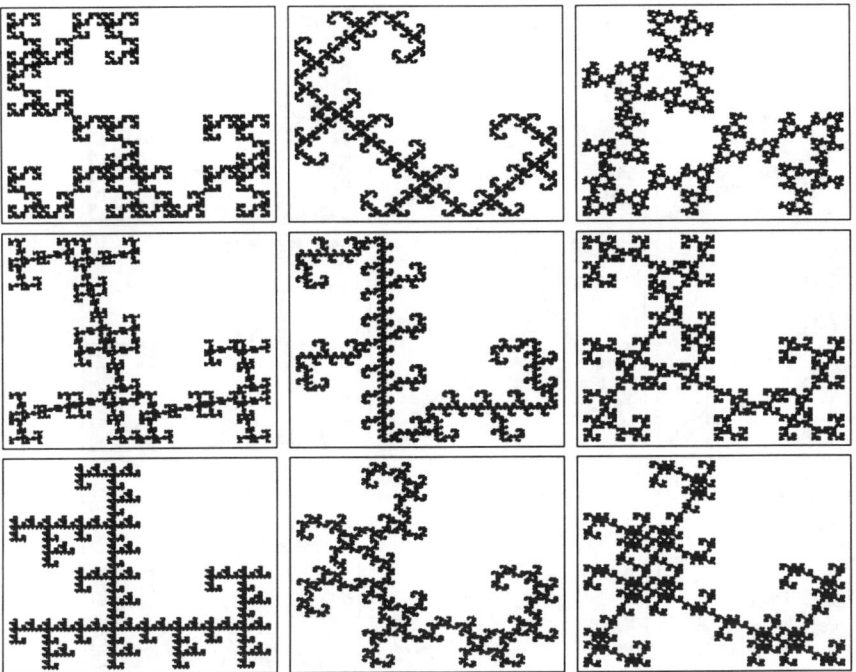

Abb. 7.12 b)

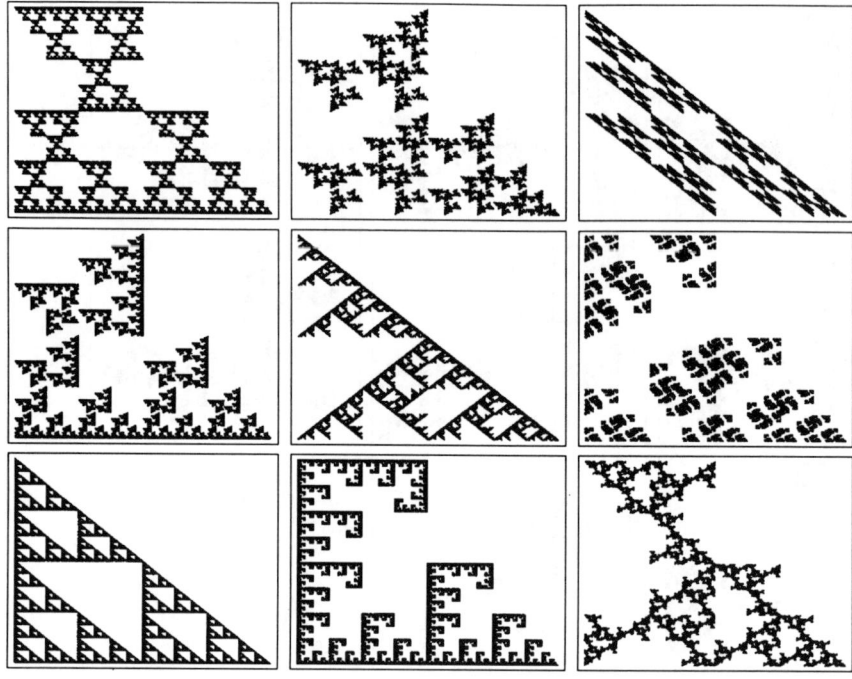

Abb. 7.12 c)

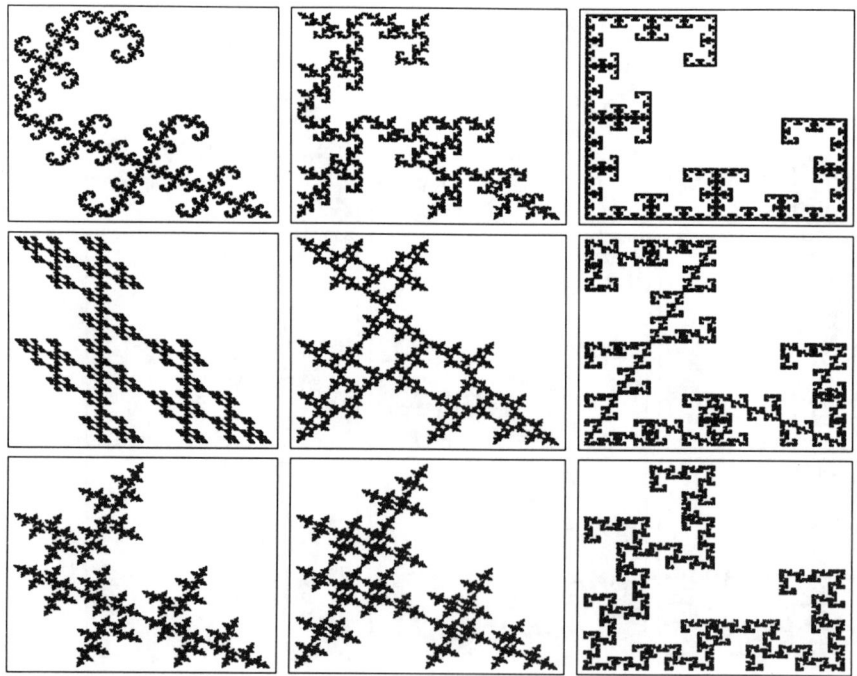

Abb. 7.12 d)

bungen $(0, 0)$, $(1, 0)$ und $(0, 1)$ benutzt. Diese IFS sind alle gerade berührend. Die Menge $w_i(A) \cap w_j(A)$ ist für $i \neq j$ in einer der beiden Geraden $x = 1$ oder $y = 1$ enthalten. Zeigen Sie als ein Ergebnis, daß es einfach ist, diese Bilder mit Hilfe des Fluchtzeit-Algorithmus zu berechnen.

Hier sind einige Beobachtungen über die „Gruppe" dieser Bilder: Viele enthalten gerade Linien. Sie besitzen alle dieselbe fraktale Dimension. Will man sie zeichnen, so braucht man für jede ungefähr dieselbe Menge Tinte. Viele von ihnen sind zusammenhängend. Machen Sie weitere Beobachtungen. Können Sie einige dieser Beobachtungen formalisieren und beweisen?

7.1.15 Weisen Sie rechnerisch nach, daß eine „Schneeflocken-Kurve" der Rand eines Attraktionsgebietes für das dynamische System $\{\mathbf{R}^2; f\}$ ist. Dabei ist f für alle $(x, y) \in \mathbf{R}^2$ folgendermaßen gegeben:

$$f(x, y) = \begin{cases} (0, -1), & \text{falls } y < 0; \\ (3x, 3y), & \text{falls } y \geq 0, x < \frac{-y}{\sqrt{3}} + 1; \\ \left(\frac{(9-3x-3\sqrt{3}y)}{2}, \frac{(3\sqrt{3}-3\sqrt{3}x+3)}{2} \right), & \text{falls } y \geq 0, \frac{-y}{\sqrt{3}} + 1 \leq x \leq \frac{3}{2}; \\ \left(\frac{(3x-3\sqrt{3}y)}{2}, \frac{(3\sqrt{3}x+3y-6\sqrt{3})}{2} \right), & \text{falls } y \geq 0, \frac{3}{2} \leq x < \frac{y}{\sqrt{3}} + 2; \\ (9 - 3x, 3y), & \text{falls } y \geq 0, x \geq \frac{y}{\sqrt{3}} + 2. \end{cases}$$

7.2 Iterierte Funktionensysteme, deren Attraktoren Julia-Mengen sind

In Abschnitt 7.1 haben wir gelernt, wie man einige IFS-Attraktoren und gefüllte Julia-Mengen mit Hilfe des Fluchtzeit-Algorithmus durch Anwendung auf bestimmte dynamische Systeme definiert. In diesem Abschnitt erklären wir, wie die Julia-Menge einer quadratischen Transformation als Attraktor eines passend definierten IFS aufgefaßt werden kann.

Der Fluchtzeit-Algorithmus vergleicht, wie schnell verschiedene Punkte unter der Einwirkung eines dynamischen Systems von $\mathcal{W}$ nach $\mathcal{V}$ entfliehen. Welche Menge stößt die Orbits ab? Woher stammen die fliehenden Orbits? Im Fall des dynamischen Systems, das wir zu Beginn von Abschnitt 7.1 betrachtet haben, „flohen" die Orbits aus dem Attraktor des IFS.

Es sei $\lambda \in \mathbf{C}$ fest gewählt. Welche Menge stößt die Orbits im Fall des dynamischen Systems $\{\widehat{\mathbf{C}}; f_\lambda(z) = z^2 - \lambda\}$ ab? Um das herauszufinden, betrachten wir die Inverse von $f_\lambda(z)$. Man erhält ein Funktionenpaar $f_\lambda^{-1}(z) = \{+\sqrt{z + \lambda}, -\sqrt{z + \lambda}\}$. Dabei ist zum Beispiel die positive Quadratwurzel einer komplexen Zahl gerade die komplexe Wurzel, die auf der nichtnegativen reellen Achse oder in der oberen Halbebene liegt. Explizit ausgedrückt heißt das $\sqrt{z} = \sqrt{x_1 + ix_2} = (a(x_1, x_2), b(x_1, x_2))$ mit

$$a(x_1, x_2) = \sqrt{\frac{\sqrt{x_1^2 + x_2^2} + x_1}{2}} \text{ , wenn } x_2 \geq 0,$$

$$a(x_1, x_2) = -\sqrt{\frac{\sqrt{x_1^2 + x_2^2} + x_1}{2}} \text{ , wenn } x_2 < 0,$$

$$b(x_1, x_2) = \sqrt{\frac{\sqrt{x_1^2 + x_2^2} - x_1}{2}} \text{ , wenn } x_2 \geq 0.$$

Um die „abstoßende" Menge zu finden, müssen wir versuchen, das dynamische System rückwärts laufen zu lassen. Studieren wir also deshalb das IFS

$$\{\widehat{\mathbf{C}}; w_1(z) = \sqrt{z + \lambda}, w_2(z) = -\sqrt{z + \lambda}\}.$$

Die natürliche Idee ist, daß dieses IFS einen Attraktor besitzt. Dieser Attraktor ist die Menge, aus der Punkte unter der Einwirkung des dynamischen Systems $\{\widehat{\mathbf{C}}; z^2 - \lambda\}$ zu entfliehen versuchen.

Einige computergraphische Experimente legen schnell eine interessante Idee nahe: sie regen an, daß das IFS tatsächlich einen Attraktor besitzt, und zwar die Julia-Menge $J_\lambda = \partial F_\lambda$ für $f_\lambda(z)$. Betrachten wir beispielsweise den Fall $\lambda = 1$. Abbildung 7.13 a) stellt Punkte in dem Fenster $\mathcal{W} = \{z = (x, y) \in \mathbf{C} : -2 \leq x \leq 2, -2 \leq y \leq 2\}$ dar, deren Orbits divergieren. Das Bild wurde mit Hilfe des Fluchtzeit-Algorithmus berechnet. Abbildung 7.13 b) zeigt das Ergebnis der Anwendung des Zufalls-Iterations-Algorithmus auf das obige IFS mit $\lambda = 1$ und denselben Bildschirmkoordinaten, wie sie schon bei a) darübergelegt wurden. Der Rand der Region $F_{\lambda=1}$ ist durch Punkte auf dem Attraktor des IFS umrissen.

Die Abbildungen 7.14 a)–d)[1] zeigen Resultate der Anwendung des Zufalls-Iterations-Algorithmus auf das IFS $\{\widehat{\mathbf{C}}; w_1(z) = \sqrt{z + \lambda}, w_2(z) = -\sqrt{z + \lambda}\}$ für verschiedene $\lambda \in [0, 3]$. In allen Fällen stellt sich heraus, daß das IFS einen Attraktor besitzt und dieser Attraktor die Julia-Menge J_λ ist.

Vielleicht ist $\{\widehat{\mathbf{C}}; w_1(z) = \sqrt{z + \lambda}, w_2(z) = -\sqrt{z + \lambda}\}$ ein hyperbolisches IFS mit J_λ als Attraktor? Nein, das ist es nicht, weil $\widehat{\mathbf{C}} = w_1(\widehat{\mathbf{C}}) \cup w_2(\widehat{\mathbf{C}})$. Das IFS gehört nicht zu dem eindeutigen Fixpunkt im Raum $\mathcal{H}(\widehat{\mathbf{C}})$. Damit das IFS einen eindeutigen Attraktor erhält, müssen wir einige Teile von $\widehat{\mathbf{C}}$ entfernen, um so einen kleineren Raum herzustellen, auf dem das IFS wirkt.

---

[1]Die Bilder dieser Menge treten hier und im weiteren Verlauf des Buches aus technischen Gründen zu sehr in x-Richtung gestreckt, bzw. in y-Richtung gestaucht, auf. (Anm. d. Übers.)

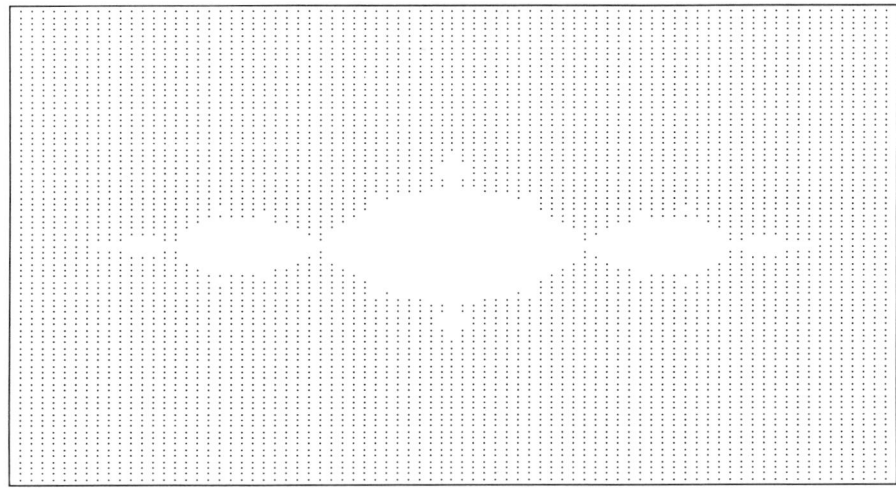

Abb. 7.13 a)   Der Attraktor des IFS $\{\widehat{\mathbf{C}}; w_1(z) = \sqrt{z+1}, w_2(z) = -\sqrt{z+1}\}$ ist die Julia-Menge der Transformation $f(z) = z^2 - 1$. Hier werden die Punkte dargestellt, deren Orbits „fliehen", wenn der Fluchtzeit-Algorithmus angewendet wird.

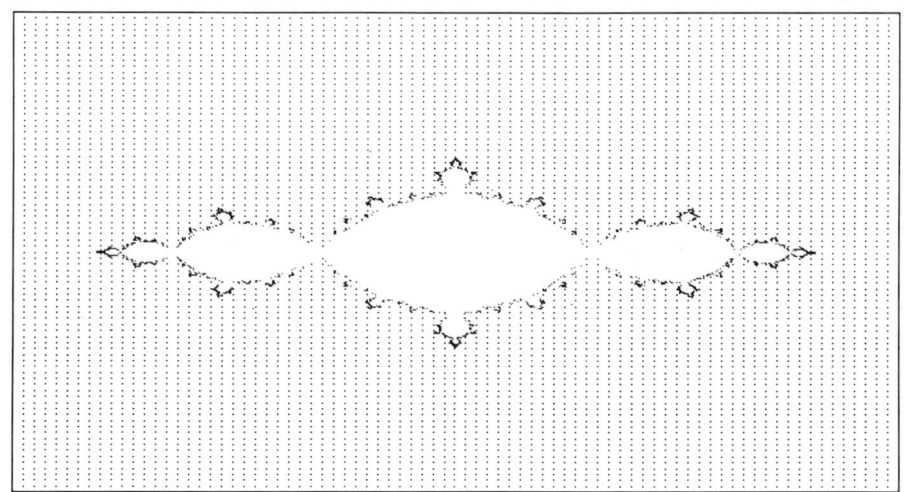

Abb. 7.13 b)   Hier sieht man das Ergebnis, wenn man den Zufalls-Iterations-Algorithmus auf das IFS anwendet und über Abbildung 7.13 a) legt.

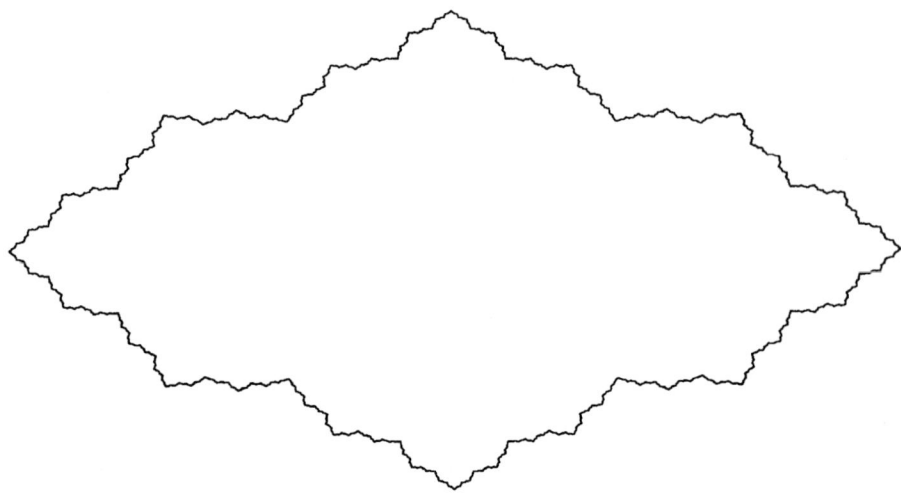

Abb. 7.14 a)   Anwendung des Zufalls-Iterations-Algorithmus auf das IFS

$$\{\widehat{\mathbf{C}}; w_1(z) = \sqrt{z + \lambda},\, w_2(z) = -\sqrt{z + \lambda}\}$$

für verschiedene $\lambda \in [0, 3]$. Vergleichen Sie diese Bilder mit denen in Abbildung 7.10. Die Ergebnisse sind Bilder der Julia-Menge für $f_\lambda(z) = z^2 - \lambda$. Der Zusammenhang zwischen diesen Julia-Mengen und der IFS-Theorie ist offensichtlich.

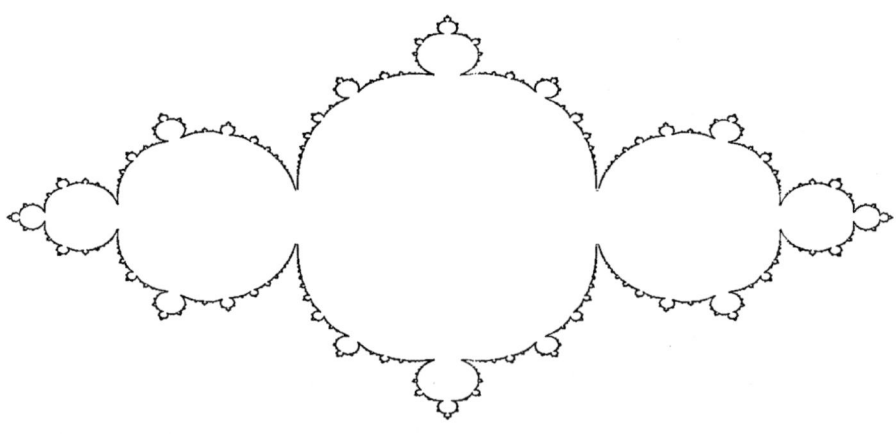

Abb. 7.14 b)

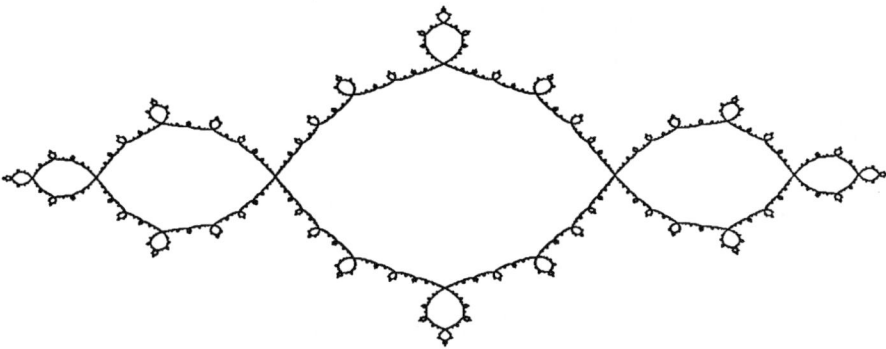

Abb. 7.14 c)

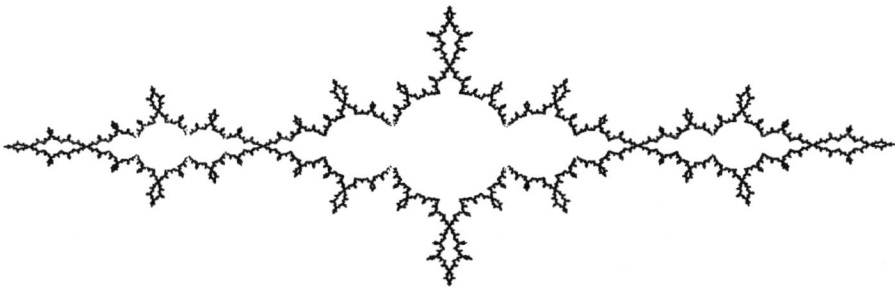

Abb. 7.14 d)

Satz 7.2. *Es sei* $\lambda \in \mathbf{C}$. *Wir setzen voraus, daß das dynamische System* $\{\widehat{\mathbf{C}}; f(z) = z^2 - \lambda\}$ *einen attraktiven Zyklus* $\{z_1, z_2, z_3, \ldots, z_p\} \subset \mathbf{C}$ *besitzt. Es sei* ϵ *eine sehr kleine positive Zahl. Bezeichne* $\mathbf{X}$ *die Riemannsche Sphäre* $\widehat{\mathbf{C}}$, *aus der* $(p+1)$ *offene Kugeln mit Radius* ϵ *herausgenommen wurden. (Der Radius wird in der sphärischen Metrik gemessen.) Jeder Punkt des Zyklus ist jeweils Mittelpunkt einer solchen Kugel, und eine Kugel hat den unendlich fernen Punkt als Mittelpunkt (Abbildung 7.15). Man definiere ein IFS durch* $\{\mathbf{X}; w_1(z) = \sqrt{z + \lambda}, w_2(z) = -\sqrt{z + \lambda}\}$. *Dann bildet die Transformation* W *auf* $\mathcal{H}(\mathbf{X})$, *die durch*

$$W(B) = w_1(B) \cup w_2(B) \text{ für alle } B \in \mathcal{H}(\mathbf{X})$$

gegeben ist, $\mathcal{H}(\mathbf{X})$ *auf sich selbst ab.* W *ist stetig bezüglich der Hausdorff-Metrik auf* $\mathcal{H}(\mathbf{X})$. *Darüber hinaus besitzt* $W : \mathcal{H}(\mathbf{X}) \to \mathcal{H}(\mathbf{X})$ *einen eindeutigen Fixpunkt* J_λ, *nämlich die Julia-Menge für* $z^2 - \lambda$. *Es gilt ebenfalls*

$$\lim_{n \to \infty} W^{\circ n}(B) = J_\lambda \quad \text{für alle } B \in \mathcal{H}(\mathbf{X}).$$

Diese Schlußfolgerungen sind auch richtig für den Fall, daß der Orbit des Ursprungs $\{f^{\circ n}(O)\}$ *gegen den unendlich fernen Punkt konvergiert und* $\mathbf{X} = \widehat{\mathbf{C}} \setminus B(\infty, \epsilon)$ *ist.*

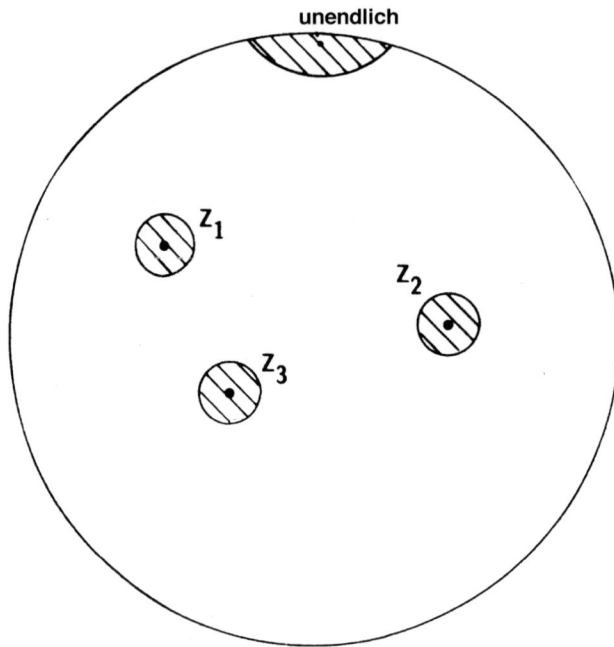

unendlich

Abb. 7.15 Die Riemannsche Sphäre, aus der eine Anzahl sehr kleiner offener Kugeln mit Radius ϵ herausgenommen wurde. Jeder Punkt $\{z_p \in \widehat{\mathbf{C}}\}$, der zum attraktiven Zyklus der Transformation $f_\lambda(z) = z^2 - \lambda$ gehört, tritt jeweils als Mittelpunkt einer Kugel auf. Eine weitere Kugel hat den unendlich fernen Punkt als Mittelpunkt.

Beweisskizze. Der Umstand, daß W den Raum $\mathcal{H}(\mathbf{X})$ stetig in sich selbst abbildet, folgt aus Satz 7.5. Um Satz 7.5 anzuwenden, müssen drei Bedingungen erfüllt sein. Diese drei Bedingungen lauten: f ist analytisch auf $\widehat{\mathbf{C}}$, so daß (1) f stetig ist *und* (2) f offene Mengen auf offene Mengen abbildet. Die Art und Weise, in der $\mathbf{X}$ konstruiert ist, sichert für hinreichend kleines ϵ, daß (3) $f(\mathbf{X}) \supset \mathbf{X}$ und $W(\mathbf{X}) = f^{-1}(\mathbf{X}) \subset \mathbf{X}$ gilt.

Um zu beweisen, daß W einen eindeutigen Fixpunkt besitzt, machen wir wieder Gebrauch von Satz 7.5. Betrachten wir den Grenzwert $A \in \mathcal{H}(\mathbf{X})$ der fallenden Folge von Mengen $\{W^{\circ n}(\mathbf{X})\}$, d. h.

$$A = \bigcap_{n=1}^{\infty} f^{\circ(-n)}(\mathbf{X}) = \lim_{n \to \infty} W^{\circ n}(\mathbf{X}).$$

Dieser Grenzwert gehorcht $W(A) = A$. Aus [Brolin 1966, Hilfssatz 6.3] folgt, daß $A = J_\lambda$, die Julia-Menge, ist. Damit ist die Beweisskizze vollständig. $\square$

Satz 7.2 kann dahingehend verallgemeinert werden, daß er auf polynomiale Transformationen $f : \widehat{\mathbf{C}} \to \widehat{\mathbf{C}}$ mit Grad N größer als 1 anwendbar ist.

Hier ist eine grobe Beschreibung: Es sei $f^{-1}(z) = \{w_1(z), w_2(z), \ldots, w_N(z)\}$ eine Definition der Zweige der Inversen von f. Betrachten wir dann das IFS $\{\widehat{\mathbf{C}}; w_1(z), w_2(z), \ldots, w_N(z)\}$. Dieses IFS ist nicht hyperbolisch. Die typische Situation ist, daß der Operator $W : \mathcal{H}(\widehat{\mathbf{C}}) \to \mathcal{H}(\widehat{\mathbf{C}})$ eine endliche Zahl von Fixpunkten besitzt, die alle außer einem „instabil" sind. Der einzige „stabile" Fixpunkt ist J_f, und für die „meisten" $A \in \mathcal{H}(\widehat{\mathbf{C}})$ gilt $W^{\circ n}(A) \to J_f$. Im Prinzip kann J_f mit Hilfe des Zufalls-Iterations-Algorithmus berechnet werden.

Ergebnisse wie Satz 7.2 befassen sich mit sogenannten *hyperbolischen* Julia-Mengen. Die Julia-Menge einer rationalen Transformation $f : \widehat{\mathbf{C}} \to \widehat{\mathbf{C}}$ ist hyperbolisch, wenn der Orbit eines kritischen Punktes $c \in \widehat{\mathbf{C}}$ von f gegen einen attraktiven Zyklus von f konvergiert. Die Julia-Menge von $z^2 - 0.75$ ist ein Beispiel für eine nichthyperbolische Julia-Menge. Als gute Quelle für weitere Informationen über Julia-Mengen, vom Standpunkt dynamischer Systeme aus, weisen wir auf [Peitgen 1986] hin.

Im allgemeinen gibt es für Polynome vom Grad N für die inversen Abbildungen $\{w_n(z) : n = 1, 2, 3, \ldots, N\}$ keine expliziten Formeln. Somit kann der Zufalls-Iterations-Algorithmus gewöhnlich nicht angewendet werden. Bilder von Julia-Mengen und gefüllten Julia-Mengen werden häufig mit Hilfe des Fluchtzeit-Algorithmus berechnet. Quadratische Transformationen bilden einen Spezialfall, da beide Algorithmen benutzt werden können. Der Zufalls-Iterations-Algorithmus läßt sich für die Berechnung der Julia-Mengen von quadratischen und kubischen Polynomen sowie für spezielle Polynome höheren Grades, wie $z^n + \lambda$ mit $n = 4, 5, 6, 7, \ldots$ und $\lambda \in \mathbf{C}$, verwenden.

Aufgaben/Beispiele

7.2.1 Wir betrachten das dynamische System $\{\widehat{\mathbf{C}}; f(z) = z^2\}$. Der Ursprung O ist ein attraktiver Zyklus der Periode 1. Es gilt: $f(O) = O$ und $|f'(O)| < 1$. Beachten Sie, daß $\lim\limits_{n\to\infty} f^{\circ n}(z) = O$ gilt, für alle $z \in B(0, 0.99999999)$. Bezeichne $\overset{\circ}{B}(z, r)$ die offene Kugel auf $\widehat{\mathbf{C}}$, die den Mittelpunkt z und den Radius r hat. Durch Satz 7.2 wissen wir, daß das IFS

$$\{\mathbf{X} = \widehat{\mathbf{C}} \setminus \{\overset{\circ}{B}(O, 0.0000001) \cup \overset{\circ}{B}(\infty, 0.0000001)\}; \quad w_1(z) = \sqrt{z}, w_2(z) = -\sqrt{z}\}$$

einen eindeutigen Attraktor besitzt. Der Attraktor ist gerade der Kreis mit Radius 1 und Mittelpunkt im Ursprung. Er kann mittels Zufalls-Iterations-Algorithmus berechnet werden. Beachten Sie, daß, wenn wir den Raum $\mathbf{X}$ durch die Hinzunahme von O erweitern, $O \in \mathcal{H}(\mathbf{X})$ gilt sowie $O = W(O) = w_1(O) \cup w_2(O)$. Wenn wir $\mathbf{X}$ um $\overset{\circ}{B}(O; 0.0000001)$ erweitern, gehört die gefüllte Julia-Menge F_0 zu $\mathcal{H}(\mathbf{X})$ und gehorcht $F_0 = W(F_0)$. Wenn wir für $\mathbf{X}$ den ganzen Raum $\widehat{\mathbf{C}}$ wählen, dann gilt $\widehat{\mathbf{C}} = W(\widehat{\mathbf{C}})$. Mit anderen Worten: Wenn der Raum, auf dem das IFS wirkt, zu groß ist, dann geht die Eindeutigkeit des „Attraktors" des IFS verloren.

Können Sie zwei weitere nichtleere kompakte Teilmengen von $\widehat{\mathbf{C}}$ bestimmen, die für den Fall $\mathbf{X} = \widehat{\mathbf{C}}$ Fixpunkte von W sind?

Weisen Sie nach, daß der Punkt $z_0 = 0.5 - \sqrt{0.25 + \lambda}$ für alle $\lambda \in (-0.25, 0.75)$ ein Zyklus der Periode 1 für $\{\widehat{\mathbf{C}}; z^2 - \lambda\}$ ist! Leiten Sie daraus ab, daß das zugehörige IFS, welches auf einem passend gewählten Raum $\mathbf{X}$ wirkt, einen eindeutigen Attraktor besitzt!

7.2.2 Wir betrachten das dynamische System $\{\widehat{\mathbf{C}}; f(z) = z^2 - \lambda\}$. Dabei sei $\lambda \in (0.75, 1.25)$. Es bezeichnen $z_1, z_2 \in \mathbf{R}$ die beiden Lösungen der Gleichung $z^2 + z + (1 - \lambda) = 0$. Zeigen Sie, daß $f(z_1) = z_2$ und $f(z_2) = z_1$ ist. Weisen Sie nach, daß $|(f^{\circ 2})'(z_1)| = |(f^{\circ 2})'(z_2)| < 1$ gilt und damit $\{z_1, z_2\}$ ein attraktiver Zyklus der Periode 2 ist! Leiten Sie her, daß das IFS

$$\{\widehat{\mathbf{C}} \setminus \{\mathring{B}(z_1, \epsilon) \cup \mathring{B}(z_2, \epsilon) \cup \mathring{B}(\infty, \epsilon)\}; w_1(z) = \sqrt{z + \lambda}, \quad w_2(z) = -\sqrt{z + \lambda}\}$$

einen eindeutigen Attraktor besitzt, falls ϵ hinreichend klein ist.

7.2.3 Die Julia-Menge J_f des Polynoms $z^2 - \lambda$ besteht aus der Vereinigung zweier „Kopien" von sich selbst. Identifizieren Sie diese beiden Kopien für verschiedene Werte von λ. Es sei nun $\lambda = 1$. Erklären Sie, wie die beiden inversen Abbildungen $w_1^{-1}(z)$ und $w_2^{-1}(z)$ die Julia-Menge auseinanderreißen und die Mengenabbildung $W = w_1 \cup w_2$ sie wieder zusammenfügt. Wo ist die Naht? Beschreiben Sie geometrisch, was hier vor sich geht!

7.2.4 Wir betrachten die Ein-Parameter-Familie von Polynomen $f(z) = z^3 - \lambda$, wobei $\lambda \in \mathbf{C}$ der Parameter ist. Geben Sie für die drei inversen Funktionen $w_1(z)$, $w_2(z)$ und $w_3(z)$ jeweils explizite Formeln für den Real- und Imaginärteil an, so daß $f^{-1}(z) = \{w_1(z), w_2(z), w_3(z)\}$ für alle $\lambda \in \mathbf{C}$ gilt. Berechnen Sie für $f(z)$ und $\lambda = 0.01$ Bilder der gefüllten Julia-Menge. Vergleichen Sie diese Bilder mit denen, die Sie durch Anwendung des Zufalls-Iterations-Algorithmus auf das IFS $\{\mathbf{C}; w_1(z), w_2(z), w_3(z)\}$ erhalten!

7.2.5 Betrachten Sie das dynamische System $\{\widehat{\mathbf{C}}; f(z) = z^2 - \lambda\}$ für $\lambda > 2$. Zeigen Sie, daß $\{f^{\circ n}(O)\}$ gegen den unendlich fernen Punkt konvergiert. Leiten Sie her, daß das IFS

$$\{\mathbf{X} = \widehat{\mathbf{C}} \setminus B(\infty, \epsilon); w_1(z) = \sqrt{z + \lambda}, w_2(z) = -\sqrt{z + \lambda}\}$$

einen eindeutigen Attraktor $A(\lambda)$ besitzt. $A(\lambda)$ heißt *verallgemeinerte Cantor-Menge*. Berechnen Sie einige Bilder von $A(3)$. Nehmen Sie den Collage-Satz zur Hilfe, um ein Paar affiner Transformationen $w_i : \mathbf{R} \to \mathbf{R}, i = 1, 2$, zu bestimmen, so daß der Attraktor des IFS $\{\mathbf{R}; w_1, w_2\}$ eine Approximation von $A(3)$ darstellt. Definieren wir $\widetilde{f} : \mathbf{R} \to \mathbf{R}$ durch $\widetilde{f}(x) = w_1^{-1}(x)$, falls $x < 0$ ist, und durch $\widetilde{f}(x) = w_2^{-1}(x)$, wenn $x \geq 0$ ist. Vergleichen Sie die Graphen der Funktionen $f(x) = x^2 - 3$ und $\widetilde{f}(x)$ für $x \in [-4, 4]$. Vergleichen Sie eindimensionale „Bilder", die Sie durch gleichartige Anwendung des Fluchtzeit-Algorithmus auf $\{\mathbf{R}; f\}$ und $\{\mathbf{R}; \widetilde{f}\}$ erhalten!

Manchmal erhält man ein *hyperbolisches* IFS, das zu einer Julia-Menge gehört, wenn man Definitionsbereich und Wertebereich der inversen Transformationen sorgfältig bestimmt. Der folgende Satz liefert dafür ein Beispiel.

Satz 7.3. *Es sei $\lambda \in (-0.25, 0.75)$, und es sei ϵ eine sehr kleine, positive Zahl. Es sei $a = 0.5 - \sqrt{0.25 + \lambda}$ ein attraktiver Fixpunkt des dynamischen Systems $\{\widehat{\mathbf{C}}; f(z) = z^2 - \lambda\}$. Es sei $\widetilde{\mathbf{X}} = \widehat{\mathbf{C}} \setminus \{\mathring{B}(a, \epsilon) \cup \mathring{B}(\infty, \epsilon) \cup (0, \infty)\}$. Das* *bedeutet, $\widetilde{\mathbf{X}}$ besteht aus der Riemannschen Sphäre, aus der eine kleine Kugel mit Mittelpunkt a, eine kleine Kugel mit Mittelpunkt ∞ und das offene Intervall $(0, \infty)$ entfernt wurden. (Dieser Raum ist nicht kompakt, da die Ränder der Schnittkante von 0 bis ∞ fehlen.) Man binde an jede Schnittkante Kopien der Teile des reellen Intervalls $(0, \infty)$ an, die entfernt wurden, so daß man einen kompakten Raum $\mathbf{X}$ erhält (Abbildung 7.16). Der Abstand zwischen zwei Punkten z_1 und $z_2 \in \mathbf{X}$ ist die Länge (gemessen bezüglich der sphärischen Metrik) des kürzesten Weges, der in $\mathbf{X}$ liegt und z_1 und z_2 miteinander verbindet. (Wege in $\mathbf{X}$ können den Schnitt nicht überqueren, sie müssen um ihn herumführen.) $(\mathbf{X}, d)$ ist ein kompakter metrischer Raum.*

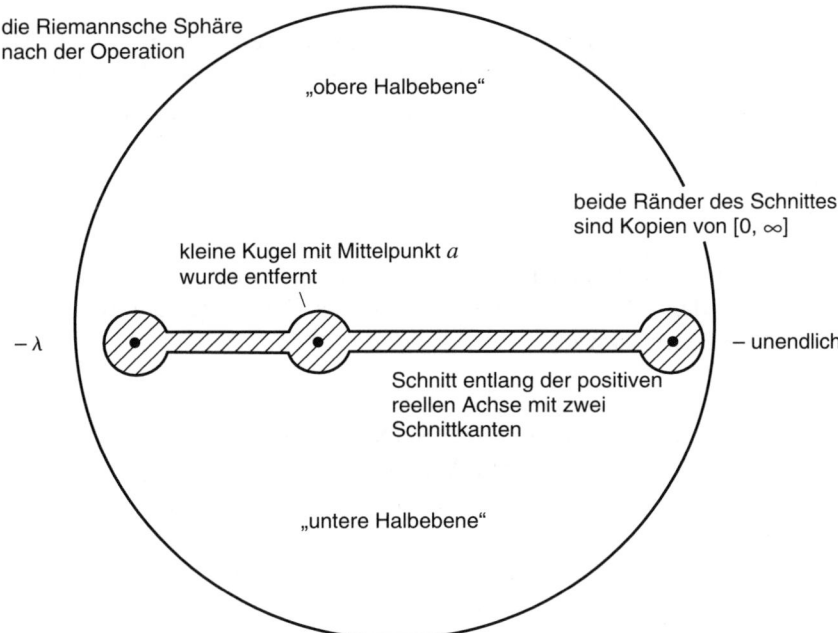

Abb. 7.16   Konstruktion eines kompakten metrischen Raumes $\mathbf{X}$ für das IFS

$$\{\mathbf{X}; \sqrt{z + \lambda}, -\sqrt{z + \lambda}\}$$

mit $\lambda \in (-0.25, 0.75)$, wie er in Satz 7.3 benutzt wird. Die beiden Seiten des „Schlitzes" von $-\lambda$ nach ∞ gehören zum Raum dazu. Der Abstand zwischen zwei Punkten auf $\mathbf{X}$ ist die Länge des kürzesten Weges, der die beiden Punkte miteinander verbindet, ohne den Schlitz zu überqueren. Der Abstand zwischen zwei Punkten kann demnach viel größer sein, als es den Anschein hat.

Definieren wir $w_1 : \mathbf{X} \rightarrow \mathbf{X}$ durch $w_1(z) = \sqrt{z + \lambda}$, die Wurzel, die in der „oberen Halbebene" liegt. Für z auf dem oberen Rand des Schnittes liegt $w_1(z)$ ebenfalls auf dem oberen Rand. Liegt z auf dem unteren Rand des Schnittes, so liegt $w_1(z)$ auf der negativen reellen Achse. Man definiere $w_2 : \mathbf{X} \rightarrow \mathbf{X}$ durch

$w_2(z) = -\sqrt{z + \lambda}$, *die Wurzel, die in der „unteren Halbebene" liegt. Für z auf der oberen Kante des Schnittes liegt $w_2(z)$ auf der negativen reellen Achse. Befindet sich z auf der unteren Kante des Schnittes, so gilt dies auch für $w_2(z)$.*

Dann gibt es eine Metrik auf $\mathbf{X}$, äquivalent zur Metrik d, so daß das IFS $\{\mathbf{X}; w_1, w_2\}$ hyperbolisch ist. Der Attraktor ist die Julia-Menge J_λ für $z^2 - \lambda$, wobei sich der reelle Punkt $0.5 + \sqrt{0.25 + \lambda}$ auf dem oberen und dem unteren Rand der Schnittkante wiederholt.

Beweisskizze. Bezeichne $e = (e_1, e_2, \ldots, e_n, \ldots) \in \Sigma$ ein Element des Adressenraums der beiden Symbole $\{1, 2\}$. Man definiere durch

$$\mathbf{X}_n(e) = w_{e_1} \circ w_{e_2} \circ w_{e_3} \circ w_{e_4} \circ w_{e_5} \circ w_{e_6} \circ \cdots \circ w_{e_n}(\mathbf{X})$$

für $n = 1, 2, 3, \ldots$ eine Folge nichtleerer kompakter Teilmengen von $\mathbf{X}$. Mit Verwendung von [Brolin 1966, Satz 6.2 und Hilfssatz 6.3] folgt, daß die Folge $\{\mathbf{X}_n \in \mathcal{H}(\mathbf{X})\}$ gegen einen Singleton $\{\phi(e)\}$ konvergiert (d. h. gegen eine Menge, die aus einem Punkt besteht), wobei $\phi(e) \in J_\lambda$ ist und

$$\bigcup_{e \in \Sigma} \phi(e) = J_\lambda$$

gilt. Unter diesen Bedingungen läßt sich ein wichtiger Satz von Elton [Elton 1988] anwenden, der die Schlußfolgerung unseres Satzes gewährleistet. Das beschließt unsere Beweisskizze. $\qquad\square$

In den Situationen, in denen das IFS $\{\mathbf{X}; +\sqrt{z + \lambda}, -\sqrt{z + \lambda}\}$ hyperbolisch ist, kann man den dazugehörigen Adressenraum sowohl zur Untersuchung der Julia-Menge als auch zur Untersuchung der zugehörigen Shift-Abbildung $\{J_\lambda; f(z) = z^2 - \lambda\}$ verwenden. Hier geben wir einige Anhaltspunkte für eine solche Diskussion. Weitere Einzelheiten befinden sich in [Barnsley 1984].

Für den Rest dieses Abschnitts sei $\lambda \in (-0.25, 0.75)$, und wir betrachten das IFS $\{\mathbf{X}; w_1(z) = \sqrt{z + \lambda}, w_2(z) = -\sqrt{z + \lambda}\}$ wie es in Satz 7.3 definiert wurde. Bezeichne Σ den Adressenraum der beiden Symbole $\{1, 2\}$, und sei $\phi : \Sigma \to J_\lambda$ die zugehörige Adressenraum-Abbildung, wie sie in Satz 4.2 eingeführt wurde. Wenn $e = (e_1, e_2, \ldots, e_n, \ldots) \in \Sigma$ ist, dann gilt

$$\phi(e) = \lim_{n \to \infty} w_{e_1} \circ w_{e_2} \circ w_{e_3} \circ w_{e_4} \circ w_{e_5} \circ w_{e_6} \circ \cdots \circ w_{e_n}(z).$$

Wir ersetzen das Symbol „1" durch das Symbol „+" und das Symbol „2" durch das Symbol „−". Dann kann der Punkt $\phi(e)$ auf der Julia-Menge J_λ durch die Formel

$$\phi(e) = e_1\sqrt{\lambda e_2\sqrt{\lambda e_3\sqrt{\lambda e_4\sqrt{\lambda e_5\sqrt{\lambda e_6\sqrt{\lambda e_7\sqrt{\lambda e_8 \ldots e_n\sqrt{\lambda \ldots}}}}}}}}$$

dargestellt werden, wobei $e_i \in \{+, -\}$, für jede natürliche Zahl i. Die Menge J_λ selbst kann durch die Sammlung von Formeln

$$\pm\sqrt{\lambda \pm \sqrt{\lambda \pm \sqrt{\lambda \pm \sqrt{\lambda \pm \sqrt{\lambda \pm \sqrt{\lambda \pm \sqrt{\lambda \pm \ldots \pm \sqrt{\lambda} \ldots}}}}}}} \qquad (*)$$

repräsentiert werden. Dabei sind alle möglichen verschiedenen Kombinationsfolgen von Plus- und Minuszeichen erlaubt. Eine spezielle Folge von Zeichen, die einem Punkt in J_λ entspricht, ist eine Adresse dieses Punktes.

In Abbildung 7.17 ist die Julia-Menge von $z^2 - 0.7$ dargestellt, und die Adressen verschiedener Punkte sind eingetragen. Einige Punkte auf $J_{0.7}$ haben mehrfache Adressen und andere besitzen einfache Adressen. Es zeigt sich, daß das IFS gerade berührend ist.

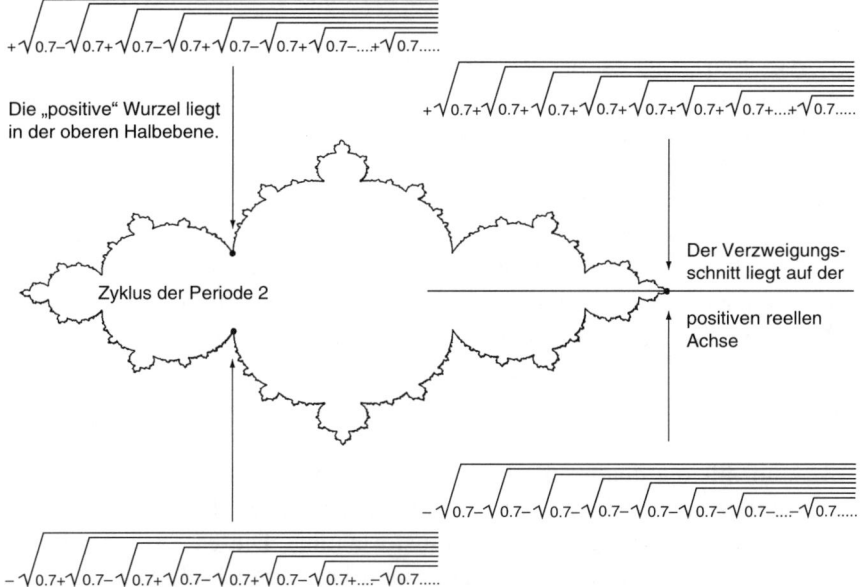

Abb. 7.17 Die Julia-Menge für $J_{0.7}$ ist mit verschiedenen Adressen versehen. Auf der Julia-Menge findet chaotische Dynamik statt, während die geordnete Dynamik verschwindet. Ränder mit einem fraktalen Charakter trennen häufig Regionen, in denen sich das dynamische System jeweils ganz unterschiedlich verhält. Das Verhalten des dynamischen Systems auf so einem Rand kann unbestimmt und in irgendeiner Weise chaotisch sein.

Die zu dem IFS gehörende Shift-Abbildung lautet $\{J_\lambda; f(z) = z^2 - \lambda\}$. Beachten Sie, daß die Menge der Punkte, die durch die Formeln in Gleichung $(*)$ dargestellt wird, durch eine Funktion in sich selbst abgebildet wird, die eine

Formel „quadriert" und dann λ subtrahiert. Ein Punkt auf einem Zyklus der Periode 2 wird durch

$$+\sqrt{\lambda-\sqrt{\lambda+\sqrt{\lambda-\sqrt{\lambda+\sqrt{\lambda-\sqrt{\lambda+\sqrt{\lambda-\ldots+\sqrt{\lambda\ldots}}}}}}}}$$

dargestellt. Den anderen Punkt auf diesem Zyklus erhält man, wenn man die Formel quadriert und λ abzieht.

In Satz 4.5 haben wir gelernt, daß die Menge periodischer Punkte einer Shift-Abbildung, die zu einem hyperbolischen IFS gehört, im Attraktor des IFS dicht liegt. An dieser Stelle wissen wir dadurch, daß die Menge periodischer Punkte des dynamischen Systems $\{J_\lambda; f(z) = z^2 - \lambda\}$ dicht in J_λ ist. In der Tat war es eine ähnliche Idee, die den Startpunkt für Julias ursprüngliche Untersuchungen bildete. Er betrachtete dynamische Systeme der Form $\{\widehat{C}; f(z)\}$, wobei f analytisch ist, und definierte die (Julia-)Menge als den Abschluß der Menge der repulsiven Zyklen von f.

Folgt man Satz 4.9, so haben wir erklärt, in welchem Sinne die Shift-Abbildung, die zu einem hyperbolischen IFS gehört, chaotisch ist. Im gegenwärtigen Zusammenhang wissen wir nun, daß das dynamische System $\{J_\lambda; z^2 - \lambda\}$ chaotisch ist.

Man kann sich das dynamische System $\{\widehat{C}; z^2 - \lambda\}$ als Vereinigung zweier dynamischer Systeme vorstellen, einem chaotischen $\{J_\lambda; z^2 - \lambda\}$ und einem geordneten $\{\widehat{C} \setminus J_\lambda; z^2 - \lambda\}$. Der Orbit jedes Punktes aus dem letzten System konvergiert gegen einen Fixpunkt der Transformation. Die Orbits der „meisten" Punkte im ersten System sind dagegen wild. In der Praxis sind sie gewöhnlich so wild, daß sie nicht gezwungen werden können, auf der abstoßenden Menge J_λ zu verbleiben. Sie fliehen, und anschließend kann man ihr Verhalten ziemlich gut vorhersagen.

Ein Beispiel für die chaotische Dynamik auf einer Julia-Menge wird durch das dynamische System $\{[0, 1]; f(x) = 4x(1 - x)\}$ gegeben. Das Intervall $[0, 1]$ bildet gerade die Julia-Menge für die Transformation. Dieses System ist dem „chaotischen", das in Abbildung 4.17 dargestellt ist, ziemlich ähnlich.

Aufgaben

7.2.6 Die Julia-Menge für $z^2 - 2$ ist das Intervall $[-2, 2]$. Zeigen Sie, daß die Shift-Abbildung, welche zu dem IFS $\{[-2, 2]; +\sqrt{z + 2}, -\sqrt{z + 2}\}$ gehört, genau das dynamische System $\{[-2, 2]; z^2 - 2\}$ ist. Verwenden Sie eine Kette von Quadratwurzeln, um einen Zyklus mit minimaler Periode 3 zu lokalisieren!

7.2.7 Weisen Sie numerisch nach, daß für verschiedene Varianten von $\pm$ vor jeder Quadratwurzel und für verschiedene komplexe Zahlen λ, wobei $|\lambda|$ sehr klein ist, der untenstehende Ausdruck eine komplexe Zahl approximiert, die auf dem Einheitskreis mit Mittelpunkt im Ursprung liegt, falls genügend Quadratwurzeln gezogen wurden. ($+\sqrt{z}$ bedeutet die Lösung w der Gleichung $w^2 = z$, die entweder auf der nichtnegativen reellen Achse oder auf der oberen Halbebene liegt.) Erklären Sie in der Sprache der Julia-Mengen-Theorie, weshalb das so ist!

$$\pm\sqrt{\lambda \pm \sqrt{\lambda \pm \sqrt{\lambda \pm \sqrt{\lambda \pm \sqrt{\lambda \pm \sqrt{\lambda \pm \sqrt{\lambda \pm \ldots \pm \sqrt{\lambda} \ldots}}}}}}}$$

7.2.8 Entwerfen Sie ein IFS mit Kondensation, so daß der Attraktor wie eine unendliche, sich zusammenschmiegende Kette von Quadratwurzelzeichen aussieht:

$$\sqrt{\sqrt{\sqrt{\sqrt{\sqrt{\sqrt{\ldots}}}}}}$$

7.2.9 Abbildung 7.18 stellt eine Folge von Mengen $\{A_n\}$ dar, welche gegen die Julia-Menge von $f(z) = z^2 - 1$ konvergiert. A_0 bezeichnet die Vereinigung der beiden größten Gesichter, und es ist $A_n = f^{\circ(-n)}(A_0)$. Machen Sie die Menge A_2 ausfindig!

Abb. 7.18 Es bezeichne $f : \widehat{\mathbf{C}} \to \widehat{\mathbf{C}}$ das Polynom $z^2 - 1$. Es sei A_0 die Vereinigung der beiden größten lächelnden Gesichter. Wir definieren durch $W(B) = f^{-1}(B)$ eine Transformation $W : \mathcal{H}(\widehat{\mathbf{C}}) \to \mathcal{H}(\widehat{\mathbf{C}})$ für alle $B \in \mathcal{H}(\widehat{\mathbf{C}})$. Es sei $A_n = w^{\circ n}(A_0)$ für $n = 1, 2, \ldots$. Dann konvergiert die Folge von Mengen $\{A_n\}$ gegen die Julia-Menge von $z^2 - 1$.

7.3 Die Anwendung der Julia-Mengen-Theorie auf das Newton-Verfahren

Seit unseren ersten Unterichtssstunden in Analysis sind wir mit dem Newton-Verfahren zur Berechnung von Lösungen der Gleichung $F(x) = 0$ vertraut, oder nicht?

Wir betrachten das Polynom $F(z) = z^4 - 1$ für $z \in \mathbf{C}$. Es gibt vier verschiedene komplexe Zahlen $a_i, i = 1, 2, 3, 4$, so daß $F(a_i) = 0$ gilt. Diese Zahlen heißen *Wurzeln* oder *Nullstellen* des Polynoms $F(z)$. Das Newton-Verfahren stellt eine Möglichkeit dar, diese zu berechnen. Nehmen wir mal an, daß wir in diesem Fall nicht wissen, daß $a_1 = 1$, $a_2 = -1$, $a_3 = i$ und $a_4 = -i$ ist. Dann wissen wir nach Newton, daß wir das dynamische System

$$\left\{ \widehat{\mathbf{C}}; f(z) = z - \frac{F(z)}{F'(z)} \right\}$$

betrachten sollen. Wir nennen $f(z)$ die zur Funktion $F(z)$ gehörende *Newton-Transformation*. Die Erwartung besteht darin, daß ein typischer Orbit $\{f^{\circ n}(z_0)\}$, der von einem geeigneten Anfangswert $z_0 \in \mathbf{C}$ aus startet, gegen eine der Wurzeln von $F(z)$ konvergieren wird. In unserem Beispiel ist die Newton-Transformation durch

$$f(z) = \frac{3z^4 + 1}{4z^3}$$

gegeben. Wir erwarten, daß der Orbit von z_0 gegen eine der Zahlen a_1, a_2, a_3 oder a_4 konvergieren wird. Wenn wir z_0 nahe genug bei a_i wählen, so läßt sich schnell zeigen, daß

$$\lim_{n \to \infty} f^{\circ n}(z_0) = a_i$$

gilt, für $i = 1, 2, 3, 4$. Aber was passiert, wenn z_0 von allen a_i weit entfernt liegt? Vielleicht konvergiert der Orbit von z_0 gegen diejenige Wurzel von $F(x)$, die z_0 am nächsten liegt? Oder vielleicht läßt sich der Orbit nirgendwo nieder und irrt hoffnungslos für alle Zeit herum?

Lassen Sie uns computergraphische Experimente durchführen, um diese Fragen zu beantworten. Wir verwenden den Fluchtzeit-Algorithmus und stellen ein Bild der Punkte $z_0 \in \widehat{\mathbf{C}}$ her, deren Orbits gegen a_2 konvergieren. Man definiere $\mathcal{W} = \{(x, y) \in \mathbf{C} : -2 \leq x \leq 2, -2 \leq y \leq 2\}$ und $\mathcal{V} = \{z \in \mathbf{C} : |z - a_2| \leq 0.0001\}$. Die Real- und Imaginärteile von $f(x + iy)$ sind durch

$$f(x + iy) = \frac{(ce + df)}{(e^2 + f^2)} + i\frac{(de - cf)}{(e^2 + f^2)}$$

bestimmt. Dabei sind $a = x^2 - y^2$, $b = 2xy$, $c = 3a^2 - 3b^2 + 1$, $d = 6ab$, $e = 4(xa - yb)$ und $f = 4(xb + ya)$. Programm 7.1 muß demgemäß abgeändert werden. Pixel, die Punkten in $\mathcal{W}$ entsprechen, deren Orbits $\mathcal{V}$ in weniger als einer fest vorgegebenen Anzahl von Iterationen erreichen, werden eingezeichnet. Ein Bild, das aus einem solchen Experiment resultiert, ist in Abbildung 7.19 a) dargestellt. Sehen Sie sich auch die Abbildungen 7.19 b) und c) an.

Die folgende Definition ist im Fall von Polynomen äquivalent zu Definition 7.1, [Brolin 1966].

Definition 7.2. Die *Julia-Menge einer rationalen Funktion* $f : \widehat{\mathbf{C}} \to \widehat{\mathbf{C}}$ vom Grad größer als 1 ist der Abschluß der Menge der repulsiven periodischen Punkte des dynamischen Systems $\{\widehat{\mathbf{C}}; f\}$.

Für die oben betrachtete rationale Funktion $f(z)$ kann man beweisen, daß die Julia-Menge J dieselbe Menge ist wie die Menge der Punkte, deren Orbits gegen keinen der Punkte a_1, a_2, a_3 oder a_4 konvergieren. In Abbildung 7.19 wird $J \cap \mathcal{W}$ durch den Rand zwischen den weißen und schwarzen Regionen dargestellt. Das Komplement der Julia-Menge besteht aus vier offenen Mengen,

Abb. 7.19 a) Der Fluchtzeit-Algorithmus wird angewendet, um das Newton-Verfahren hinsichtlich der Bestimmung komplexer Wurzeln des Polynoms $z^4 - 1$ zu analysieren. Die Ränder dieser Region stellen die Julia-Menge für die rationale Funktion $f(z) = \frac{3z^4+1}{4z^3}$ dar. Die Punkte, die schwarz eingezeichnet sind, sind jene Punkte $z = x + iy$ mit $-2 \leq x \leq 2$ und $-2 \leq y \leq 2$, deren Orbits $\mathcal{V} = \{z \in \mathbf{C} : |z + 1| \leq 0.0001\}$ in weniger als 1000 Iterationen erreichen.

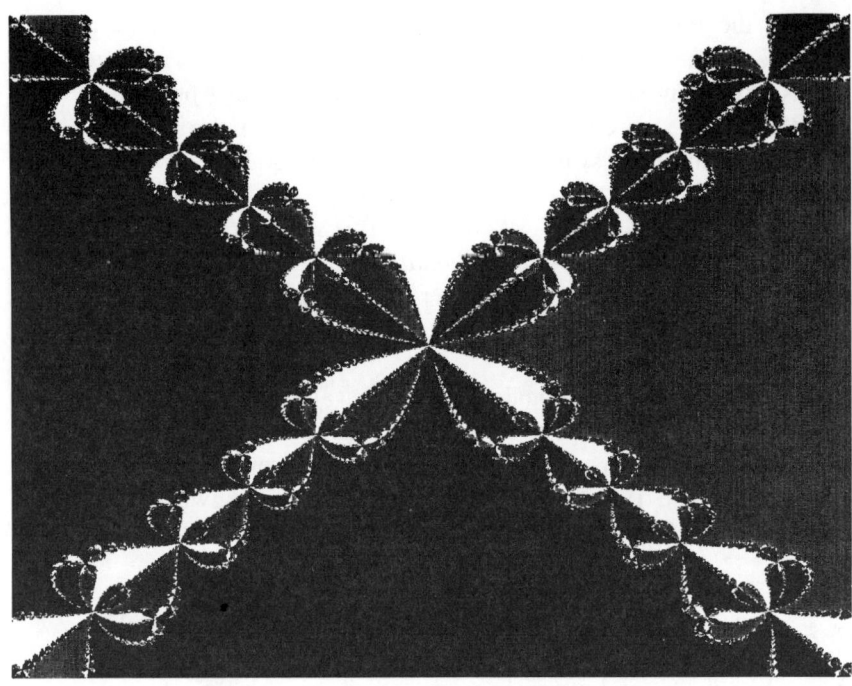

Abb. 7.19 b)

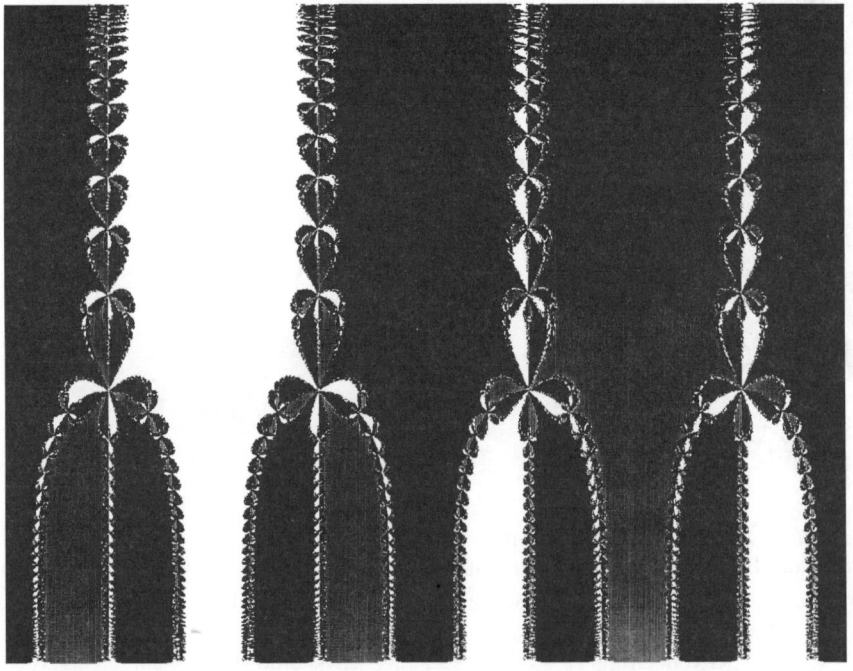

Abb. 7.19 c)

den *Attraktionsgebieten* der vier attraktiven Fixpunkte des Newton-Verfahrens. In Abbildung 7.19 c) repräsentiert die weiße Region den Teil des Attraktionsgebietes von a_4. Die Julia-Menge J ist der Teil von $\widehat{\mathbf{C}}$, auf dem chaotische Dynamik auftritt. Sie kann durch den Abschluß derjenigen Menge von Punkten charakterisiert werden, deren Orbits für alle Zeit herumirren. Auf $\widehat{\mathbf{C}} \setminus J$ findet geordnete, etwas langweilige Bewegung statt. J ist ein echtes Fraktal, dessen fraktale Dimension noch keiner kennt.

Es gibt einen schönen Satz von Sullivan, der mit Hilfe der „Blumenblätter" in Abbildung 7.19 c) veranschaulicht werden kann. Das Komplement der Julia-Menge besteht aus einer Vereinigung von abzählbar vielen zusammenhängenden offenen Mengen, die wir Blumenblätter nennen wollen. Wenn P ein Blumenblatt ist, dann ist $f(P)$ ein anderes Blumenblatt. Der Satz über das „Nichtherumirren" eines Definitionsbereichs von [Sullivan 1982] besagt, daß keine zusammenhängende Komponente des Komplements der Julia-Menge für immer herumirrt. Sie endet immer in einem periodischen Orbit von Blumenblättern. Wenn P im aktuellen Beispiel ein Blumenblatt ist, dann kann man beweisen, daß eine natürliche Zahl S existiert, so daß $f^{\circ S}(P) = f^{\circ(S+1)}(P) = f^{\circ(S+2)}(P) = f^{\circ(S+3)}(P) = \cdots$ gilt. Das letzte Blumenblatt $f^{\circ S}(P)$ ist eine der zusammenhängenden Komponenten des Komplements der Julia-Menge, die einen der Punkte a_1, a_2, a_3 oder a_4 enthält. Jedes Blumenblatt ist schließlich periodisch. Der Orbit eines Blumenblatts endet in einem Zyklus von Blumenblättern mit Periode 1.

Wie sollen wir uns diese fabelhafte Julia-Menge vorstellen? Die IFS-Theorie bietet eine einfache Anschauung, wie wir als nächstes zeigen werden. Wir beginnen, indem wir die zu f gehörende inverse Abbildung definieren. Es sei $z \in \widehat{\mathbf{C}}$ gegeben. Dann lösen wir

$$z = \frac{3w^4 + 1}{4w^3},$$

um w als einen Ausdruck von z zu bestimmen. Dies führt auf eine Gleichung vierten Grades:

$$3w^4 - 4zw^3 + 1 = 0.$$

Abb. 7.19 b)   Die Ränder dieser Region repräsentieren die Julia-Menge der rationalen Funktion $f(z) = \frac{3z^4+1}{4z^3}$. Die beiden Schattierungen von Grau, Schwarz und Weiß entsprechen den Attraktionsgebieten der vier attraktiven Fixpunkte von $f(z)$. Gegen welchen Punkt in $\mathbf{C}$ konvergieren die Orbits der Punkte in der weißen Region?

Abb. 7.19 c)   Mercator-Projektion der Riemannschen Sphäre, die die Attraktionsgebiete der vier attraktiven Fixpunkte der Newton-Transformation von $z^4 - 1$ zeigt. Der obere Rand des Bildes entspricht dem unendlich fernen Punkt und der untere Rand dem Ursprung. Die Punkte -1, $+i$, $+1$ und $-i$ liegen auf dem Äquator. Die Schattierung folgt denselben Gesichtspunkten wie in a) und b). Welcher Punkt auf $\mathbf{C}$ wird durch den Mittelpunkt dieses Bildes dargestellt?

Diese Gleichung hat vier Lösungen, wenn wir die Lösungen ihrer Multiplizität entsprechend zählen. Wir können diese Lösungen einrichten, um vier Funktionen zu bekommen. Das bedeutet, wir schreiben $f^{-1}(z) = \{w_1(z), w_2(z), w_3(z), w_4(z)\}$. Dann ist die Julia-Menge der Attraktor des IFS $\{\widehat{\mathbf{C}}; w_i, i = 1, 2, 3, 4\}$. Jedoch muß diese Behauptung, wie im Fall quadratischer Transformationen auf $\widehat{\mathbf{C}}$, vorsichtig behandelt werden. Das IFS läßt beispielsweise mehr als eine invariante Menge zu.

Satz 7.4. *Es sei* $f : \widehat{\mathbf{C}} \to \widehat{\mathbf{C}}$ *die zum Polynom* $z^4 - 1$ *gehörende Newton-Transformation. Es sei* $\epsilon > 0$ *eine sehr kleine Zahl. Es sei*

$$\mathbf{X} = \widehat{\mathbf{C}} \setminus \bigcup_{i=1}^{4} \overset{\circ}{B}(a_i, \epsilon).$$

Dabei ist $a_1 = 1$, $a_2 = -1$, $a_3 = i$ *und* $a_4 = -i$. *Wir definieren* $W : \mathcal{H}(\mathbf{X}) \to \mathcal{W}(\mathbf{X})$ *wie oben durch*

$$W(B) = \bigcup_{i=1}^{4} w_i(B) = f^{-1}(B) \quad \text{für alle } B \in (\mathbf{X}).$$

Dann ist W *stetig, besitzt einen eindeutigen Fixpunkt* J, *die Julia-Menge von* f, *und es gilt*

$$\lim_{n \to \infty} W^{\circ n}(B) = J \quad \text{für alle } B \in \mathcal{H}(\mathbf{X}).$$

Beweisskizze. Diese ist im wesentlichen dieselbe wie die Beweisskizze zu Satz 7.2.   □

Die zu einem Polynom gehörende Newton-Transformationen kann einen attraktiven Zyklus besitzen, der eine minimale Periode größer als 1 hat. Dieser Zyklus braucht nicht im direkten Zuammmenhang mit den Wurzeln des Polynoms zu stehen. Als Beispiel betrachten wir die Newton-Transformation $f(z)$, die zu dem Polynom

$$F(z) = z^3 + (\lambda - 1)z + 1$$

gehört. $\lambda \in \mathbf{C}$ kann so gewählt werden, daß $f(z)$ einen attraktiven Zyklus $\{b_1, b_2\}$ mit minimaler Periode 2 besitzt. Abbildung 7.20 stellt das Attraktionsgebiet für diesen Zyklus dar. Um dieses Bild herzustellen, wurde der Fluchtzeit-Algorithmus angewendet. Punkte, deren Orbits in weniger als 100 Iterationen innerhalb eines Abstandes von 0.01 vom Zyklus gelangen, sind weiß gezeichnet. Folglich ist die Fluchtregion durch $\mathcal{V} = B(b_1, 0.00001) \cup B(b_2, 0.00001)$ bestimmt. Beachten Sie die Ähnlichkeit des Attraktionsgebietes von $\{b_1, b_2\}$ mit der gefüllten Julia-Menge für $z^2 - 1$. Diese Ähnlichkeit besteht nicht zufällig. Sie kann mit Hilfe der Theorie der „Polynom-ähnlichen" Abbildungen erklärt werden [Douady 1985].

Einige interessante computergraphische Experimente, die Julia-Mengen im Zusammenhang mit dem Newton-Verfahren behandeln, sind in [Curry 1983], [Peitgen 1986] und [Vrscay 1986] beschrieben.

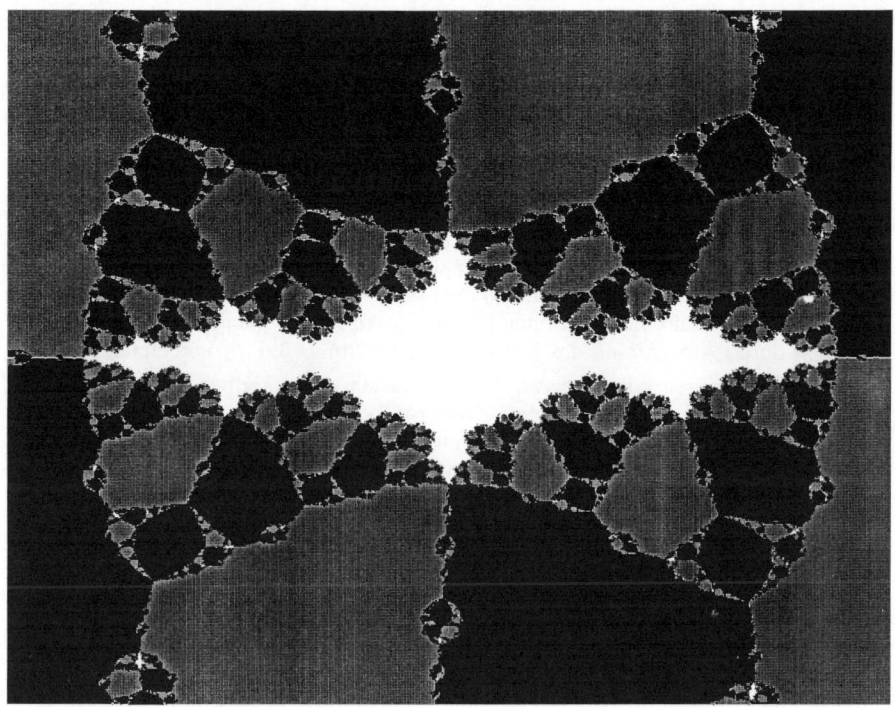

Abb. 7.20   Der Fluchtzeit-Algorithmus wird auf eine Newton-Transformation $f(z)$ angewendet, die zu einem kubischen Polynom gehört. $f(z)$ besitzt einen attraktiven Zyklus $\{b_1, b_2\}$ der minimalen Periode 2. Das Attraktionsgebiet für den Zweier-Zyklus ist in Weiß dargestellt. Kommt Ihnen das Attraktionsgebiet bekannt vor?

Aufgaben/Beispiele

7.3.1   Weisen Sie nach, daß $z = 1$ ein attraktiver Fixpunkt für die zu $F(z) = z^4 - 1$ gehörende Newton-Transformation ist!

7.3.2   Die Newton-Transformation, welche zu dem Polynom $F(z) = z^2 + 1$ gehört, lautet

$$f(z) = \frac{1}{2}\left(z - \frac{1}{z}\right).$$

Zeigen Sie, daß das entsprechende IFS durch $\{\widehat{\mathbf{C}}; w_1(z) = z + \sqrt{z^2 + 1},\ w_2(z) = z - \sqrt{z^2 + 1}\}$ gegeben ist, wobei die Quadratwurzel geeignet definiert ist! Weisen Sie nach, daß $A = \mathbf{R} \cup \{\infty\}$ ein Attraktor des IFS ist! Beweisen Sie, daß A die Julia-Menge für $f(z)$ ist! (Hinweis: Sehen Sie sich Aufgabe 7.3.7 an.) Wie könnte man den Raum $\widehat{\mathbf{C}}$ so abändern, daß das IFS einen eindeutigen Attraktor besitzt? Beachten Sie, daß numerisch berechnete Orbits von Punkten auf A unter dem dynamischen System $\{\widehat{\mathbf{C}}; f\}$ daran gehindert werden können, A zu verlassen, indem man die Imaginärteile gleich null hält. Weisen Sie numerisch nach, daß die Dynamik von $\{A; f\}$ wild ist!

7.3.3 Bestimmen Sie die Newton-Transformation, die zum Polynom $z^3 - 1$ gehört. Verwenden Sie den Fluchtzeit-Algorithmus, um analog zu Abbildung 7.19 ein Bild zu erhalten, das die Julia-Menge darstellt. Untersuchen Sie die Dynamik der „Blumenblätter" in diesem Bild!

7.3.4 In diesem Beispiel denken wir über die Anwendung von fraktaler Geometrie auf biologische Modelle nach. Es sei

$$F_\lambda(z) = (z - i\lambda)(z - 1)(z + 1),$$

wobei λ ein reeller Parameter ist. $f_\lambda(z)$ bezeichne die zugehörige Newton-Transformation. Es sei J_λ die Julia-Menge für $f_\lambda(z)$. In Abbildung 7.21 sind Bilder zu sehen, die J_λ für eine wachsende Folge von Werten für λ darstellen. Diese Bilder wurden durch Anwendung des Fluchtzeit-Algorithmus auf f_λ berechnet.

Diese Bilder zeigen komplizierte Tropfen, die an etwas kleines Biologisches und Organisches erinnern. Sie könnten Zellkerne oder eine Ansammlung von Zellen während des Frühstadiums der Entwicklung eines Embryos darstellen. Man kann in ihnen den Prozeß der Zellteilung sehen oder einfach nur Protozoen. Wenn wir diese Bilder verfolgen, sehen wir, daß sich die Tropfen durcheinander hindurchbewegen. Sie tun das auf eine Weise, bei der sie ihre komplizierte Geometrie bewahren. Diese Geometrien scheinen sich gegenseitig zu beeinflussen. Solche Bilder legen nahe, daß fraktale Geometrie mehr kann, als nur ein Mittel zu bilden, mit dem statische biologische Strukturen wie Farne modelliert werden können. Es zeigt sich, daß es durchführbar ist, deterministische fraktale Modelle zu konstruieren, die Prozesse von physiologischen Veränderungen beschreiben, die während des Wachstums, der Metamorphose und der Bewegung von lebenden Organismen auftreten.

7.3.5 Bestimmen Sie die Newton-Transformation $f(z)$, die zu der Funktion $F(z) = e^z - 1$ gehört. Wie lauten die attraktiven Fixpunkte des dynamischen Systems $\{\mathbf{C}; f\}$? Abbildung 7.22 wurde mittels Anwendung des Fluchtzeit-Algorithmus auf $f(z)$ berechnet. Dabei ist $\mathcal{W} = \{(x, y) \in \mathbf{R}^2 : -2.5 \leq x \leq 2.5, -2.5 \leq y \leq 2.5\}$. Beschreiben Sie die Hauptmerkmale dieses Bildes. Erklären Sie grob die Gründe für einige dieser Merkmale!

7.3.6 Welches sind die „Blumenblätter" im Fall der Julia-Menge für $z^2 - 1$? Verwenden Sie ein Bild der Julia-Menge für $z^2 - 1$, um den Orbit eines winzigen Blumenblattes zu veranschaulichen, der schließlich periodisch mit minimaler Periode 2 ist.

7.3.7 Zeigen Sie mit Hilfe eines expliziten Koordinatenwechsels und der Verwendung einer Möbius-Transformation, daß die folgenden beiden dynamischen Systeme äquivalent sind:

$$\left\{ \widehat{\mathbf{C}}; f(z) = \frac{1}{2}\left(z - \frac{1}{z}\right) \right\} \quad \text{und} \quad \{\widehat{\mathbf{C}}; f(z) = z^2\}.$$

Abb. 7.21 a)   In dieser und den folgenden Abbildungen sind Julia-Mengen zu sehen, die zu einer Ein-Parameter-Familie dynamischer Systeme gehören. Können solche Systeme dazu benutzt werden, biologische Prozesse, wie die Meiose, zu modellieren?

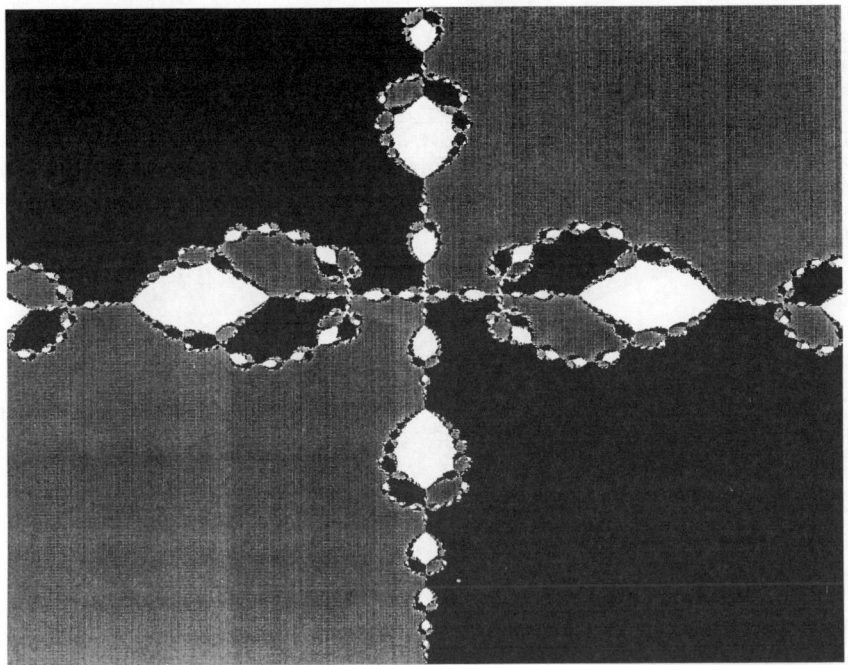

Abb. 7.21 a)

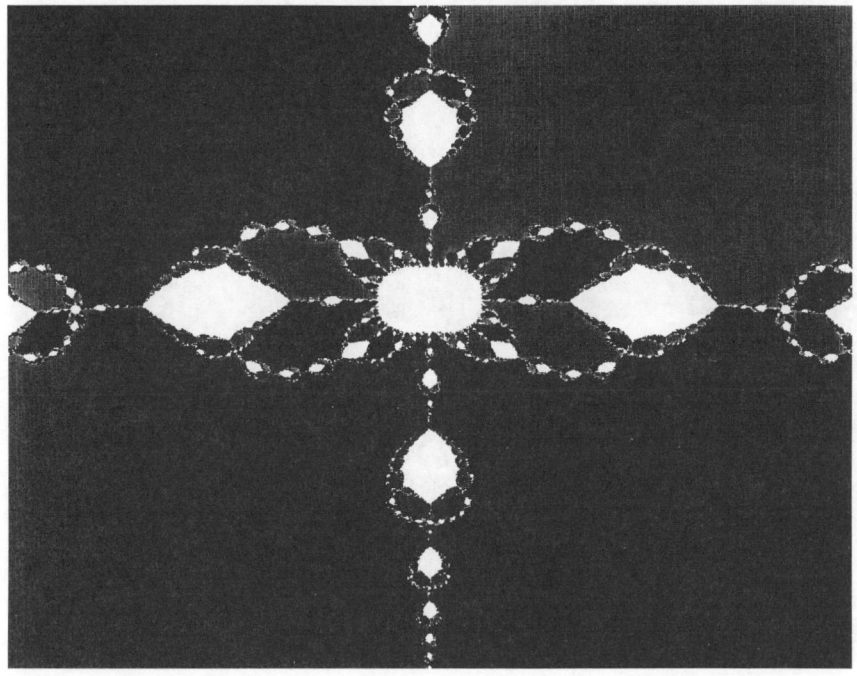

Abb. 7.21 b)

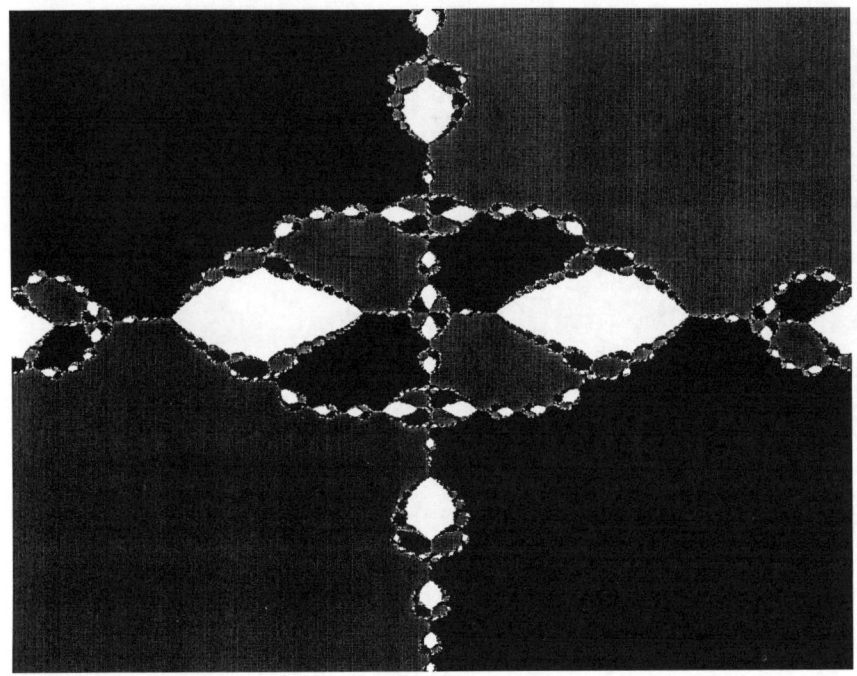

Abb. 7.21 c)

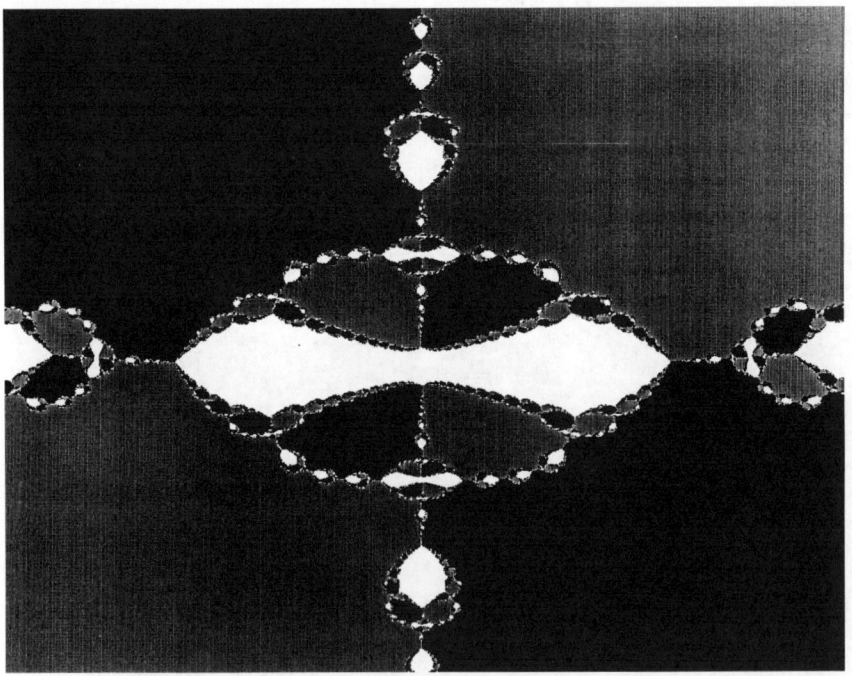

Abb. 7.21 d)

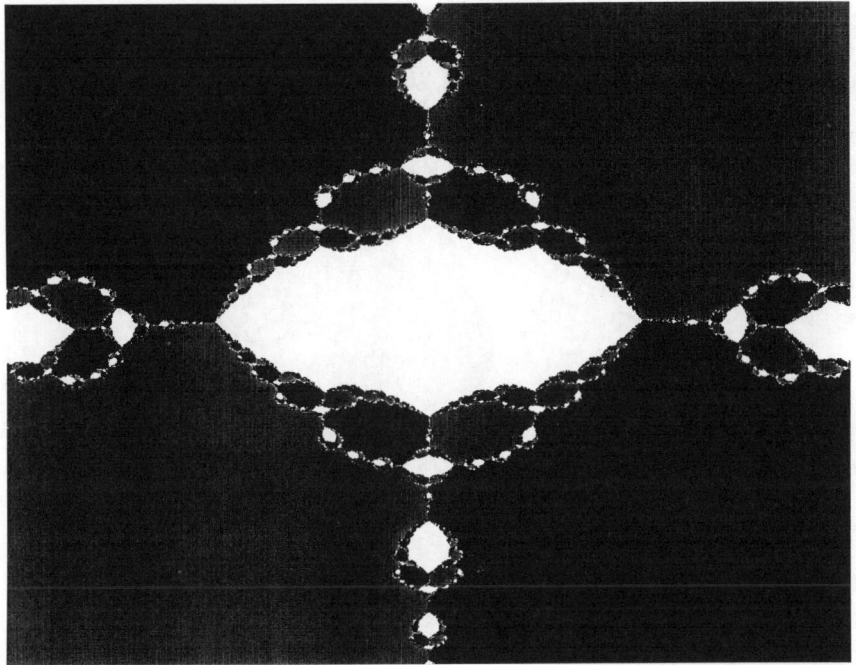

Abb. 7.21 e)

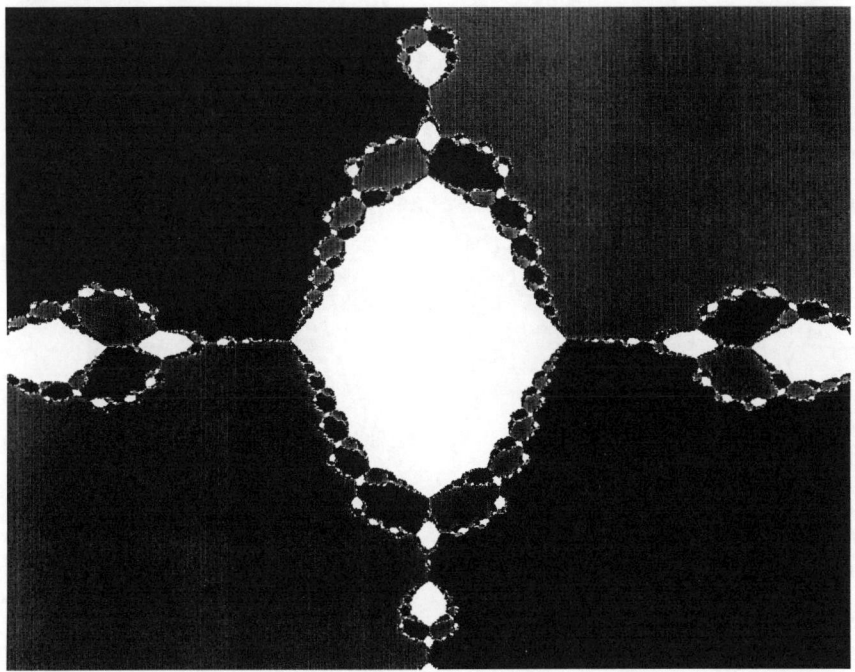

Abb. 7.21 f)

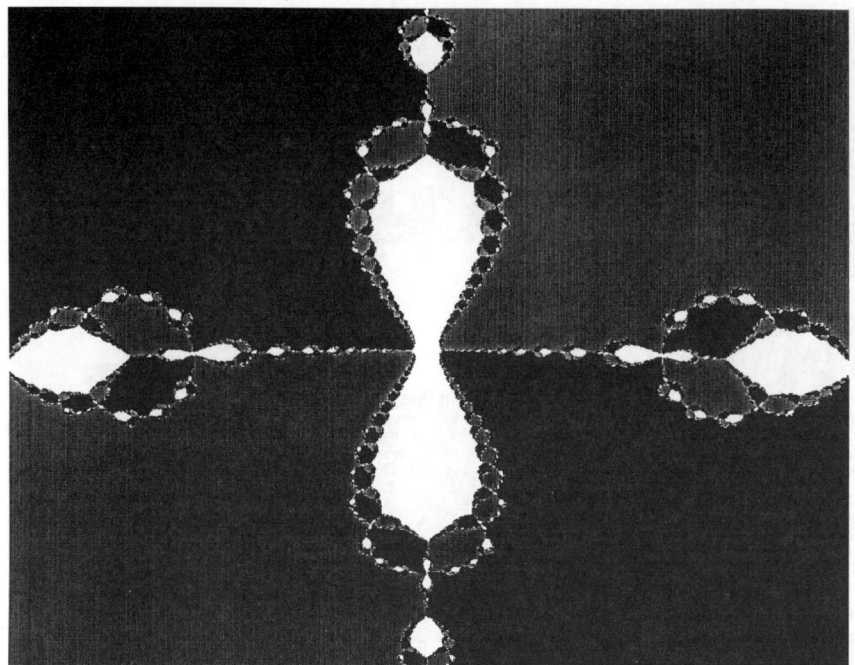

Abb. 7.21 g)

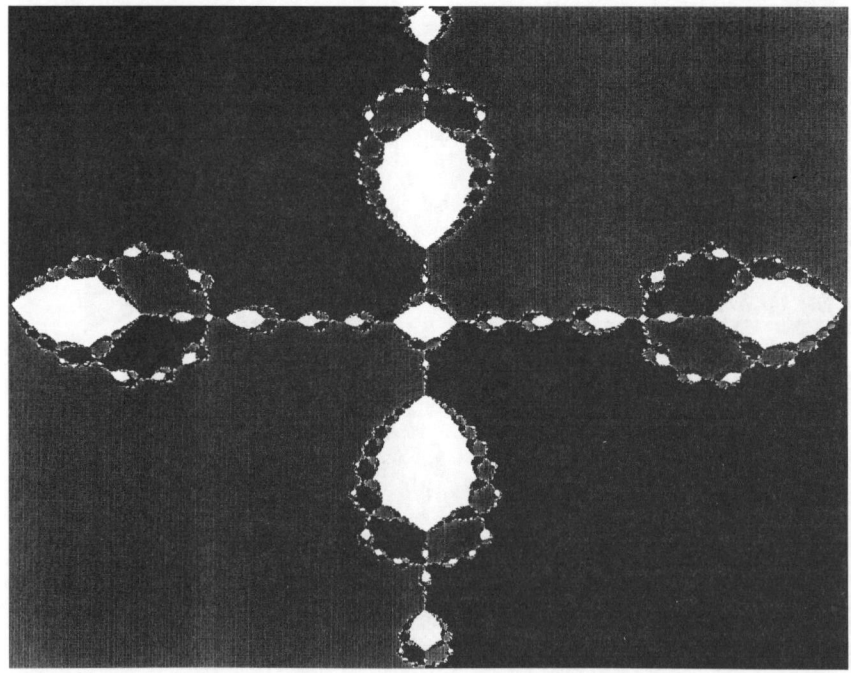

Abb. 7.21 h)

Abb. 7.22 Dieses Bild wurde mittels einer Anwendung des Fluchtzeit-Algorithmus auf die zu $f(z) = e^z - 1$ gehörende Newton-Transformation berechnet. Das Sichtfenster ist $\mathcal{W} = \{(x, y) \in \mathbf{R}^2 : -2.5 \le x \le 2.5, -2.5 \le y \le 2.5\}$. Können Sie herausfinden, welche „Fluchtregion" benutzt wurde?

7.4 Eine reiche Quelle für Fraktale: Invariante Mengen stetiger offener Abbildungen

Es sei f eine Transformation, die auf einem Raum **X** wirkt. Rufen Sie sich in Erinnerung, daß eine Menge invariant unter f heißt, wenn $f^{-1}(A) = A$ gilt. Wir interessieren uns für invariante Mengen unter f, die zu $\mathcal{H}(\mathbf{X})$ gehören. Der folgende Satz ist ein theoretisches Werkzeug, das sowohl die Existenz invarianter Mengen sichert als auch als Mittel zu ihrer Berechnung dient. Der Inhalt dieses Kapitels basiert weitgehend darauf.

Satz 7.5. *Es sei* $(\mathbf{Y}, d)$ *ein metrischer Raum. Es sei* $\mathbf{X} \subset \mathbf{Y}$ *kompakt und nicht leer. Es sei* $f : \mathbf{X} \to \mathbf{Y}$ *stetig und derart, daß* $f(\mathbf{X}) \supset \mathbf{X}$ *gilt. Dann folgt:*

(1) *Durch*

$$W(A) = f^{-1}(A)$$

   wird für alle $A \in \mathcal{H}(\mathbf{X})$ *eine Transformation* $W : \mathcal{H}(\mathbf{X}) \to \mathcal{H}(\mathbf{X})$ *definiert,*

(2) *W besitzt einen Fixpunkt* $A \in \mathcal{H}(\mathbf{X})$, *der durch*

$$A = \bigcap_{n=0}^{\infty} f^{\circ(-n)}(\mathbf{X}) = \lim_{n \to \infty} W^{\circ n}(\mathbf{X})$$

   gegeben ist.

Setzen wir nun voraus, daß f der zusätzlichen Bedingung genügt, daß $f(\mathcal{O})$ *eine offene Teilmenge des metrischen Raums* $(f(\mathbf{X}), d)$ *ist, wenn immer* $\mathcal{O} \subset \mathbf{X}$ *eine offene Teilmenge des metrischen Raumes* $(\mathbf{X}, d)$ *ist. Dann ist*

(3) *W eine stetige Transformation vom metrischen Raum* $(\mathcal{H}(\mathbf{X}), h(d))$ *in sich selbst.*

Beweis von (1) und (2).   (Der Beweis von (3) befindet sich in [Barnsley 1988c].)

(1) Wir beginnen, indem wir beweisen, daß W den Raum $\mathcal{H}(\mathbf{X})$ in sich selbst abbildet. Es sei $B \in \mathcal{H}(\mathbf{X})$. Aus der Bedingung $f(\mathbf{X}) \supset \mathbf{X}$ folgt, daß $f^{-1}(B) \subset \mathbf{X}$ gilt und $f^{-1}(B)$ nicht leer ist. B ist kompakt und daher eine abgeschlossene Menge im metrischen Raum $(\mathbf{X}, d)$. Daraus folgt, daß $\mathbf{X} \backslash B$ offen ist. Aus der Stetigkeit von f ergibt sich weiter, daß $f^{-1}(\mathbf{X} \backslash B)$ offen ist. Da $f(\mathbf{X}) \supset \mathbf{X} \supset B$ gilt, erhält man $f^{-1}(B) = \mathbf{X} \backslash f^{-1}(\mathbf{X} \backslash B)$. Also ist $f^{-1}(B)$ im metrischen Raum $(\mathbf{X}, d)$ abgeschlossen. Weil $\mathbf{X}$ kompakt ist, gilt dies auch für $f^{-1}(B)$. Damit ist Behauptung (1) bewiesen.

(2) Aus $f(\mathbf{X}) \supset \mathbf{X}$ folgt $\mathbf{X} \supset f^{\circ(-1)}(\mathbf{X})$. Wendet man auf beiden Seiten $f^{\circ(-n)}$ an, so erhält man

$$\mathbf{X} \supset f^{\circ(-1)}(\mathbf{X}) \supset f^{\circ(-2)}(\mathbf{X}) \supset f^{\circ(-3)}(\mathbf{X}) \supset \cdots \supset f^{\circ(-n)}(\mathbf{X}) \supset \cdots .$$

Es folgt, daß $\{f^{\circ(-n)}(\mathbf{X})\}$ eine Cauchy-Folge in $\mathcal{H}(\mathbf{X})$ ist, die einen Grenzwert $A \in \mathcal{H}(\mathbf{X})$ besitzt, der durch

$$A = \bigcap_{n=0}^{\infty} f^{\circ(-n)}(\mathbf{X}) = \lim_{n \to \infty} W^{\circ n}(\mathbf{X})$$

bestimmt ist.

Es bleibt zu zeigen, daß A ein Fixpunkt von W ist. Wir müssen beweisen, daß $f^{\circ(-1)}(\bigcap_{n=0}^{\infty} A_n) = \bigcap_{n=0}^{\infty} A_n$ ist. Dabei ist $A_n = f^{\circ(-n)}(\mathbf{X})$ für alle $n = 1, 2, \ldots$

Zuerst weisen wir $f^{\circ(-1)}\left(\bigcap_{n=0}^{\infty} A_n\right) \supset \bigcap_{n=0}^{\infty} A_n$ nach. Es sei $x \in f^{\circ(-1)}\left(\bigcap_{n=0}^{\infty} A_n\right)$.

Dann gibt es $y \in \bigcap_{n=0}^{\infty} A_n$, so daß $x = f^{\circ(-1)}(y)$ und $y \in A_n$ für $n = 0, 1, 2, \ldots$

gilt. Daraus folgt $x \in f^{\circ(-1)}(A_n) = A_{n+1}$ für $n = 0, 1, 2, \ldots$ und somit $x \in \bigcap_{n=0}^{\infty} A_n$. Um die umgekehrte Inklusion zu zeigen, sei $x \in \bigcap_{n=0}^{\infty} A_n$. Dann ist $x \in A_{n+1} = f^{-1}(A_n)$ für $n = 0, 1, 2, \ldots$. Damit folgt die Existenz von $y_n \in A_n$ mit $f(y_n) = x$ für $n = 0, 1, 2, \ldots$. Die Folge $\{y_n\}$ besitzt eine konvergente Teilfolge, deren Grenzwert wir mit y bezeichnen. Dann ist $y \in A_n$ für $n = 0, 1, 2, \ldots$ und somit $y \in \bigcap_{n=0}^{\infty} A_n$. Wegen der Stetigkeit von f folgt $f(y) = x$. Also gilt $x \in f^{\circ(-1)}\left(\bigcap_{n=0}^{\infty} A_n\right)$. Damit haben wir $f^{\circ(-1)}\left(\bigcap_{n=0}^{\infty} A_n\right) \subset \bigcap_{n=0}^{\infty} A_n$ gezeigt, und der Beweis von (2) ist vollständig. $\qquad\square$

Die invariante Menge, auf die sich in Satz 7.5 bezogen wird, kann durch

$$A = \{x \in \mathbf{X} : f^{\circ n}(x) \in \mathbf{X} \quad \text{für alle } n = 1, 2, 3, \ldots\}$$

beschrieben werden. Das bedeutet, A ist die Menge von Punkten, deren Orbits nicht aus $\mathbf{X}$ entkommen. A ist auch das Komplement der Menge der Punkte, deren Orbits aus $\mathbf{X}$ fliehen. Falls $\mathbf{X} \subset \mathbf{R}^2$ ist, kann man mit Hilfe des Fluchtzeit-Algorithmus Bilder von A berechnen.

Die letzte Behauptung in dem vorangegangenen Satz bringt eine angenehme Eigenschaft der Transformation W auf $\mathcal{H}(\mathbf{X})$ zum Ausdruck. Wenn W nicht stetig ist, jedoch $A_0 \in \mathcal{H}(\mathbf{X})$ ist und $\{W^{\circ n}(A_0)\}$ gegen $A_0 \in \mathcal{H}(\mathbf{X})$ konvergiert, dann läßt sich daraus nicht schließen, daß $W(A) = A$ ist. Ohne Stetigkeit von W sollte man den Ergebnissen des Fluchtzeit-Algorithmus nicht trauen. Geringfügige numerische Fehler können beispielsweise bedeuten, daß eine berechnete Folge von Mengen $\{\tilde{A}_n \approx W^{\circ n}(\mathbf{X})\}$ nicht fallend ist. Man hätte gern $\tilde{A} = \lim_{n \to \infty} \tilde{A}_n$. Aber ohne Stetigkeit kann man nicht annehmen, daß $f^{-1}(\tilde{A}) = \lim_{n \to \infty} W(\tilde{A}_n) = \tilde{A}$ gilt, nicht einmal ungefähr.

Analytische Transformationen bilden offene Mengen auf offene Mengen ab. Somit wirken ihre Inversen stetig auf dem Raum $\mathcal{H}(\mathbf{X})$, wobei $\mathbf{X} \subset \hat{\mathbf{C}}$ geeignet gewählt wird. Damit wir uns das bildlich vorstellen können, gehen wir noch einmal zu Abbildung 3.25 zurück. Wenn das Sierpinski-Dreieck ABO deformiert oder bewegt wird, so wird sich das zugehörige inverse Bild $POQ \cup \widetilde{POQ}$ stetig mitbewegen.

Die Hausdorff-Metrik ist eine Metrik der Wahrnehmung. Wenn wir in der Erscheinung eines Bildes eine kleine Veränderung beobachten, so bedeutet das wahrscheinlich eine kleine Änderung des Hausdorff-Abstandes. Wenn man im Zusammenhang mit Graphik von einer stetigen Bewegung redet oder im Zusammenhang mit Botanik von stetigem Wachstum oder stetigen Änderungen im Zusammenhang mit chemischen Systemen, so kann das Wort „stetig" häufig durch „stetig bezüglich der Hausdorff-Metrik" ersetzt werden, wenn man pedantisch sein will. Satz 7.5 legt nahe, daß man stetige *offene* Abbildungen benutzen kann, um solche Systeme zu modellieren.

Aufgaben/Beispiele

7.4.1 Es sei $\lambda \in [-1, 1]$. Man definiere eine Transformation $f : \mathbf{R}^2 \to \mathbf{R}^2$ durch

$$f(x, y) = \begin{cases} (x^2 - y^2 - 1, 2xy), & \text{falls } x > 0, \\ (x^2 - y^2 - 1 + \lambda x, 2xy), & \text{falls } x \le 0. \end{cases}$$

Zeigen Sie, daß f stetig ist. Es bezeichne $\mathbf{X}$ eine Kugel mit Mittelpunkt im Ursprung und hinreichend großem Radius. Zeigen Sie, daß dann $f(\mathbf{X}) \supset \mathbf{X}$ gilt. Weisen Sie ebenfalls nach, daß im Fall $\lambda \in [-1, 0]$ die Abbildung f offene Mengen in offene Mengen abbildet. Beweisen Sie, daß das nicht so ist, wenn $\lambda = 1$ ist. (Hinweis: Überlegen Sie sich, wie die Abbildung auf eine sehr kleine Kreisscheibe wirkt, die ihren Mittelpunkt im Ursprung hat.)

In Abbildung 7.23 ist das Ergebnis der Anwendung des Fluchtzeit-Algorithmus auf f dargestellt für den Fall, daß $\lambda = 1$ ist. Die innere Region, die durch eine Ellipse begrenzt wird, stellt eigentlich eine Kreisscheibe $\mathbf{X}$ dar, so daß $f(\mathbf{X}) \supset \mathbf{X}$ gilt. In den x- und y-Richtungen wurden unterschiedliche Achseneinteilungen verwendet. $f(\mathbf{X})$ ist die Region, die durch die äußere Kurve begrenzt wird. Das Bild eines Punktes, der einmal um die innere Ellipse läuft, ist ein Punkt, der zweimal den Ursprung entlang der äußeren Kurve umläuft. Diese äußere Kurve sieht wie eine gefaltete Ziffer acht aus. Verschiedene „Fluchtzeiten" der Orbits von Punkten in $\mathbf{X}$ werden durch unterschiedliche Grautöne dargestellt. Eine vergrößerte Version von $\mathbf{X}$, die durch die Fluchtzeiten gezeichnet wurde, ist in Abbildung 7.24 zu sehen. Grob gesprochen, entkommen die Regionen, welche dem Äußeren am nächsten liegen, am schnellsten. Punkte aus der weißen Region entfliehen ebenfalls. Welches ist also die invariante Menge A? Sie liegt genau in der Mitte und tritt als eine verzweigte zusammenhängende, baumähnliche Menge ohne Inneres auf.

In Abbildung 7.25 ist das Resultat der Anwendung des Fluchtzeit-Algorithmus auf f für den Fall $\lambda = 0$ dargestellt. Diesmal sehen wir die invariante Menge A in der Mitte (weiß gezeichnet). Sie ist gerade die gefüllte Julia-Menge für $z^2 - 1$. Was passiert, wenn wir $\lambda = -1$ wählen? Dann erhalten wir das in Abbildung 7.26 dargestellte Bild. Jedoch liegen die Dinge diesmal nicht so einfach, wie es den Anschein hat. Die inneren „Schichten", die die augenscheinliche invariante Menge A umgeben, sind hochgradig irregulär und instabil. Das bedeutet, daß Punkte, die sehr nahe beieinander liegen, scheinbar Orbits besitzen, die sehr unterschiedliche Fluchtzeiten haben.

7.4.2 Konstruieren Sie eine Funktion $f : \mathbf{X} \to \mathbf{R}^2$ mit $\mathbf{X} \subset \mathbf{R}^2$, die den Voraussetzungen von Satz 7.5 genügt. Verwenden Sie den Fluchtzeit-Algorithmus, um die zugehörige invariante Menge A zu untersuchen, die in der Behauptung des Satzes beschrieben wird.

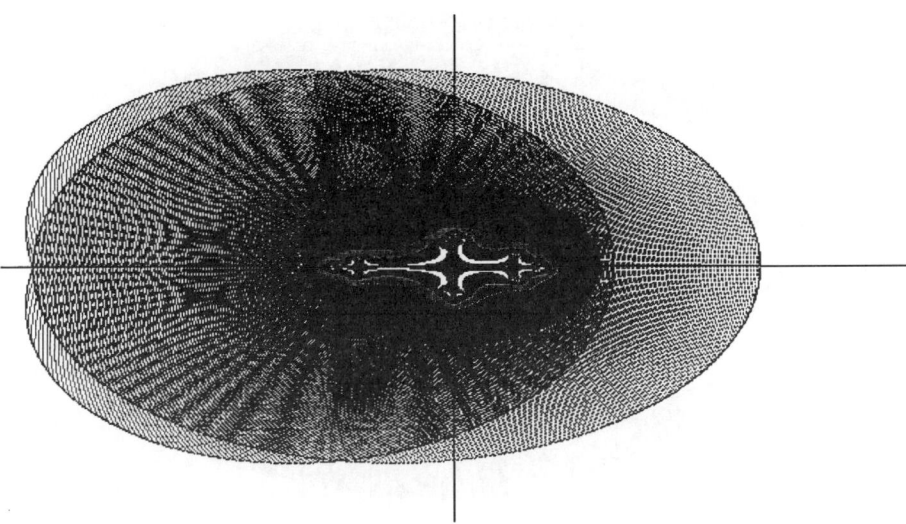

Abb. 7.23 Das Ergebnis der Anwendung des Fluchtzeit-Algorithmus auf die Funktion f in Beispiel 7.4.1 mit $\lambda = 1$. Diese Funktion ist stetig, so daß $f(\mathbf{X}) \supset \mathbf{X}$ gilt. Dabei bezeichnet $\mathbf{X}$ das Fabergé-Ei in der Mitte. $f(\mathbf{X})$ ist die Region, die durch die äußere Kurve begrenzt wird. Verschiedene „Fluchtzeiten" der Orbits von Punkten in $\mathbf{X}$ werden durch unterschiedliche Grautöne repräsentiert.

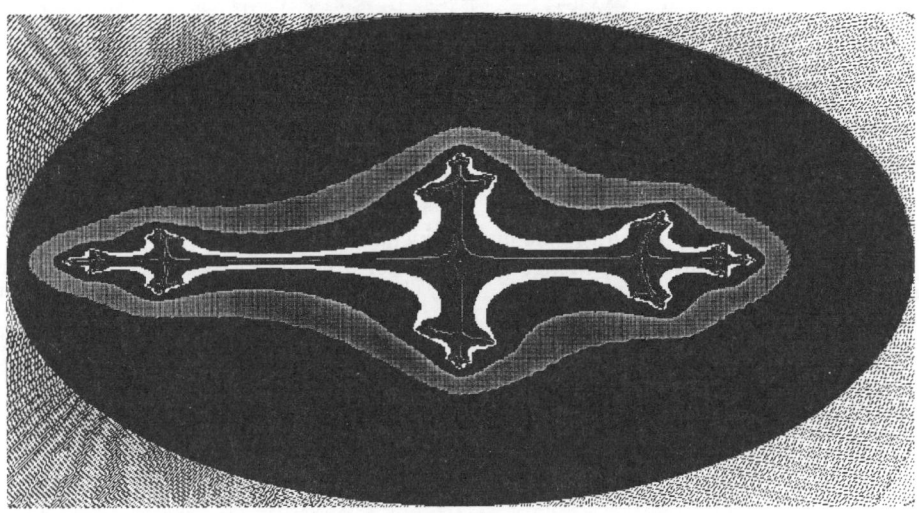

Abb. 7.24 Dies ist eine vergrößerte Version der Region $\mathbf{X}$ aus Abbildung 7.23. Man kann ungefähr sagen, daß Punkte, die dem Äußeren am nächsten liegen, am schnellsten entkommen. Punkte, die in der weißen Region liegen, entfliehen auch. Die invariante Menge A liegt in der Mitte. Sie stellt sich als verzweigte zusammenhängende, baumähnliche Menge dar. Sie ist von Schichten umgeben, genauso wie das Innere eines echten Baumstammes von den Jahresringen umgeben ist.

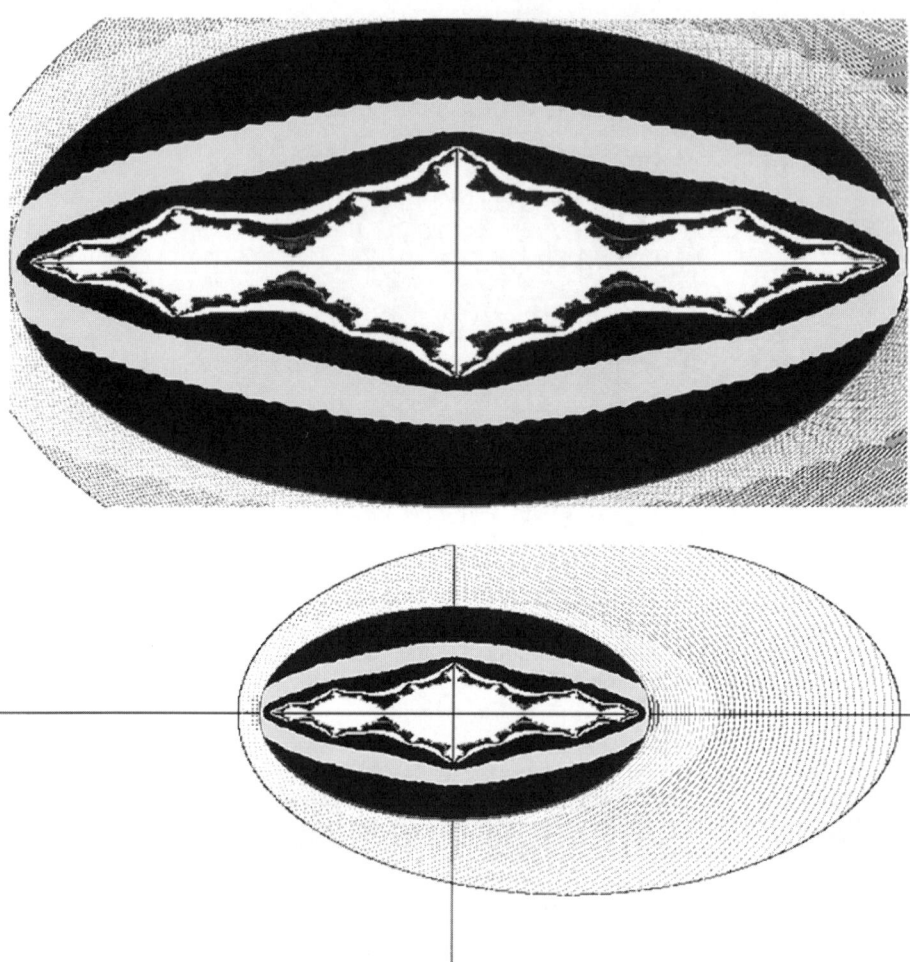

Abb. 7.25 Das Resultat der Anwendung des Fluchtzeit-Algorithmus auf f aus Beispiel 7.4.1 mit $\lambda = 0$. Die invariante Menge A liegt in der Mitte und ist weiß dargestellt. Es ist gerade die gefüllte Julia-Menge für $z^2 - 1$.

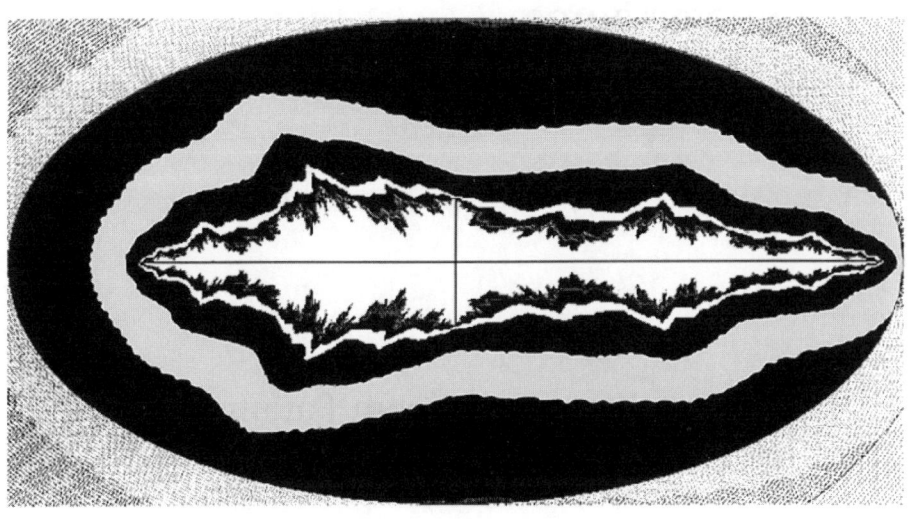

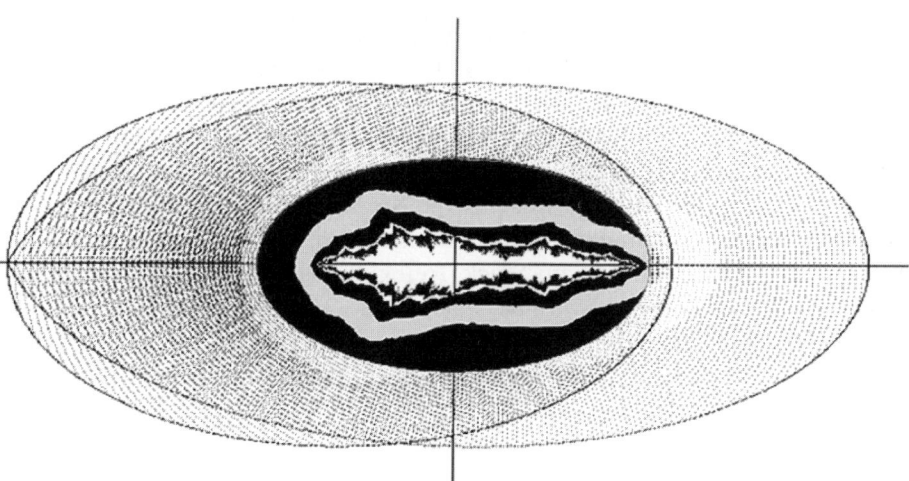

Abb. 7.26 Was passiert, wenn wir $\lambda = -1$ wählen? Diesmal liegen die Dinge nicht so einfach, wie es den Anschein hat. Die inneren „Schichten", die die augenscheinliche invariante Menge A umgeben, sind hochgradig irregulär und instabil und deswegen numerisch nur schwer zu fassen.

8 Parameterräume und Mandelbrot-Mengen

8.1 Die Vorstellung von einem Parameterraum: Eine Landkarte von Fraktalen

Eine Landkarte, auf der nichts eingezeichnet ist, ist praktisch wertlos. Eine Land-karte einer Region von 1000 Meilen × 1000 Meilen, die die Britischen Inseln enthält, ist in Abbildung 8.1 dargestellt. Sie vermittelt nicht viele Informatio-nen. Als Konzept ist sie jedoch recht spannend. Jede Stelle auf der Landkarte korrespondiert mit einem Ort auf der Erde. Der Punkt mit den Koordinaten (750, 227.3) repräsentiert zum Beispiel die Stadt Maidstone. Ein Punkt auf der Landkarte kann ein bestimmtes Getreidekorn auf einem gepflügtem Feld darstel-len oder ein Molekül von einem Stück Treibgut, das auf der Meeresoberfläche auf einem Wellenkamm schwimmt. Punkte, die auf der Landkarte nahe bei-einander liegen, korrespondieren mit Punkten auf der Erde, die ebenfalls dicht zusammen liegen. Zusammenhängende Mengen mit einem Inneren repräsentie-ren physikalische Regionen.

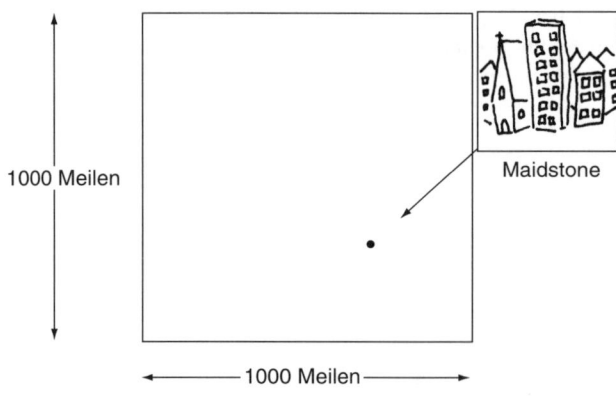

1000 Meilen

1000 Meilen

Maidstone

Abb. 8.1 Eine Land-karte, auf der keine Informationen einge-tragen sind, ist recht span-nend. Dies ist eine voll-kommen nutzlose Land-karte der Britischen In-seln. Der Punkt stellt Maidstone dar. Die Land-karte ist auf den Punkt ge-nau.

Wie könnte eine perfekte Landkarte aussehen? Idealerweise sollte sie Orte auf der Erdoberfläche in einem bestimmten Augenblick wiedergeben. Die Koordinaten würde man relativ zu irgendeinem absoluten Koordinatensystem wählen, welches vielleicht mit dem Verweis auf die Fixsterne festgelegt worden ist. Darüber hinaus müßte die Erdoberfläche, bis auf die letzten Moleküle von Wasser, Erde und Pflanzen genau, präzise definiert werden. Zu diesem Zweck kann man sich die Benutzung einer Geraden vorstellen, die vom Erdmittelpunkt ausgeht, wie es in Abbildung 8.2 vorgeschlagen wird. Landkarten werden natürlich nicht auf diese Weise hergestellt, obwohl das Ziel dasselbe ist: man möchte eine genaue Entsprechung der Punkte auf der physikalischen Oberfläche der Erde zu denen auf der physikalischen Oberfläche des Papiers erhalten.

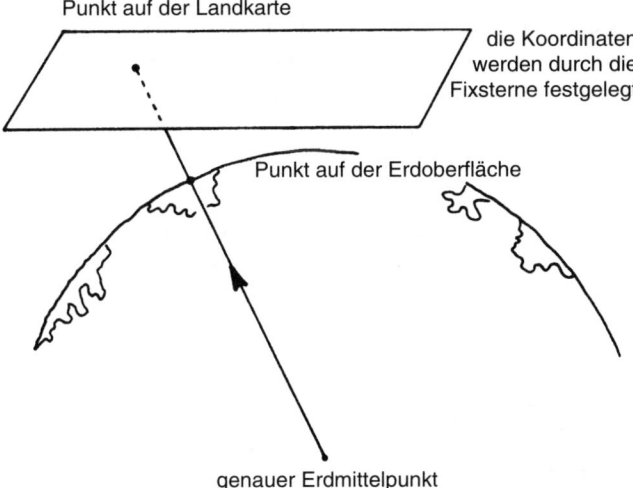

Abb. 8.2 So könnte Abbildung 8.1 hergestellt worden sein.

Wir müssen bei der Interpretation einer Landkarte sorgfältig vorgehen. Geographische Landkarten sind wegen des Systems der reellen Zahlen und wegen der unphysikalischen Vorstellung der unendlichen Teilbarkeit kompliziert. Mathematisch gesehen, ist die Landkarte ein abstrakter Ort. Ein Punkt auf der Landkarte kann ein bestimmtes physikalisches Atom in der realen Welt nicht darstellen, nicht nur wegen der Ungenauigkeiten auf der Landkarte, sondern auch wegen der dualen Natur des Gegenstandes. Nach gegenwärtigen Theorien kann man den exakten Aufenthaltsort eines Atoms in einem bestimmten Augenblick nicht angeben.

Diejenigen, die sich mit fraktaler Geometrie beschäftigen, vermeiden dieses Problem, indem sie so tun, als ob die Erdoberfläche ebenfalls ein abstrakter Ort wäre. Wir stellen uns vor, daß Gegenstände unendlich teilbar sind und daß wir jeden Punkt adressieren können. Wir nehmen ebenso an, daß wir Bäume und Wolken modellieren können, genauso wie Horizonte, aufgewühltes Meer und unendlich fein bestimmte Küstenlinien. Dann können wir beispielsweise die Hausdorff-Besicovitch-Dimension der Küstenlinie der Britischen Inseln bestimmen.

Damit eine Landkarte von Nutzen ist, müssen auf ihr Informationen, wie die Höhe über dem Meeresspiegel, Bevölkerungsdichten, Straßen, Vegetation, Regenmenge, Art des tiefliegenden Gesteins, der Eigentümer, Auftreten von Vulkanen, Malariaverseuchung und so weiter eingetragen sein. Diese Informationen lassen sich vernünftig durch unterschiedliche Farben darstellen. Wenn wir zum Beispiel das Wasser blau einzeichnen und das Land grün, so können wir das Land auf der Karte „sehen", und wir verstehen geometrische Beziehungen. Wir können Überlandentfernungen zwischen Punkten abschätzen, die Größen der Flächen von Inseln, die kürzeste Seepassage von Neuharlingersiel nach Helgoland, die Länge von Küstenlinen und so weiter. Das alles kann man mit dem Mittel farbiger Markierungen auf einer leeren Landkarte erreichen.

Wir betrachten den Rand der schattierten Region in Abbildung 8.3. Die Landkarte vermittelt hier zusätzliche Informationen. Im Inneren der schattierten Region können wir über die Erdoberfläche nicht mehr erfahren, als daß „dort Land ist". Auf dem Rand erfahren wir jedoch nicht nur, daß „dort Land ist und dort Wasser", sondern, sofern die Karte genau genug ist, auch etwas über ein Objekt, das wir eigentlich auch auf der Oberfläche „sehen", nämlich die lokale Gestalt der Küstenlinie.

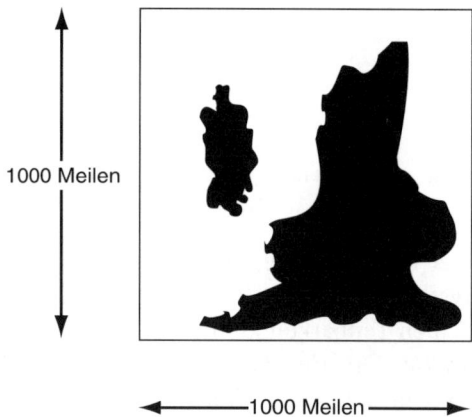

1000 Meilen

◀———————1000 Meilen———————▶

Abb. 8.3 Auf dieser Landkarte sind alle die Punkte, die Land repräsentieren, schattiert dargestellt. Dabei zeigt sich ein faszinierendes Objekt: die Küstenlinie.

Die letzte Idee kann man erweitern. Wenn wir auf der geographischen Karte mehr Farben verwenden, um mehr Informationen über die Eigenschaften der Erdoberfläche zu vermitteln, produzieren wir auf der Landkarte auch mehr Ränder. Diese Ränder können uns Aufschluß über lokale Geometrien geben. Eine Karte zum Beispiel, auf der die Farben die Höhen darstellen, zeigt Grundrisse von Gebirgen, die Flußläufe und wenn wir genau genug hinsehen, auch die Umrisse von Gebäuden. Eine solche Karte, abstrakt und perfekt hergestellt, in einem metrischen Raum angesiedelt, würde detailliertere Informationen über die Dinge an jedem Punkt enthalten, als ein Beobachter vor Ort sehen würde.

Aufgaben

8.1.1 Studieren Sie einen Atlas, der Karten enthält, in denen verschiedenen Gesichtspunkte, wie Regenmenge, Bevölkerungsdichte, Vegetation und Höhe durch Farben dargestellt werden. Überlegen Sie, in welchem Umfang diese Karten Informationen über die lokale Beschaffenheit der Erdoberfläche liefern!

Wir wollen nun farbige Landkarten von parametrisierten Familien von Fraktalen herstellen. Wir betrachten Familien Iterierter Funktionensysteme und Familien dynamischer Systeme, die von zwei reellen Parametern abhängen. Die Sammlung aller möglichen Parameter bestimmt einen *Parameterraum*, der zu der Familie gehört. Als Bezeichnung für den Parameterraum verwenden wir P. Typischerweise ist P ein Teilraum von $(\mathbf{R}^2$, euklidisch$)$, wie ■, eine abgeschlossene Kugel oder $\mathbf{R}^2$.

Ein Beispiel für einen Parameterraum ist $P = \{(\lambda_1, \lambda_2) \in \mathbf{R}^2 : |\lambda_1|, |\lambda_2| < 2^{-0.5}\}$. Dies ist ein Parameterraum für die Familie von hyperbolischen IFS $\{\mathbf{C}; (\lambda_1 + i\lambda_2)z + 1, (\lambda_1 + i\lambda_2)z - 1\}$. Jeder Punkt $\lambda = (\lambda_1, \lambda_2) \in P$ korrespondiert mit einem IFS. Jedes IFS besitzt einen eindeutigen Attraktor, sagen wir $A(\lambda)$. Somit korrespondiert jeder Punkt aus P mit einem einzelnen Fraktal. Wir können uns P als Darstellung eines Teils von $\mathcal{H}(\mathbf{C})$, dem Raum der Fraktale, vorstellen. Eine Karte von P, auf der ein paar Punkte eingetragen sind, ist in Abbildung 8.4 zu sehen. Zu jedem Punkt in P gehört ein einzelnes Fraktal. Punkte, die in P nahe beieinander liegen, korrespondieren mit Fraktalen, die nahe beieinander liegen, d. h. zu Punkten in $\mathcal{H}(\mathbf{C})$, deren Hausdorff-Abstand voneinander klein ist.

Ein anderes Beispiel ist $P = \mathbf{C}$, wodurch ein Parameterraum für die Familie dynamischer Systeme $\{\widehat{\mathbf{C}}; f_\lambda(z) = z^2 - \lambda\}$ gegeben ist. Zu jedem Punkt im Parameterraum gehört ein anderes dynamisches System. Jedem dynamischen System kann eine eindeutige Julia-Menge $J(\lambda)$ zugeordnet werden. Die Sammlung von Fraktalen $\{J(\lambda) : \lambda \in P\}$, die zu dem Parameterraum gehört, ist sehr groß und mannigfaltig.

Es sei $\mathbf{X}$ ein zweidimensionaler metrischer Raum, wie $\mathbf{R}^2$ oder $\widehat{\mathbf{C}}$. Bezeichne P den zu einer Familie von Fraktalen $\{A(\lambda) \in \mathcal{H}(\mathbf{X}) : \lambda \in P\}$ gehörenden Parameterraum. Können wir einem Forscher, der diese Sammlung von Fraktalen untersuchen möchte, eine farbige Landkarte liefern? Diese Karte sollte ihm Informationen über die Mengen $A(\lambda)$, die man an verschiedenen Punkten von P finden kann, bereitstellen.

Es sei $P = $ ■. Um eine Karte herzustellen, repräsentieren wir P durch die Pixel auf dem Graphikbildschirm eines Computers. Die Idee besteht darin, dem

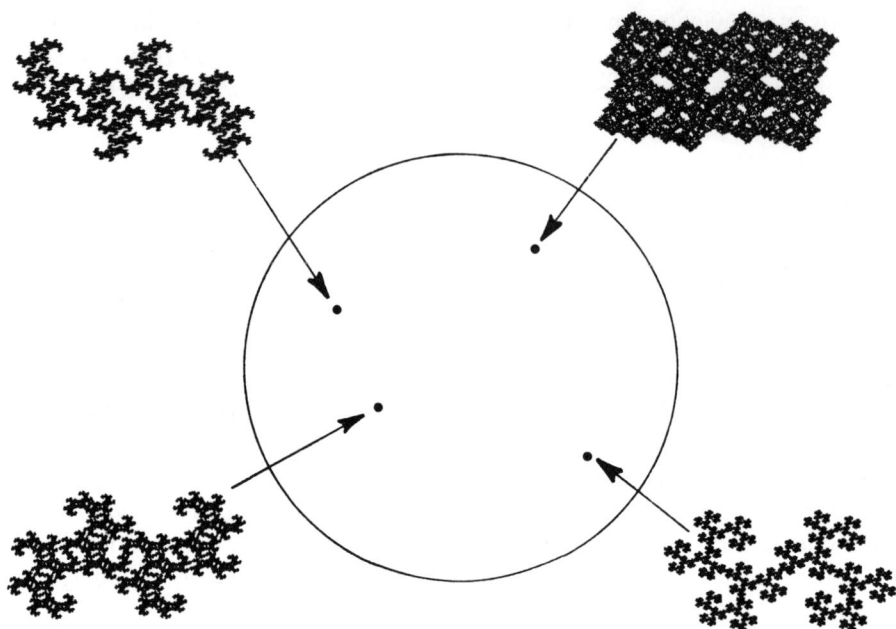

Abb. 8.4 Ein Beispiel für einen Parameterraum. Zu jedem Punkt λ im Raum gehört ein Fraktal $A(\lambda)$. Dies ist eine armselige Landkarte, da auf ihr recht wenig eingezeichnet ist. Sie hat einen ähnlichen Informationsgehalt, wie die Karte der Britischen Inseln in Abbildung 8.1. Wir brauchen Farben.

Pixel λ in Übereinstimmung mit irgendeiner Eigenschaft von $A(\lambda)$, eine Farbe zuzuteilen. (Wir schreiben λ = Pixel = Punkt in P, ohne immer wieder darauf hinzuweisen, daß λ ein Punkt in einem kleinen Rechteck ist, der mit einem Pixel korrespondiert.) Geeignete Eigenschaften, die man mit Farben in Beziehung setzen könnte, sind beispielsweise Zusammenhang von $A(\lambda)$, fraktale Dimension von $A(\lambda)$, die Fluchtzeit eines bestimmten Punktes von $A(\lambda)$ unter einem zugehörigen dynamischen System, die Anzahl der Löcher in $A(\lambda)$ oder das Vorkommen von Geraden in $A(\lambda)$.

Wenn wir eine gute Auswahl der Eigenschaften treffen, die wir mit Farben darstellen, dann wird man als Ergebnis eine hilfreiche Karte bekommen, die mehrere verschiedenfarbige Regionen enthält. Diese Karte wird einem Fraktal-Forscher als schnelle Orientierung dienen. Aus ihr wird er erfahren, was er zu erwarten hat, wenn er durch P reist. Trotzdem kann er überrascht werden.

Die Ränder der farbigen Regionen können dem Forscher zusätzliche geometrische Informationen geben, und zwar über die Informationen hinaus, die die Karte bei ihrer Erstellung ursprünglich vermitteln sollte. Es stellt sich manchmal heraus, daß die lokale Gestalt der Ränder in der Karte die Formen der korrespondierenden Fraktale wiederspiegelt. Das basiert auf einem grundlegenden Prinzip, welches wir nicht als Satz formulieren wollen, aber in einer Anzahl von Fällen veranschaulichen werden.

Aufgaben/Beispiele

8.1.2 Wenn man die Bedingung der Lipschitz-Stetigkeit aus Satz 3.6 nachweisen will, ist es häufig hilfreich, die Abhängigkeit von $x \in \mathbf{X}$ dadurch zu entfernen, daß man den Definitionsbereich des IFS auf eine kompakte Menge B beschränkt, die den Attraktor $A(\lambda)$ für alle Werte $\lambda \in P$ enthält. Da sich die Attraktoren dadurch selber nicht ändern, garantiert die stetige Abhängigkeit von λ in B dasselbe für das ursprüngliche IFS. Dies kann in der Praxis mit Hilfe des folgenden Hilfssatzes durchgeführt werden:

Hilfssatz 8.1. *Es sei $B \in \mathcal{H}(\mathbf{X})$, so daß für alle $p \in P$ die Beziehung $W(p, B) \subset B$ gilt. Dann gilt für alle $p \in P$ auch $A(p) \subset B$.*

Beweisen Sie diesen Hilfssatz!

8.1.3 Es sei $P = \{(\lambda_1, \lambda_2) \in \mathbf{R}^2 : |\lambda_1|, |\lambda_2| \le 0.9\}$. Die IFS-Familie $\{\mathbf{R}; \lambda_1 x, \lambda_2 x + 1 - \lambda_2, 0.5x + 0.5\}$ ist hyperbolisch mit Kontraktionsfaktor $s = 0.9$ für alle $\lambda \in P$. Verwenden Sie Satz 3.6, um zu beweisen, daß der Attraktor stetig von λ abhängt!

8.1.4 Die IFS-Familie $\{[0, 1]; \lambda_1 x^2, \lambda_2 x + (1 - \lambda_2)\}$ ist hyperbolisch mit Kontraktionsfaktor $s = 0.9$ für alle λ im Parameterraum

$$P = \{(\lambda_1, \lambda_2) \in \mathbf{R}^2 : 0 \le \lambda_1 \le 0.45, 0 \le \lambda_2 \le 0.9\}.$$

Da wir

$$d(w_{1_p}(x), w_{1_q}(x)) = |x^2||\lambda_{1_p} - \lambda_{1_q}| \le |\lambda_{1_p} - \lambda_{1_q}|$$
$$d(w_{2_p}(x), w_{2_q}(x)) = |x - 1||\lambda_{2_p} - \lambda_{2_q}| \le |\lambda_{2_p} - \lambda_{2_q}|$$

haben, können wir die Lipschitz-Bedingung in beiden Fällen mit $k = 1$ erfüllen. Der Attraktor hängt stetig von λ ab.

8.1.5 Manchmal ist es zweckmäßig, die Lipschitz-Bedingung nicht direkt zu zeigen. In diesem Fall können wir zur Stetigkeitsbehauptung übergehen, um sie nachzuweisen. Wir nehmen an, daß wir auf direktem Wege zeigen können, daß $w_i(p, x)$ eine stetige Funktion von $P \times \mathbf{X} \to \mathbf{X}$ ist. Das bedeutet, *ohne p oder x festzuhalten*, gibt es bei gegebenem $\epsilon > 0$ für jedes $w_i(p, x)$ ein $\delta_i > 0$, so daß

$$d(w_i(p, x), w_i(q, y)) < \epsilon \quad \text{immer wenn} \quad d((p, x), (q, y)) < \delta_i$$

ist. Dann sind die Schlußfolgerungen aus Satz 3.6 gültig. Das heißt nicht, daß die Lipschitz-Bedingung (oder etwas Ähnliches) unnötig ist. Solche Bedingungen gewährleisten die eben aufgestellte Behauptung. Wenn wir sie auf andere Weise garantieren können, so ist das äquivalent.

8.1.6 Ein Beispiel für einen Parameterraum bildet (P, euklidisch), wobei $P = \{(\lambda_1, \lambda_2) \in \mathbf{R}^2 : |\lambda_1|, |\lambda_2| \le 0.999\}$ ist. Dieser Raum kann dazu verwendet werden, die Familie von hyperbolischen IFS $\{\mathbf{R}^2; w_1, w_2\}$ darzustellen. Dabei sind

$$w_1 \begin{pmatrix} x \\ y \end{pmatrix} = \begin{pmatrix} \lambda_1 & 0 \\ 0 & \lambda_2 \end{pmatrix} \begin{pmatrix} x \\ y \end{pmatrix} + \begin{pmatrix} 0 \\ 1 \end{pmatrix}$$

und

$$w_2 \begin{pmatrix} x \\ y \end{pmatrix} = \begin{pmatrix} 0.3 & -0.2 \\ 0.1 & 0.4 \end{pmatrix} \begin{pmatrix} x \\ y \end{pmatrix}.$$

Da (wir benutzen $(z, w) = (\lambda_1, \lambda_2)$, um die Bekanntheit hervorzuheben)

$$w_1(x, y, z, w) = (zx, wy + 1),$$

einem Grundkurs Analysis folgend, stetig ist, trifft Satz 3.6 zu, und der Attraktor verändert sich stetig mit λ.

8.2   Mandelbrot-Mengen für Paare von Abbildungen

Es sei $P \subset \mathbf{R}^2$ ein Parameterraum, der mit einer Familie von Fraktalen korrespondiert. Das heißt, wir haben eine Funktion $A : P \to \mathcal{H}(\mathbf{X})$, so daß jeder Punkt $\lambda \in P$ mit einer Menge $A(\lambda) \in \mathcal{H}(\mathbf{X})$ korrespondiert. Eine Möglichkeit, eine Karte herzustellen, besteht darin, den Paramerraum nach dem Gesichtspunkt farbig darzustellen, ob $A(\lambda)$ zusammenhängend ist oder nicht.

Satz 8.1. *Es sei* $\{\mathbf{X}; w_1, w_2\}$ *ein hyperbolisches IFS mit Attraktor A. Es seien* w_1 *und* w_2 *injektiv auf A. Wenn*

$$w_1(A) \cap w_2(A) = \emptyset$$

ist, dann ist A total unzusammenhängend. Wenn

$$w_1(A) \cap w_2(A) \neq \emptyset$$

gilt, dann ist A zusammenhängend.

Beweis. Nehmen wir an, daß $w_1(A) \cap w_2(A) = \emptyset$ ist. Es bezeichne Σ den Adressenraum, der zu dem IFS gehört. Nach Satz 4.3 ist die Adressenraum-Abbildung $\phi : \Sigma \to A$ invertierbar. ϕ ist ebenso eine stetige Transformation zwischen zwei kompakten metrischen Räumen. Demnach ist ϕ gemäß Satz 2.13 ein Homöomorphismus. Damit ist A homöomorph zum Adressenraum, der total unzusammenhängend ist. (Rufen Sie sich in Erinnerung, daß der Adressenraum, der aus zwei oder mehr Symbolen besteht, zur klassischen Cantor-Menge metrisch äquivalent ist.) Es folgt, daß A total unzusammenhängend ist.
Nehmen wir nun an, daß $w_1(A) \cap w_2(A) \neq \emptyset$ gilt. Dann gibt es mindestens einen Punkt mit $x \in w_1(A) \cap w_2(A)$. Dieser Punkt x besitzt zwei Adressen

$$x = \phi(\zeta) = \phi(\sigma),$$

wobei $\zeta_1 = 1$ ist und $\sigma_1 = 2$. Wir sehen uns an, was passiert, wenn wir zusätzlich annehmen, daß „A nicht zusammenhängend" ist. Dann folgt, da A

kompakt ist, daß wir zwei nichtleere, kompakte Mengen E und F bestimmen können, so daß

$$A = E \cup F \quad \text{und} \quad E \cap F = \emptyset$$

gilt. Nutzen wir die Kompaktheit aus, so gibt es eine positive reelle Zahl δ, so daß

$$d(e, f) \geq \delta \quad \text{für alle } e \in E, f \in F$$

gilt. Es sei π und ψ ein Paar von Adressen, für die die ersten K Symbole übereinstimmen, für irgendeine natürliche Zahl K. Das heißt, es ist $\pi_i = \psi_i$ für $i = 1, 2, \ldots, K$. Dann gilt

$$d(\phi(\pi), \phi(\psi)) \leq s^K \text{diam}(A),$$

wobei $\text{diam}(A) = \max\{d(x, y) : x, y \in A\}$ ist und $s \in [0, 1)$ ein Kontraktions-faktor des IFS. Nehmen wir weiter an, daß $\phi(\pi) \in E$ ist und $\phi(\psi) \in F$. Dann gilt

$$\delta \leq d(\phi(\pi), \phi(\psi)).$$

Wenn man die beiden letzten Ungleichungen kombiniert, erhält man $\delta \leq s^K \text{diam}(A)$, woraus

$$K \leq \frac{\log\left(\dfrac{\delta}{\text{diam}(A)}\right)}{\log(s)}$$

folgt. Wir schließen daraus, daß bei $e \in E$ und $f \in F$ die Anzahl von aufein-anderfolgenden, übereinstimmenden Stellen in den Adressen von e und f nicht die Zahl übersteigen kann, die auf der rechten Seite der Gleichung steht. Es gibt demnach eine maximale Stellenanzahl M, in denen die Adressen der Punkte $e \in E$ und $f \in F$ zu Beginn übereinstimmen können. Dieses Maximum wird von irgendeinem Punktepaar, sagen wir e und f, angenommen. Dann können wir $\rho_i \in \{1, 2\}$ für $i = 1, 2, \ldots, M$ bestimmen, so daß

$$\phi(\rho_1, \rho_2, \rho_3, \ldots, \rho_M, 1, \ldots) = e \in E$$

gilt und außerdem

$$\phi(\rho_1, \rho_2, \rho_3, \ldots, \rho_M, 2, \ldots) = f \in F.$$

Betrachten wir nun den Punkt $z \in A$, der die beiden Adressen

$$\begin{aligned} z &= \phi(\rho_1, \rho_2, \rho_3, \ldots, \rho_M, 1, \zeta_2, \zeta_3, \zeta_4, \ldots) \\ &= \phi(\rho_1, \rho_2, \rho_3, \ldots, \rho_M, 1, \sigma_2, \sigma_3, \sigma_4, \ldots) \end{aligned}$$

besitzt. Nehmen wir an, daß $z \in E$ ist. Dann stimmt die Adresse von z in den ersten $(M + 1)$ Symbolen mit der von $f \in F$ überein. Somit ist $z \in F$. Aber dann stimmt die Adresse mit der von $e \in E$ in den ersten $(M + 1)$ Symbolen überein, was nicht zutreffen kann. Wir haben einen Widerspruch. Demnach ist „A *nicht* unzusammenhängend". Es folgt, daß A zusammenhängend ist, was zu beweisen war.   □

Definition 8.1. Es sei $\{\mathbf{X}; w_1, w_2\}$ eine Familie von hyperbolischen IFS, die von einem Parameter $\lambda \in P \subset \mathbf{R}^2$ abhängt. Bezeichne $A(\lambda)$ den Attraktor des IFS. Die Menge der Punkte $\mathcal{M} \subset P$, die durch

$$\mathcal{M} = \{\lambda \in P : A(\lambda) \text{ ist zusammenhängend}\}$$

bestimmt ist, heißt *Mandelbrot-Menge* für die Familie der IFS.

Für den Rest dieses Abschnitts betrachten wir die IFS-Familie

$$\{\mathbf{C}; \lambda z - 1, \lambda z + 1\},$$

wobei der Parameterraum durch

$$P = \{\lambda = (\lambda_1, \lambda_2) \in \mathbf{C} : \lambda_1^2 + \lambda_2^2 < 1\}$$

gegeben ist. In Abbildung 8.5 ist die zugehörige Mandelbrot-Menge $\mathcal{M}$ dargestellt. Dies ist eine Landkarte für die Sammlung von Fraktalen, die zu dem IFS gehören. Sie ist dort schwarz gefärbt, wo der Attraktor total unzusammenhängend ist, und weiß, wo er zusammenhängend ist.

Hier sind die Grundzüge eines Algorithmus, der Bilder der Mandelbrot-Menge $\mathcal{M}$ berechnet, die zu der Familie $\{\mathbf{C}; w_1(z) = \lambda z - 1, w_2(z) = \lambda z + 1\}$ gehört. Der Algorithmus basiert auf Satz 8.1.

Algorithmus 8.1 Beispiel für ein Verfahren, Bilder der Mandelbrot-Menge für eine Familie von IFS herzustellen

(1) Man wähle eine natürliche Zahl L, die den Umfang der Berechnungen, die man durchführen will, bestimmt. Je größer der Wert von L ist, desto genauer wird das daraus resultierende Bild der Karte werden.

(2) Man stellt den Parameterraum $P = \{\lambda \in \mathbf{C} : |\lambda| < 1\}$ durch ein Feld von Pixeln dar. Jeder der folgenden Schritte wird nun für jedes λ im Feld ausgeführt.

(3) Es wird eine Zahl R berechnet, so daß der Attraktor in einer Kugel mit Radius R enthalten ist. Die Kugel soll den Ursprung als Mittelpunkt annehmen. Das bedeutet, man wähle $R > 0$ so, daß $A(\lambda) \subset B(O, R)$ ist.

(4) Es wird die Zahl

$$H = \min\{d(x, y) : x \in w_1(W^{\circ L}(\{0\})), y \in w_2(W^{\circ L}(\{0\}))\}$$

berechnet, wobei $W = w_1 \cup w_2$ ist. Falls $H \leq 2|\lambda|^{L+1}R$ gilt, gehört der Pixel λ zu $\mathcal{M}$ und wird dementsprechend farbig dargestellt.

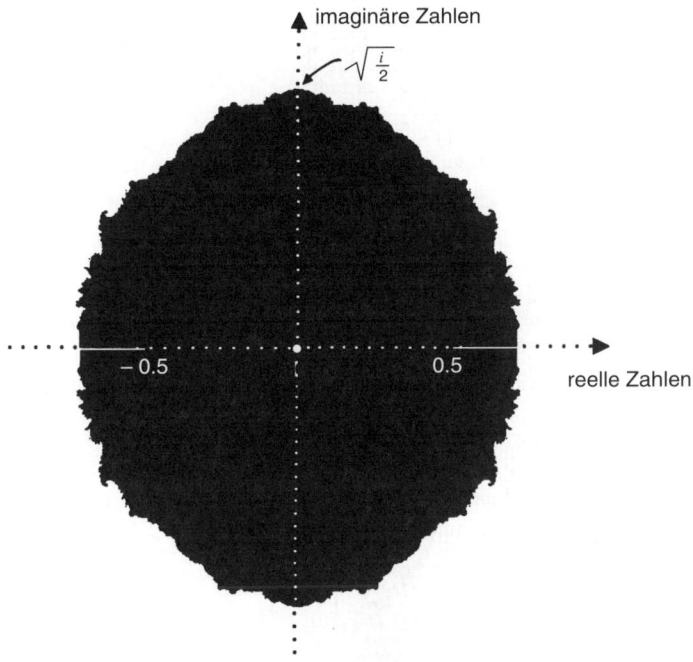

Abb. 8.5 Eine Landkarte der Familie der IFS $\{\mathbf{C}; \lambda z - 1, \lambda z + 1\}$,wobei der Parameterraum durch $P = \{\lambda = (\lambda_1, \lambda_2) \in \mathbf{C} : |\lambda| < 1\}$ gegeben ist. Dieses Bild des Parameterraums erhält man, indem man den Teil schwarz „malt", in dem der Attraktor des IFS unzusammenhängend ist, und weiß, wo er zusammenhängend ist. Die Mandelbrot-Menge wird durch die weiße Region, das Meer, bestimmt. Am Punkt $\lambda = (0.5, 0.5)$ enthält sie einen Drachen.

Schritt (4) basiert auf der folgenden Beobachtung: Der Attraktor des IFS ist in der Menge $W^{\circ(L+1)}(B(O, R))$ enthalten, welche aus 2^{L+1} Kugeln mit Radius $|\lambda|^{L+1}R$ besteht. Die Mittelpunkte dieser Kugeln liegen in der Vereinigung der beiden Mengen $w_1(W^{\circ L}(\{0\}))$ und $w_2(W^{\circ L}(\{0\}))$. Wenn H größer als $2|\lambda|^{L+1}R$ ist, muß $A(\lambda)$ unzusammenhängend sein.

In Abbildung 8.6 ist die „Küstenregion" eines Viertels des Komplements der Mandelbrot-Menge aus Abbildung 8.5 zu sehen. Es wurde ein Gitternetz darübergelegt, um Ihnen dabei zu helfen, Punkte zu bestimmen, in denen interessante Fraktale liegen.

Der Rand von $\mathcal{M}$ ist kompliziert und schwierig. Nahaufnahmen der „Küstenlinie" in der Umgebung der Stellen, die mit a), b) und c) gekennzeichnet sind, sind in Abbildung 8.7 zu sehen. In Abbildung 8.8 wurde die spiralförmige Halbinsel aus Abbildung 8.6 vergrößert.

Sehen wir uns nun die Abbildungen 8.9 a) und b) an, die Bilder der Attraktoren $A(\lambda)$ für einige Punkte λ zeigen, die nahe am Rand der Mandelbrot-Menge

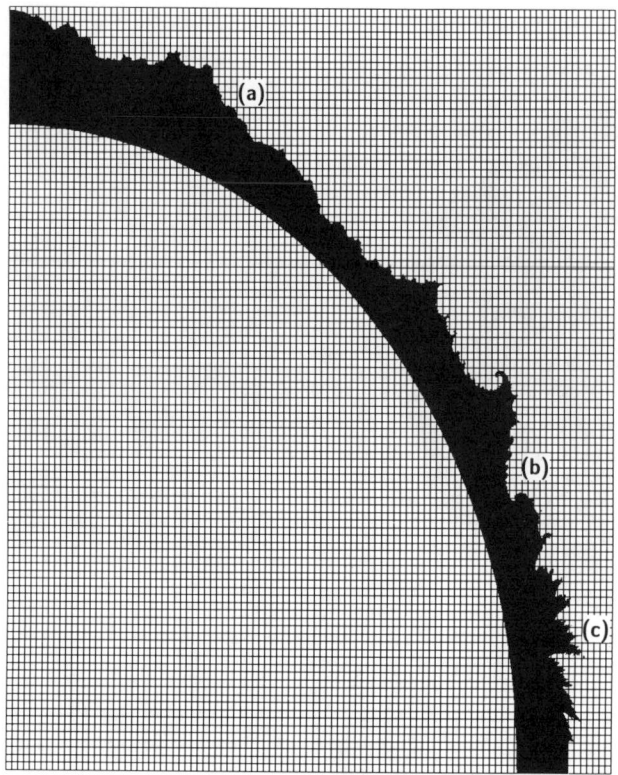

Abb. 8.6   Hier wird die Küstenregion eines Viertels des Komplements der Mandelbrot-Menge aus Abbildung 8.5 gezeigt. Es wurde ein Gitternetz darübergelegt, um Ihnen dabei zu helfen, Punkte zu bestimmen, in denen interessante Fraktale liegen. Nahaufnahmen der Küste an den Stellen a), b) und c) sind in Abbildung 8.7 zu sehen. Die Koordinaten des Gitters lauten $(0, 0) - (0.71, 0.71)$.

liegen. Es gibt eine „familiäre Ähnlichkeit" zwischen den Stellen auf dem Rand, woher die Fraktale stammen, und den Fraktalen selbst. Um das festzustellen, sehen Sie sich noch einmal die Nahaufnahmen der Küstenlinie in Abbildung 8.7 an. Abbildung 8.10 stellt den Attraktor des IFS dar, der mit der Spitze der Halbinsel in Abbildung 8.8 korrespondiert. Beachten Sie, daß der Attraktor Spiralen enthält, sehr ähnlich denen auf der Halbinsel im Parameterraum. Am Ende dieses Kapitels werden wir erklären, weshalb diese „familiären Ähnlichkeiten" auftreten.

Der folgende Satz stellt rigorose Schranken für die Lage von $\mathcal{M}$ und $\partial\mathcal{M}$ auf. Der Beweis ist lehrreich, da er auf einer Abschätzung mittels der fraktalen Dimension beruht.

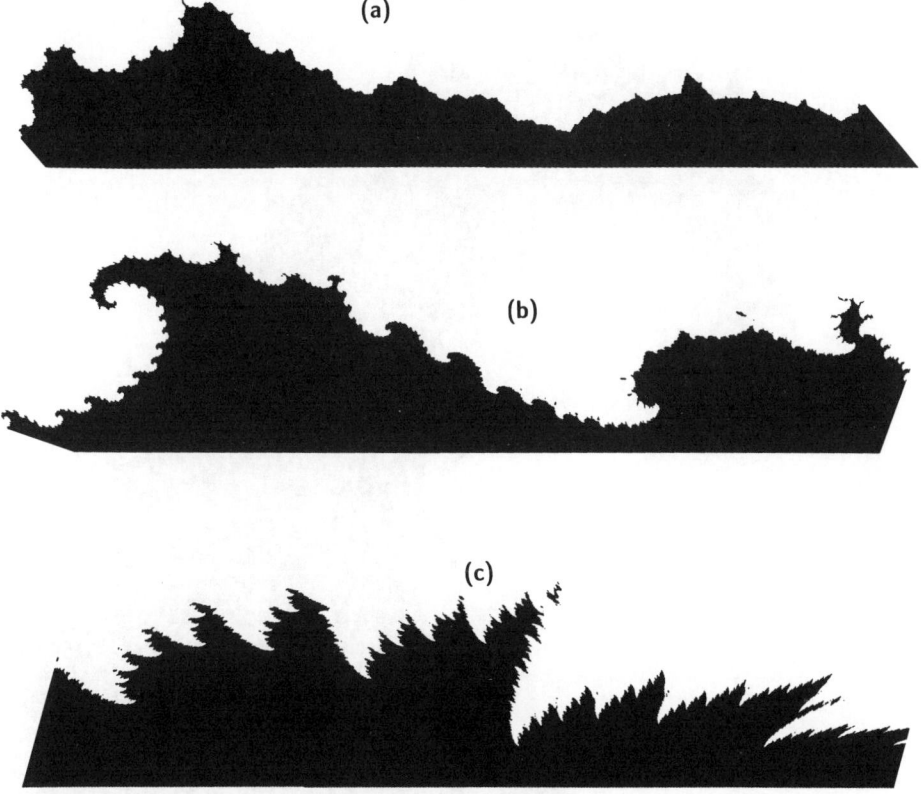

Abb. 8.7 Nahaufnahmen des Randes der Mandelbrot-Menge an den Stellen a), b) und c). Die unterschiedlichen Strukturen in diesem Rand spiegeln die Formen der Attraktoren der dazugehörigen IFS wieder.

Satz 8.2 ([Barnsley 1985c]). *Der Attraktor $A(\lambda)$ des IFS $\{\mathbf{C}; \lambda z - 1, \lambda z + 1\}$ ist total unzusammenhängend, falls $|\lambda| < \frac{1}{2}$ ist, und zusammenhängend, wenn $1 > |\lambda| > \frac{1}{\sqrt{2}}$ gilt. Der Rand der zugehörigen Mandelbrot-Menge ist im Kreisring $\frac{1}{2} \leq |\lambda| \leq \frac{1}{\sqrt{2}}$ enthalten.*

Beweis. Es bezeichne A den Attraktor des IFS, und $D(A)$ sei seine fraktale Dimension. Die beiden Abbildungen des IFS sind Ähnlichkeitsabbildungen mit Skalierungsfaktor $|\lambda|$. Das bedeutet, daß Satz 5.6 angewendet werden kann.

Nehmen wir an, daß A total unzusammenhängend ist. Dann ist das IFS total unzusammenhängend, und nach Satz 5.6 gilt:

$$D(A) = \frac{\log\left(\frac{1}{2}\right)}{\log(|\lambda|)}.$$

Abb. 8.8 Nahaufnahme der spiralförmigen Halbinsel auf dem Rand der Mandelbrot-Menge aus den Abbildungen 8.6 und 8.7. Welche Informationen vermittelt dieser Rand über die zugehörigen Fraktale?

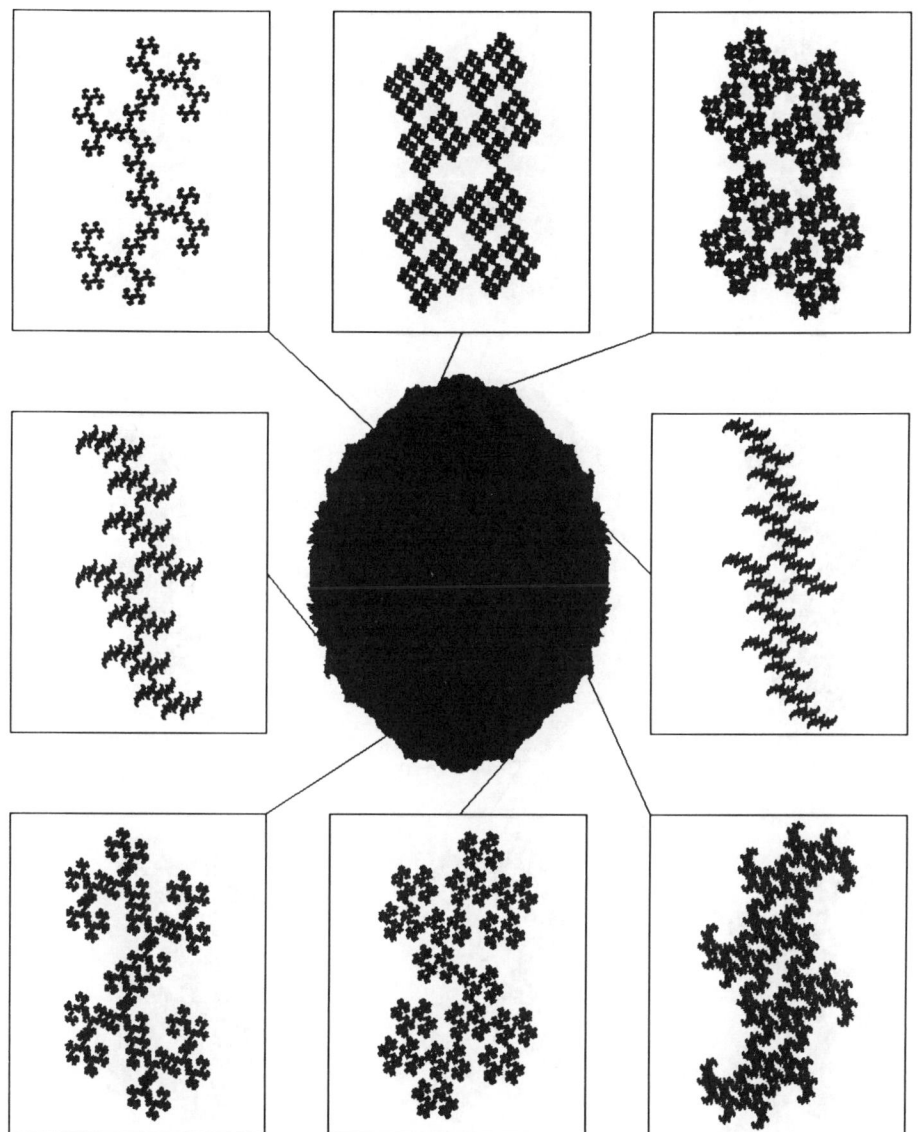

Abb. 8.9 a) Dies sind einige Fraktale, die man an verschiedenen Stellen nahe am Rand der Mandelbrot-Menge finden kann. Diese Mandelbrot-Menge gehört zu der parametrisierten Familie des IFS $\{\mathbf{C}; \lambda z - 1, \lambda z + 1\}$.

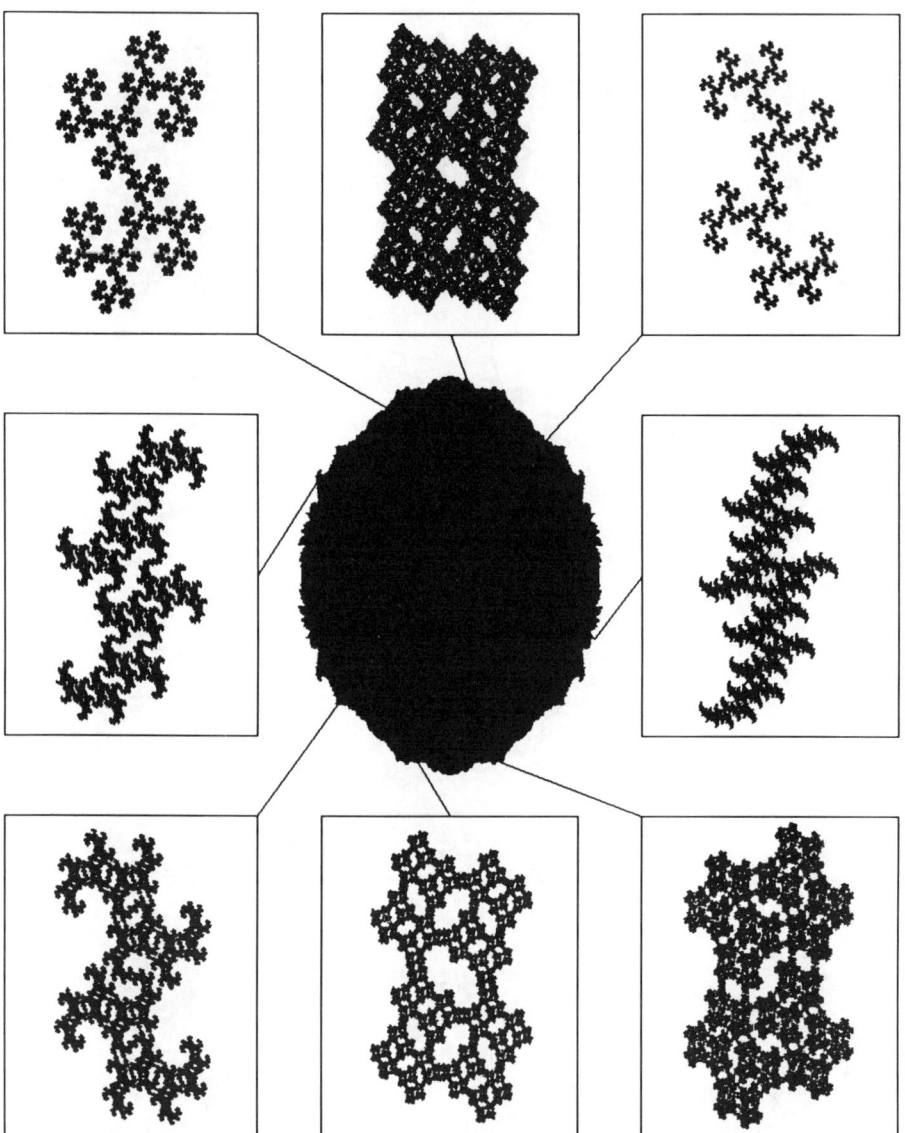

Abb. 8.9 b)   Dies sind einige Attraktoren von IFS, die man an verschiedenen Stellen nahe am Rand der Mandelbrot-Menge finden kann. Diese Mandelbrot-Menge gehört zu der parametrisierten Familie des IFS $\{C; \lambda z - 1, \lambda z + 1\}$. Wo würden Sie nach einem interessanten Fraktal suchen?

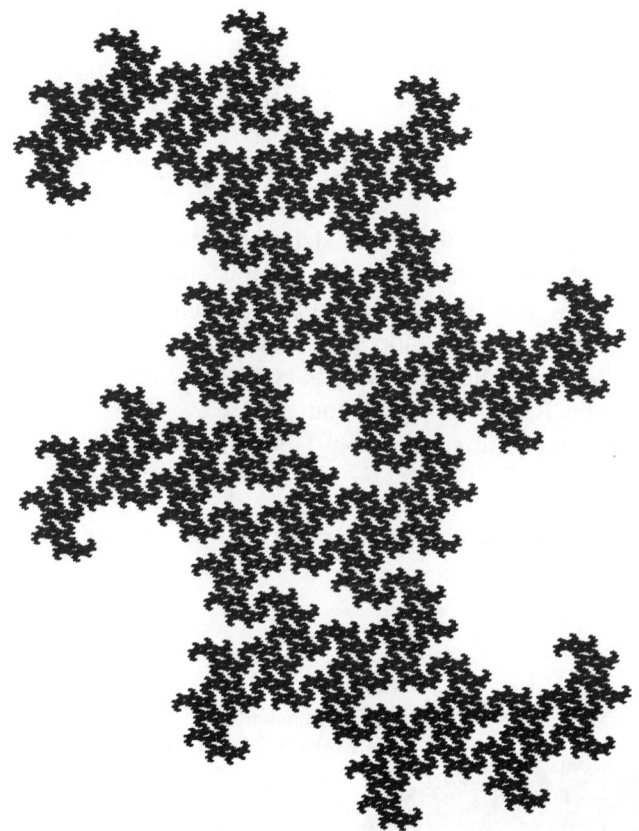

Abb. 8.10 Attraktor des IFS $\{\mathbf{C}; \lambda z - 1, \lambda z + 1\}$, der zu dem Wert von λ an der Spitze der Halbinsel aus Abbildung 8.8 gehört.

Nach Satz 5.4 ist $D(A) \leq 2$. Somit gilt

$$\frac{\log\left(\frac{1}{2}\right)}{\log(|\lambda|)} \leq 2.$$

Daraus folgt $|\lambda| \leq \frac{1}{\sqrt{2}}$.

Nehmen wir nun an, daß A zusammenhängend ist. Dann enthält A einen Weg, der zwei verschiedene Punkte miteinander verbindet. Die fraktale Dimension eines jeden Weges ist größer oder gleich 1. Also gilt $D(A) \geq 1$. Nach Satz 5.6 ist jedoch

$$D(A) \leq \frac{\log\left(\frac{1}{2}\right)}{\log(|\lambda|)}.$$

Es folgt, daß

$$1 \leq \frac{\log\left(\frac{1}{2}\right)}{\log(|\lambda|)}$$

gilt. Daraus schließt man $|\lambda| \geq \frac{1}{2}$. Somit ist der Beweis vollständig.   □

Eine andere Sicht der Mandelbrot-Menge, die sich von der oben beschriebenen unterscheidet, ergibt sich aus Abbildung 8.11. Durch einen Variablenwechsel $\lambda' = \lambda^{-1}$ wurde bei $\mathcal{M}$ das Innere nach außen gekehrt. Die innere weiße Kreisscheibe ist Niemandsland und gehört nicht zum Parameterraum. Es sind auch die beiden Schranken enthalten, die von Satz 8.2 geliefert werden. Es sind dies die Kreise mit den Radien $|\lambda'| = 2$ und $|\lambda'| = \sqrt{2}$. Die fraktale Dimension nimmt mit zunehmender Entfernung vom Ursprung ab.

Aufgaben/Beispiele

8.2.1 Skizzieren Sie die Mandelbrot-Menge für die IFS-Familie $\{\mathbf{R}; \lambda_1 x + \lambda_2, \lambda_2 x + \lambda_1\}$, wobei der Parameterraum durch

$$P = \{(\lambda_1, \lambda_2) : |\lambda_1|, |\lambda_2| < 1\}$$

gegeben ist!

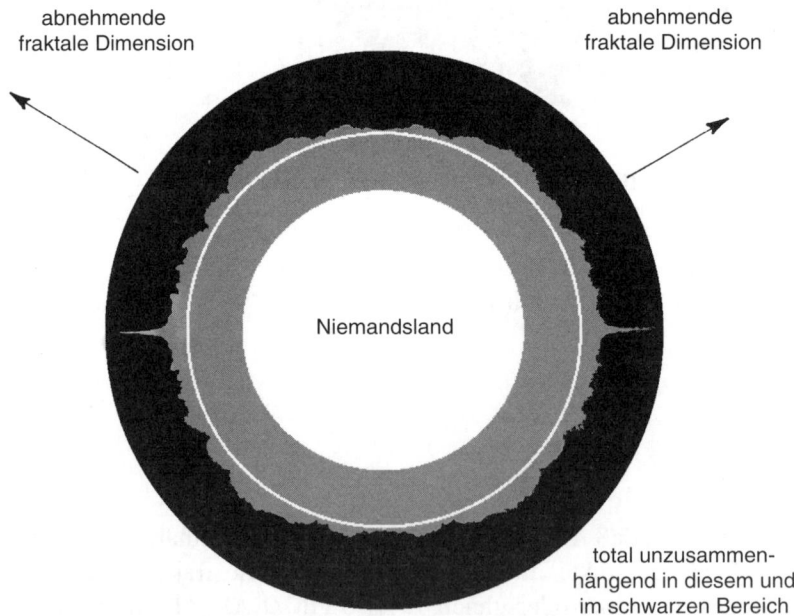

Abb. 8.11 Ein Bild, bei dem die Mandelbrot-Menge für $\{\mathbf{C}; \lambda z - 1, \lambda z + 1\}$ von innen nach außen gekehrt ist. Dies wurde durch den Variablenwechsel $\lambda' = \lambda^{-1}$ erreicht. Die innere weiße Kreisscheibe ist Niemandsland und gehört nicht zum Parameterraum. In der Abbildung sind auch die beiden Schranken enthalten, die von Satz 8.2 geliefert werden.

8.2.2 Es sei $\{\mathbf{X}; w_1, w_2\}$ eine Familie hyperbolischer IFS, die von einem Parameter $\lambda \in P \subset \mathbf{R}^2$ abhängt. w_1 und w_2 hängen für festes $x \in \mathbf{X}$ und für ein $k > 0$ Lipschitz-stetig von λ ab. Wir nehmen an, daß das IFS den Kontraktionsfaktor $s \in [0, 1)$ besitzt, der unabhängig von $\lambda \in P$ ist. Dann ist die Funktion $A : P \to \mathcal{H}(\mathbf{X})$ nach Satz 3.6 stetig. Nutzen Sie diese Stetigkeit aus, um zu beweisen, daß die Mandelbrot-Menge, welche zu der Familie von IFS gehört, abgeschlossen ist! Es ist naheliegend, daß Sie mit dem Beweis beginnen, daß die Menge $S = \{B \in \mathcal{H}(\mathbf{X}) : B \text{ ist nicht zusammenhängend}\}$ eine offene Teilmenge von $\mathcal{H}(\mathbf{X})$ ist.

8.2.3 Verwenden Sie Abbildung 8.6, um einige Werte von λ zu bestimmen, die in etwa zum Rand $\partial\mathcal{M}$ der Mandelbrot-Menge gehören. Berechnen Sie die Bilder der dazugehörenden Attraktoren! Vergleichen Sie Bilder, die mit zwei Punkten λ_1 und λ_2 korrespondieren, für die $|\lambda_1| < |\lambda_2|$ gilt! Erklären Sie, weshalb das Bild von $A(\lambda_1)$ feiner ist, als das Bild von $A(\lambda_2)$. Erläutern Sie Ähnlichkeiten und Unterschiede zwischen ihren Bildern und der lokalen Geographie des Teils von $\partial\mathcal{M}$, von dem sie stammen!

8.2.4 Die Bilder der Mandelbrot-Menge, die zu der IFS-Familie $\{\mathbf{C}; \lambda z - 1, \lambda z + 1\}$ gehören, legen die Vermutung nahe, daß $\mathcal{M}$ symmetrisch zur x-Achse und zum Ursprung ist. Beweisen Sie diese Vermutung!

8.2.5 Ein interessanter Punkt im Parameterraum für die Familie $\{\mathbf{C}; \lambda z - 1, \lambda z + 1\}$ ist $\lambda = (\frac{1}{2}, \frac{1}{2})$. Er liegt in der Abbildung 8.11 auf dem Kreis $\frac{1}{|\lambda|} = |\lambda'| = \sqrt{2}$. Er scheint im Inneren der Mandelbrot-Menge zu liegen, obwohl das IFS gerade berührend ist. Er korrespondiert mit dem Zwillingsdrachen-Fraktal, das in Abbildung 8.12 dargestellt ist. Es ist möglich, die Ebene mit Zwillingsdrachen zu pflastern[1]. Verschiedene andere Werte für λ führen ebenfalls zu Fraktalen, mit denen man die Ebene pflastern kann [Gilbert 1982]. Zeigen Sie, daß der Attraktor im Punkt $(0, \frac{1}{\sqrt{2}})$ dazu verwendet werden kann, die Ebene zu pflastern!

8.2.6 Beachten Sie in Abbildung 8.11 die Strecken auf der reellen Achse. In [Barnsley 1985c] wird bewiesen, daß

$$\{\lambda \in \mathbf{C} : 0.5 \leq \lambda_1 \leq 0.53, \lambda_2 = 0\} \subset \mathcal{M}$$

ist, aber benachbarte Punkte in $\mathbf{C}$ nicht in $\mathcal{M}$ enthalten sind. Wie sieht der Attraktor für ein λ auf einer solchen Strecke aus? Sind Sie unter Berücksichtigung dessen, was Sie über Karten von Küstenlinien wissen, überrascht?

8.2.7 Einige der feinsten Attraktoren der Familie $\{\mathbf{C}; \lambda z - 1, \lambda z + 1\}$ gehören zu Punkten auf $\partial\mathcal{M}$, und zwar zu solchen, in denen der Rand der Mandelbrot-Menge den Kreis $\frac{1}{|\lambda|} = |\lambda'| = 2$ berührt. Diese Attraktoren haben die kleinste mögliche fraktale Dimension, während sie noch zusammenhängend sind. Wir nennen diese Attraktoren *baumähnlich*, falls $w_1(A) \cap w_2(A)$ aus einem einzelnen Punkt besteht. Erläutern (oder besser noch, beweisen) Sie, daß ein baumähnlicher Attraktor A keine eingeschlossenen Löcher besitzt. Das bedeutet, A enthält keine nichttrivialen, sich nicht selbst schneidenden Wege, die an demselben Punkt beginnen und enden. Ein Bild eines baumähnlichen Attraktors ist in Abbildung 8.13 dargestellt.

8.2.8 Es sei $e = e_1 e_2 e_3 \ldots e_n \ldots$ ein Punkt im Adressenraum der beiden Symbole Σ. Es gilt $e_n \in \{-1, 1\}$ für alle n. Es sei $\lambda \in \mathbf{C}$. Beweisen Sie, daß die Reihe

$$f(\lambda) = e_1 + e_2\lambda + e_3\lambda^2 + e_4\lambda^3 + e_5\lambda^4 + \cdots + e_n\lambda^{n-1} + \cdots$$

---

[1]engl.: tiling (Anm. d. Übers.)

Abb. 8.12 Das Zwillingsdrachen-Fraktal. Mit diesen Mengen können Sie die Ebene pflastern. Obwohl dieses Fraktal gerade berührend ist, scheint es im Inneren der Mandelbrot-Menge zu liegen.

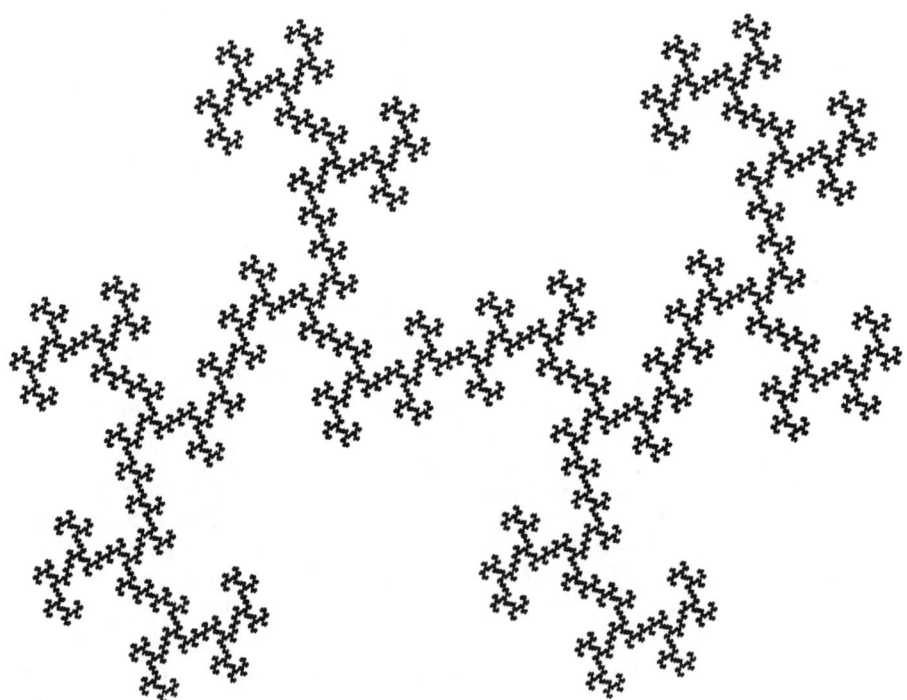

Abb. 8.13 Ein „baumähnlicher" Attraktor A der Familie $\{\mathbf{C}; w_1(z) = \lambda z - 1, w_2(z) = \lambda z + 1\}$. Die beiden Mengen $w_1(A)$ und $w_2(A)$ schneiden sich ungefähr in einem einzelnen Punkt.

den Konvergenzradius 1 besitzt. In welcher Beziehung stehen $f(\lambda)$ und die Adressenraum-Abbildung $\phi : \Sigma \rightarrow A(\lambda)$, die zu der Familie von IFS $\{\mathbf{C}; \lambda z - 1, \lambda z + 1\}$ gehört, zueinander? Es sei $|\lambda| < 1$. Zeigen Sie, daß der Attraktor des IFS die Menge all derjenigen Punkte ist, die in der Form

$$\pm 1 \pm \lambda \pm \lambda^2 \pm \lambda^3 \pm \lambda^4 \pm \lambda^5 \pm \lambda^6 \pm \lambda^7 \pm \lambda^8 \pm \lambda^9 \pm \lambda^{10} \cdots$$

geschrieben werden können!

8.3 Die Mandelbrot-Menge für Julia-Mengen

In diesem Abschnitt stellen wir ein Verfahren vor, das sich gut für die Herstellung von Karten eignet, wie man sie in Atlanten findet. Unser Verfahren produziert Karten von Familien dynamischer Systeme und basiert auf der Verwendung von Fluchtzeiten. In Abschnitt 8.4 wird es allgemeiner behandelt. Hier beschränken wir uns auf die Familie

$$\{\widehat{\mathbf{C}}; f_\lambda(z) = z^2 - \lambda\},$$

wobei der Parameterraum $P = \mathbf{C}$ ist. Diese Familie ist von besonderem Interesse, weil sie ein Modell für die Anfälligkeit biologischer und physikalischer Systeme für chaotisches Verhalten liefert; lesen Sie dazu [May 1976] und [Feigenbaum 1979]. Darüber hinaus war es die erste Familie dynamischer Systeme, für die eine brauchbare computergraphische Karte konstruiert wurde, und zwar von Mandelbrot. Wir konzentrieren uns auf die Kartenherstellung.

Die Julia-Menge $J(\lambda)$, die zu $f_\lambda(z)$ gehört, ist symmetrisch zum Ursprung O. Wir wissen das, weil die gefüllte Julia-Menge mit dem Rand $J(\lambda)$ die Menge von Punkten ist, deren Orbits beschränkt bleiben. Der Orbit von $z \in \mathbf{C}$ bleibt genau dann beschränkt, wenn der Orbit von $-z$ beschränkt bleibt.

Für einige Werte $\lambda \in P$ gehört der Ursprung O zur gefüllten Julia-Menge $F(\lambda)$, während er für andere Werte von $F(\lambda)$ weit entfernt liegt. Dies legt nahe, daß wir versuchen, den Parameterraum entsprechend der Entfernung von O zu $F(\lambda)$ einzufärben. Wie können wir diese Entfernung abschätzen? Ein Näherungsverfahren besteht darin, die „Fluchtzeit" des Orbits von O zu untersuchen. Das bedeutet, daß wir den Parameterraum entsprechend der Anzahl von Schritten einfärben können, die der Orbit von O benötigt, um in einer Kugel um den unendlich fernen Punkt anzukommen. Von Punkten, die aus dieser Kugel stammen, wissen wir, daß ihre Orbits alle divergieren. Die intuitive Vorstellung ist die, daß je länger ein Orbit von O braucht, um die Kugel zu erreichen, desto näher muß O an $F(\lambda)$ liegen. Wenn ein Orbit nicht divergiert, wissen wir natürlich, daß $O \in F(\lambda)$ gilt.

Nehmen wir nun an, daß wir eine Karte erstellen wollen, die mit einer Region $\mathcal{W} \subset P$ korrespondiert. Wir wählen hier

$$\mathcal{W} = \{\lambda = (\lambda_1, \lambda_2) \in \mathbf{C} : |\lambda_1|, |\lambda_2| \leq 2\}.$$

Es sei $R > 0$ und definiere

$$\mathcal{V}(R) = \{z \in \mathbf{C} : |z| > R\} \cup \{\infty\}.$$

Wir setzen voraus, daß

$$R > 0.5 + 0.25 + |\lambda|$$

gilt. Dann läßt sich schnell nachweisen, daß der Orbit $\{f_\lambda^{\circ n}(z)\}$ genau dann divergiert, wenn er $\mathcal{V}(R)$ schneidet. Wählen wir $R = 10$, so sind wir sicher, daß der Orbit $\{f_\lambda^{\circ n}(O)\}$ für alle $\lambda \in \mathcal{W}$ genau dann divergiert, wenn er $\mathcal{V}(R)$ schneidet. Nun sehen wir uns an, was passiert, wenn wir die Pixel von $\mathcal{W}$ entsprechend der Anzahl von Iterationen färben, die benötigt werden, um $\mathcal{V}(10)$ zu erreichen.

Das folgende Programm ist in BASIC geschrieben. Es läuft ohne Veränderungen auf einem IBM PC mit EGA-Karte und Turbobasic. Die Worte auf jeder Zeile, die durch ein ' abgetrennt sind, sind Kommentare und nicht Bestandteile des Programms.

Programm 8.1 (Beispiel für einen Algorithmus, den Parameterraum entsprechend einer Fluchtzeit einzufärben)

```
numits=20:a=-2:b=-2:c=2:d=2:M=100   'Definiert numits und das
                                     'Sichtfenster W
R=10                                 'Definiert die Region V
screen 9                             'Initialisiert die Graphik
for p=1 to M
for q=1 to M
k=a+(c-a)*p/M:l=b+(d-b)*q/M          'Spezifiziert den Wert von
                                     'lambda(k,l)∈ P
x=0:y=0                              'Spezifiziert den Anfangs-
                                     'punkt O auf dem Orbit
for n=1 to numits                    'Berechnet höchstens numits
                                     'Punkte auf dem Orbit von O
newx=x*x-y*y-k
newy=2*x*y-1
x=newx:y=newy
if x*x+y*y>R then                    'Falls der zuletzt berechnete
                                     'Punkt in V liegt, dann...
pset(p,q),n:n=numits                 '...wird der Pixel x(p,q) in
```

```
                                  'Farbe n ausgegeben und geht
                                  'zum nächsten (p,q) weiter
end if
if instat then end                'Stoppt die Berechnung, wenn
                                  'eine Taste gedrückt wird
next n:next q:next p
end
```

In Abbildung 8.14 ist das Resultat eines Durchlaufs einer Version von Programm 8.1 dargestellt, diesmal aber in Halbtönen[2]. Das weiße Objekt in der Mitte entspricht Werten von λ, für die der berechnete Orbit von O die Region $\mathcal{V}$ während der ersten *numits* Iterationen nicht erreicht. Das Objekt repräsentiert die Mandelbrot-Menge (welche unten definiert wird) für das dynamische System $\{\widehat{\mathbf{C}}; z^2 - \lambda\}$. Die Streifen in weiß und verschiedenen Graustufen, die die Mandelbrot-Menge umgeben, korrespondieren mit verschiedenen Anzahlen von Iterationen, die benötigt werden, so daß der Orbit von O die Region $\mathcal{V}(10)$ erreicht. Die Streifen, die von der Mitte am weitesten entfernt liegen, gehören zu Orbits, die O am schnellsten erreichen. Man kann ungefähr sagen, daß der Abstand von O zu F_λ mit dem Abstand von λ zur Mandelbrot-Menge wächst.

Definition 8.2. Die *Mandelbrot-Menge* für die Familie dynamischer Systeme $\{\widehat{\mathbf{C}}; z^2 - \lambda\}$ ist durch

$$\mathcal{M} = \{\lambda \in P : J(\lambda) \text{ ist zusammenhängend}\}$$

gegeben.

Die Beziehung zwischen den Fluchtzeiten eines Orbits von O und dem Zusammenhang von $J(\lambda)$ wird durch den folgenden Satz erklärt.

Satz 8.3. *Die Julia-Menge für ein Mitglied der Familie dynamischer Systeme* $\{\widehat{\mathbf{C}}; f_\lambda(z) = z^2 - \lambda\}$, $\lambda \in P = \mathbf{C}$ *ist genau dann zusammenhängend, wenn der Orbit des Ursprungs O nicht* nach Unendlich entflieht, *d. h.*

$$\mathcal{M} = \{\lambda \in \mathbf{C} : |f_\lambda^{\circ n}(O)| \nrightarrow \infty \text{ für } n \to \infty\}.$$

Beweis. Dieser Satz folgt aus [Brolin 1966], Satz 11.2. Dieser Satz besagt, daß die Julia-Menge eines Polynoms mit Grad größer als 1 genau dann zusammenhängend ist, wenn keiner der endlichen kritischen Punkte im Attraktionsgebiet des unendlich fernen Punktes liegt. $f_\lambda(z)$ besitzt zwei kritische Punkte, O und ∞. Daher ist $J(\lambda)$ genau dann zusammenhängend, wenn $|f_\lambda^{\circ n}(O)| \nrightarrow \infty$ für $n \to \infty$ gilt. $\qquad\square$

---

[2]Dieses Bild ist aus technischen Gründen bezüglich der x-Achse gestreckt bzw. bezüglich der y-Achse gestaucht dargestellt. (Anm. d. Übers.)

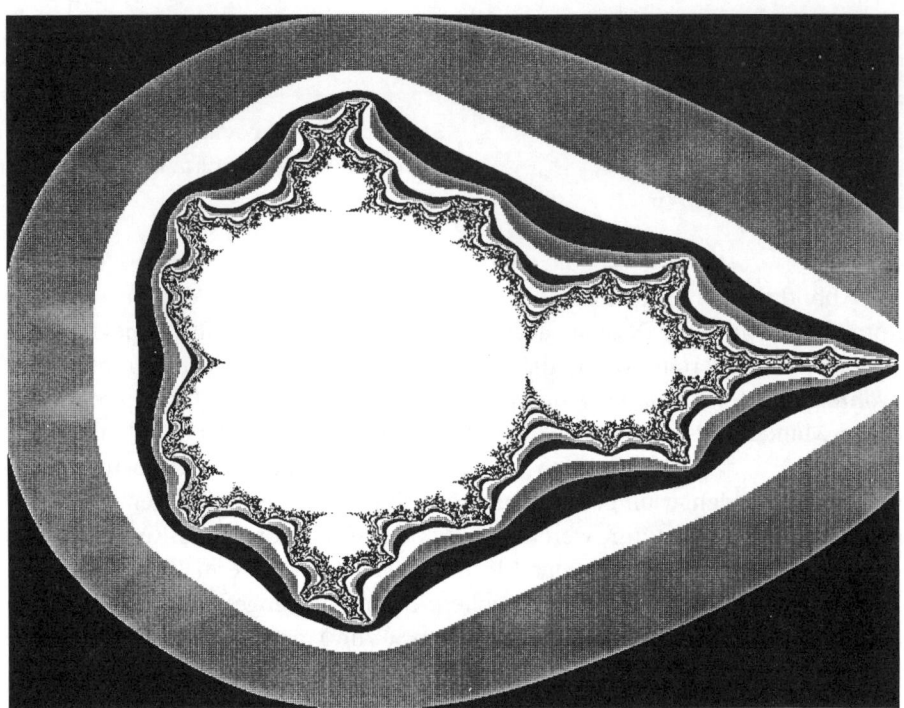

Abb. 8.14 Die Mandelbrot-Menge für $z^2 - \lambda$, durch Fluchtzeiten berechnet.

In diesem Abschnitt erläutern wir die Beziehung zwischen der Mandelbrot-Menge für die Familie dynamischer Systeme $\{\widehat{\mathbf{C}}; z^2 - \lambda\}$ und der dazugehörigen Familie von IFS $\{\widehat{\mathbf{C}}; \sqrt{z + \lambda}, -\sqrt{z + \lambda}\}$. Wir wissen, daß das IFS für verschiedene Werte λ aus $\mathbf{C}$ so abgeändert werden kann, daß es hyperbolisch ist, mit Attraktor $J(\lambda)$. Wir gehen nun davon aus, *daß das IFS für alle $\lambda \in \mathbf{C}$ hyperbolisch ist, mit Attraktor $J(\lambda)$*. Dann würde Definition 8.1 äquivalent sein zu Definition 8.2. Nach Satz 8.1 würde der Attraktor des IFS genau dann zusammenhängend sein, wenn $w_1(J(\lambda)) \cap w_2(J(\lambda)) \neq \emptyset$ gilt. Es ist aber $w_1(\mathbf{C}) \cap w_2(\mathbf{C}) = \{0\}$. Dann würde folgen, daß der Attraktor des IFS genau dann zusammenhängend ist, wenn $O \in J(\lambda)$ ist. Mit anderen Worten: Wir erhalten dieselben Kriterien für den Zusammenhang von $J(\lambda)$, wenn wir formlos aus der Sicht des IFS argumentieren, so wie man den Beweis mit Hilfe der Theorie über Julia-Mengen führen kann. Damit schließen wir die Erläuterungen ab.

Wir kehren zu dem Thema der Küstenlinien und der möglichen Ähnlichkeit zwischen fraktalen Mengen, die zu Punkten auf den Rändern im Parameterraum gehören, und dem lokalen Aussehen der Ränder zurück. Abbildungen 8.15 a) und b) stellen die Mandelbrot-Menge für $z^2 - \lambda$ zusammen mit Bildern der gefüllten Julia-Mengen dar, die zu verschiedenen Punkten auf dem Rand gehören. Wenn man vom Rand der Mandelbrot-Menge an einer Stelle λ, die zu einer dieser Julia-Mengen gehört, ein Bild mit sehr hoher Auflösung macht, findet man „gewöhnlich" Strukturen, die der Julia-Menge ähneln. Es ist, als ob der Rand der Mandelbrot-Menge durch Zusammennähen von winzig kleinen Julia-Mengen, die er repräsentiert, entstanden ist. Ein Beispiel einer solchen stückweisen Vergrößerung des Randes von $\mathcal{M}$ und ein Bild einer dazugehörenden Julia-Menge sind in den Abbildungen 8.16 und 8.17 dargestellt.

Wenn Sie die Bilder der Mandelbrot-Menge $\mathcal{M}$, die in diesem Abschnitt behandelt wurden, genau genug ansehen, werden Sie feststellen, daß einige Teile der Menge scheinbar nicht mit dem Hauptkörper zusammenhängen. Bilder können irreführend sein.

Satz 8.4 (Mandelbrot-Douady-Hubbard). *Die Mandelbrot-Menge für die Familie der dynamischen Systeme $\{\widehat{\mathbf{C}}; z^2 - \lambda\}$ ist zusammenhängend.*

Beweis. Diesen findet man in [Douady 1982]. □

Die Mandelbrot-Menge für $z^2 - \lambda$ steht im Zusammenhang mit dem spannenden Thema über Kaskaden von Bifurkationen, der quantitativen Allgemeinheit,

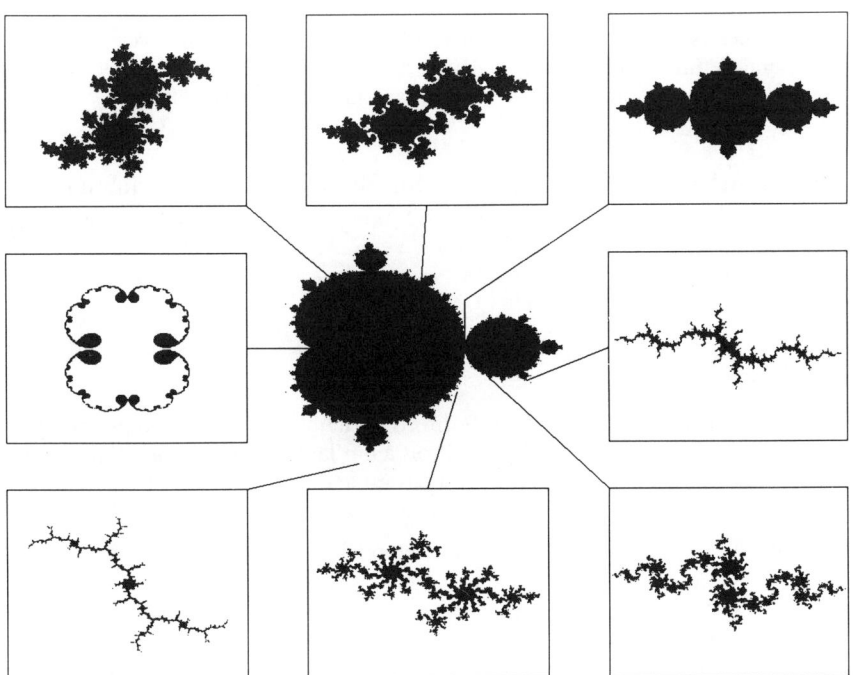

Abb. 8.15 a)   Dies ist die Mandelbrot-Menge für $z^2 - \lambda$, dekoriert mit verschiedenen Julia-Mengen und gefüllten Julia-Mengen.

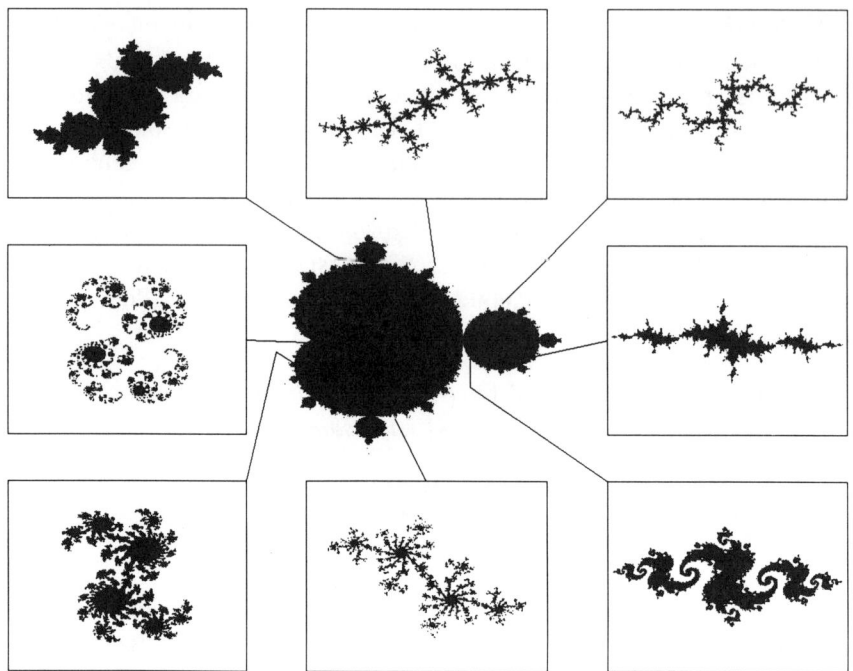

Abb. 8.15 b)   Dies ist die Mandelbrot-Menge für $z^2 - \lambda$, dekoriert mit verschiedenen Julia-Mengen und gefüllten Julia-Mengen. Diese ähneln häufig der Stelle auf dem Rand, von der sie kommen, insbesondere dann, wenn man stark genug vergrößert.

Chaos und der Arbeit von Feigenbaum. Wenn Sie mehr darüber erfahren wollen, schlagen Sie bei [Feigenbaum 1979], [Douady 1982], [Barnsley 1984] und [Peitgen 1986] nach.

Aufgaben/Beispiele

8.3.1 Bringen Sie Programm 8.1 in eine Form, die zu Ihrer eigenen computergraphischen Ausstattung paßt. Lassen Sie Ihr Programm laufen, und machen Sie von der Ausgabe eine Hardcopy. Stellen Sie die Fensterparameter a, b, c und d so ein, daß Sie Vergrößerungen vom Rand der Mandelbrot-Menge machen können!

8.3.2 Abbildung 8.18 zeigt ein Bild der Mandelbrot-Menge für die Familie der dynamischen Systeme $\{\widehat{\mathbf{C}}; z^2 - \lambda\}$, die zu den Koordinaten $-0.5 \leq \lambda_1 \leq 1.5$, $-1.0 \leq \lambda_2 \leq 1.0$ gehört. Über das Bild wurde ein Koordinatengitter gelegt. Die Mitte der ersten Blase wurde nicht eingezeichnet, um das Koordinatengitter klar darstellen zu können. Bezeichne $B_0, B_1, B_2, B_3, \ldots$ eine Folge von Blasen auf der reellen Achse von links nach rechts gesehen. Weisen Sie rechnerisch nach, daß, wenn λ im Inneren von B_n liegt, das dynamische System einen attraktiven Zyklus mit minimaler Periode 2^n für $n = 0, 1, 2$ und 3 besitzt, der sich in $\mathbf{C}$ befindet.

Abb. 8.16 Die Vergrößerung eines Teils des Randes der Mandelbrot-Menge für $z^2 - \lambda$.

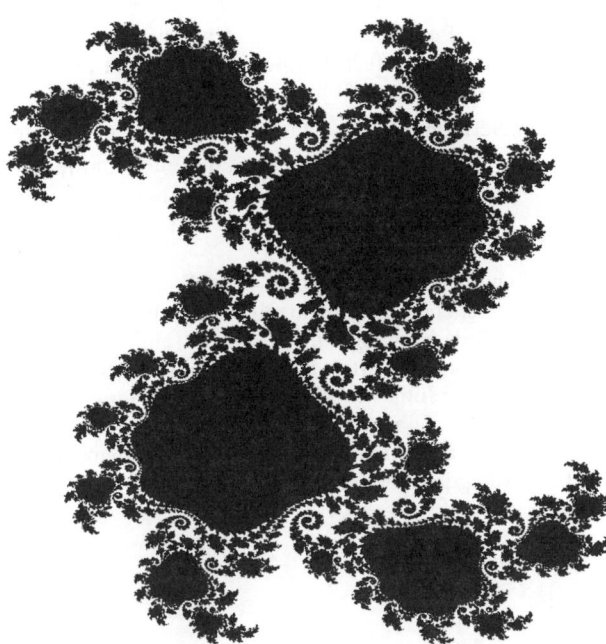

Abb. 8.17 Eine gefüllte Julia-Menge, die zu dem Teil der Küstenlinie der Mandelbrot-Menge gehört, das in Abbildung 8.16 dargestellt ist. Beachten Sie die Familienähnlichkeit.

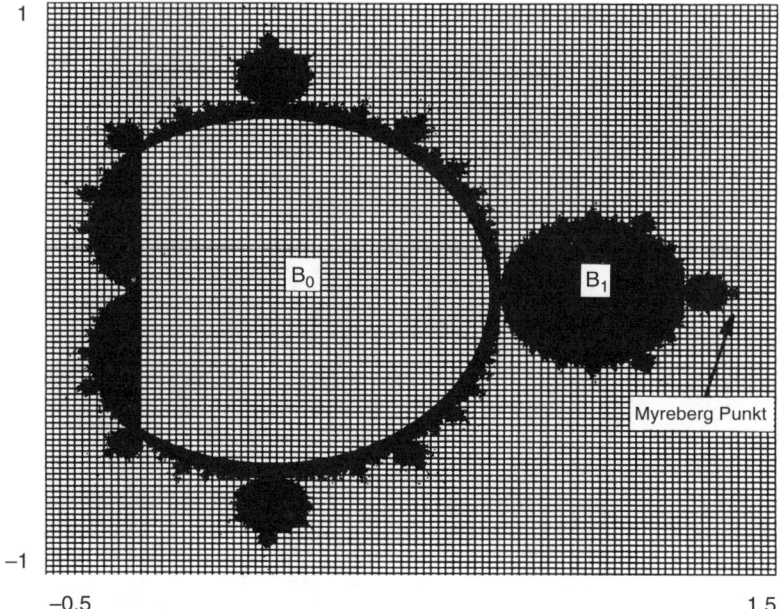

Abb. 8.18   Ein Bild der Mandelbrot-Menge für die Familie der dynamischen Systeme $\{\widehat{\mathbf{C}}; z^2 - \lambda\}$. Über das Bild wurde ein Koordinatengitter gelegt.

8.3.3   Die Folge von Blasen $\{B_n\}_{n=0}^{\infty}$ aus der vorangegangenen Aufgabe konvergiert gegen den *Myreberg-Punkt* $\lambda = 1.40115\ldots$. Die Verhältnisse der Breiten von aufeinanderfolgenden Blasen konvergiert gegen den *Feigenbaum-Quotienten* $4.66920\ldots$. Stellen Sie eine Vermutung an, welche Art von „attraktivem Zyklus" das dynamische System $\{\widehat{\mathbf{C}}; z^2 - \lambda\}$ am Myreberg-Punkt besitzen mag. Untersuchen Sie Ihre Vermutung numerisch! Sie werden ihn am einfachsten bestimmen, wenn Sie Ihre Aufmerksamkeit auf reelle Orbits beschränken.

8.3.4   Stellen Sie eine Karte vom Parameterraum für die Familie dynamischer Systeme $\{\widehat{\mathbf{C}}; f_\lambda(z)\}$ her. Dabei ist $f_\lambda(z)$ die Newton-Transformation, die zur Familie der Polynome

$$F(z) = z^3 + (\lambda - 1)z + 1, \quad \lambda \in P = \mathbf{C},$$

gehört. Beachten Sie, daß das Polynom unabhängig von λ eine Wurzel bei $z = 1$ besitzt. Färben Sie Ihre Karte entsprechend der „Fluchtzeit" des Orbits von O zu einer Kugel mit kleinem Radius, die ihren Mittelpunkt in $z = 1$ hat, ein. Verwenden Sie Schwarz für die Darstellung derjenigen Werte von λ, für die O nicht gegen $z = 1$ konvergiert! Untersuchen Sie einige Julia-Mengen von f_λ, die zu Punkten auf dem Rand der schwarzen Region gehören. Gibt es Ähnlichkeiten in den Strukturen, die in Ihrer Karte vom Parameterraum auftreten, und denjenigen, die man in der zugehörigen Sammlung von Julia-Mengen finden kann? (Die korrekte Antwort zu dieser Frage findet man bei [Curry 1983].)

8.4 Wie man Landkarten für Familien von Fraktalen mit Hilfe von Fluchtzeiten herstellt

Wir beginnen damit, uns die Mandelbrot-Menge für eine bestimmte Familie von IFS anzusehen. Sie sieht enttäuschend aus, und wir lernen nicht viel. Dann stellen wir eine verwandte Familie dynamischer Systeme vor und färben den Parameterraum mit Hilfe von Fluchtzeiten ein. Das Ergebnis ist eine Karte, die mit Informationen vollgepackt ist. Wir verallgemeinern die Vorgehensweise, um Karten für andere Familien von dynamischen Systemen herzustellen. Wir entdecken, wie bestimmte Ränder in den resultierenden Karten Informationen über das Auftreten von Fraktalen in der Familie hervorbringen. Das bedeutet, wir lernen die Karten zu lesen.

Die Abbildungen 8.19 a) und b) stellen die Mandelbrot-Menge $\mathcal{M}_1$ für die Familie hyperbolischer IFS

$$\{\mathbf{C}; w_1(z) = \lambda z + 1, w_2(z) = \lambda^* z - 1\}, \quad P = \{\lambda \in \mathbf{C} : |\lambda| < 1\}$$

dar. Wir benutzen die Bezeichnungsweise $\lambda^* = (\lambda_1 + i\lambda_2)^* = (\lambda_1 - i\lambda_2)$ für die komplexe Konjugierte von λ. Die beiden Transformationen sind Ähnlichkeitsabbildungen mit Skalierungsfaktor $|\lambda|$. Für ein festes λ rotieren sie in entgegengesetzte Richtungen um denselben Winkel. Die Abbildungen zeigen ebenfalls Attraktoren des IFS, die mit verschiedenen Punkten auf dem Rand der Mandelbrot-Menge korrespondieren. Was für eine enttäuschende Karte das ist! Es gibt weder geheimnisvolle Buchten, hervorstehende Halbinseln noch herumliegende Felsen auf der Küstenlinie.

Satz 8.5 ([Hardin 1985]). *Die Mandelbrot-Menge $\mathcal{M}_1$ ist zusammenhängend. Ihr Rand besteht aus der Vereinigung einer abzählbaren Menge von glatten Kurven. Der Rand ist stückweise differenzierbar.*

Beweis. Dieser läßt sich in [Barnsley 1989a] nachlesen.   □

Versuchen wir, eine bessere Karte dieser Familie von Attraktoren herzustellen. Dazu definieren wir für jedes $\lambda \in P \setminus \mathcal{M}_1$ eine Erweiterung für diese zugehörige Shift-Abbildung. Bezeichne $A(\lambda)$ den Attraktor des IFS. Man kann beweisen, daß $A(\lambda)$ symmetrisch zur y-Achse ist. Somit ist $\lambda \in \mathcal{M}_1$ genau dann, wenn $A(\lambda)$ die y-Achse schneidet. Man definiere $f_\lambda : \mathbf{C} \to \mathbf{C}$ durch

$$f_\lambda(z) = \begin{cases} w_1^{-1}(z), & \text{falls } \operatorname{Re} z \geq 0; \\ w_2^{-1}(z), & \text{falls } \operatorname{Re} z < 0. \end{cases}$$

Wenn λ so beschaffen ist, daß $A(\lambda)$ unzusammenhängend ist, dann ist $\{A(\lambda); f_\lambda\}$ die zu dem IFS gehörende Shift-Abbildung. $\{\mathbf{C}; f_\lambda\}$ bildet eine Erweiterung der

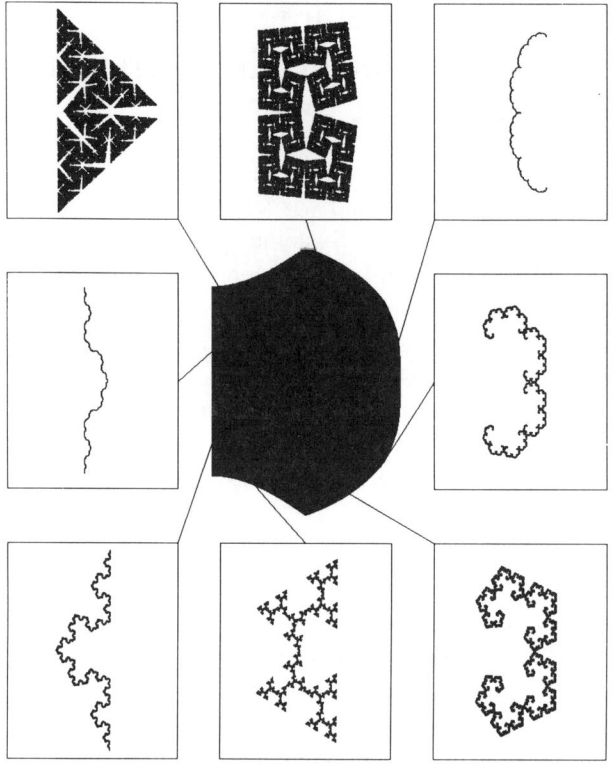

Abb. 8.19 a) Das Komplement der Mandelbrot-Menge $\mathcal{M}_1$, das zu der IFS-Familie $\{\mathbf{C}; w_1(z) = \lambda z + 1, w_2(z) = \lambda^* z - 1\}$ gehört. Punkte im Komplement der Mandelbrot-Menge sind schwarz gefärbt. Der Rand von $\mathcal{M}_1$ ist glatt und enthält nicht viele Informationen über die Familie von Fraktalen, die er repräsentiert. Die Abbildung stellt ebenfalls Attraktoren des IFS dar, die zu verschiedenen Punkten auf dem Rand von $\mathcal{M}_1$ gehören. Was für eine enttäuschende Karte ist das nur!

Shift-Abbildung auf ganz $\mathbf{C}$. $A(\lambda)$ ist die „abstoßende Menge" von $\{\mathbf{C}; f_\lambda\}$. Dieses System kann benutzt werden, um Bilder von $A(\lambda)$ in den gerade berührenden und total unzusammenhängenden Fällen zu berechnen. Dafür wird der Fluchtzeit-Algorithmus verwendet, wie er in Kapitel 7, Abschnitt 1, erläutert wurde.

Wir stellen eine Karte für die Familie dynamischer Systeme $\{\mathbf{R}^2; f_\lambda\}$, $\lambda \in P$, her. Dafür benutzen wir den folgenden Algorithmus, der in Programm 8.1 veranschaulicht wurde. Der Algorithmus läßt sich auf jede Familie dynamischer Systeme $\{\mathbf{R}^2; f_\lambda\}$ anwenden, die eine „abstoßende Menge" $A(\lambda)$ besitzt, derart, daß P ein zweidimensionaler Parameterraum mit angenehmer klassischer Gestalt ist, wie zum Beispiel ein Quadrat oder eine Kreisscheibe.

Algorithmus 8.2 Verfahren, den Parameterraum entsprechend einer Fluchtzeit einzufärben.

(1) Man wählt eine natürliche Zahl *numits*, die die Menge der Berechnungen, die man durchführen will, bestimmt. Man hält dann einen Punkt $Q \in \mathbf{R}^2$ fest, so daß $Q \in A(\lambda)$ für einige (nicht für alle) $\lambda \in P$ gilt.

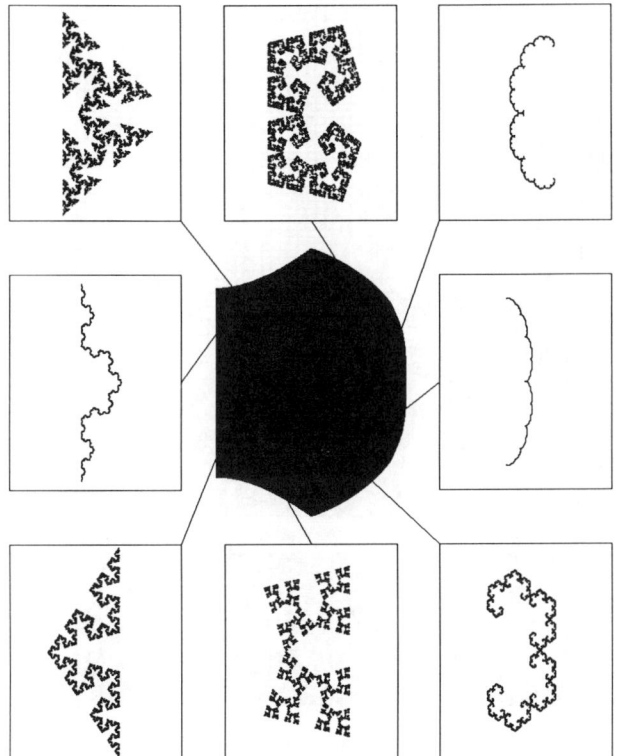

Abb. 8.19 b) Das Komplement der Mandelbrot-Menge $\mathcal{M}_1$, das zu der IFS-Familie $\{\mathbf{C}; w_1(z) = \lambda z + 1, w_2(z) = \lambda^* z - 1\}$ gehört, und einige dazugehörige Fraktale. Beachten Sie, daß diese Fraktale Teilmengen von Punkten enthalten, die auf geraden Linien liegen, gerade so, wie die lokale Struktur von $\partial \mathcal{M}_1$.

(2) Man wählt eine Kugel $B \subset \mathbf{R}^2$, so daß $A(\lambda) \subset B$ für alle $\lambda \in P$ ist. Man definiere dann $\mathcal{V} = \mathbf{R}^2 \setminus B$ als eine Fluchtregion.

(3) Der Parameterraum P wird durch ein Feld von Pixeln dargestellt. Danach wird der folgende Schritt für jedes λ im Feld ausgeführt.

(4) Man berechnet $\{f_\lambda^{\circ n}(Q) : n = 0, 1, 2, 3, \ldots, numits\}$. Der Pixel λ wird entsprechend des letzten Wertes von n gefärbt, für den $f_\lambda^{\circ n}(Q) \in \mathcal{V}$ ist. Wenn der berechnete Teil des Orbits $\mathcal{V}$ nicht schneidet, wird der Pixel schwarz dargestellt.

Das Ergebnis der Anwendung dieses Algorithmus auf das oben definierte dynamische System mit $Q = 0$ ist in den Abbildungen 8.20 und 8.21 a)–g) dargestellt.

Abbildung 8.20 enthält vier verschiedene Regionen. Die erste ist eine Umgebung von O, die von fast konzentrischen schwarzen, grauen und weißen Streifen umgeben ist. Die Stelle dieser Region ist grob gesehen dieselbe, wie die

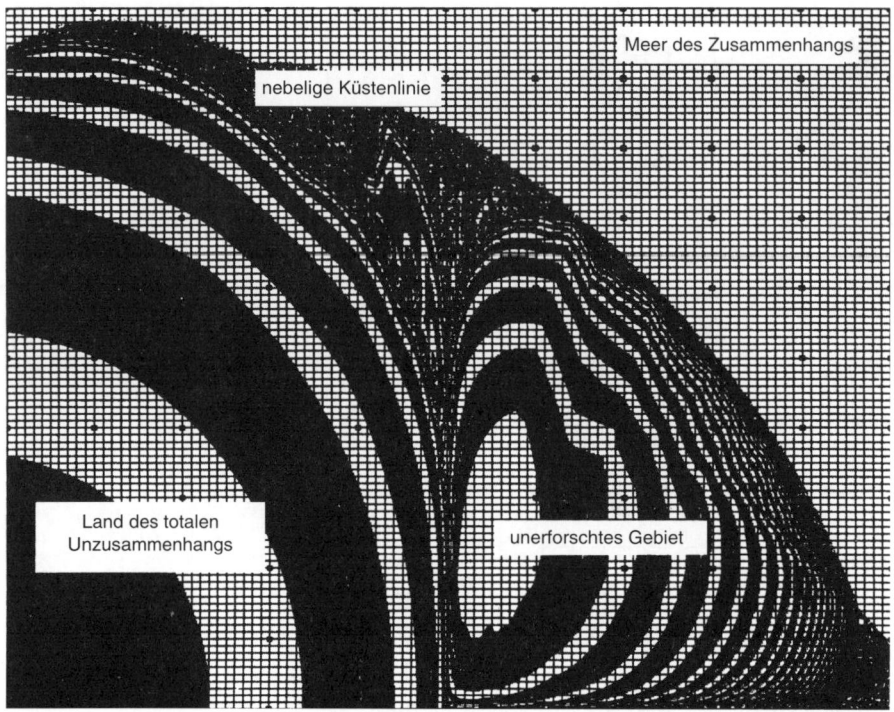

Abb. 8.20   Eine Karte der Familie dynamischer Systeme $\{\mathbf{C}; f_\lambda\}$, wobei

$$f_\lambda(z) = \begin{cases} \frac{(z-1)}{\lambda}, & \text{falls } \operatorname{Re} z \geq 0; \\ \frac{(z+1)}{\lambda^*}, & \text{falls } \operatorname{Re} z < 0 \end{cases}$$

ist. Der Parameterraum ist $P = \{\lambda \in \mathbf{C}; 0 < \lambda_1 < 1, 0 < \lambda_2 \leq 0.75\}$. Die Karte erhält man durch Anwendung von Algorithmus 8.2. Die Pixel sind entsprechend der „Fluchtzeit" des Punktes $O \in \mathbf{R}^2$ schattiert dargestellt. Die spannenden Stellen, an denen sich die interessanten Fraktale befinden, liegen nicht in den gleichmäßig gefärbten Streifen Schwarz, Grau oder Weiß, sondern innerhalb der nebeligen Küstenlinie. Diese Küstenlinie ist selbst ein fraktales Objekt, das bei Vergrößerung eine unendliche Komplexität zeigt. Darin findet man ungefähre Bilder einiger zusammenhängender und „fast zusammenhängender" abstoßender Mengen des dynamischen Systems. Weshalb liegen die dort?

von $P \setminus \mathcal{M}_1$, welche mit total unzusammenhängenden und gerade berührenden Attraktoren korrespondiert. Die zweite Region ist das körnige Gebiet, das wir als nebelige Küstenlinie bezeichnen. Hier findet man bei entsprechender Vergrößerung komplexe geometrische Strukturen. Ein Beispiel ist in der Folge von Vergrößerungen in den Abbildungen 8.21 a)–g) veranschaulicht.

Abb. 8.21   Eine Folge von Vergrößerungen in einem Teil der nebeligen Küstenlinie von Abbildung 8.20. Die Koordinaten des Fensters mit der höchsten Vergrößerung lauten $0.4123 \leq \lambda_1 \leq 0.4139$, $0.6208 \leq \lambda_2 \leq 0.6223$. Können Sie feststellen, wo sich jedes Bild jeweils im vorangegangenen Bild wiederfindet?

Abb. 8.21 a)

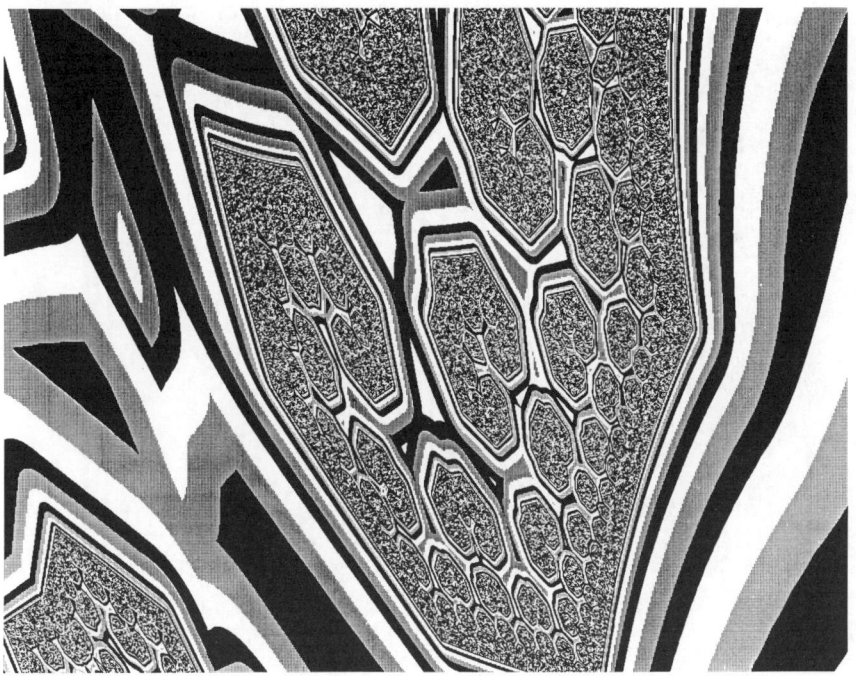

Abb. 8.21 b)

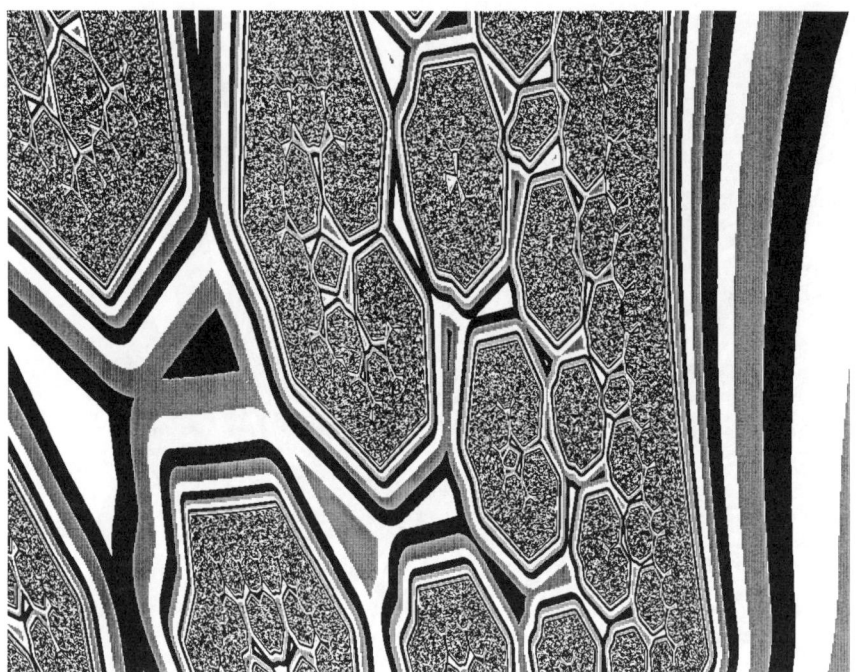

Abb. 8.21 c)

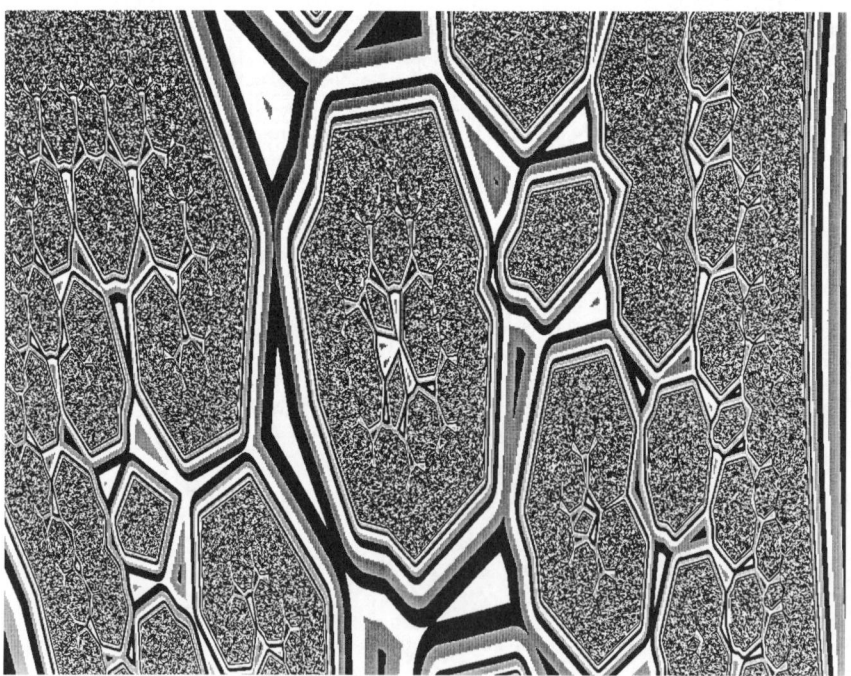

Abb. 8.21 d)

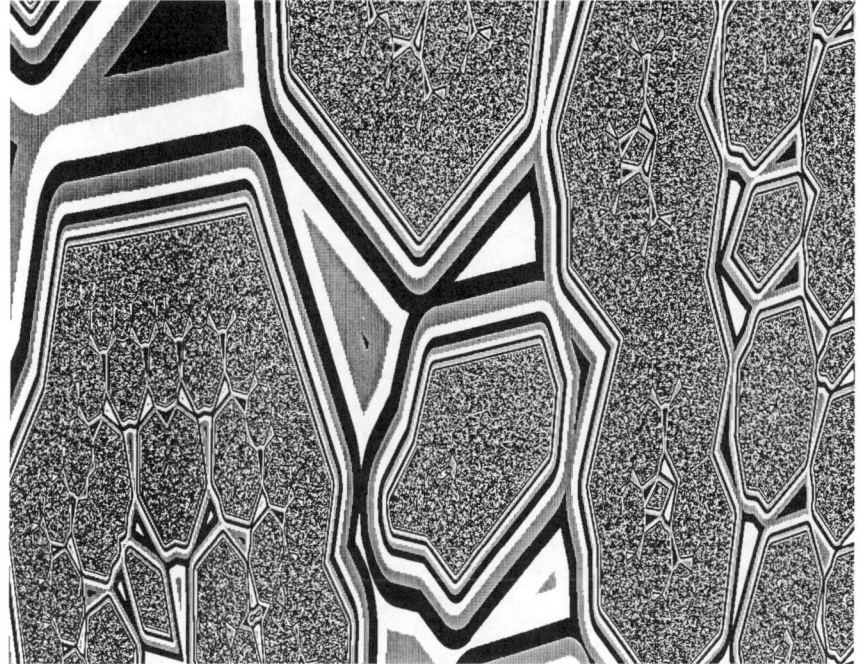

Abb. 8.21 e)

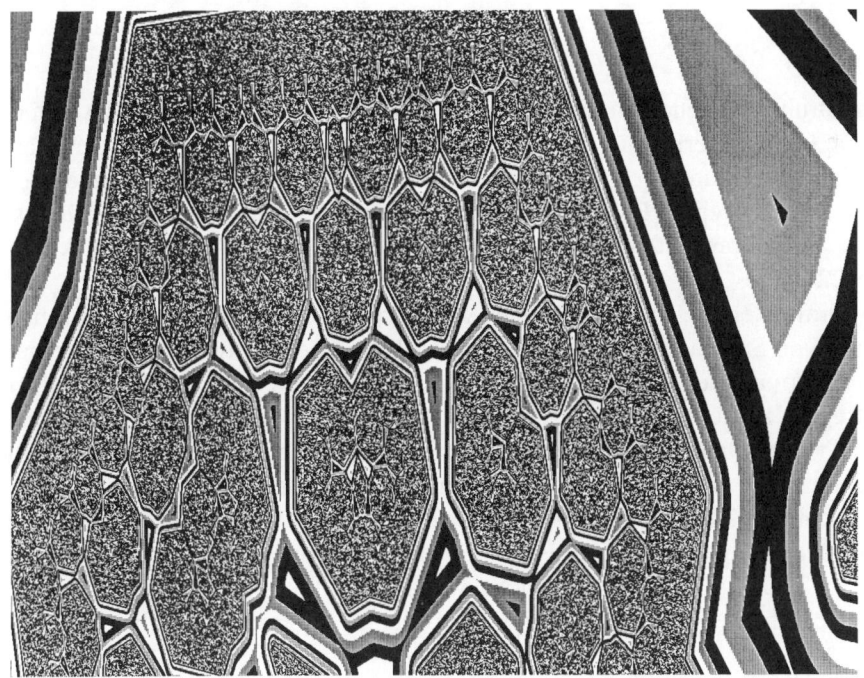

Abb. 8.21 f)

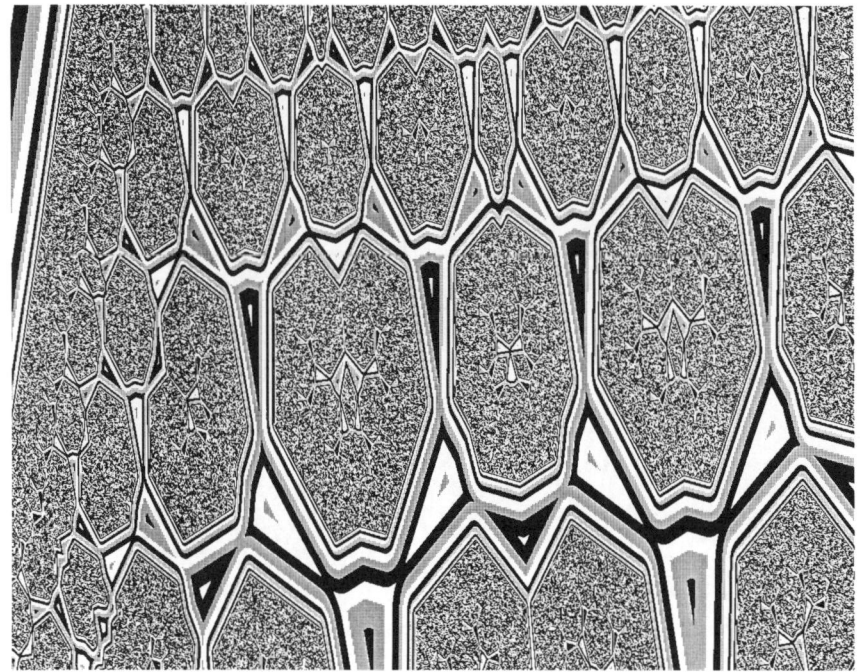

Abb. 8.21 g)

Die Strukturen scheinen sich auf eine subtile Weise voneinander zu unterscheiden. Erste Experimente machen deutlich, daß, wenn λ in der Nachbarschaft einer dieser Strukturen gewählt wird, die Bilder der „abstoßenden Menge" des dynamischen Systems $\{\mathbf{R}^2, f_\lambda\}$, berechnet mittels des Fluchtzeit-Algorithmus, ähnliche Strukturen enthalten. Ein Beispiel eines solchen Bildes ist in Abbildung 8.22 dargestellt.

Die dritte Region, unten rechts in Abbildung 8.20, ist aus abgeschlossenen Konturen von Schwarz, Grau und Weiß aufgebaut. Hier vermittelt die Karte nur wenige Informationen über die Familie dynamischer Systeme. Um Kenntnis über diese Region zu gewinnen, sollte man die Orbits eines Punktes Q untersuchen, der sich von O unterscheidet. Die vierte Region, das äußere, weiße Gebiet in Abbildung 8.20, korrespondiert mit dynamischen Systemen, für die der Orbit von O nicht entflieht. Für ein λ aus dieser Region ist es wahrscheinlich, daß die „abstoßende Menge" des dynamischen Systems ein Inneres besitzt.

Unsere neuen Karten, z. B. solche wie in Abbildung 8.20, können in der Nachbarschaft des Randes der Mandelbrot-Menge Informationen über die IFS-Familie

$$\{\mathbf{C}; w_1(z) = \lambda z + 1, w_2(z) = \lambda^* z - 1\}, \ P = \{\lambda \in \mathbf{C} : |\lambda| < 1\}$$

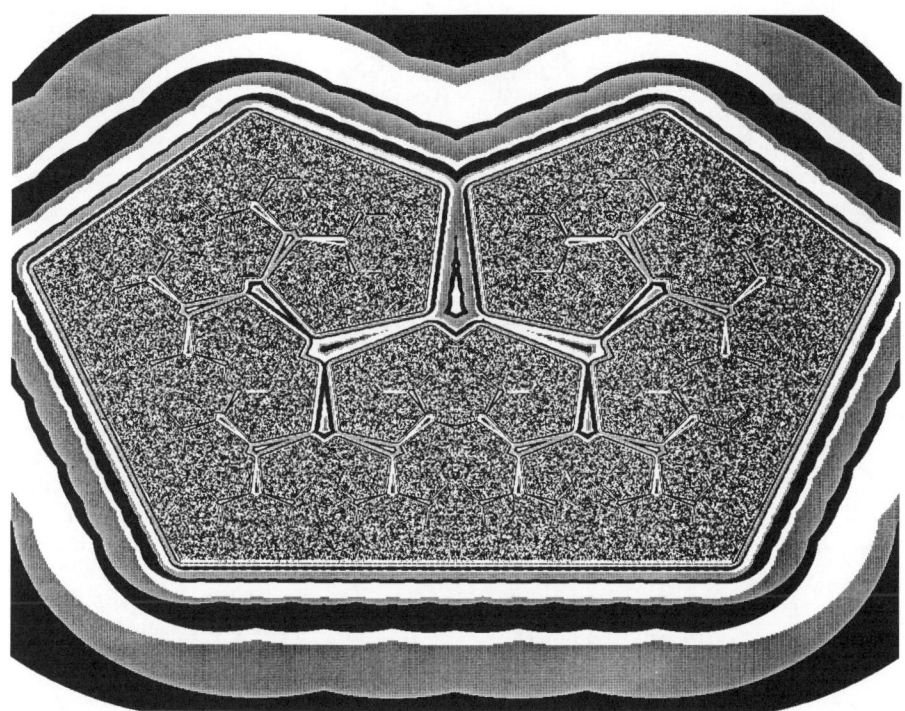

Abb. 8.22 Bild der abstoßenden Menge eines Mitgliedes der Familie dynamischer Systeme, deren Parameterraum in Abbildung 8.20 dargestellt wurde. Dieses Bild korrespondiert mit einem Wert von λ, der in der in Abbildung 8.21 g) dargestellten Struktur liegt. Beachten Sie, welche Ähnlichkeit zwischen den Objekten hier und denen in der entsprechenden Lage im Parameterraum besteht.

liefern. Für $\lambda \in \partial \mathcal{M}_1$ ist der Attraktor des IFS identisch mit der abstoßenden Menge des dynamischen Systems. Für λ nahe $\partial \mathcal{M}_1$ sieht der Attraktor des IFS „ähnlich aus" wie die abstoßende Menge des dynamischen Systems.

In Abbildung 8.23 ist ein Querschnitt durch den Staubbeutel einer Lilie dargestellt. Wir haben dieses Bild deswegen eingefügt, weil einige Strukturen in den Abbildungen 8.21 a)–g) an Zellen erinnern.

Algorithmus 8.2 kann auf Familien von dynamischen Systemen angewendet werden, die zu dem in Satz 7.5 beschriebenen Typ gehören. Es sei zum Beispiel $\{\mathbf{R}^2; f_\lambda\}$ eine Familie von dynamischen Systemen, wobei $\lambda \in P = \blacksquare \subset \mathbf{R}^2$ ist. Es sei $\mathbf{X} \subset \mathbf{R}^2$ kompakt, $f_\lambda : \mathbf{X} \to \mathbf{R}^2$ stetig, und es gelte $f(\mathbf{X}) \supset \mathbf{X}$. Dann besitzt f_λ eine invariante Menge $A(\lambda) \in \mathcal{H}(\mathbf{X})$, die durch

$$A(\lambda) = \bigcap_{n=0}^{\infty} f_\lambda^{\circ(-n)}(\mathbf{X})$$

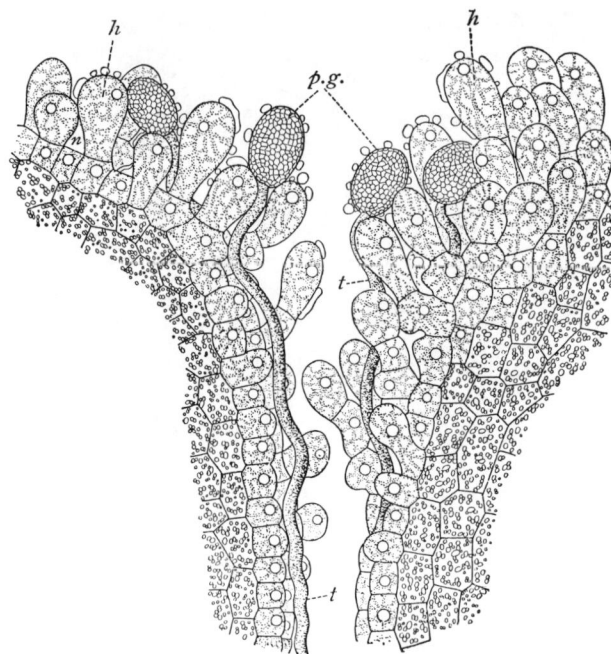

Abb. 8.23 Ein Längs-schnitt durch einen Teil der Narbe einer Lilie. Man sieht die keimenden Pol-lenkörner. *h*, Papillen der Narbe; *p.g.* Pollenkörner; *t*, Pollengänge. Stark ver-größert. (Nach DodelPort, [Scott 1917].)

gegeben ist. $A(\lambda)$ ist diejenige Menge von Punkten, deren Orbits nicht aus **X** fliehen. Die Menge der Punkte in P, die mit den Punkten korrespondiert, deren Orbit von Q nicht aus **X** entflieht, lautet

$$\mathcal{M}(Q) = \{\lambda \in P : Q \in A(\lambda)\}.$$

Wir beschließen dieses Kapitel damit, daß wir eine „Erklärung" dafür geben, wie Familienähnlichkeiten zwischen Strukturen auf dem Rand von $\mathcal{M}(Q)$ und Mengen $A(\lambda)$ auftreten können. (1) Nehmen wir an, daß $A(\lambda)$ eine Menge in $\mathbf{R}^2$ ist, die wie eine um λ verschobene Landkarte von Großbritannien aussieht. Wie sieht dann $\mathcal{M}(Q)$ aus? Sie sieht dann wie eine Landkarte von Großbritannien aus. (2) Nehmen wir an, daß $A(\lambda)$ eine Menge ist, die wie eine um λ verscho-bene Landkarte von Großbritannien zur Zeit λ_1 aussieht. Wir stellen uns vor, daß sich die Menge $A(\lambda)$ langsam verändert. Vielleicht ändert sich der Rand auf stetige Weise bezüglich der Hausdorff-Metrik, wenn sich λ ändert. Nun sieht $A(\lambda)$ wie eine verformte Landkarte von Großbritannien aus. Die lokalen Buchten und Einschnitte sind genaue Darstellungen derjenigen Buchten zur Zeit λ_1, mit denen sie im Parameterraum korrespondieren. Das bedeutet, daß der Rand von $\mathcal{M}(Q)$ aus benachbarten Buchten und Einschnitten zu verschiedenen Zeitpunkten besteht, die zusammengenäht sind. Es ist eine Landkarte, die (zu irgendeiner Zeit) mikroskopisch genau und global ungenau ist. (3) Nun setzen wir zusätzlich voraus, daß die Küstenlinie von Großbritannien zu jedem Zeit-punkt λ_1 selbstähnlich ist. Wir stellen uns also vor, daß kleine Buchten wie die großen Rundungen der Küstenlinie zu einem gegebenen Zeitpunkt aussehen. Wie sieht $\mathcal{M}(Q)$ nun aus? An einer gegebenen mikroskopischen Stelle auf dem Rand, sehr stark vergrößert, werden wir die gesamten Rundungen der Küstenlinie von Großbritannien in dem Augenblick sehen. (4) Stellen wir uns nun vor, daß Großbritannien in ferner Zukunft für einige Werte von λ total unzusammenhängend ist, reduziert auf einzelne Sandkörner. Es ist unwahrscheinlich, daß diese Werte für λ zu $\mathcal{M}(Q)$ gehören. Wenn λ in einer Region des Parameterraums variiert, für die $A(\lambda)$ total unzusammenhängend ist, so ist es nicht wahrscheinlich, daß $Q \in A(\lambda)$ ist. In diesen Regionen würden wir erwarten, daß $\mathcal{M}(Q)$ total unzusammnehängend ist.

Die Familien der Mengen $\{A(\lambda) \subset \mathbf{X} : \lambda \in P\}$, die wir in diesem Kapitel betrachtet haben, passen weitgehend in die Beschreibung des vorangegangenen Absatzes. P und $\mathbf{X}$ sind beide zweidimensional. Die Mengen $A(\lambda)$ leiten sich aus Transformationen ab, die sich lokal wie Ähnlichkeitsabbildungen verhalten. Für jedes $\lambda \in P$ ist $A(\lambda)$ entweder zusammenhängend oder total unzusammenhängend. Schließlich hat es den Anschein, als ob die Mengen $A(\lambda)$ und ihre Ränder stetig von λ abhängen.

Aufgaben/Beispiele

8.4.1 Im obigen Abschnitt haben wir den Algorithmus 8.2 mit $Q = (0, 0)$ angewendet, um eine Karte für die Familie dynamischer Systeme

$$f_\lambda(z) = \begin{cases} \frac{(z-1)}{\lambda}, & \text{falls } \operatorname{Re} z \geq 0, \\ \frac{(z+1)}{\lambda^*}, & \text{falls } \operatorname{Re} z < 0, \end{cases}$$

zu berechnen. Die daraus resultierende Karte wurde in Abbildung 8.20 dargestellt. Diese Karte enthält eine unerforschte Region. Wiederholen Sie die Berechnungen mit a) $Q = 0.5$ und b) $Q = -0.5$, um Informationen über die unerforschte Region zu erhalten!

8.4.2 In diesem Beispiel betrachten wir die Familie der dynamischen Systeme $\{\mathbf{C}; f_\lambda\}$, wobei

$$f_\lambda(z) = \begin{cases} \frac{(z-1)}{\lambda}, & \text{falls } \lambda_2 x - \lambda_1 y \geq 0, \\ \frac{(z+1)}{\lambda}, & \text{falls } \lambda_2 x - \lambda_1 y < 0, \end{cases}$$

ist. Der Parameterraum ist durch $\lambda \in P = \{\lambda \in \mathbf{C} : 0 < |\lambda| < 1\}$ gegeben. Diese Familie ist mit der Familie der IFS

$$\{\mathbf{C}; w_1(z) = \lambda z + 1, w_2(z) = \lambda z - 1\}$$

verwandt. Bezeichne $A(\lambda)$ den Attraktor des IFS und sei $\widetilde{A}(\lambda)$ die zu dem dynamischen System gehörende „abstoßende Menge". Es sei

$$S = \{\lambda \in P : \text{die Gerade } \lambda_2 x - \lambda_1 y = 0$$
$$\text{trennt die beiden Mengen } w_1(A(\lambda)) \text{ und } w_2(A(\lambda))\}.$$

Wenn $\lambda \in S$ ist, dann ist $\{A(\lambda); f_\lambda\}$ die zu dem IFS gehörende Shift-Abbildung, und es gilt $A(\lambda) = \widetilde{A}(\lambda)$. Selbst wenn $\lambda \notin S$ ist, erwarten wir bestimmte Ähnlichkeiten zwischen $A(\lambda)$ und $\widetilde{A}(\lambda)$.

In den Abbildungen 8.24, 8.25 und 8.26 sind einige Ergebnisse der Anwendung von Algorithmus 8.2 auf das dynamische System $\{\mathbf{C}; f_\lambda\}$ dargestellt.

In Abbildung 8.24 repräsentiert die äußere weiße Region diejenigen Systeme, für die der Orbit des Punktes O nicht divergiert. Diese Region korrespondiert vermutlich mit „abstoßenden Mengen", die kein leeres Inneres besitzen. Die innere Region, die durch verschiedene graue, schwarze und weiße Anteile charakterisiert ist, repräsentiert Systeme, für welche der Orbit von O divergiert. Diese Region korrespondiert mit total unzusammenhängenden „abstoßenden Mengen". Das körnige graue Gebiet ist eine interessante Region. Dies ist die „Küstenlinie". Sie ist selbst ein fraktales Objekt und zeigt bei Vergrößerung eine unendliche Komplexität. In den Abbildungen 8.25 und 8.26 sehen wir Vergrößerungen von zwei Stellen auf der Küstenlinie. Die körnigen Gebiete, die bei Vergrößerung zu Tage treten, ähneln den Bildern der abstoßenden Menge des dynamischen Systems bei den entsprechenden Werten von λ.

8.4.3 Diese Übung bezieht sich auf die Familie dynamischer Systeme $\{\mathbf{C}; z^2 - \lambda\}$. Verwenden Sie Algorithmus 8.2 mit $-0.25 \leq \lambda_1 \leq 2$, $-1 \leq \lambda_2 \leq 1$ und $Q = (0.5, 0.5)$, um ein Bild der „Mandelbrot-Menge" $\mathcal{M}(0.5, 0.5)$ zu erstellen. Ein Beispiel für eine solche Menge, mit anderer Wahl für Q, ist in Abbildung 8.27 dargestellt.

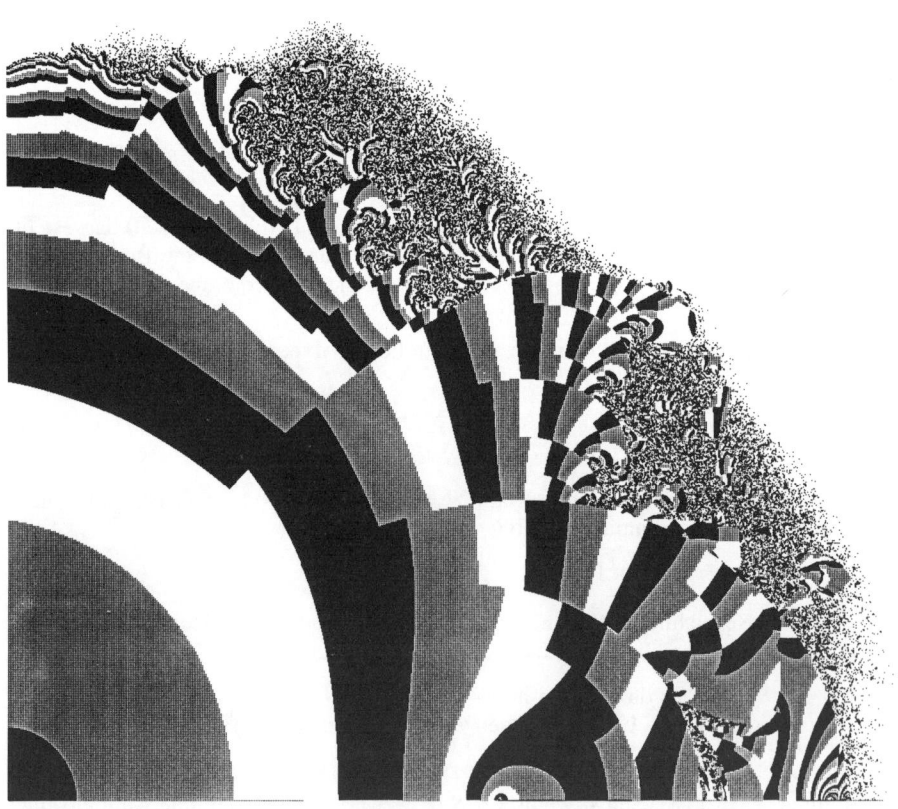

Abb. 8.24

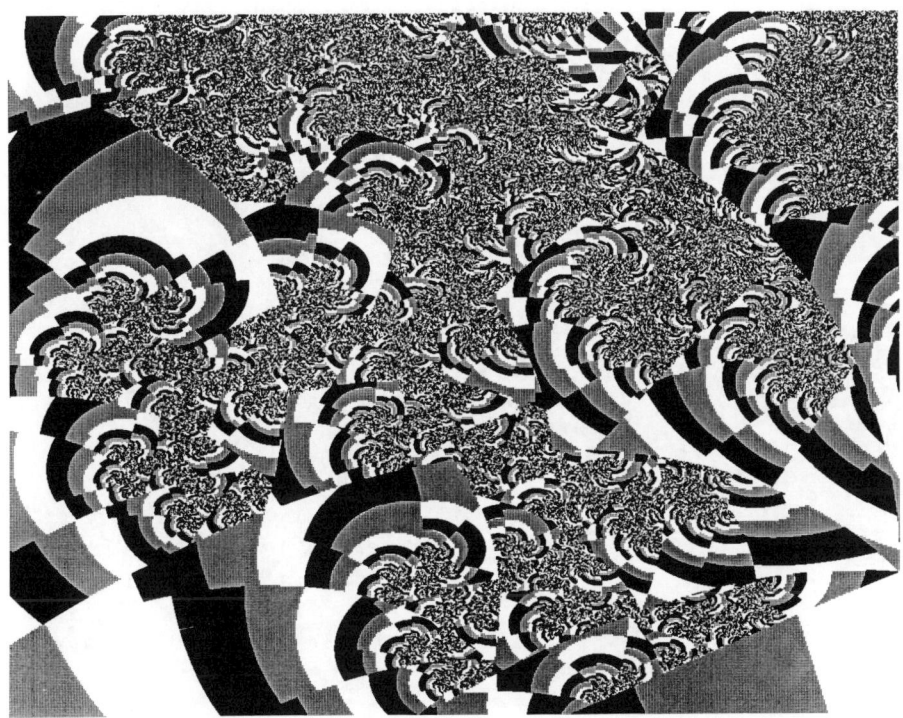

Abb. 8.25 Vergrößerung eines kleinen Teils der nebeligen Region in Abbildung 8.24. In ihr findet man körnige Gebiete, die den abstoßenden Mengen der entsprechenden dynamischen Systeme ähneln. Bei welchem Wert für λ findet man sie? Bei dem Wert von λ in der Karte, in dem das Bild, für das Sie sich interessieren, auftritt.

←──

Abb. 8.24 Eine Karte für die Familie der dynamischen Systeme, wie sie in Beispiel 8.4.2 beschrieben werden. Berechnet wurde die Karte mittels Algorithmus 8.2. Der Parameterraum lautet $P = \{\lambda \in \mathbf{C} : 0 < \lambda_1 < 1, 0 < \lambda_2 < 1\}$. Das körnige graue Gebiet ist die interessante Region.

──→

Abb. 8.26 Vergrößerung eines kleinen Teils der nebeligen Region in Abbildung 8.24. Die körnigen Gebiete in diesem Bild haben eine andere Gestalt als die in Abbildung 8.25.

Abb. 8.27 Eine „Mandelbrot-Menge" $\mathcal{M}(z_0)$, die zu der Familie der dynamischen Systeme $\{\mathbf{C}; z^2 - \lambda\}$ gehört. Die Menge wurde mittels der Fluchtzeiten der Orbits eines Punktes $z = z_0$ berechnet. Dieser Punkt war nicht der kritische Punkt $z = 0$.

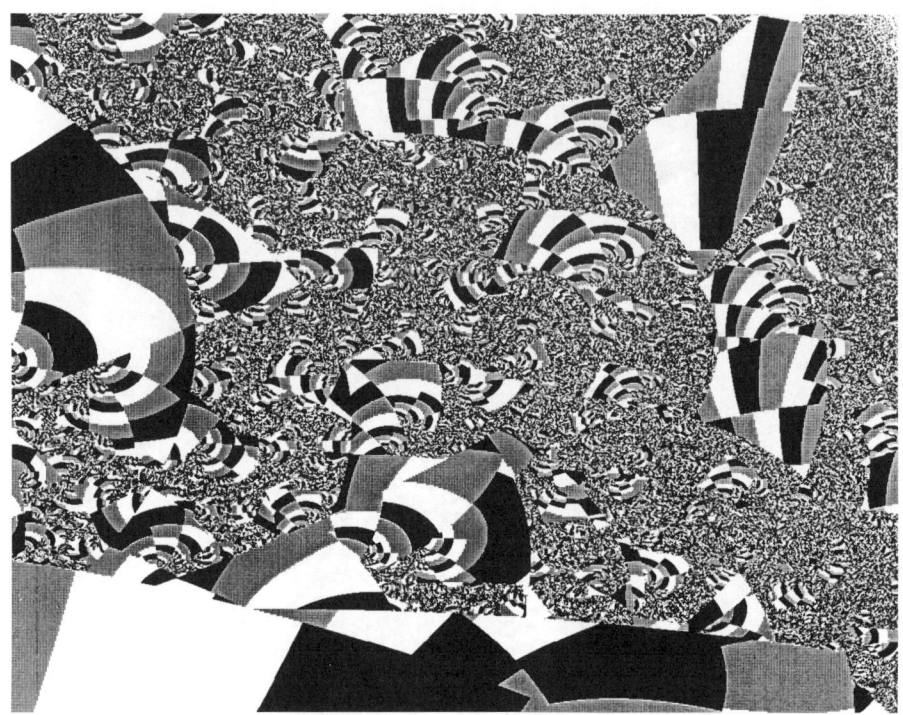

Abb. 8.26

Abb. 8.27

9 Maße auf Fraktalen

9.1 Einführung in in die Theorie der invarianten Maße auf Fraktalen

In diesem Abschnitt geben wir eine intuitive Einführung in das Gebiet der Maße. Wir konzentrieren uns auf Maße, die aus Iterierten Funktionensystemen in $\mathbf{R}^2$ hervorgehen.

In Kapitel 3, Abschnitt 8, haben wir den Zufalls-Iterations-Algorithmus vorgestellt. Mit Hilfe dieses Algorithmus kann man den Attraktor eines hyperbolischen IFS in $\mathbf{R}^2$ berechnen. Um den Algorithmus zu starten, benötigt man zusätzlich zum IFS eine Menge von Wahrscheinlichkeitswerten.

Definition 9.1. Ein Iteriertes Funktionensystem *mit Wahrscheinlichkeiten* besteht aus einem IFS $\{\mathbf{X}; w_1, w_2, \ldots, w_N\}$ zusammen mit einer Menge von Zahlen $\{p_1, p_2, \ldots, p_N\}$, für die

$$p_1 + p_2 + p_3 + \cdots + p_N = 1 \quad \text{und} \quad p_i > 0 \text{ für } i = 1, 2, \ldots, N$$

gilt.

Die Wahrscheinlichkeit p_i ist mit der Transformation w_i verknüpft. Es wird die Bezeichnung „IFS mit Wahrscheinlichkeiten" an Stelle von „Iterierten Funktionensystemen mit Wahrscheinlichkeiten" benutzt. Die volle Notation für ein solches IFS lautet $\{\mathbf{X}; w_1, w_2, \ldots, w_N; p_1, p_2, \ldots, p_N\}$. Der ausdrückliche Bezug auf die Wahrscheinlichkeiten kann weggelassen werden.

Ein Beispiel für ein IFS mit Wahrscheinlichkeiten ist

$$\{\mathbf{C}; w_1(z) = 0.5z, w_2(z) = 0.5z + 0.5, w_3(z) = 0.5z + 0.5i,$$
$$w_4(z) = 0.5z + 0.5 + 0.5i; 0.1, 0.2, 0.3, 0.4\}.$$

Es kann durch den IFS-Code aus Tabelle 9.1 dargestellt werden. Der Attraktor ist das gefüllte Quadrat ■ mit Eckpunkten $(0, 0)$, $(1, 0)$, $(1, 1)$ und $(0, 1)$.

Tabelle 9.1 IFS-Code für ein Maß auf ■

w	a	b	c	d	e	f	p
1	0.5	0	0	0.5	1	1	0.1
2	0.5	0	0	0.5	50	1	0.2
3	0.5	0	0	0.5	1	50	0.3
4	0.5	0	0	0.5	50	50	0.4

Wir beschreiben nun, wie der Zufalls-Iterations-Algorithmus im vorliegenden Fall arbeitet. Es wird ein Anfangspunkt $z_0 \in \mathbf{C}$ ausgewählt. Eine der Transformationen wird „zufällig" aus der Menge $\{w_1, w_2, w_3, w_4\}$ ausgesucht. Die Wahrscheinlichkeit, daß w_i genommen wird, beträgt p_i für $i = 1, 2, 3, 4$. Die ausgewählte Transformation wird auf z_0 angewendet und produziert auf diese Weise einen neuen Punkt $z_1 \in \mathbf{C}$. Wieder wird eine Transformation ausgesucht, auf dieselbe Weise, unabhängig von der vorangegangenen Wahl, und auf z_1 angewendet, so daß sich ein neuer Punkt z_2 ergibt. Der Vorgang wird eine Zeitlang wiederholt, so daß man als Ergebnis eine endliche Folge von Punkten $\{z_n : n = 1, 2, \ldots, numits\}$ erhält, wobei *numits* eine natürliche Zahl ist. Der Einfachheit halber nehmen wir an, daß $z_0 \in$ ■ ist. Da für $i = 1, 2, 3, 4$ die Beziehung $w_i(\blacksquare) \subset$ ■ gilt, liegt dann der „Orbit" $\{z_n : n = 1, 2, \ldots, numits\}$ in ■.

Betrachten wir, was passiert, wenn wir den Algorithmus auf den IFS-Code aus Tabelle 9.1 anwenden. Wenn die Anzahl der Iterationen hinreichend groß ist, wird man als Ergebnis ein Bild von ■ erhalten. Das bedeutet, daß jeder Pixel aus ■ von dem „Orbit" $\{z_n : n = 1, 2, \ldots, numits\}$ besucht wird. Die Geschwindigkeit, mit der ein Bild von ■ entsteht, hängt von den Wahrscheinlichkeiten ab. Wenn *numits* = 10 000 ist, dann erwarten wir, da die Bilder von ■ gerade berührend sind, daß folgendes gilt:

Anzahl der berechneten Punkte in $w_1(\blacksquare) \approx 1\,000$,

Anzahl der berechneten Punkte in $w_2(\blacksquare) \approx 2\,000$,

Anzahl der berechneten Punkte in $w_3(\blacksquare) \approx 3\,000$,

Anzahl der berechneten Punkte in $w_4(\blacksquare) \approx 4\,000$.

Diese Schätzungen werden durch Abbildung 9.1 unterstützt, in der das Resultat eines Durchlaufs einer abgeänderten Version von Programm 3.2 dargestellt ist. Das Programm benutzt den IFS-Code aus Tabelle 9.1 und *numits* = 10 000.

In den Abbildungen 9.2 a)–c) ist das Ergebnis eines Durchlaufs einer abgeänderten Version von Programm 3.2 für den IFS-Code aus Tabelle 9.1 mit verschiedenen Mengen von Wahrscheinlichkeiten dargestellt. In allen Fällen haben wir das Programm nach einer verhältnismäßig kleinen Anzahl von Iterationen angehalten, um zu verhindern, daß das Bild „gesättigt" wird. Die Resultate bestehen aus unterschiedlichen Mustern. In jedem Fall ist der Attraktor dieselbe Menge ■. Die Punkte, die vom Zufalls-Iterations-Algorithmus produziert werden, „regnen" jedoch mit unterschiedlichen Häufigkeiten an verschiedenen Stellen auf ■ nieder. Die Stellen, an denen der „Regenfall" am stärksten ist, erscheinen „dunkler" oder „dichter" als die Stellen, an denen der „Regenfall" geringer ist. Aber letztlich werden alle Stellen auf dem Attraktor „naß". Die Bilder in den Abbildungen 9.2 a)–c) legen eine wunderbare Idee nahe. Sie lassen vermuten, daß es eine zu dem IFS mit Wahrscheinlichkeiten gehörende, eindeutige „Dichte" auf dem Attraktor des IFS gibt. Der Zufalls-Iterations-Algorithmus gibt uns einen flüchtigen Eindruck von dieser „Dichte", aber man verliert ihn aus den Augen, wenn die Anzahl der Iterationen erhöht wird. Wie wir sehen werden, ist die „Dichte" so wichtig, daß wir ein neues mathematisches Konzept benötigen, um sie zu beschreiben. Das Konzept ist das der *Maße*. Maße können dazu benutzt werden, komplizierte Verteilungen der *Masse* auf metrischen Räumen zu beschreiben. Sie werden im weiteren Verlauf dieses Kapitels

Abb. 9.1 Der Zufalls-Iterations-Algorithmus, Programm 3.2, wird auf den IFS-Code aus Tabelle 9.1 mit *numits* = 10 000 angewendet. Weisen Sie nach, daß die Anzahl der Punkte, die in $w_i(■)$ liegen, ungefähr *numits*·p_i beträgt, für $i = 1, 2, 3, 4$.

Abb. 9.2 a) Der Zufalls-Iterations-Algorithmus wird auf den IFS-Code aus Tabelle 9.1 mit verschiedenen Mengen von Wahrscheinlichkeitswerten angewendet. Das Ergebnis besteht darin, daß Punkte auf den Attraktor mit verschiedenen Häufigkeiten an unterschiedlichen Stellen herabregnen. Was wir sehen, sind die schwachen Spuren von wunderbaren mathematischen Größen, die man *Maße* nennt. Diese sind die wahren Fraktale. Ihre Träger, die Attraktoren der IFS, sind lediglich Mengen, auf denen die Maße leben.

Abb. 9.2 b)

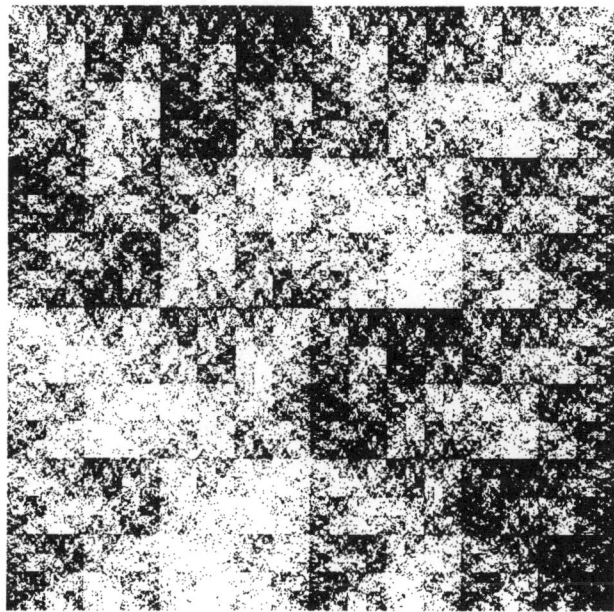

Abb. 9.2 c)

formal eingeführt. Unsere gegenwärtigen Betrachtungen liefern ein intuitives Verständnis dafür, was Maße sind, und wie eine interessante Klasse von Maßen aus IFS mit Wahrscheinlichkeiten hervorgeht.

Als zweites Beispiel betrachten wir das IFS mit Wahrscheinlichkeiten

$$\{\mathbf{C}; w_1(z) = 0.5z + 24 + 24i, \ w_2(z) = 0.5z + 24i, \ w_3(z) = 0.5z; 0.25, 0.25, 0.5\}.$$

Der Attraktor ist ein Sierpinski-Dreieck $\triangle$. Die Wahrscheinlichkeit, die zu w_3 gehört, ist doppelt so hoch, wie die von w_1 und w_2. In Abbildung 9.3 ist das Ergebnis der Anwendung des Zufalls-Iterations-Algorithmus mit diesen Wahrscheinlichkeiten dargestellt. Es wurden 1 000 Punkte berechnet, die zu $\triangle$ gehören. Es scheint an verschiedenen Stellen von $\triangle$ unterschiedliche „Dichten" zu geben. Zum Beispiel scheint $w_3(\triangle)$ mehr „Masse" zu besitzen, als $w_1(\triangle)$ oder $w_2(\triangle)$.

In Abbildung 9.4 ist das Ergebnis einer Anwendung des Zufalls-Iterations-Algorithmus auf ein anderes IFS mit Wahrscheinlichkeiten dargestellt, und zwar für drei verschiedene Mengen von Wahrscheinlichkeiten. Das IFS lautet $\{\mathbf{R}^2; w_1, w_2, w_3, w_4\}$, wobei die w_i für $i = 1, 2, 3, 4$ affine Transformationen sind. Der Attraktor des IFS ist eine blattähnliche Teilmenge des $\mathbf{R}^2$. In jedem der Fälle sehen wir ein anderes Muster für die „Masse" auf dem Attraktor des IFS. Es ergibt sich, daß jede „Dichte" selber wieder ein fraktales Objekt ist.

Abb. 9.3 Zur Berechnung eines Bildes des Sierpinski-Dreiecks △ wurde der Zufalls-
Iterations-Algorithmus benutzt. Das Ergebnis ist, daß w_3 (△) dichter erscheint als w_1 (△)
oder w_2 (△). Dieser Eindruck verliert sich, wenn die Anzahl der Iterationen erhöht wird.
Wir bekommen eine Vorstellung von der „Masse" oder den Maßen, die auf einem Fraktal
verteilt sind.

Aufgaben

9.1.1 Führen Sie das folgende numerische Experiment aus. Wenden Sie den Zufalls-
     Iterations-Algorithmus auf den IFS-Code in Tabelle 9.1 für *numits* = 1 000, 2 000,
     3 000,... an. Halten Sie jeweils die Zahl $\mathcal{N}$ der berechneten Punkte fest, die in

$$B = \{(x, y) \in \mathbf{R}^2 : (x - 1)^2 + (y - 1)^2 \le 1\}$$

     landen. Stellen Sie eine Tabelle ihrer Ergebnisse zusammen. Weisen Sie nach, daß
     sich das Verhältnis $\frac{\mathcal{N}}{numits}$ scheinbar einer Konstanten annähert!

9.1.2 Wiederholen Sie das computergraphische Experiment, das zu Abbildung 9.1 führte.
     Zeigen Sie, daß Sie eine „ähnlich aussehende" Ausgabe erhalten, wie Abbildung
     9.1, obwohl Sie (möglicherweise) eine andere Zufallszahlenfolge benutzt haben!

9.1.3 Der Zufalls-Iterations-Algorithmus wurde zur Berechnung von 100 000 Punkten
     verwendet, die zu ■ gehören, dabei wurde der IFS-Code aus Tabelle 9.1 verwendet.
     Was meinen Sie, wieviele dieser Punkte gehören zu $w_1 \circ w_3(\blacksquare)$? Warum?

Es sei $(\mathbf{X}, d)$ ein vollständiger metrischer Raum. Es sei $\{\mathbf{X}; w_1, \ldots, w_N;$
$p_1, \ldots, p_N\}$ ein IFS mit Wahrscheinlichkeiten. Bezeichne A den Attraktor des
IFS. Dann gibt es ein Objekt, das *invariantes Maß* des IFS genannt wird, welches

Abb. 9.4 Es wurde der Zufalls-Iterations-Algorithmus benutzt, um ein Bild eines Blattes zu berechnen. Unterschiedliche Mengen von Wahrscheinlichkeitswerten führen zu verschiedenen Verteilungen der „Masse" auf dem Blatt.

wir hier mit μ bezeichnen. μ weist vielen Teilmengen von **X** „Masse" zu. Zum Beispiel gilt $\mu(A) = 1$ und $\mu(\emptyset) = 0$. Das bedeutet, die „Masse" des Attraktors beträgt eine Einheit und die „Masse" der leeren Menge ist null. Es gilt auch $\mu(\mathbf{X}) = 1$, was besagt, daß der gesamte Raum dieselbe „Masse" hat, wie der Attraktor des IFS. Die „Masse" ist auf dem Attraktor untergebracht.

Nicht alle Teilmengen von **X** besitzen eine ihnen zugewiesene „Masse". Die Teilmengen von **X**, die eine „Masse" haben, heißen *Borel-Teilmengen* von **X** und werden mit $\mathcal{B}(\mathbf{X})$ bezeichnet. Die Borel-Teilmengen von **X** beinhalten die kompakten nichtleeren Teilmengen von **X**, so daß $\mathcal{H}(\mathbf{X}) \subset \mathcal{B}(\mathbf{X})$ gilt. Es ist auch $\mathcal{O} \subset \mathcal{B}(\mathbf{X})$, wenn $\mathcal{O}$ eine offene Teilmenge von **X** ist. Es gibt also viele Mengen, die „Masse" besitzen.

Es bezeichne B eine abgeschlossene Kugel in **X**. Wir erklären nun, wie man die „Masse" $\mu(B)$ der Kugel berechnet. Man wendet den Zufalls-Iterations-Algorithmus auf das IFS mit Wahrscheinlichkeiten an, um eine Folge von Punkten $\{z_n\}_{n=0}^{\infty}$ zu produzieren. Es sei

$$\mathcal{N}(B, n) = \text{Anzahl der Punkte in } \{z_0, z_1, z_2, z_3, \ldots, z_n\} \cap B$$

für $n = 0, 1, 2, \ldots$. Dann gilt fast immer

$$\mu(B) = \lim_{n \to \infty} \left\{ \frac{\mathcal{N}(B, n)}{(n+1)} \right\}.$$

Das bedeutet, daß die „Masse" der Kugel B der Anteil der vom Zufalls-Iterations-Algorithmus produzierten Punkte ist, der in B landet. (Um genau zu sein, haben wir außerdem verlangt, daß die „Masse" des Randes von B null ist, vgl. Folgerung 9.1.)

Jetzt sollten Sie eigentlich eine Menge Fragen haben. Wie können wir wissen, daß die Formel „fast immer" die gleiche Antwort gibt? Was sind Borel-Mengen? Warum besitzen nicht alle Mengen eine „Masse"? Willkommen in der Maßtheorie.

Als Beispiel berechnen wir die Maße einiger Teilmengen von C für das IFS mit Wahrscheinlichkeiten

$$\{C; w_1(z) = 0.5z, \ w_2(z) = 0.5z + 0.5i, \ w_3(z) = 0.5z + 0.5; 0.33, 0.33, 0.34\}.$$

Der Attraktor ist ein Sierpinski-Dreieck $\triangle$ mit Eckpunkten 0, i und 1. Wir berechnen die Maße der folgenden Mengen:

$$B_1 = \{z \in C : |z| \leq 0.5\},$$
$$B_2 = \{z \in C : |z - (0.5 + 0.5i)| \leq 0.2\},$$
$$B_3 = \{z \in C : |z - (0.5 + 0.5i)| \leq 0.5\},$$
$$B_4 = \{z \in C : |z - (2 + i)| \leq \sqrt{2}\}.$$

Die Ergebnisse sind in Tabelle 9.2 zusammengefaßt. Abbildung 9.5 veranschaulicht die hier eingeführten Ideen.

Tabelle 9.2 Die Maße einiger Teilmengen von $\triangle$ wurden mittels zufälliger Iteration berechnet

n	$\dfrac{N(B_1,n)}{n}$	$\dfrac{N(B_2,n)}{n}$	$\dfrac{N(B_3,n)}{n}$	$\dfrac{N(B_4,n)}{n}$
5 000	0.3313	0.1036	0.6385	0.0004
10 000	0.3314	0.1050	0.6500	0.0002
15 000	0.3323	0.1041	0.6512	0.0001
20 000	0.3330	0.1030	0.6525	0.0000
50 000	0.3326	0.1041	0.6527	0.0000
100 000	0.3325	0.1054	0.6497	0.0000
	$\mu(B_1) \approx 0.33$	$\mu(B_2) \approx 0.10$	$\mu(B_3) \approx 0.65$	$\mu(B_4) \approx 0.00$

Aufgaben

9.1.4 Erklären Sie, weshalb in Tabelle 9.2 $\mu(B_4) \approx 0$ ist!

9.1.5 Welchen Wert hätte man in Tabelle 9.2 ungefähr für $\mu(B_1)$ erhalten, wenn die Wahrscheinlichkeiten für die drei Abbildungen $p_1 = 0.275$, $p_2 = 0.125$ und $p_3 = 0.5$ gewesen wären?

9.1.6 Weshalb, glauben Sie, wurde im Zusammenhang mit der Formel für $\mu(B)$, die oben angegeben wurde, der Ausdruck „fast immer" verwendet?

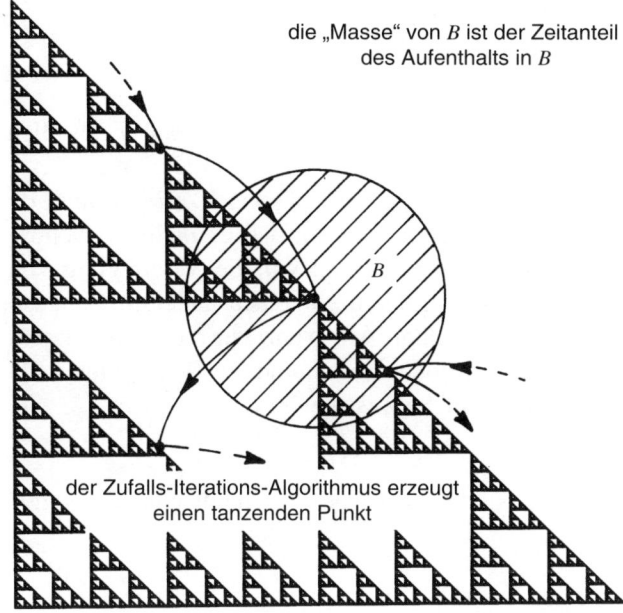

die „Masse" von B ist der Zeitanteil
des Aufenthalts in B

B

der Zufalls-Iterations-Algorithmus erzeugt
einen tanzenden Punkt

Abb. 9.5 Diagramm vom Lauf des Zufalls-Iterations-Algorithmus und ein tanzender Punkt, der zur Kugel kommt und geht. Die „Masse" oder das Maß der Kugel ist $\mu(B)$. Es ist gleich dem Anteil der Punkte, die in B landen.

9.2 Algebren und Sigma-Algebren

Definition 9.2. Es sei $\mathbf{X}$ ein Raum. Bezeichne $\mathcal{F}$ eine nichtleere Klasse von Teilmengen des Raumes $\mathbf{X}$, so daß

(1) $A, B \in \mathcal{F} \Rightarrow A \cup B \in \mathcal{F}$;

(2) $A \in \mathcal{F} \Rightarrow \mathbf{X} \setminus A \in \mathcal{F}$

gilt. Dann heißt $\mathcal{F}$ eine *Algebra*. (In Beispiel 9.2.13 werden Sie aufgefordert, nachzuweisen, daß $\mathbf{X} \in \mathcal{F}$ ist.)

Satz 9.1. *Es sei $\mathbf{X}$ ein Raum. Es sei $\mathcal{G}$ eine nichtleere Menge von Teilmengen von $\mathbf{X}$. Es sei $\mathcal{F}$ die Menge von Teilmengen in $\mathbf{X}$, die durch endlich viele Mengen aus $\mathcal{G}$ mittels der Operationen der Vereinigung, Schnittmengenbildung und Komplementbildung hinsichtlich $\mathbf{X}$ dargestellt werden können. Dann ist $\mathcal{F}$ eine Algebra.*

Beweis. Elemente von $\mathscr{F}$ bestehen aus Mengen, wie

$$\mathbf{X} \setminus (((\mathbf{X} \setminus (G_1 \cup G_2)) \cap G_3) \cup (G_5 \cap G_6)),$$

wobei $G_1, G_2, G_3, \ldots$ Elemente von $\mathscr{G}$ bezeichnen. Das bedeutet, daß $\mathscr{F}$ aus allen denjenigen Mengen besteht, die durch eine endliche Kette von Klammern, „$\setminus$", „$\cup$", „$\cap$", Elementen aus $\mathscr{G}$ und $\mathbf{X}$, dargestellt werden können. (Wenn man de Morgan's Gesetze benutzt, kann man sogar beweisen, daß es nicht notwendig ist, die Schnittmengenbildung zu verwenden.) Wenn wir die Vereinigung von jeweils zwei solchen Ausdrücken bilden, erhalten wir einen anderen. Genauso erhalten wir einen anderen Ausdruck derselben Art, wenn wir das Komplement eines solchen Ausdrucks hinsichtlich $\mathbf{X}$ bilden. Damit sind die Bedingungen (1) und (2) aus Definition 9.2 erfüllt, und der Satz ist bewiesen. $\qquad\square$

Definition 9.3. Die Algebra, auf die sich Satz 9.1 bezieht, heißt von $\mathscr{G}$ *erzeugte Algebra*.

Aufgaben/Beispiele

9.2.1 Es sei $\mathbf{X}$ ein Raum, und es sei $A \subset \mathbf{X}$. Dann ist $\mathscr{F} = \{\mathbf{X}, A, \mathbf{X} \setminus A, \emptyset\}$ eine Algebra.

9.2.2 Es sei $\mathbf{X}$ die Menge aller Blätter eines bestimmten Baumes und $\mathscr{F}$ die Menge aller Teilmengen von $\mathbf{X}$. Dann ist $\mathscr{F}$ eine Algebra. Bezeichne A die Menge aller der Blätter des Baumes, die an dem untersten Zweig hängen. Dann ist $A \in \mathscr{F}$. Beweisen Sie, daß $\mathscr{F}$ durch die Blätter erzeugt wird!

9.2.3 Es sei $\mathbf{X} = [0, 1] \subset \mathbf{R}$. Bezeichne $\mathscr{G}$ die Menge aller Teilintervalle (offen, abgeschlossen, halboffen) von $[0, 1]$ und $\mathscr{F}$ die durch $\mathscr{G}$ erzeugte Algebra. Beispiele für Mitglieder von $\mathscr{F}$ sind $[0.5, 0.6) \cup (0.7, 0.81]$, $[0, 1]$, $[1, 1]$ und $(\frac{1}{2}, 1) \cup (\frac{1}{4}, \frac{1}{3}) \cup \cdots \cup (\frac{1}{100}, \frac{1}{99})$. Zeigen Sie, daß

$$\bigcup_{n=1}^{\infty} \left(\frac{1}{(n+1)}, \frac{1}{n} \right) = \left(\frac{1}{2}, 1 \right) \cup \left(\frac{1}{3}, \frac{1}{2} \right) \cup \left(\frac{1}{4}, \frac{1}{3} \right) \cup \cdots$$

eine Teilmenge von $\mathbf{X}$ ist, aber nicht von $\mathscr{F}$!

9.2.4 Es sei $\mathbf{X} = \blacksquare \subset \mathbf{R}^2$. Bezeichne $\mathscr{G}$ die Menge abgeschlossener Rechtecke, die in $\mathbf{X}$ enthalten sind, deren Seiten parallel zu den Koordinatenachsen verlaufen und deren Eckpunkte rationale Koordinaten besitzen. Bezeichne $\mathscr{F}$ die durch $\mathscr{G}$ erzeugte Algebra. Ein Beispiel für ein Element aus $\mathscr{F}$ ist

$$((\blacksquare \setminus ((\blacksquare \setminus R_1) \cup R_2) \cap R_3) \cup (R_4 \cap (\blacksquare \setminus R_5)),$$

wobei R_1, R_2, R_3, R_4 und R_5 Rechtecke in $\mathscr{G}$ sind. Es sei $S \in \mathscr{F}$. Beweisen Sie, daß der Flächeninhalt von S eine rationale Zahl ist. Leiten Sie her, daß $\mathscr{F}$ nicht die Kugel $B(O, 1) = \{(x, y) \in \blacksquare : x^2 + y^2 \leq 1\}$ enthält!

9.2.5 Bezeichne $\mathbf{X}$ die Menge der Pixel, die zu einem bestimmten Graphikbildschirm gehören. Die Menge aller Schwarz-Weiß-Bilder, die auf diesem Bildschirm dargestellt werden können, bilden eine Algebra. In Abbildung 9.6 ist ein Beispiel für eine

Abb. 9.6 Eine Algebra, deren Elemente Mengen von Pixeln sind. Können Sie zwei Elemente der Algebra ausfindig machen, die die Algebra erzeugen?

kleine Algebra der Teilmengen von **X** dargestellt. Sie wird durch das Bilderpaar G_1 und G_2 in der Mitte der ersten Zeile zusammen mit **X** erzeugt. **X** wird durch das schwarze Rechteck repräsentiert. Die leere Menge wird durch einen leeren Bildschirm dargestellt. Bestimmen Sie für alle Bilder aus Abbildung 9.6 Formeln, und zwar in Ausdrücken von G_1, G_2 und **X**.

9.2.6 Bezeichne Σ den Adressenraum der beiden Symbole 1 und 2. Es sei $n \in \{1, 2, 3, \ldots\}$ und $e_i \in \{1, 2\}$ für $i = 1, 2, \ldots, n$. Es sei

$$C(e_1, e_2, \ldots, e_n) = \{x \in \Sigma : x_i = e_i \text{ für } i = 1, 2, \ldots, n\}.$$

Jede Teilmenge von Σ, die in dieser Form geschrieben werden kann, heißt *Zylinder-Teilmenge* von Σ. Bezeichne $\mathscr{F}$ eine Algebra, die durch die Zylinder-Teilmengen von Σ erzeugt wird. Bestimmen Sie eine Teilmenge von Σ, die nicht zu $\mathscr{F}$ gehört!

9.2.7 Es sei **X** ein Raum. Bezeichne $\mathscr{F}$ die Menge aller Teilmengen von **X**. Die übliche Bezeichnungsweise für diese Algebra ist $\mathscr{F} = 2^{\mathbf{X}}$ [1]. Zeigen Sie, daß $\mathscr{F}$ eine Algebra ist!

---

[1] Man bezeichnet $\mathscr{F} = 2^{\mathbf{X}}$ auch als *Potenzmenge* von **X**. (Anm. d. Übers.)

Definition 9.4. Es sei $\mathcal{F}$ eine Algebra, so daß

$$A_i \in \mathcal{F} \text{ für } i \in 1, 2, 3, \ldots \qquad \Rightarrow \qquad \bigcup_{i=1}^{\infty} A_i \in \mathcal{F}$$

gilt[2]. Dann heißt $\mathcal{F}$ eine σ-*Algebra* (Sigma-Algebra). Ist irgendeine Algebra gegeben, so gibt es immer eine minimale oder kleinste σ-Algebra, die die Algebra enthält.

Satz 9.2. *Es sei* **X** *ein Raum, und es sei* $\mathcal{G}$ *eine Menge von Teilmengen von* **X**. *Bezeichne* $\{\mathcal{F}_\alpha : \alpha \in I\}$ *die Menge aller* σ-*Algebren auf* **X**, *die* $\mathcal{G}$ *enthalten. Dann ist* $\mathcal{F} = \bigcap_\alpha \mathcal{F}_\alpha$ *eine* σ-*Algebra, die* $\mathcal{G}$ *enthält.*

Beweis. Beachten Sie, daß es mindestens eine σ-Algebra gibt, die $\mathcal{G}$ enthält, nämlich $2^{\mathbf{X}}$, die Algebra, die aus allen Teilmengen von **X** besteht. Wir müssen zeigen, daß $\bigcap_\alpha \mathcal{F}_\alpha$ eine σ-Algebra ist, wenn jedes $\mathcal{F}_\alpha$ eine σ-Algebra ist, die $\mathcal{G}$ enthält. Nehmen wir an, daß $A_i \in \bigcap_\alpha \mathcal{F}_\alpha$ ist. Dann ist A_i für jedes α ein Element der σ-Algebra $\mathcal{F}_\alpha$, und somit gilt $\bigcup_{i=1}^{\infty} A_i \in \mathcal{F}_\alpha$. Nehmen wir an, daß $A \in \bigcap_\alpha \mathcal{F}_\alpha$ ist. Dann gilt für jedes α, daß $A \in \mathcal{F}_\alpha$ ist und somit $\mathbf{X} \setminus A \in \mathcal{F}_\alpha$. Daraus folgt $\mathbf{X} \setminus A \in \bigcap_\alpha \mathcal{F}_\alpha$. Somit ist der Beweis vollständig. $\qquad \square$

Definition 9.5. Es sei $\mathcal{G}$ eine Menge von Teilmengen des Raumes **X**. Die minimale σ-Algebra, die $\mathcal{G}$ enthält und in Satz 9.2 definiert wurde, heißt durch $\mathcal{G}$ *erzeugte* σ-Algebra.

Definition 9.6. Es sei $(\mathbf{X}, d)$ ein metrischer Raum. Es sei $\mathcal{B}$ die σ-Algebra, die durch die offenen Teilmengen von **X** erzeugt wird. $\mathcal{B}$ heißt zu dem metrischen Raum gehörende *Borel-Algebra*. Ein Element von $\mathcal{B}$ heißt *Borel-Teilmenge* von **X**.

Der folgende Satz deutet an, auf welche Weisen eine Borel-Algebra erzeugt werden kann.

Satz 9.3. *Es sei* $(\mathbf{X}, d)$ *ein kompakter metrischer Raum. Dann wird die zugehörige Borel-Algebra* $\mathcal{B}$ *durch eine abzählbare Menge von Kugeln erzeugt.*

Beweis. Wir beweisen zuerst eine etwas allgemeinere Aussage. Es sei $\mathcal{G} = \{b_n \subset \mathbf{X} : n = 1, 2, 3, \ldots; b_n \text{ offen}\}$ eine *abzählbare Basis* für die offenen Teilmengen

---

[2]Diese Eigenschaft wird in der Literatur meistens als σ-*Additivität* bezeichnet. (Anm. d. Übers.)

von $\mathbf{X}$. Das heißt, jede offene Menge in $\mathbf{X}$ kann durch eine Vereinigung von Mengen aus $\mathcal{G}$ geschrieben werden. Dann wird $\mathcal{B}$ durch $\mathcal{G}$ erzeugt. Um das einzusehen, bezeichne $\widetilde{\mathcal{B}}$ die durch $\mathcal{G}$ erzeugte σ-Algebra. Dann gilt $\widetilde{\mathcal{B}} \subset \mathcal{B}$, da $\mathcal{G}$ in der Menge der offenen Teilmengen von $\mathbf{X}$ enthalten ist. Andererseits gilt $\mathcal{B} \subset \widetilde{\mathcal{B}}$, weil $\widetilde{\mathcal{B}}$ alle Erzeugenden von $\mathcal{B}$ enthält. Also ist $\mathcal{B} = \widetilde{\mathcal{B}}$.

Es bleibt, eine abzählbare Basis für die offenen Teilmengen von $\mathbf{X}$ mit Hilfe von Kugeln zu konstruieren. Es sei für $R > 0$

$$B(x, R) = \{ y \in \mathbf{X} : d(x, y) < R \}.$$

Es sei n eine natürliche Zahl. Dann gilt $\mathbf{X} = \bigcup_{x \in \mathbf{X}} B(x, \tfrac{1}{n})$. Also bildet $\{ B(x, \tfrac{1}{n}) : x \in \mathbf{X} \}$ eine offene Überdeckung von $\mathbf{X}$. Da $\mathbf{X}$ kompakt ist, enthält die Überdeckung eine endliche Teilüberdeckung $\{ B(x_m^{(n)}, \tfrac{1}{n}) : m = 1, 2, \ldots, M(n) \}$, für eine natürliche Zahl $M(n)$. Wir behaupten, daß

$$\mathcal{D} = \left\{ B\left(x_m^{(n)}, \frac{1}{n} \right) : m = 1, 2, \ldots, M(n); n = 1, 2, 3, \ldots \right\}$$

eine abzählbare Basis für die offenen Teilmengen von $\mathbf{X}$ bildet. Dazu sei $\mathcal{O}$ eine offene Teilmenge von $\mathbf{X}$, und es sei $x \in \mathcal{O}$. Dann existiert eine offene Kugel mit Radius $R > 0$, so daß $B(x, R) \subset \mathcal{O}$ ist. Es sei n groß genug, so daß $\frac{1}{n} < \frac{R}{2}$ erfüllt ist. Dann gibt es ein $m \in \{1, 2, \ldots, M(n)\}$, so daß x in der Kugel $\{B(x_m^{(n)}, \tfrac{1}{n})$ liegt, und diese Kugel in $\mathcal{O}$ enthalten ist. Jedes x in $\mathcal{O}$ ist in einer solchen Kugel enthalten, die zu $\mathcal{D}$ gehört. Somit ist $\mathcal{D}$ in der Tat eine abzählbare Basis für die offenen Teilmengen von $\mathbf{X}$, was zu beweisen war.   □

Aufgaben

9.2.8 Bezeichne $\mathcal{B}$ die σ-Algebra, die durch die Algebra aus Aufgabe 9.2.4 erzeugt wird. Dann enthält $\mathcal{B}$ die Kugel $B(O, 1)$. Genauso enthält sie alle Kugeln aus $\blacksquare \subset \mathbf{R}^2$. Zeigen Sie, daß $\mathcal{B}$ die Borel-Algebra ist, die zu ($\blacksquare$, Manhattan) gehört!

9.2.9 Bezeichne Σ den Adressenraum der beiden Symbole $\{0, 1\}$. Zeigen Sie, daß die Borel-Algebra, die zu (Σ, Metrik des Adressenraumes) gehört, durch die Zylinder-Teilmengen erzeugt wird, die in Aufgabe 9.2.6 definiert wurden!

9.2.10 Bezeichne $\triangle \subset \mathbf{R}^2$ ein Sierpinski-Dreieck. Bezeichne $\mathcal{G}$ die Menge der zusammenhängenden Komponenten von $\mathbf{R}^2 \setminus \triangle$. Bezeichne $\mathcal{F}$ die durch $\mathcal{G}$ erzeugte σ-Algebra. Zeigen Sie, daß $\mathcal{F}$ in der Borel-Algebra, die zu ($\mathbf{R}^2$, euklidisch) gehört, enthalten ist, ihr aber nicht gleicht!

9.2.11 Bezeichne $\mathbf{X}$ einen Raum, und sei $\mathcal{G}$ eine Menge von Teilmengen von $\mathbf{X}$. Es sei $\mathcal{F}_1$ die durch $\mathcal{G}$ erzeugte Algebra und $\mathcal{F}_2$ die durch $\mathcal{G}$ erzeugte σ-Algebra. Weiter sei $\mathcal{F}_3$ die σ-Algebra, die durch $\mathcal{F}_1$ erzeugt wird. Beweisen Sie, daß $\mathcal{F}_3 = \mathcal{F}_2$ gilt!

9.2.12 Es sei $\mathcal{F}$ eine Algebra von Teilmengen eines Raumes $\mathbf{X}$. Beweisen Sie, daß $\mathbf{X} \in \mathcal{F}$ gilt!

9.3 Maße

Ein Maß ist auf einer Algebra definiert. Jedem Mitglied einer Algebra wird eine nichtnegative reelle Zahl zugeordnet, die uns Auskunft über seine „Masse" gibt.

Definition 9.7. Ein *Maß* μ auf einer Algebra $\mathcal{F}$ ist eine reelle nichtnegative Funktion $\mu : \mathcal{F} \to [0, \infty) \subset \mathbf{R}$, so daß (immer wenn $A_i \in \mathcal{F}$ für $i = 1, 2, 3, \ldots$ ist, mit $A_i \cap A_j = \emptyset$ für $i \neq j$ und $\bigcup_{i=1}^{\infty} A_i \in \mathcal{F}$) dann

$$\mu \left(\bigcup_{i=1}^{\infty} A_i \right) = \sum_{i=1}^{\infty} \mu(A_i)$$

gilt. (In anderen Texten bezieht sich die Definition eines Maßes gewöhnlich auf ein endliches Maß.)

Definition 9.8. Es sei $(\mathbf{X}, d)$ ein metrischer Raum. Bezeichne $\mathcal{B}$ die Borel-Teilmengen von $\mathbf{X}$. Es sei μ ein Maß auf $\mathcal{B}$. Dann heißt μ ein *Borel-Maß*.

Nun werden einige grundlegende Eigenschaften von Maßen zusammengefaßt.

Satz 9.4. *Es sei $\mathcal{F}$ eine Algebra und $\mu : \mathcal{F} \to \mathbf{R}$ ein Maß. Dann gilt:*

(1) *Falls $B \supset A$ ist, dann folgt $\mu(B) = \mu(B \setminus A) + \mu(B)$ für $A, B \in \mathcal{F}$.*

(2) *Falls $B \supset A$ ist, dann ist $\mu(B) \geq \mu(A)$.*

(3) $\mu(\emptyset) = 0$.

(4) *Falls $A_i \in \mathcal{F}$ für $i = 1, 2, 3, \ldots$ und $\bigcup_{i=1}^{\infty} A_i \in \mathcal{F}$ ist, dann folgt*

$$\mu(\bigcup_{i=1}^{\infty} A_i) \leq \sum_{i=1}^{\infty} \mu(A_i).$$

(5) *Falls $\{A_i \in \mathcal{F}\}$ der Schachtelung $A_1 \subset A_2 \subset A_3 \subset \cdots$ gehorcht und wenn $\bigcup_{i=1}^{\infty} A_i \in \mathcal{F}$ ist, dann folgt $\mu(A_i) \to \mu(\bigcup_{i=1}^{\infty} A_i)$.*

(6) *Falls $\{A_i \in \mathcal{F}\}$ der Schachtelung $A_1 \supset A_2 \supset A_3 \supset \cdots$ gehorcht und wenn $\bigcap_{i=1}^{\infty} A_i \in \mathcal{F}$ ist, dann folgt $\mu(A_i) \to \mu(\bigcap_{i=1}^{\infty} A_i)$.*

Beweis. Vergleichen Sie [Rudin 1966], Satz 1.19, S.17. Es wird Ihnen auch Spaß machen, den Satz selbständig zu beweisen! □

Wir befassen uns mit Maßen auf kompakten Teilmengen von metrischen Räumen, wie $(\mathbf{R}^2, \text{euklidisch})$. Die natürlicherweise zugrundeliegende σ-Algebra ist die Borel-Algebra, die durch die offenen Teilmengen des metrischen

Raumes erzeugt wird. Der folgende Satz erlaubt uns, mit der Einschränkung des Maßes auf jeder Algebra zu arbeiten, welche die σ-Algebra erzeugt.

Satz 9.5 (Carathèodory). *Bezeichne μ ein Maß auf einer Algebra $\mathcal{F}$. Es sei $\widehat{\mathcal{F}}$ die durch $\mathcal{F}$ erzeugte σ-Algebra. Dann gibt es ein eindeutiges Maß $\widehat{\mu}$ auf $\widehat{\mathcal{F}}$, so daß $\mu(A) = \widehat{\mu}(A)$ für alle $A \in \mathcal{F}$ gilt.*

Beweisskizze. Dieser Beweis befindet sich in den meisten Büchern über Maßtheorie (vgl. z. B. [Eisen 1969], Satz 5, Kapitel 6, S.180). Zuerst wird μ dazu verwendet, auf der Menge von Teilmengen von $\mathbf{X}$ ein „äußeres Maß" μ^0 zu definieren. μ^0 ist durch

$$\mu^0(A) = \inf \left\{ \sum_{n=1}^{\infty} \mu(A_n) : A \subset \bigcup_{n=1}^{\infty} A_n, A_n \in \mathcal{F} \; \forall n \in \mathbf{Z}^+ \right\}$$

gegeben. μ^0 ist gewöhnlich kein Maß. Man kann jedoch zeigen, daß die Klasse $\mathcal{F}^0$ der Teilmengen A von $\mathbf{X}$, mit – dies war Carathèodorys geschickte Idee –

$$\mu^0(E) = \mu^0(A \cap E) + \mu^0((\mathbf{X} \setminus A) \cap E) \quad \text{für alle } E \in 2^{\mathbf{X}},$$

eine σ-Algebra bildet, die $\mathcal{F}$ enthält. Man kann ebenfalls zeigen, daß μ^0 auf $\mathcal{F}^0$ ein Maß ist. Beachten Sie, daß $\mathcal{F}^0 \supset \widehat{\mathcal{F}}$ gilt. $\widehat{\mu}$ wird definiert, indem man μ^0 auf $\widehat{\mathcal{F}}$ beschränkt. Zum Schluß beweist man, daß diese Beschränkung von μ auf $\widehat{\mathcal{F}}$ eindeutig ist. Damit ist die Beweisskizze fertig. $\qquad \square$

In der obigen Beweisskizze haben wir entdeckt, wie man das erweiterte Maß $\widehat{\mu}$ in Ausdrücken seiner Werte auf der Originalalgebra berechnet.

Satz 9.6. *Es sei ein Maß μ auf einer Algebra $\mathcal{F}$ zu einem Maß $\widehat{\mu}$ auf der minimalen σ-Algebra $\widehat{\mathcal{F}}$, welche $\mathcal{F}$ enthält, erweitert worden. Dann gilt für alle $A \in \widehat{\mathcal{F}}$*

$$\widehat{\mu}(A) = \inf \left\{ \sum_{n=1}^{\infty} \mu(A_n) : A \subset \bigcup_{n=1}^{\infty} A_n, A_n \in \mathcal{F} \; \forall n \in \mathbf{Z}^+ \right\}.$$

Aufgaben/Beispiele

9.3.1 Wir betrachten die Algebra $\mathcal{F} = \{\mathbf{X}, A, \mathbf{X} \setminus A, \emptyset\}$, wobei $A \neq \mathbf{X}$ ist und $A \neq \emptyset$. Durch $\mu(\mathbf{X}) = 7.2$, $\mu(A) = 3.5$, $\mu(\mathbf{X} \setminus A) = 3.7$ und $\mu(\emptyset) = 0$ wird ein Maß $\mu : \mathcal{F} \to \mathbf{R}$ definiert. $\mathcal{F}$ ist auch eine σ-Algebra. Die Erweiterung des Maßes, die durch Carathèodorys Satz gegeben wird, ist gerade das Maß selbst.

9.3.2 Es sei $\mathcal{F}$ eine Algebra, die aus Mengen von Blättern eines bestimmten Baumes zu einem bestimmten Zeitpunkt besteht. Es sei $\mu(A)$ die Zahl der Blattläuse auf allen Blättern in $A \in \mathcal{F}$. Dann ist μ ein Maß auf einer endlichen σ-Algebra.

9.3.3 Es sei $\mathbf{X} = [0, 1] \subset \mathbf{R}$ und $\mathcal{F}$ die durch die Menge der Teilintervalle von $[0, 1]$ erzeugte Algebra. Es seien $a, b \in [0, 1]$, und wir definieren $\mu((a, b)) = \mu([a, b]) = b - a$ für $a \leq b$. Allgemeiner gelte

$$\mu(\text{Element von } \mathcal{F}) = \text{Summe der Längen disjunkter Teilintervalle,}$$
$$\text{die das Element einschließen.}$$

Zeigen Sie, daß μ ein Maß auf $\mathcal{F}$ ist! Die σ-Algebra $\widehat{\mathcal{F}}$, die durch $\mathcal{F}$ erzeugt wird, ist die Borel-Algebra für ($[0, 1]$, euklidisch). Zeigen Sie, daß $S = \{x \in [0, 1] :$ x ist eine rationale Zahl$\}$ zu $\widehat{\mathcal{F}}$ gehört, aber nicht zu $\mathcal{F}$. Berechnen Sie $\widehat{\mu}(S)$, wobei $\widehat{\mu}$ die Erweiterung von μ auf $\widehat{\mathcal{F}}$ ist!

9.3.4 Es sei $\mathbf{X} = \Sigma$, der Adressenraum der beiden Symbole 1 und 2. Bezeichne $\mathcal{F}$ die Algebra, die durch die Zylinder-Teilmengen von Σ, wie sie in Aufgabe 9.2.6 definiert wurden, erzeugt wird. Es sei $0 \leq p_1 \leq 1$ und $p_2 = 1 - p_1$. Wir definieren

$$\mu(C(e_1, e_2, \ldots, e_n)) = p_{e_1} p_{e_2} \cdots p_{e_n}$$

für jede Zylinder-Teilmenge $C(e_1, e_2, \ldots, e_n)$ von Σ. Zeigen Sie, auf welche Weise man μ auf den anderen Elementen von $\mathcal{F}$ definieren kann, so daß man ein Maß auf $\mathcal{F}$ erhält! Berechnen Sie

$$\mu(\{x \in \Sigma : x_7 = 1\}) \text{ und } \mu(\Sigma).$$

Erweitern Sie $\mathcal{F}$ zu der Algebra $\widehat{\mathcal{F}}$, die durch $\mathcal{F}$ erzeugt wird und erweitern Sie μ entsprechend auf $\widehat{\mu}$! Zeigen Sie, daß

$$S = \{x \in \Sigma : x_{\text{ungerade}} = 1\} \in \widehat{\mathcal{F}}$$

ist, und berechnen Sie $\widehat{\mu}(S)$!

9.3.5 Wir betrachten ein Beispiel im metrischen Raum ($[0, 1]$, euklidisch) und untersuchen das IFS mit Wahrscheinlichkeiten

$$\left\{ [0, 1]; w_1(x) = \frac{1}{3}x, w_2(x) = \frac{1}{3}x + \frac{2}{3}; p_1, p_2 \right\}.$$

Bezeichne $\mathcal{F}$ die Algebra, die durch die Menge der Intervalle erzeugt wird, die in der Form

$$w_{e_1} \circ w_{e_2} \circ \cdots \circ w_{e_n}([0, 1])$$

beschrieben werden können. Dabei ist $n \in \{1, 2, \ldots\}$ und $e_i \in \{1, 2\}$ für jedes $i = 1, 2, \ldots, n$. Es sei $0 \leq p_1 \leq 1$ und $p_2 = 1 - p_1$. Zeigen Sie, daß man ein Maß auf $\mathcal{F}$ definieren kann, so daß für jedes dieser Intervalle

$$\mu(w_{e_1} \circ w_{e_2} \circ \cdots \circ w_{e_n}([0, 1])) = p_{e_1} p_{e_2} \cdots p_{e_n}$$

gilt. Bezeichne A den Attraktor des IFS. Berechnen Sie $\mu(A)$, $\mu(\mathbf{X} \setminus A)$ und $\mu([\frac{1}{3}, \frac{2}{3}])$!

9.3.6 Was passiert in der vorangegangenen Aufgabe, wenn man das IFS durch

$$\left\{ [0, 1]; w_1(x) = \frac{1}{2}x, w_2(x) = \frac{1}{2}x + \frac{1}{2}; p_1, p_2 \right\}.$$

ersetzt? Für welchen Wert von p_1 ist die Erweiterung des Maßes auf die durch $\mathcal{F}$ erzeugte σ-Algebra dasselbe wie das Borel-Maß, das in Aufgabe 9.3.3 definiert wurde?

Definition 9.9. Es sei $(\mathbf{X}, d)$ ein metrischer Raum und μ ein Borel-Maß. Dann ist der *Träger* von μ die Menge der Punkte $x \in \mathbf{X}$, für die $\mu(B(x, \epsilon)) > 0$ ist, für alle $\epsilon > 0$. Dabei ist $B(x, \epsilon) = \{y \in \mathbf{X} : d(x, y) < \epsilon\}$.

Der Träger eines Maßes ist die Menge, auf der das Maß lebt. Der folgende Satz ist eine einfache Übung.

Satz 9.7. *Es sei $(\mathbf{X}, d)$ ein metrischer Raum, und es sei μ ein Borel-Maß. Dann ist der Träger von μ abgeschlossen.*

Aufgaben/Beispiele

9.3.7 Es sei $(\mathbf{X}, d)$ ein kompakter metrischer Raum, und es sei μ ein Borel-Maß auf $\mathbf{X}$, so daß $\mu(\mathbf{X}) \neq 0$ ist. Zeigen Sie, daß der Träger von μ zu $\mathcal{H}(\mathbf{X})$, der Menge der nichtleeren, kompakten Teilmengen von $\mathbf{X}$, gehört!

9.3.8 Beweisen Sie folgendes: „Es sei μ ein Maß auf einer σ-Algebra $\mathcal{F}$, und es sei $\bar{\mathcal{F}}$ die Klasse aller Mengen der Form $A \cup B$, wobei $A \in \mathcal{F}$ ist und B eine Teilmenge einer Menge mit Maß null. Dann ist $\bar{\mathcal{F}}$ eine σ-Algebra und die Funktion $\bar{\mu} : \bar{\mathcal{F}} \to \mathbf{R}$, die durch $\bar{\mu}(A \cup B) = \bar{\mu}$ definiert ist, ein Maß". Das Maß $\bar{\mu}$, auf das sich hier bezogen wird, heißt die *Vervollständigung* von μ. Die Vervollständigung des Maßes aus Aufgabe 9.3.3 heißt *Lebesgue-Maß* auf $[0, 1]$.

9.4 Integration

In diesem Abschnitt werden wir einen bemerkenswerten kompakten metrischen Raum vorstellen. Es ist ein Raum, dessen Punkte Maße sind. Um eine Metrik auf diesem Raum zu definieren, müssen wir in der Lage sein, stetige reellwertige Funktionen bezüglich der Maße zu integrieren.

Kann man eine stetige Funktion, die auf einem Fraktal definiert ist, integrieren? Wie berechnet man die „mittlere" Temperatur entlang der Küstenlinie von Schweden? Wir lernen nun, wie man Funktionen bezüglich eines Maßes integriert. Es sei $(\mathbf{X}, d)$ ein kompakter metrischer Raum und μ ein Borel-Maß auf $\mathbf{X}$. Es sei $f : \mathbf{X} \to \mathbf{R}$ eine stetige Funktion. Wir wollen die Bedeutung von Integralen der Form

$$\int_{\mathbf{X}} f(x) \mathrm{d}\mu(x)$$

erklären.

Definition 9.10. Mit $\mathcal{X}_A$ bezeichnen wir die *charakteristische Funktion* oder *Indikatorfunktion* einer Menge $A \subset \mathbf{X}$. Sie wird durch

$$\mathcal{X}_A(x) = \begin{cases} 1 & \text{für } x \in A, \\ 0 & \text{für } x \in \mathbf{X} \setminus A \end{cases}$$

definiert. Eine Funktion $f : \mathbf{X} \to \mathbf{R}$ heißt *Elementarfunktion*, wenn sie in der Form

$$f(x) = \sum_{i=1}^{N} y_i \mathcal{X}_{I_i}(x)$$

geschrieben werden kann. Dabei ist N eine natürliche Zahl, $I_i \in \mathscr{B}$ und $y_i \in \mathbf{R}$ für $i = 1, 2, \ldots, N$, $\bigcup\limits_{i=1}^{N} I_l = \mathbf{X}$ und $I_i \cap I_j = \emptyset$ für $i \neq j$.

Die Graphen mehrerer Elementarfunktionen, die zu verschiedenen Räumen gehören, sind in den Abbildungen 9.7 a) und b) dargestellt.

Definition 9.11. Das *Integral* (bezüglich μ) einer Elementarfunktion f aus Definition 9.10 ist

$$\int_{\mathbf{X}} f(x)\mathrm{d}\mu(x) = \int_{\mathbf{X}} f\mathrm{d}\mu = \sum_{i=1}^{N} y_i \mu(I_i).$$

Das Integral hängt nicht davon ab, wie f als Elementarfunktion dargestellt wird.

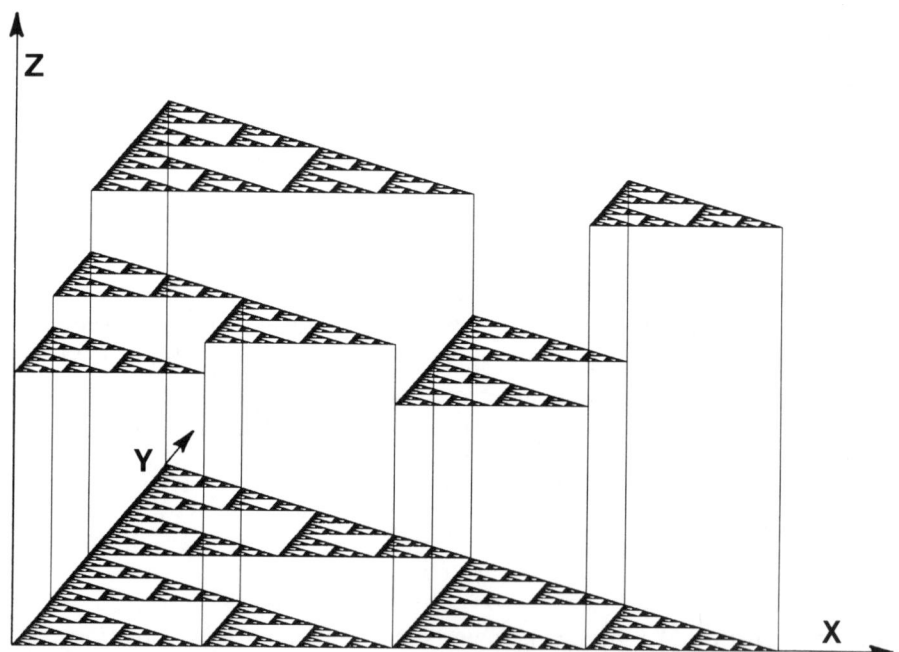

Abb. 9.7 a) Der Graph einer Elementarfunktion auf einem Sierpinski-Dreieck. Der Definitionsbereich besteht aus einem Sierpinski-Dreieck in der (x, y)-Ebene. Die Funktionswerte werden durch die z-Koordinaten dargestellt.

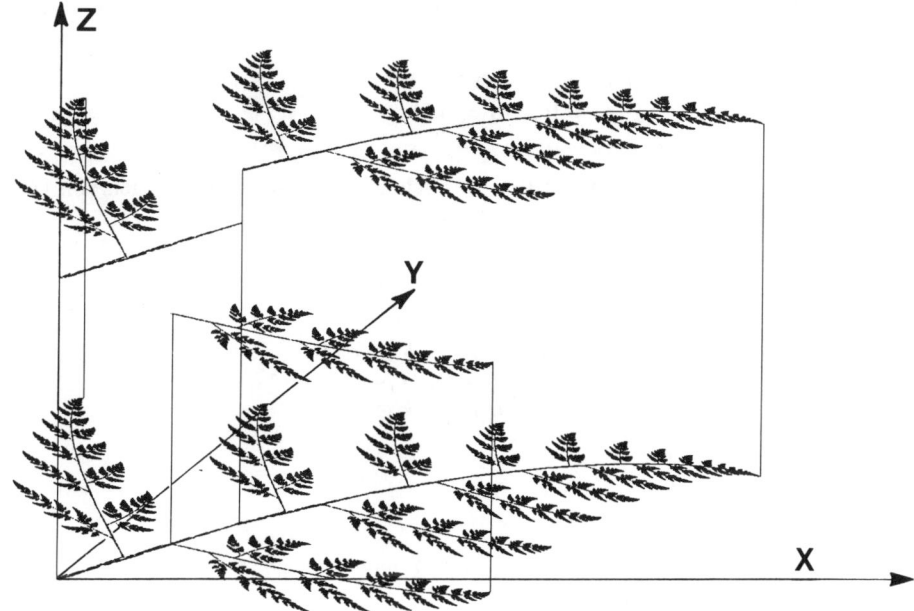

Abb. 9.7 b) Der Graph einer Elementarfunktion, deren Definitionsbereich ein fraktaler Farn ist. Wenn man stattdessen die Funktionswerte durch Farben repräsentieren würde, so würde ein angemalter Farn den Graphen ersetzen.

Aufgaben/Beispiele

9.4.1 Es sei $f : [0, 1] \to \mathbf{R}$ eine stückweise konstante Funktion mit endlich vielen Unstetigkeitsstellen. Zeigen Sie, daß f eine Elementarfunktion ist. Bezeichne μ das Borel-Maß auf $[0, 1]$, so daß $\mu(I) = $ *Länge von I* ist, wenn I ein Teilintervall von $[0, 1]$ ist. Zeigen Sie, daß

$$\int_0^1 f(x)\mathrm{d}x = \int_{[0,1]} f(x)\mathrm{d}\mu(x)$$

gilt, wobei die linke Seite den Flächeninhalt unter dem Graphen von f bezeichnet.

9.4.2 Wir betrachten ein Beispiel im metrischen Raum ($\blacksquare$, euklidisch). Es sei $\mathcal{G}$ die Menge der rechteckigen Teilmengen von $\blacksquare$. Bezeichne $\mathcal{F}$ die durch $\mathcal{G}$ erzeugte Algebra. Zeigen Sie, daß es ein eindeutiges Maß μ auf $\mathcal{F}$ gibt, so daß $\mu(A) = $ *Flächeninhalt von A* gilt, für alle $A \in \mathcal{G}$. Beachten Sie, daß die durch $\mathcal{F}$ erzeugte σ-Algebra genau die Borel-Algebra $\mathcal{B}$ ist, die zu ($\blacksquare$, euklidisch) gehört. Es sei $\widehat{\mu}$ die Erweiterung von μ auf $\mathcal{B}$. Bezeichne $\triangle$ ein Sierpinski-Dreieck, das in $\blacksquare$ enthalten ist. Zeigen Sie, daß $\triangle \in \mathcal{B}$ ist und daß gilt:

$$\int_{\blacksquare} \chi_{\triangle}\mathrm{d}\widehat{\mu} = \widehat{\mu}(\triangle) = 0.$$

9.4.3 Dieses Beispiel behandelt das IFS mit Wahrscheinlichkeiten

$$\{\mathbf{C}; w_1(z) = 0.5z, \, w_2(z) = 0.5z + 0.5i, \, w_3(z) = 0.5z + 0.5;$$
$$p_1 = 0.2, \, p_2 = 0.3, \, p_3 = 0.5\}.$$

Bezeichne $\mathbb{A}$ den Attraktor des IFS. Bezeichne $\mathcal{B}$ die Borel-Teilmengen von $(\mathbb{A}$, euklidisch). Es sei μ das eindeutige Maß auf $\mathcal{B}$ mit

$$\mu(\mathbb{A}) = 1,$$
$$\mu(w_i(\mathbb{A})) = p_i \quad \text{für } i \in \{1, 2, 3\},$$
$$\mu\big(w_i \circ w_j(\mathbb{A})\big) = p_i p_j \quad \text{für } i, j \in \{1, 2, 3\},$$
$$\mu\big(w_i \circ w_j \circ \cdots w_k(\mathbb{A})\big) = p_i p_j \cdots p_k$$
$$\text{für } i, j, \ldots, k \in \{1, 2, 3\}.$$

Man definiere durch

$$f(x + iy) = \begin{cases} 1 & \text{für } x + iy \in \mathbb{A} \text{ und } \dfrac{1}{3} \le x \le 1, \\ -1 & \text{für } x + iy \in \mathbb{A} \text{ und } 0 \le x \le \dfrac{1}{3} \end{cases}$$

eine Elementarfunktion auf $\mathbb{A}$. Berechnen Sie $\displaystyle\int_{\mathbb{A}} f(z) \, \mathrm{d}\mu(z)$ auf zwei Stellen hinter dem Komma genau. Können Sie auf Grundlage der Ideen von Abschnitt 1 dieses Kapitels ein Verfahren entwickeln, mit dem sich das Integral mittels des Zufalls-Iterations-Algorithmus ausrechnen läßt? Versuchen Sie es!

9.4.4 Zeigen Sie, daß $\alpha f + \beta g$ eine Elementarfunktion ist, wenn $\alpha, \beta \in \mathbf{R}$ und f, g Elementarfunktionen sind. Weisen Sie dann nach, daß

$$\alpha \int_{\mathbf{X}} f \, \mathrm{d}\mu + \beta \int_{\mathbf{X}} g \, \mathrm{d}\mu = \int_{\mathbf{X}} (\alpha f + \beta g) \, \mathrm{d}\mu$$

gilt.

9.4.5 Für den Druck dieser Seite wurde schwarze Farbe verwendet. Es sei ■ ein Modell für die Seite. Die Tinte werde mittels eines Borel-Maßes μ dargestellt, so daß $\mu(A)$ die Menge der Tinte ist, die man braucht, um eine Menge $A \subset$ ■ zu drucken. Bezeichne $\mathcal{A} \in \mathcal{F}$ die kleinste Borel-Menge, die alle Buchstaben „a" auf der Seite enthält. Wir setzen voraus, daß die Gesamtmenge der Tinte auf dieser Seite eine Einheit beträgt. Schätzen Sie $\displaystyle\int_{\blacksquare} \chi_A d\mu$ ab!

9.4.6 Bezeichne Σ den Adressenraum der beiden Symbole $\{1, 2\}$ und $\mathcal{B}$ die Borel-Algebra, die zu $(\Sigma$, Metrik des Adressenraumes) gehört. Wir betrachten das IFS

$$\{\Sigma; w_1(x) = 1x, \, w_2(x) = 2x; \, p_1 = 0.4, \, p_2 = 0.6\},$$

wobei „$1x$" die Zeichenkette „$1x_1x_2x_3\ldots$" bedeutet und „$2x$" die Zeichenkette „$2x_1x_2x_3\ldots$". Der Attraktor des IFS ist Σ. Bezeichne μ das eindeutige Maß auf $\mathcal{B}$, so daß

$$\mu(w_i \circ w_j \circ \cdots \circ w_k(\Sigma)) = p_i p_j \cdots p_k$$

gilt, für $i, j, \ldots, k \in \{1, 2\}$. Man definiere durch

$$A = \{x \in \mathcal{B} : x_1 = 1\} \text{ und } B = \{x \in \mathcal{B} : x_2 = 2\}$$

zwei Mengen A und B in $\mathcal{B}$ und eine Funktion $f : \Sigma \to \mathbf{R}$ durch

$$f(x) = \mathcal{X}_A(x) + 2.3 \cdot \mathcal{X}_B(x), \ \forall x \in \Sigma.$$

Berechnen Sie das Integral

$$\int_\Sigma f(x) \, \mathrm{d}\mu(x).$$

Definition 9.12. Es sei $(\mathbf{X}, d)$ ein kompakter metrischer Raum und $\mathcal{B}$ die dazugehörige Borel-Algebra. Es sei μ ein Borel-Maß. Eine *Partitionierung* von $\mathbf{X}$ ist eine endliche nichtleere Menge von Borel-Mengen $\{A_i \in \mathcal{B} : i = 1, 2, \ldots, M\}$, so daß $\mathbf{X} = \bigcup_{i=1}^{M} A_i$ ist und $A_i \cap A_j = \emptyset$ für $i \neq j$. Der *Durchmesser* der Partitionierung ist

$$\max\{\sup\{d(x, y) : x, y \in A_i\} : i = 1, 2, \ldots, M\}.$$

Satz 9.8. *Es sei* $(\mathbf{X}, d)$ *ein kompakter metrischer Raum und* $\mathcal{B}$ *die dazugehörige Borel-Algebra. Es sei* μ *ein Borel-Maß auf* $\mathbf{X}$ *und* $f : \mathbf{X} \to \mathbf{R}$ *stetig.*

(1) *Es sei* n *eine natürliche Zahl. Dann existiert eine Partitionierung* $\mathcal{B}_n = \{A_{n,m} \in \mathcal{B} : m = 1, 2, \ldots, M(n)\}$ *mit Durchmesser* $\frac{1}{n}$.

(2) *Es sei* $x_{n,m} \in A_{n,m}$ *für* $m = 1, 2, 3, \ldots$. *Man definiere durch*

$$f_n(x) = \sum_{m=1}^{M(n)} f(x_{n,m}) \mathcal{X}_{A_{n,m}}(x) \quad \text{für } n = 1, 2, 3 \ldots$$

eine Folge von Elementarfunktionen. Dann konvergiert $\{f_n\}$ *gleichmäßig gegen* $f(x)$.

(3) *Die Folge* $\left\{ \int_{\mathbf{X}} f_n \, \mathrm{d}\mu \right\}$ *konvergiert.*

(4) *Der Grenzwert ist unabhängig von der Wahl der Folge von Partitionierungen und unabhängig von der Wahl von* $x_{n,m} \in A_{n,m}$.

Beweisskizze.

(1) Da $\mathbf{X}$ kompakt ist, läßt sich $\mathbf{X}$ durch eine endliche Menge abgeschlossener Kugeln $b_{n,1}, b_{n,2}, \ldots, b_{n,M(n)}$ mit Durchmesser $\frac{1}{n}$ überdecken. Wir können

voraussetzen, daß jede Kugel einen Punkt enthält, der in keiner der anderen Kugeln liegt. Man definiere dann $A_{n,1} = b_{n,1}$ und $A_{n,j} = b_{n,j} \setminus \bigcup_{k=1}^{j-1} A_{n,k}$ für $j = 2, 3, \ldots, M(n)$. Dann bildet $\mathcal{B}_n = \{A_{n,m} \in \mathcal{B} : m = 1, 2, \ldots, M(n)\}$ eine Partitionierung von $\mathbf{X}$ mit Durchmesser $\frac{1}{n}$.

(2) Es sei $\epsilon > 0$. Wenn f auf einem kompakten Raum stetig ist, so ist f dort auch gleichmäßig stetig. Es folgt, daß eine natürliche Zahl $N(\epsilon)$ existiert, so daß für $x, y \in \mathbf{X}$ und $d(x, y) \leq \frac{1}{N(\epsilon)}$ die Abschätzung $|f(x) - f(y)| \leq \epsilon$ gilt. Es folgt, daß $|f(x) - f_n(x)| \leq \epsilon$ gilt, falls $n \geq N(\epsilon)$ ist.

(3) Es ist leicht zu zeigen, daß $\left\{\int_{\mathbf{X}} f_n \, d\mu\right\}$ eine Cauchy-Folge ist. Tatsächlich gilt für alle $n, m \geq N(\epsilon)$

$$\left|\int_{\mathbf{X}} f_n \, d\mu - \int_{\mathbf{X}} f_m \, d\mu\right| \leq \int_{\mathbf{X}} |(f_n - f_m)| \, d\mu \leq 2\epsilon\mu(\mathbf{X}).$$

Daraus folgt, daß die Folge konvergiert.

(4) Es sei $\{\tilde{f}_n\}$ eine Folge von Elementarfunktionen, wie oben konstruiert. Dann gibt es eine natürliche Zahl $\tilde{N}(\epsilon)$, so daß $|f(x) - \tilde{f}_n(x)| \leq \epsilon$ ist, wenn $n \geq \tilde{N}(\epsilon)$ gilt. Es folgt, daß für alle $n \geq \max\{N(\epsilon), \tilde{N}(\epsilon)\}$

$$\left|\int_{\mathbf{X}} f_n \, d\mu - \int_{\mathbf{X}} \tilde{f}_n \, d\mu\right| \leq \int_{\mathbf{X}} |(f_n - \tilde{f}_n)| \, d\mu \leq 2\epsilon\mu(\mathbf{X})$$

gilt.

Damit ist die Beweisskizze vollständig. □

Definition 9.13. Der Grenzwert in Satz 9.8 heißt *Integral* von f (bezüglich μ). Er wird mit

$$\lim_{n \to \infty} \int_{\mathbf{X}} f_n \, d\mu = \int_{\mathbf{X}} f \, d\mu$$

bezeichnet.

Aufgaben/Beispiele

9.4.7   Es sei $(\mathbf{X}, d)$ ein metrischer Raum und $a \in \mathbf{X}$. Man definiere für alle Borel-Mengen $B \subset \mathbf{X}$ ein Borel-Maß δ_a durch $\delta_a(B) = 1$, falls $a \in B$ ist, und $\delta_a(B) = 0$, wenn $a \notin B$ ist. Dieses Maß wird als eine *Delta-Funktion* und als eine *Punktmasse in a* bezeichnet. Es sei $f : \mathbf{X} \to \mathbf{R}$ stetig. Zeigen Sie, daß

$$\int_{\mathbf{X}} f(x) \, d\delta_a(x) = f(a)$$

ist!

9.4.8   Wir betrachten ein Beispiel im metrischen Raum ($\blacksquare$, euklidisch). Es sei μ ein Maß, definiert wie in Aufgabe 9.4.2. Man definiere weiter $f : \blacksquare \rightarrow \mathbf{R}$ durch $f(x, y) = x^2 + 2xy + 3$. Berechnen Sie

$$\int_{\blacksquare} f \, d\mu.$$

9.4.9   Führen Sie eine ungefähre Berechnung des Integrals $\int_{\mathbb{A}} x^2 \, d\mu(x)$ durch, wobei μ und $\mathbb{A}$ so definiert sind wie in Aufgabe 9.4.3.

9.4.10 Bezeichne $\mathbf{X}$ die Menge der Pixel, die zu einem bestimmten Graphikbildschirm eines Computers gehören. Wir definieren eine Metrik d auf $\mathbf{X}$, so daß $(\mathbf{X}, d)$ ein kompakter metrischer Raum ist. Geben Sie ein Beispiel für eine Borel-Teilmenge von $\mathbf{X}$ und ein nichttriviales Borel-Maß auf $\mathbf{X}$ an. Zeigen Sie, daß jede Funktion $f : \mathbf{X} \rightarrow \mathbf{R}$ stetig ist! Geben Sie ein spezifisches Beispiel einer solchen Funktion an und berechnen Sie $\int_{\mathbf{X}} f \, d\mu$!

9.5   Der kompakte metrische Raum $(\mathcal{P}(\mathbf{X}), d)$

Wir stellen Ihnen nun den spannendsten metrischen Raum dieses Buches vor. Es ist der Raum, in dem die Fraktale wirklich leben.

Definition 9.14. Es sei $(\mathbf{X}, d)$ ein kompakter metrischer Raum. Es sei μ ein Borel-Maß auf $\mathbf{X}$. Wenn $\mu(\mathbf{X}) = 1$ ist, dann heißt μ *normiert*[3].

Definition 9.15. Es sei $(\mathbf{X}, d)$ ein kompakter metrischer Raum. Bezeichne $\mathcal{P}(\mathbf{X})$ die Menge *normierter Borel-Maße* auf $\mathbf{X}$. Die *Hutchinson-Metrik* d_H auf $\mathcal{P}(\mathbf{X})$ ist definiert durch

$$d_H(\mu, \nu) = \sup \left\{ \int_{\mathbf{X}} f \, d\mu - \int_{\mathbf{X}} f \, d\nu : f : \mathbf{X} \rightarrow \mathbf{R}, f \text{ stetig}, \right.$$
$$\left. |f(x) - f(y)| \leq d(x, y), \forall x, y \in \mathbf{X} \right\}$$

für alle $\mu, \nu \in \mathcal{P}(\mathbf{X})$.

---

[3]Ein normiertes Borel-Maß μ wird in der Literatur meistens als *Wahrscheinlichkeitsmaß* bezeichnet. (Anm. d. Übers.)

Satz 9.9. *Es sei* $(\mathbf{X}, d)$ *ein kompakter metrischer Raum. Bezeichne* $\mathcal{P}(\mathbf{X})$ *die Menge normierter Borel-Maße auf* $\mathbf{X}$, *und sei* d_H *die Hutchinson-Metrik. Dann ist* $(\mathcal{P}(\mathbf{X}), d_H)$ *ein kompakter metrischer Raum.*

Beweisskizze. Ein direkter Beweis, der die Mittel aus diesem Buch benutzt, ist umständlich. Es läßt sich ohne Umwege nachweisen, daß d_H eine Metrik ist. Die Kompaktheit kann man am besten beweisen, wenn man das Konzept der „schwachen Topologie" auf $\mathcal{P}(\mathbf{X})$ benutzt. Man zeigt, daß diese Topologie dieselbe ist, wie die, die durch die Hutchinson-Metrik gegeben ist. Dann wendet man den Satz von Alaoglu an (vgl. [Hutchinson 1981] und [Dunford 1966]). □

Aufgaben

9.5.1 Es sei K eine natürliche Zahl. Es sei $\mathbf{X} = \{(i, j) : i, j = 1, 2, \ldots, K\}$. Es werde durch $d((i_1, j_1), (i_2, j_2)) = |i_1 - i_2| + |j_1 - j_2|$ eine Metrik auf $\mathbf{X}$ definiert. Dann ist $(\mathbf{X}, d)$ ein kompakter metrischer Raum. Es sei $\mu \in \mathcal{P}(\mathbf{X})$ derart gegeben, daß $\mu((i, j)) = \frac{(i+j)}{(K^3+K^2)}$ ist und $\nu \in \mathcal{P}(\mathbf{X})$ derart, daß $\nu(i, j) = \frac{1}{K^2}$ für alle $i, j \in \{1, 2, \ldots, K\}$ gilt. Berechnen Sie $d_H(\mu, \nu)$.

9.5.2 Es sei $(\mathbf{X}, d)$ ein kompakter metrischer Raum. Es sei $\mu \in \mathcal{P}(\mathbf{X})$. Beweisen Sie, daß der Träger von μ zu $\mathcal{H}(\mathbf{X})$ gehört!

9.6   Eine Kontraktion auf $(\mathcal{P}(\mathbf{X}), d)$

Bezeichne $(\mathbf{X}, d)$ einen kompakten metrischen Raum und $\mathcal{B}$ die Borel-Teilmengen von $\mathbf{X}$. Es sei $w : \mathbf{X} \to \mathbf{X}$ stetig. Dann kann man beweisen, daß $w^{-1} : \mathcal{B} \to \mathcal{B}$ gilt. Es folgt, daß, wenn ν das normierte Borel-Maß auf $\mathbf{X}$ ist, dasselbe auch für $\nu \circ w^{-1}$ gilt. Daraus läßt sich wiederum der Schluß ziehen, daß die Funktion, die als nächstes definiert wird, $\mathcal{P}(\mathbf{X})$ tatsächlich in sich selbst abbildet.

Definition 9.16. Es sei $(\mathbf{X}, d)$ ein kompakter metrischer Raum, und $\mathcal{P}(\mathbf{X})$ bezeichne den Raum der normierten Borel-Maße auf $\mathbf{X}$. Es sei $\{\mathbf{X}; w_1, w_2, \ldots, w_N; p_1, p_2, \ldots, p_N\}$ ein IFS mit Wahrscheinlichkeiten. Der zum IFS gehörende *Markov-Operator* ist die Funktion $M : \mathcal{P}(\mathbf{X}) \to \mathcal{P}(\mathbf{X})$, die durch

$$M(\nu) = p_1 \nu \circ w_1^{-1} + p_2 \nu \circ w_2^{-1} + \cdots + p_N \nu \circ w_N^{-1}$$

definiert ist, für alle $\nu \in \mathcal{P}(\mathbf{X})$.

Hilfssatz 9.1. *Bezeichne M den zu einem hyperbolischen IFS gehörenden Markov-Operator, wie in der vorangegangenen Definition. Es sei $f : \mathbf{X} \to \mathbf{R}$ entweder eine Elementarfunktion oder eine stetige Funktion. Es sei $\nu \in \mathcal{P}(\mathbf{X})$. Dann gilt*

$$\int_{\mathbf{X}} f \, \mathrm{d}(M(\nu)) = \sum_{i=1}^{N} p_i \cdot \int_{\mathbf{X}} f \circ w_i \, \mathrm{d}\nu.$$

Beweis. Nehmen wir an, daß $f : \mathbf{X} \to \mathbf{R}$ stetig ist. Nach Satz 9.9 können wir eine Folge einfacher Funktionen $\{f_n\}$ bestimmen, die gleichmäßig gegen f konvergiert. Es sei n eine natürliche Zahl. Dann läßt sich schnell nachweisen, daß

$$\begin{aligned}
\int_{\mathbf{X}} f_n \, \mathrm{d}(M(\nu)) &= \sum_{i=1}^{N} p_i \cdot \int_{\mathbf{X}} f_n \, \mathrm{d}\nu \circ w_i^{-1} \\
&= \sum_{i=1}^{N} p_i \cdot \int_{w_i(\mathbf{X})} f_n \, \mathrm{d}\nu \circ w_i^{-1} \\
&= \sum_{i=1}^{N} p_i \cdot \int_{\mathbf{X}} f_n \circ w_i \, \mathrm{d}\nu
\end{aligned}$$

gilt. Die Folge $\left\{ \int f_n \, \mathrm{d}(M(\nu)) \right\}$ konvergiert gegen $\left\{ \int f \, \mathrm{d}(M(\nu)) \right\}$. Für jedes $i \in \{1, 2, \ldots, N\}$ und jede natürliche Zahl n ist $f_n \circ w_i$ eine Elementarfunktion. Die Folge $\{f_n \circ w_i\}_{n=1}^{\infty}$ konvergiert gleichmäßig gegen $f \circ w_i$. Es folgt, daß $\left\{ \int f_n \circ w_i \, \mathrm{d}\nu \right\}_{n=1}^{\infty}$ gegen $\int f \circ w_i \, \mathrm{d}\nu$ konvergiert. Schließlich folgt, daß $\left\{ \sum_{i=1}^{N} p_i \cdot \int f_n \circ w_i \, \mathrm{d}\nu \right\}_{n=1}^{\infty}$ gegen $\sum_{i=1}^{N} p_i \cdot \int f \circ w_i \, \mathrm{d}\nu$ konvergiert, was zu beweisen war. $\qquad \square$

Satz 9.10. *Es sei $(\mathbf{X}, d)$ ein kompakter metrischer Raum. Bezeichne $\{\mathbf{X}; w_1, w_2, \ldots, w_N; p_1, p_2, \ldots, p_N\}$ ein hyperbolisches IFS mit Wahrscheinlichkeiten. Es sei $s \in (0, 1)$ der Kontraktionsfaktor des IFS. Es sei $M : \mathcal{P}(\mathbf{X}) \to \mathcal{P}(\mathbf{X})$ der zugehörige Markov-Operator. Dann ist M eine Kontraktion mit Kontraktionsfaktor s bezüglich der Hutchinson-Metrik auf $\mathcal{P}(\mathbf{X})$. Das bedeutet, daß*

$$d_H(M(\nu), M(\mu)) \le s \cdot d_H(\nu, \mu)$$

gilt, für alle $\nu, \mu \in \mathcal{P}(\mathbf{X})$. Insbesondere gibt es ein eindeutiges Maß $\mu \in \mathcal{P}(\mathbf{X})$, so daß $M\mu = \mu$ gilt.

Beweis. Bezeichne L die Menge der stetigen Funktionen $f : \mathbf{X} \to \mathbf{R}$, so daß $|f(x) - f(y)| \le d(x, y)$ gilt, für alle $x, y \in \mathbf{X}$. Dann folgt

$$d_H(M(\nu), M(\mu)) = \sup\left\{ \int f\, \mathrm{d}(M(\mu)) - \int f\, \mathrm{d}(M(\nu)) : f \in L \right\}$$
$$= \sup\left\{ \int \sum_{i=1}^{N} p_i f \circ w_i\, \mathrm{d}\mu - \int \sum_{i=1}^{N} p_i f \circ w_i\, \mathrm{d}\nu : f \in L \right\}.$$

Es sei $\widetilde{f} = s^{-1} \sum_{i=1}^{N} p_i f \circ w_i$. Dann ist $\widetilde{f} \in L$. Es sei $\widetilde{L} = \{\widetilde{f} \in L : \widetilde{f} = s^{-1} \sum_{i=1}^{N} p_i f \circ w_i,\ f \in L\}$. Dann können wir

$$d_H(M(\nu), M(\mu)) = \sup\left\{ s \int \widetilde{f}\, \mathrm{d}\mu - s \int \widetilde{f}\, \mathrm{d}\nu : \widetilde{f} \in \widetilde{L} \right\}$$

schreiben. Da $\widetilde{L} \subset L$ ist, folgt daß

$$d_H(M(\nu), M(\mu)) \le s \cdot d_H(\nu, \mu)$$

gilt, was zu beweisen war. $\qquad\qquad\qquad\qquad\qquad\qquad\qquad\qquad\square$

Definition 9.17. Bezeichne μ den Fixpunkt des Markov-Operators, dessen Existenz in Satz 9.10 behauptet wurde. μ heißt *invariantes Maß* des IFS mit Wahrscheinlichkeiten.

Wir haben unser Ziel erreicht! Dieses invariante Maß ist das Objekt, über das wir in Abschnitt 1 dieses Kapitels formlos geredet haben. *Nun* wissen wir, was Fraktale sind.

Aufgaben/Beispiele

9.6.1 Weisen Sie nach, daß der Markov-Operator, der zu einem hyperbolischen IFS auf einem kompakten metrischen Raum gehört, tatsächlich den Raum in sich selbst abbildet!

9.6.2 Dieses Beispiel benutzt die Bezeichnungsweisen aus dem Beweis zu Satz 9.10. Es sei $f \in L$, und es sei $\widetilde{f} = s^{-1} \sum_{i=1}^{N} p_i f \circ w_i$. Beweisen Sie, daß $\widetilde{f} \in L$ ist!

9.6.3 Wir betrachten das hyperbolische IFS

$$\{\blacksquare \subset \mathbf{R}^2; w_1, w_2, w_3, w_4; p_1, p_2, p_3, p_4\},$$

welches der Collage in Abbildung 9.8 a) entspricht. Es sei M der dazugehörige Markov-Operator. Es sei $\mu_0 \in \mathscr{P}(\mathbf{X})$, so daß $\mu_0(\blacksquare) = 1$ ist. Zum Beispiel könnte μ_0 das gleichförmige Maß sein, für das $\mu_0(S)$ den Flächeninhalt von $S \in \mathscr{P}(\blacksquare)$

angibt. Wir sehen uns die Folge von Maßen $\{\mu_n = M^{\circ n}(\mu_0)\}$ an. Das Maß $\mu_1 = M(\mu)$ ist dergestalt, daß $\mu(w_i(\blacksquare)) = p_i$ ist, für $i = 1, 2, 3, 4$ (Abbildung 9.8 b). Es folgt, daß $\mu_2 = M^{\circ 2}(\mu_0)$ der Gleichung $\mu(w_i \circ w_j(\blacksquare)) = p_i p_j$ genügt, für $i, j = 1, 2, 3, 4$, wie man es in Abbildung 9.8 c sehen kann. Man kann die Idee schnell nachvollziehen. Wenn der Markov-Operator angewendet wird, wird die „Masse" aus einer Zelle $\blacksquare_{ij\ldots k} = w_i \circ w_j \circ \cdots \circ w_k(\blacksquare)$ zwischen den vier kleineren Zellen $w_1(\blacksquare_{ij\ldots k})$, $w_2(\blacksquare_{ij\ldots k})$, $w_3(\blacksquare_{ij\ldots k})$ und $w_4(\blacksquare_{ij\ldots k})$ aufgeteilt. Ebenso wird Masse aus anderen Zellen in Unterzellen von $\blacksquare_{ij\ldots k}$ abgebildet. Das erfolgt in der Weise, daß die Gesamtmasse von $\blacksquare_{ij\ldots k}$ dieselbe ist, wie vor der Anwendung des Markov-Operators. Auf diese Art wird die Verteilung der „Masse" auf immer feiner werdenden Skalen definiert, wenn der Markov-Operator wiederholt angewendet wird. Was für eine wunderbare Idee. Wir haben dies auch in den Abbildungen 9.9 und 9.10 veranschaulicht.

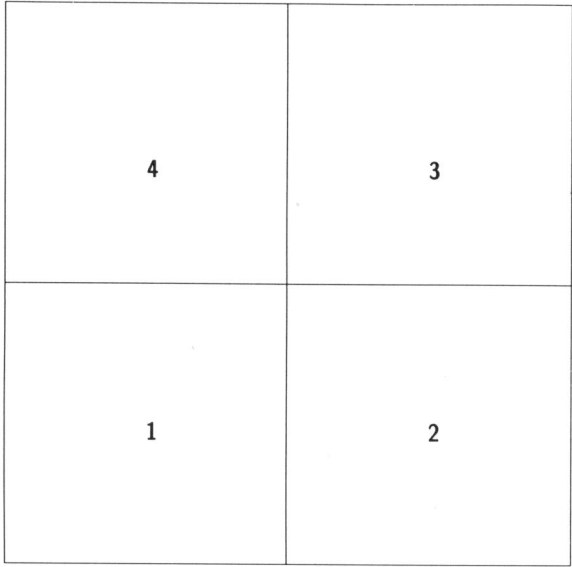

Abb. 9.8 a) Eine Collage für ein IFS mit vier Abbildungen. Der Attraktor des IFS ist $\blacksquare$, und die Wahrscheinlichkeit für die Abbildung w_i beträgt p_i für $i = 1, 2, 3, 4$. Bezeichne M den dazugehörigen Markov-Operator. Es sei $\mu_0 \in \mathscr{P}(\mathbf{X})$, so daß $\mu_0(\blacksquare) = 1$ ist. Dann ist $\mu_1 = M(\mu_0)$ ein Maß, so daß $\mu_1(w_i(\blacksquare)) = p_i$ ist, für $i = 1, 2, 3, 4$ (vgl. 9.8 b). Das Maß $\mu_2 = M^{\circ 2}(\mu_0)$ ist dergestalt, daß $\mu(w_i \circ w_j(\blacksquare)) = p_i p_j$ gilt, für $i, j = 1, 2, 3, 4$ (vgl. 9.8 c sowie auch Abbildungen 9.9 und 9.10).

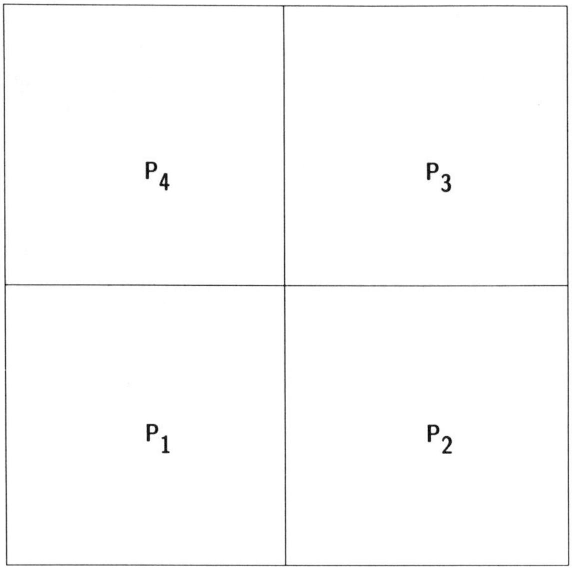

P_4	P_3
P_1	P_2

Abb. 9.8 b)

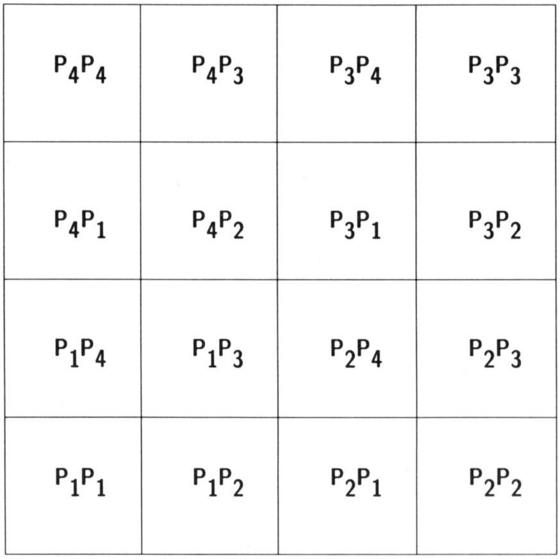

P_4P_4	P_4P_3	P_3P_4	P_3P_3
P_4P_1	P_4P_2	P_3P_1	P_3P_2
P_1P_4	P_1P_3	P_2P_4	P_2P_3
P_1P_1	P_1P_2	P_2P_1	P_2P_2

Abb. 9.8 c)

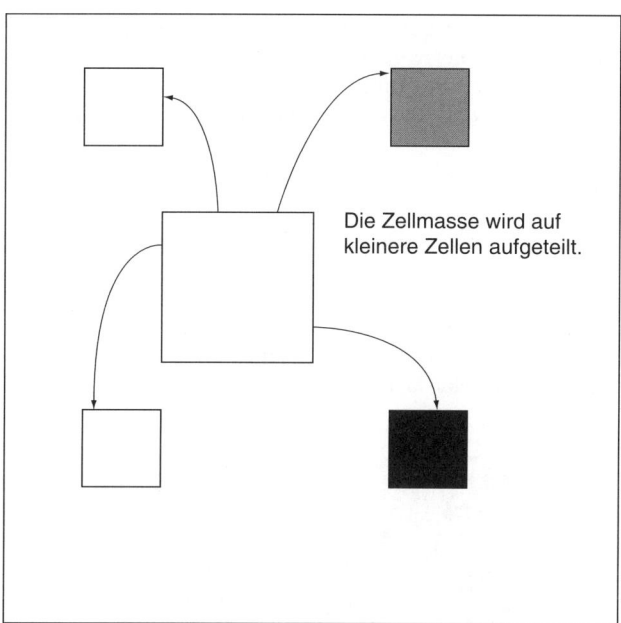

Die Zellmasse wird auf
kleinere Zellen aufgeteilt.

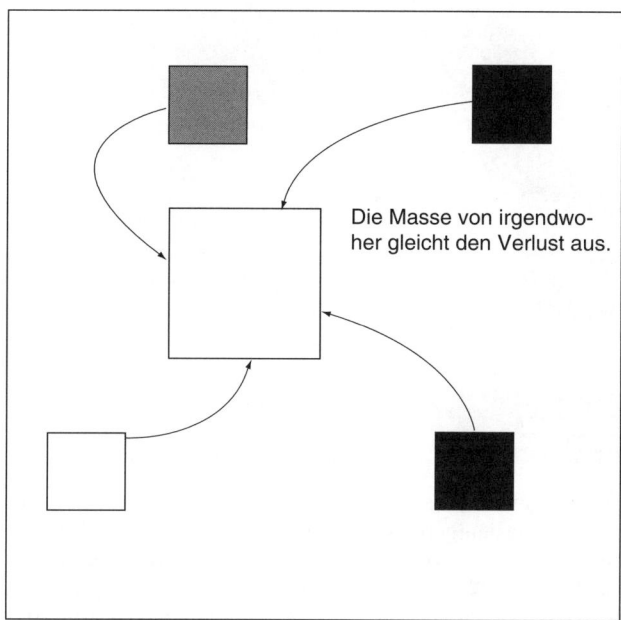

Die Masse von irgendwo-
her gleicht den Verlust aus.

Abb. 9.9 Hier wird die Wirkung des Markov-Operators auf ein Element der Folge $\{M^{\circ n}(\mu_0)\}$ veranschaulicht, wobei $\mu_0(\blacksquare) = 1$ ist. Wenn der Markov-Operator angewendet wird, wird die „Masse" aus einer Zelle $\blacksquare_{ij\ldots k} = w_i \circ w_j \circ \cdots \circ w_k(\blacksquare)$ zwischen den vier kleineren Zellen $w_1(\blacksquare_{ij\ldots k})$, $w_2(\blacksquare_{ij\ldots k})$, $w_3(\blacksquare_{ij\ldots k})$ und $w_4(\blacksquare_{ij\ldots k})$ verteilt. Ebenso wird Masse aus anderen Zellen in Unterzellen von $\blacksquare_{ij\ldots k}$ abgebildet. Das erfolgt in der Weise, daß die Gesamtmasse von $\blacksquare_{ij\ldots k}$ dieselbe ist, wie vor der Anwendung des Markov-Operators. Auf diese Art wird die Verteilung der „Masse" auf immer feiner werdenden Skalen definiert, wenn der Markov-Operator wiederholt angewendet wird.

9.6.4 Wenden Sie den Zufalls-Iterations-Algorithmus auf ein IFS der Form an, wie es in der vorangegangenen Aufgabe betrachtet wurde. Wählen Sie die Wahrscheinlichkeiten p_1, p_2, p_3 und p_4 so, daß Sie ein „Bild" des invarianten Maßes erhalten, welches am Ende der in Abbildung 9.10 a), b), c) beginnenden Folge auftritt!

9.6.5 Wir betrachten das IFS

$$\{[0, 1] \subset \mathbf{R}; w_1(x) = 0.5x, w_2(x) = 0.7x + 0.3; p_1 = 0.45, p_2 = 0.55\}.$$

Der Attraktor des IFS ist $[0, 1]$. Bezeichne M den Markov-Operator. Es sei $\mu_0 \in \mathcal{P}([0, 1])$ das gleichförmige Maß auf $[0, 1]$. Die aufeinanderfolgenden Iterierten $M(\mu_0)$, $M^{\circ 2}(\mu_0)$, $M^{\circ 3}(\mu_0)$ und $M^{\circ 4}(\mu_0)$ sind in den Abbildungen 9.11 a), b), c) und d) dargestellt. Jedes Maß wird durch eine Sammlung von Rechtecken repräsentiert, deren Grundlinien im Intervall $[0, 1]$ enthalten sind. Der Flächeninhalt eines Rechtecks ist gleich dem Maß der Grundlinie des Rechtecks. Obwohl

Abb. 9.10 a) Diese Bildfolge stellt aufeinanderfolgende Maße dar, die durch iterative Anwendung eines Markov-Operators desjenigen Typs erzeugt wurden, der in den Abbildungen 9.8 und 9.9 betrachtet wurde. Das Ergebnis einer einmaligen Anwendung des Operators auf das gleichförmige Maß auf ■ wird in a) dargestellt. Die Abbildungen b), c) und d) zeigen die Resultate weiterer, darauf folgender Anwendungen des Markov-Operators. Die Maße sind in der Weise dargestellt, daß die Gesamtanzahl der Punkte konstant bleibt. Das Maß einer Menge entspricht ungefähr der Anzahl von Punkten, die sie enthält. Hier werden die ersten Elemente einer Folge von Maßen dargestellt, die im metrischen Raum $(\mathcal{P}(\blacksquare), d_H)$ gegen das invariante Maß des IFS konvergiert.

Abb. 9.10 b)

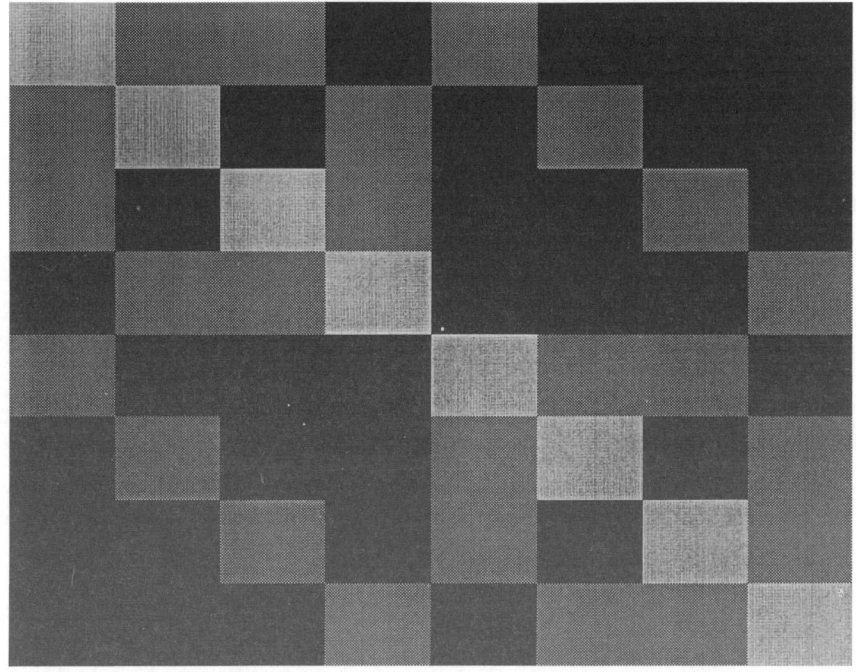

Abb. 9.10 c)

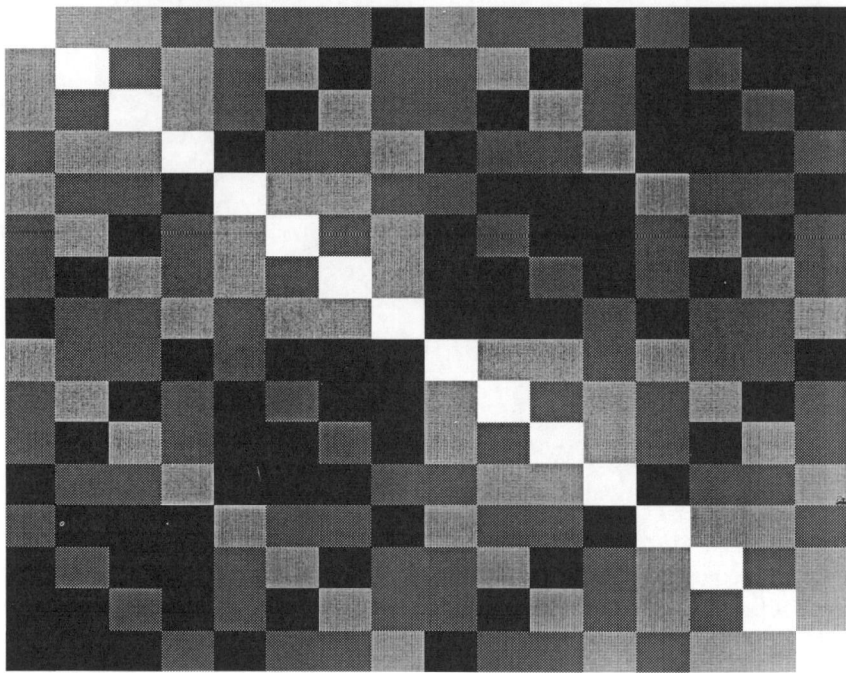

Abb. 9.10 d)

die Folge von Maßen $M^{\circ n}(\mu_0)$ im metrischen Raum $(\mathcal{P}([0, 1]), d_H)$ konvergiert, würden einige Rechtecke unendlich lang werden, wenn n gegen unendlich geht.

9.6.6 Stellen Sie analog zu Abbildungen 9.11 a)–d) eine Bildfolge her, um den Markov-Operator zu veranschaulichen, der für jedes der folgenden IFS mit Wahrscheinlichkeiten auf das gleichförmige Maß μ_0 angewendet wird:

(1) $\{[0, 1] \subset \mathbf{R}; w_1(x) = 0.5x, w_2(x) = 0.5x + 0.5;$
$\quad\quad p_1 = 0.5, p_2 = 0.5\}$;

(2) $\{[0, 1] \subset \mathbf{R}; w_1(x) = 0.5x, w_2(x) = 0.5x + 0.5;$
$\quad\quad p_1 = 0.99, p_2 = 0.01\}$;

(3) $\{[0, 1] \subset \mathbf{R}; w_1(x) = 0.9x, w_2(x) = 0.9x + 0.1;$
$\quad\quad p_1 = 0.45, p_2 = 0.55\}$.

Beschreiben Sie für jeden Fall das zugehörige invariante Maß!

9.6.7 Bezeichne $\mathbf{X} = \{A, B, C\}$ einen Raum, der aus drei Punkten besteht. Bezeichne $\mathcal{B}$ die σ-Algebra, die aus allen Teilmengen von $\mathbf{X}$ besteht. Wir betrachten das IFS $\{\mathbf{X}; w_1, w_2; p_1 = 0.6, p_2 = 0.4\}$, wobei $w_1 : \mathbf{X} \to \mathbf{X}$ durch $w_1(A) = B$, $w_1(B) = B$ und $w_1(C) = B$ definiert ist und $w_2 : \mathbf{X} \to \mathbf{X}$ durch $w_2(A) = C$, $w_2(B) = A$ und $w_2(C) = C$. Bezeichne $\mathcal{P}(\mathbf{X})$ die Menge der normierten Maße auf $\mathcal{B}$. Es sei $\mu_0 \in \mathcal{P}(\mathbf{X})$ definiert durch $\mu_0(A) = \mu_0(B) = \mu_0(C) = \frac{1}{3}$. Bezeichne M den zum

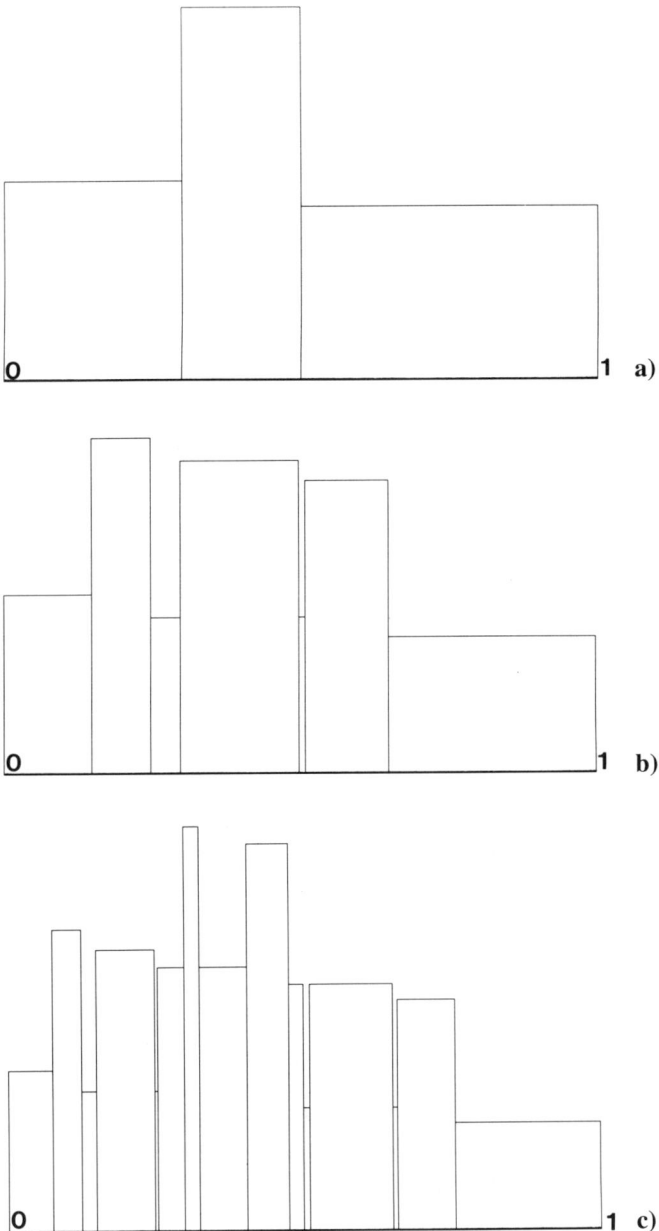

Abb. 9.11 Diese Bildfolge bezieht sich auf das IFS $\{[0, 1] \subset \mathbf{R}; w_1(x) = 0.5x,$ $w_2(x) = 0.7x + 0.3; p_1 = 0.45, p_2 = 0.55\}$. Der Attraktor des IFS ist $[0, 1]$. Bezeichne M den Markov-Operator. Es sei $\mu_0 \in \mathscr{P}([0, 1])$ das gleichförmige Maß auf $[0, 1]$. Die aufeinanderfolgenden Iterierten $M(\mu_0)$, $M^{\circ 2}(\mu_0)$, $M^{\circ 3}(\mu_0)$ und $M^{\circ 4}(\mu_0)$ sind in den Abbildungen 9.11 a), b), c) und d) dargestellt. Jedes Maß wird durch eine Sammlung von Rechtecken repräsentiert, deren Grundlinien im Intervall $[0, 1]$ enthalten sind. Der Flächeninhalt eines Rechtecks ist gleich dem Maß der Grundlinie des Rechtecks.

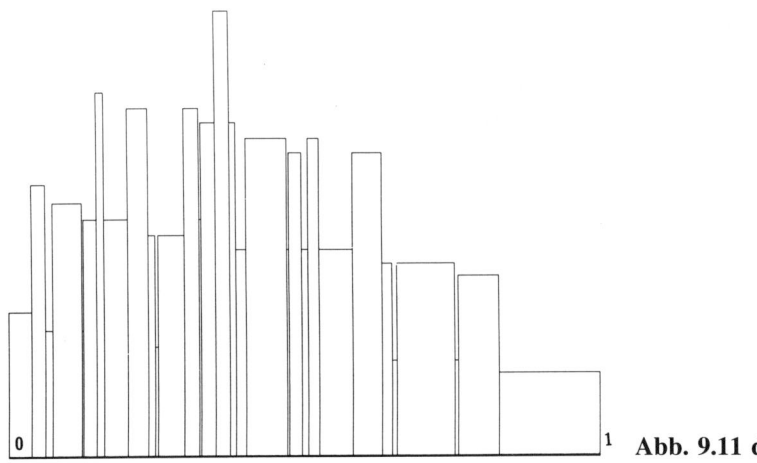

0   1   **Abb. 9.11 d)**

IFS gehörenden Markov-Operator, und es sei $\mu_n = M^{\circ n}(\mu_0)$ für $n = 1, 2, 3, \ldots$. Bestimmen Sie die reellen Zahlen a, b, c, d, e, f, g, h, i, so daß für jedes n

$$\begin{pmatrix} \mu_n(A) \\ \mu_n(B) \\ \mu_n(C) \end{pmatrix} = \begin{pmatrix} a & b & c \\ d & e & f \\ g & h & i \end{pmatrix} \begin{pmatrix} \mu_{n-1}(A) \\ \mu_{n-1}(B) \\ \mu_{n-1}(C) \end{pmatrix}$$

gilt! Bezeichne $\widetilde{M}$ die 3×3-Matrix dieser Gleichung. Erklären Sie, welche Beziehung zwischen $\widetilde{M}$ und M besteht und zeigen Sie, daß das invariante Maß des IFS durch einen Eigenvektor von $\widetilde{M}$ beschrieben werden kann!

9.6.8 Es sei $\{\mathbf{X}; w_1, w_2, \ldots, w_N; p_1, p_2, \ldots, p_N\}$ ein hyperbolisches IFS mit Wahrscheinlichkeiten. Bezeichne μ das zugehörige invariante Maß. Bezeichne A den Attraktor des IFS. Es sei $\mu_0 \in \mathcal{P}(\mathbf{X})$ derart, daß $\mu_0(A) = 1$ ist. Betrachten Sie die Folge von Maßen $\{\mu_n = M^{\circ n}(\mu_0)\}$ und beweisen Sie, daß

$$\mu(w_i \circ w_j \circ \cdots \circ w_k(A)) \geq p_i p_j \cdots p_k$$

gilt, für alle $i, j, \ldots, k \in \{1, 2, \ldots, N\}$! Zeigen Sie für den Fall, daß das IFS total unzusammenhängend ist, daß dann die Gleichheit beider Seiten gilt!

Satz 9.11. *Es sei $(\mathbf{X}, d)$ ein kompakter metrischer Raum und $\{\mathbf{X}; w_1, w_2, \ldots, w_N; p_1, p_2, \ldots, p_N\}$ ein hyperbolisches IFS mit Wahrscheinlichkeiten. Bezeichne μ das zugehörige invariante Maß. Dann ist der Träger von μ durch den Attraktor des IFS $\{\mathbf{X}; w_1, w_2, \ldots, w_N\}$ gegeben.*

Beweis. Bezeichne B den Träger von μ. Dann ist B eine nichtleere, kompakte Teilmenge von $\mathbf{X}$. Bezeichne A den Attraktor des IFS. Dann ist $\{A; w_1, w_2, \ldots, w_N; p_1, p_2, \ldots, p_N\}$ ein hyperbolisches IFS. Bezeichne ν das invariante Maß des letzteren. Dann ist ν ebenfalls ein invariantes Maß des ursprünglichen IFS. Da μ eindeutig ist, gilt somit $\nu = \mu$. Es folgt, daß $B \subset A$ gilt.

Es sei nun $a \in A$. Es sei $\mathcal{O}$ eine offene Menge, die a enthält. Wir werden die Bezeichnungsweise von Satz 4.2 verwenden. Es sei Σ der zum IFS gehörende Adressenraum, und es sei $\sigma \in \Sigma$ eine Adresse von a. Aus Satz 4.2 folgt, daß $\lim_{n \to \infty} \phi(\sigma, n, A) = a$ ist, wobei die Konvergenz bezüglich der Hausdorff-Metrik erfolgt. Es folgt, daß es eine natürliche Zahl n gibt, so daß $\phi(\sigma, n, A) \subset \mathcal{O}$ ist. Es ist aber auch $\mu(\phi(\sigma, n, A)) \geq p_{\sigma_1} p_{\sigma_2} \cdots p_{\sigma_n} > 0$. Daraus folgt $\mu(\mathcal{O}) > 0$. Also liegt a im Träger von μ, und es folgt $a \in B$. Damit ist $A \subset B$, und der Beweis ist vollständig. $\qquad \square$

Satz 9.12 (Collage-Satz für Maße). *Es sei* $\{\mathbf{X}; w_1, w_2, \ldots, w_N; p_1, p_2, \ldots, p_N\}$ *ein hyperbolisches IFS mit Wahrscheinlichkeiten. Bezeichne* μ *das zugehörige invariante Maß. Es sei* $s \in (0, 1)$ *ein Kontraktionsfaktor für das IFS. Bezeichne* $M : \mathscr{P}(\mathbf{X}) \to \mathscr{P}(\mathbf{X})$ *den zugehörigen Markov-Operator und sei* $\nu \in \mathscr{P}(\mathbf{X})$. *Dann gilt*

$$d_H(\nu, \mu) \leq \frac{d_H(\nu, M(\nu))}{(1 - s)}.$$

Beweis. Dieser ist eine Folgerung aus Satz 9.10. $\qquad \square$

Wir beschließen diesen Abschnitt mit einer Beschreibung der Anwendung von Satz 9.12 auf ein umgekehrtes Problem. Die Aufgabe besteht darin, ein IFS mit Wahrscheinlichkeiten zu bestimmen, dessen invariantes Maß, wenn es durch eine Menge von Punkten dargestellt wird, wie ein vorgegebenes Muster aussieht.

Ein Maß mit einem Träger auf einer Teilmenge von $\mathbf{R}^2$, wie ■, kann durch eine große Menge schwarzer Punkte auf weißem Papier dargestellt werden, Abbildungen 9.2 und 9.4 sind Beispiele dafür. Die Punkte können Körnchen sein, die aus Kohlenstoff bestehen und mittels eines Laserdruckers auf das Papier gebracht wurden. Die Anzahl der Punkte innerhalb eines Kreises, sagen wir mit einem Radius von $\frac{1}{2}$ cm, sollte ungefähr proportional zum Maß der entsprechenden Kugel in $\mathbf{R}^2$ sein. Ein Grautonbild in einer Zeitung besteht aus kleinen Punkten. Man kann es sich als Darstellung eines Maßes vorstellen.

Es seien zwei solcher Bilder gegeben, die jeweils aus derselben Anzahl von Punkten bestehen. Dann erwarten wir, daß der Grad der Ähnlichkeit zwischen beiden dem Hutchinson-Abstand zwischen den korrespondierenden Maßen entspricht.

Es sei ein solches Bild L gegeben. Wir stellen uns vor, daß es mit einem Maß ν korrespondiert. Wir können Satz 9.12 als Hilfe benutzen, um ein hyperbolisches IFS mit Wahrscheinlichkeiten zu bestimmen, dessen invariantes Maß, dargestellt durch Punkte, das gegebene Bild annähert. Es sei N eine natürliche

Zahl. Es sei $w_i : \mathbf{R}^2 \to \mathbf{R}^2$ eine affine Transformation für $i = 1, 2, \ldots, N$. Bezeichne $\{\mathbf{R}^2; w_1, w_2, \ldots, w_N; p_1, p_2, \ldots, p_N\}$ das gesuchte IFS und M den zugehörigen Markov-Operator.

Mit $p_i \& L$ bezeichnen wir die Menge von Punkten L, nachdem die „Punktdichte" um den Faktor p_i verringert wurde. $0.5 \& L$ bedeutet beispielsweise, daß „jeder zweite Punkt" von L entfernt wurde. Die Wirkung des Markov-Operators auf ν wird durch $\bigcup\limits_{i=1}^{N} w_i(p_i \& L)$ beschrieben. Diese Menge besteht aus ungefähr derselben Anzahl von Punkten wie L. Dann suchen wir kontrahierende affine Transformationen und Wahrscheinlichkeiten, so daß

$$\bigcup_{i=1}^{N} w_i(p_i \& L) \approx L \tag{1}$$

gilt. Das bedeutet, daß die Koeffizienten, die die affinen Transformationen bestimmen, und die Wahrscheinlichkeiten so angepaßt werden müssen, daß die linke Seite „wie das ursprüngliche Bild aussieht".

Nehmen wir an, wir hätten ein IFS mit Wahrscheinlichkeiten gefunden, so daß (1) erfüllt ist. Dann erzeugen wir ein Bild $\widetilde{L}$ mit dem invarianten Maß des IFS, welches dieselbe Anzahl von Punkten enthält wie L. Wir erwarten, daß

$$\widetilde{L} \approx L \tag{2}$$

gilt. Wenn die Abbildungen hinreichend kontrahierend sind, dann sollte die Bedeutung von „$\approx$" in (1) und (2) dieselbe sein. Diese Ideen werden in Abbildung 9.12 veranschaulicht.

Aufgaben

9.6.9   Benutzen Sie den Collage-Satz als Hilfe, um für jedes der Bilder in Abbildung 9.13 ein IFS mit Wahrscheinlichkeiten zu bestimmen!

9.6.10   Schätzen Sie die Wahrscheinlichkeiten und Transformationen ab, die benutzt wurden, um jeden Teil von Abbildung 9.2 zu erzeugen!

9.6.11   Es sei $\{\mathbf{X}; w_1, w_2, \ldots, w_N; p_1, p_2, \ldots, p_N\}$ ein hyperbolisches IFS. Bezeichne μ das invariante Maß und A den Attraktor. Es sei Σ der zugehörige Adressenraum mit N Symbolen $\{1, 2, \ldots, N\}$. Es sei $T_i : \Sigma \to \Sigma$ definiert durch $T_i(\sigma) = i\sigma$ für alle $\sigma \in \Sigma$ und $i = 1, 2, 3, 4$. Es sei ρ das invariante Maß für das hyperbolische IFS

$$\{\Sigma; T_1, T_2, T_3, T_4; p_1, p_2, p_3, p_4\}.$$

Bezeichne $\phi : \Sigma \to A$ die stetige Abbildung zwischen Adressenraum und dem Attraktor des IFS, wie es in Satz 4.2 eingeführt wurde. Beweisen Sie, daß für alle Borel-Teilmengen B aus $\mathbf{X}$

$$\rho(\phi^{-1}(B)) = \mu(B)$$

gilt.

Abb. 9.12 Dieses Bild bezieht sich auf den Collage-Satz für Maße. Die Grauschattierungen „summieren" sich in den überlappenden Regionen.

9.6.12 Abbildung 9.14 stellt das invariante Maß für das IFS

$$\{[0, 1] \subset \mathbf{R}; w_1(x) = a_1 x, w_2(x) = a_2 x + e_2; p_1, p_2\}$$

dar, wobei a_1, a_2 und e_2 reelle Konstanten sind, so daß der Attraktor in $[0, 1]$ enthalten ist. Das Maß einer Borel-Teilmmenge von $[0, 1]$ entspricht ungefähr der Menge von Schwarz, die vertikal über ihr liegt. Bestimmen Sie a_1, a_2 und e_2!

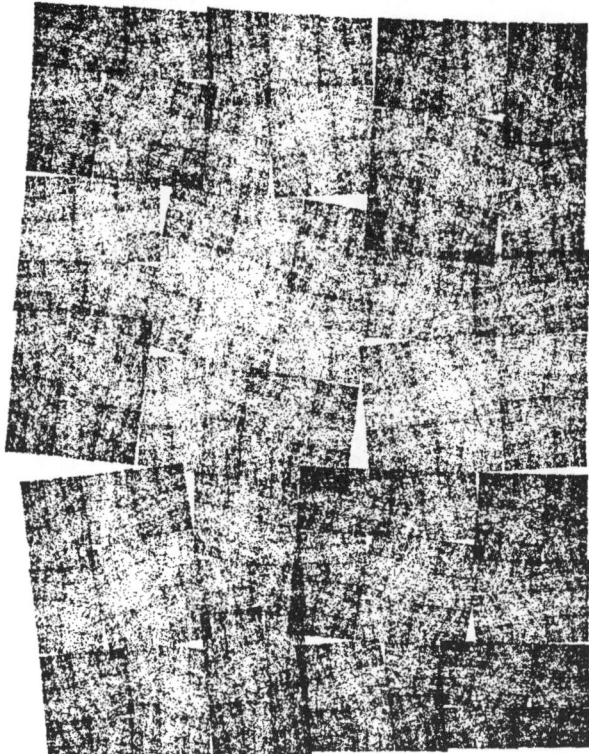

Abb. 9.13 a) Können Sie das IFS und die Wahrscheinlichkeiten bestimmen, die diesem Muster entsprechen?

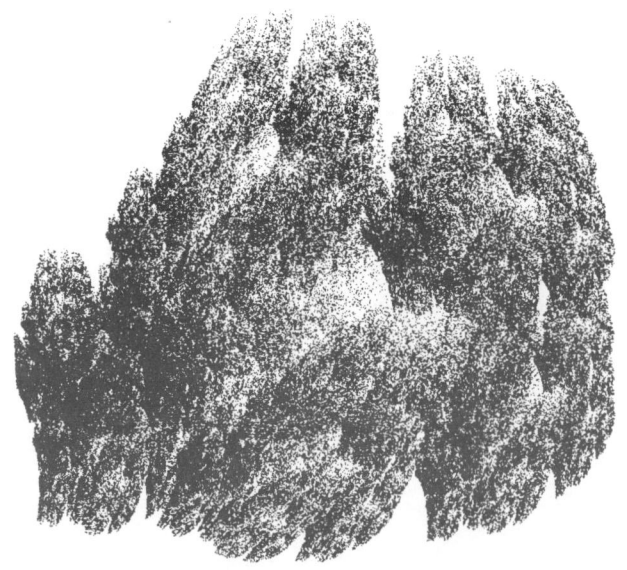

Abb. 9.13 b) Bestimmen Sie das IFS und die Wahrscheinlichkeiten für dieses Wolkenmuster!

Abb. 9.13 c) Bestimmen Sie für dieses Muster die vier affinen Abbildungen und die Wahrscheinlichkeiten.

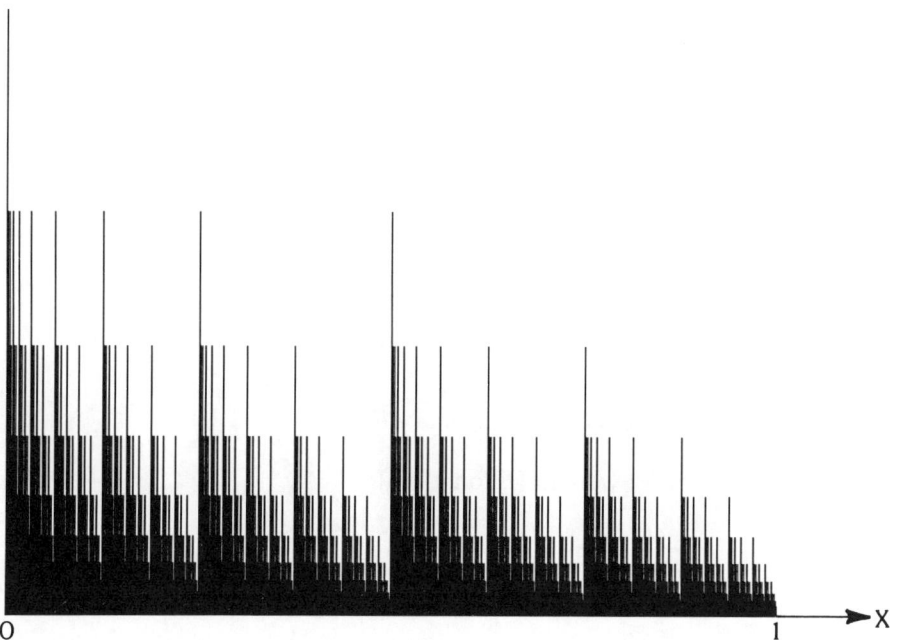

Abb. 9.14 Dieses Bild stellt das invariante Maß für das IFS $\{[0, 1] \subset \mathbf{R}; w_1(x) = a_1 x, w_2(x) = a_2 x + e_2; p_1, p_2\}$ dar, wobei a_1, a_2 und e_2 reelle Konstanten sind, so daß der Attraktor in $[0, 1]$ enthalten ist. Das Maß einer Borel-Teilmenge von $[0, 1]$ entspricht ungefähr der Menge von Schwarz, die vertikal über ihr liegt. Können Sie a_1, a_2 und e_2 bestimmen?

9.7   Der Satz von Elton

Sowohl der folgende Satz als auch die daraus hervorgehende Folgerung behaupten, daß bestimmte Ereignisse „mit Wahrscheinlichkeit eins" auftreten. Obwohl dies eine ganz genaue technische Bedeutung hat, ist sie genauso zu verstehen, wie die Aussage, daß „es morgen mit hundertprozentiger Wahrscheinlichkeit regnet". Nach den Behauptungen gehen wir auf den mathematischen Hintergrund ein, der für die Behandlung von Behauptungen aus der Wahrscheinlichkeitstheorie benutzt wird. Um das Thema weiter zu vertiefen, empfehlen wir Ihnen, entsprechende Abschnitte in [Eisen 1969] nachzulesen.

Der nachfolgende Satz ist auch noch wahr, wenn die p_i Funktionen von x sind, die w_i nur „im Mittel" Kontraktionen sind und der Raum „lokal" kompakt ist.

Satz 9.13. *Es sei* $(\mathbf{X}, d)$ *ein kompakter metrischer Raum und*

$$\{\mathbf{X}; w_1, w_2, \ldots, w_N; p_1, p_2, \ldots, p_N\}$$

ein hyperbolisches IFS mit Wahrscheinlichkeiten. Es bezeichne $\{x_n\}_{n=0}^{\infty}$ *einen Orbit des IFS, der durch den Zufalls-Iterations-Algorithmus erzeugt wird und im Punkt* x_0 *startet. Das bedeutet, es gilt*

$$x_n = w_{\sigma_n} \circ w_{\sigma_{n-1}} \circ \cdots \circ w_{\sigma_1}(x_0),$$

wobei die Abbildungen für $n = 1, 2, 3, \ldots$ *unabhängig voneinander entsprechend der Wahrscheinlichkeiten* $p_1, p_2, \ldots, p_N$ *ausgewählt werden. Es sei* μ *das eindeutige invariante Maß für das IFS. Dann gilt mit Wahrscheinlichkeit eins (d. h. für alle Adressen-Sequenzen* $\sigma_1, \sigma_2, \ldots$ *bis auf eine Menge mit Sequenzen, die mit Wahrscheinlichkeit null auftreten), daß*

$$\lim_{n \to \infty} \frac{1}{n+1} \sum_{k=0}^{n} f(x_k) = \int_{\mathbf{X}} f(x) \mathrm{d}\mu(x)$$

für alle stetigen Funktionen $f : \mathbf{X} \to \mathbf{R}$ *und alle* x_0.

Beweis. Sie finden den Beweis in [Elton 1986]   □

Folgerung 9.1. *Es sei* B *eine Borel-Teilmenge von* $\mathbf{X}$*, und es gelte* μ*(Rand von* B*)* $= 0$*. Es sei weiterhin*

$$\mathcal{N}(B, n) = \text{Anzahl der Punkte in } \{x_0, x_1, x_2, \ldots, x_n\} \cap B$$

für alle $n = 0, 1, 2, \ldots$ *. Dann gilt mit Wahrscheinlichkeit eins*

$$\mu(B) = \lim_{n \to \infty} \left\{ \frac{\mathcal{N}(B, n)}{(n+1)} \right\}$$

für alle Startpunkte x_0. Das bedeutet, daß die „Masse" von B durch den Anteil von Iterationsschritten gegeben ist, welcher Punkte in B erzeugt, wenn man den Zufalls-Iterations-Algorithmus laufen läßt.

Wir wollen etwas näher auf die Bedeutung des Ausdrucks „mit Wahrscheinlichkeit eins" eingehen. Bezeichne Σ den Adressenraum der N Symbole $\{1, 2, \ldots, N\}$. Es sei ρ das eindeutige Borel-Maß auf Σ, so daß

$$\rho(C(\sigma_1, \sigma_2, \ldots, \sigma_m)) = p_{\sigma_1} p_{\sigma_2} \cdots p_{\sigma_m}$$

gilt, für jede natürliche Zahl m und alle $\sigma_1, \sigma_2, \ldots, \sigma_m \in \{1, 2, \ldots, N\}$. Dabei ist

$$C(\sigma_1, \sigma_2, \ldots, \sigma_m) = \{\omega \in \Sigma : \omega_1 = \sigma_1, \omega_2 = \sigma_2, \ldots, \omega_m = \sigma_m\}.$$

Dann ist $\rho \in \mathcal{P}(\Sigma)$. Dieses Maß ermöglicht es, den Mengen möglicher Ergebnisse des Zufalls-Iterations-Algorithmus Wahrscheinlichkeiten zuzuordnen. Sehen wir uns an, wie das funktioniert.

Wenn der Zufalls-Iterations-Algorithmus angewendet wird, wird eine unendliche Folge von Symbolen $\omega_1, \omega_2, \omega_3, \ldots$ erzeugt, nämlich eine Adresse $\omega_1 \omega_2 \omega_3 \ldots \in \Sigma$. Vorausgesetzt, wir halten $x_0 \in \mathbf{X}$ fest, können wir die Wahrscheinlichkeiten für Orbits $\{x_n\}$ durch Wahrscheinlichkeiten von Adressen ω ausdrücken. Untersuchen wir nun, wie die Mengen von Adressen mit Wahrscheinlichkeiten verbunden sind.

Es wird der Zufalls-Iterations-Algorithmus angewendet, der eine Adresse $\omega \in \Sigma$ erzeugt. Welches ist die Wahrscheinlichkeit für $\omega_1 = 1$? Es ist klar, daß es $p_1 = \rho(C(1))$ ist. Welches ist die Wahrscheinlichkeit für $\omega_1 = \sigma_1$, $\omega_2 = \sigma_2$, ... und $\omega_n = \sigma_n$? Da die Symbole unabhängig voneinander ausgewählt werden, lautet die Wahrscheinlichkeit $\rho(C(\sigma_1, \sigma_2, \ldots, \sigma_m)) = p_{\sigma_1} p_{\sigma_2} \cdots p_{\sigma_m}$. Bezeichne B eine Borel-Teilmenge von Σ. Wie lautet die Wahrscheinlichkeit dafür, daß der Zufalls-Iterations-Algorithmus eine Adresse $\sigma \in B$ erzeugt? Es ist zumindest intuitiv einsichtig, daß es $\rho(B)$ ist. Dies kann formalisiert werden (vgl. beispielsweise [Eisen 1969]). Das Maß ρ liefert ein Mittel für die Beschreibung der Wahrscheinlichkeiten für die Ausgänge des Zufalls-Iterations-Algorithmus.

Hier ist eine schärfere Formulierung des zentralen Teils von Satz 9.13: „Bezeichne $B \subset \Sigma$ die Mengen von Adressen $\sigma \in \Sigma$, so daß

$$\lim_{n \to \infty} \frac{1}{n+1} \sum_{k=0}^{n} f(x_k) = \int_{\mathbf{X}} f(x) \mathrm{d}\mu(x)$$

für alle stetigen Funktionen $f : \mathbf{X} \to \mathbf{R}$ und alle x_0 gilt, wobei

$$x_n = w_{\sigma_n} \circ w_{\sigma_{n-1}} \circ \cdots \circ w_{\sigma_1}(x_0)$$

ist. Dann ist B eine Borel-Teilmenge von Σ, und es ist $\rho(B) = 1$."

Eine ähnliche, äquivalente Neuformulierung kann auch für die Folgerung vorgenommen werden.

Aufgaben/Beispiele

9.7.1 Dieses Beispiel beschäftigt sich mit dem IFS

$$\left\{ [0, 1]; \frac{1}{2}x, \frac{1}{2}x + \frac{1}{2}; 0.5, 0.5 \right\}.$$

Zeigen Sie, daß das invariante Maß μ dergestalt ist, daß $\mu([x, x+\delta]) = \delta$ gilt, wenn $[x, x + \delta]$ ein Teilintervall von $[0, 1]$ ist. Leiten Sie her, daß, wenn $f : [0, 1] \to \mathbf{R}$ eine stetige Funktion ist, dann

$$\int_0^1 f(x)\,\mathrm{d}x = \int_{[0,1]} f\,\mathrm{d}\mu$$

gilt! Es sei $f(x) = 1 + x^2$. Berechnen Sie das letzte Integral näherungsweise mit Hilfe des Satzes von Elton und des Zufalls-Iterations-Algorithmus. Vergleichen Sie Ihre Ergebnisse mit dem wahren Wert $\frac{4}{3}$!

9.7.2 Dieses Beispiel behandelt das IFS

$$\{\blacksquare \subset \mathbf{R}^2; w_1, w_2, w_3, w_4; 0.25, 0.25, 0.25, 0.25\},$$

das zu der Collage in Abbildung 9.8 a) gehört. Bezeichne μ das invariante Maß. Begründen Sie, daß μ das Lebesgue-Maß ist, welches einem infinitesimal kleinen Rechteck mit Seitenlängen dx und dy das „Maß" $\mathrm{d}x\,\mathrm{d}y$ zuordnet. Verwenden Sie den Satz von Elton und den Zufalls-Iterations-Algorithmus, um das Integral

$$\int_{\blacksquare} (x^2 + 2xy + 3y^2)\,\mathrm{d}x\,\mathrm{d}y$$

näherungsweise zu berechnen. Vergleichen Sie Ihre Näherungen mit dem wahren Wert!

9.7.3 Dieses Beispiel betrifft das IFS

$$\left\{ \triangle \subset \mathbf{R}^2; w_1(x, y) = (\frac{1}{2}x, \frac{1}{2}y), w_2(x, y) = (\frac{1}{2}x, \frac{1}{2}y + \frac{1}{2}), \right.$$

$$\left. w_3(x, y) = (\frac{1}{2}x + \frac{1}{2}, \frac{1}{2}y); \frac{1}{3}, \frac{1}{3}, \frac{1}{3} \right\},$$

dessen Attraktor unser alter Freund $\triangle$ ist. Bezeichne μ das invariante Maß des IFS. Begründen Sie, daß μ einem eine gute Vorstellung von einem „gleichmäßigen" Maß auf $\triangle$ bietet. Benutzen Sie den Satz von Elton und den Zufalls-Iterations-Algorithmus, um das Integral

$$\int_{\triangle} (x^2 + 2xy + 3y^2)\,\mathrm{d}\mu$$

näherungsweise zu berechnen!

In den Kapiteln 2, 3 und 4 haben wir den Raum Σ_N der Shifts mit N Symbolen eingeführt. Im Verlauf von Kapitel 4 wurde erwähnt, daß jede invertierbare mischende Funktion durch eine Bäcker-Transformation mit „ungleichmäßigem Schneiden und Dehnen" dargestellt werden kann. Wir sind nun in der Lage zu zeigen, wie es dazu kommt, indem wir ein Beispiel mit zwei einfachen IFS verwenden. Dasselbe Modell mit einigen notwendigen Verfeinerungen führt auf das Mischungsmodell des Adressenraums, welches zur Rechtfertigung der Darstellungen gebraucht wird. Ohne die Verfeinerungen, also wie wir es an dieser Stelle präsentieren, läßt es sich jedoch leichter vorstellen. Es ist eine der wichtigsten Eigenschaften, die bei der Modellierung von physikalischem Chaos eine Rolle spielt.

Wir beginnen mit dem vielleicht einfachsten Beispiel für ein IFS mit Wahrscheinlichkeiten. Auf dem Intervall $[0, 1]$ definieren wir das gerade berührende IFS mit N Abbildungen mit Wahrscheinlichkeiten

$$\{[0, 1]; w_1, w_2, \ldots, w_N; p_1, p_2, \ldots, p_N\},$$

wobei

$$w_1(x) = \frac{1}{N}x$$

$$w_2(x) = \frac{1}{N}x + \frac{1}{N}$$

$$w_3(x) = \frac{1}{N}x + \frac{3}{N}$$

$$\vdots$$

$$w_N(x) = \frac{1}{N}x + \frac{N-1}{N}$$

ist, und die Wahrscheinlichkeiten beliebig sind, jedoch der üblichen Bedingung

$$\sum_{i=1}^{N} p_i = 1$$

genügen müssen. Zu diesem IFS gehört ein invariantes Maß auf $[0, 1]$, welches wir mit ν bezeichnen.

Nun definieren wir ein anderes IFS auf $[0, 1]$ ohne Wahrscheinlichkeiten, benutzen aber die p_i von eben. Auf $[0, 1]$ sei das IFS

$$\{[0, 1]; v_1, \ldots, v_N\}$$

gegeben, wobei

$$v_1(x) = p_1 x$$
$$v_2(x) = p_2 x + p_1$$
$$v_3(x) = p_3 x + (p_1 + p_2)$$
$$\vdots$$
$$v_k(x) = p_k x + \sum_{i=1}^{k-1} p_i$$
$$\vdots$$
$$v_N(x) = p_N x + \sum_{i=1}^{N-1} p_i$$

ist. Dieses IFS ist durch die Konstruktion ebenfalls gerade berührend, und weil sich die Wahrscheinlichkeiten vom ersten IFS zu 1 aufsummieren, besitzt es genauso das Intervall [0, 1] als Attraktor. Wir benutzen es nun dazu, auf [0, 1] wie folgt eine äquivalente Metrik zu definieren:

Jeder Punkt besitzt bezüglich dieses IFS im Adressenraum eine eindeutige Adresse, bis auf jene Punkte $v_i(A)$, deren mehrfache Adressen

$$\sigma = i\overline{N-1} = (i+1)\overline{0}$$

entsprechen. Dies sind genau die Punkte in einer Darstellung zur Basis N einer reellen Zahl, die zur Bildung der reellen Zahlengeraden gleichgesetzt werden. Wir bezeichnen den *Wert* eines Punktes x mit Adresse $x_1 x_2 x_3 \ldots$ in diesem neuen metrischen Raum als die reelle Zahl $.x_1 x_2 x_3 \ldots$ in der Darstellung zur Basis N. Dadurch haben wir jedem Punkt den numerischen Wert gegeben, der seinem Abstand von z. B. Null entspricht. Hierbei wurde jedoch mit einem Lineal gemessen, dessen Abstände der Zählstriche durch das IFS in einer bestimmten Weise ungleichmäßig angeordnet wurden.

Mit diesen Werten haben wir immer noch den Raum [0, 1], versehen ihn aber mit einer Metrik, indem wir dem Abstand zwischen zwei reellen Zahlen den mit einem „normalen" Lineal gemessenen Abstand zuordnen. Eine andere Möglichkeit besteht darin, daß wir das normale Intervall [0, 1] nehmen und dem Abstand zwischen zwei Punkten den Abstand zwischen ihren Adressen zuordnen, welche mit ihrer Entwicklung zur Basis N in dem obigen IFS korrespondieren. Wenn z. B. $N = 10$ ist, beträgt der Abstand zwischen 0.251 und 0.137 nicht $0.251 - 0.137$, sondern ist der Abstand zwischen den Punkten mit den Adressen $251\overline{0}$ und $137\overline{0}$ in dem IFS $\{[0, 1]; v_1, \ldots, v_{10}0\}$. Wir nennen diesen Raum $[0, 1]_p$ und die Abstandsfunktion d_p, um Verwechselungen zu vermeiden.

Wir haben einen metrischen Raum und werden ihm nun durch $\mu([a, b]) = \mu((a, b)) = d_p(a, b)$ ein Borel-Maß zuordnen, das für diesen metrischen Raum gleichmäßig ist. Um mit dem Beispiel fortzufahren, benötigen wir eine Funktion $f : [0, 1] \rightarrow [0, 1]_p$, welche wir durch $f(x) =$ (Punkt mit Wert x in $[0, 1]_p$) definieren. Da die Definition sehr sorgsam gewählt wurde, um die Ordnung auf der reellen Achse und die Konventionen über mehrfache Adressierung zu erhalten, ist f sowohl ein Homöomorphismus als auch eine metrische Äquivalenzabbildung. Weil f stetig ist, ist f auch eine *meßbare Funktion*, d. h., falls $A \in \mathscr{B}([0,1]_p)$, dann gilt $f^{-1}(A) \in \mathscr{B}([0,1])$.

9.7.4 Zeigen Sie, daß f bezüglich des invarianten Maßes ν, welches zu

$$\{[0,1]; w_1, w_2, \ldots, w_N; p_1, p_2, \ldots, p_N\}$$

gehört, *maßerhaltend* ist! Das bedeutet: Für jede Borel-Teilmenge $A \subset [0,1]$ haben wir $\nu(A) = \mu(f(A))$.

Nun besitzen wir das Werkzeug, den Zufalls-Iterations-Algorithmus vollständig in IFS-Begriffen auszudrücken, ohne Zuflucht zum Zufall zu nehmen. Es ist wirklich ein deterministisches Modell, wobei der zufällige Teil zu Hilfe kommt, wenn eine einfache Behauptung, die in der Mathematik überall gemacht wird, von einem Computer nicht durchgeführt werden kann.

Die exakte Übertragung des Zufalls-Iterations-Algorithmus in das Modell, das den Raum $([0,1]_p, d_p)$ benutzt, sieht so aus: Wir definieren die Funktion $g : [0,1] \to [0,1]_p$ durch

$$d_p(g(x), 0) = x.$$

Wir definieren die Abbildung $h : [0,1]_p \to \{0, 1, 2, \ldots, N-1\}$ durch $h(p) = [Np]$, wobei $[\,\cdot\,]$ die Funktion des größten Ganzen ist. Mit anderen Worten: Wir nehmen die erste Ziffer der Entwicklung zur Basis N des Wertes für den Punkt $p \in [0,1]$. Dann definieren wir die Abbildung $y : [0,1] \to [0,1]$, die durch $y(x) = Nx \bmod N$ gegeben ist. Der Zufalls-Iterations-Algorithmus ist nun nicht anderes, als genau die Iteration der Abbildung $R : [0,1] \to \mathbf{X}$, die durch

$$R(p, x) = (y(p), w_{h \circ g(p)}(x))$$

bestimmt ist. Wo kommt der zufällige Anteil des Algorithmus ins Spiel? Wir brauchen ihn, um „eine reelle Zahl herauszusuchen". Man kann sich die zufällige Zahl bei jeder Iteration als eine Funktion vorstellen, um die nächste Ziffer der reellen Zahl zu bekommen, die wir „herausgesucht" haben. In dem obigen Ausdruck erhalten wir eine zufällige Zahl und finden über $h(g(p))$ heraus, welche Funktion wir benutzen müssen. Dann iterieren wir mit $w_{h \circ g(p)}(x)$ das IFS. Damit wir das nächste Mal eine neue „zufällige Zahl" erhalten, rücken wir mit $y(p)$ in p eine Ziffer weiter.

Wir betrachten nun den Raum $[0,1]_p \times [0,1]$. Stellen Sie sich ihn als ein Quadrat vor, bei dem die Koordinaten in x-Richtung ungleichmäßig und in der y-Richtung gleichmäßig verteilt sind. Ein „normaler" Punkt in dem Quadrat (mit normal meinen wir hier: mit Wahrscheinlichkeit 1) besitzt für y eine Entwicklung zur Basis N, bei der jede Ziffer mit gleicher Wahrscheinlichkeit vorkommt, während der x-Wert eine Entwicklung zur Basis N hat, bei der 0 mit der Wahrscheinlichkeit p_1 auftritt, 1 mit der Wahrscheinlichkeit p_2 vorkommt, und so weiter.

9.7.5 Zeichnen Sie in diesem Quadrat eine Diagonale von $(0, 0)$ nach $(1, 1)$. Zeigen Sie, daß diese Behauptung noch wahr bleibt, wenn wir von dieser Diagonalen einen „normalen" Punkt auswählen!

9.7.6 Zeichnen Sie in diesem Quadrat eine glatte Kurve von $(0, 0)$ nach $(1, 1)$. Dann bleibt diese Behauptung noch wahr, wenn wir von dieser Diagonalen einen „normalen" Punkt auswählen.

Mit Benutzung der Diagonalen aus Übungsaufgabe 9.7.5 können wir einen Punkt aus $[0, 1]$ nehmen und ihn auf einen neuen Punkt $\widetilde{x}$ abbilden, indem wir x die vertikale Koordinate entlang schieben und die horizontale Koordinate wie bei einer graphischen Iteration ablesen. Wenn wir dies mit Hilfe aller Funktionen ausdrücken, die wir definiert haben, entspricht das der Operation $\widetilde{x} = f^{-1}(g(x))$. Bezüglich des ursprünglichen IFS mit Wahrscheinlichkeiten wird dieser neue Punkt mit Wahrscheinlichkeit eins einen Orbit bezüglich der Shift-Abbildung $\{A; S\}$ besitzen, dessen Verteilung der Punkte identisch zu derjenigen ist, welche wir bei der Verwendung des Zufalls-Iterations-Algorithmus mit den Wahrscheinlichkeiten $\{p_1, p_2, \ldots, p_N\}$ erhalten würden.

In diesem Quadrat mit den seltsamen Koordinaten scheint eine Menge von Informationen zu liegen. Die ungleichmäßigen Koordinaten entsprechen den zukünftigen Schnitten und Dehnungen der Bäcker-Transformation mit ungleichmäßigen Dehnungen und Schnitten. (Eine wirkliche Bäcker-Abbildung würde nicht das gerade berührende IFS wie hier benutzen. Es läßt sich aber einfacher vorstellen und für den allgemeinsten Fall darf N sogar unendlich sein.) Es ist eine mischende Funktion, so daß sie die aus dem Satz von Elton resultierende Gleichung automatisch erfüllt. (Diese Eigenschaft wird *Ergodizität* genannt.) Der Satz betrifft die Frage, wie wenig „Hyperbolizität" ein IFS besitzen kann und diese Eigenschaft noch beibehält. Alternativ dazu kann man den Satz von Elton als eine Menge minimaler Bedingungen ansehen, welche die w_i erfüllen müssen, so daß die Bäcker-Abbildung, wie sie hier aufgestellt wurde, das Verhalten des IFS auf den Adressen genau wiederspiegelt.

9.8   Anwendungen auf die Computergraphik

Wir beginnen damit, zu veranschaulichen, wie man von einem invarianten Maß eines IFS mit Wahrscheinlichkeiten ein Farbbild herstellt. Die Idee ist ganz einfach. Wir fangen z. B. mit einem IFS der Form

$$\{\mathbf{C}; 0.5z + 24 + 24i, 0.5z + 24i, 0.5z; 0.25, 0.25, 0.5\},$$

an. Dann werden ein Sichtfenster und ein zugehöriges Feld von Pixeln P_{ij} bestimmt. Der Zufalls-Iterations-Algorithmus wird auf das IFS angewendet, um einen Orbit $\{z_n; n = 0, 1, \ldots, numits\}$ zu erzeugen. Dabei ist *numits* die Anzahl der Iterationen. Für jedes (i, j) wird die Anzahl der Punkte $\mathcal{N}(P_{ij})$ gezählt, die im Pixel P_{ij} liegen. Dem Pixel P_{ij} wird der Wert $\frac{\mathcal{N}(P_{ij})}{numits}$ zugewiesen. Nach dem Satz von Elton sollte dieser Wert eine gute Näherung für das Maß des Pixels ergeben, sofern *numits* groß ist. Die Pixel werden auf dem Bildschirm in den Farben dargestellt, die ihrem Maß entsprechen.

Das folgende Programm führt diese Vorgehensweise aus. Es ist in BASIC geschrieben und läuft ohne Abänderungen auf einem IBM PC mit EGA-Karte und Turbobasic.

Programm 9.1 (Mit Hilfe des Zufalls-Iterations-Algorithmus wird ein „Bild"von einem invarianten Maß hergestellt, das zu einem IFS mit Wahrscheinlichkeiten gehört.)

```
screen 9: cls        'Initialisiert die Graphik.
dim s(51,51)         'Weist ein Feld von Pixeln an.
a(1)=0.5: b(1)=0: c(1)=0: d(1)=0.5: e(1)=24: f(1)=24
                     'IFS-Code für ein Sierpinski-Dreieck
a(2)=0.5: b(2)=0: c(2)=0: d(2)=0.5: e(2)=0: f(2)=24
a(3)=0.5: b(3)=0: c(3)=0: d(3)=0.5: e(3)=0: f(3)=0
p(1)=0.25: p(2)=0.25: p(3)=0.5
                     'Wahrscheinlichkeiten für das IFS.
                     'Sie müssen sich zu eins aufaddieren!
mag=1                'Vergrößerungsfaktor.
numits=500           'Erhöhen Sie die Anzahl der Iterationen,
                     'wenn Sie vergrößern.
faktor=100           'Bringt Pixelwerte auf Farbwerte.
numcols=8            'Anzahl der zur Verfügung stehenden Farben
for n=1 to numits    'die zufällige Iteration beginnt
r=rnd: k=1           'Wählt zufällig eine Zahl aus [0,1].
if r>p(1) then k=2
if r>p(1)+p(2) then k=3
newx=a[k]*x+b[k]*y+e[k]
                     'Abbildung k wird mit
                     'Wahrscheinlichkeit p(k) ausgewählt.
newy=c[k]*x+d[k]*y+f[k]
x=newx: y=newy
i=int(mag*x): j=int(mag*y)
                     'Skaliert mit Vergrößerungsfaktor.
if (((i<50)and(i>=0)) and ((0=<j)and(j<50))) then
                     'Wenn der skalierte Wert im Feld liegt,...
s(i,j)=s(i,j)+1      '...dann wird zum Pixel (i,j) eins addiert.
end if
pset(i,j)            'Zeichnet den Punkt.
```

```
if instat then end 'Stoppt, wenn eine Taste gedrückt wird.
next
for i=0 to 49      'Normiert Werte im Pixelfeld und...
for j=0 to 49      '...berechnet die Farbe entsprechend ...
col=s(i,j)*numcols*faktor*mag*mag/numits
                   '...den normierten Werten der Zahlen s(i,j).
pset(i,j),col      'Zeichnet den Pixel (i,j) in der Farbe,...
next j             '...die seinem Maß entspricht.
next i
end
```

Das Programm erlaubt dem Benutzer, in einen Teil des dargestellten Maßes hineinzuzoomen, indem er den Wert des Vergrößerungsparameters *mag* ändert. Das Ergebnis eines Programmdurchlaufs nach einer entsprechenden Anpassung an eine Masscomp Workstation und dem anschließenden Ausdruck des Bildschirminhalts ist in Abbildung 9.15 zu sehen.

Auch in den Abbildungen 9.16 a) und b) sind invariante Maße für IFS wiedergegeben, die in $\mathbf{R}^2$ wirken.

Abb. 9.15 Dies ist das Ergebnis eines Durchlaufs einer abgeänderten Version von Programm 9.1 und anschließendem Ausdruck des Bildschirminhalts in Grautönen. Das Resultat gibt das Bild eines Maßes wieder.

Indem man einige einfache computergraphische Experimente ausführt, wobei man ein solches Programm wie oben verwendet, entdeckt man, daß die „Bilder" invarianter Maße von IFS eine Zahl von Eigenschaften besitzen:

(1) Wenn man das Sichtfenster und die Farbzuweisungen festhält, ist das erzeugte Bild hinsichtlich der Anzahl von Iterationen stabil, vorausgesetzt, die Iterationszahl ist groß genug.

(2) Die Bilder variieren übereinstimmend hinsichtlich Verschiebung und Drehung des Sichtfensters und hinsichtlich Veränderungen in der Auflösung. Insbesondere verändern sie sich folgerichtig, wenn sie vergrößert werden.

(3) Das Bild hängt stetig vom IFS-Code, einschließlich der Wahrscheinlichkeiten, ab.

Eigenschaft (1) sichert, daß die Bilder wohldefiniert sind. Die Eigenschaften aus (2) sind auch für Blicke auf die reale Welt wahr, wenn man sie durch den

Abb. 9.16 a)   Wiedergabe von invarianten Maßen für IFS mit zwei Abbildungen.

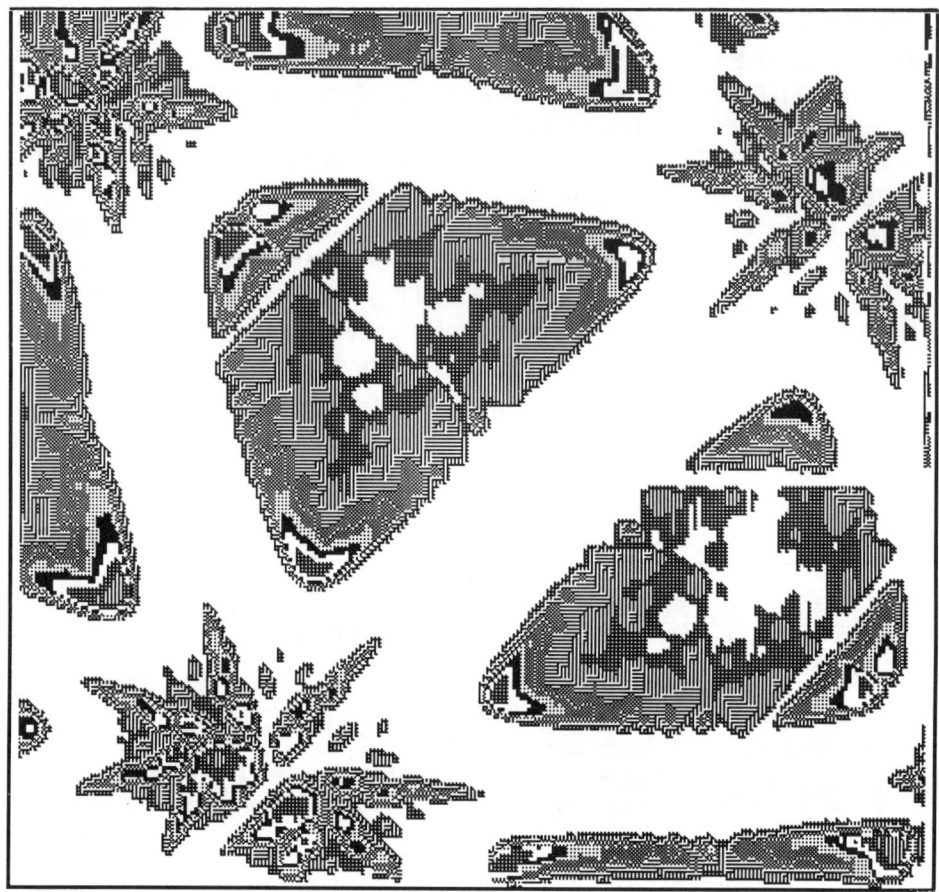

Abb. 9.16 b)

Sucher einer Kamera betrachtet. Eigenschaft (3) bedeutet, daß Bilder interaktiv kontrolliert werden können. Diese Eigenschaften legen nahe, daß die IFS-Theorie auf Computergraphik anwendbar ist.

Wenn wir unsere Hausarbeiten hinsichtlich der Maßtheorie erledigt haben, sollten wir die Begründungen für (1) und (2) verstehen. Sie sind Konsequenzen der entsprechenden Eigenschaften von Borel-Maßen auf dem $\mathbf{R}^2$. Eigenschaft (3) folgt aus einem Satz von Withers [Withers 1987].

Anwendungen der fraktalen Geometrie wurden von vielen Autoren untersucht, darunter [Mandelbrot 1982], [Kawaguchi 1982], [Oppenheimer 1986], [Fournier u.a. 1982], [Smith 1984], [Miller 1986] und [Amburn u.a. 1986]. In allen Fällen hat sich die Aufmerksamkeit auf die Modellierung von Objekten und Szenen aus der Natur gerichtet. Es wurden sowohl deterministische als auch zufällige Geometrien benutzt. Die Anwendung der IFS-Theorie auf Computergraphik wurde erstmalig in [Demko 1985] ausführlich beschrieben. Die IFS-Theorie stellt ein Grundgerüst zur Verfügung, mit dem man eine unbegrenzte Menge von Bildern bearbeiten kann. Sie unterscheidet sich von anderen fraktalen Herangehensweisen, da sie als einzige die Maßtheorie verwendet.

Die Modellierung von Szenen aus der Natur ist ein wichtiges Gebiet der Computergraphik. Photographien von Naturszenen enthalten übermäßig viele Informationen in Form feiner Muster und Veränderungen. Es gibt zwei charakteristische Merkmale. a) Das Vorhandensein komplexer geometrischer Strukturen und Verteilungen von Farben und Helligkeitsstufen auf breiter Skala: Natürliche Grenzen und Muster werden bei Vergrößerung nicht geglättet. Es bleibt ein gewisser Grad an geometrischer Komplexität erhalten. b) Szenen aus der Natur sind in hierarchische Strukturen gegliedert. Zum Beispiel besteht ein Wald aus Bäumen. Ein Baum ist eine Ansammlung von Ästen und Zweigen an einem Stamm. An jedem Zweig gibt es Büschel von Blättern. Und ein einzelnes Blatt ist angefüllt mit Adern und bedeckt mit feinen Haaren. In der Natur tritt es häufig auf, daß ein erkennbarer Gegenstand aus vielen, ihm ähnlich sehenden Teilen aufgebaut ist, die eine Größenordnung kleiner sind. Diese beiden Beobachtungen können mit Verwendung der IFS-Theorie in Systeme zur Modellierung von Bildern integriert werden.

Aufgaben

9.8.1 Schreiben Sie Programm 9.1 in eine Form um, die zu Ihrer eigenen Computeranlage paßt. Berichtigen Sie *numits* und *faktor*, um sicherzustellen daß ein stabiles Bild entsteht. Führen Sie dann Experimente durch, um nachzuweisen, daß die Bedingungen (1)–(3) von oben erfüllt sind. Um zum Beispiel die Konsistenz der Bilder in Bezug auf Veränderungen in der Auflösung zu testen, sollten Sie *mag* = 0.5, 1 und 1.5 versuchen. Selbst wenn Sie ein sehr leistungsstarkes System haben sollten, nehmen Sie keine extremen Einstellungen vor. Wählen Sie beispielsweise *mag* nicht zu klein, da Sie sonst einen sehr großen Wert für *numits* benötigen würden.

9.8.2 Untersuchen Sie eine Naturaufnahme von guter Qualität, wie man sie beispielsweise in einem Kalender oder einer naturwissenschaftlichen Zeitschrift findet. Finden Sie heraus, in welchem Umfang a) und b) für diese Photographie zutreffen. Seien Sie genau!

In [Barnsley 1988a] wird erläutert, daß man die IFS-Theorie auf wirksame Weise zur Modellierung von Photographien von Wolken, Bergen, Farnen, einem Sonnenblumenfeld, einem Wald, Meeresansichten und Landschaften, einem Hut, dem Gesicht eines Mädchens und einem grell leuchtenden arktischen Wolf heranziehen kann.

Es gibt zwei Teile bei der Erstellung eines jeden computergraphischen Bildes: Die geometrische Modellierung und die Wiedergabe. Sehen Sie sich einen Architekten an, der mit Hilfe eines Computers ein Haus entwirft: Zuerst legt er die Abmessungen der Stockwerke, des Daches, der Fenster, der Giebelform und so weiter fest, um ein geometrisches Modell zu entwickeln. Traditionellerweise wird dies in Form von Polygonzügen, Kreisen und anderen klassischen geometrischen Objekten spezifiziert, die auf bequeme Weise in einen Computer eingegeben werden können. Dieses Modell ist kein Bild. Um ein Bild herzustellen, muß das Modell von einem bestimmten Gesichtspunkt her und aus einer bestimmten Entfernung zweidimensional projiziert werden. Es muß diskretisiert werden, so daß es in Pixeln dargestellt und schließlich auf einem Graphikbildschirm farbig wiedergegeben werden kann.

An dieser Stelle beschreiben wir kurz das Software-System, das vom Autor, Alan Sloan und Laurie Reuter entworfen wurde, und dazu gedient hat, Farbbilder herzustellen. Weitere Details finden sich in [Reuter 1987] und [Barnsley 1988a]. Dieses System besteht aus zwei Untersystemen, die als *Collage* und *Seurat* bekannt sind. *Collage* wird für die geometrische Modellierung benutzt und *Seurat* für die Wiedergabe.

Collage und *Seurat* bearbeiten IFS-Strukturen der Form

$$\{\mathbf{R}^2; w_1, w_2, \ldots, w_N; p_1, p_2, \ldots, p_N : n = 1, 2, \ldots, N\},$$

wobei die Abbildungen affine Transformationen in $\mathbf{R}^2$ sind. Ein IFS wird durch eine Datei repräsentiert, welche aus einem IFS-Code besteht, in dem jeder Koeffizient in einer festen Zahl von Bits geschrieben ist. Bezeichne μ das invariante Maß eines solchen IFS, und es sei A sein Attraktor. Das Paar (A, μ) wird als *zugrundeliegendes Modell* bezeichnet. Der Attraktor A trägt die Geometrie und μ die Information für die Wiedergabe. Man kann sich den IFS-Code, beziehungsweise äquivalent (A, μ), als Analogon zu den Plänen des Architekten vorstellen. Es korrespondiert mit vielen verschiedenen Bildern.

Collage ist ein geometrisches Modellierungssystem, welches dazu verwendet wird, die Koeffizienten der affinen Abbildungen $w_1, w_2, \ldots, w_N$ zu bestimmen. Es basiert auf dem Collage-Satz. *Seurat* ist ein Softwaresystem für die Wiedergabe der Bilder, wobei von einem IFS-Code ausgegangen wird. Wenn das Sichtfenster, die Farbtabelle und die Auflösung festgelegt wurden, wird ein Bild erzeugt. Dies erhält man mit Hilfe des Zufalls-Iterations-Algorithmus. Die mathematische Grundlage bildet der Satz von Elton. *Seurat* wird in einem interaktiven Modus ebenfalls dazu verwendet, die Wahrscheinlichkeiten und die Farbwerte festzulegen.

Die Eingabe in *Collage* ist ein Zielbild, welches wir hier mit T bezeichnen. Zum Beispiel kann T eine polygonale Approximation an ein Blatt sein. Wir setzen voraus, daß $T \subset \blacksquare = \{(x, y) \in \mathbf{R}^2 : 0 \leq x \leq 1, 0 \leq y \leq 1\}$ gilt und daß der Graphikbildschirm $\blacksquare$ entspricht. T wird auf dem Graphikbildschirm wiedergegeben. Es wird eine affine Transformation

$$w_1(x, y) = \begin{pmatrix} a_1 & b_1 \\ c_1 & d_1 \end{pmatrix} \begin{pmatrix} x \\ y \end{pmatrix} + \begin{pmatrix} e_1 \\ f_1 \end{pmatrix} = A_1 x + t_1$$

eingeführt, wobei die Koeffizienten anfangs $a_1 = d_1 = 0.25, b_1 = c_1 = e_1 = f_1$ lauten. Das Bild $w_1(T)$ wird auf dem Monitor in einer anderen Farbe dargestellt als T. $w_1(T)$ ist eine Kopie von T, die ein Viertel der Größe von T beträgt und näher am Punkt $(0, 0)$ liegt. Der Benutzer stellt nun mit einer Maus oder einer anderen Technik die Koeffizienten interaktiv ein, so daß das Bild $w_1(T)$ auf verschiedene Weise auf dem Bildschirm verschoben, gedreht und geschert wird. Das Ziel des Benutzers liegt darin, $w_1(T)$ so zu transformieren, daß es teilweise über T zu liegen kommt. Es ist wichtig, daß die Abmessungen von $w_1(T)$ kleiner sind, als die von T, um sicherzugehen, daß w_1 eine Kontraktion ist. Wenn $w_1(T)$ passend positioniert ist, wird das Bild festgehalten, und es wird eine neue Unterkopie $w_2(T)$ des Zielbildes eingeführt. w_2 wird so lange justiert, bis $w_2(T)$ eine Teilmenge der Pixel in T überdeckt, die nicht in $w_1(T)$ liegen. Überlappungen von $w_1(T)$ und $w_2(T)$ sind erlaubt, sollten aber der Effizienz wegen im allgemeinen so klein wie möglich gehalten werden. Es werden neue Abbildungen dazugenommen und eingestellt, bis $\bigcup_{j=1}^{N} w_j(T)$ eine gute Annäherung an T bildet. Die Ausgabe von *Collage* ist der resultierende IFS-Code. Die Wahrscheinlichkeit wird proportional zu $|a_j d_j - b_j c_j|$ gewählt, sofern diese Zahl nicht null ist. Wenn die Determinante A_j gleich null ist, dann wird die Wahrscheinlichkeit gleich einer kleinen positiven Zahl gesetzt.

Die Eingabe in *Seurat* besteht aus einem oder mehreren IFS-Codes. Das Sichtfenster und die Anzahl der Iterationen werden durch den Benutzer festgelegt. Es werden die Maße der Pixel berechnet. Die resultierenden Zahlen multipliziert man mit dem Inversen des maximalen Wertes, so daß alle Werte im Intervall $[0, 1]$ liegen. Den Zahlen in $[0, 1]$ werden mittels einer entsprechenden Funktion Farben zugeordnet. Die Vorgabe besteht aus einer Skala von Grauwerten, wobei die Intensität der Grautönung proportional zur Zahl ist, so daß 0 Schwarz entspricht und 1 dem hellsten Weiß. Die Färbung und das Muster des Bildes können durch die Wahrscheinlichkeiten und die Farbzuweisungsfunktion kontrolliert werden. Obwohl er nicht ausdrücklich benutzt wird, steht der Satz 9.12 im Hintergrund und hilft bei der Einstellung der Wahrscheinlichkeiten.

Aufgaben

9.8.3 Verwenden Sie den Collage-Satz, um mit dessen Hilfe einen IFS-Code für ein Bild zu bestimmen. Ändern Sie Ihre Version von Programm 9.1 so ab, daß Sie Bilder von zugehörigen Maßen erhalten. Verwenden Sie Farben im Bereich von Rot über Orange bis Grün. Stellen Sie die Wahrscheinlichkeiten ein. Erzeugen Sie ein Farbbild des Blattes, welches die Blattadern erkennen läßt. Machen Sie von der Bildschirmausgabe eine Dia-Aufnahme. Benutzen Sie ein Teleobjektiv, um ein Bild von einem Graphikbildschirm abzuphotographieren. Montieren Sie die Kamera auf ein Stativ und nehmen Sie das Bild in einem abgedunkelten Raum auf. Es eignet sich ein Ektachrome 64 ASA Farbdiafilm, $0, 1s$ Belichtungszeit, Blende 5,6. Senden Sie das Farbdia für eine mögliche Veröffentlichung zusammen mit einem Brief, der das Copyright abtritt, an Michael Barnsley, Iterated Systems Inc., 5550-A Peachtree Parkway, Suite 650, Norcross Georgia 30092 USA. Legen Sie einen an sich selbst adressierten Umschlag bei.

10 Rekurrente Iterierte Funktionensysteme

10.1 Fraktale Systeme

Das Ziel dieses Kapitels besteht darin, einige allgemeine Systeme zu beschreiben, die zur Konstruktion deterministischer Fraktale benutzt werden können. Wir befassen uns mit der Entwicklung mathematischer Mechanismen zur Entwicklung und Kontrolle von Fraktalen.

Wir verwenden den Begriff „rekurrente Iterierte Funktionensysteme" zusammenfassend für alle die in diesem Kapitel vorgestellten Systeme. Dazu gehören „IFS", bei denen die Anwendung von Transformationen auf Punkte von den „Adressen" der Punkte abhängt. Andere Beispiele sind „IFS mit Wahrscheinlichkeiten", welche invariante Maße besitzen, die mit Hilfe von Algorithmen des „Chaos-Spiel"-Typs berechnet werden können. Dabei wird jede Transformation jedoch nicht mit einer festen Wahrscheinlichkeit angewendet, sondern es gibt verschiedene Wahrscheinlichkeiten, die davon abhängen, welche Transformation zuvor benutzt wurde. Ein einheitlicher Rahmen zur Darstellung von IFS, rekurrenten IFS und zukünftigen Entwicklungen in der Theorie deterministischer Fraktale wird durch die Idee der *fraktalen Systeme* gebildet.

In diesem Abschnitt stellen wir die fraktalen Systeme, ihre dazugehörigen Fraktale und die Objekte und Modelle vor, die durch sie approximiert werden können. Wir führen dies auf eine Weise durch, die dem Leser hilft, zu verstehen, wie man ein fraktales System aufstellt, das für den Typ des Modells, welches beschrieben werden soll, geeignet ist. Dabei ist es nicht notwendig, eine neue Theorie von Grund auf herzuleiten. Die Aussagen werden so formuliert, daß die zugrundeliegenden Prinzipien, welche von allgemeiner Anwendbarkeit und sehr effektiv sind, möglichst einfach vermittelt werden. Nach der Erfahrung des Autors kann der Rahmen jedes fraktalen Systems schnell mit den passenden Definitionen und dem logischen Unterbau versehen werden, so daß eine vollständige und saubere Theorie entsteht.

Grob gesprochen, besteht ein fraktales System aus einem Mittel zur Erzeugung deterministischer Fraktale, zugehörig zu einem zugrundeliegenden Raum

X, und einer Menge oder einem Raum von Objekten oder *Modellen* **Y**, welche mit diesen Fraktalen angenähert werden können. Dieses ganze Kapitel hindurch werden wir □ verwenden, um eine abgeschlossene beschränkte Teilmenge von **R**^{2}, wie z. B. $\{(x, y) \in \mathbf{R}^2 : 0 \leq x, y \leq 1\}$, zu bezeichnen.

Wir haben uns in diesem Buch schon mit einigen, sehr verschiedenen fraktalen Systemen beschäftigt. Dies wird in den folgenden Beispielen deutlich.

Beispiel a): Ein Beispiel für ein fraktales System wird durch IFS kontrahierender affiner Transformationen auf **X** = □ ⊂ **R**^{2} definiert. Der zugrundeliegende Raum ist □. Die Fraktale des Systems sind Attraktoren aller dieser IFS und der Raum der Modelle **Y**, der mit diesen Fraktalen approximiert werden kann, besteht aus allen (kompakten) Teilmengen von □, d. h. **Y** = $\mathcal{H}(\mathbf{X})$. In diesem Beispiel können die Modelle schwarz-weiße Bilder darstellen, wobei die schwarzen Teile des Bildes die Mengen repräsentieren und ihre Komplemente die weißen Teile, d. h. den Hintergrund. Das fraktale System selbst ist ein Werkzeug zur Annäherung der Modelle mittels der Fraktale, die es erzeugt.

Beispiel b): Ein anderes Beispiel für ein fraktales System wird durch IFS kontrahierender affiner Abbildungen auf □ ⊂ **R**^{2} mit Wahrscheinlichkeiten definiert. Die Fraktale dieses Systems sind die Attraktoren der dazugehörigen Markov-Operatoren, wie sie in Kapitel neun beschrieben wurden. Sie liegen im Raum **Y** = $\mathcal{P}(\square)$, der Menge aller normierten Borel-Maße auf □ ⊂ **R**^{2}. Hier ist □ ⊂ **R**^{2} der zugrundeliegende Raum **X**. Seine Punkte gehören nicht zu den Fraktalen des Systems, da sie Maße sind und keine Punktmengen. In diesem Beispiel können die Modelle Grautonbilder darstellen, wobei die Helligkeitsstufe einer Teilmenge des Bildes das Maß jener Teilmenge repräsentiert. Wiederum liefert das fraktale System ein Hilfsmittel zur Approximation der Modelle, wobei es die Fraktale benutzt, die es generiert.

Beispiel c): Ein drittes Beispiel für ein fraktales System bezieht sich auf den Raum **X** = [0, 1] ⊂ **R**^{2}, wobei **Y** = $\mathcal{C}$[0, 1] die stetigen reellwertigen Funktionen auf [0, 1] sind. In diesem System sind die Fraktale die fraktalen Interpolationsfunktionen auf [0, 1], die durch affine Transformationen erzeugt werden können, wie es in Kapitel sechs beschrieben wird. Die Modelle werden dann durch Daten aus Zeitreihen oder Aktienpreise dargestellt.

In diesem Kapitel werden weitere Beispiele für fraktale Systeme vorgestellt, an denen rekurrente Iterierte Funktionensysteme beteiligt sind. Noch andere, die lokale Iterierte Funktionensysteme beinhalten und zur Modellierung von Bildern aus der realen Welt geeignet sind, werden in [Barnsley, Hurd 1993] beschrieben. Alle diese fraktalen Systeme verwenden dieselben grundlegenden Bestandteile, die wir im folgenden beschreiben.

(1) *Für die Definition der Fraktale und der Modelle in dem System wird ein zugrundeliegender Raum* (**X**, *d*) *benötigt. Z. B. kann* **X** *gleich* **R**^{2}, **R**^{3} *oder eine Teilmenge eines dieser Räume sein, wie z. B.* □ ⊂ **R**^{2}. *Typischerweise ist* (**X**, *d*) *vollständig, und beschränkte Teilmengen dieses Raumes sind kompakt.*

(2) *Ein Raum der Modelle* $\mathbf{Y} = \mathbf{Y}(\mathbf{X})$. Jeder Punkt von $\mathbf{Y}$ ist ein Modell, und die Modelle werden mit Hilfe des Raumes $\mathbf{X}$ definiert. Die Fraktale, die durch das fraktale System erzeugt werden, gehören ebenfalls zu $\mathbf{Y}$. Beispiele für $\mathbf{Y}$ sind: Räume von Mengen, Funktionenräume und Räume von Maßen. Wir brauchen auch *eine Metrik h auf dem Raum* $\mathbf{Y}$, *so daß* $(\mathbf{Y}, h)$ *ein vollständiger metrischer Raum ist.* Beispiele für $(\mathbf{Y}, h)$ sind: $(\mathscr{H}(\mathbf{X})$, der Hausdorff-Abstand, der durch d erzeugt wird), $(\mathscr{C}[0, 1], h(f, g) = \max\{|f(x) \quad g(x)| : x \subset [0, 1]\})$ und $(\mathscr{P}(\mathbf{X}), d_h)$, wobei d_h der Hutchinson-Abstand zwischen Maßen ist.

(3) *Schließlich brauchen wir einen kontrahierenden Operator* $\mathbf{O}$, *der auf dem Raum* $(\mathbf{Y}, h)$ *agiert.* Das bedeutet, der Operator $\mathbf{O}$ ist derart, daß eine reelle Zahl s mit $0 \leq s < 1$ existiert und

$$h(\mathbf{O}(\phi), \mathbf{O}(\psi)) \leq s \cdot h(\phi, \psi)$$

für alle $\phi, \psi \in \mathbf{Y}$ gilt. Üblicherweise wird der Operator $\mathbf{O}$ mit Hilfe von elementaren kontrahierenden Funktionen konstruiert, die auf dem zugrundeliegenden Raum $\mathbf{X}$ wirken.

Für die Beispiele der fraktalen Systeme a), b) und c), die oben genannt wurden, sind die Operatoren $\mathbf{O}$ wie folgt aufgebaut:

Beispiel a) (Fortsetzung): $\mathbf{X} = \square \subset \mathbf{R}^2$, $w_i : \square \to \square$ ist für jedes $i = 1, 2, \ldots, N$ eine kontrahierende Transformation, $\mathbf{Y} = \mathscr{H}(\mathbf{X})$ und $\mathbf{O} : \mathbf{Y} \to \mathbf{Y}$ ist durch

$$\mathbf{O}(\mathbf{Y}) = W(\mathbf{Y}) = \bigcup\{w_i(x) : x \in \mathbf{Y}\}$$

definiert. Beachten Sie, daß $\mathbf{O}$ mittels kontrahierender Transformationen aufgebaut ist, die auf dem zugrundeliegenden Raum wirken.

Beispiel b) (Fortsetzung): $\mathbf{X} = \square \subset \mathbf{R}^2$, $\{\mathbf{X}; w_1, \ldots, w_N; p_1, \ldots, p_N\}$ sind IFS mit Wahrscheinlichkeiten wie in Abschnitt sechs des Kapitels neun. Dabei sind die w_i wie oben gewählt und $\mathbf{Y} = \mathscr{P}(\mathbf{X})$. Wir können nun ein korrespondierendes fraktales System definieren, indem wir $\mathbf{O}$ als den zugehörigen Markov-Operator wählen, wie er in Abschnitt sechs des Kapitels neun definiert wurde. Das bedeutet, $\mathbf{O} : \mathbf{Y} \to \mathbf{Y}$ ist durch

$$\mathbf{O}(\nu) = M(\nu) = p_1\nu \circ w_1^{-1} + p_2\nu \circ w_2^{-1} + \cdots + p_N\nu \circ w_N^{-1}$$

bestimmt. Durch die Theorie aus Kapitel neun wissen wir, daß $\mathbf{O}$ bezüglich der Hutchinson-Metrik kontrahierend ist. Beachten Sie wieder, daß $\mathbf{O}$ mit Hilfe von kontrahierenden Transformationen w_i aufgebaut ist, die auf dem zugrundeliegenden Raum wirken.

Beispiel c) (Fortsetzung): In diesem Beispiel werden fraktale Interpolationsfunktionen behandelt, wie sie in Kapitel sechs beschrieben wurden. $\mathbf{X} = [0, 1] \subset$
$\mathbf{R}$ und $\mathbf{Y} = \mathscr{F} = \mathscr{C}[0, 1]$. Dann ist $\mathbf{O} : \mathbf{Y} \to \mathbf{Y}$ der Operator $T : \mathscr{F} \to \mathscr{F}$, wie er
im Beweis von Satz 6.2 in Kapitel sechs definiert wurde. In der Bezeichnungs-
weise von Abschnitt zwei in Kapitel sechs heißt das für $f \in \mathscr{F}$:

$$\mathbf{O}(f) = (Tf)(x) = c_n l_n^{-1}(x) + d_n f(l_n^{-1}(x)) + f_n$$

für $x \in [x_{n-1}, x_n]$ für $n = 1, \ldots, N$. Dann ist $\mathbf{O}$ bezüglich der Supremumsnorm
auf $\mathscr{C}[0, 1]$ eine Kontraktion. Beachten Sie wieder, wie der Operator $\mathbf{O}$ aus
kontrahierenden Transformationen aufgebaut ist, die auf dem zugrundeliegenden
Raum agieren.

In der Praxis wird der kontrahierende Operator $\mathbf{O}$ aus endlichen Sammlungen
kontrahierender *affiner* Transformationen aufgebaut, z. B. aus affinen Transformationen, die in zwei Dimensionen wirken. Weiterhin können die Koeffizienten dieser einzelnen Funktionen so eingeschränkt werden, daß sie in endlichen
Mengen liegen, z. B. durch Runden. Dann kann $\mathbf{O}$ selber durch endliche Mengen diskreter Koeffizienten beschrieben werden, deren vollständige Menge den
„Code" für den Operator $\mathbf{O}$ repräsentiert.

Die Folgerungen aus dem Vorhandensein der Bestandteile (1), (2) und (3)
können in den folgenden Sätzen und Vermutungen zusammengefaßt werden.

Satz 10.1 (Existenz der Attraktoren). *Weil $\mathbf{O}$ kontrahierend und der metrische
Raum $\mathbf{Y}$ vollständig ist, existiert ein eindeutiger Attraktor $\phi \in \mathbf{Y}$, so daß*

$$\mathbf{O}(\phi) = \phi$$

ist.

Beweis. Vergleichen Sie Satz 3.2 in Kapitel drei. □

Vermutung 10.1 (Fraktaler Charakter der Attraktoren). *Wir erwarten, daß
ϕ ein Fraktal ist. Das bedeutet, wir gehen davon aus, daß ϕ einen auflösungs-
unabhängigen, unendlich vergößerbaren Charakter besitzt. Dies folgt aus der
Kontraktionseigenschaft der Funktionen, aus denen $\mathbf{O}$ konstruiert wurde: Die
ganze invariante Menge und die Summe oder Vereinigung der auf sie angewendeten Kontraktionen sind gleich. Somit besteht sie aus verkleinerten Kopien (von
Teilen) von sich selbst. Abhängig von der Art und Weise, wie die Kontraktionen wirken, kann man die Kontraktion verschiedener räumlicher Dimensionen
und/oder maßtheoretischer Kontraktion betrachten. Wir erwarten deshalb, daß
der Attraktor ϕ die korrespondierenden fraktalen Eigenschaften erben wird.*

Satz 10.2 (Berechnung der Attraktoren). *Um ϕ zu berechnen, können wir
folgende Tatsache ausnutzen: Falls $\psi \in \mathbf{Y}$ ist, dann ist das Ergebnis einer*

wiederholten Anwendung von $\mathbf{O}$ *auf* ψ, *daß* ψ *gegen den Attraktor* ϕ *konvergiert, d. h.*

$$\lim_{n \to \infty} \mathbf{O}^{\circ n}(\psi) = \phi.$$

Wenn darüber hinaus eine reelle Konstante C existiert, so daß $h(\phi_1, \phi_2) < C$ *für alle* $\phi_1, \phi_2 \in \mathbf{Y}$ *gilt, dann erhalten wir die Fehlerabschätzung*

$$h(\mathbf{O}^{\circ n}(\psi), \phi) \le s^n C.$$

Beweis. Vergleichen Sie Satz 3.2 in Kapitel drei.   □

Durch die letzte Gleichung wissen wir, daß der Fixpunkt, oder Attraktor, durch Algorithmen des „Fotokopiergeräte"-Typs[1] berechnet werden kann. Die Fehlerabschätzung macht es möglich, die Anzahl der Iterationen vorherzusagen, die man für eine vorgegebene Genauigkeit benötigt.

Satz 10.3 (Allgemeine Collage-Satz-Abschätzung). *Der Abstand zwischen* $\psi \in \mathbf{Y}$ *und dem Attraktor* ϕ *von* $\mathbf{O}$ *wird durch die Abschätzung*

$$h(\phi, \psi) \le \frac{h(\psi, \mathbf{O}(\psi))}{(1 - s)}$$

beschränkt.

Beweis. Vergleichen Sie Hilfssatz 3.6 in Kapitel drei.   □

Die Menge $\mathbf{O}(\psi)$ heißt eine *Collage von* ψ und der Abstand $h(\psi, \mathbf{O}(\psi))$ ist der entsprechende *Collage-Fehler*. Der Satz besagt: Wenn wir einen Operator $\mathbf{O}$ suchen, dessen Attraktor ϕ ungefähr gleich ψ ist, dann haben wir nur das Problem, $\mathbf{O}$ so zu wählen, daß die Anwendung von $\mathbf{O}$ auf ψ, wie es in den Kapiteln drei und neun erläutert wurde, ψ nicht sehr stark verändert.

Dieses letzte einfache Rezept ist von zentraler Bedeutung. Wir wiederholen es mit etwas anderen Begriffen. Wir gehen davon aus, daß wir ein fraktales System haben, das durch $\mathbf{Y}(\mathbf{X})$ und $\mathbb{O}_\mathbf{O}$ gegeben ist, wobei $\mathbb{O}_\mathbf{O}$ die Menge der Operatoren $\mathbf{O}$ wie oben ist. Wir suchen einen Operator $\mathbf{O} \in \mathbb{O}_\mathbf{O}$, dessen Attraktor ϕ die Menge $\psi \in \mathbf{Y}$ approximiert. Dazu passen wir $\mathbf{O}$ so an, daß der Collage-Fehler $h(\psi, \mathbf{O}(\psi))$ so klein wie möglich wird. Dann definiert $\mathbf{O}$ unsere fraktale Approximation ϕ. Um ϕ zu speichern, reicht es, $\mathbf{O}$ zu speichern. Schließlich kann man sich die kontrollierbare Operatorenfamilie $\mathbb{O}_\mathbf{O}$ als fraktales System vorstellen.

Immer wenn wir die Bestandteile (1), (2) und (3) vorfinden, handelt es sich um ein fraktales System. Ein *fraktales System* ist ein Mechanismus zur Bestimmung fraktaler Approximationen ϕ für Modelle $\psi \in \mathbf{Y}$. Die obigen Beispiele

---

[1]Wie man sich die Wirkung eines IFS als Arbeitsweise eines Fotokopiergerätes vorstellen kann, wird ausführlich in [Peitgen u. a. 1992] dargestellt. (Anm. d. Übers.)

a), b) und c) bilden interaktive kontrollierbare Systeme zur fraktalen Modellierung, angewendet auf verschiedene Probleme: In a) werden Punktmengen durch Fraktale angenähert, die aus Punktmengen bestehen, in b) werden Maße durch fraktale Maße approximiert und in c) werden stetige Funktionen durch Fraktale angenähert, welche die Graphen stetiger Funktionen sind. In jedem Fall sind die Parameter, die das Problem kontrollieren, in dem Operator **O** verwurzelt. Dieser wird herausgesucht und zurechtgeschneidert, um einen Apparat zur fraktalen Approximation zu liefern, d. h. ein fraktales System, das für das betrachtete Modellierungsproblem geeignet ist.

Wir bemerken, daß fraktale Systeme eher deterministische Fraktale liefern als stochastische Fraktale. Wenn der Operator **O** erst einmal ausgewählt wurde, so ist sein Attraktor, das Fraktal, das er definiert, ein für alle Male festgelegt. Es gibt nur ein einziges Fraktal, welches jeweils zu einem Operator gehört. Diese Fraktale besitzen üblicherweise selber wenig Informationsgehalt, wobei sie aber Mitglieder eines größeren Raumes (dem Modellraum, in dem sie liegen) sind. Dies ist in etwa vergleichbar mit den rationalen Zahlen, die nur einen endlichen Informationsgehalt haben, jedoch Mitglieder des informationsreichen Raumes aller reellen Zahlen sind.

In den folgenden Abschnitten entwickeln wir kompliziertere fraktale Systeme, die auf rekurrenten IFS aufbauen. Zu Beginn dieses Kapitels wurde schon mit ihrer Vorstellung begonnen. Auf eine elegante Art und Weise verallgemeinern sie die früheren Systeme. Sie können dazu genutzt werden, Mechanismen zu entwickeln, die eine komplizierte fraktale Modellierung durchführen. Dabei veranschaulichen sie sehr gut die oben erläuterten Konstruktionsprinzipien.

10.2   Rekurrente Iterierte Funktionensystme

Rekurrente Iterierte Funktionensysteme wurden in [Barnsley, Elton, Hardin 1989] eingeführt, wo man mehr Informationen finden kann.

Definition 10.1. Ein *rekurrentes Iteriertes Funktionensystem* besteht aus einem IFS $\{\mathbf{X}; w_1, w_2, \ldots, w_N\}$ und einer Matrix $\{p_{ij} \in [0, 1] : i, j = 1, 2, \ldots, N\}$, so daß

(1) $p_{i1} + p_{i2} + p_{i3} + \cdots + p_{iN} = 1$ für $i = 1, 2, \ldots, N$ ist und

(2) für jedes i und j eine endliche Folge natürlicher Zahlen $k, l, \ldots, m \in \{1, 2, \ldots, N\}$ existiert, so daß

$$p_{ik} p_{kl} \cdots p_{mj} > 0$$

gilt.

Die Übergangswahrscheinlichkeit für einen bestimmten Markov-Prozeß[2] in diskreter Zeit lautet p_{ij}, woraus sich die Möglichkeit oder Wahrscheinlichkeit ergibt, vom Zustand i zum Zustand j zu springen, falls der Prozeß gerade im Zustand i ist. Bedingung (1) besagt, daß der Prozeß zeilenweise stochastisch ist: In welchem Zustand das System auch immer ist, es gibt eine Menge von Wahrscheinlichkeiten, die sich zu eins aufsummieren. Dadurch werden die möglichen nachfolgenden Zustände beschrieben, in die das System im nächsten Schritt übergehen kann. Bedingung (2) besagt: Falls das System im Zustand i ist, so gibt es für alle Paare natürlicher Zahlen $i, j \in \{1, 2, \ldots, N\}$ eine endliche Wahrscheinlichkeit für das Erreichen des Zustandes j in einer endlichen Anzahl von Schritten.[3]

Ein IFS mit Wahrscheinlichkeiten bildet ein einfaches Beispiel für ein rekurrentes IFS. Das IFS mit Wahrscheinlichkeiten

$$\{\mathbf{X}; w_1, w_2, \ldots, w_N; p_1, p_2, \ldots, p_N\}$$

gleicht in vielerlei Hinsicht dem rekurrenten IFS

$$\{\mathbf{X}; w_1, w_2, \ldots, w_N; (p_{ij})\},$$

wenn $p_{ij} = p_j$ für alle $i, j \in \{1, 2, \ldots, N\}$ gilt.

Wir werden das rekurrente IFS als hyperbolisch bezeichnen, wenn das zugehörige IFS hyperbolisch, d. h. kontrahierend mit Kontraktionsfaktor $0 \leq s < 1$, ist. Wir beschränken uns auf hyperbolische rekurrente IFS.

Beispiele für *Codes* rekurrenter IFS werden in den Tabellen 10.1 und 10.2 dargestellt. In beiden Fällen betrachten wir den Raum $\mathbf{X} = \mathbf{R}^2$, die Transformationen sind affin, und wir benutzen die übliche Bezeichnungsweise

$$w_i \begin{pmatrix} x \\ y \end{pmatrix} = \begin{pmatrix} a_i & b_i \\ c_i & d_i \end{pmatrix} \begin{pmatrix} x \\ y \end{pmatrix} + \begin{pmatrix} e_i \\ f_i \end{pmatrix}.$$

Tabelle 10.1   Beispiel für einen rekurrenten IFS-Code. Es sind nicht alle Übergänge möglich!

w_i	a_i	b_i	c_i	d_i	e_i	f_i	p_{i1}	p_{i2}	p_{i3}
1	0.5	0	0	0.5	0	0	0.3	0.7	0
2	0.5	0	0	0.5	0	128	0	0.6	0.4
3	0.5	0	0	0.5	128	128	0.5	0	0.5

---

[2]Eine leicht lesbare deutschsprachige Einführung in die Theorie der Markov-Prozesse liefert: Heller, W.D., Lindenberg; H., Nuske, M.; Schriever, K.H.: *Stochastische Systeme*, Verlag Walter de Gruyter, Berlin 1978. (Anm. d. Übers.)

[3]Diese Eigenschaft wird meistens als *Irreduzibilität* oder *Unzerlegbarkeit* der Übergangsmatrix bezeichnet. (Anm. d. Übers.)

Tabelle 10.2 Beispiel für einen rekurrenten IFS-Code. Es können alle Übergänge auftreten!

w_i	a_i	b_i	c_i	d_i	e_i	f_i	p_{i1}	p_{i2}	p_{i3}
1	0.5	0	0	0.5	0	0	0.3	0.6	0.1
2	0.5	0	0	0.5	0	128	0.1	0.5	0.4
3	0.5	0	0	0.5	128	128	0.4	0.4	0.2

Die Abbildungen 10.1 und 10.2 zeigen Diagramme der zugehörigen Markov-Prozesse. Wir sagen, daß sich das System im *Zustand i* befindet, wenn die zuletzt angewendete Transformation w_i war. Bei dem rekurrenten IFS in Tabelle 10.1 kann niemals die Transformation Nummer 3 angewendet werden, wenn sich das System im Zustand 1 befindet. Auch ein Übergang von Zustand 2 nach Zustand 1 ist nicht möglich. Im rekurrenten IFS aus Tabelle 10.2 kann jede Transformation jeder anderen folgen. Somit kann das System in einem Schritt von einem Zustand in jeden anderen übergehen.

Ein rekurrentes IFS besitzt einen eindeutigen maßtheoretischen Attraktor (vgl. den Literaturhinweis zu Beginn dieses Abschnitts). Dieses ist ein invariantes Maß, welches mit Hilfe eines verallgemeinerten „Chaos-Spiel"-Algorithmus

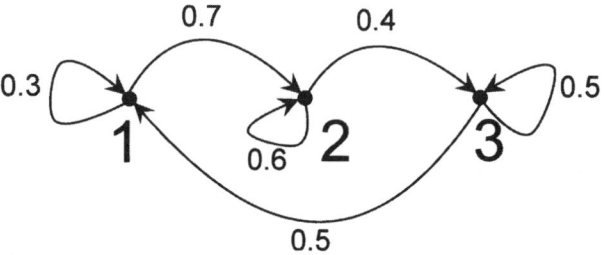

Abb. 10.1 Der Markov-Prozeß für das in Tabelle 10.1 gegebene rekurrente IFS. Es gibt keinen Pfad von Zustand 1 nach Zustand 3, von Zustand 2 nach Zustand 1, oder von Zustand 3 nach Zustand 2.

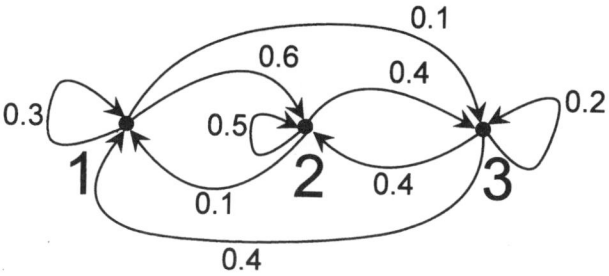

Abb. 10.2 Der Markov-Prozeß für das in Tabelle 10.2 gegebene rekurrente IFS. Zwischen allen möglichen Zuständen existieren Pfade.

berechnet werden kann. Es kann ebenfalls mit einem seltsamen „Fotokopier-
·gerät" bestimmt werden.

Beispiel für den Chaos-Spiel-Algorithmus für ein rekurrentes IFS. Wir
stellen diesen Algorithmus für die Fälle der rekurrenten IFS-Codes aus den
Tabellen 10.1 und 10.2 vor. Der Algorithmus liefert einen Orbit $\{(x_n, y_n) :
n = 0, 1, 2, \ldots\}$, der mit Wahrscheinlichkeit eins das eindeutige invariante Maß
beschreibt, das zu dem rekurrenten IFS gehört. Die Beziehung zwischen dem
Orbit und dem Maß ist im wesentlichen dieselbe, wie sie in Kapitel neun für
den Fall des Standard-IFS mit Wahrscheinlichkeiten beschrieben wurde.

(1)   Wählen Sie einen Startpunkt $(x_0, y_0) \in \mathbf{R}^2$. Es ist wünschenswert, daß
        der Startpunkt so nah wie möglich am Attraktor liegt. Natürlich liegt
        er in $[0, 256] \times [0, 256]$. Also könnten wir $(x_0, y_0) = (0, 0)$ wählen.

(2)   Wählen Sie einen Anfangszustand $s_0 \in \{1, 2, 3\}$. Jeder andere Zustand
        aus der Menge $\{1, 2, 3\}$ kann genommen werden. Der Markov-Prozeß,
        der zu der Übergangsmatrix (p_{ij}) gehört, besitzt einen eindeutigen sta-
        tionären Vektor[4] (m_1, m_2, m_3) mit $m_i > 0$, so daß

$$\sum_{i=1}^{3} m_i p_{ij} = m_j$$

        ist. Wenn man diesen Vektor kennt, dann ist es vorteilhaft, den An-
        fangszustand zu wählen, der dem größten m_j entspricht.

(3)   Wählen Sie $s_1 \in \{1, 2, 3\}$ mit der Wahrscheinlichkeit $p_{s_0 j}$, die zu der
        Auswahl $s_1 = j$ gehört.

(4)   Berechnen Sie $(x_1, y_1) = w_{s_1}(x_0, y_0)$.

(5)   Wählen Sie $s_2 \in \{1, 2, 3\}$ mit der Wahrscheinlichkeit $p_{s_1 j}$, die zu der
        Auswahl $s_2 = j$ gehört.

(6)   Berechnen Sie $(x_2, y_2) = w_{s_2}(x_1, y_1)$.
        $\cdots$

(2n+1) Wählen Sie $s_n \in \{1, 2, 3\}$ mit der Wahrscheinlichkeit $p_{s_{n-1} j}$, die zu der
        Auswahl $s_n = j$ gehört.

(2n+2) Berechnen Sie $(x_n, y_n) = w_{s_n}(x_{n-1}, y_{n-1})$.
        $\cdots$

Das Ergebnis der obigen Rechnung wird ein langer Orbit

$$Q(\text{numits}) = \{(x_n, y_n) : n = 1, 2, \ldots, \text{numits}\}$$

---

[4]Dieser wird im allgemeinen als *stationäre Verteilung* bezeichnet. (Anm. d. Übers.)

sein. Der Wert des invarianten Maßes $\mu \in \mathscr{P}([0, 256] \times [0, 256])$ des rekurrenten IFS ist (mit Wahrscheinlichkeit eins) für jede meßbare Teilmenge $S \subset \mathbf{R}^2$ durch die Formel

$$\lim_{\text{numits}\to\infty} \mu(S) = \frac{\text{Anzahl der Punkte in } \{S \cap Q(\text{numits})\}}{\text{numits}}$$

gegeben.

In Abbildung 10.3 wird dieser Algorithmus für den Fall des rekurrenten IFS aus Tabelle 10.1 veranschaulicht. Die Berechnung ergibt einen langen Orbit (Abbildung 10.4). Das invariante Maß kann man sich vorstellen, wenn man die Dichte der Punkte beobachtet.

In Abbildung 10.5 illustrieren wir den Algorithmus für den Fall des rekurrenten IFS aus Tabelle 10.2. Abbildung 10.6 zeigt das Ergebnis einer Berechnung: ein langer Orbit. Man bekommt wiederum eine Vorstellung des invarianten Maßes, wenn man sich die Dichte der Punkte ansieht.

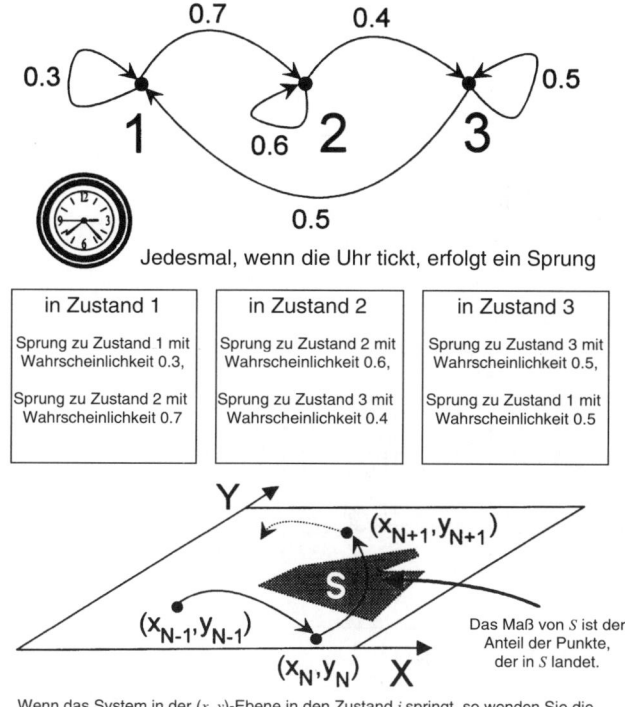

Abb. 10.3 Das Chaos-Spiel für ein rekurrentes IFS, in welchem nicht alle Übergänge möglich sind. Der rekurrente IFS-Code wird in Tabelle 10.1 gegeben.

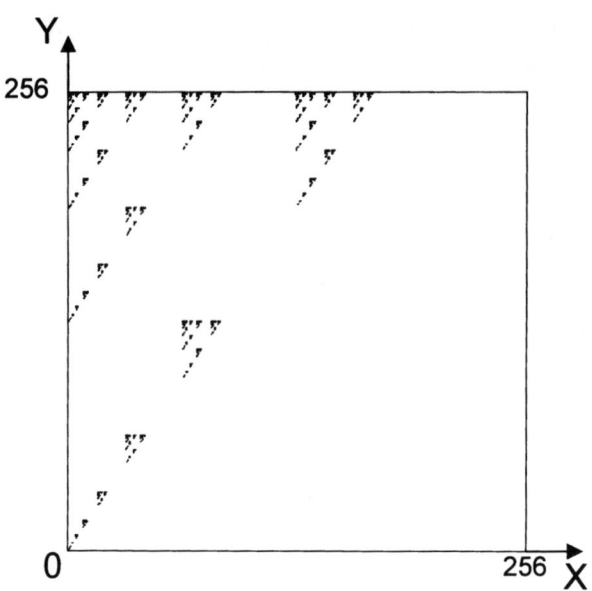

Abb. 10.4 Einige Punkte des Orbits, die durch den Mechanismus in Abbildung 10.3 erzeugt wurden.

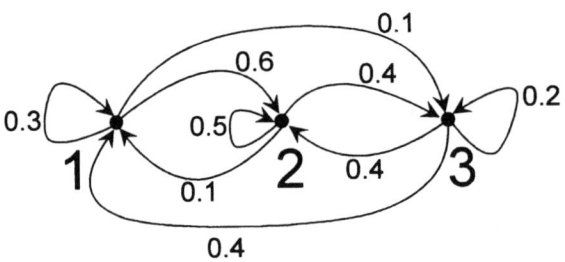

tick, tack, tick, tack,....

in Zustand 1	in Zustand 2	in Zustand 3
Sprung zu Zustand 1 mit Wahrscheinlichkeit 0.3,	Sprung zu Zustand 1 mit Wahrscheinlichkeit 0.1,	Sprung zu Zustand 1 mit Wahrscheinlichkeit 0.4,
Sprung zu Zustand 2 mit Wahrscheinlichkeit 0.6,	Sprung zu Zustand 2 mit Wahrscheinlichkeit 0.5,	Sprung zu Zustand 2 mit Wahrscheinlichkeit 0.4,
Sprung zu Zustand 3 mit Wahrscheinlichkeit 0.1	Sprung zu Zustand 3 mit Wahrscheinlichkeit 0.4	Sprung zu Zustand 3 mit Wahrscheinlichkeit 0.2

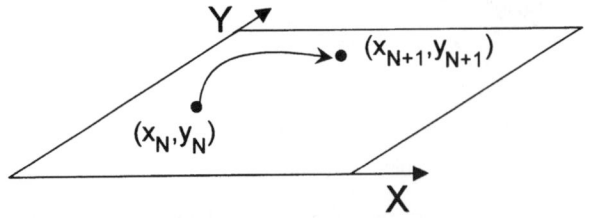

Wenden Sie Abbildung w_j an, wenn das System in den Zustand j springt.

Abb. 10.5 Der Generator der Zufallsbewegung, der zum rekurrenten IFS aus Tabelle 10.2 gehört.

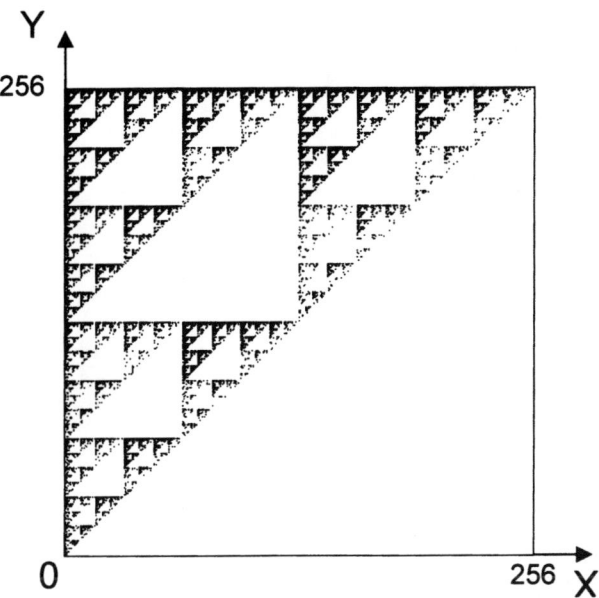

Abb. 10.6 „Bild" des Punktmengen-Attraktors, der zum fraktalen System gehört, welches in Abbildung 10.5 dargestellt wird.

In Abbildung 10.7 sind die Struktur und der Attraktor für das rekurrente IFS in Tabelle 10.3 dargestellt. Es sind vier Transformationen beteiligt, die □ in sich selbst abbilden. Der Wertebereich von w_i ist der mit i bezeichnete Quadrant von □. Die Transformationen liefern also eine gerade berührende Collage des Quadrates. Die Übergangswahrscheinlichkeit p_{24} ist null. Das bedeutet, daß kein Punkt des Attraktors in dem Unterquadranten liegt, der mit 24 gekennzeichnet ist.

Tabelle 10.3 Rekurrenter IFS-Code. (Abbildung 10.7)

w_i	a_i	b_i	c_i	d_i	e_i	f_i	p_{i1}	p_{i2}	p_{i3}	p_{i4}
1	0.5	0	0	0.5	0	0	0.3	0.5	0.1	0.1
2	0.5	0	0	0.5	0	128	0.1	0.5	0.4	0.0
3	0.5	0	0	0.5	128	128	0.3	0.3	0.2	0.2
4	0.5	0	0	0.5	128	0	0.25	0.25	0.25	0.25

Abbildung 10.8 zeigt den Attraktor für die Abbildungen aus Tabelle 10.3 für sechs verschiedene Mengen von Übergangswahrscheinlichkeiten. Die benutzten Mengen der Übergangswahrscheinlichkeiten lauten:

(1) $p_{11} = 0.3$, $p_{12} = 0.5$, $p_{13} = 0.1$, $p_{14} = 0.1$,
$p_{21} = 0.1$, $p_{22} = 0.5$, $p_{23} = 0.4$, $p_{24} = 0.0$,
$p_{31} = 0.3$, $p_{32} = 0.3$, $p_{33} = 0.2$, $p_{34} = 0.2$,
$p_{41} = 0.25$, $p_{42} = 0.25$, $p_{43} = 0.25$, $p_{44} = 0.25$;

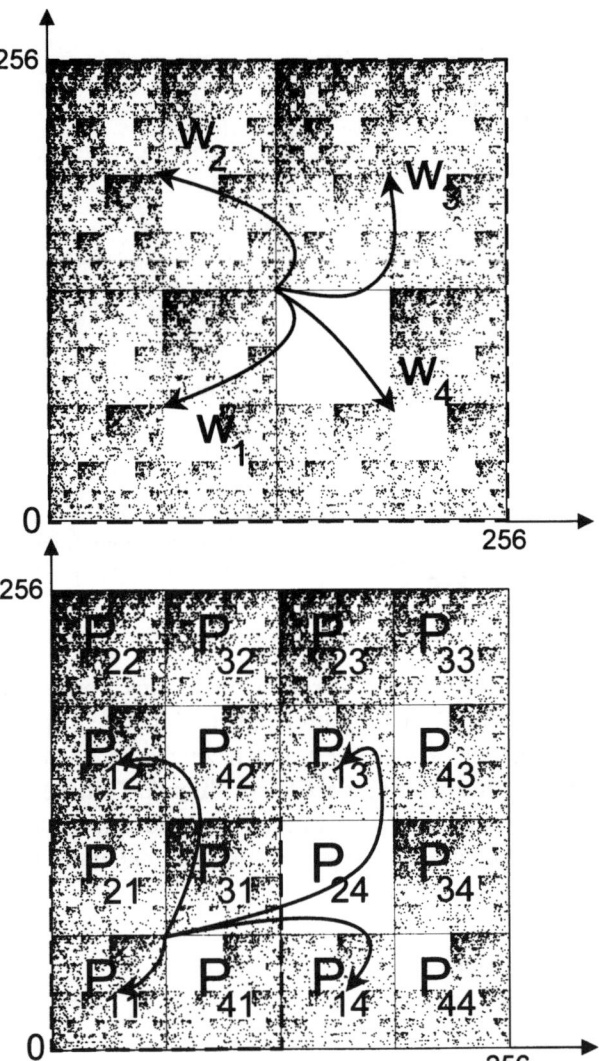

Abb. 10.7 Vier affine Transformationen liefern eine gerade berührende Collage von □. Ein rekurrentes IFS, das aus diesen Transformationen besteht, ist so gewählt, daß $p_{24} = 0$ ist. Als eine Konsequenz besitzt der Attraktor in dem Quadrat 24 keine Punkte.

(2) $p_{11} = 0.3,\ p_{12} = 0.5,\ p_{13} = 0.1,\ p_{14} = 0.1,$
$p_{21} = 0.1,\ p_{22} = 0.5,\ p_{23} = 0.4,\ p_{24} = 0.0,$
$p_{31} = 0.3,\ p_{32} = 0.3,\ p_{33} = 0.2,\ p_{34} = 0.2,$
$p_{41} = 0.25,\ p_{42} = 0.25,\ p_{43} = 0.5,\ p_{44} = 0.0;$

(3) $p_{11} = 0.3,\ p_{12} = 0.5,\ p_{13} = 0.1,\ p_{14} = 0.1,$
$p_{21} = 0.1,\ p_{22} = 0.5,\ p_{23} = 0.4,\ p_{24} = 0.0,$
$p_{31} = 0.0,\ p_{32} = 0.3,\ p_{33} = 0.5,\ p_{34} = 0.2,$
$p_{41} = 0.0,\ p_{42} = 0.5,\ p_{43} = 0.5,\ p_{44} = 0.0;$

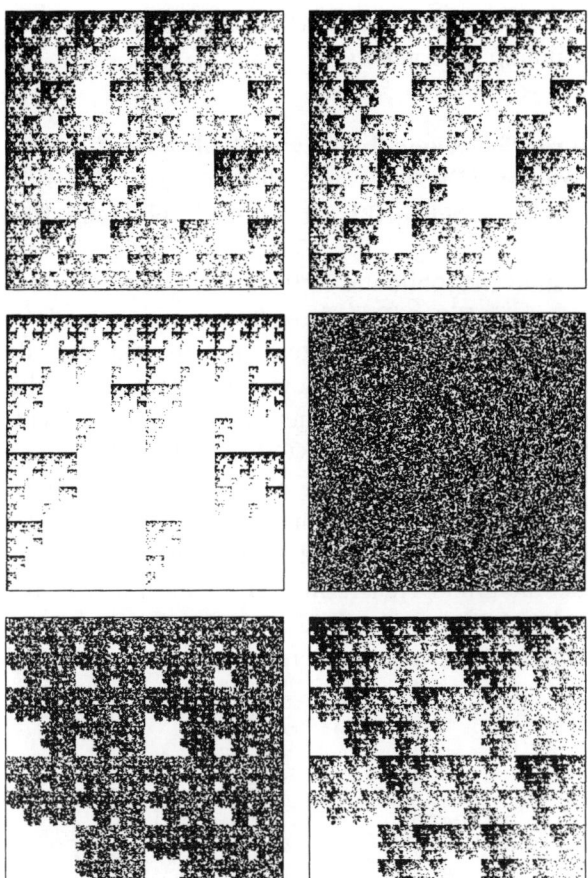

Abb. 10.8 Jeder dieser Attraktoren gehört zu einer Auswahl von Übergangswahrscheinlichkeiten in Tabelle 10.3.

(4) $p_{11} = 0.0,\ p_{12} = 0.5,\ p_{13} = 0.2,\ p_{14} = 0.3,$
$p_{21} = 0.1,\ p_{22} = 0.4,\ p_{23} = 0.4,\ p_{24} = 0.1,$
$p_{31} = 0.25,\ p_{32} = 0.25,\ p_{33} = 0.25,\ p_{34} = 0.25,$
$p_{41} = 0.4,\ p_{42} = 0.4,\ p_{43} = 0.1,\ p_{44} = 0.1;$

(5) $p_{11} = 0.25,\ p_{12} = 0.25,\ p_{13} = 0.25,\ p_{14} = 0.25,$
$p_{21} = 0.25,\ p_{22} = 0.25,\ p_{23} = 0.25,\ p_{24} = 0.25,$
$p_{31} = 0.25,\ p_{32} = 0.25,\ p_{33} = 0.25,\ p_{34} = 0.25,$
$p_{41} = 0.25,\ p_{42} = 0.25,\ p_{43} = 0.25,\ p_{44} = 0.25;$

(6) $p_{11} = 0.0,\ p_{12} = 0.34,\ p_{13} = 0.33,\ p_{14} = 0.33,$
$p_{21} = 0.25,\ p_{22} = 0.25,\ p_{23} = 0.25,\ p_{24} = 0.25,$
$p_{31} = 0.25,\ p_{32} = 0.25,\ p_{33} = 0.25,\ p_{34} = 0.25,$
$p_{41} = 0.25,\ p_{42} = 0.25,\ p_{43} = 0.25,\ p_{44} = 0.25;$

Können Sie herausfinden, welche Menge der obigen Übergangswahrscheinlichkeiten zu welchem Bild in Abbildung 10.8 gehört?

Beispiel für den Fotokopiergeräte-Algorithmus zur Realisierung des invarianten Maßes eines rekurrenten IFS. Wir verdeutlichen diesen Algorithmus für den Fall des IFS-Codes in Tabelle 10.1. Er wird in Abbildung 10.9 veranschaulicht.

Der mathematische Mechanismus in Abbildung 10.9 entpricht dem rekurrenten IFS in Tabelle 10.1, das aus drei affinen Transformationen w_1, w_2 und w_3 besteht und in dem die Übergangswahrscheinlichkeiten p_{13}, p_{21} und p_{32} alle gleich null sind. Die Zustände werden durch drei Kopiereinheiten dargestellt, von denen eine mit EINGABE1/KOPIE1 gekennzeichnet ist und die anderen entprechend mit EINGABE2/KOPIE2 und EINGABE3/KOPIE3. Die erste Einheit besteht aus zwei Linsen/Filter-Komponenten. Eine dieser Komponenten wendet die affine Transformation w_1 auf EINGABE1 an, schwächt die Helligkeit des Bildes um den Faktor p_{11} ab und leitet die Ausgabe zu KOPIE1. Die andere der beiden Komponenten wendet die affine Transformation w_2 auf das Eingabebild EINGABE1 an, schwächt die Helligkeit des Bildes um den Faktor p_{12} ab und leitet die Ausgabe auf KOPIE2. Die zweite Kopiereinheit besitzt auch zwei

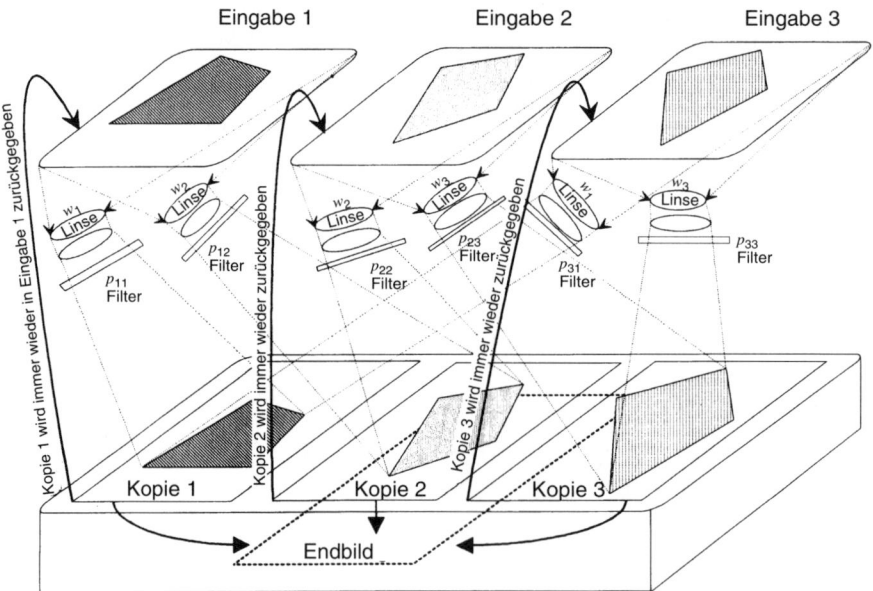

Die Kopien 1, 2 und 3 werden kombiniert (übereinandergelagert), um das Endbild zu erzeugen

Abb. 10.9 Ein Fotokopiergerät zur Darstellung des invarianten Maßes des rekurrenten IFS aus Tabelle 10.1.

Linsen/Filter-Komponenten. Die erste der beiden wendet die affine Transformation w_2 auf das Eingabebild EINGABE2 an, schwächt die Helligkeit des Bildes um den Faktor p_{22} ab und leitet die Ausgabe zu KOPIE2. Die andere der beiden Komponenten wendet die affine Transformation w_3 auf das Eingabebild EINGABE2 an, schwächt die Helligkeit des Bildes um den Faktor p_{23} ab und leitet die Ausgabe auf KOPIE3. Die dritte Kopiereinheit besteht ebenfalls aus zwei Linsen/Filter-Komponenten. Die erste der beiden wendet die affine Transformation w_3 auf das Eingabebild EINGABE3 an, schwächt die Helligkeit des Bildes um den Faktor p_{33} ab und leitet die Ausgabe zu KOPIE3. Die andere der beiden Komponenten wendet die affine Transformation w_1 auf das Eingabebild EINGABE3 an, schwächt die Helligkeit des Bildes um den Faktor p_{31} ab und leitet die Ausgabe auf KOPIE1.

Dabei ist es wichtig, darauf zu achten, daß die drei Eingaben und die drei Ausgaben so aufgebaut sind, daß sie alle dieselbe Teilmenge $\square$ von $\mathbf{R}^2$ darstellen. Der Wertebereich der Transformation w_1 liegt in KOPIE1, der Wertebereich von w_2 liegt in KOPIE2 und der Wertebereich von w_3 liegt in KOPIE3. Also überträgt die Transformation $w_2 : \square \rightarrow \square$ in der ersten Kopiereinheit tatsächlich EINGABE1 nach KOPIE2, während sie in der zweiten Kopiereinheit EINGABE2 nach KOPIE2 bringt.

Die Bilder, die auf die Kopierbildschirme projiziert wurden, werden überlagert. Stellen, an denen Bilder von mehreren Eingaben ankommen, werden aufaddiert. Zum Beipiel ist die Gesamthelligkeit des Bildes in KOPIE1 das p_{11}-fache der Gesamthelligkeit des Bildes in EINGABE1 plus das p_{31}-fache der Gesamthelligkeit des Bildes in EINGABE3.

Die Kopien werden auf „Fotopapier" aufgenommen und zu ihren entprechenden Eingaben zurückgebracht, wie es in der Abbildung zu sehen ist. Das System wird nun sehr oft durchlaufen, bis die Ausgabebilder aufhören, sich zu ändern. Dann gilt symbolisch

$$\text{AUSGABE1} = p_{11} \cdot \text{AUSGABE1} + p_{31} \cdot \text{AUSGABE3}$$
$$\text{AUSGABE2} = p_{12} \cdot \text{AUSGABE1} + p_{22} \cdot \text{AUSGABE2}$$
$$\text{AUSGABE3} = p_{23} \cdot \text{AUSGABE2} + p_{33} \cdot \text{AUSGABE3}$$

Schließlich werden die Bilder AUSGABE1, AUSGABE2 und AUSGABE3 überlagert, so daß sich symbolisch

$$\text{ATTRAKTOR} = \text{AUSGABE1} + \text{AUSGABE2} + \text{AUSGABE3}$$

ergibt.

10.3   Collage-Satz für rekurrente IFS

In diesem Abschnitt befassen wir uns mit der Konstruktion fraktaler Systeme, die auf rekurrenten IFS aufbauen. Dabei setzen wir den Schwerpunkt auf Punktmengen-Attraktoren, d. h. auf Attraktoren, die eher Punktmengen als Maße sind. Unser Ziel besteht darin, zu beschreiben, wie ein Collage-Satz und der dazugehörige Mechanismus aufgestellt werden können, um eine fraktale Modellierung mit Hilfe der Punktmengen-Attraktoren bestimmter rekurrenter IFS zu ermöglichen.

Ein rekurrentes IFS kann unter Zuhilfenahme einer Markov-Kette beschrieben werden, welche auf einem Adressenraum wirkt, der aus den Symbolen $\{1, 2, \ldots, N\}$ besteht. Dies wird in den Abbildungen 10.3 und 10.5 verdeutlicht. Die Zahlen $p_{ij} > 0$ mit $\sum_{j=1}^{N} p_{ij} = 1$ geben die Wahrscheinlichkeiten für die Übergänge zwischen den Symbolen an. Man kann sich ein Teilchen vorstellen, das sich von Symbol zu Symbol bewegt, indem es einem Markov-Prozeß in diskreter Zeit[5] folgt. Der Prozeß wird streng genommen dann als *rekurrent* bezeichnet, wenn es eine endliche Wahrscheinlichkeit dafür gibt, auf einem gerichteten Graphen von einem gegebenem Symbol zu jedem anderen gegebenem Symbol zu gelangen. Eine gute Quelle für Informationen über Markov-Ketten ist [Feller 1957, Kapitel 15].

Wir befassen uns mit dem *hyperbolischen Fall*, d. h.

$$d(w_i(x), w_i(y)) \leq s d(x, y) \qquad \forall i, \forall x, y \in \mathbf{X},$$

wobei d die Abstandsfunktion auf $\mathbf{X}$ ist und $0 \leq s < 1$ gilt. In diesem Fall wissen wir, daß ein eindeutiges invariantes Wahrscheinlichkeitsmaß μ existiert. Dieses beschreibt die Zufallsbewegung auf $\mathbf{X}$, welche z. B. durch den „Chaos-Spiel"-Algorithmus erzeugt wird, der im vorangegangenen Abschnitt erläutert wurde. Unser Augenmerk richtet sich in diesem Abschnitt auf die Struktur des Trägers von μ, den Attraktor $A \subset \mathbf{X}$ des rekurrenten IFS. Dieser hängt nur von den p_{ij} ab, die nicht gleich null sind, d. h. von der *Zusammenhangsstruktur* der Markov-Kette, und weiter nicht von den Werten der p_{ij}.

Wir rufen nun noch einmal in Erinnerung, wie die Untersuchungen in der IFS-Theorie durchgeführt werden. Dadurch ergibt sich ein einfacher Rahmen zur Erklärung des rekurrenten Falles. Es sei $(\mathbf{X}, d)$ ein kompakter metrischer Raum $\mathbf{X}$ mit einer Abstandsfunktion d. Mit $\mathcal{H}(\mathbf{X})$ wird die Menge aller nicht leerer kompakter Teilmengen von $\mathbf{X}$ bezeichnet.

Definition 10.2. $d(x, B) = \min\limits_{y \in B} d(x, y) \; \forall x \in \mathbf{X}, \; \forall B \in \mathcal{H}(\mathbf{X})$. Beachten Sie, daß

$$B \subset C \Rightarrow d(x, C) \leq d(x, B) \tag{$*$}$$

---

[5]Dieser wird häufig als Markov-*Kette* bezeichnet. (Anm. d. Übers.)

gilt.

Definition 10.3. $d(A, B) = \max_{x \in A} d(x, B) \; \forall A, B \in \mathscr{H}(\mathbf{X}).$

Beachten Sie, daß der Mengenabstand nicht symmetrisch ist. Er hat die folgenden Eigenschaften:

(1) $B \subset C \Rightarrow d(A, C) \le d(A, B)$. Dies folgt sofort aus $(*)$.
(2) $d(A \cup B, C) = d(A, C) \vee d(B, C)$, wobei $x \vee y = \max\{x, y\}$ ist. Dies folgt aus

$$d(A \cup B, C) = \max_{x \in A \cup B} d(x, C) = \max_{x \in A} d(x, C) \vee \max_{x \in B} d(x, C).$$

Definition 10.4. Für alle $A, B \in \mathscr{H}(\mathbf{X})$ ist der Hausdorff-Abstand h durch

$$h(A, B) = d(A, B) \vee d(B, A)$$

definiert.

Wir erinnern daran, daß $(\mathscr{H}(\mathbf{X}), h)$ ein kompakter metrischer Raum ist.

Hilfssatz 10.1. *Für alle* $A, B, C, D \in \mathscr{H}(\mathbf{X})$ *gilt*

$$h(A \cup B, C \cup D) \le h(A, C) \vee h(B, D).$$

Beweis.

$$\begin{aligned}
d(A \cup B, C \cup D) &= d(A, C \cup D) \vee d(B, C \cup D) \quad \text{wegen (2)} \\
&\le d(A, C) \vee d(B, D) \quad \text{wegen (1)} \\
&\le h(A, C) \vee h(B, D).
\end{aligned}$$

Durch dieselbe Argumentation ergibt sich $d(C \cup D, A \cup B) \le d(C, A) \vee d(B, D) \le h(A, C) \vee h(B, D)$. $\square$

Es sei $\{\mathbf{X}; w_j, j = 1, 2, \ldots, N\}$ ein hyperbolisches IFS mit $d(w_j(x), w_j(y)) \le sd(x, y)$ für alle $x, y \in \mathbf{X}$ und $0 \le s < 1$. Wir definieren

$$W : \mathscr{H}(\mathbf{X}) \to \mathscr{H}(\mathbf{X})$$

durch

$$W(A) = \bigcup_{j=1}^{N} w_j(A).$$

Satz 10.4. $W : \mathcal{H}(\mathbf{X}) \to \mathcal{H}(\mathbf{X})$ *ist eine Kontraktion mit Kontraktionsfaktor s bezüglich der Hausdorff-Metrik. Das bedeutet:*

$$h(W(A), W(B)) \leq sh(A, B) \quad \forall A, B \in \mathcal{H}(\mathbf{X}).$$

Beweis. Für $A, B \in \mathcal{H}(\mathbf{X})$ gilt:

$$
\begin{aligned}
h(W(A), W(B)) &= h\left(\bigcup_{j=1}^{N} w_j(A), \ \bigcup_{j=1}^{N} w_j(B) \right) \\
&\leq \bigvee_{j=1}^{N} h(w_j(A), w_j(B)) \qquad \text{wegen Hilfssatz 10.1} \\
&= \bigvee_{j=1}^{N} \{d(w_j(A), w_j(B)) \vee d(w_j(B), w_j(A))\} \\
&\leq \bigvee_{j=1}^{N} \{sd(A, B) \vee sd(B, A)\} \\
&= sh(A, B).
\end{aligned}
$$

$\square$

Wir überlassen es dem Leser als Übung, zu zeigen, daß die folgende Erweiterung des obigen Resultats richtig ist. Wir werden diesen Umstand später gebrauchen. Wenn $(\mathbf{X}_1, d_1)$ und $(\mathbf{X}_2, d_2)$ metrische Räume sind, dann sind $(\mathcal{H}(\mathbf{X}_1), h_1)$ und $(\mathcal{H}(\mathbf{X}_2), h_2)$ die entprechenden Räume der kompakten nicht leeren Teilmengen. Falls nun

$$w_j : \mathbf{X}_1 \to \mathbf{X}_2 \qquad \text{für} \quad j = 1, 2, \dots, N$$

der Bedingung

$$d_2(w_j(x), w_j(y)) \leq sd_1(x, y) \qquad \text{für} \quad x, y \in \mathbf{X}_1$$

genügt, dann gehorcht

$$W : \mathcal{H}(\mathbf{X}_1) \to \mathcal{H}(\mathbf{X}_2),$$

definiert durch

$$W(A) = \bigcup_{j=1}^{N} w_j(A),$$

der Bedingung

$$h_2(W(A), W(B)) \leq sh_1(A, B).$$

Folgerung 10.1. *Es gibt eine eindeutige Menge $A \in \mathcal{H}(\mathbf{X})$, so daß $W(A) = A$ gilt.*

A ist der Attraktor des IFS.

Folgerung 10.2 (Collage-Satz für IFS). *Wenn* $B \in \mathcal{H}(\mathbf{X})$

$$h(B, W(B)) \leq \epsilon > 0$$

erfüllt, dann gilt

$$h(B, A) \leq \frac{\epsilon}{(1 - s)},$$

wobei A den Attraktor des IFS bezeichnet.

Beweis. Wegen des Kontraktionssatzes folgt

$$h(A, B) = h\left(B, \lim_{n \to \infty} W^{\circ n}(B)\right) = \lim_{n \to \infty} h(B, W^{\circ n}(B)),$$

wobei $W^{\circ 0}(B) = W(B)$ ist. Induktiv definieren wir für $n = 0, 1, 2, \ldots$

$$W^{\circ(n+1)}(B) = W(W^{\circ n}(B)).$$

Mit der Dreiecksungleichung erhalten wir

$$
\begin{aligned}
h(B, W^{\circ n}(B)) &\leq \sum_{m=1}^{n} h(W^{\circ(m-1)}(B), W^{\circ m}(B)) \\
&= \sum_{m=1}^{n} h(W^{\circ(m-1)}(B), W^{\circ(m-1)}(W(B))) \\
&\leq \sum_{m=1}^{n} s^{m-1} h(B, W(B)) \\
&\leq (1 - s)^{-1} h(B, W(B)).
\end{aligned}
$$

$\square$

Nun sind wir in der Lage, die Konstruktion auf den Fall der rekurrenten IFS zu erweitern. Eigentlich verallgemeinern wir dabei die Struktur der rekurrenten IFS auf mehrere Räume und Abbildungen von Mengen (die für den hyperbolischen Fall geeignet sind), wobei man mit Problemen der Punktmengentopologie konfrontiert wird. An dieser Stelle müssen wir uns jedoch nur mit der Zusammenhangsstruktur der Kette auseinandersetzen. Es seien $(\mathbf{X}_j, d_j)$ kompakte metrische Räume für $j \in \{1, 2, \ldots, N\}$. Mit $(\mathcal{H}_j, h_j)$ bezeichnen wir die zugehörigen metrischen Räume der nicht leeren kompakten Teilmengen, die mit der Hausdorff-Metrik versehen sind. Weiter definieren wir Abbildungen $W_{ij} : \mathcal{H}_j \to \mathcal{H}_i$, $\forall (i, j) \in I$, wobei I eine Menge von Indexpaaren ist. Diese hat die Eigenschaft, daß es für jedes $i \in \{1, 2, \ldots, N\}$ ein $j \in \{1, 2, \ldots, N\}$ mit $(i, j) \in I$ gibt. Das heißt: Es ist $I(i) = \{j : (i, j) \in I\} \neq \emptyset$ für jedes $i \in \{1, 2, \ldots, N\}$. Weiterhin sei

$$h_i(W_{ij}(A), W_{ij}(B)) \leq s_{ij} h_j(A, B)$$

für eine Zahl s_{ij}, $\forall (i, j) \in I$, $\forall A, B \in \mathcal{H}_j$. Auf Grund der Bemerkung, die auf Satz 10.4 folgt, können solche Abbildungen durch Punktabbildungen aufgebaut werden, die $\mathbf{X}_j$ nach $\mathbf{X}_i$ abbilden.

Es seien $w_i : \mathbf{X} \to \mathbf{X}$ kontrahierende Abbildungen, wobei $\mathbf{X}$ ein kompakter metrischer Raum ist und (p_{ij}) eine zeilenweise stochastische Matrix. Wir definieren $(\mathbf{X}_j, d_j) = (\mathbf{X}, d)$ für jedes j und $W_{ij}(S) = \{w_i(x) : x \in S\}$ für $i, j = 1, 2, \ldots, N$. Es sei $I(i) = \{j : p_{ji} > 0\}$. Dadurch befinden wir uns in einer allgemeineren Situation, welche wir jetzt untersuchen wollen.

Es sei

$$\widetilde{\mathcal{H}} = \mathcal{H}_1 \times \mathcal{H}_2 \times \mathcal{H}_3 \times \cdots \times \mathcal{H}_N.$$

Wir versehen $\widetilde{\mathcal{H}}$ mit der Metrik $\widetilde{h}$, die durch

$$\widetilde{h} = ((A_1, A_2, \ldots, A_N), (B_1, B_2, \ldots, B_N)) = \max\{h_j(A_j, B_j) | j = 1, 2, \ldots, N\}$$

definiert ist. Der begeisterte Leser wird schnell zeigen können, daß $(\widetilde{\mathcal{H}}, \widetilde{h})$ ein kompakter metrischer Raum ist.

Wir stellen uns $\widetilde{\mathcal{H}}$ als einen Stapel aneinandergehefteter Ebenen $\mathbf{X}_1, \mathbf{X}_2$, $\ldots, \mathbf{X}_N$ vor. Ein Punkt in $\widetilde{\mathcal{H}}$ ist dabei ein N-Tupel von Bildern, wobei in jeder Ebene ein Bild liegt. Wir definieren

$$\widetilde{W} : \widetilde{\mathcal{H}} \to \widetilde{\mathcal{H}}$$

durch

$$\widetilde{W}(A_1, A_2, \ldots, A_N) = \left(\bigcup_{j \in I(1)} w_{1j}(A_j), \bigcup_{j \in I(2)} w_{2j}(A_j), \ldots, \bigcup_{j \in I(N)} w_{Nj}(A_j), \right).$$

Im Fall $N = 2$ kann z. B. eine solche Abbildung durch

$$\widetilde{W} \begin{pmatrix} A_1 \\ A_2 \end{pmatrix} = \begin{pmatrix} \emptyset & W_{12} \\ W_{21} & W_{22} \end{pmatrix} \begin{pmatrix} A_1 \\ A_2 \end{pmatrix} = \begin{pmatrix} W_{12}(A_2) \\ W_{21}(A_1) \cup W_{22}(A_2) \end{pmatrix}$$

symbolisiert werden. Wir haben nun unser Ziel erreicht: Wir können $\widetilde{W}$ als eine Kontraktion auf $\widetilde{\mathcal{H}}$ beschreiben. Somit haben wir alle Bestandteile eines fraktalen Systems beieinander.

Satz 10.5. $\widetilde{W} : \widetilde{\mathcal{H}} \to \widetilde{\mathcal{H}}$ *erfüllt*

$$\widetilde{h} \left(\widetilde{W}(A), \widetilde{W}(B) \right) \leq s\widetilde{h}(A, B)$$

für alle $A, B \in \widetilde{\mathcal{H}}$, wobei $s = \max\{s_{ij}, (i, j) \in I\}$ ist.

Beweis. Um die Bezeichnungen kurz zu halten, sei

$$\widetilde{W} = \begin{pmatrix} W_{11} & W_{12} \\ W_{21} & W_{22} \end{pmatrix}.$$

Mit $A = (A_1, A_2)$ und $B = (B_1, B_2)$ haben wir dann

$$
\begin{aligned}
\widetilde{h}&\left(\widetilde{W}(A), \widetilde{W}(B)\right) \\
&= \widetilde{h}((W_{11}(A_1) \cup W_{12}(A_2), W_{21}(A_1) \cup W_{22}(A_2)), \\
&\qquad (W_{11}(B_1) \cup W_{12}(B_2), W_{21}(B_1) \cup W_{22}(B_2))) \\
&= \max\{h_1(W_{11}(A_1) \cup W_{12}(A_2), W_{11}(B_1) \cup W_{12}(B_2)), \\
&\qquad h_2(W_{21}(A_1) \cup W_{22}(A_2), W_{21}(B_1) \cup W_{22}(B_2))\} \\
&\leq \max\{h_1(W_{11}(A_1), W_{11}(B_1)) \vee h_1(W_{12}(A_2), W_{12}(B_2)), \\
&\qquad h_2(W_{21}(A_1), W_{21}(B_1)) \vee h_2(W_{22}(A_2), W_{22}(B_2))\} \\
&\qquad\qquad\qquad\qquad\qquad\qquad \text{wegen Hilfssatz 10.1} \\
&\leq \max\{s_{11} h_1(A_1, B_1) \vee s_{12} h_2(A_2, B_2), \\
&\qquad s_{21} h_1(A_1, B_1) \vee s_{22} h_2(A_2, B_2), \} \\
&\leq s(h_1(A_1, B_1) \vee h_2(A_2, B_2)) = s\widetilde{h}((A_1, A_2), (B_1, B_2)) \\
&= s\widetilde{h}(A, B). \qquad\qquad\qquad\qquad\qquad\qquad\qquad\qquad \square
\end{aligned}
$$

Die Tatsache, daß $\widetilde{W}$ eine Kontraktion auf $\widetilde{\mathcal{H}}$ ist, bedeutet, daß wir ein fraktales System haben, wie es im ersten Abschnitt dieses Kapitels beschrieben wurde. Die Bedingungen a), b) und c) aus Abschnitt 1 sind erfüllt. In diesem Fall ist **X** der zugrundeliegende Raum. Um den Modellraum **Y** $= \widetilde{\mathcal{H}}$ aufzubauen, werden mehrfache Kopien von **X** verwendet. (Es kann vorkommen, daß wir nur an einer „Ebene" in $\widetilde{\mathcal{H}}$ interessiert sind.) Eine Kontraktion $\mathbf{O} = \widetilde{W}$ auf $\widetilde{\mathcal{H}}$ besteht aus elementaren Transformationen, die auf **X** wirken. Die Fixpunkte solcher Operatoren **O** liefern die fraktalen Approximationen an die Modelle. Im vorliegenden Fall handelt es sich um folgende spezifische Struktur:

Folgerung 10.3. *Wenn $s < 1$ ist, dann gibt es ein eindeutiges Element*

$$
A = (A_1, A_2, \ldots, A_N) \in \widetilde{\mathcal{H}},
$$

so daß

$$
A_i = \bigcup_{j \in I(i)} W_{ij}(A_j)
$$

für $i = 1, 2, \ldots, N$ gilt, d. h. $\widetilde{W}(A) = A$. A ist der Attraktor des rekurrenten IFS.

Folgerung 10.4 (Collage-Satz für rekurrente IFS). *Falls $B \in \widetilde{\mathcal{H}}$*

$$
\widetilde{h}\left(B, \widetilde{W}(B)\right) \leq \epsilon > 0
$$

erfüllt, dann gilt

$$
h(B, A) \leq \frac{\epsilon}{(1 - s)}.
$$

Dabei ist A der Attraktor des rekurrenten IFS.

Um dies mit den rekurrenten IFS zu verbinden, welche aus Punktabbildungen eines einzelnen Raumes bestehen, kommen wir zu:

Folgerung 10.5. *Es sei* $\{\mathbf{X}; w_i, (p_{ij}), i, j = 1, 2, \ldots, N\}$ *ein rekurrentes IFS, wobei* $\mathbf{X}$ *kompakt ist und die* w_i *gleichmäßige Kontraktionen sind. Es sei A der Träger des eindeutigen stationären Maßes* μ, *welches in Abschnitt zwei erwähnt wurde. Dann existieren eindeutige kompakte Mengen* $A_i \subset A$, $i = 1, 2, \ldots, N$ *mit* $A = \bigcup\limits_{i=1}^{N} A_i$, *so daß*

$$A_i = \bigcup_{j:\,p_{ji}>0} w_i(A_j)$$

für $i = 1, 2, \ldots, N$ *gilt.*

Durch Begriffe der Zufallsbewegung ausgedrückt, die durch den Chaos-Spiel-Algorithmus erzeugt wird (und in Abschnitt zwei veranschaulicht wird), können die A_i folgendermaßen charakterisiert werden: Für alle $x \in A_i$, jede Umgebung G von x und für fast alle Trajektorien

$$x_0,\, w_{i_1}(x_0),\, w_{i_2}(w_{i_1}(x_0)),\, \ldots$$

haben wir $i_n = i$ und $w_{i_n}(\ldots(w_{i_1}(x_0))\ldots) \in G$ für unendlich viele n. Mit anderen Worten: Um A_i zu „sehen", muß man sich nur die Punkte entlang der Trajektorie angucken, auf die als letztes die Abbildung w_i angewendet wurde.

Wir wollen jetzt die oben aufgeführten Ideen zur Konstruktion einer einfachen Maschine (fraktales System) verwenden, um einige binäre Teilmengen von $\square$ zu modellieren. Die Maschine wird in Abbildung 10.10 veranschaulicht. Sie benutzt affine Abbildungen $w_i : \square \to \square$ für $i = 1, 2, 3$. Legen Sie eine Kopie der Teilmenge $T \subset \square$ auf (1) und positionieren Sie *regulierbare* Teilmengen $U, V \subset \square$ auf (2) beziehungsweise (3). Stellen Sie die Koeffizienten a_i, b_i, c_i, d_i, e_i, f_i und die beiden Teilmengen U und V so ein, daß

$$T \simeq w_1(T) \cup w_2(U) \cup w_3(V)$$
$$U \simeq w_1(T) \cup w_2(U)$$
$$V \simeq w_1(T) \cup w_3(V)$$

erfüllt ist. Wenn wir annehmen, daß das System derart justiert werden kann, daß diese Gleichungen angenähert stimmen, während die Transformationen angemessen kontrahierend bleiben, so wissen wir, daß der Attraktor für das System, unser fraktales Modell, durch einen Vektor der Mengen $(\widehat{T}, \widehat{U}, \widehat{V})$ dargestellt wird. Dabei ist $\widehat{T} \simeq T$. Dieser einfache Mechanismus erzeugt eine 18-Parameter-Familie fraktaler Modelle für Teilmengen von $\square$.

Ein einfacher Mechanismus zur Modellierung einiger binärer
Teilmengen von □

$$w_i\begin{pmatrix}x\\y\end{pmatrix}=\begin{pmatrix}a_i & b_i\\c_i & d_i\end{pmatrix}\begin{pmatrix}x\\y\end{pmatrix}+\begin{pmatrix}e_i\\f_i\end{pmatrix}$$

für i = 1, 2, 3

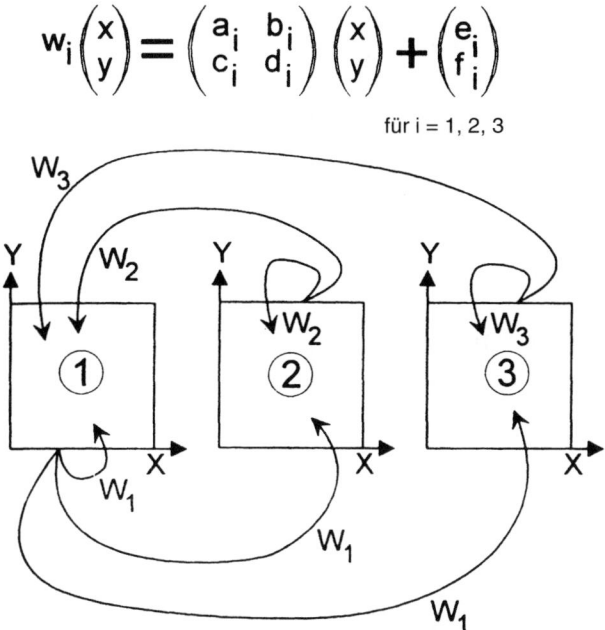

Abb. 10.10   Stellen Sie sich vor, Sie hätten Kontrollknöpfe, so daß Sie die affinen
Koeffizienten regulieren könnten.

Ein anderes einfaches fraktales System aus Punktmengen wird durch das
Diagramm in Abbildung 10.11 angedeutet. Dieser Maschinentyp erzeugt rekurrente fraktale Interpolationsfunktionen. Die Koeffizienten der Transformationen
werden so eingerichtet, daß die resultierenden Attraktoren die Graphen stetiger
Funktionen sind. Es muß gelten:

$$
\begin{aligned}
w_1(x_0, y_0) &= (x_0, y_0), & w_3(x_2, y_2) &= (x_3, y_3), & w_5(x_2, y_2) &= (x_4, y_4)\\
w_1(x_2, y_2) &= (x_1, y_1), & w_3(x_0, y_0) &= (x_2, y_2), & w_5(x_4, y_4) &= (x_5, y_5)\\
w_2(x_2, y_2) &= (x_1, y_1), & w_4(x_4, y_4) &= (x_3, y_3), & w_6(x_4, y_4) &= (x_5, y_5)\\
w_2(x_4, y_4) &= (x_2, y_2), & w_4(x_6, y_6) &= (x_4, y_4), & w_6(x_6, y_6) &= (x_6, y_6).
\end{aligned}
$$

Ein Beispiel für ein kommerzielles fraktales System, das für Unterrichts-
zwecke und Desktop-Publishing-Anwendungen nützlich ist, ist das *Desktop
Fractal Design System (DFDS)*[6]. Dieses basiert auf der Theorie einfacher rekurrenter IFS und verwendet affine Transformationen in zwei Dimensionen. Damit
lassen sich einige Aspekte der Modellierung mittels Punktmengenattraktoren
rekurrenter IFS darstellen.

---

[6]The Desktop Fractal Design System, Version 2.0, für MacIntosh und IBM PC. Heraus-
gegeben von Academic Press, 1992.

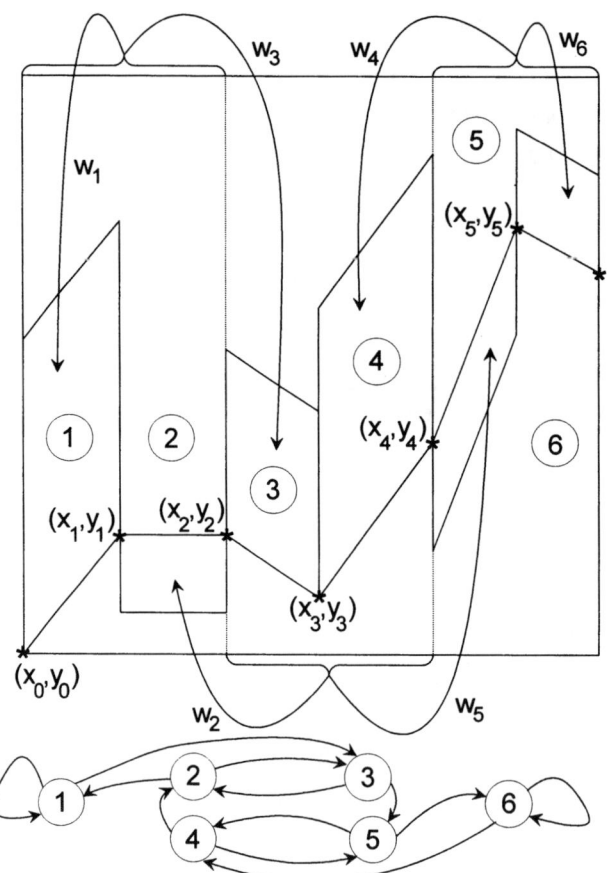

Abb. 10.11 Ein fraktales System wird so eingestellt, daß seine Attraktoren die Graphen stetiger Funktionen sind.

Wir betrachten das IFS für einen Farn, wie es in Kapitel drei vorgestellt wurde. Wir bezeichnen dies als Farn 1. Sein IFS-Code ist in Tabelle 10.4 angegeben, der Farn ist in Abbildung 10.12 dargestellt.

In Abbildung 10.13 zeigen wir, wie man dasselbe Bild von Farn 1 durch eine zweifache Kopie des Raumes □ herstellt. Dabei wirkt dasselbe IFS auf dem Raum, und eine Transformation kann von einer Kopie des Raumes auf die andere abbilden.

Sehen Sie sich die Struktur von Farn 1 genau an. Beachten Sie, wie die Hauptfarnwedel abwechselnd von rechts und links abgehen, wenn wir den Hauptstamm hochgehen. Wie wir in Kapitel drei gesehen haben, wiederholt sich diese Struktur in allen Größenordnungen. Wenn wir in den kleinsten Farnwedel hineinzoomen, so sehen wir, daß alle nächstkleineren Wedel wieder abwechselnd von rechts und links von ihren dazugehörigen Stämmen abgehen.

Nun ändern wir unser komplizierteres rekurrentes System ab, indem wir das IFS für die erste Kopie des Farns verändern. Das bedeutet: Wir stellen die affinen Koeffizienten so ein, daß Farn 1 auf der ersten Kopie von □ zu Farn 2 wird. Dies wird in Abbildung 10.14 und Tabelle 10.5 dargestellt.

Beachten Sie, daß sich die Farnwedel in Farn 2 gegenüberstehen und nicht mehr abwechseln. In Abbildung 10.15 ist schließlich dargestellt, wie sich die Änderungen auf den Attraktor als Ganzes auswirken. Die Originalkopie des Farns besitzt nun gegenüberstehende Farnwedel, von denen einige aus kleineren Farnen mit abwechselnden Wedeln bestehen. Wir lernen, wie man ein rekurrentes fraktales Modell kontrolliert!

Tabelle 10.4 IFS-Code für Farn 1

w_i	a_i	b_i	c_i	d_i	e_i	f_i
1	-0.02	0.39	-0.31	0.30	96	108
2	0.68	0.17	-0.17	0.68	73	11
3	0.05	-0.80	-0.22	-0.19	286	131
4	0.02	-0.36	0.00	0.38	160	97

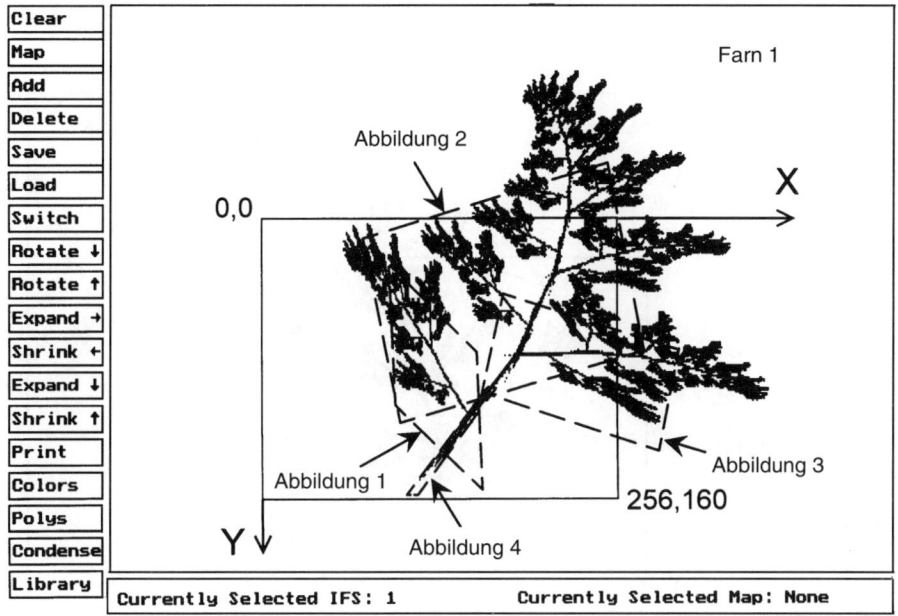

Abb. 10.12 Das Bild eines Farns ist der Punktmengenattraktor eines einzelnen fraktalen Systems, welches aus einem IFS affiner Abbildungen besteht, die in $\mathbf{R}^2$ agieren. Es steht in enger Beziehung zu komplizierteren Fraktalen, die auf der Theorie rekurrenter IFS aufbauen.

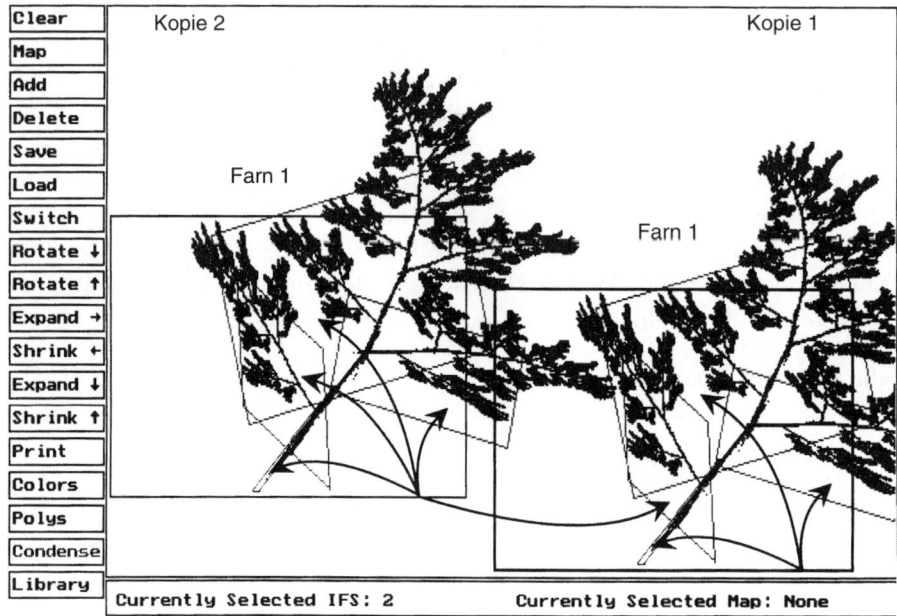

Abb. 10.13 Hier sieht man, wie der Attraktor aus Abbildung 10.12 auch der Attraktor eines rekurrenten fraktalen Systems ist. Dabei sind zwei Kopien von □ beteiligt, statt nur einer. Der Attraktor des IFS erscheint als *Teil* des Attraktors eines rekurrenten IFS.

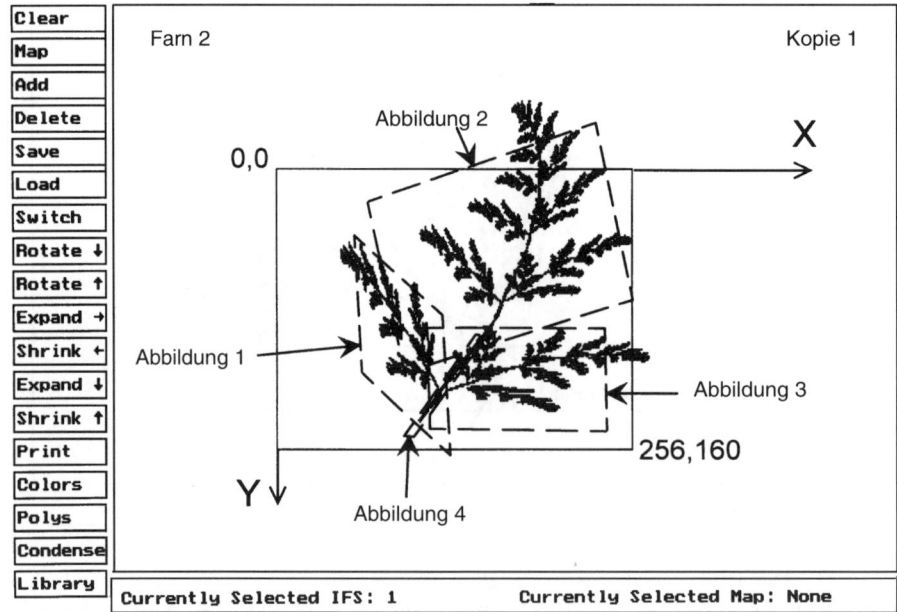

Abb. 10.14 Das IFS, welches auf der ersten Kopie von □ wirkt, wird verändert, um einen neuen Farn (Farn 2) herzustellen.

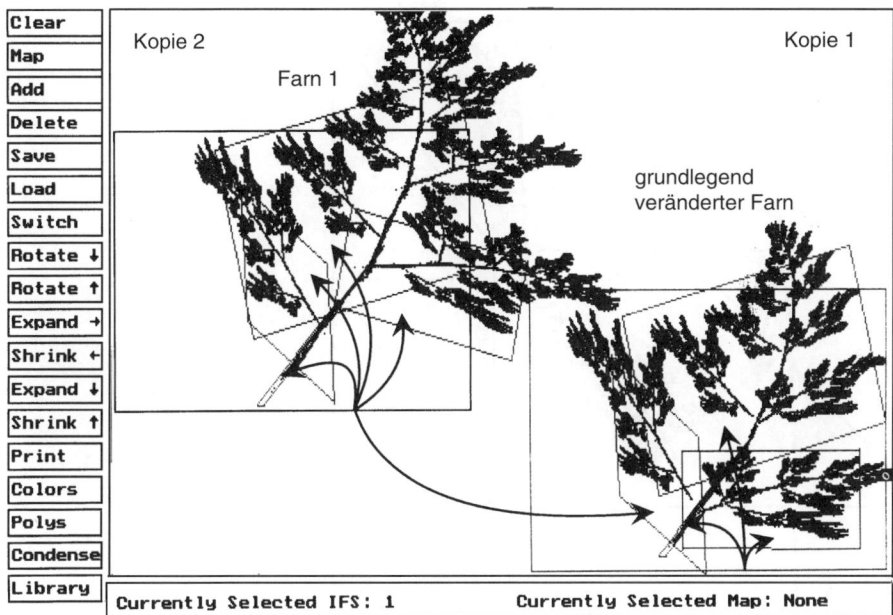

Abb. 10.15 Das Ergebnis der Modifizierung der ersten Kopie des Farns besteht in einer grundlegenden Veränderung der Struktur des Attraktorteils, welcher auf der ersten Kopie von □ erscheint.

Tabelle 10.5 IFS-Code für Farn 2

w_i	a_i	b_i	c_i	d_i	e_i	f_i
1	−0.02	0.39	−0.31	0.30	64	116
2	0.64	0.16	−0.16	0.64	67	15
3	0.00	−0.80	−0.22	0.01	237	147
4	0.20	−0.33	0.00	0.35	144	96

Was passiert, wenn wir die erste Kopie wieder in einige der Farnwedel aus der zweiten Kopie eingeben? Die Ergebnisse einer solchen Änderung sind in Abbildung 10.16 dargestellt. In diesem Beispiel sind die am untersten Ende gelegenen Farnwedel eines jeden Farns affine Transformationen des anderen Farns.

In Abbildung 10.17 ist ein anderes Beispiel eines Attraktors zu sehen, welcher aus vier Punktmengen auf einmal besteht. Dabei ist es vernünftig, sich den Vektor der Mengen als eine einzelne Größe vorzustellen.

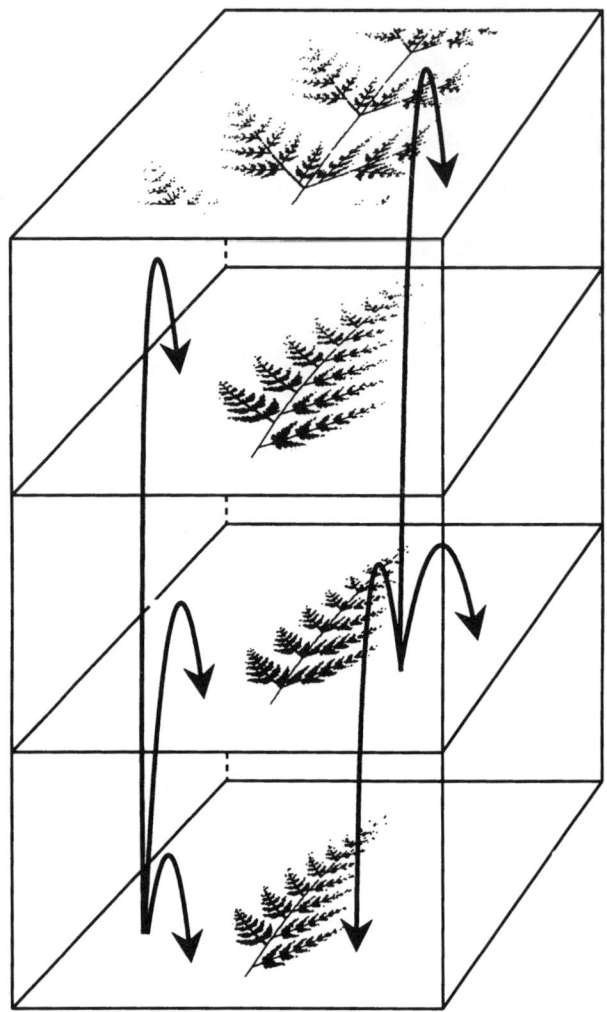

Abb. 10.16   Ein fraktales System, das auf einer Struktur rekurrenter IFS aufbaut, erzeugt zwei Farne, deren Strukturen ineinandergewoben sind. Keiner kann ohne den anderen existieren!

Abb. 10.17   Affine Abbildungen verbinden vier Kopien von □ miteinander. Sie führen zu einer rekurrenten Struktur, die aus vier miteinander verknüpften Mengen besteht. In diesem fraktalen System folgt aus einer Veränderung der Koeffizienten eine große Vielfalt fraktaler Modelle.

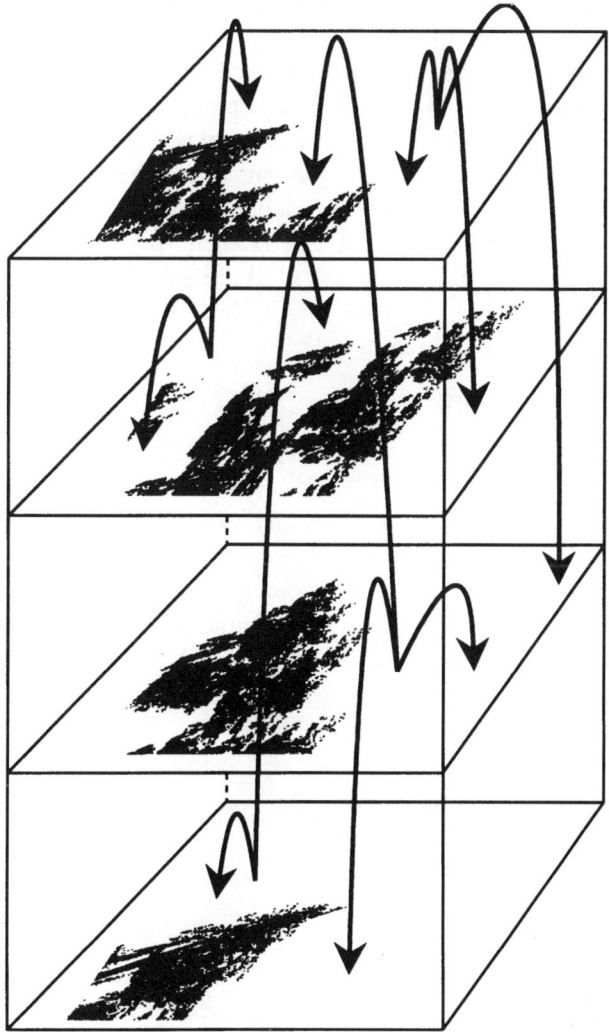

Abb. 10.17

10.4 Fraktale Systeme, deren Attraktoren Vektoren von Maßen sind

In diesem Abschnitt befassen wir uns mit der Konstruktion fraktaler Systeme mit Hilfe rekurrenter IFS, deren Attraktoren Vektoren sind, die aus Maßen bestehen. Unser Ziel besteht darin, zu zeigen, wie der Collage-Satz und der dazugehörige

Mechanismus aufgebaut werden können, so daß eine fraktale Modellierung mittels der maßtheoretischen Attraktoren bestimmter rekurrenter IFS möglich wird. Das bedeutet, daß rekurrente IFS dazu benutzt werden können, fraktale Systeme zu erzeugen, die für eine Modellierung von Maßen geeignet sind.

Was passiert in dem Fall eines IFS mit Wahrscheinlichkeiten? Es sei z. B. $\mathbf{X} = \square \subset \mathbf{R}^2$ und $\{\mathbf{X}; w_1, \ldots, w_N; p_1, \ldots, p_N\}$ ein IFS mit Wahrscheinlichkeiten, wie es in Abschnitt sechs von Kapitel neun beschrieben wurde. Dabei sind die w_i kontrahierend und affin und $\mathbf{Y} = \mathcal{P}(\mathbf{X})$. Dann können wir ein korrespondierendes fraktales System definieren, indem wir $\mathbf{O}$ als den dazugehörigen Markov-Operator ansehen. Dieser wurde ebenfalls in Abschnitt sechs von Kapitel neun definiert. $\mathbf{O} : \mathbf{Y} \to \mathbf{Y}$ ist also durch

$$\mathbf{O}(\nu) = M(\nu) = p_1 \nu \circ w_1^{-1} + p_2 \nu \circ w_2^{-1} + \cdots + p_N \nu \circ w_N^{-1}$$

bestimmt. Aus der Theorie von Kapitel neun wissen wir, daß $\mathbf{O}$ bezüglich der Hutchinson-Metrik kontrahierend ist.

Wie sieht die analoge Struktur für rekurrente IFS aus? Wir verwenden die Bezeichnungsweise des vorangegangenen Abschnitts, beschränken unsere Aufmerksamkeit jedoch auf Maße, deren Träger auf drei Kopien von $\mathbf{X}$ liegt. Anstatt des Maßraums $\mathcal{P}(\mathbf{X})$ arbeiten wir mit dem Raum der normierten Borel-Maße $\widetilde{\mathcal{P}}$, welche auf Borel-Teilmengen $\widetilde{S}$ von $\mathbf{X} \times \mathbf{X} \times \mathbf{X}$ definiert sind. Sie haben die spezielle Form

$$\widetilde{S} = (S_1, S_2, S_3) \in \mathcal{B}(\mathbf{X}) \times \mathcal{B}(\mathbf{X}) \times \mathcal{B}(\mathbf{X}),$$

wobei $\mathcal{B}(\mathbf{X})$ die Borel-Teilmengen von $\mathbf{X}$ bezeichnet. Ein Punkt in $\widetilde{\mathcal{P}}$ wird durch einen Vektor von Maßen

$$\widetilde{\mu} = (\mu_1, \mu_2, \mu_3)$$

beschrieben. Dabei ist jedes μ_i ein Borel-Maß auf $\mathbf{X}$ und

$$\mu_1(\mathbf{X}) + \mu_2(\mathbf{X}) + \mu_3(\mathbf{X}) = 1.$$

Dann beträgt das Maß des Vektors von Teilmengen $\widetilde{S} = (S_1, S_2, S_3)$

$$\widetilde{\mu}(\widetilde{S}) = \mu_1(S_1) + \mu_2(S_2) + \mu_3(S_3).$$

Wir legen auf $\widetilde{\mathcal{P}}$ durch

$$\widetilde{d}(\widetilde{\mu}, \widetilde{\nu}) = \sup \left\{ \sum_i \left(\int_{\mathbf{X}} f_i \, d\mu_i - \int_{\mathbf{X}} f_i \, d\nu_i \right) : \widetilde{f} = (f_1, f_2, f_3) \in L \right\}$$

für alle $\widetilde{\mu}, \widetilde{\nu} \in \widetilde{\mathcal{P}}$ eine verallgemeinerte Hutchinson-Metrik $\widetilde{d}$ fest. Dabei ist

$$L = \left\{ \widetilde{f} = (f_1, f_2, f_3) : f_i : \mathbf{X} \to \mathbf{R} \text{ stetig,} \right.$$
$$\left. \text{und } |f_i(x) - f_i(y)| \le d(x, y) \, \forall x, y \in \mathbf{X}, i = 1, 2, 3 \right\}.$$

Da $(\mathcal{P}(\mathbf{X}), d_H)$ ein kompakter metrischer Raum ist, wenn $(\mathbf{X}, d)$ ein kompakter metrischer Raum ist, folgt, daß auch $(\widetilde{\mathcal{P}}, \tilde{d})$ ein kompakter metrischer Raum ist.

Nun sind wir in der Lage, die verallgemeinerten Markov-Operatoren $\widetilde{M}$, mit

$$\widetilde{M} : \widetilde{\mathcal{P}} \to \widetilde{\mathcal{P}},$$

die zu den rekurrenten IFS gehören, zu beschreiben. Wir verdeutlichen nun die Idee für rekurrente IFS wie das in Tabelle 10.1, das außerdem Gegenstand der Abbildungen 10.3 und 10.9 ist. Wir definieren einfach

$$\widetilde{M}(\tilde{\mu}(\tilde{S})) = \left(\sum_i p_{i1}\mu_i(w_1^{-1}(S_1)), \sum_i p_{i2}\mu_i(w_2^{-1}(S_2)), \sum_i p_{i3}\mu_i(w_3^{-1}(S_3)) \right).$$

Wir erwarten, daß solche Operatoren Kontraktionen auf $(\widetilde{\mathcal{P}}, \tilde{d})$ sind, wenn die Transformationen w_i Kontraktionen sind.

Nun zeigen wir, daß $\widetilde{M}$ den Kontraktionsfaktor s besitzt, wenn $p_{ij} = p_j$ gilt und die w_i kontrahierend mit dem Kontraktionsfaktor $0 \le s < 1$ sind. Wir brauchen noch die Gleichheit

$$\int_{\mathbf{X}} f_j \, \mathrm{d}\left(\widetilde{M}(\tilde{\nu})_j\right) = \sum_i p_{ij} \int_{\mathbf{X}} f_j(w_j(x)) \, \mathrm{d}\nu_i(x),$$

welche aus einem Variablentausch folgt. Dann gilt

$$\tilde{d}\left(\widetilde{M}(\tilde{\nu}), \widetilde{M}(\tilde{\mu})\right)$$

$$= \sup\left\{ \sum_j \left(\int_{\mathbf{X}} (f_j \, \mathrm{d}(\widetilde{M}(\tilde{\mu})_j)) - \int_{\mathbf{X}} (f_j \, \mathrm{d}(\widetilde{M}(\tilde{\nu})_j)) \right) : \tilde{f} \in L \right\}$$

$$= \sup\left\{ \int_{\mathbf{X}} \sum_{ij} p_{ij} f_j(w_j(x)) \, \mathrm{d}\mu_i - \int_{\mathbf{X}} \sum_{ij} p_{ij} f_j(w_j(x)) \, \mathrm{d}\nu_i : \tilde{f} \in L \right\}$$

$$= \sup\left\{ \int_{\mathbf{X}} \sum_{ij} p_j f_j(w_j(x)) \, \mathrm{d}\mu_i - \int_{\mathbf{X}} \sum_{ij} p_j f_j(w_j(x)) \, \mathrm{d}\nu_i : \tilde{f} \in L \right\}.$$

Für $x \in \mathbf{X}$ sei

$$\widehat{f}(x) = \left(s^{-1} \sum_j p_j f_j(w_j(x)), s^{-1} \sum_j p_j f_j(w_j(x)), s^{-1} \sum_j p_j f_j(w_j(x)) \right).$$

Dann ist $\widehat{f} \in L$. Es sei

$$\widehat{L} = \{ \tilde{f} \in L : \tilde{f} \text{ hat die spezielle Form von } \widehat{f} \text{ oben, für } f \in L \}.$$

Dann können wir

$$\tilde{d}(\widetilde{M}(\tilde{\nu}), \widetilde{M}(\tilde{\mu})) = \sup\left\{ s \int \tilde{f} \, \mathrm{d}\tilde{\mu} - s \int \tilde{f} \, \mathrm{d}\tilde{\nu} : \tilde{f} \in \widehat{L} \right\}$$

schreiben. Wegen $\widehat{L} \subset L$ folgt

$$\tilde{d}(\widetilde{M}(\tilde{\nu}), \widetilde{M}(\tilde{\mu})) \leq s\tilde{d}(\tilde{\nu}, \tilde{\mu}).$$

Damit ist vollständig nachgewiesen, daß der rekurrente „Mehrfachebenen"-Markov-Operator für den Spezialfall $p_{ij} = p_j$ kontrahierend ist.

Im allgemeinen Fall jedoch, in dem die Übergangsmatrix $P = (p_{ij})$ nicht den obigen Einschränkungen unterliegt, wird die Kontraktionseigenschaft des Markov-Operators nicht nur durch die kontrahierenden Transformationen w_i beeinflußt, sondern auch durch das Verhalten der Übergangsmatrix. Um dies einzusehen, betrachten wir den Fall, in dem der Raum $\mathbf{X}$ nur aus einem einzelnen Punkt besteht. Aus $\widetilde{\mathcal{P}}$ wird die Menge

$$\{\tilde{\mu} = (\mu_1, \mu_2, \mu_3) \in \mathbf{R}^3 : \mu_1 + \mu_2 + \mu_3 = 1, \mu_1 \geq 0, \mu_2 \geq 0, \mu_3 \geq 0\}.$$

Das bedeutet: Ein typisches Maß $\tilde{\mu} \in \widetilde{\mathcal{P}}$ wird durch einen Vektor der Länge 3 und die Gesamtmasse 1 beschrieben. Der Hutchinson-Abstand zwischen zwei solchen Vektoren ist einfach die Summe der Absolutwerte der Differenzen zwischen den Komponenten, d. h.:

$$\tilde{d}(\tilde{\mu} = (\mu_1, \mu_2, \mu_3), \tilde{\nu} = (\nu_1, \nu_2, \nu_3)) = |\mu_1 - \nu_1| + |\mu_2 - \nu_2| + |\mu_3 - \nu_3|.$$

Dann ist der Markov-Operator $\widetilde{M} : \widetilde{\mathcal{P}} \to \widetilde{\mathcal{P}}$ durch

$$\begin{aligned}
\widetilde{M}(\tilde{\mu}) &= (\mu_1, \mu_2, \mu_3)P \\
&= (\mu_1 p_{11} + \mu_2 p_{21} + \mu_3 p_{31}, \mu_1 p_{12} + \mu_2 p_{22} + \mu_3 p_{32}, \\
&\quad \mu_1 p_{13} + \mu_2 p_{23} + \mu_3 p_{33})
\end{aligned}$$

gegeben, wobei

$$P = \begin{pmatrix} p_{11} & p_{12} & p_{13} \\ p_{21} & p_{22} & p_{23} \\ p_{31} & p_{32} & p_{33} \end{pmatrix}$$

ist. Es folgt

$$\tilde{d}(\widetilde{M}(\tilde{\nu}), \widetilde{M}(\tilde{\mu})) \leq \tilde{d}(\tilde{\nu}, \tilde{\mu}).$$

Jedoch können wir im allgemeinen Fall nicht von der Existenz eines Kontraktionsfaktors ausgehen, der kleiner als 1 ist. Dies läßt sich durch Betrachtung des Falles

$$P = \begin{pmatrix} 1 - 2\epsilon & \epsilon & \epsilon \\ \epsilon & 1 - 2\epsilon & \epsilon \\ \epsilon & \epsilon & 1 - 2\epsilon \end{pmatrix}$$

einsehen. Dabei ist ϵ sehr klein und positiv. Für diese Übergangsmatrix zeigt sich

$$\tilde{d}\left(\widetilde{M}((1, 0, 0), \widetilde{M}(0, 0, 1))\right) = (1 - 3\epsilon) \cdot \tilde{d}((1, 0, 0), (0, 0, 1)).$$

Solange der Markov-Operator jedoch einen eindeutigen Fixpunkt besitzt[7], existiert immer eine Metrik, so daß der Operator kontrahierend und der Kontraktionsfaktor beliebig klein ist.[8] Das Problem besteht in der Identifizierung einer solchen Metrik, die dabei außerdem auch intuitiv oder bildlich zugänglich ist.

Der zu einem IFS mit Wahrscheinlichkeiten gehörende Operator M : $\mathscr{P}(\mathbf{X}) \to \mathscr{P}(\mathbf{X})$ mit

$$M(\nu) = p_1 \nu \circ w_1^{-1} + p_2 \nu \circ w_2^{-1} + \cdots + p_N \nu \circ w_N^{-1}$$

ist ein Beispiel für eine maßerhaltende Transformation auf einem metrischen Raum, der aus kontrahierenden Transformationen aufgebaut ist.

Es sei eine Menge von Räumen $\{\mathbf{X}_k : k = 1, 2, \ldots, N\}$ gegeben. Wir können maßerhaltende Transformationen $M_{ij} : \mathscr{P}(\mathbf{X}_i) \to \mathscr{P}(\mathbf{X}_j)$ definieren, die die Form

$$M_{ij}(\nu) = p_{ij1} \nu \circ w_{ij1}^{-1} + p_{ij2} \nu \circ w_{ij2}^{-1} + \cdots + p_{ijN_{ij}} \nu \circ w_{ijN_{ij}}^{-1}$$

haben, wobei $w_{ijn} : \mathbf{X}_i \to \mathbf{X}_j$ für $n \in \{1, 2, \ldots, N_{ij}\}$ zwischen den metrischen Räumen $(\mathbf{X}_i, d_i)$ und $(\mathbf{X}_j, d_j)$ kontrahierend ist. Das bedeutet:

$$d_j(w_{ijn}(x), w_{ijn}(y)) \leq s \cdot d_i(x, y)$$

für alle $x, y \in \mathbf{X}_i$. Die p_{ijn} sind positive Zahlen, die

$$\sum_n p_{ijn} = 1$$

erfüllen. (Man kann sich $\{\mathbf{X}_i, \mathbf{X}_j; w_{ijn}, p_{ijn}, n = 1, 2, \ldots, N_{ij}\}$ als ein „IFS" vorstellen, das zwischen den Räumen $\mathbf{X}_i$ und $\mathbf{X}_j$ wirkt.) Als nächstes führen wir eine $N \times N$-Übergangsmatrix $P = (p_{ij})$ ein, die zeilenweise stochastisch ist. Sie gibt die Wahrscheinlichkeit für einen Übergang von Raum $\mathbf{X}_i$ nach Raum $\mathbf{X}_j$ an. Dann können wir einen Markov-Operator $\widetilde{\widetilde{M}} : \widetilde{\widetilde{\mathscr{P}}} \to \widetilde{\widetilde{\mathscr{P}}}$ definieren, der durch

$$\widetilde{\widetilde{M}}(\mu_1, \mu_2, \ldots, \mu_N) = \left(\sum_i p_{i1} M_{i1}(\mu_i), \sum_i p_{i2} M_{i2}(\mu_i), \ldots, \sum_i p_{iN} M_{iN}(\mu_i) \right)$$

bestimmt ist. Dabei ist $\widetilde{\widetilde{\mathscr{P}}} = \mathscr{P}(\mathbf{X}_1) \times \mathscr{P}(\mathbf{X}_2) \times \cdots \times \mathscr{P}(\mathbf{X}_N)$. Im allgemeinen erwarten wir, daß solche Operatoren kontrahierend sind. Sie bilden die Grundlage für nützliche fraktale Systeme zur Modellierung der Vektoren von Maßen, insbesondere von Schwarz-Weiß-Photos. Ein Beispiel für ein solches System ist

---

[7]Insbesondere muß der Eigenwert eins der Übergangsmatrix P eine einfache Nullstelle des charakteristischen Polynoms von P sein, und 1 muß der einzige Eigenwert von P mit dem Betrag 1 sein. (Anm. d. Übers.)

[8]Vergleichen Sie: Janos, L.T: *A converse of Banach's contraction theorem*, Proceed. Am. Math. Soc. **18** (1967) S. 287-289. (Anm. d. Übers.)

VRIFS^{TM}9. Es handelt sich um ein interaktives Bildmodellierungssystem, welches ein fraktales System verwendet, das aus Operatoren vom Typ $\widetilde{M}$ aufgebaut ist. Dabei sind alle Transformationen zweidimensional affin. Ein Beispiel für ein Bild, das mit VRIFS^{TM} erzeugt wurde, ist in Abbildung 10.18 zu sehen.

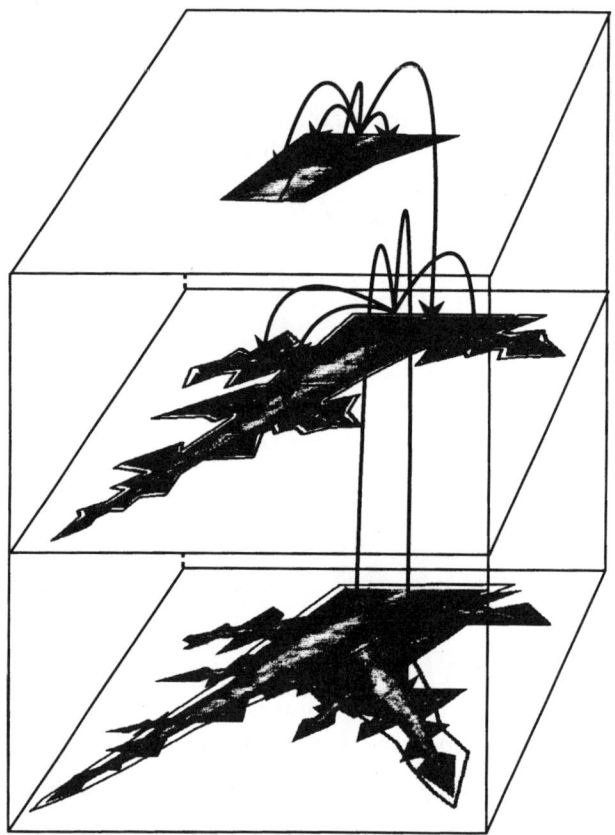

Abb. 10.18 Ein spezieller Markov-Operator wirkt auf einem Vektor von Maßen. Sein Attraktor besteht aus einem Bilderstapel. Fraktale Systeme dieses Typs eignen sich für die fraktale Modellierung von Grautonbildern.

---

[9]VRIFS^{TM} steht für Vector Recurrent Iterated Function System und ist ein interaktives maßtheoretisches fraktales System zur Modellierung zweidimensionaler Bilder. Es läuft auf Sun-Workstations und verwendet vierdimensionale Vektoren von Maßen, deren affine Koeffizienten eingestellt werden können. Es ist erhältlich bei Iterated Systems Inc., Commercial Division, 5550-A Peachtree Parkway, Norcross, Georgia, 30092, USA, Tel.: (404) 8400633.

Literaturverzeichnis

Amburn, P.; Grant, E.; Whitted, T.: *Managing Geometric Complexity with Enhanced Procedural Methods.* Comp. Graphics 20 (1986) 4.

Anson, L.; Barnsley, M.: *Graphics Compression Technology.* Sunworld (Oktober 1991) S. 42–52.

Aono, M.; Kunii, T.L.: *Botanical Tree Immage Generation.* IEEE Comp. Graphics and Appl. **4** (1984) 5, S. 10–33.

Barnsley, M.F.; Geronimo, J.S.; Harrington, A.N.: *Geometry and Combinatorics of Julia Sets for Real Quadratic Maps.* J. Stat. Phys. **37** (1984) S. 51–92.

Barnsley, M.F.; Demko, S.: *Iterated Function Systems and the Global Construction of Fractals.* Proc. Royal Soc. of London **A 399** (1985a) S. 243–275.

Barnsley, M.F.; Ervin, V.; Hardin, D.P.; Lancaster, J.: *Solution of an Inverse Problem for Fractals and Other Sets.* Proc. Nat. Acad. Sci. **83** (1985b) S. 1975–1977.

Barnsley, M.F.; Harrington, A.N.: *A Mandelbrot Set for Pairs of Linear Maps.* Physica **15 D** (1985c) S. 421–432.

Barnsley, M.F.: *Fractal Functions and Interpolation.* Constructive Approximation **2** (1986) S. 303–329.

Barnsley, M.F.; Jacquin, A.; Reuter, L.; Sloan, A.D.: *A Cloud Study.* A videotape produced by the Computergraphical Mathematics Laboratory at Georgia Institute of Technology. (1987).

Barnsley, M.F.; Jacquin, A.; Reuter, L.; Sloan, A.D.: *Harnessing Chaos for Image Synthesis.* Comp. Graphics (1988a) SIGGRAPH 1988 Conference Proceedings.

Barnsley, M.F.; Sloan, A.D.: *A Better Way to Compress Images.* Byte Mag. (1988b) S. 215–223.

Barnsley, M.F.; Cain, G.; Kasriel, R.K.: *The Escape Time Algorithm.* Preprint, School of Mathematics, Georgia Institute of Technology, 1988c.

Barnsley, M.F.; Elton, J.: *A New Class of Markov Processes for Image Encoding.* J. Appl. Prob. **20** (1988d) S. 14–32.

Barnsley, M.F.; Hardin, D.P.: *A Mandelbrot Set Whose Boundary is Piecewise Smooth.* Transactions Amer. Math. Soc. **315** (1989a) S. 641–659.

Barnsley, M.F.; Elton, J.; Hardin, D.P; Massopust, P.: *Hidden Variable Fractal Interpolation Functions.* SIAM J. Math. Anal. **20** (5) (1989b) S. 1218–1242.

Barnsley, M.: (1) *Fractals and* (2) *Chaos.* BCS Conference Documentation Displays Group, State of the Art Seminar, Fractals and Chaos, London (The British Computer Society, 13 Mansfield Street, London W1M 0BP) 6.–7. Dezember 1989.

Barnsley, M.; Elton, J.; Hardin, D.: *Recurrent Iterated Function Systems.* Constructive Approximation **5** (1989) S. 3–31.

Barnsley, M.: *Desktop Fractal Design System.* Boston (Academic Press) Version 1.0 1989, Version 2.0 1992.

Barnsley, M.; Sloan, A.: *Method and Apparatus for Processing Digital Data.* United States Patent Nr. 5.065.447.

Barnsley, M.; Hurd, L.P.: *Fractal Image Compression.* Wellesley, Massachusetts (A.K. Peters) 1993.

Beaumont, J.M.: *Image Data Compression Using Fractal Techniques.* B.T. Journal **9** (1991) 4, S. 93–108.

Bedford, T.J.: *Dimension and Dynamics for Fractal Recurrent Sets.* J. London Math. Soc. **2** (1986) 33, S. 89–100.

Billingsley, P.: *Ergodic Theory and Information.* New York (John Wiley and Sons) 1965.

Blanchard, P.: *Complex Analytic Dynamics on the Riemann Sphere.* Bull. Amer. Math. Soc. **11** (1984) S. 88–144.

Brolin, H.: *Invariant Sets Under Iteration of Rational Functions.* Arkiv för Matematik **6** (1966) 6, S. 103–144.

Brown, J.R.: *Ergodic Theory and Topological Dynamics.* New York (Academic Press) 1976.

Cabre, M.M.: *Fractal Series and Infinite Products.* Preprint, Documento de Trabajo 9021, Facultad de Ciencias Economicas Y Empresariales, Universidad Complutense Campus de Somosaguas, 28023 Madrid.

Collet, P.; Eckmann, J.–P.: *Iterated Maps on the Interval as Dynamical Systems.* Boston (Birkhäuser) 1980.

Crilly, A.J.; Earnshaw, R.A.; Jones, H.: *Fractals and Chaos.* London (Springer) 1991.

Culik II, K.; Dube, S.: *Rational and Affine Expressions for Image Description.* Discrete Applied Mathematics (in Vorb.) Tech. Report TR 90001, Univ. of South Carolina (1990).

Culik II, K.; Dube, S.: *Affine Automata and Related Techniques for Generation of Complex Images.* Theoretical Computer Science (in Vorb.).

Culik II, K.; Dube, S.: *Balancing Order and Chaos in Image Generation.* Proceeding of the 18th International Colloquium on Automata, Languages and Programming, Madrid Spanien, Juli 1991. In: Lectur Notes in Computer Science **510,** S. 600–614 Springer (1991).

Culik II, K.; Dube, S.: *New Techniques for Image Generation and Compression.* Conference on New Trends and Results in Computer Science, Graz Österreich, Juni 1992. In: Lectur Notes in Computer Science **555,** S. 69–90, Springer (1991).

Curry, J.; Garnett, L.; Sullivan, D.: *On the Iteration of Rational Functions: Computer Experiments with Newton's Method.* Commun. Math. Phys. **91** (1983) S. 267–277.

Demko, S.; Hodges, L.; Naylor, B.: *Construction of Fractal Objects with Iterated Function Systems.* Comp. Graphics **19** (1985) 3, S. 271–278.

Devaney, R.: *An Introduction to Chaotic Dynamical Systems.* New York (Addison-Wesley) 1986.

Dewdney, A.K.: *Beauty and Profundity: The Mandelbrot Set and a Flock of its Cousins called Julia.* Sci. Amer. **257** (1987) S. 118–122.

Diaconis, P.M.; Shahshahani, M.: *Products of Random Matrices and Computer Image Generation.* Contemp. Math. **50** (1986) S. 173–182.

Douady, A.; Hubbard, J.: Comptes Rendus Paris **294** (1982) S. 123–126.

Douady, A.; Hubbard, J.: *On the Dynamics of Polynomial–like Mappings.* Ann. Sci. de l'Ecole Normale Supérieur 4e Série **18** (1985) S. 287–343.

Dunford, N.; Schwartz, J.T.: *Linear Operators Part I: General Theory.* 3.Auflage. New York (John Wiley and Sons) 1966.

Dudbridge, F.: *Image Approximation by Self Affine Fractals.* Ph.D. Thesis, Department of Computing, Imperial College of Science, Technology and Medicine, London SW 7 2BZ, England.

Edgar, G.A.: *Measure, Topology and Fractal Geometry.* New York (Springer) 1990.

Eisen, M.: *Introduction to Mathematical Probability Theory.* London (Prentice Hall, Englewood Cliffs) 1969.

Elton, J.: *An Ergodic Theorem for Iterated Maps.* J. Ergodic Theory and Dynamical Systems **7** (1987) S. 481–488.

Elton, J.: *A Simultaneously Contractive Remetrization Theorem for Iterated Function Systems.* Georgia Institute of Technology, Preprint, 1988.

Fatou, P.: *Sur les Equations Fonctionelles.* Bull. Soci. Math. France **47** (1919) S. 161–271 und **48** (1920) S. 33–94, S. 208–314.

Federer, H.: *Geometric Measure Theory.* New York (Springer) 1969.

Feigenbaum, M.J.: *The Universal Metric Properties of Nonlinear Transformations.* J. Stat. Phys. **21** (1979) S. 669–706.

Feller, W.: *An Introduction to Probability Theory and its Applications.* London (Wiley) 1957.

Fisher, Y.; Boss, R.D.; Jacobs, E.W.: *Fractal Image Compression.* In: Storer, R. (Hrg.) *Data Compression* (in Vorb.) Norwell, Massachusetts (Kluwer Academic Publishers).

Fournier, A.; Fussel, D.; Carpenter, L.: *Computer Rendering of Stochastic Models.* Communications of the AMC **25** (1982) 6.

Geronimo, J.S.; Hardin, D.: *Fractal Interpolation Surfaces and a Related 2-D Multiresolution Analysis.* Preprint, School of Mathematics, Georgia Institute of Technology, Atlanta, Georgia, USA (1990).

Gilbert, W.J.: *Fractal Geometry Derived from Complex Bases.* The Math. Intell. **4** (1982) S. 78–86.

Gleick, J.: *Chaos: Making a New Science.* New York (Viking Press) 1987.

Halmos, P.R.: *Measure Theory.* New York (Springer) 1974.

Hardin, D.P.: *Hyperbolic IteratedFunction Systems and Applications.* Ph.D. Thesis, Georgia Institute of Technology, 1985.

Hart, J.C.; DeFanti, T.A.: *Efficient Antialiased Rendering of 3-D Linear Fractals.* Computer Graphics **25** (Juli 1991) S. 91–100.

Hata, M.: *On the Structure of Self–similar Sets.* Japan J. Appl. Math. **2** (1985) 2, S. 381–414.

Horn, A.: *IFSs and the Interactive Design of Tiling Structures.* In: Crilly, A.J.; Earnshaw, R.A.; Jones, H. (Hrg.) *Fractals and Chaos.* London (Springer) 1991.

Hutchinson, J.: *Fractals and Self-Similarity.* Indiana Univ. J. Math. **30** (1981) S. 713–747.

Images Incorporated.: by Iterated Systems Inc., Norcross, Georgia (1992).

Jacquin, A.: *Image Coding Based on a Fractal Theory of Iterated Contractive Image Transformations.* IEEE Transactions on Image Processing **1** (1992) S. 18–30.

Julia, G.: *Memoire sur l'Itération des Fonctions Rationelles.* J. Math. Pures et Appl. **4** (1918) S. 47–245.

Kaijser, T.: *A Limit Theorem For Markov Chains in Compact Metric Spaces with Applications to Products of Random Matrices.* Duke Math. Journal **45** (1978) S. 311–349.

Kaijser, T.: *On a New Contraction Condition for Random Systems with Complete Connections.* Rev. Roum. Math. Pure Appl. **24** (1981) S. 383–412.

Kasriel, R.H.: *Undergraduate Topology.* Philadelphia (Saunders) 1971.

Kawaguchi, Y.: *A Morphological Study of the Form of Nature.* Comp. Graphics **16** (1982) 3.

Lasota, A.; Yorke, J.A.: *On the Existence of Invariant Measures for Piecewise Monotonic Transformations.* Transactions of the Amer. Math. Soc. **186** (1973) S. 481–488.

Mandelbrot, B.: *The Fractal Geometry of Nature.* San Francisco (W.H. Freeman and Co.) 1982.

Mauldin, R.D.; Williams, S.C.: *Hausdorff Dimension in Graph Directed Constructions.* Trans. Am. Math. Soc. **309** (1988) S. 811–829.

Massopust, P.: Ph.D. Thesis, Georgia Institute of Technology, 1986.

May, R.M.: *Simple Mathematical Models with very complicated Dynamics.* Nature **261** (1976) S. 459–467.

Mendelson, B.: *Introduction to Topology.* London (Blackie & Son Ltd.) 1963.

Microsoft Encarta.: by Microsoft Corporation, Bellview, Washington (1993).

Miller, G.S.P.: *The Definition and Rendering of Terrain Maps.* Comp. Graphics **20** (1986) 4.

Monroe, D.M.; Dudbridge, F.: *Fractal Approximation of Image Blocks.* ICASSP-92 Vol. 3, Multidimensional Signal Processing (1992) IEEE International Conference on Acoustics, Speech and Signal Processing.

Oliver, D.: *Fractal Vision.* Carmel, Indiana (Sams Publishing, Abteilung von Prentice Hall Computer Publishing) 1992.

Oppenheimer, P.E.: *Real Time Design and Animation of Fractal Plants and Trees.* Comp. Graphics **20** (1986) 4.

Peitgen, H.O.; Richter, P.H.: *The Beauty of Fractals.* Berlin, New York (Springer) 1986.

Peitgen, H.O.; Jürgens, H.; Saupe, D.: *Chaos and Fractals (New Frontiers in Science)* London (Springer) 1992.

Reuter, L.: *Rendering and Magnification of Fractals Using Iterated Function Systems.* Ph.D. Thesis, Georgia Institute of Technology, Dezember 1987.

Rudin, W.: *Principles of Mathematical Analysis.* 2.Auflage, New York (McGraw Hill) 1964.

Rudin, W.: *Real and Complex Analysis.* New York (McGraw Hill) 1966.

Scott, D.H.: *An Introduction to Structural Botany: Part I, Flowering Plants.* London (A.& C. Black Ltd.) 1917.

Sinai, Ya.G.: *Introduction to Ergodic Theory.* Princeton (Princeton University Press) 1976.

Smith, A.R.: *Plants, Fractals and Formal Languages.* Comp. Graphics **18** (1984) 3, S. 1–10.

Strahle, W.: *Turbulent Combustion Data Analysis using Fractals.* AIAA Journal **29** (1991) 3.

Sullivan, D.: *Quasi-Conformal Homeomorphisms and Dynamics I,II and III.* Preprints, Institut des Hautes Etudes Scientifiques, Bures-Sur-Yvettes, Frankreich, 1982.

Vrscay, E.R.: *Julia Sets and Mandelbrot-like Sets Associated with Higher Order Schröder Iteration Functions: A Computer Assisted Study.* Math. Comp. **46** (1986) S. 151–169.

Vrscay, E.R.; Roehrig, C.J.: *Iterated Function Systems and the Inverse Problem of Fractal Construction Using Moments.* In: Kaltofen, E.; Watt, S.M. (Hrg.) *Computers and Mathematics.* New York (Springer) 1989 S. 250–259.

Waite, J.: *A Review of Iterated Function System Theory for Image Compression.* Preprint, British Telecom Research Laboratories, Martlesham Heath, U.K. (1992).

Withers, W.D.: *Calculating Derivatives with Respect to Parameters of Average Values in Iterated Function Systems.* Physica **28 D** (1987) S. 206–214.

Bildnachweis

Dr. John Herndon arbeitete mit dem Autor bei der Berechnung vieler Abbildungen zusammen.

Die Obstgarten-Teilmenge im $\mathbf{R}^2$, Abbildung 3.19, wurde von Henry Strickland berechnet.

Abbildung 6.5 wurde von Peter Massopust hergestellt.

Die Abbildungen in Kapitel 10 wurden Louisa Anson erzeugt.

Sachwortverzeichnis